大学生数学竞赛考点直击
与备战指南(非数学类)

张天德　刘　波　主编

科学出版社

北　京

内 容 简 介

本书是作者团队基于全国大学生数学竞赛考试大纲 (非数学类)的要求，参考国内外权威大学生数学竞赛试题资源，总结多年大学生数学竞赛培训经验，针对大学生在数学竞赛中的难点和薄弱点，进行系统梳理总结归纳而成. 全书共9章，围绕大学生数学竞赛这个核心，前8章内容覆盖极限与连续、一元函数微分学、一元函数积分学、微分方程、向量代数与空间解析几何、多元函数微分学、多元函数积分学、无穷级数等，每章包括竞赛大纲逐条解读、内容思维导图、考点分布及分值、内容点睛、内容详情、全国初赛真题赏析、全国决赛真题赏析、各地真题赏析、模拟导训等. 第9章提供6套模拟试题，供学生巩固学习，考试测评. 且以二维码形式链接了前8章模拟导训以及第9章模拟试题的参考解答.

本书可作为参加全国大学生数学竞赛 (非数学类) 的学生的备考指南，也适合考研学生拓展提高解题能力，还可以作为高校教师辅导竞赛课程的参考教材，以及数学爱好者的参考资料.

图书在版编目(CIP)数据

大学生数学竞赛考点直击与备战指南：非数学类 / 张天德，刘波主编.
北京：科学出版社，2025.6. -- ISBN 978-7-03-082301-4

I. O13

中国国家版本馆 CIP 数据核字第 202570NH07 号

责任编辑：胡海霞　李香叶 / 责任校对：杨聪敏
责任印制：师艳茹 / 封面设计：无极书装

科学出版社 出版
北京东黄城根北街 16 号
邮政编码：100717
http://www.sciencep.com
天津市新科印刷有限公司印刷
科学出版社发行　各地新华书店经销
*
2025 年 6 月第 一 版　　开本：787 × 1092　1/16
2025 年 6 月第一次印刷　　印张：27 1/4
字数：646 000
定价：**89.00 元**
(如有印装质量问题，我社负责调换)

前　言

为了培养人才、服务教育、促进大学数学课程的改革与建设,提高大学生学习数学的兴趣,并提高他们分析问题、解决问题的能力,发现和选拔数学创新人才,为青年学子提供一个展示数学基本功和数学思维能力的舞台,中国数学会自 2009 年开始举办全国大学生数学竞赛.

竞赛分为非数学专业组和数学专业组,每年举办一次,截至 2024 年共举办初赛十六届 (其中第十三届有一次补赛,第十四届有两次补赛,并且从第十五届起初赛分为非数学 A 类和非数学 B 类),决赛十五届,至今已成为全国影响最大、参加人数最多的竞赛之一 (第十六届初赛参赛人数超过 32 万,参赛学校超过 1200 所).

竞赛分为两个阶段: 第一阶段为全国大学生数学竞赛初赛 (也称为预赛、省赛、赛区赛),时间一般定为每年 10 月末或 11 月初的周六; 第二阶段为全国大学生数学竞赛决赛,时间一般定为第二年 3 月末或 4 月初的周六,前十六届决赛分别由国防科技大学、北京航空航天大学、同济大学、电子科技大学、中国科学技术大学、华中科技大学、福建师范大学、北京科技大学、西安交通大学、哈尔滨工业大学、武汉大学、吉林大学、华东师范大学、广东工业大学、山东大学、浙江师范大学承办.

对于参赛学生来说,初赛 (预赛),包括校内、省内选拔赛,主要是促进大学生对大学数学基础知识的理解和掌握,培养其数学能力,起到激发大学生学习数学的兴趣与动力的目的,同时遴选出参加决赛的选手! 而决赛则更多的是为了发现、选拔数学创新人才和具有应用数学思维、发展数学潜力的人才! 两个阶段都给参赛学生提供了展示基础知识、思维能力的舞台!

目前 (截至 2024 年) 全国设置的赛区有 32 个,按拼音排序分别为安徽赛区、北京赛区、重庆赛区、福建赛区、甘肃赛区、广东赛区、广西赛区、贵州赛区、海南赛区、河北赛区、河南赛区、黑龙江赛区、湖北赛区、湖南赛区、吉林赛区、江苏赛区、江西赛区、解放军赛区、辽宁赛区、内蒙古赛区、宁夏赛区、青海赛区、山东赛区、山西赛区、陕西赛区、上海赛区、四川赛区、天津赛区、西藏赛区、新疆赛区、云南赛区、浙江赛区.

本书旨在为非数学类专业的全国大学生数学竞赛提供指导,内容是依据全国大学生数学竞赛考试大纲 (非数学类) 的要求编写而成的,例题和习题主要选自全国大学生数学竞赛非数学类初赛及决赛、北京市大学生工科类数学竞赛、浙江省大学生工科类数学竞赛、江苏省大学生工科类数学竞赛、天津市大学生工科类数学竞赛、河南省大学生数学竞赛复赛 (非数学类)、卓越联盟工科类大学生数学竞赛、山东省大学生数学竞赛复赛 (非数学类) 等. 本书还参考了部分 985 及 211 大学的校赛题目 (如四川大学、哈尔滨工业大学、同济大学、厦门大学、东南大学、北京航空航天大学、电子科技大学、中国石油大学 (华东)、合肥工业大学等). 此外部分题目还选自苏联部分军工院校数学分析竞赛题目、美国普特南数学竞赛题目,以及国际大学生数学竞赛题目. 在此表示感谢.

本书中每一道题目都是经过精心选编的,均有一定的难度,适合具备一定高等数学基础的学生参加各省市及全国性竞赛时学习使用. 本书共九章,分别为极限与连续、一元函数微分学、一元函数积分学、微分方程、向量代数与空间解析几何、多元函数微分学、多元函数积分学、无穷级数、全国大学生数学竞赛模拟试题 (非数学类)(共 6 套,非数学 A 类初赛、非数学 B 类初赛、非数学类决赛各 2 套).

本书前八章每章内容均包含如下模块,分别是竞赛大纲逐条解读、内容思维导图、考点分布及分值、内容点睛、内容详情、全国初赛真题赏析、全国决赛真题赏析、各地真题赏析、模拟导训. 竞赛大纲逐条解读部分对非数学类竞赛考试要求做了介绍,对相关章节具体知识点及考点的要求做了梳理,复习起来更有针对性;内容思维导图部分介绍了相关章节各知识点之间的脉络和联系;考点分布及分值部分是本书的亮点,这部分将历届初赛和决赛中考过的考点和分值做了详细的对比,使考生复习时更有针对性,能更快地明晰本章节的重点;内容点睛部分列出了相关章节主要的解题方法和内容模块;内容详情部分将本章竞赛中涉及的基础知识、基本定理、计算方法等做了详细介绍,便于考生复习查阅;真题赏析部分对近年来全国大学生数学竞赛 (初赛、决赛) 与各地真题试题进行分析讲解学习,使考生进一步了解往届试题的难度、重点,方便备考;模拟导训部分选取了部分省市竞赛试题、国外大学生数学竞赛试题、部分学校校赛试题,这部分内容需要大家独立完成,然后对照试题解析,寻找自身在数学学习中存在的问题,只有找到问题所在并反复练习,才能大幅提高竞赛应考水平. 第九章为全国大学生数学竞赛模拟试题 (非数学类),包含 6 套独立完整试题,考生可以通过其模拟数学竞赛的真实考试场景,进行全面的自检自查,同时建议考生严格按照竞赛规则独立完成训练,以提前适应参赛的考场气氛,磨炼意志,提升能力,从而取得理想的成绩和奖项.

本书在编写过程中,得到了科学出版社胡海霞编辑的大力支持,胡海霞编辑给本书提出了宝贵的意见和建议. 各兄弟院校的同行也无私分享了他们各省市及校赛的竞赛题目,在此一并表示衷心感谢.

限于时间及作者水平,书中难免存在不当和疏漏之处,敬请批评指正.

编 者

2025 年 5 月

目　　录

历届初赛考点分布表（非数学类）

	第一届 2009-10-24	第二届 2010-10-30	第三届 2011-10-29	第四届 2012-10-27	第五届 2013-10-26	第六届 2014-10-25	第七届 2015-10-24	第八届 2016-10-22	第九届 2017-10-28	第十届 2018-10-27
一(1)	二重积分换元法计算	数列极限的计算	函数极限的计算	数列极限的计算	数列极限的计算	微分方程解析的结构	定积分定义求极限	幂指函数的极限	一阶微分方程求解	数列极限的计算
一(2)	定积分的简单计算	函数极限的计算	数列极限的计算	直线与平面的计算	广义积分的敛散性	多元微分学几何应用	多元复合函数求偏导	利用导数极限义求极值	数列极限的计算	函数微分的计算及应用
一(3)	多元微分学几何应用	广义积分的计算	二重积分的计算	二元函数高阶导号数	一元函数微分的极值	一元函数的隐函数求导号	微分学几何应用	偏微分方程的求解	多元复合函数求偏导	不定积分的计算
一(4)	一元函数微分学	多元复合函数求高阶偏导	幂级数求和	积分与路径无关及微分方程	一元函数微分学应用	级数求和	傅里叶级数的狄利克雷收敛定理	高阶导数莱布尼茨公式	利用导数的定义求极限	函数极限的计算
一(5)	×	异面直线间的距离	×	积分中值定理与极限	×	函数极限的计算	广义积分化简	多元微分几何应用	计算不定积分	×
一(6)	×	×	×	×	×	×	×	×	×	×
二	幂指函数的极限	一元函数二阶导数应用	数列极限平均值定理	广义积分	定积分的计算	定积分的计算及性质	空间解析几何问题	定积分的证明	一元函数的极值问题	解微分方程
三	一元函数导数的计算	参数方程及导号数几何应用	泰勒公式证明三阶导号数问题	方程的近似解、误差的估计	级数敛散性讨论	泰勒公式学不等式	一元函数微分学证明	三重积分计算	三重积分计算	定积分的柯西不等式证明
四	线面积分	无穷级数敛散性讨论	定积分的应用、引力问题	极限、号数应用	定积分不等式证明问题	第二类曲面积分的计算	幂级数收敛域及和函数	定积分的"加边"问题	第二类曲线积分的计算	三重积分的计算
五	微分方程解析的结构	转动惯量及其最值	多元复合函数高阶导号数	定积分的证明问题	第二类曲线积分	夹逼准则求极限	定积分的证明问题	拉格朗日定理证明	定积分的证明	二元函数的泰勒公式
六	旋转体体积最值	曲线积分与格林公式	第一类曲线积分	球坐标及变限函数导号数	第二类曲线积分	定积分的"加边"问题	柯西不等式	傅里叶级数理论	数列极限的证明	一元函数积分问题的证明
七	微分方程与级数	级数敛散性证明	×	级数敛散性证明	级数敛散性及求和	×	×	×	×	级数敛散性证明
八	等价无穷大问题	×	×	×	×	×	×	×	×	×

续表

	第十一届 2019-10-26	第十二届 2020-11-28	第十三届 2021-11-13	第十三届补 2021-12-11	第十四届 2022-11-12	第十四届补-1 2022-12-11	第十四届补-2 2023-3-05	第十五届A类 2023-11-11	第十五届B类 2023-11-11	第十六届A类 2024-11-09	第十六届B类 2024-11-09
一(1) 6分	函数极限的计算	函数极限的计算	函数极限计算	利用斯托尔兹公式计算数列极限	函数极限的计算	三次函数在闭区间的值域	利用定积分定义求极限	函数极限的计算	函数极限的计算	定积分的部积分法	函数极限的计算
一(2) 6分	不定积分的计算	高阶导数莱布尼茨公式	多元复合函数求偏导	定积分的计算	复合函数间断点讨论	利用定积分定义求极限	利用导函数定义求切线方程	多元复合函数的高阶偏导数	多元复合函数的高阶偏导数	坐标法与变限函数导数	对称区间上的定积分
一(3) 6分	定积分的计算	一元函数的隐函数求导	函数极限计算	直线在平面内的投影	幂级数求和函数与极限	隐函数的二阶导数	二阶非齐次方程求解	高阶导数计算	曲线的公切线问题	多元复合函数的高阶偏导数	隐函数的二阶导数
一(4) 6分	二元函数的偏导求解	二重积分计算	空间解析几何	常数项级数求和	变量代换求解微分方程	利用性质求二重积分	多元复合函数求偏导	幂级数的收敛域	隐函数的导数	投影直线的方向向量	多元复合函数的高阶偏导数
一(5) 6分	多元函数微分学几何应用	函数极限的计算	二重积分的计算	一阶微分方程的初值问题	二重积分计算	曲面的切平面方程	计算均匀曲面的重心坐标	第一类曲面积分计算	交换积分次序计算二重积分	利用格林公式计算第二类曲线积分	二重积分法与坐标法求变限函数导数
二 (14分)	三重积分的计算	数列极限的计算	数列极限存在的判定准则	零点个数的证明	向量的模与范围问题	二阶微分方程求解	高阶导数的计算	变量代换求解微分方程	旋转体体积的计算与最值	换元法求解微分方程	拉格朗日乘数法求函数最值
三 (14分)	一元函数微分学证明题	中值定理证明问题	微分方程解的性质	格林公式,二重积分与极限问题	利用导函数的性质证明不等式	曲线的斜渐近线与围成的面积	利用定义证明函数的极限	求空间有限区域的体积	变量代换求解微分方程	利用导数研究函数的性态	函数在指定点处收敛为幂级数
四 (14分)	二重积分的计算	多元函数的偏导数问题	第一类曲线积分	高斯公式,二阶微分方程	积分不等式	利用导数证明不等式	利用中值定理证明导数不等式	拆分函数定区间求数列的极限	幂级数的收敛域及函数	利用高斯公式计算第二类曲面积分	换元法计算微分方程
五 (14分)	数列极限的证明问题	空间中的第二类曲线积分	定积分的"加边"问题	广义积分的敛散性讨论	二元函数的泰勒公式	第二类曲线积分的计算	利用中值定理证明不等式	柯西不等式证明的应用	中值定理的相关证明	级数敛散性判断	定积分的相关计算及应用
六 (14分)	一元函数微分学及应用	一元函数定积分问题	级数敛散性证明	级数敛散性证明	级数敛散性证明	级数敛散性讨论	级数敛散性证明	级数敛散性证明并求和函数	柯西不等式的应用	级数敛散性证明	证明导数不等式

历届决赛考点分布表 (非数学类)

	第一届 2010-05-15	第二届 2011-03-19	第三届 2012-03-17	第四届 2013-03-16	第五届 2014-03-15	第六届 2015-03-21	第七届 2016-03-26
一(1)	泰勒展开求极限	幂指函数的极限	求函数数极限	求函数数极限	交换积分次序计算二重积分	洛必达法则与函数的导数	可降阶的二阶微分方程求解
一(2)	第二类曲面积分	定积分定义求极限	求函数数极限	一阶微分方程的求解	利用阿西不等式几何求函数解析式	二阶微分方程的初值问题	利用极坐标计算二重积分
一(3)	生活中的优化问题（导数与最值）	参数方程的二阶导数	多元抽象函数的二阶偏导数	有关积分方程的计算	多元微分学几何应用之求切线方程	矩阵幂的计算	参数方程的二阶导数
一(4)	有关三角函数的不定积分	×	不定积分的计算	计算不定积分	利用矩阵理论求参数值	不定积分的计算	利用特征值矩阵求项式的行列式
一(5)	×	×	空间立体的表面积	求曲面的切平面	×	第二类曲线积分的计算	泰勒展开求数列的极限
一(6)	×	×	×	×	×	与二重积分有关的极限问题	×
二	数列的极限	解微分方程：变量代换法及齐次方程	含参数的广义积分散性讨论	曲面积分的应用之引力问题	利用函数的泰勒展开证明函数的性质	抽象函数的方向导数的和	抽象函数切平面的共有性质
三	利用导数的定义求极限	利用洛必达法则与导数的定义求极限	利用导数研究函数析式问题	利用导数研究函数在无穷远处的性质	利用导数研究函数的性质	矩阵的相似问题	二重积分的相关证明
四	广义积分有关极限计算	条件极值	转动惯量及其最大值最小值问题	利用中值定理证明含参式	二重积分的计算	级数的收敛性及其相关	矩阵秩的相关证明
五	有关中值定理的计算	第一类曲面积分的计算	第二类曲线积分计算问题及证明	非初等函数的二重积分计算	高斯公式及变上限函数的导数	傅里叶级数及其相关计算	定积分的计算与级数敛散性讨论
六	零点个数问题	利用函数的性质研究级数敛散性	微分方程初值问题的证明	级数敛散性判别	正定矩阵充要条件的证明	二重积分的相关性质与计算、二次型	利用第二类曲面积分证明偏导数的性质
七	函数存在的开放性问题	函数存在的开放性问题	×	×	级数敛散性证明与求和	×	×
八	函数列的一致收敛问题	×			×		

续表

	第八届 2017-03-18	第九届 2018-03-24	第十届 2019-03-30	第十一届 2021-04-17	第十二届 2021-05-15	第十三届 2023-03-25	第十四届 2023-05-27	第十五届 2024-04-20
一 (1)	空间解析几何中的平面问题	求函数极限	分段函数连续性问题	求函数极限	利用定积分的定义计算数列极限	与向量有关的极限问题	求函数数极限	分段函数的连续性
(2)	偏积分法求解二元函数	空间解析法求解二元平面问题	广义积分的计算	隐函数的切线方程	方向导数的计算	幂指函数的极限问题	广义积分的计算	求函数数极限
(3)	分块矩阵的秩	偏积分法求解二元函数	空间中第二类曲线积分的计算	平面区域的直径	空间曲线上的第一类曲线积分计算	定积分的计算	空间中的对称点问题	多元隐函数的偏导数
(4)	级数的部分和	微分方程初值问题	多元隐函数的高阶导数	高阶导数的计算	求解矩阵方程	参数方程问题	二元函数的极值	空间中直线方程与相关计算性质
(5)	旋转曲面的面积	计算四阶行列式	二次型的规范形	利用定积分求被积函数	三元函数的极值点	平面薄片的质量	幂级数的收敛域	有理函数的定积分计算
二	利用导数证明不等式	构造辅助函数证明含等式	利用斯托尔茨公式求数列的极限	利用夹逼准则求数列的极限	函数的收敛域	变限函数积分问题	正交变换化二次型为标准形	微分方程的应用问题
三	积分不等式的证明	拆分区间、拉格朗日中值定理证明	高阶偏导数相关、积分、极限的相关证明	高阶偏导数相关计算	幂级数的收敛域问题	利用高斯公式计算第二类曲面积分	格林公式与换元求解微分方程	与三角函数有关的积分、极限问题
四	高斯公式、曲面积分的相关计算	利用定积分定义求数列极限	三重积分的计算	利用积分中值定理证明含等式	微分中值定理的相关证明	傅里叶级数问题及常数项级数的求和	空间立体的体积相关计算	空间立体的体积的相关计算
五	矩阵行列式的相关证明	正定矩阵证明及条件最值	求常数项级数的和	利用特征值证明方阵的相关行列式	对称矩阵存在性证明及矩阵多项式	证明数列的收敛性	利用导数研究函数的性态	矩阵方程与对角矩阵的证明
六	数列极限存在性判定与级数敛散性	格林公式、二重积分的证明	矩阵相似问题的证明与极限证明	积分不等式的相关证明	级数的相关证明	利用导数证明相关不等式	积分不等式的相关证明	求幂级数的收敛域
七	×	常数项级数数的敛散性问题	级数敛散性判别	级数敛散性判别	积分不等式的相关证明	矩阵的秩相关证明	常数项级数的敛散性及求和	利用导数研究函数的性态与零点

第一章

极限与连续

一、竞赛大纲逐条解读

1. 函数的概念及表示法、简单应用问题的函数关系的建立

[解读] 此部分重点关注函数关系的建立, 后续内容中包含以下两部分可能涉及函数关系的建立:

(1) 积分方程转化为初值问题的微分方程;

(2) 隐函数存在定理及其隐函数的导数问题.

2. 函数的性质: 有界性、单调性、周期性和奇偶性

[解读] 此部分内容需要注重有界性在无穷小运算中的作用, 级数与广义积分中的 Dirichlet(狄利克雷) 判别法也会用到有界性, 闭区间上连续函数的性质也会用到有界性. 单调性在利用导数研究函数的性态时, 用得较多. 周期性在计算定积分以及傅里叶级数中应用较广. 奇偶性在计算对称区域内的积分时, 具有较好的性质.

3. 复合函数、反函数、分段函数和隐函数、基本初等函数的性质及其图形、初等函数

[解读] 复合函数、反函数的求导法则, 大家要熟记于心. 分段函数在分段点处的连续性与可导性是近几届竞赛考试的热点问题.

4. 数列极限与函数极限的定义及其性质、函数的左极限与右极限

[解读] 求函数的极限一般方法是: 等价无穷小代换、洛必达法则、泰勒展开、分段函数在分段点处需要确定左右极限是否相等; 数列的极限一般适用于: 夹逼准则、定积分定义、斯托尔茨 (Stolz) 定理、海涅 (Heine) 定理等方法, 相对来说求数列的极限比求函数的极限难度要大. 幂指函数的极限与含变限函数的极限问题是近期考察的热点.

5. 无穷小和无穷大的概念及其关系、无穷小的性质及无穷小的比较

[解读] 常见等价无穷小代换公式及适用条件大家要牢记于心, 无穷小的性质是求极限的有效途径, 无穷小阶及无穷大阶的比较问题有时会考大题.

6. 极限的四则运算、极限存在的单调有界准则和夹逼准则、两个重要极限

[解读] 单调有界准则经常在含递推公式的数列极限中考察, 这部分一般是第一个解答题. 四则运算法则, 需注意极限可以拆分的条件.

7. 函数的连续性 (含左连续与右连续)、函数间断点的类型

[解读] 分段函数的连续性问题, 大家需重点掌握. 极限中的双变量问题导致的函数间断点以及间断点的分类也是后期的考点.

8. 连续函数的性质和初等函数的连续性

[解读] 对于初等函数来说, 其在定义有限区间内都是连续的、可导的、可积的.

9. 闭区间上连续函数的性质 (有界性、最大值最小值定理、介值定理)

[解读] 连续函数在闭区间上的性质一般与微分中值定理一起作为证明题考察, 当含参证明题中不含导数时, 一般考察介值定理或者零点定理.

二、内容思维导图

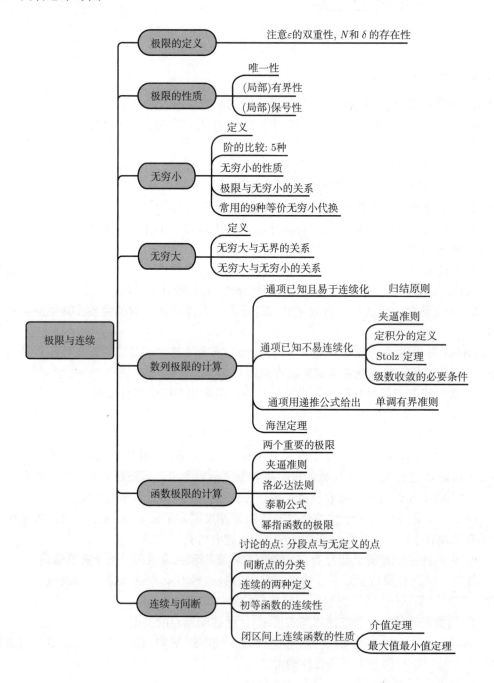

三、考点分布及分值

全国大学生数学竞赛初赛 (非数学类) 极限与连续中的考点分布及分值

章节	届次	考点分布及分值
极限与连续	第一届初赛 (15 分)	第二题: 幂指函数的极限 (5 分)
		第八题: 等价无穷大量 (10 分)
	第二届初赛 (10 分)	第一题: (1) 数列极限 (5 分)
		第一题: (2) 函数极限 (5 分)
	第三届初赛 (28 分)	第一题: (1) 函数极限 (6 分)
		第一题: (2) 数列极限 (6 分)
		第二题: 数列极限 (16 分)
	第四届初赛 (12 分)	第一题: (1) 数列极限 (6 分)
		第一题: (5) 函数极限 (6 分)
	第五届初赛 (6 分)	第一题: (1) 数列极限 (6 分)
	第六届初赛 (12 分)	第一题: (4) 数列极限 (6 分)
		第一题: (5) 函数极限 (6 分)
	第七届初赛 (6 分)	第一题: (1) 数列极限 (6 分)
	第八届初赛 (12 分)	第一题: (1) 数列极限 (6 分)
		第一题: (2) 函数极限 (6 分)
	第九届初赛 (29 分)	第一题: (2) 数列极限 (7 分)
		第一题: (4) 函数极限 (7 分)
		第五题: 数列的极限 (15 分)
	第十届初赛 (12 分)	第一题: (1) 数列极限 (6 分)
		第一题: (4) 函数极限 (6 分)
	第十一届初赛 (20 分)	第一题: (1) 函数极限 (6 分)
		第五题: 数列极限 (14 分)
	第十二届初赛 (22 分)	第一题: (1) 函数极限 (6 分)
		第一题: (5) 函数极限 (6 分)
		第二题: 数列极限 (10 分)
	第十三届初赛 (26 分)	第一题: (1) 函数极限 (6 分)
		第一题: (3) 函数极限 (6 分)
		第二题: 数列极限 (14 分)
	第十三届初赛补赛 (20 分)	第一题: (1) 数列极限 (6 分)
		第三题: 函数的极限 (14 分)
	第十四届初赛 (18 分)	第一题: (1) 函数极限 (6 分)
		第一题: (2) 间断点分类 (6 分)
		第一题: (3) 数列极限 (6 分)
	第十四届初赛补赛-1 (6 分)	第一题: (2) 数列极限 (6 分)
	第十四届初赛补赛-2 (20 分)	第一题: (1) 数列极限 (6 分)
		第三题: 函数极限 (14 分)
	第十五届初赛 A 类 (20 分)	第一题: (1) 函数极限 (6 分)
		第四题: 数列极限 (14 分)
	第十五届初赛 B 类 (6 分)	第一题: (1) 函数极限 (6 分)
	第十六届初赛 A 类 (6 分)	第一题: (2) 变限函数的极限 (6 分)
	第十六届初赛 B 类 (12 分)	第一题: (1) 函数极限 (6 分)
		第一题: (5) 变限函数的极限 (6 分)

全国大学生数学竞赛决赛 (非数学类) 极限与连续中的考点分布及分值

章节	届次	考点分布及分值
极限与连续	第一届决赛 (35 分)	第一题: (1) 数列的极限 (5 分)
		第二题: 数列的极限 (10 分)
		第三题: 利用导数定义求极限 (10 分)
		第四题: 广义积分的极限 (10 分)
	第二届决赛 (25 分)	第一题: (1) 幂指函数的极限 (5 分)
		第一题: (2) 数列的极限 (5 分)
		第三题: 利用泰勒公式求极限 (15 分)
	第三届决赛 (22 分)	第一题: (1) 函数的极限 (6 分)
		第一题: (2) 函数的极限 (6 分)
		第六题: 积分中的极限问题 (10 分)
	第四届决赛 (20 分)	第一题: (1) 函数的极限 (5 分)
		第三题: 函数在无穷远处的极限 (15 分)
	第五届决赛 (12 分)	第五题: 与变上限有关的极限问题 (12 分)
	第六届决赛 (25 分)	第一题: (1) 变上限函数的极限 (5 分)
		第一题: (6) 幂指函数的极限 (5 分)
		第六题: 二重积分的极限 (15 分)
	第七届决赛 (6 分)	第一题: (5) 数列极限 (6 分)
	第八届决赛 (6 分)	第六题: (1) 证明数列极限的存在性 (6 分)
	第九届决赛 (18 分)	第一题: (1) 函数的极限 (6 分)
		第四题: 数列的极限 (12 分)
	第十届决赛 (29 分)	第一题: (1) 分段函数的连续性 (6 分)
		第二题: 利用斯托尔茨定理求极限 (12 分)
		第七题: 利用级数研究数列的极限 (11 分)
	第十一届决赛 (18 分)	第一题: (1) 函数的极限 (6 分)
		第二题: 数列的极限 (12 分)
	第十二届决赛 (18 分)	第一题: (1) 定积分定义求极限 (6 分)
		第二题: 函数的极限 (12 分)
	第十三届决赛 (24 分)	第一题: (1) 函数的极限 (6 分)
		第一题: (2) 函数的极限 (6 分)
		第五题: 单调有界准则证明极限存在 (12 分)
	第十四届决赛 (6 分)	第一题: (1) 函数的极限 (6 分)
	第十五届决赛 (24 分)	第一题: (1) 分段函数的连续性 (6 分)
		第一题: (2) 函数的极限 (6 分)
		第三题: 数列的极限 (12 分)

四、内容点睛

章节	专题	内容
极限与连续	数列的极限	夹逼准则
		单调有界准则
		定积分定义
		斯托尔茨定理
		海涅定理
		拉格朗日定理求极限
		级数收敛的必要性: 这种情形极限均为 0
	函数的极限	两个重要的极限
		等价无穷小代换
		导数的定义求极限
		洛必达法则
		泰勒展开
	间断点	间断点类型判别
	渐近线	渐近线的分类及求法
	函数连续性	函数在某点处的连续性求字母参数的取值
		闭区间上连续函数的性质、介值定理

五、内容详情

1. 极限的定义

(1) 数列的极限. 设有数列 $\{x_n\}$ 及常数 a, 如果对于任意的正数 ε (无论多小), 总存在正整数 N, 当 $n > N$ 时, 有 $|x_n - a| < \varepsilon$ 成立, 则称数列 $\{x_n\}$ 收敛于 a, 记作 $\lim\limits_{n\to\infty} x_n = a$; 如果这样的 a 不存在, 则称数列 $\{x_n\}$ 发散.

(2) 函数的极限. 函数的极限根据自变量的变化趋势共分以下几种情况:

① 自变量 $x \to x_0$ 时的极限. 设函数 $y = f(x)$ 在点 x_0 的去心邻域内有定义, 如果存在常数 a, 使得对于任意的正数 ε (无论多小), 总存在 $\delta > 0$, 当 $0 < |x - x_0| < \delta$ 时, 有 $|f(x) - a| < \varepsilon$ 成立, 则称函数 $f(x)$ 当 $x \to x_0$ 时的极限为 a, 记作 $\lim\limits_{x\to x_0} f(x) = a$.

② 自变量 $x \to \infty$ 时的极限. 设函数 $y = f(x)$ 当 $|x|$ 大于某一正数时有定义, 如果存在常数 a, 使得对于任意的正数 ε (无论多小), 存在正常数 X (无论多大), 使得当 $|x| > X$ 时, $f(x)$ 都满足 $|f(x) - a| < \varepsilon$ 成立, 则称函数 $f(x)$ 当 $x \to \infty$ 时的极限为 a, 记作 $\lim\limits_{x\to\infty} f(x) = a$.

③ 双侧极限与单侧极限.

(i) $\lim\limits_{x\to x_0} f(x)$ 存在的充要条件是左极限 $\lim\limits_{x\to x_0^-} f(x)$ 与右极限 $\lim\limits_{x\to x_0^+} f(x)$ 都存在且相等.

(ii) $\lim\limits_{x\to\infty} f(x)$ 存在的充要条件是极限 $\lim\limits_{x\to+\infty} f(x)$ 与 $\lim\limits_{x\to-\infty} f(x)$ 都存在且相等.

总而言之, 双侧极限存在的充要条件为两个单侧极限都存在且相等.

自变量的变化趋势共有 7 种类型: $n \to \infty$, $x \to x_0$ (双侧极限)、$x \to x_0^+$ (右极限)、$x \to x_0^-$ (左极限)、$x \to \infty$ (双侧极限)、$x \to +\infty$, $x \to -\infty$ (两个单侧极限). 因变量 α 的变化趋势共有 4 种类型: $a \to A$, $\alpha \to +\infty$, $\alpha \to -\infty$, $\alpha \to \infty$. 因变量与自变量组合的各种极限类型共有 28 种. 当且仅当 $\lim \alpha = A$ 为有限值时, 才称其极限存在.

2. 极限的性质

1) 唯一性

若 $\lim \alpha = A, \lim \alpha = B$, 则 $A = B$ (极限符号中自变量变化趋势一致, 下同).

2) 有界性 (局部有界性)

① 若数列极限 $\lim\limits_{n\to\infty} x_n$ 存在, 则存在 $M > 0$, 对于一切正整数 n, 都有 $|x_n| \leqslant M$ 成立.

② 若 $\lim\limits_{x\to x_0} f(x)$ 存在, 则存在 $\delta > 0$ 及 $M > 0$, 当 $0 < |x - x_0| < \delta$ 时, 就有 $|f(x)| \leqslant M$ 成立.

3) 保号性 (局部保号性)

① 若 $\lim\limits_{x\to x_0} f(x) = A > B$, 则存在 $\delta > 0$, 当 $0 < |x - x_0| < \delta$ 时, 就有 $f(x) > B$ 成立.

② 若 $\lim\limits_{x\to x_0} f(x) = A > 0 (< 0)$, 则存在 $\delta > 0$, 当 $0 < |x - x_0| < \delta$ 时, $f(x) > 0 (< 0)$.

③ 若存在 $\delta > 0$, 当 $0 < |x - x_0| < \delta$ 时 $f(x) \geqslant B$, 并且 $\lim\limits_{x \to x_0} f(x) = A$ 存在, 则 $A \geqslant B$.

3. 单调有界准则

(1) 设数列 $\{x_n\}$ 是单调递增数列, 且该数列有上界, 则 $\lim\limits_{n \to \infty} x_n$ 存在; 若该单调递增数列无上界, 则 $\lim\limits_{n \to \infty} x_n = +\infty$.

(2) 设数列 $\{x_n\}$ 是单调递减数列, 且该数列有下界, 则 $\lim\limits_{n \to \infty} x_n$ 存在; 若该单调递减数列无下界, 则 $\lim\limits_{n \to \infty} x_n = -\infty$.

总之, 单调有界数列必有极限, 称为单调有界准则.

4. 夹逼准则

设 α, β, γ 是自变量变化趋势相同的 3 个因变量, 在自变量的同一变化趋势中满足 $\alpha \leqslant \gamma \leqslant \beta$ (局部满足亦可). 如果 $\lim \alpha = \lim \beta = A$, 则 $\lim \gamma = A$ (此准则既可用于数列, 也可用于函数).

5. 无穷小以及无穷小阶的比较

如果 $\lim \alpha = 0$, 则称 α 是无穷小. 设 α, β 都是无穷小:

(1) 如果 $\lim \dfrac{\alpha}{\beta} = 0$, 则称 α 是 β 的高阶无穷小, 记作 $\alpha = o(\beta)$;

(2) 如果 $\lim \dfrac{\alpha}{\beta} = A \neq 0$, 则称 α 是 β 的同阶无穷小, 记作 $\alpha = O(\beta)$;

(3) 如果 $\lim \dfrac{\alpha}{\beta} = 1$, 则称 α 与 β 是等价无穷小, 记作 $\alpha \sim \beta$;

(4) 如果 $\lim \dfrac{\alpha}{\beta^k} = A \neq 0$, 则称 α 是 β 的 k 阶无穷小.

注 无穷小的阶表明了两个无穷小趋于 0 的速度快慢.

6. 无穷大

设 α 是因变量.

(1) 如果在自变量变化趋势中 $|\alpha|$ 无限变大, 则称 α 是无穷大, 记为 $\lim \alpha = \infty$;

(2) 如果在自变量变化趋势中 α 无限变大, 则称 α 是正无穷大, 记为 $\lim \alpha = +\infty$;

(3) 如果在自变量变化趋势中 $-\alpha$ 无限变大, 则称 α 是负无穷大, 记为 $\lim \alpha = -\infty$.

无穷大也是因变量的一种变化趋势, 但是在概念上并不认为无穷大这种极限是存在的. 无穷大也有阶的概念, 它表明两个无穷大趋于无穷时速度的快慢.

7. 无穷小与无穷大的性质

(1) 有限个无穷小的和 (乘积) 仍是无穷小; 有限个无穷大的乘积仍是无穷大.

(2) 有界函数与无穷小的乘积是无穷小; 有界函数与无穷大的和是无穷大.

(3) 无穷大的倒数是无穷小; 无穷小的倒数是无穷大 (此处无穷小不为零).

(4) 因变量 $b \to a$ 的充要条件是: 存在无穷小 γ, 使得 $b = a + \gamma$.

(5) 无穷小 α 与 β 等价的充要条件是 $\beta = \alpha + o(\alpha)$.

8. 等价无穷小的代换 (乘除代换)

给定因变量 γ 及两对等价无穷小 $\alpha \sim \alpha'$, $\beta \sim \beta'$, 则

(1) 分式型代换: $\lim \dfrac{\alpha}{\beta} = \lim \dfrac{\alpha'}{\beta'}$.

(2) 乘积型代换: $\lim \alpha\gamma = \lim \alpha'\gamma$.

(3) 幂指型代换: $\lim(1+\alpha)^{\frac{1}{\beta}} = \lim\left(1+\alpha'\right)^{\frac{1}{\beta}}$.

注 以上各个等式两端的极限同时存在或不存在.

9. 常用的等价无穷小

当 $x \to 0$ 时, 下列各对变量是等价无穷小: $\sin x \sim x$; $\tan x \sim x$; $1 - \cos x \sim \dfrac{x^2}{2}$; $\arcsin x \sim x$; $\arctan x \sim x$; $\mathrm{e}^x - 1 \sim x$; $\ln(1+x) \sim x$; $(1+x)^a - 1 \sim ax\,(a \neq 0)$; $a^x - 1 \sim x \ln a\,(a > 0)$.

10. 无穷小阶的运算

设 m, n 是正整数, 当 $x \to 0$ 时, $f(x) = o(x^m)$, $g(x) = o(x^n)$, 其中 $m > n$, 则

(1) $f(x) = o(x^n)$, 记为 $o(x^m) = o(x^n)$, 如 $o\left(x^4\right) = o\left(x^3\right)$;

(2) $f(x) \pm g(x) = o(x^n)$, 记为 $o\left(x^m\right) \pm o\left(x^n\right) = o\left(x^n\right)$;

(3) $f(x)g(x) = o(x^{m+n})$, 记为 $o\left(x^m\right) \times o\left(x^n\right) = o\left(x^{m+n}\right)$;

(4) $\dfrac{f(x)}{x^n} = o(x^{m-n})$, 记为 $o\left(x^m\right) \div x^n = o\left(x^{m-n}\right)$.

注 应熟练掌握以上运算. 上列各式中等号的意义为 "左边推出右边", 反之不成立.

11. 洛必达法则

(1) $\dfrac{0}{0}\left(\text{或} \dfrac{\infty}{\infty}\right)$ 型未定式的洛必达法则.

设函数 $f(x), g(x)$ 可导, 且 $\lim f(x) = \lim g(x) = 0$ (或 ∞), 其中 $g'(x) \neq 0$. 如果 $\lim \dfrac{f'(x)}{g'(x)}$ 存在 (或为 ∞), 则 $\lim \dfrac{f(x)}{g(x)} = \lim \dfrac{f'(x)}{g'(x)}$.

(2) 推广型的洛必达法则 (无须要求 $f(x) \to \infty$).

设 $f(x), g(x)$ 可导, $g'(x) \neq 0$ 且 $\lim g(x) = \infty$. 如果 $\lim \dfrac{f'(x)}{g'(x)}$ 存在或为 ∞, 则 $\lim \dfrac{f(x)}{g(x)} = \lim \dfrac{f'(x)}{g'(x)}$.

(3) 设 α, β 都是自变量 x 的函数, 则下列未定式都可转化为 $\dfrac{0}{0}$ 或 $\dfrac{\infty}{\infty}$ 型的不定式, 从而可使用洛必达法则来求极限.

(i) $0 \cdot \infty$ 型的转化: 若 $\alpha \to 0$, $\beta \to \infty$, 则 $\alpha \cdot \beta = \dfrac{\alpha}{1/\beta}$ 转化为 $\dfrac{0}{0}$ 型, 或 $\alpha \cdot \beta = \dfrac{\beta}{1/\alpha}$ 转化为 $\dfrac{\infty}{\infty}$ 型.

(ii) $\infty \pm \infty$ 型的转化: 若 $\alpha \to \infty$, $\beta \to \infty$, 则 $\alpha \pm \beta = \dfrac{1/\beta \pm 1/\alpha}{1/(\alpha\beta)}$, 转化为 $\dfrac{0}{0}$ 型.

(iii) 1^∞ 型的转化: 若 $\alpha \to 1$, $\beta \to \infty$, 由 $\alpha^\beta = \mathrm{e}^{\beta\ln\alpha}$, 则 $\ln\alpha\beta$ 为 $0 \cdot \infty$ 型, 最终转化为 $\dfrac{0}{0}$ 或 $\dfrac{\infty}{\infty}$ 型.

(iv) 0^{∞} 与 ∞^0 型都用公式 $\alpha^{\beta} = e^{\beta \ln a}$, 最终转化为 $\dfrac{0}{0}$ 或 $\dfrac{\infty}{\infty}$ 型.

12. 极限的变量代换

设 $u = g(x)$ 且 $\lim\limits_{x \to x_0} g(x) = a$, $g(x) \neq a$, $\lim\limits_{u \to a} f(u) = A$, 则

$$\lim_{x \to x_0} f[g(x)] \xlongequal{u = g(x)} \lim_{u \to a} f(u) = A.$$

注 变量代换可以简化很多函数极限的计算. 读者可自述其他类型代换, 如 x_0, a, A 为无穷的情况.

13. 海涅定理 (数列极限与函数极限之间的关系)

(1) $\lim\limits_{x \to a} f(x) = A$ 的充要条件为: 对于任何趋向于 a 的数列 $\{x_n\}$, 都有 $\lim\limits_{n \to \infty} f(x_n) = A$, 其中 $x_n \neq a$.

(2) $\lim\limits_{x \to +\infty} f(x) = A$ 的充要条件为: 对于任何趋向于 $+\infty$ 的数列 $\{x_n\}$, 都有 $\lim\limits_{n \to \infty} f(x_n) = A$.

(3) $\lim\limits_{x \to a} f(x) = \infty$ 的充要条件为: 对于任何趋向于 a 的数列 $\{x_n\}$, 都有 $\lim\limits_{n \to \infty} f(x_n) = \infty$, 其中 $x_n \neq a$.

注 海涅定理是架起数列极限与函数极限的桥梁, 这使得很多数列极限可归结为函数极限来讨论. 它实质上也是一种极限的变量代换, 即 $x = x_n$.

14. 子列

(1) $\lim\limits_{n \to \infty} x_n = A$ 的充要条件是: 对于 $\{x_n\}$ 任何子列 $\{x_{k_n}\}$ 都有 $\lim\limits_{n \to \infty} x_{k_n} = A$.

(2) $\lim\limits_{n \to \infty} x_n = \infty$ 的充要条件是: 对于 $\{x_n\}$ 任何子列 $\{x_{k_n}\}$ 都有 $\lim\limits_{n \to \infty} x_{k_n} = \infty$.

(3) 设 $\{x_n\}$ 被划分成 m 个互不相交的子列, 则 $\lim\limits_{n \to \infty} x_n = A$ 的充要条件是: 这 m 个子列的极限都是 A.

特别地, $\lim\limits_{n \to \infty} x_n = A$ 的充要条件是: $\lim\limits_{n \to \infty} x_{2n} = A$ 且 $\lim\limits_{n \to \infty} x_{2n+1} = A$ (拉链原理).

15. 施托尔茨定理 (数列极限的洛必达法则)

定理 1 设 $\lim\limits_{n \to \infty} u_n = 0$, $\lim\limits_{n \to \infty} v_n = 0$, 且数列 $\{v_n\}$ 严格单调递减, 若 $\lim\limits_{n \to \infty} \dfrac{u_n - u_{n-1}}{v_n - v_{n-1}} = A$ (或 ∞), 则 $\lim\limits_{n \to \infty} \dfrac{u_n}{v_n}$ 存在, 且 $\lim\limits_{n \to \infty} \dfrac{u_n}{v_n} = \lim\limits_{n \to \infty} \dfrac{u_n - u_{n-1}}{v_n - v_{n-1}} = A$ (或 ∞);

定理 2 设 $\lim\limits_{n \to \infty} v_n = +\infty$, 且数列 $\{v_n\}$ 严格单调递增, 若 $\lim\limits_{n \to \infty} \dfrac{u_n - u_{n-1}}{v_n - v_{n-1}} = A$ (或 ∞), 则 $\lim\limits_{n \to \infty} \dfrac{u_n}{v_n}$ 存在, 且 $\lim\limits_{n \to \infty} \dfrac{u_n}{v_n} = \lim\limits_{n \to \infty} \dfrac{u_n - u_{n-1}}{v_n - v_{n-1}} = A$ (或 ∞).

16. 柯西定理

设 $f(x)$ 在 $(a, +\infty)$ 内有定义, 且在内闭区间上有界, 即对于任意的 $[c, d] \subset (a, +\infty)$, $f(x)$ 在 $[c, d]$ 上有界. 若 $\lim\limits_{x \to +\infty} [f(x) - f(x-1)] = A$ (或 ∞), 则 $\lim\limits_{x \to +\infty} \dfrac{f(x)}{x} = A$ (或 ∞).

17. 曲线的三种渐近线

(1) 水平渐近线: 若存在极限 $\lim\limits_{x \to +\infty} f(x) = A$, 则 $y = A$ 是曲线当 $x \to +\infty$ 时的水平渐近线; 若上面的极限改为 $x \to -\infty$ 就得到当 $x \to -\infty$ 时的水平渐近线.

(2) 斜渐近线: 若存在极限 $\lim\limits_{x \to +\infty} \dfrac{f(x)}{x} = k$, $\lim\limits_{x \to +\infty} (f(x) - kx) = b$, 则 $y = kx + b$ 是曲线当 $x \to +\infty$ 时的斜渐近线; 若上面的极限改为 $x \to -\infty$ 就得到当 $x \to -\infty$ 时的斜渐近线.

(3) 铅直渐近线: 若 $\lim\limits_{x \to x_0^+} f(x) = \infty$ 或 $\lim\limits_{x \to x_0^-} f(x) = \infty$, 则 $x = x_0$ 是函数的铅直渐近线.

18. 平均收敛定理

(1) 算术平均收敛定理: 若 $\lim\limits_{n \to \infty} x_n = A$, 则 $\lim\limits_{n \to \infty} \dfrac{x_1 + x_2 + \cdots + x_n}{n} = A$.

(2) 几何平均收敛定理: 若 $x_n > 0$ 且 $\lim\limits_{n \to \infty} x_n = A$, 则 $\lim\limits_{n \to \infty} \sqrt[n]{x_1 x_2 \cdots x_n} = A$.

19. 和式的极限转化为定积分

在定积分的定义 $\displaystyle\int_a^b f(x)\mathrm{d}x = \lim\limits_{\Delta x_k \to 0} \sum_{k=1}^n f(\xi_k) \cdot \Delta x_k$ 中, 选择 $[a, b]$ 的特定方式以及 ξ_k 特定的选取方式得到和式, 其极限即为定积分 $\displaystyle\int_a^b f(x)\mathrm{d}x$ 的值.

一般使用将区间 $[a, b]$ 进行 n 等分的方式, 并取 ξ_k 为小区间的左端点 (或右端点), 则

$$\lim_{n \to \infty} \frac{b - a}{n} \sum_{k=1}^n f\left[a + \frac{k - 1}{n}(b - a) \right] = \int_a^b f(x)\mathrm{d}x$$

$\left(\text{或 } \lim\limits_{n \to \infty} \dfrac{b - a}{n} \sum\limits_{k=1}^n f\left[a + \dfrac{k}{n}(b - a) \right] = \displaystyle\int_a^b f(x)\mathrm{d}x \right)$. 特别地,

$$\lim_{n \to \infty} \frac{1}{n} \sum_{k=1}^n f\left(\frac{k}{n} \right) = \int_0^1 f(x)\mathrm{d}x.$$

若 $f(x, y) \in \mathbb{R}([a, b] \times [c, d])$, 则

$$\iint\limits_{[a,b] \times [c,d]} f(x, y)\mathrm{d}x\mathrm{d}y = \lim_{n \to \infty} \sum_{i=1}^n \sum_{j=1}^n f\left(a + \frac{b - a}{n}i, c + \frac{d - c}{n}j \right) \cdot \frac{b - a}{n} \cdot \frac{d - c}{n}.$$

20. 应用拉格朗日 (Lagrange) 中值定理求极限

如果在求极限的过程中, 出现了类似于 $\lim\limits_{n \to \infty} g(n)[f(n, b) - f(n, a)]$ 的极限形式, 则可将 $[f(n, b) - f(n, a)]$ 应用拉格朗日中值定理进行表示, 然后再求 $\lim\limits_{n \to \infty} g(n)f'(\xi)(b - a)$ 的极限即可 (此处基本会应用夹逼准则), 全国初赛中多次考察过此种形式的极限计算.

21. 利用级数收敛的必要条件求极限

若级数 $\sum\limits_{n=0}^{\infty} u_n$ 收敛, 则 $\lim\limits_{n\to\infty} u_n = 0$. 例如, 求极限 $\lim\limits_{n\to\infty} \dfrac{k^n}{n!}$ (k 为常数). 因级数

$\sum\limits_{n=0}^{\infty} \dfrac{k^n}{n!} = e^k$ 收敛, 故 $\lim\limits_{n\to\infty} \dfrac{k^n}{n!} = 0$.

注 此种情况求得的极限只能为 0.

22. 利用中心极限定理求极限

(林德伯格–列维 (Lindeberg-Levy) 定理) 设 $X_1, X_2, \cdots, X_n$ 是独立同分布的随机变量序列, $EX_1 = \mu$, $\mathrm{Var}\, X_1 = \sigma^2$, $S_n = X_1 + X_2 + \cdots + X_n$, 则对任意的 x 有 $\lim\limits_{n\to\infty} P\left(\dfrac{S_n - n\mu}{\sqrt{n\sigma^2}} \leqslant x\right) = \Phi(x)$, 其中 $\Phi(x)$ 是标准正态分布函数, 也就是说 $\dfrac{S_n - n\mu}{\sqrt{n\sigma^2}}$ 依分布收敛到标准正态分布.

例如, 证明 $\lim\limits_{n\to\infty} \left[\sum\limits_{k=1}^{n} \dfrac{n^k}{k!} e^{-n}\right] = \dfrac{1}{2}$. 设 $\{\xi_k\}$ 为独立同分布的随机变量序列, 且

共同服从参数为 1 的泊松 (Poisson) 分布, 由泊松分布的性质, $\sum\limits_{k=1}^{n} \xi_k$ 服从参数为 n

的泊松的分布, 所以 $P\left\{\sum\limits_{k=0}^{n} \xi_k \leqslant n\right\} = \sum\limits_{k=0}^{n} \dfrac{n^k}{k!} e^{-n} = e^{-n} + \sum\limits_{k=1}^{n} \dfrac{n^k}{k!} e^{-n}$, 又 $E(\xi_k) =$

$D(\xi_k) = 1$, $\xi_k (k = 1, 2, \cdots, n)$ 独立同分布, 故 $P\left\{\sum\limits_{k=1}^{n} \xi_k \leqslant n\right\} = P\left\{\dfrac{\sum\limits_{k=1}^{n} \xi_k - n \times 1}{\sqrt{n \times 1}} \leqslant\right.$

$\left.\dfrac{n - n \times 1}{\sqrt{n \times 1}}\right\} = \Phi(0) = \dfrac{1}{2}$ $(n \to \infty)$, 故 $\lim\limits_{n\to\infty} P\left\{\sum\limits_{k=0}^{n} \xi_k \leqslant n\right\} = \lim\limits_{n\to\infty} \left(e^{-n} + \sum\limits_{k=1}^{n} \dfrac{n^k}{k!} e^{-n}\right) =$

$\dfrac{1}{2}$, 且 $\lim\limits_{n\to\infty} e^{-n} = 0$, 则原式成立.

23. 斯特林 (Stirling) 公式

(1) $n! = \sqrt{2\pi n}\, n^n e^{-n + \frac{\theta_n}{12n}}$, 其中 $0 < \theta_n < 1$;

(2) $n! \sim \sqrt{2\pi n} \left(\dfrac{n}{e}\right)^n$ $(n \to \infty)$.

24. 沃利斯 (Wallis) 公式

(1) $\lim\limits_{n\to\infty} \dfrac{1}{2n+1} \left(\dfrac{(2n)!!}{(2n-1)!!}\right)^2 = \dfrac{\pi}{2}$;

(2) $\dfrac{(2n)!!}{(2n-1)!!} \sim \sqrt{\pi n}$.

25. 自然常数

$$e = \lim\limits_{n\to\infty} \left(1 + \dfrac{1}{n}\right)^n = \sum\limits_{n=0}^{\infty} \dfrac{1}{n!}.$$

注 (1) $(1+x)^{\frac{1}{x}} = \mathrm{e}\left(1 - \frac{1}{2}x + \frac{11}{24}x^2\right) + o\left(x^2\right), x \to 0.$

(2) $\mathrm{e} = \sum\limits_{k=0}^{n} \frac{1}{k!} + \frac{\theta_n}{n \cdot n!}, 0 < \frac{n}{n+1} < \theta_n \leqslant \frac{n(n+2)}{(n+1)^2} < 1, n \in \mathbb{N}_+.$

(3) e 是无理数, 也是超越数.

(4) 数列 $\left\{\left(1 + \frac{1}{n}\right)^{n-1}\right\}$ 和 $\left\{\left(1 + \frac{1}{n}\right)^{n}\right\}$ 严格单调递增, 而数列 $\left\{\left(1 + \frac{1}{n}\right)^{n+1}\right\}$ 严格单调递减.

26. 欧拉常数

$\gamma = \lim\limits_{n \to \infty} \left(\sum\limits_{k=1}^{n} \frac{1}{k} - \ln n\right) = \sum\limits_{n=1}^{\infty} \left[\frac{1}{n} - \ln\left(1 + \frac{1}{n}\right)\right]$ 为欧拉常数, 且数列 $\left\{\sum\limits_{k=1}^{n} \frac{1}{k} - \ln n\right\}$ 严格单调递减.

27. 常用不等式

1) 均值不等式 (基本不等式)

设 $x_1, x_2, \cdots, x_n$ 是 n 个非负实数, 则 $\dfrac{n}{\sum\limits_{k=1}^{n} \dfrac{1}{x_k}} \leqslant \sqrt[n]{\prod\limits_{k=1}^{n} x_k} \leqslant \dfrac{1}{n} \sum\limits_{k=1}^{n} x_k \leqslant \sqrt{\dfrac{1}{n} \sum\limits_{k=1}^{n} x_k^2},$

等号成立当且仅当 $x_1 = x_2 = \cdots = x_n.$

2) 离散情形的柯西 (Cauchy) 不等式

对于任意实数 $a_1, a_2, \cdots, a_n$ 和 $b_1, b_2, \cdots, b_n$, 都有 $\left(\sum\limits_{i=1}^{n} a_i b_i\right)^2 \leqslant \left(\sum\limits_{i=1}^{n} a_i^2\right)\left(\sum\limits_{i=1}^{n} b_i^2\right),$ 等号成立当且仅当存在 $k \in \mathbb{R}$, 使得 $a_i = kb_i \ (i = 1, 2, \cdots, n)$ 或 $b_i = ka_i \ (i = 1, 2, \cdots, n).$

3) 伯努利 (Bernoulli) 不等式

设 $h > -1, n \in \mathbb{N}_+$, 则 $(1+h)^n \geqslant 1 + nh$, 其中, 当 $n \geqslant 2$ 时等号成立当且仅当 $h = 0.$

4) 詹森 (Jensen) 不等式

设 f 是区间 I 上的下凸函数, 则对 $\forall x_1, x_2, \cdots, x_n \in I, \lambda_1, \lambda_2, \cdots, \lambda_n \in (0, +\infty),$ 并且 $\sum\limits_{k=1}^{n} \lambda_k = 1$, 成立 $f\left(\sum\limits_{k=1}^{n} \lambda_k x_k\right) \leqslant \sum\limits_{k=1}^{n} \lambda_k f\left(x_k\right).$

又若 f 是区间 I 上的严格下凸函数, 则不等式等号成立当且仅当 $x_1 = x_2 = \cdots = x_n.$

5) 幂平均不等式

设 $x_1, x_2, \cdots, x_n$ 是 n 个非负实数, $\alpha \leqslant \beta$, 则 $\left(\dfrac{1}{n} \sum\limits_{k=1}^{n} x_k^{\alpha}\right)^{\frac{1}{\alpha}} \leqslant \left(\dfrac{1}{n} \sum\limits_{k=1}^{n} x_k^{\beta}\right)^{\frac{1}{\beta}}$, 等号成立当且仅当 $x_1 = x_2 = \cdots = x_n.$

6) 若尔当 (Jordan) 不等式

$\dfrac{2}{\pi}x \leqslant \sin x \leqslant x, x \in \left[0, \dfrac{\pi}{2}\right]$, 左边等号成立当且仅当 $x = 0$ 或 $x = \dfrac{\pi}{2}$, 右边等号成立当且仅当 $x = 0$.

7) 常用放缩不等式

(1) $\mathrm{e}^x \geqslant x + 1, x \in \mathbb{R}$, 等号成立当且仅当 $x = 0$.

(2) $\sin x \leqslant x \leqslant \tan x, x \in \left[0, \dfrac{\pi}{2}\right)$, $\sin x \leqslant x, x \in [0, +\infty)$, 所有等号成立当且仅当 $x = 0$.

(3) $\dfrac{x}{1+x} \leqslant \ln(1+x) \leqslant x, x > -1$, $\dfrac{1}{n+1} < \ln\left(1 + \dfrac{1}{n}\right) < \dfrac{1}{n}, n \in \mathbb{N}_+$. 左边两个不等式等号成立当且仅当 $x = 0$.

28. 压缩映射

若函数 f 在区间 I 上有定义, $f(I) \subset I$, 并且存在 $k \in (0, 1)$, 使得 $|f(x) - f(y)| \leqslant k|x - y|, \forall x, y \in I$, 则称 f 是 I 上的一个压缩映射, 称 k 为压缩常数.

压缩映射原理　设 f 是 $[a, b]$ 上的一个压缩映射, 则

(1) f 在 $[a, b]$ 上存在唯一的不动点 $\xi = f(\xi)$;

(2) 由任何初始值 $a_0 \in [a, b]$ 和递推公式 $a_{n+1} = f(a_n), n \in \mathbb{N}_+$ 生成的数列 $\{a_n\}$ 一定收敛于 ξ;

(3) 估计式 $|a_n - \xi| \leqslant \dfrac{k}{1-k}|a_n - a_{n-1}|$ 和 $|a_n - \xi| \leqslant \dfrac{k^n}{1-k}|a_1 - a_0|, n \in \mathbb{N}_+$ 成立.

(4) 设 $\{a_n\}$ 为数列, 若存在 $k \in (0, 1)$, 使得 $|a_{n+1} - a_n| \leqslant k|a_n - a_{n-1}|, \forall n \in \mathbb{N}_+$, 则数列 $\{a_n\}$ 收敛.

(5) 设 $\{a_n\}$ 为数列, $a_{n+1} = f(a_n) \in I, n \in \mathbb{N}_+$, 其中 I 为区间, f 在 I 上可微, 并且 $|f'(x)| \leqslant r < 1, \forall x \in I$, 则数列 $\{a_n\}$ 收敛.

29. 函数的连续性及间断点

(1) **函数的连续性**　若 $\lim\limits_{x \to x_0} f(x) = f(x_0)$, 则称函数 $f(x)$ 在点 x_0 处连续; 若函数 $f(x)$ 在区间 I 上每一点都连续, 则称函数 $f(x)$ 在区间 I 上连续; 若函数在点 x_0 处不连续, 则称点 x_0 为函数 $f(x)$ 的间断点.

(2) **间断点分类**　设点 x_0 为函数 $f(x)$ 的间断点, 若极限 $\lim\limits_{x \to x_0} f(x)$ 存在, 则称 x_0 为函数 $f(x)$ 的可去间断点; 若 $\lim\limits_{x \to x_0^-} f(x)$ 与 $\lim\limits_{x \to x_0^+} f(x)$ 存在但不相等, 则称点 x_0 为函数 $f(x)$ 的跳跃间断点. 可去间断点与跳跃间断点统称为第一类间断点, 其余间断点称为第二类间断点. 若 $\lim\limits_{x \to x_0} f(x) = \infty$, 则称点 x_0 为函数 $f(x)$ 的无穷间断点.

30. 闭区间上连续函数的性质

(1) **有界性定理**　设 $f(x)$ 是闭区间 $[a, b]$ 上的连续函数, 则 $f(x)$ 在 $[a, b]$ 上有界.

(2) **最大值最小值定理**　设 $f(x)$ 是闭区间 $[a, b]$ 上的连续函数, 则 $f(x)$ 在 $[a, b]$ 上可以取到最大值及最小值.

(3) **零点定理**　设 $f(x)$ 是闭区间 $[a,b]$ 上的连续函数, 且 $f(a)f(b) < 0$, 则存在一点 $\xi \in (a,b)$ 使得 $f(\xi) = 0$.

(4) **介值定理**　设 $f(x)$ 是闭区间 $[a,b]$ 上的连续函数, M, m 分别是函数 $f(x)$ 在闭区间 $[a,b]$ 上的最大值和最小值, 常数 c 是介于最大值与最小值之间的任一常数, 则存在点 $\xi \in [a,b]$ 使得 $f(\xi) = c$.

六、全国初赛真题赏析

例 1　求极限 $\lim\limits_{x \to 0} \left(\dfrac{\mathrm{e}^x + \mathrm{e}^{2x} + \cdots + \mathrm{e}^{nx}}{n} \right)^{\frac{\mathrm{e}}{x}}$, 其中 n 是给定的正整数. (第一届全国初赛, 2009)

解　方法 1: (利用第二个重要极限) 因

$$\lim_{x \to 0} \left(\frac{\mathrm{e}^x + \mathrm{e}^{2x} + \cdots + \mathrm{e}^{nx}}{n} \right)^{\frac{\mathrm{e}}{x}} = \lim_{x \to 0} \left(1 + \frac{\mathrm{e}^x + \mathrm{e}^{2x} + \cdots + \mathrm{e}^{nx} - n}{n} \right)^{\frac{\mathrm{e}}{x}},$$

而

$$\lim_{x \to 0} \frac{\mathrm{e}^x + \mathrm{e}^{2x} + \cdots + \mathrm{e}^{nx} - n}{n} \frac{\mathrm{e}}{x} = \mathrm{e} \lim_{x \to 0} \frac{\mathrm{e}^x + \mathrm{e}^{2x} + \cdots + \mathrm{e}^{nx} - n}{nx}$$

$$= \mathrm{e} \lim_{x \to 0} \frac{\mathrm{e}^x + 2\mathrm{e}^{2x} + \cdots + n\mathrm{e}^{nx}}{n}$$

$$= \mathrm{e} \frac{1 + 2 + \cdots + n}{n} = \frac{n+1}{2} \mathrm{e}.$$

因此

$$\lim_{x \to 0} \left(\frac{\mathrm{e}^x + \mathrm{e}^{2x} + \cdots + \mathrm{e}^{nx}}{n} \right)^{\frac{\mathrm{e}}{x}} = \mathrm{e}^{\lim\limits_{x \to 0} \frac{\mathrm{e}^x + \mathrm{e}^{2x} + \cdots + \mathrm{e}^{nx} - n}{n} \frac{\mathrm{e}}{x}} = \mathrm{e}^{\frac{n+1}{2} \mathrm{e}}.$$

方法 2: (利用幂指函数取对数) 因

$$\lim_{x \to 0} \left(\frac{\mathrm{e}^x + \mathrm{e}^{2x} + \cdots + \mathrm{e}^{nx}}{n} \right)^{\frac{\mathrm{e}}{x}} = \lim_{x \to 0} \mathrm{e}^{\ln \left(\frac{\mathrm{e}^x + \mathrm{e}^{2x} + \cdots + \mathrm{e}^{nx}}{n} \right)^{\frac{\mathrm{e}}{x}}},$$

而

$$\lim_{x \to 0} \ln \left(\frac{\mathrm{e}^x + \mathrm{e}^{2x} + \cdots + \mathrm{e}^{nx}}{n} \right)^{\frac{\mathrm{e}}{x}}$$

$$= \mathrm{e} \lim_{x \to 0} \frac{\ln(\mathrm{e}^x + \mathrm{e}^{2x} + \cdots + \mathrm{e}^{nx}) - \ln n}{x}$$

$$= \mathrm{e} \lim_{x \to 0} \frac{\mathrm{e}^x + 2\mathrm{e}^{2x} + \cdots + n\mathrm{e}^{nx}}{\mathrm{e}^x + \mathrm{e}^{2x} + \cdots + \mathrm{e}^{nx}} = \mathrm{e} \frac{1 + 2 + \cdots + n}{n} = \frac{n+1}{2} \mathrm{e},$$

故 $\lim\limits_{x \to 0} \left(\dfrac{\mathrm{e}^x + \mathrm{e}^{2x} + \cdots + \mathrm{e}^{nx}}{n} \right)^{\frac{\mathrm{e}}{x}} = \mathrm{e}^{\frac{n+1}{2} \mathrm{e}}.$

例 2 求当 $x \to 1^-$ 时, 与 $\displaystyle\sum_{n=0}^{\infty} x^{n^2}$ 等价的无穷大量. (第一届全国初赛, 2009)

解 令 $f(t) = x^{t^2}$, 则当 $0 < x < 1$, $t \in (0, +\infty)$ 时, $f'(t) = 2tx^{t^2} \ln x < 0$, 故 $f(t) = x^{t^2} = \mathrm{e}^{-t^2 \ln \frac{1}{x}}$ 在 $(0, +\infty)$ 上严格单调减, 因此

$$\int_0^{+\infty} f(t)\mathrm{d}t = \sum_{n=0}^{\infty} \int_n^{n+1} f(t)\mathrm{d}t \leqslant \sum_{n=0}^{\infty} f(n) \leqslant f(0) + \sum_{n=1}^{\infty} \int_{n-1}^{n} f(t)\mathrm{d}t = 1 + \int_0^{+\infty} f(t)\mathrm{d}t,$$

$\displaystyle\lim_{x \to 1} \frac{\ln \frac{1}{x}}{1-x} = \lim_{x \to 1} \frac{-\frac{1}{x}}{-1} = 1$, 从而当 $x \to 1$ 时, $\ln \dfrac{1}{x} \sim 1 - x$,

$$\int_0^{+\infty} f(t)\mathrm{d}t = \int_0^{+\infty} x^{t^2}\mathrm{d}t = \int_0^{+\infty} \mathrm{e}^{-t^2 \ln \frac{1}{x}}\mathrm{d}t = \frac{1}{\sqrt{\ln \frac{1}{x}}} \int_0^{+\infty} \mathrm{e}^{-u^2}\mathrm{d}u = \frac{1}{\sqrt{\ln \frac{1}{x}}} \frac{\sqrt{\pi}}{2}.$$

所以当 $x \to 1^-$ 时, 与 $\displaystyle\sum_{n=0}^{\infty} x^{n^2}$ 等价的无穷大量是 $\dfrac{1}{2}\sqrt{\dfrac{\pi}{1-x}}$.

例 3 设 $x_n = (1+a)\left(1+a^2\right)\cdots\left(1+a^{2^n}\right)$, 其中 $|a| < 1$, 求 $\displaystyle\lim_{n \to \infty} x_n$. (第二届全国初赛, 2010)

解 将 x_n 恒等变形得

$$\begin{aligned}
x_n &= (1-a)(1+a)\left(1+a^2\right)\cdots\left(1+a^{2^n}\right)\frac{1}{1-a} \\
&= \left(1-a^2\right)\left(1+a^2\right)\cdots\left(1+a^{2^n}\right)\frac{1}{1-a} \\
&= \left(1-a^4\right)\left(1+a^4\right)\cdots\left(1+a^{2^n}\right)\frac{1}{1-a} = \frac{1-a^{2^{n+1}}}{1-a},
\end{aligned}$$

由于 $|a| < 1$ 得 $\displaystyle\lim_{n \to \infty} a^{2^{n+1}} = 0$, 故 $\displaystyle\lim_{n \to \infty} x_n = \dfrac{1}{1-a}$.

例 4 计算极限 $\displaystyle\lim_{x \to \infty} \mathrm{e}^{-x}\left(1+\dfrac{1}{x}\right)^{x^2}$. (第二届全国初赛, 2010)

解
$$\begin{aligned}
\lim_{x \to \infty} \mathrm{e}^{-x}\left(1+\frac{1}{x}\right)^{x^2} &= \lim_{x \to \infty}\left[\left(1+\frac{1}{x}\right)^x \mathrm{e}^{-1}\right]^x \\
&= \exp\left(\lim_{x \to \infty} x\left[\ln\left(1+\frac{1}{x}\right)^x - 1\right]\right) \\
&= \exp\left(\lim_{x \to \infty} x\left[x\ln\left(1+\frac{1}{x}\right) - 1\right]\right) \\
&= \exp\left(\lim_{x \to \infty} x\left[x\left(\frac{1}{x} - \frac{1}{2x^2} + o\left(\frac{1}{x^2}\right)\right) - 1\right]\right) \\
&= \mathrm{e}^{-\frac{1}{2}}.
\end{aligned}$$

例 5 计算极限 $\lim\limits_{x\to 0}\dfrac{(1+x)^{\frac{2}{x}}-\mathrm{e}^2(1-\ln(1+x))}{x}$. (第三届全国初赛, 2011)

解 因为 $\dfrac{(1+x)^{\frac{2}{x}}-\mathrm{e}^2(1-\ln(1+x))}{x}=\dfrac{\mathrm{e}^{\frac{2}{x}\ln(1+x)}-\mathrm{e}^2(1-\ln(1+x))}{x}$, 拆开计算

有 $\lim\limits_{x\to 0}\dfrac{\mathrm{e}^2\ln(1+x)}{x}=\mathrm{e}^2$,

$$\begin{aligned}
\lim_{x\to 0}\frac{\mathrm{e}^{\frac{2}{x}\ln(1+x)}-\mathrm{e}^2}{x} &= \mathrm{e}^2\lim_{x\to 0}\frac{\mathrm{e}^{\frac{2}{x}\ln(1+x)-2}-1}{x}\\
&= \mathrm{e}^2\lim_{x\to 0}\frac{\dfrac{2}{x}\ln(1+x)-2}{x}\\
&= 2\mathrm{e}^2\lim_{x\to 0}\frac{\ln(1+x)-x}{x^2}\\
&= 2\mathrm{e}^2\lim_{x\to 0}\frac{\dfrac{1}{1+x}-1}{2x}=-\mathrm{e}^2,
\end{aligned}$$

故 $\lim\limits_{x\to 0}\dfrac{(1+x)^{\frac{2}{x}}-\mathrm{e}^2(1-\ln(1+x))}{x}=0.$

例 6 设 $a_n=\cos\dfrac{\theta}{2}\cdot\cos\dfrac{\theta}{2^2}\cdots\cos\dfrac{\theta}{2^n}$, 求 $\lim\limits_{n\to\infty}a_n$. (第三届全国初赛, 2011)

解 当 $\theta=0$ 时, 则 $\lim\limits_{n\to\infty}a_n=1$.

当 $\theta\neq 0$ 时,

$$\begin{aligned}
a_n &= \cos\frac{\theta}{2}\cdot\cos\frac{\theta}{2^2}\cdots\cos\frac{\theta}{2^n}=\cos\frac{\theta}{2}\cdot\cos\frac{\theta}{2^2}\cdots\cos\frac{\theta}{2^n}\cdot\sin\frac{\theta}{2^n}\cdot\frac{1}{\sin\dfrac{\theta}{2^n}}\\
&= \cos\frac{\theta}{2}\cdot\cos\frac{\theta}{2^2}\cdots\cos\frac{\theta}{2^{n-1}}\cdot\frac{1}{2}\sin\frac{\theta}{2^{n-1}}\cdot\frac{1}{\sin\dfrac{\theta}{2^n}}\\
&= \cos\frac{\theta}{2}\cdot\cos\frac{\theta}{2^2}\cdots\cos\frac{\theta}{2^{n-2}}\cdot\frac{1}{2^2}\sin\frac{\theta}{2^{n-2}}\cdot\frac{1}{\sin\dfrac{\theta}{2^n}}=\frac{\sin\theta}{2^n\sin\dfrac{\theta}{2^n}}.
\end{aligned}$$

这时

$$\lim_{n\to\infty}a_n=\lim_{n\to\infty}\frac{\sin\theta}{2^n\sin\dfrac{\theta}{2^n}}=\frac{\sin\theta}{\theta}.$$

例 7 设 $\{a_n\}_{n=0}^{\infty}$ 为数列, a,λ 为有限数, 求证:

(1) 如果 $\lim\limits_{n\to\infty}a_n=a$, 则 $\lim\limits_{n\to\infty}\dfrac{a_1+a_2+\cdots+a_n}{n}=a$;

(2) 如果存在正整数 p, 使得 $\lim\limits_{n\to\infty}(a_{n+p}-a_n)=\lambda$, 则 $\lim\limits_{n\to\infty}\dfrac{a_n}{n}=\dfrac{\lambda}{p}$. (第三届全国初赛, 2011)

证明 (1) 由于 $\lim\limits_{n\to\infty} a_n = a$, 因此对 $\forall \varepsilon > 0, \exists N > 0, \forall n > N$, 有 $|a_n - a| < \varepsilon$. 于是有

$$\left| \frac{a_1 + a_2 + \cdots + a_n}{n} - a \right|$$

$$\leqslant \frac{|a_1 - a| + |a_2 - a| + \cdots + |a_n - a|}{n}$$

$$\leqslant \frac{|a_1 - a| + |a_2 - a| + \cdots + |a_N - a|}{n} + \frac{(n-N)\varepsilon}{n}.$$

上述不等式中, 由于 $|a_1 - a| + |a_2 - a| + \cdots + |a_N - a|$ 是常数, 因此对同样给定的 $\varepsilon > 0, \exists N_1 > 0$, 当 $n > N_1$ 时, 有 $\dfrac{|a_1 - a| + |a_2 - a| + \cdots + |a_N - a|}{n} < \varepsilon$. 于是 $\forall \varepsilon > 0$, 取 $N_2 = \max\{N, N_1\}$, 对任意 $n > N_2$, 都有 $\left| \dfrac{a_1 + a_2 + \cdots + a_n}{n} - a \right| < 2\varepsilon$.

由极限的定义有 $\lim\limits_{n\to\infty} \dfrac{a_1 + a_2 + \cdots + a_n}{n} = a$.

(2) 记 $A_n^{(i)} = a_{(n-1)p+i}, i = 1, 2, \cdots, p$, 由于 $\lim\limits_{n\to\infty}(a_{n+p} - a_n) = \lambda$, 故对每个子列 $A_n^{(i)}$ 都有 $\lim\limits_{n\to\infty}(A_{n+1}^i - A_n^i) = \lambda \, (i = 1, 2, \cdots, p)$.

由斯托尔茨定理, 得 $\lim\limits_{n\to\infty} \dfrac{a_{np+i}}{np+i} = \lim\limits_{n\to\infty} \dfrac{a_{(n+1)p+i} - a_{np+i}}{((n+1)p+i) - (np+i)} = \dfrac{\lambda}{p}$. 注意到数列 $\left\{ \dfrac{a_n}{n} \right\}$ 可以分解成 p 个子列 $\left\{ \dfrac{a_{(n-1)p+i}}{(n-1)p+i} \right\} \, (i = 1, 2, \cdots, p)$, 且所有子列都收敛到同一个极限 $\dfrac{\lambda}{p}$, 因此原数列 $\left\{ \dfrac{a_n}{n} \right\}$ 收敛, 且 $\lim\limits_{n\to\infty} \dfrac{a_n}{n} = \dfrac{\lambda}{p}$.

例 8 求极限 $\lim\limits_{n\to\infty} (n!)^{\frac{1}{n^2}}$. (第四届全国初赛, 2012)

解 因为 $(n!)^{\frac{1}{n^2}} = \mathrm{e}^{\frac{1}{n^2}\ln(n!)}$, 而 $0 \leqslant \dfrac{1}{n^2}\ln(n!) \leqslant \dfrac{1}{n}\left(\dfrac{\ln 1}{1} + \dfrac{\ln 2}{2} + \cdots + \dfrac{\ln n}{n} \right)$, 且 $\lim\limits_{n\to\infty} \dfrac{\ln n}{n} = 0$, 所以由斯托尔茨定理, 有 $\lim\limits_{n\to\infty} \dfrac{1}{n}\left(\dfrac{\ln 1}{1} + \dfrac{\ln 2}{2} + \cdots + \dfrac{\ln n}{n} \right) = 0$, 利用夹逼准则, 得 $\lim\limits_{n\to\infty} \dfrac{1}{n^2}\ln(n!) = 0$, 故 $\lim\limits_{n\to\infty} (n!)^{\frac{1}{n^2}} = 1$.

例 9 求极限 $\lim\limits_{x\to+\infty} \sqrt[3]{x} \displaystyle\int_x^{x+1} \dfrac{\sin t}{\sqrt{t + \cos t}} \mathrm{d}t$. (第四届全国初赛, 2012)

解 因为当 $x > 1$ 时, $0 \leqslant \left| \sqrt[3]{x} \displaystyle\int_x^{x+1} \dfrac{\sin t}{\sqrt{t + \cos t}} \mathrm{d}t \right| \leqslant \sqrt[3]{x} \displaystyle\int_x^{x+1} \dfrac{\mathrm{d}t}{\sqrt{t-1}} = 2\sqrt[3]{x}(\sqrt{x} - \sqrt{x-1}) = 2\dfrac{\sqrt[3]{x}}{\sqrt{x} + \sqrt{x-1}} \to 0 \, (x \to +\infty)$, 所以由夹逼准则, 得

$$\lim_{x\to+\infty} \sqrt[3]{x} \int_x^{x+1} \frac{\sin t}{\sqrt{t + \cos t}} \mathrm{d}t = 0.$$

例 10 设函数 $y = f(x)$ 二阶可导, 且 $f''(x) > 0$, $f(0) = 0$, $f'(0) = 0$, 求 $\lim\limits_{x \to 0} \dfrac{x^3 f(u)}{f(x) \sin^3 u}$, 其中 u 是曲线 $y = f(x)$ 上点 $P(x, f(x))$ 处的切线在 x 轴上的截距. (第四届全国初赛, 2012)

解 曲线 $y = f(x)$ 上点 $P(x, f(x))$ 处的切线方程为 $Y - f(x) = f'(x)(X - x)$. 令 $Y = 0$, 则有 $X = x - \dfrac{f(x)}{f'(x)}$, 由此得 $u = x - \dfrac{f(x)}{f'(x)}$, 且有

$$\lim_{x \to 0} u = \lim_{x \to 0}\left(x - \frac{f(x)}{f'(x)}\right) = -\lim_{x \to 0} \frac{\dfrac{f(x) - f(0)}{x - 0}}{\dfrac{f'(x) - f'(0)}{x - 0}} = -\frac{f'(0)}{f''(0)} = 0,$$

由 $f(x)$ 在 $x = 0$ 处的二阶泰勒公式

$$f(x) = f(0) + f'(0)x + \frac{f''(0)}{2}x^2 + o(x^2) = \frac{f''(0)}{2}x^2 + o(x^2),$$

得

$$\lim_{x \to 0} \frac{u}{x} = 1 - \lim_{x \to 0} \frac{f(x)}{xf'(x)} = 1 - \lim_{x \to 0} \frac{\dfrac{f''(0)}{2}x^2 + o(x^2)}{xf'(x)}$$

$$= 1 - \frac{1}{2}\lim_{x \to 0} \frac{f''(0) + o(1)}{\dfrac{f'(x) - f'(0)}{x - 0}} = 1 - \frac{1}{2}\frac{f''(0)}{f''(0)} = \frac{1}{2}.$$

所以

$$\lim_{x \to 0} \frac{x^3 f(u)}{f(x) \sin^3 u} = \lim_{x \to 0} \frac{x^3\left(\dfrac{f''(0)}{2}u^2 + o(u^2)\right)}{u^3\left(\dfrac{f''(0)}{2}x^2 + o(x^2)\right)} = \lim_{x \to 0} \frac{x}{u} = 2.$$

例 11 求极限 $\lim\limits_{n \to \infty}\left(1 + \sin \pi\sqrt{1 + 4n^2}\right)^n$. (第五届全国初赛, 2013)

解 因为 $\sin \pi\sqrt{1 + 4n^2} = \sin\left(\pi\sqrt{1 + 4n^2} - 2n\pi\right) = \sin\dfrac{\pi}{\sqrt{1 + 4n^2} + 2n}$, 所以

$$\lim_{n \to \infty}\left(1 + \sin \pi\sqrt{1 + 4n^2}\right)^n = \lim_{n \to \infty}\left(1 + \sin\frac{\pi}{\sqrt{1 + 4n^2} + 2n}\right)^n$$

$$= \exp\left[\lim_{n \to \infty} n\ln\left(1 + \sin\frac{\pi}{\sqrt{1 + 4n^2} + 2n}\right)\right]$$

$$= \exp\left(\lim_{n \to \infty} n\sin\frac{\pi}{\sqrt{1 + 4n^2} + 2n}\right)$$

$$= \exp\left(\lim_{n \to \infty} \frac{n\pi}{\sqrt{1 + 4n^2} + 2n}\right) = e^{\frac{\pi}{4}}.$$

例 12 设 f 在 $[a,b]$ 上非负连续, 严格单增, 且对任意的 $n \in \mathbb{N}$, 存在 $x_n \in [a,b]$, 使得 $[f(x_n)]^n = \dfrac{1}{b-a} \displaystyle\int_a^b [f(x)]^n \mathrm{d}x$. 求 $\lim\limits_{n\to\infty} x_n$. (第六届全国初赛, 2014).

解 由于 f 在 $[a,b]$ 上非负连续, 严格单增, 故 $f(x) < f(b)$, $f^{(n)}(x) < f^n(b)$, 则 $\displaystyle\int_a^b [f(x)]^n \mathrm{d}x \leqslant (b-a)f^n(b)$, 即 $\dfrac{1}{b-a}\displaystyle\int_a^b [f(x)]^n \mathrm{d}x \leqslant f^n(b)$, 同时 $\displaystyle\int_{b-\frac{1}{n}}^b [f(x)]^n \mathrm{d}x < \displaystyle\int_a^b [f(x)]^n \mathrm{d}x$. 由积分中值定理得: 存在 $\xi \in \left(b - \dfrac{1}{n}, b\right)$, 使得 $[f(\xi)]^n \cdot \dfrac{1}{n} \leqslant \displaystyle\int_a^b [f(x)]^n \mathrm{d}x$, 则 $\dfrac{1}{n(b-a)}[f(\xi)]^n \leqslant \dfrac{1}{b-a}\displaystyle\int_a^b [f(x)]^n \mathrm{d}x \leqslant f^n(b)$, 因此 $\dfrac{f(\xi)}{\sqrt[n]{n(b-a)}} \leqslant f(x_n) \leqslant f(b)$, 由极限的保号性得 $\lim\limits_{n\to\infty} \dfrac{f(\xi)}{\sqrt[n]{n(b-a)}} \leqslant \lim\limits_{n\to\infty} f(x_n) \leqslant f(b)$, 由 $\xi \in \left(b - \dfrac{1}{n}, b\right)$ 及 $f(x)$ 的连续性, 知 $\lim\limits_{n\to\infty} \dfrac{f(\xi)}{\sqrt[n]{n(b-a)}} = f(b)$, 由夹逼准则, 得 $\lim\limits_{n\to\infty} f(x_n) = f(b)$, 又由 $f(x)$ 在 $[a,b]$ 上严格单增知 $\lim\limits_{n\to\infty} x_n = b$.

例 13 设 $A_n = \dfrac{n}{n^2+1} + \dfrac{n}{n^2+2^2} + \cdots + \dfrac{n}{n^2+n^2}$, 求 $\lim\limits_{n\to\infty} n\left(\dfrac{\pi}{4} - A_n\right)$. (第六届全国初赛, 2014)

解 令 $f(x) = \dfrac{1}{1+x^2}$, 记 $J_n = n\left(\dfrac{\pi}{4} - A_n\right)$. 因 $A_n = \dfrac{1}{n}\displaystyle\sum_{i=1}^n \dfrac{1}{1+(i/n)^2}$, 故 $\lim\limits_{n\to\infty} A_n = \displaystyle\int_0^1 f(x)\mathrm{d}x = \dfrac{\pi}{4}$. 记 $x_i = \dfrac{i}{n}$, 则 $A_n = \displaystyle\sum_{i=1}^n \int_{x_{i-1}}^{x_i} f(x_i)\mathrm{d}x$, 故 $J_n = n\displaystyle\sum_{i=1}^n \int_{x_{i-1}}^{x_i} (f(x) - f(x_i))\mathrm{d}x$, 由拉格朗日中值定理, 存在 $\xi_i \in (x_{i-1}, x_i)$, 使得 $J_n = n\displaystyle\sum_{i=1}^n \int_{x_{i-1}}^{x_i} f'(\xi_i)(x - x_i)\mathrm{d}x$. 令 m_i 和 M_i 分别是 $f'(x)$ 在 $[x_{i-1}, x_i]$ 上的最小值和最大值, 则 $m_i \leqslant f'(\xi_i) \leqslant M_i$, 故积分 $\displaystyle\int_{x_{i-1}}^{x_i} f'(\xi_i)(x - x_i)\mathrm{d}x$ 介于 $\displaystyle\int_{x_{i-1}}^{x_i} m_i(x - x_i)\mathrm{d}x$ 和 $\displaystyle\int_{x_{i-1}}^{x_i} M_i(x - x_i)\mathrm{d}x$ 之间, 所以存在 $\eta_i \in (x_{i-1}, x_i)$, 使得 $\displaystyle\int_{x_{i-1}}^{x_i} f'(\xi_i)(x - x_i)\mathrm{d}x = \dfrac{-f'(\eta_i)(x_i - x_{i-1})^2}{2}$, 于是

$$J_n = -\dfrac{n}{2}\sum_{i=1}^n f'(\eta_i)(x_i - x_{i-1})^2 = -\dfrac{1}{2n}\sum_{i=1}^n f'(\eta_i),$$

从而 $\lim\limits_{n\to\infty} n\left(\dfrac{\pi}{4} - A_n\right) = \lim\limits_{n\to\infty} J_n = -\dfrac{1}{2}\displaystyle\int_0^1 f'(x)\mathrm{d}x = -\dfrac{1}{2}[f(1) - f(0)] = \dfrac{1}{4}$.

例 14 计算极限 $\lim\limits_{n\to\infty} n\left(\dfrac{\sin\frac{\pi}{n}}{n^2+1}+\dfrac{\sin\frac{2\pi}{n}}{n^2+2}+\cdots+\dfrac{\sin\pi}{n^2+n}\right)$. (第七届全国初赛, 2015)

解 由于 $\sum\limits_{i=1}^{n}\dfrac{\sin\frac{i\pi}{n}}{n+1}\leqslant\sum\limits_{i=1}^{n}\dfrac{\sin\frac{i\pi}{n}}{n+\frac{i}{n}}\leqslant\sum\limits_{i=1}^{n}\dfrac{\sin\frac{i\pi}{n}}{n}$, 而

$$\lim_{n\to\infty}\frac{1}{n+1}\sum_{i=1}^{n}\sin\frac{i\pi}{n}=\lim_{n\to\infty}\frac{n}{n+1}\cdot\frac{1}{n}\sum_{i=1}^{n}\sin\frac{i\pi}{n}=\int_0^1\sin\pi x\,\mathrm{d}x=\frac{2}{\pi};$$

$\lim\limits_{n\to\infty}\dfrac{1}{n}\sum\limits_{i=1}^{n}\sin\dfrac{i\pi}{n}=\displaystyle\int_0^1\sin\pi x\,\mathrm{d}x=\dfrac{2}{\pi}$, 因此由数列极限的夹逼准则, 有

$$\lim_{n\to\infty} n\left(\frac{\sin\frac{\pi}{n}}{n^2+1}+\frac{\sin\frac{2\pi}{n}}{n^2+2}+\cdots+\frac{\sin\pi}{n^2+n}\right)=\frac{2}{\pi}.$$

例 15 $f(x)$ 在点 $x=a$ 可导, 且 $f(a)\neq 0$, 计算极限 $\lim\limits_{n\to\infty}\left(\dfrac{f\left(a+\frac{1}{n}\right)}{f(a)}\right)^n$. (第八届全国初赛, 2016)

解 $\lim\limits_{n\to\infty}\left(\dfrac{f\left(a+\frac{1}{n}\right)}{f(a)}\right)^n=\lim\limits_{n\to\infty}\left(1+\dfrac{f\left(a+\frac{1}{n}\right)-f(a)}{f(a)}\right)^{\frac{f(a)}{f\left(a+\frac{1}{n}\right)-f(a)}\cdot\frac{f\left(a+\frac{1}{n}\right)-f(a)}{\frac{1}{n}f(a)}}$

$$=\mathrm{e}^{\lim\limits_{n\to\infty}\frac{f\left(a+\frac{1}{n}\right)-f(a)}{\frac{1}{n}f(a)}}=\mathrm{e}^{\frac{f'(a)}{f(a)}}.$$

例 16 若 $f(1)=0$, $f'(1)$ 存在, 求极限 $I=\lim\limits_{x\to 0}\dfrac{f(\sin^2 x+\cos x)\tan 3x}{(\mathrm{e}^{x^2}-1)\sin x}$. (第八届全国初赛, 2016)

解 $I=\lim\limits_{x\to 0}\dfrac{f(\sin^2 x+\cos x)\tan 3x}{(\mathrm{e}^{x^2}-1)\sin x}=3\lim\limits_{x\to 0}\dfrac{f(\sin^2 x+\cos x)}{x^2}$

$=3\lim\limits_{x\to 0}\dfrac{f(\sin^2 x+\cos x)-f(1)}{\sin^2 x+\cos x-1}\cdot\dfrac{\sin^2 x+\cos x-1}{x^2}$

$=3f'(1)\lim\limits_{x\to 0}\dfrac{\sin^2 x+\cos x-1}{x^2}$

$=3f'(1)\left[\lim\limits_{x\to 0}\dfrac{\sin^2 x}{x^2}+\lim\limits_{x\to 0}\dfrac{\cos x-1}{x^2}\right]$

$$= 3f'(1)\left[1 + \left(-\frac{1}{2}\right)\right] = \frac{3}{2}f'(1).$$

例 17 设函数 $f(x)$ 在闭区间 $[0,1]$ 上具有连续导数, $f(0) = 0$, $f(1) = 1$, 证明:

$$\lim_{n \to \infty} n\left(\int_0^1 f(x)\,\mathrm{d}x - \frac{1}{n}\sum_{k=1}^n f\left(\frac{k}{n}\right)\right) = -\frac{1}{2}. \text{ (第八届全国初赛, 2016)}$$

证明 将区间 $[0,1]$ 进行 n 等分, 设分点 $x_k = \dfrac{k}{n}$, 则 $\Delta x_k = \dfrac{1}{n}$, 且

$$\lim_{n \to \infty} n\left(\int_0^1 f(x)\mathrm{d}x - \frac{1}{n}\sum_{k=1}^n f\left(\frac{k}{n}\right)\right)$$

$$= \lim_{n \to \infty} n\left(\sum_{k=1}^n \int_{x_{k-1}}^{x_k} f(x)\mathrm{d}x - \sum_{k=1}^n f(x_k)\Delta x_k\right)$$

$$= \lim_{n \to \infty} n\left(\sum_{k=1}^n \int_{x_{k-1}}^{x_k} [f(x) - f(x_k)]\,\mathrm{d}x\right)$$

$$= \lim_{n \to \infty} n\left(\sum_{k=1}^n \int_{x_{k-1}}^{x_k} \frac{f(x) - f(x_k)}{x - x_k}(x - x_k)\mathrm{d}x\right)$$

$$= \lim_{n \to \infty} n\left(\sum_{k=1}^n \frac{f(\xi_k) - f(x_k)}{\xi_k - x_k}\int_{x_{k-1}}^{x_k}(x - x_k)\mathrm{d}x\right) (\xi_k \in (x_{k-1}, x_k))$$

$$= \lim_{n \to \infty} n\left(\sum_{k=1}^n f'(\eta_k)\int_{x_{k-1}}^{x_k}(x - x_k)\mathrm{d}x\right) (\eta_k \text{ 介于 } \xi_k \text{ 与 } x_k \text{ 之间})$$

$$= \lim_{n \to \infty} n\left(\sum_{k=1}^n f'(\eta_k)\left(-\frac{1}{2}(x_k - x_{k-1})^2\right)\right) \left(\text{因为} x_k - x_{k-1} = \frac{1}{n}\right)$$

$$= -\frac{1}{2}\lim_{n \to \infty}\left(\sum_{k=1}^n f'(\eta_k)(x_k - x_{k-1})\right) = -\frac{1}{2}\int_0^1 f'(x)\mathrm{d}x = -\frac{1}{2}.$$

例 18 计算极限 $\lim\limits_{n \to \infty} \sin^2\left(\pi\sqrt{n^2 + n}\right)$. (第九届全国初赛, 2017)

解 由于 $\sin^2\left(\pi\sqrt{n^2 + n}\right) = \sin^2\left(\pi\sqrt{n^2 + n} - n\pi\right) = \sin^2\left(\dfrac{n\pi}{\sqrt{n^2 + n} + n}\right)$, 所以

$$\lim_{n \to \infty}\sin^2\left(\pi\sqrt{n^2 + n}\right) = \lim_{n \to \infty}\sin^2\left(\frac{n\pi}{\sqrt{n^2 + n} + n}\right) = \sin^2\frac{\pi}{2} = 1.$$

例 19 设 $f(x)$ 有二阶导数连续, 且 $f(0) = f'(0) = 0$, $f''(0) = 6$, 求极限

$$\lim_{x \to 0} \frac{f(\sin^2 x)}{x^4}.$$

(第九届全国初赛, 2017)

解 $f(x) = f(0) + f'(0)x + \frac{1}{2}f''(\xi)x^2$, 所以 $f(\sin^2 x) = \frac{1}{2}f''(\xi)\sin^4 x$. 这样

$$\lim_{x \to 0} \frac{f(\sin^2 x)}{x^4} = \lim_{x \to 0} \frac{f''(\xi)\sin^4 x}{2x^4} = 3.$$

例 20 设 $\{a_n\}$ 为一个数列, p 为固定的正整数. 若 $\lim\limits_{n \to \infty}(a_{n+p} - a_n) = \lambda$, 其中 λ 为常数, 则证明: $\lim\limits_{n \to \infty}\dfrac{a_n}{n} = \dfrac{\lambda}{p}$. (第九届全国初赛, 2017)

证明 记 $A_n^{(i)} = a_{(n-1)p+i}, i = 1, 2, \cdots, p$, 由于 $\lim\limits_{n \to \infty}(a_{n+p} - a_n) = \lambda$, 故对每个子列 $A_n^{(i)}$ 都有 $\lim\limits_{n \to \infty}(A_{n+1}^i - A_n^i) = \lambda$ $(i = 1, 2, \cdots, p)$.

由斯托尔茨定理, 得 $\lim\limits_{n \to \infty}\dfrac{a_{np+i}}{np+i} = \lim\limits_{n \to \infty}\dfrac{a_{(n+1)p+i} - a_{np+i}}{((n+1)p+i) - (np+i)} = \dfrac{\lambda}{p}$. 注意到数列 $\left\{\dfrac{a_n}{n}\right\}$ 可以分解成 p 个子列 $\left\{\dfrac{a_{(n-1)p+i}}{(n-1)p+i}\right\}$ $(i = 1, 2, \cdots, p)$, 且所有子列都收敛到同一个极限 $\dfrac{\lambda}{p}$, 因此原数列 $\left\{\dfrac{a_n}{n}\right\}$ 收敛, 且 $\lim\limits_{n \to \infty}\dfrac{a_n}{n} = \dfrac{\lambda}{p}$.

例 21 设 $\alpha \in (0, 1)$, 计算极限 $\lim\limits_{n \to \infty}((n+1)^\alpha - n^\alpha)$. (第十届全国初赛, 2018)

解 由于 $\left(1 + \dfrac{1}{n}\right)^\alpha < \left(1 + \dfrac{1}{n}\right)$, 则

$$(n+1)^\alpha - n^\alpha = n^\alpha\left(\left(1 + \frac{1}{n}\right)^\alpha - 1\right) < n^\alpha\left(\left(1 + \frac{1}{n}\right) - 1\right) = \frac{1}{n^{1-\alpha}}.$$

于是 $0 < (n+1)^\alpha - n^\alpha < \dfrac{1}{n^{1-\alpha}}$, 应用夹逼准则, $\lim\limits_{n \to \infty}((n+1)^\alpha - n^\alpha) = 0$.

例 22 计算极限 $\lim\limits_{x \to 0}\dfrac{1 - \cos x\sqrt{\cos 2x}\sqrt[3]{\cos 3x}}{x^2}$. (第十届全国初赛, 2018)

解
$$\lim_{x \to 0}\frac{1 - \cos x\sqrt{\cos 2x}\sqrt[3]{\cos 3x}}{x^2}$$

$$= \lim_{x \to 0}\left[\frac{1 - \cos x}{x^2} + \frac{\cos x(1 - \sqrt{\cos 2x}\sqrt[3]{\cos 3x})}{x^2}\right]$$

$$= \frac{1}{2} + \lim_{x \to 0}\frac{1 - \sqrt{\cos 2x}\sqrt[3]{\cos 3x}}{x^2}$$

$$= \frac{1}{2} + \lim_{x \to 0}\left[\frac{1 - \sqrt{\cos 2x}}{x^2} + \frac{\sqrt{\cos 2x}(1 - \sqrt[3]{\cos 3x})}{x^2}\right]$$

$$= \frac{1}{2} + \lim_{x \to 0}\left[\frac{1 - \sqrt{(\cos 2x - 1) + 1}}{x^2} + \frac{1 - \sqrt[3]{(\cos 3x - 1) + 1}}{x^2}\right]$$

$$= \frac{1}{2} + \lim_{x \to 0}\frac{1 - \cos 2x}{2x^2} + \lim_{x \to 0}\frac{1 - \cos 3x}{3x^2} = \frac{1}{2} + 1 + \frac{3}{2} = 3.$$

注 本题用洛必达法则一次即可得出答案.

例 23 求极限 $\lim\limits_{x\to 0} \dfrac{\ln\left(e^{\sin x} + \sqrt[3]{1-\cos x}\right) - \sin x}{\arctan(4\sqrt[3]{1-\cos x})}$. (第十一届全国初赛, 2019)

解
$$\lim_{x\to 0} \frac{\ln\left(e^{\sin x} + \sqrt[3]{1-\cos x}\right) - \sin x}{\arctan(4\sqrt[3]{1-\cos x})}$$
$$= \lim_{x\to 0} \frac{(e^{\sin x} - 1) + \sqrt[3]{1-\cos x}}{4\sqrt[3]{1-\cos x}} - \lim_{x\to 0} \frac{\sin x}{4\sqrt[3]{1-\cos x}}$$
$$= \lim_{x\to 0} \frac{e^{\sin x} - 1}{4\left(\dfrac{x^2}{2}\right)^{\frac{1}{3}}} + \frac{1}{4} - \lim_{x\to 0} \frac{\sin x}{4\left(\dfrac{x^2}{2}\right)^{\frac{1}{3}}} = \frac{1}{4}.$$

例 24 设 $f(x)$ 是仅有正实根的多项式函数, 满足 $\dfrac{f'(x)}{f(x)} = -\sum\limits_{n=0}^{+\infty} c_n x^n$. 试证: 极限 $\lim\limits_{n\to\infty} \dfrac{1}{\sqrt[n]{c_n}}$ 存在, 且等于 $f(x)$ 的最小根. (第十一届全国初赛, 2019)

证明 由 $f(x)$ 为仅有正实根的多项式, 不妨设 $f(x)$ 的全部根为 $0 < a_1 < a_2 < \cdots < a_k$, 这样 $f(x) = A(x-a_1)^{r_1} \cdots (x-a_k)^{r_k}$, 其中 r_i 为对应根 a_i 的重数 $(i=1, \cdots, k, r_k \geqslant 1)$. 而 $f'(x) = Ar_1(x-a_1)^{r_1-1}(x-a_2)^{r_2}\cdots(x-a_k)^{r_k} + \cdots + Ar_k(x-a_1)^{r_1}\cdots(x-a_{k-1})^{r_{k-1}}(x-a_k)^{r_k-1}$, 所以

$$f'(x) = f(x)\left(\frac{r_1}{x-a_1} + \cdots + \frac{r_k}{x-a_k}\right),$$

从而 $-\dfrac{f'(x)}{f(x)} = \dfrac{r_1}{a_1} \cdot \dfrac{1}{1-\dfrac{x}{a_1}} + \cdots + \dfrac{r_k}{a_k} \cdot \dfrac{1}{1-\dfrac{x}{a_k}}$.

当 $|x| < a_1$ 时, 则

$$-\frac{f'(x)}{f(x)} = \frac{r_1}{a_1} \cdot \sum_{n=0}^{\infty}\left(\frac{x}{a_1}\right)^n + \cdots + \frac{r_k}{a_k} \cdot \sum_{n=0}^{\infty}\left(\frac{x}{a_k}\right)^n = \sum_{n=0}^{\infty}\left(\frac{r_1}{a_1^{n+1}} + \cdots + \frac{r_k}{a_k^{n+1}}\right)x^n,$$

而 $-\dfrac{f'(x)}{f(x)} = \sum\limits_{n=0}^{\infty} c_n x^n$, 由幂级数的唯一性知 $c_n = \dfrac{r_1}{a_1^{n+1}} + \cdots + \dfrac{r_k}{a_k^{n+1}} > 0$,

$$\frac{c_n}{c_{n+1}} = \frac{\dfrac{r_1}{a_1^{n+1}} + \cdots + \dfrac{r_k}{a_k^{n+1}}}{\dfrac{r_1}{a_1^{n+2}} + \cdots + \dfrac{r_k}{a_k^{n+2}}} = a_1 \cdot \frac{r_1 + \left(\dfrac{a_1}{a_2}\right)^{n+1} r_2 + \cdots + \left(\dfrac{a_1}{a_k}\right)^{n+1} r_k}{r_1 + \left(\dfrac{a_1}{a_2}\right)^{n+2} r_2 + \cdots + \left(\dfrac{a_1}{a_k}\right)^{n+2} r_k}.$$

$\lim\limits_{n\to\infty} \dfrac{c_n}{c_{n+1}} = a_1 \cdot \dfrac{r_1 + 0 + \cdots + 0}{r_1 + 0 + \cdots + 0} = a_1 > 0$, $\lim\limits_{n\to\infty} \dfrac{c_{n+1}}{c_n} = \dfrac{1}{a_1}$. 从而 $\lim\limits_{n\to\infty} \dfrac{1}{\sqrt[n]{c_n}} = a_1$, 即 $f(x)$ 的最小正根.

例 25 计算极限 $\lim\limits_{x \to 0} \dfrac{(x - \sin x)\mathrm{e}^{-x^2}}{\sqrt{1 - x^3} - 1}$. (第十二届全国初赛, 2020)

解 利用等价无穷小: 当 $x \to 0$ 时, 有 $\sqrt{1 - x^3} - 1 \sim -\dfrac{1}{2}x^3$, 所以

$$\lim_{x \to 0} \frac{(x - \sin x)\mathrm{e}^{-x^2}}{\sqrt{1 - x^3} - 1} = -2\lim_{x \to 0} \frac{x - \sin x}{x^3} = -2\lim_{x \to 0} \frac{1 - \cos x}{3x^2} = -\frac{1}{3}.$$

例 26 设 $f(x), g(x)$ 在 $x = 0$ 的某一邻域 U 内有定义, 对任意 $x \in U$, $f(x) \neq g(x)$ 且 $\lim\limits_{x \to 0} f(x) = \lim\limits_{x \to 0} g(x) = a > 0$, 计算极限 $\lim\limits_{x \to 0} \dfrac{[f(x)]^{g(x)} - [g(x)]^{g(x)}}{f(x) - g(x)}$. (第十二届全国初赛, 2020)

解 根据极限的保号性, 存在 $x = 0$ 的一个去心邻域 U_1, 使得当 $x \in U_1$ 时 $f(x) > 0$, $g(x) > 0$. 当 $x \to 0$ 时, 利用 $\ln(1 + x) \sim x, \mathrm{e}^x - 1 \sim x$ 的等价无穷小代换, 得

$$\lim_{x \to 0} \frac{[f(x)]^{g(x)} - [g(x)]^{g(x)}}{f(x) - g(x)} = \lim_{x \to 0} [g(x)]^{g(x)} \frac{\left(\dfrac{f(x)}{g(x)}\right)^{g(x)} - 1}{f(x) - g(x)}$$

$$= a^a \lim_{x \to 0} \frac{\left(\dfrac{f(x)}{g(x)}\right)^{g(x)} - 1}{f(x) - g(x)} = a^a \lim_{x \to 0} \frac{\mathrm{e}^{g(x) \ln \frac{f(x)}{g(x)}} - 1}{f(x) - g(x)}$$

$$= a^a \lim_{x \to 0} \frac{g(x) \ln \dfrac{f(x)}{g(x)}}{f(x) - g(x)} = a^a \lim_{x \to 0} \frac{g(x) \ln \left(1 + \left(\dfrac{f(x)}{g(x)} - 1\right)\right)}{f(x) - g(x)}$$

$$= a^a \lim_{x \to 0} \frac{g(x) \left(\dfrac{f(x)}{g(x)} - 1\right)}{f(x) - g(x)} = a^a.$$

例 27 设数列 $\{a_n\}$ 满足 $a_1 = 1$ 且 $a_{n+1} = \dfrac{a_n}{(n+1)(a_n + 1)}, n \geqslant 1$. 求极限 $\lim\limits_{n \to \infty} n! a_n$. (第十二届全国初赛, 2020)

解 利用归纳法易知 $a_n > 0 \ (n \geqslant 1)$. 由于

$$\frac{1}{a_{n+1}} = (n+1)\left(1 + \frac{1}{a_n}\right) = (n+1) + (n+1)\frac{1}{a_n}$$

$$= (n+1) + (n+1)\left(n + n\frac{1}{a_{n-1}}\right) = (n+1) + (n+1)n + (n+1)n\frac{1}{a_{n-1}},$$

所以 $\dfrac{1}{a_{n+1}} = (n+1)!\left(\sum\limits_{k=1}^{n} \dfrac{1}{k!} + \dfrac{1}{a_1}\right) = (n+1)!\sum\limits_{k=0}^{n} \dfrac{1}{k!}$, 因此

$$\lim_{n \to \infty} n! a_n = \frac{1}{\lim\limits_{n \to \infty} \sum\limits_{k=0}^{n-1} \dfrac{1}{k!}} = \frac{1}{\mathrm{e}}.$$

例 28 设 $u_n = \int_0^1 \dfrac{\mathrm{d}t}{(1+t^4)^n}$ $(n \geqslant 1)$, 证明数列 $\{u_n\}$ 收敛, 并求极限 $\lim\limits_{n \to \infty} u_n$. (第十二届全国初赛, 2020)

证明 对任意 $\varepsilon > 0$, 取 $0 < a < \dfrac{\varepsilon}{2}$, 将积分区间分成两段, 得

$$u_n = \int_0^1 \frac{\mathrm{d}t}{(1+t^4)^n} = \int_0^a \frac{\mathrm{d}t}{(1+t^4)^n} + \int_a^1 \frac{\mathrm{d}t}{(1+t^4)^n},$$

因为 $\displaystyle\int_a^1 \frac{\mathrm{d}t}{(1+t^4)^n} \leqslant \frac{1-a}{(1+a^4)^n} < \frac{1}{(1+a^4)^n} \to 0$ $(n \to \infty)$, 所以存在正整数 N, 当 $n > N$ 时, $\displaystyle\int_a^1 \frac{\mathrm{d}t}{(1+t^4)^n} < \frac{\varepsilon}{2}$, 从而

$$0 \leqslant u_n < a + \int_a^1 \frac{\mathrm{d}t}{(1+t^4)^n} < \frac{\varepsilon}{2} + \frac{\varepsilon}{2} = \varepsilon,$$

所以 $\lim\limits_{n \to \infty} u_n = 0$.

例 29 计算极限 $\lim\limits_{x \to +\infty} \sqrt{x^2 + x + 1}\dfrac{x - \ln(\mathrm{e}^x + x)}{x}$. (第十三届全国初赛, 2021)

解 $\lim\limits_{x \to +\infty} \sqrt{x^2 + x + 1}\dfrac{x - \ln(\mathrm{e}^x + x)}{x} = -\lim\limits_{x \to +\infty} \sqrt{1 + \dfrac{1}{x} + \dfrac{1}{x^2}} \ln\left(1 + \dfrac{x}{\mathrm{e}^x}\right) = 0.$

例 30 设函数 $f(x)$ 连续, 且 $f(0) \neq 0$, 计算 $\lim\limits_{x \to 0} \dfrac{2\displaystyle\int_0^x (x-t)f(t)\mathrm{d}t}{x\displaystyle\int_0^x f(x-t)\mathrm{d}t}$. (第十三届全国初赛 2021)

解 $\lim\limits_{x \to 0} \dfrac{2\displaystyle\int_0^x (x-t)f(t)\mathrm{d}t}{x\displaystyle\int_0^x f(x-t)\mathrm{d}t} = \lim\limits_{x \to 0} \dfrac{2x\displaystyle\int_0^x f(t)\mathrm{d}t - 2\displaystyle\int_0^x tf(t)\mathrm{d}t}{x\displaystyle\int_0^x f(u)\mathrm{d}u}$

$$= \lim\limits_{x \to 0} \dfrac{2\displaystyle\int_0^x f(t)\mathrm{d}t + 2xf(x) - 2xf(x)}{\displaystyle\int_0^x f(u)\mathrm{d}u + xf(x)}$$

$$= \lim\limits_{x \to 0} \dfrac{2xf(\xi)}{xf(\xi) + xf(x)} = 1, \quad \xi \in (0, x).$$

因为函数 $f(x)$ 连续, 且 $f(0) \neq 0$, 所以 $\lim\limits_{\xi \to 0} f(\xi) = \lim\limits_{x \to 0} f(x) \neq 0$, 因此

$$\lim\limits_{x \to 0} \frac{2f(\xi)}{f(\xi) + f(x)} = 1.$$

例 31 设 $x_1 = 2021$, $x_n^2 - 2(x_n+1)x_{n+1} + 2021 = 0$ $(n \geqslant 1)$, 证明: 数列 $\{x_n\}$ 收敛, 并求极限 $\lim\limits_{n \to \infty} x_n$. (第十三届全国初赛, 2021)

解 记 $a = 1011$, $y_n = 1 + x_n$, 函数 $f(x) = \dfrac{x}{2} + \dfrac{a}{x}$ $(x > 0)$, 则 $y_1 = 2a$, 且 $y_{n+1} = f(y_n) (n \geqslant 1)$. 易知, 当 $x > \sqrt{2a}$ 时, $x > f(x) > \sqrt{2a}$, 所以 $\{y_n\}$ 是单调减少且有下界的数列, 因而收敛. 由此可知 $\{x_n\}$ 收敛. 令 $\lim\limits_{n \to \infty} y_n = A$, 则 $A > 0$ 且 $A = f(A)$, 解得 $A = \sqrt{2a}$. 因此 $\lim\limits_{n \to \infty} x_n = \sqrt{2022} - 1$.

例 32 设 $x_0 = 1$, $x_n = \ln(1 + x_{n-1})$ $(n \geqslant 1)$, 计算极限 $\lim\limits_{n \to \infty} n x_n$. (第十三届全国初赛补赛, 2021)

解 易知 $x_n \geqslant 0$, 从而 $x_{n+1} - x_n = \ln(1 + x_n) - x_n \leqslant 0$, 即 $x_{n+1} \leqslant x_n$, 所以数列 $\{x_n\}$ 单调递减, 由单调有界准则可知 $\lim\limits_{n \to \infty} x_n$ 存在, 记 $\lim\limits_{n \to \infty} x_n = A$, 对 $x_n = \ln(1 + x_{n-1})$ 两边当 $n \to \infty$ 时取极限可知 $A = \ln(1 + A) \Rightarrow A = 0$, 故 $\lim\limits_{n \to \infty} x_n = 0$. 由斯托尔茨定理可知

$$\lim_{n \to \infty} n x_n = \lim_{n \to \infty} \frac{n}{\dfrac{1}{x_n}} = \lim_{n \to \infty} \frac{(n+1) - n}{\dfrac{1}{x_{n+1}} - \dfrac{1}{x_n}}$$

$$= \lim_{n \to \infty} \frac{x_n x_{n+1}}{x_n - x_{n+1}} = \lim_{n \to \infty} \frac{x_n \ln(1 + x_n)}{x_n - \ln(1 + x_n)} = \lim_{n \to \infty} \frac{x_n^2}{\dfrac{1}{2} x_n^2} = 2.$$

例 33 设函数 $f(x,y)$ 在闭区域 $D = \{(x,y) \mid x^2 + y^2 \leqslant 1\}$ 上具有二阶连续偏导数, 且 $\dfrac{\partial^2 f}{\partial x^2} + \dfrac{\partial^2 f}{\partial y^2} = x^2 + y^2$, 求 $\lim\limits_{r \to 0^+} \dfrac{\displaystyle\iint_{x^2+y^2 \leqslant r^2} \left(x\dfrac{\partial f}{\partial x} + y\dfrac{\partial f}{\partial y} \right) \mathrm{d}x\mathrm{d}y}{(\tan r - \sin r)^2}$. (第十三届全国初赛补赛, 2021)

解 采用极坐标变换, 令 $\begin{cases} x = \rho\cos\theta, \\ y = \rho\sin\theta, \end{cases}$ 则

$$\iint\limits_{x^2+y^2 \leqslant r^2} \left(x\frac{\partial f}{\partial x} + y\frac{\partial f}{\partial y} \right) \mathrm{d}x\mathrm{d}y$$

$$= \int_0^r \mathrm{d}\rho \int_0^{2\pi} \left(\rho\cos\theta\frac{\partial f}{\partial x} + \rho\sin\theta\frac{\partial f}{\partial y} \right) \rho\,\mathrm{d}\theta = \int_0^r \rho\,\mathrm{d}\rho \oint_{x^2+y^2=\rho^2} \left(\frac{\partial f}{\partial x}\mathrm{d}y - \frac{\partial f}{\partial y}\mathrm{d}x \right)$$

$$= \int_0^r \rho\,\mathrm{d}\rho \iint\limits_{x^2+y^2 \leqslant \rho^2} \left(\frac{\partial^2 f}{\partial x^2} + \frac{\partial^2 f}{\partial y^2} \right) \mathrm{d}x\mathrm{d}y = \int_0^r \rho\,\mathrm{d}\rho \iint\limits_{x^2+y^2 \leqslant \rho^2} (x^2 + y^2)\mathrm{d}x\mathrm{d}y$$

$$= \int_0^r \rho\,\mathrm{d}\rho \int_0^\rho \mathrm{d}\mu \int_0^{2\pi} \cdot \mu^2 \mu\,\mathrm{d}\theta = \frac{\pi}{12} r^6.$$

另一方面, 由泰勒 (Taylor) 公式, $(\tan r - \sin r)^2 = \left(r + \dfrac{r^3}{3} - r + \dfrac{r^3}{6} + o(r^3)\right)^2 \sim \dfrac{r^6}{4}$, 从而

$$\lim_{r \to 0^+} \frac{\iint\limits_{x^2+y^2 \leqslant r^2} \left(x\dfrac{\partial f}{\partial x} + y\dfrac{\partial f}{\partial y}\right) \mathrm{d}x\mathrm{d}y}{(\tan r - \sin r)^2} = \frac{\pi}{3}.$$

例 34 计算极限 $\lim\limits_{x \to 0} \dfrac{1 - \sqrt{1 - x^2}\cos x}{1 + x^2 - \cos^2 x}$. (第十四届全国初赛, 2022)

解 方法 1: 利用洛必达法则, 得

$$\text{原极限} = \lim_{x \to 0} \frac{\sqrt{1 - x^2}\sin x + \dfrac{x\cos x}{\sqrt{1 - x^2}}}{2x + 2\cos x \sin x}$$

$$= \lim_{x \to 0} \frac{\sqrt{1 - x^2} \cdot \dfrac{\sin x}{x} + \dfrac{\cos x}{\sqrt{1 - x^2}}}{2 + 2\dfrac{\sin x}{x} \cdot \cos x} = \frac{1}{2}.$$

方法 2: 分母利用等价无穷小代换, 分子加一项减一项,

$$\lim_{x \to 0} \frac{1 - \sqrt{1 - x^2}\cos x}{1 + x^2 - \cos^2 x} = \lim_{x \to 0} \frac{1 - \cos x + \cos x - \sqrt{1 - x^2}\cos x}{x^2 + \sin^2 x}$$

$$= \lim_{x \to 0} \frac{1 - \cos x}{x^2 + \sin^2 x} + \lim_{x \to 0} \frac{\cos x\left(1 - \sqrt{1 - x^2}\right)}{x^2 + \sin^2 x}$$

$$= \lim_{x \to 0} \frac{\dfrac{1}{2}x^2}{2x^2 + o(x^2)} + \lim_{x \to 0} \frac{\dfrac{1}{2}x^2}{2x^2 + o(x^2)} = \frac{1}{2}.$$

例 35 设 $f(x) = \begin{cases} 1, & x > 0, \\ 0, & x \leqslant 0, \end{cases}$ $g(x) = \begin{cases} x - 1, & x \geqslant 1, \\ 1 - x, & x < 1, \end{cases}$ 求复合函数 $f[g(x)]$ 的间断点. (第十四届全国初赛, 2022)

解 复合函数 $f[g(x)] = \begin{cases} 1, & g(x) > 0, \\ 0, & g(x) \leqslant 0 \end{cases} = \begin{cases} 1, & x \neq 1, \\ 0, & x = 1, \end{cases}$ 所以 $f[g(x)]$ 的唯一间断点为 $x = 1$, 且为第一类间断点中的可去间断点.

例 36 计算极限 $\lim\limits_{x \to 1^-} (1 - x)^3 \sum\limits_{n=1}^{\infty} n^2 x^n$. (第十四届全国初赛, 2022)

解 $\sum\limits_{n=1}^{\infty} n^2 x^n = \sum\limits_{n=1}^{\infty} (n+2)(n+1)x^n - 3\sum\limits_{n=1}^{\infty} (n+1)x^n + \sum\limits_{n=1}^{\infty} x^n$

$$= \left(\frac{x^3}{1 - x}\right)'' - 3\left(\frac{x^2}{1 - x}\right)' + \frac{x}{1 - x} = \frac{x^2 + x}{(1 - x)^3}, \quad |x| < 1,$$

所以

$$\lim_{x \to 1^-} (1-x)^3 \sum_{n=1}^{\infty} n^2 x^n = \lim_{x \to 1^-} (x^2 + x) = 2.$$

例 37 设 $x \in (-\infty, +\infty)$, 计算极限 $\lim_{n \to \infty} \dfrac{1}{n^2} \sum_{i=1}^{n} \sqrt{(ne^x + i)(ne^x + i + 1)}$. (第十四届全国初赛第一次补赛, 2022)

解 因为 $ne^x + i \leqslant \sqrt{(ne^x + i)(ne^x + i + 1)} \leqslant ne^x + i + 1$, 所以

$$e^x + \frac{1}{n} \sum_{i=1}^{n} \frac{i}{n} \leqslant \frac{1}{n^2} \sum_{i=1}^{n} \sqrt{(ne^x + i)(ne^x + i + 1)} \leqslant e^x + \frac{1}{n} \sum_{i=1}^{n} \frac{i}{n} + \frac{1}{n}.$$

根据定积分的定义, 得 $\lim_{n \to \infty} \dfrac{1}{n} \sum_{i=1}^{n} \dfrac{i}{n} = \displaystyle\int_0^1 x \, dx = \dfrac{1}{2}$. 利用夹逼准则, 所求极限为

$$\lim_{n \to \infty} \frac{1}{n^2} \sum_{i=1}^{n} \sqrt{(ne^x + i)(ne^x + i + 1)} = e^x + \frac{1}{2}.$$

例 38 极限 $\lim_{n \to \infty} \dfrac{1}{n^3} \left[1^2 + 3^2 + \cdots + (2n-1)^2 \right] = $ _____. (第十四届全国初赛第二次补赛, 2023)

解 利用定积分的定义, 得

$$\lim_{n \to \infty} \frac{1}{n^3} \left[1^2 + 3^2 + \cdots + (2n-1)^2 \right] = 4 \lim_{n \to \infty} \frac{1}{n} \sum_{k=1}^{n} \left(\frac{k}{n} - \frac{1}{2n} \right)^2 = 4 \int_0^1 x^2 \, dx = \frac{4}{3}.$$

例 39 设函数 $f(x)$ 在区间 $(0,1)$ 内有定义, $\lim_{x \to 0^+} f(x) = 0$, 且

$$\lim_{x \to 0^+} \frac{f(x) - f\left(\dfrac{x}{3}\right)}{x} = 0.$$

证明: $\lim_{x \to 0^+} \dfrac{f(x)}{x} = 0$. (第十四届全国初赛第二次补赛, 2023)

证明 根据题设条件得: 对于任意非负整数 k, 有 $\lim_{x \to 0^+} \dfrac{f\left(\dfrac{x}{3^k}\right) - f\left(\dfrac{x}{3^{k+1}}\right)}{\dfrac{x}{3^k}} = 0$.

令 $k = 0, 1, 2, \cdots, n-1$, 并求和, 可得

$$\lim_{x \to 0^+} \frac{f(x) - f\left(\dfrac{x}{3^n}\right)}{x} = \lim_{x \to 0} \sum_{k=1}^{n} \frac{f\left(\dfrac{x}{3^k}\right) - f\left(\dfrac{x}{3^{k+1}}\right)}{\dfrac{x}{3^k}} \cdot \frac{1}{3^k} = 0.$$

因此, 有 $f(x) - f\left(\dfrac{x}{3^n}\right) = x\alpha(x)$, 其中 $\alpha(x)$ 是当 $x \to 0^+$ 时的无穷小. 对上式当 $n \to \infty$ 时取极限, 并利用条件 $\lim\limits_{x\to 0^+} f(x) = 0$, 得 $f(x) = x\alpha(x)$. 所以 $\lim\limits_{x\to 0} \dfrac{f(x)}{x} = \lim\limits_{x\to 0} \alpha(x) = 0$.

例 40 $\lim\limits_{x\to 3} \dfrac{\sqrt{x^3+9}-6}{2-\sqrt{x^3-23}} = $ _____. (第十五届全国初赛 A 类, 2023)

解 使用洛必达法则, 得

$$\lim_{x\to 3} \frac{\sqrt{x^3+9}-6}{2-\sqrt{x^3-23}} = \lim_{x\to 3} \frac{\dfrac{3x^2}{2\sqrt{x^3+9}}}{-\dfrac{3x^2}{2\sqrt{x^3-23}}} = -\lim_{x\to 3} \frac{\sqrt{x^3-23}}{\sqrt{x^3+9}} = -\frac{1}{3}.$$

例 41 设 $I_n = n\displaystyle\int_1^a \dfrac{\mathrm{d}x}{1+x^n}$, 其中 $a > 1$, 求极限 $\lim\limits_{n\to\infty} I_n$. (第十五届全国初赛 A 类, 2023)

解 记 $b = \dfrac{1}{a}$, 则 $0 < b < 1$. 作变量替换 $x = \dfrac{1}{t}$, 得到

$$I_n = \int_b^1 \frac{nt^{n-1}}{t(1+t^n)} \mathrm{d}t = \int_b^1 \frac{\mathrm{d}\left(\ln\left(1+t^n\right)\right)}{t}.$$

分部积分得 $I_n = \ln 2 - \dfrac{\ln\left(1+b^n\right)}{b} + \displaystyle\int_b^1 \dfrac{\ln\left(1+t^n\right)}{t^2} \mathrm{d}t$.

当 $t \in [b,1]$ 时, $\dfrac{\ln\left(1+t^n\right)}{t^2} \leqslant t^{n-2}$, $0 \leqslant \displaystyle\int_b^1 \dfrac{\ln\left(1+t^n\right)}{t^2} \mathrm{d}t \leqslant \int_b^1 t^{n-2} \mathrm{d}t = \dfrac{1-b^{n-1}}{n-1}$.

显然, $\lim\limits_{n\to\infty} \dfrac{1-b^{n-1}}{n-1} = 0$. 由夹逼准则, $\lim\limits_{n\to\infty} \displaystyle\int_b^1 \dfrac{\ln\left(1+t^n\right)}{t^2} \mathrm{d}t = 0$. 又 $\lim\limits_{n\to\infty} \dfrac{\ln\left(1+b^n\right)}{b} = 0$, 故 $\lim\limits_{n\to\infty} I_n = \ln 2$.

注 在积分过程中, 当分母的次数比分子的次数高两次或者两次以上时, 一般考虑倒代换, 而在竞赛中积分一般会用到分部积分的处理方式, 本题处理 $\displaystyle\int_b^1 \dfrac{\ln\left(1+t^n\right)}{t^2} \mathrm{d}t$ 时不可以利用积分中值定理, $\displaystyle\int_b^1 \dfrac{\ln\left(1+t^n\right)}{t^2} \mathrm{d}t = (1-b)\dfrac{\ln\left(1+\xi^n\right)}{\xi^2}, \xi \in (b,1)$, 因为此处的 ξ 与 n 的取值有关.

例 42 $\lim\limits_{x\to\infty} \left(\dfrac{x+3}{x+2}\right)^{2x-1} = $ _____. (第十五届全国初赛 B 类, 2023)

解 $\lim\limits_{x\to\infty} \left(\dfrac{x+3}{x+2}\right)^{2x-1} = \lim\limits_{x\to\infty} \left(1+\dfrac{1}{x+2}\right)^{2(x+2)-5}$

$$= \left(\lim_{x\to\infty} \left(1+\frac{1}{x+2}\right)^{x+2}\right)^2 \lim_{x\to\infty} \left(1+\frac{1}{x+2}\right)^{-5} = \mathrm{e}^2.$$

注 本题主要考察第二个重要极限, 还可以把幂指函数化为指数与对数函数形式, 然后利用等价无穷小代换来求解, 即

$$\lim_{x\to\infty}\left(\frac{x+3}{x+2}\right)^{2x-1}=\mathrm{e}^{\lim\limits_{x\to\infty}(2x-1)\ln\frac{x+3}{x+2}}=\mathrm{e}^{\lim\limits_{x\to\infty}(2x-1)\ln\left(1+\frac{1}{x+2}\right)}=\mathrm{e}^{\lim\limits_{x\to\infty}\frac{2x-1}{x+2}}=\mathrm{e}^2.$$

例 43 设 $D: x^2+y^2\leqslant r^2$, 其中 $r>0$, 则 $\lim\limits_{r\to 0^+}\dfrac{\iint\limits_{D}\left(\mathrm{e}^{x^2+y^2}-1\right)\mathrm{d}x\mathrm{d}y}{r^4}=$ _____.
(第十六届全国初赛 A 类、B 类, 2024)

解 方法 1: 利用极坐标变换 $x=\rho\cos\theta, y=\rho\sin\theta$, 则

$$\iint\limits_{D}\left(\mathrm{e}^{x^2+y^2}-1\right)\mathrm{d}x\mathrm{d}y=2\pi\int_0^r\left(\mathrm{e}^{\rho^2}-1\right)\rho\mathrm{d}\rho=\pi\left(\mathrm{e}^{r^2}-1-r^2\right).$$

注意, 当 $r\to 0^+$ 时, $\mathrm{e}^{r^2}-1-r^2=\dfrac{r^4}{2}+o\left(r^4\right)$, 故原式 $=\dfrac{\pi}{2}$.

方法 2: 利用洛必达法则与变限函数的求导公式, 则

$$\lim_{r\to 0^+}\frac{\iint\limits_{D}\left(\mathrm{e}^{x^2+y^2}-1\right)\mathrm{d}x\mathrm{d}y}{r^4}=\lim_{r\to 0^+}\frac{2\pi\int_0^r\left(\mathrm{e}^{\rho^2}-1\right)\rho\mathrm{d}\rho}{r^4}$$

$$=\lim_{r\to 0^+}\frac{2\pi\left(\mathrm{e}^{r^2}-1\right)r}{4r^3}=\lim_{r\to 0^+}\frac{2\pi r^3}{4r^3}=\frac{\pi}{2}.$$

注 此类型题目有两种处理方式, 第一种是利用极坐标或者球坐标表示为变上限函数的形式, 然后使用洛必达法则; 第二种是利用积分中值定理和函数的连续性来处理, 具体用哪一种需要看分母的阶数和区域测度的无穷小的阶数的关系.

例 44 极限 $\lim\limits_{x\to 0}\dfrac{\ln\left(1+x^2\right)-x^2}{\sin^4 x}=$ _____. (第十六届全国初赛 B 类, 2024)

解 当 $x\to 0$ 时, $\ln\left(1+x^2\right)=x^2-\dfrac{x^4}{2}+o\left(x^4\right)$, $\sin^4 x=x^4+o\left(x^4\right)$, 故原式 $=-\dfrac{1}{2}$.

注 函数的极限是非数学 B 类必考的填空题, 主要是利用等价无穷小代换、洛必达法则、泰勒展开等方法, 此题属于送分题目.

七、全国决赛真题赏析

例 45 求极限 $\lim\limits_{n\to\infty}\sum\limits_{k=1}^{n-1}\left(1+\dfrac{k}{n}\right)\sin\dfrac{k\pi}{n^2}$. (第一届全国决赛, 2010)

解 记 $s_n=\sum\limits_{k=1}^{n-1}\left(1+\dfrac{k}{n}\right)\sin\dfrac{k\pi}{n^2}$, 则

$$s_n=\sum_{k=1}^{n-1}\left(1+\frac{k}{n}\right)\left(\frac{k\pi}{n^2}+o\left(\frac{1}{n^2}\right)\right)$$

$$=\frac{\pi}{n^2}\sum_{k=1}^{n-1}k+\frac{\pi}{n^3}\sum_{k=1}^{n-1}k^2+o\left(\frac{1}{n}\right),$$

所以 $\lim\limits_{n\to\infty}\sum\limits_{k=1}^{n-1}\left(1+\dfrac{k}{n}\right)\sin\dfrac{k\pi}{n^2}=\dfrac{\pi}{2}+\dfrac{\pi}{3}=\dfrac{5\pi}{6}$.

例 46 求下列极限: (1) $\lim\limits_{n\to\infty}n\left[\left(1+\dfrac{1}{n}\right)^n-\mathrm{e}\right]$; (2) $\lim\limits_{n\to\infty}\left(\dfrac{a^{\frac{1}{n}}+b^{\frac{1}{n}}+c^{\frac{1}{n}}}{3}\right)^n$, 其中 $a>0, b>0, c>0$. (第一届全国决赛, 2010)

解 (1) 由函数的性质及泰勒公式,

$$\left(1+\frac{1}{n}\right)^n-\mathrm{e}=\mathrm{e}^{1-\frac{1}{2n}+o\left(\frac{1}{n}\right)}-\mathrm{e}=\mathrm{e}\left[\mathrm{e}^{-\frac{1}{2n}+o\left(\frac{1}{n}\right)}-1\right]$$

$$=\mathrm{e}\left\{\left[1-\frac{1}{2n}+o\left(\frac{1}{n}\right)\right]-1\right\}$$

$$=\mathrm{e}\left[-\frac{1}{2n}+o\left(\frac{1}{n}\right)\right],$$

因此 $\lim\limits_{n\to\infty}n\left[\left(1+\dfrac{1}{n}\right)^n-\mathrm{e}\right]=-\dfrac{\mathrm{e}}{2}$.

(2) 因为 $\left(1+\dfrac{a^{\frac{1}{n}}+b^{\frac{1}{n}}+c^{\frac{1}{n}}-3}{3}\right)^{\frac{3}{a^{\frac{1}{n}}+b^{\frac{1}{n}}+c^{\frac{1}{n}}-3}}\to\mathrm{e}$, $\dfrac{a^{\frac{1}{n}}-1}{\frac{1}{n}}\to\ln a$, $\dfrac{b^{\frac{1}{n}}-1}{\frac{1}{n}}\to\ln b$,

$\dfrac{c^{\frac{1}{n}}-1}{\frac{1}{n}}\to\ln c$, 所以 $\lim\limits_{n\to\infty}\left(\dfrac{a^{\frac{1}{n}}+b^{\frac{1}{n}}+c^{\frac{1}{n}}}{3}\right)^n=\mathrm{e}^{\frac{1}{3}(\ln a+\ln b+\ln c)}=(abc)^{\frac{1}{3}}$.

例 47 设 $f(x)$ 在 $[0,+\infty)$ 上连续, 并且无穷积分 $\displaystyle\int_0^{+\infty}f(x)\,\mathrm{d}x$ 收敛, 求

$$\lim_{y\to+\infty}\frac{1}{y}\int_0^y xf(x)\,\mathrm{d}x.$$

(第一届全国决赛, 2010)

解 设 $\int_0^{+\infty} f(x)\,dx = l$, 并令 $F(x) = \int_0^x f(t)\,dt$. 这时 $F'(x) = f(x)$, 并有 $\lim\limits_{x\to+\infty} \cdot F(x) = l$. 对于任意的 $y > 0$, 我们有

$$\frac{1}{y} \int_0^y x f(x)\,dx = \frac{1}{y} \int_0^y x\,dF(x)$$

$$= \frac{1}{y} x F(x)\Big|_0^y - \frac{1}{y} \int_0^y F(x)\,dx = F(y) - \frac{1}{y} \int_0^y F(x)\,dx,$$

根据洛必达法则和变上限积分的求导公式, 不难看出 $\lim\limits_{y\to+\infty} \dfrac{1}{y} \int_0^y F(x)\,dx = \lim\limits_{y\to+\infty} F(y) = l$, 因此, $\lim\limits_{y\to+\infty} \dfrac{1}{y} \int_0^y x f(x)\,dx = l - l = 0$.

例 48 求极限 $\lim\limits_{x\to 0} \left(\dfrac{\sin x}{x} \right)^{\frac{1}{1-\cos x}}$. (第二届全国决赛, 2011)

解 方法 1 (用两个重要极限):

$$\lim_{x\to 0} \left(\frac{\sin x}{x} \right)^{\frac{1}{1-\cos x}} = \lim_{x\to 0} \left(1 + \frac{\sin x - x}{x} \right)^{\frac{x}{\sin x - x} \cdot \frac{\sin x - x}{x(1-\cos x)}}$$

$$= \lim_{x\to 0} e^{\frac{\sin x - x}{x(1-\cos x)}} = e^{\lim\limits_{x\to 0} \frac{\sin x - x}{\frac{1}{2} x^3}} = e^{\lim\limits_{x\to 0} \frac{\cos x - 1}{\frac{3}{2} x^2}} = e^{\lim\limits_{x\to 0} \frac{-\frac{1}{2} x^2}{\frac{3}{2} x^2}} = e^{-\frac{1}{3}}.$$

方法 2 (取对数):

$$\lim_{x\to 0} \left(\frac{\sin x}{x} \right)^{\frac{1}{1-\cos x}} = \exp\left[\lim_{x\to 0} \frac{\ln\left(\dfrac{\sin x}{x} \right)}{1 - \cos x} \right] = \exp\left[\lim_{x\to 0} \frac{\dfrac{\sin x}{x} - 1}{\dfrac{1}{2} x^2} \right]$$

$$= e^{\lim\limits_{x\to 0} \frac{\sin x - x}{\frac{1}{2} x^3}} = e^{\lim\limits_{x\to 0} \frac{\cos x - 1}{\frac{3}{2} x^2}} = e^{\lim\limits_{x\to 0} \frac{-\frac{1}{2} x^2}{\frac{3}{2} x^2}} = e^{-\frac{1}{3}}.$$

例 49 求 $\lim\limits_{n\to\infty} \left(\dfrac{1}{n+1} + \dfrac{1}{n+2} + \cdots + \dfrac{1}{n+n} \right)$. (第二届全国决赛, 2011)

解 方法 1(用欧拉公式): 令 $x_n = \dfrac{1}{n+1} + \dfrac{1}{n+2} + \cdots + \dfrac{1}{n+n}$,

$$1 + \frac{1}{2} + \cdots + \frac{1}{n} - \ln n = C + o(1),$$

$$1 + \frac{1}{2} + \cdots + \frac{1}{n} + \frac{1}{n+1} + \cdots + \frac{1}{2n} - \ln 2n = C + o(1),$$

其中, $o(1)$ 表示 $n \to \infty$ 时的无穷小量, 所以两式相减得 $x_n - \ln 2 = o(1)$, 从而 $\lim\limits_{n\to\infty} x_n = \ln 2$.

方法 2 (用定积分的定义):

$$\lim_{n \to \infty} x_n = \lim_{n \to \infty} \left(\frac{1}{n+1} + \frac{1}{n+2} + \cdots + \frac{1}{2n} \right)$$

$$= \lim_{n \to \infty} \frac{1}{n} \left(\frac{1}{1 + \frac{1}{n}} + \frac{1}{1 + \frac{2}{n}} + \cdots + \frac{1}{1 + \frac{n}{n}} \right) = \int_0^1 \frac{1}{1+x} \mathrm{d}x = \ln 2.$$

例 50 设函数 $f(x)$ 在 $x = 0$ 的某邻域内具有二阶连续导数, 且 $f(0), f'(0), f''(0)$ 均不为 0, 证明: 存在 k_1, k_2, k_3, 使得 $\lim\limits_{h \to 0} \dfrac{k_1 f(h) + k_2 f(2h) + k_3 f(3h) - f(0)}{h^2} = 0.$ (第二届全国决赛, 2011)

证明 由极限的存在性 $\lim\limits_{h \to 0} [k_1 f(h) + k_2 f(2h) + k_3 f(3h) - f(0)] = 0$, 即 $[k_1 + k_2 + k_3 - 1] f(0) = 0$, 又 $f(0) \neq 0$, 所以

$$k_1 + k_2 + k_3 = 1, \tag{①}$$

由洛必达法则得

$$\lim_{h \to 0} \frac{k_1 f(h) + k_2 f(2h) + k_3 f(3h) - f(0)}{h^2} = \lim_{h \to 0} \frac{k_1 f'(h) + 2k_2 f'(2h) + 3k_3 f'(3h)}{2h} = 0,$$

由极限的存在性得 $\lim\limits_{h \to 0} [k_1 f'(h) + 2k_2 f'(2h) + 3k_3 f'(3h)] = 0$, 即 $(k_1 + 2k_2 + 3k_3) \cdot f'(0) = 0$, 又 $f'(0) \neq 0$, 所以

$$k_1 + 2k_2 + 3k_3 = 0, \tag{②}$$

再次使用洛必达法则得

$$\lim_{h \to 0} \frac{k_1 f'(h) + 2k_2 f'(2h) + 3k_3 f'(3h)}{2h} = \lim_{h \to 0} \frac{k_1 f''(h) + 4k_2 f''(2h) + 9k_3 f''(3h)}{2} = 0,$$

所以 $(k_1 + 4k_2 + 9k_3) f''(0) = 0$. 因为 $f''(0) \neq 0$, 所以

$$k_1 + 4k_2 + 9k_3 = 0, \tag{③}$$

由①-③ 得 k_1, k_2, k_3 是线性方程组

$$\begin{cases} k_1 + k_2 + k_3 = 1, \\ k_1 + 2k_2 + 3k_3 = 0, \\ k_1 + 4k_2 + 9k_3 = 0 \end{cases}$$

的解, 设 $\boldsymbol{A} = \begin{pmatrix} 1 & 1 & 1 \\ 1 & 2 & 3 \\ 1 & 4 & 9 \end{pmatrix}$, $\boldsymbol{x} = \begin{pmatrix} k_1 \\ k_2 \\ k_3 \end{pmatrix}$, $\boldsymbol{b} = \begin{pmatrix} 1 \\ 0 \\ 0 \end{pmatrix}$, 则 $\boldsymbol{A}\boldsymbol{x} = \boldsymbol{b}$, 增广矩阵 $\boldsymbol{A}^* = \begin{pmatrix} 1 & 1 & 1 & 1 \\ 1 & 2 & 3 & 0 \\ 1 & 4 & 9 & 0 \end{pmatrix} \sim \begin{pmatrix} 1 & 0 & 0 & 3 \\ 0 & 1 & 0 & -3 \\ 0 & 0 & 1 & 1 \end{pmatrix}$, 则 $R(\boldsymbol{A}, \boldsymbol{b}) = R(\boldsymbol{A}) = 3$, 所以, 方程 $\boldsymbol{A}\boldsymbol{x} = \boldsymbol{b}$ 有唯一解, 即存在唯一一组实数 k_1, k_2, k_3 满足题意, 且 $k_1 = 3, k_2 = -3, k_3 = 1$.

例 51 计算极限 $\lim\limits_{x\to 0}\dfrac{\sin^2 x - x^2\cos^2 x}{x^2\sin^2 x}$. (第三届全国决赛, 2012)

解
$$\lim_{x\to 0}\frac{\sin^2 x - x^2\cos^2 x}{x^2\sin^2 x}$$

$$=\lim_{x\to 0}\frac{\sin^2 x - x^2 + x^2 - x^2\cos^2 x}{x^4}$$

$$=\lim_{x\to 0}\frac{(\sin x - x)(\sin x + x)}{x^4}+\lim_{x\to 0}\frac{(1-\cos x)(1+\cos x)}{x^2}$$

$$=-\frac{1}{6}\cdot 2+\frac{1}{2}\cdot 2=\frac{2}{3}.$$

例 52 计算极限 $\lim\limits_{x\to+\infty}\left[\left(x^3+\dfrac{1}{2}x-\tan\dfrac{1}{x}\right)\mathrm{e}^{\frac{1}{x}}-\sqrt{1+x^6}\right]$. (第三届全国决赛, 2012)

解
$$\lim_{x\to+\infty}\left[\left(x^3+\frac{1}{2}x-\tan\frac{1}{x}\right)\mathrm{e}^{\frac{1}{x}}-\sqrt{1+x^6}\right]\quad\left(\diamondsuit\ t=\frac{1}{x}\right)$$

$$=\lim_{t\to 0^+}\frac{\left(1+\dfrac{t^2}{2}-t^3\tan t\right)\mathrm{e}^t-\sqrt{1+t^6}}{t^3}$$

$$=\lim_{t\to 0^+}\frac{\left(1+\dfrac{t^2}{2}\right)\mathrm{e}^t-1+1-\sqrt{1+t^6}}{t^3}+\lim_{t\to 0^+}\frac{(-t^3\tan t)\mathrm{e}^t}{t^3}$$

$$=\lim_{t\to 0^+}\frac{\left(1+\dfrac{t^2}{2}\right)\left[1+t+\dfrac{t^2}{2}+o\left(t^2\right)\right]-1}{t^3}+\lim_{t\to 0^+}\frac{-\dfrac{1}{2}t^6}{t^3}+\lim_{t\to 0^+}\frac{-t^4\mathrm{e}^t}{t^3}$$

$$=\lim_{t\to 0^+}\frac{t+t^2+o\left(t^2\right)}{t^3}+0+0=+\infty.$$

例 53 计算极限 $\lim\limits_{x\to 0^+}\left[\ln(x\ln a)\ln\left(\dfrac{\ln(ax)}{\ln\dfrac{x}{a}}\right)\right]$ $(a>1)$. (第四届全国决赛, 2013)

解
$$\lim_{x\to 0^+}\left[\ln(x\ln a)\ln\left(\frac{\ln(ax)}{\ln\dfrac{x}{a}}\right)\right]$$

$$=\lim_{x\to 0^+}\ln\left(1+\frac{2\ln a}{\ln x-\ln a}\right)^{\frac{\ln x-\ln a}{2\ln a}2\ln a\frac{\ln x+\ln(\ln a)}{\ln x-\ln a}}$$

$$=\ln\mathrm{e}^{2\ln a}=2\ln a.$$

例 54 设 $f(x)$ 在 $[0,+\infty)$ 上连续可导, $f'(x)=\dfrac{1}{1+f^2(x)}\left[\sqrt{\dfrac{1}{x}}-\sqrt{\ln\left(1+\dfrac{1}{x}\right)}\right]$,

证明: $\lim\limits_{x\to+\infty}f(x)$ 存在. (第四届全国决赛, 2013)

证明 当 $t>0$ 时, 对函数 $\ln(1+x)$ 在区间 $[0,t]$ 上应用拉格朗日中值定理, 有 $\ln(1+$

$t) = \dfrac{t}{1+\xi}, 0 < \xi < t$, 由此得 $\dfrac{t}{1+t} < \ln(1+t) < t$, 取 $t = \dfrac{1}{x}$, 有 $\dfrac{1}{1+x} < \ln\left(1 + \dfrac{1}{x}\right) < \dfrac{1}{x}$. 所以, 当 $x \geqslant 1$ 时, 有 $f'(x) > 0$, 即 $f(x)$ 在 $[0, +\infty)$ 上单调增加, 又 $f'(x) \leqslant \sqrt{\dfrac{1}{x}} - \sqrt{\ln\left(1 + \dfrac{1}{x}\right)} \leqslant \sqrt{\dfrac{1}{x}} - \sqrt{\dfrac{1}{x+1}} = \dfrac{\sqrt{x+1} - \sqrt{x}}{\sqrt{x}\sqrt{x+1}} = \dfrac{1}{(\sqrt{x+1} + \sqrt{x})\sqrt{x(x+1)}} \leqslant \dfrac{1}{2\sqrt{x^3}}$, 故 $\displaystyle\int_1^x f'(t)\mathrm{d}t \leqslant \int_1^x \dfrac{1}{2\sqrt{t^3}}\mathrm{d}t$, 所以 $f(x) - f(1) \leqslant 1 - \dfrac{1}{\sqrt{x}} \leqslant 1$, 即 $f(x) \leqslant f(1) + 1$, $f(x)$ 有上界, 由于 $f(x)$ 在 $[0, +\infty)$ 上单调增加且有上界, 所以 $\displaystyle\lim_{x \to +\infty} f(x)$ 存在.

例 55 计算极限 $\displaystyle\lim_{x \to \infty} \dfrac{\left(\displaystyle\int_0^x \mathrm{e}^{u^2}\mathrm{d}u\right)^2}{\displaystyle\int_0^x \mathrm{e}^{2u^2}\mathrm{d}u}$. (第六届全国决赛, 2015)

解 $\displaystyle\lim_{x \to \infty} \dfrac{\left(\displaystyle\int_0^x \mathrm{e}^{u^2}\mathrm{d}u\right)^2}{\displaystyle\int_0^x \mathrm{e}^{2u^2}\mathrm{d}u} = \lim_{x \to \infty} \dfrac{2\mathrm{e}^{x^2}\displaystyle\int_0^x \mathrm{e}^{u^2}\mathrm{d}u}{\mathrm{e}^{2x^2}}$

$$= \lim_{x \to \infty} \dfrac{2\displaystyle\int_0^x \mathrm{e}^{u^2}\mathrm{d}u}{\mathrm{e}^{x^2}} = \lim_{x \to \infty} \dfrac{2\mathrm{e}^{x^2}}{2x\mathrm{e}^{x^2}} = 0.$$

例 56 设 D 是平面上由光滑封闭曲线围成的有界区域, 其面积为 $A > 0$, 函数 $f(x, y)$ 在该区域及其边界上连续, 函数 $f(x, y)$ 在 D 上连续且 $f(x, y) > 0$. 记 $J_n = \left(\dfrac{1}{A}\displaystyle\iint_D f^{\frac{1}{n}}(x, y)\mathrm{d}\sigma\right)^n$, 求极限 $\displaystyle\lim_{n \to \infty} J_n$. (第六届全国决赛, 2015)

解 设 $F(t) = \dfrac{1}{A}\displaystyle\iint_D f^t(x, y)\mathrm{d}\sigma$, 则 $\displaystyle\lim_{n \to \infty} J_n = \lim_{t \to 0^+} (F(t))^{\frac{1}{t}} = \lim_{t \to 0^+} \exp\dfrac{\ln F(t)}{t}$,

$\displaystyle\lim_{t \to 0^+} \dfrac{\ln F(t)}{t} = \lim_{t \to 0^+} \dfrac{\ln F(t) - \ln F(0)}{t - 0} = (\ln F(t))'\big|_{t=0} = \dfrac{F'(0)}{F(0)} = F'(0)$. 故有

$$\lim_{n \to \infty} J_n = \exp\left(F'(0)\right) = \exp\left(\dfrac{1}{A}\iint_D \ln f(x, y)\mathrm{d}\sigma\right).$$

例 57 计算极限 $\displaystyle\lim_{n \to \infty} |n\sin(\pi n!\mathrm{e})|$. (第七届全国决赛, 2016)

解 因为 $\pi n!\mathrm{e} = \pi n!\left[1 + 1 + \dfrac{1}{2!} + \cdots + \dfrac{1}{n!} + \dfrac{1}{(n+1)!} + o\left(\dfrac{1}{(n+1)!}\right)\right] = \pi a_n + \dfrac{\pi}{n+1} + o\left(\dfrac{1}{n+1}\right)$, a_n 为整数, 所以

$$\lim_{n\to\infty} |n\sin(\pi n!e)| = \lim_{n\to\infty}\left| n\sin\left(\frac{\pi}{n+1} + o\left(\frac{1}{n+1}\right)\right)\right| = \pi.$$

例 58 设 $a_n = \sum_{k=1}^{n}\frac{1}{k} - \ln n$,证明:$\lim_{n\to\infty} a_n$ 存在. (第八届全国决赛, 2017)

证明 利用不等式: 当 $x>0$ 时,$\frac{x}{1+x} < \ln(1+x) < x$,有

$$a_n - a_{n-1} = \frac{1}{n} - \ln\frac{n}{n-1} = \frac{1}{n} - \ln\left(1+\frac{1}{n-1}\right) \leqslant \frac{1}{n} - \frac{\frac{1}{n-1}}{1+\frac{1}{n-1}} = 0,$$

$$a_n = \sum_{k=1}^{n}\frac{1}{k} - \sum_{k=2}^{n}\ln\frac{k}{k-1} = 1 + \sum_{k=2}^{n}\left(\frac{1}{k} - \ln\frac{k}{k-1}\right)$$
$$= 1 + \sum_{k=2}^{n}\left[\frac{1}{k} - \ln\left(1+\frac{1}{k-1}\right)\right] \geqslant 1 + \sum_{k=2}^{n}\left[\frac{1}{k} - \frac{1}{k-1}\right] = \frac{1}{n} > 0,$$

所以 $\{a_n\}$ 单调减少有下界, 故 $\lim_{n\to\infty} a_n$ 存在.

例 59 求极限 $\lim_{x\to 0}\frac{\tan x - \sin x}{x\ln(1+\sin^2 x)}$. (第九届全国决赛, 2018)

解 当 $x\to 0$ 时,$\ln(1+\sin^2 x) \sim \sin^2 x \sim x^2$,所以

$$\lim_{x\to 0}\frac{\tan x - \sin x}{x\ln(1+\sin^2 x)} = \lim_{x\to 0}\frac{\tan x - \sin x}{x^3} = \lim_{x\to 0}\frac{\tan x}{x}\cdot\frac{1-\cos x}{x^2} = \frac{1}{2}.$$

例 60 求极限: $\lim_{n\to\infty}\left[\sqrt[n+1]{(n+1)!} - \sqrt[n]{n!}\right]$. (第九届全国决赛, 2018)

解 注意到 $\sqrt[n+1]{(n+1)!} - \sqrt[n]{n!} = n\left[\frac{\sqrt[n+1]{(n+1)!}}{\sqrt[n]{n!}} - 1\right]\cdot\frac{\sqrt[n]{n!}}{n}$,而

$$\lim_{n\to\infty}\frac{\sqrt[n]{n!}}{n} = e^{\lim_{n\to\infty}\frac{1}{n}\sum_{k=1}^{n}\ln\frac{k}{n}} = e^{\int_0^1 \ln x\,dx} = \frac{1}{e},$$

$$\frac{\sqrt[n+1]{(n+1)!}}{\sqrt[n]{n!}} = \sqrt[(n+1)n]{\frac{[(n+1)!]^n}{(n!)^{n+1}}} = \sqrt[(n+1)n]{\frac{[(n+1)]^{n+1}}{(n+1)!}} = e^{-\frac{1}{n}\frac{1}{n+1}\sum_{k=1}^{n+1}\ln\frac{k}{n+1}},$$

利用等价无穷小代换 $e^x - 1 \sim x\,(x\to 0)$, 得

$$\lim_{n\to\infty} n\left[\frac{\sqrt[n+1]{(n+1)!}}{\sqrt[n]{n!}} - 1\right] = -\lim_{n\to\infty}\frac{1}{n+1}\sum_{k=1}^{n+1}\ln\frac{k}{n+1} = -\int_0^1 \ln x\,dx = 1.$$

因此, 所求极限为 $\lim_{n\to\infty}\left[\sqrt[n+1]{(n+1)!} - \sqrt[n]{n!}\right] = \frac{1}{e}.$

例 61 设函数 $y = \begin{cases} \dfrac{\sqrt{1 - a\sin^2 x} - b}{x^2}, & x \neq 0, \\ 2, & x = 0 \end{cases}$ 在 $x = 0$ 处连续, 则 $a + b$ 的

值为_____. (第十届全国决赛, 2019)

解 因为函数 $y = y(x)$ 在点 $x = 0$ 处连续, 所以 $\lim\limits_{x \to 0} y(x) = y(0) = 2$. 显然,
欲使极限 $\lim\limits_{x \to 0} y(x)$ 存在, 必有 $b = 1$. 再利用等价无穷小代换, 得

$$\lim_{x \to 0} y(x) = \lim_{x \to 0} \frac{\sqrt{1 - a\sin^2 x} - 1}{x^2} = \lim_{x \to 0} \frac{\frac{1}{2}(-a\sin^2 x)}{x^2} = -\frac{a}{2} \lim_{x \to 0} \left(\frac{\sin x}{x}\right)^2 = -\frac{a}{2}.$$

所以 $-\dfrac{a}{2} = 2$, 得 $a = -4$. 因此 $a + b = -3$.

例 62 设函数 $f(x)$ 在区间 $(-1, 1)$ 内三阶连续可导, 满足 $f(0) = 0$, $f'(0) = 1$,
$f''(0) = 0$, $f'''(0) = -1$; 又设数列 $\{a_n\}$ 满足 $a_1 \in (0, 1)$, $a_{n+1} = f(a_n)(n = 1, 2, \cdots)$ 严
格单调减少, 且 $\lim\limits_{n \to \infty} a_n = 0$, 计算 $\lim\limits_{n \to \infty} n a_n^2$. (第十届全国决赛, 2019)

解 由于 $f(x)$ 在区间 $(-1, 1)$ 内三阶可导, $f(x)$ 在 $x = 0$ 处的泰勒公式, $f(x) = f(0) + f'(0)x + \dfrac{1}{2!}f''(0)x^2 + \dfrac{1}{3!}f'''(0)x^3 + o(x^3)$, 又 $f(0) = 0, f'(0) = 1, f''(0) = 0, f'''(0) = -1$. 所以

$$f(x) = x - \frac{1}{6}x^3 + o(x^3), \tag{①}$$

由于 $a_1 \in (0, 1)$, 数列 $\{a_n\}$ 单调减少且 $\lim\limits_{n \to \infty} a_n = 0$, 则 $a_n > 0$, 且 $\left\{\dfrac{1}{a_n^2}\right\}$ 为严格单调
增加且趋于正无穷的数列, 注意到 $a_{n+1} = f(a_n)$, 由斯托尔茨定理及①式, 有

$$\lim_{n \to \infty} n a_n^2 = \lim_{n \to \infty} \frac{n}{\dfrac{1}{a_n^2}} = \lim_{n \to \infty} \frac{1}{\dfrac{1}{a_{n+1}^2} - \dfrac{1}{a_n^2}} = \lim_{n \to \infty} \frac{a_n^2 a_{n+1}^2}{a_n^2 - a_{n+1}^2}$$

$$= \lim_{n \to \infty} \frac{a_n^2 f^2(a_n)}{a_n^2 - f^2(a_n)} = \lim_{n \to \infty} \frac{a_n^2 \left(a_n - \dfrac{1}{6}a_n^3 + o\left(a_n^3\right)\right)^2}{a_n^2 - \left(a_n - \dfrac{1}{6}a_n^3 + o\left(a_n^3\right)\right)^2}$$

$$= \lim_{n \to \infty} \frac{a_n^4 + o\left(a_n^4\right)}{\dfrac{1}{3}a_n^4 + o\left(a_n^4\right)} = 3.$$

例 63 设 $\{u_n\}_{n=1}^{\infty}$ 为单调递减的正实数列, $\lim\limits_{n \to \infty} u_n = 0$, $\{a_n\}_{n=1}^{\infty}$ 为一实数列, 级
数 $\sum\limits_{n=1}^{\infty} a_n u_n$ 收敛, 证明: $\lim\limits_{n \to \infty} (a_1 + a_2 + \cdots + a_n) u_n = 0$. (第十届全国决赛, 2019)

证明 由于 $\sum\limits_{n=1}^{\infty} a_n u_n$ 收敛, 所以对任意给定的 $\varepsilon > 0$, 存在正整数 N_1, 使得当
$n > N_1$ 时, 有

$$-\frac{\varepsilon}{2} < \sum_{k=N_1}^{n} a_k u_k < \frac{\varepsilon}{2}, \qquad \qquad ①$$

因为 $\{u_n\}_{n=1}^{\infty}$ 为单调递减的正实数列, 所以 $0 < \dfrac{1}{u_{N_1}} \leqslant \dfrac{1}{u_{N_1+1}} \leqslant \cdots \leqslant \dfrac{1}{u_n}$.

注意到, 当 $m < n$ 时, 有

$$\sum_{k=m}^{n} (A_k - A_{k-1}) b_k = A_n b_n - A_{m-1} b_m + \sum_{k=m}^{n-1} (b_k - b_{k+1}) A_k, \qquad \qquad ②$$

令 $A_0 = 0, A_k = \sum\limits_{i=1}^{k} a_i \, (k = 1, 2, \cdots, n)$, 则 $\sum\limits_{k=m}^{n} a_k b_k = A_n b_n + \sum\limits_{k=m}^{n-1} (b_k - b_{k+1}) A_k$.

下面证明: 对任意的正整数 n, 如果 $\{a_n\}, \{b_n\}$ 满足 $b_1 \geqslant b_2 \geqslant \cdots \geqslant b_n \geqslant 0$, $m \leqslant a_1 + a_2 + \cdots + a_n \leqslant M$, 则 $b_1 m \leqslant \sum\limits_{k=m}^{n} a_k b_k = b_1 M$. 事实上, $m \leqslant A_k \leqslant M$, $b_k - b_{k+1} \geqslant 0$, 即得

$$mb_1 = mb_n + \sum_{k=m}^{n-1} (b_k - b_{k+1}) m \leqslant \sum_{k=m}^{n} a_k b_k \leqslant Mb_n + \sum_{k=m}^{n-1} (b_k - b_{k+1}) M = Mb_1,$$

利用②式, 令 $b_1 = \dfrac{1}{u_n}, b_2 = \dfrac{1}{u_{n-1}}, \cdots$, 可以得到 $-\dfrac{\varepsilon}{2} u_n^{-1} < \sum\limits_{k=N_1}^{n} a_k < \dfrac{\varepsilon}{2} u_n^{-1}$, 即 $\left| \sum\limits_{k=N_1}^{n} a_k u_n \right| < \dfrac{\varepsilon}{2}$, 又由 $\lim\limits_{n \to \infty} u_n = 0$ 知, 存在正整数 N_2, 使得 $n > N_2$, $|(a_1 + a_2 + \cdots + a_n) u_n| \leqslant \dfrac{\varepsilon}{2}$. 取 $N = \max\{N_1, N_2\}$, 则当 $n > N$ 时, 有 $|(a_1 + a_2 + \cdots + a_n) u_n| < \dfrac{\varepsilon}{2} + \dfrac{\varepsilon}{2} = \varepsilon$. 因此, $\lim\limits_{n \to \infty} (a_1 + a_2 + \cdots + a_n) u_n = 0$.

例 64　计算极限 $\lim\limits_{x \to \frac{\pi}{2}} \dfrac{(1 - \sqrt{\sin x})(1 - \sqrt[3]{\sin x}) \cdots (1 - \sqrt[n]{\sin x})}{(1 - \sin x)^{n-1}}$. (第十一届全国决赛, 2021)

解　$\lim\limits_{x \to \frac{\pi}{2}} \dfrac{(1 - \sqrt{\sin x})(1 - \sqrt[3]{\sin x}) \cdots (1 - \sqrt[n]{\sin x})}{(1 - \sin x)^{n-1}}$

$$= \lim_{x \to \frac{\pi}{2}} \frac{1 - \sqrt{\sin x}}{1 - \sin x} \cdot \frac{1 - \sqrt[3]{\sin x}}{1 - \sin x} \cdots \frac{1 - \sqrt[n]{\sin x}}{1 - \sin x}$$

$$= \lim_{x \to \frac{\pi}{2}} \frac{1 - \sqrt{1 + (\sin x - 1)}}{1 - \sin x} \cdot \frac{1 - \sqrt[3]{1 + (\sin x - 1)}}{1 - \sin x} \cdots \frac{1 - \sqrt[n]{1 + (\sin x - 1)}}{1 - \sin x}$$

$$= \frac{1}{2} \cdot \frac{1}{3} \cdots \frac{1}{n}$$

$$= \frac{1}{n!}.$$

例 65 求极限 $\lim\limits_{n\to\infty}\sqrt{n}\left(1-\sum\limits_{k=1}^{n}\dfrac{1}{n+\sqrt{k}}\right)$. (第十一届全国决赛, 2021)

解 记 $a_n=\sqrt{n}\left(1-\sum\limits_{k=1}^{n}\dfrac{1}{n+\sqrt{k}}\right)$, 则

$$a_n=\sqrt{n}\sum_{k=1}^{n}\left(\frac{1}{n}-\frac{1}{n+\sqrt{k}}\right)=\sum_{k=1}^{n}\frac{\sqrt{k}}{\sqrt{n}(n+\sqrt{k})}\leqslant\frac{1}{n\sqrt{n}}\sum_{k=1}^{n}\sqrt{k}.$$

因为

$$\sum_{k=1}^{n}\sqrt{k}\leqslant\sum_{k=1}^{n}\int_{k}^{k+1}\sqrt{x}\mathrm{d}x=\int_{1}^{n+1}\sqrt{x}\mathrm{d}x=\frac{2}{3}((n+1)\sqrt{n+1}-1),$$

所以 $a_n<\dfrac{2}{3}\cdot\dfrac{(n+1)\sqrt{n+1}}{n\sqrt{n}}=\dfrac{2}{3}\left(1+\dfrac{1}{n}\right)\sqrt{1+\dfrac{1}{n}}$. 又 $\sum\limits_{k=1}^{n}\sqrt{k}\geqslant\sum\limits_{k=1}^{n}\int_{k-1}^{k}\sqrt{x}\mathrm{d}x=$

$\int_{0}^{n}\sqrt{x}\mathrm{d}x=\dfrac{2}{3}n\sqrt{n}$, 得 $a_n\geqslant\dfrac{1}{\sqrt{n}(n+\sqrt{n})}\sum\limits_{k=1}^{n}\sqrt{k}\geqslant\dfrac{2}{3}\cdot\dfrac{n}{n+\sqrt{n}}$, 从而 $\dfrac{2}{3}\cdot\dfrac{n}{n+\sqrt{n}}\leqslant$

$a_n<\dfrac{2}{3}\left(1+\dfrac{1}{n}\right)\sqrt{1+\dfrac{1}{n}}$. 利用夹逼准则, 得

$$\lim_{n\to\infty}\sqrt{n}\left(1-\sum_{k=1}^{n}\frac{1}{n+\sqrt{k}}\right)=\lim_{n\to\infty}a_n=\frac{2}{3}.$$

例 66 计算极限 $\lim\limits_{n\to\infty}\sum\limits_{k=1}^{n}\dfrac{k}{n^2}\sin^2\left(1+\dfrac{k}{n}\right)$. (第十二届全国决赛, 2021)

解 $\lim\limits_{n\to\infty}\sum\limits_{k=1}^{n}\dfrac{k}{n^2}\sin^2\left(1+\dfrac{k}{n}\right)=\int_{0}^{1}x\sin^2(1+x)\mathrm{d}x=\dfrac{1}{8}(2-2\sin4-\cos4+\cos2).$

例 67 求极限 $\lim\limits_{x\to0}\dfrac{\sqrt{\dfrac{1+x}{1-x}}\cdot\sqrt[4]{\dfrac{1+2x}{1-2x}}\cdot\sqrt[6]{\dfrac{1+3x}{1-3x}}\cdots\sqrt[2n]{\dfrac{1+nx}{1-nx}}-1}{3\pi\arcsin x-(x^2+1)\arctan^3 x}$, 其中 n 为正

整数. (第十二届全国决赛, 2021)

解 令 $f(x)=\sqrt{\dfrac{1+x}{1-x}}\cdot\sqrt[4]{\dfrac{1+2x}{1-2x}}\cdot\sqrt[6]{\dfrac{1+3x}{1-3x}}\cdots\sqrt[2n]{\dfrac{1+nx}{1-nx}}$, 则 $f(0)=1$, 且

$$\ln f(x)=\frac{1}{2}\ln\frac{1+x}{1-x}+\frac{1}{4}\ln\frac{1+2x}{1-2x}+\frac{1}{6}\ln\frac{1+3x}{1-3x}+\cdots+\frac{1}{2n}\ln\frac{1+nx}{1-nx},$$

$$\frac{f'(x)}{f(x)}=\frac{1}{2}\left(\frac{1}{1+x}+\frac{1}{1-x}\right)+\frac{1}{4}\left(\frac{2}{1+2x}+\frac{2}{1-2x}\right)+\cdots+\frac{1}{2n}\left(\frac{n}{1+nx}+\frac{n}{1-nx}\right).$$

注意到 $\lim\limits_{x\to0}\dfrac{\arcsin x}{x}=1$, $\lim\limits_{x\to0}\dfrac{\arctan x}{x}=1$, 因此

$$\lim_{x \to 0} \frac{\sqrt{\frac{1+x}{1-x}} \cdot \sqrt[4]{\frac{1+2x}{1-2x}} \cdot \sqrt[6]{\frac{1+3x}{1-3x}} \cdots \sqrt[2n]{\frac{1+nx}{1-nx}} - 1}{3\pi \arcsin x - (x^2+1) \arctan^3 x}$$

$$= \lim_{x \to 0} \frac{x}{3\pi \arcsin x - (x^2+1) \arctan^3 x} \cdot \frac{f(x) - f(0)}{x - 0} = \frac{n}{3\pi}.$$

例 68 已知 $\boldsymbol{a}$ 和 $\boldsymbol{b}$ 均为非零向量, 且 $|\boldsymbol{b}| = 1$, $\boldsymbol{a}$ 和 $\boldsymbol{b}$ 的夹角 $\langle \boldsymbol{a}, \boldsymbol{b} \rangle = \dfrac{\pi}{4}$, 则极限 $\lim\limits_{x \to 0} \dfrac{|\boldsymbol{a} + x\boldsymbol{b}| - |\boldsymbol{a}|}{x} = \underline{\qquad}$, (第十三届全国决赛, 2023)

解 利用条件: $|\boldsymbol{b}| = 1$, $\langle \boldsymbol{a}, \boldsymbol{b} \rangle = \dfrac{\pi}{4}$, 得 $\boldsymbol{a} \cdot \boldsymbol{b} = |\boldsymbol{a}| \cdot |\boldsymbol{b}| \cos\langle \boldsymbol{a}, \boldsymbol{b} \rangle = \dfrac{\sqrt{2}}{2}|\boldsymbol{a}|$, 所以 $|\boldsymbol{a} + x\boldsymbol{b}|^2 = \boldsymbol{a}^2 + 2x\boldsymbol{a} \cdot \boldsymbol{b} + x^2\boldsymbol{b}^2 = \boldsymbol{a}^2 + \sqrt{2}x|\boldsymbol{a}| + x^2$, 因此

$$\lim_{x \to 0} \frac{|\boldsymbol{a} + x\boldsymbol{b}| - |\boldsymbol{a}|}{x} = \lim_{x \to 0} \frac{\sqrt{\boldsymbol{a}^2 + \sqrt{2}x|\boldsymbol{a}| + x^2} - |\boldsymbol{a}|}{x}$$

$$= \lim_{x \to 0} \frac{\sqrt{2}|\boldsymbol{a}| + x}{\sqrt{\boldsymbol{a}^2 + \sqrt{2}x|\boldsymbol{a}| + x^2} + |\boldsymbol{a}|} = \frac{\sqrt{2}}{2}.$$

例 69 极限 $\lim\limits_{x \to 0} \left[2 - \dfrac{\ln(1+x)}{x} \right]^{\frac{2}{x}} = \underline{\qquad}$. (第十三届全国决赛, 2023)

解 利用洛必达法则, 得 $\lim\limits_{x \to 0} \dfrac{x - \ln(1+x)}{x^2} = \dfrac{1}{2}$, 所以

$$\lim_{x \to 0} \left[2 - \frac{\ln(1+x)}{x} \right]^{\frac{2}{x}} = \lim_{x \to 0} \left[1 + \frac{x - \ln(1+x)}{x} \right]^{\frac{x}{x - \ln(1+x)} \cdot \frac{2[x - \ln(1+x)]}{x^2}} = \mathrm{e}.$$

例 70 设数列 $\{a_n\}$ 满足 $a_1 = \dfrac{\pi}{2}$, $a_{n+1} = a_n - \dfrac{1}{n+1} \sin a_n, n \geqslant 1$, 求证: 数列 $\{na_n\}$ 收敛. (第十三届全国决赛, 2023)

证明 利用不等式: $x - \dfrac{x^3}{6} < \sin x < x \left(0 < x < \dfrac{\pi}{2} \right)$. 首先, 易知 $0 < a_{n+1} < a_n < a_1 < \dfrac{6}{\pi}(n \geqslant 2)$. 故由题设等式得 $(n+1)a_{n+1} = na_n + a_n - \sin a_n > na_n$, 所以 $\{na_n\}$ 是严格递增数列. 其次, 由于

$$\frac{1}{na_n} - \frac{1}{(n+1)a_{n+1}} < \frac{(n+1)a_{n+1} - na_n}{(na_n)^2} = \frac{a_n - \sin a_n}{(na_n)^2} < \frac{a_n^3}{6} \cdot \frac{1}{(na_n)^2} \leqslant \frac{a_1}{6n^2},$$

所以 $\displaystyle\sum_{k=1}^{n} \left(\frac{1}{ka_k} - \frac{1}{(k+1)a_{k+1}} \right) < \frac{a_1}{6} \sum_{k=1}^{n} \frac{1}{k^2}$, 即 $\dfrac{1}{a_1} - \dfrac{1}{(n+1)a_{n+1}} < \dfrac{a_1}{6} \displaystyle\sum_{k=1}^{n} \frac{1}{k^2} < \dfrac{a_1}{6} \cdot \dfrac{\pi^2}{6}$, 解得 $(n+1)a_{n+1} < \dfrac{a_1}{1 - \left(\dfrac{a_1\pi}{6} \right)^2}$, 这就证明了数列 $\{na_n\}$ 严格递增且有上界, 因而收敛.

例 71 极限 $\lim\limits_{x \to 0} \dfrac{\arctan x - x}{x - \sin x} = $ _____. (第十四届全国决赛, 2023)

解 利用洛必达法则, 得

$$\lim_{x \to 0} \frac{\arctan x - x}{x - \sin x} = \lim_{x \to 0} \frac{\dfrac{1}{1+x^2} - 1}{1 - \cos x} = -\lim_{x \to 0} \frac{1}{1+x^2} \cdot \frac{x^2}{1 - \cos x} = -2.$$

例 72 设 $f(x) = \begin{cases} 2\mathrm{e}^x(x - \cos x), & x > 0, \\ x^2 + 3x + a, & x \leqslant 0, \end{cases}$ 在 $(-\infty, +\infty)$ 上连续, 则 $a = $ _____.

(第十五届全国决赛, 2024)

解 当 $x \to 0$ 时, $f(x)$ 的左、右极限分别为 $\lim\limits_{x \to 0^-} f(x) = \lim\limits_{x \to 0^-} (x^2 + 3x + a) = a$, $\lim\limits_{x \to 0^+} f(x) = 2 \lim\limits_{x \to 0^+} \mathrm{e}^x(x - \cos x) = -2$. 所以当且仅当 $\lim\limits_{x \to 0^-} f(x) = \lim\limits_{x \to 0^+} f(x) = f(0)$ 时, $f(x)$ 在 $x = 0$ 处连续, 因此 $a = -2$.

例 73 极限 $\lim\limits_{x \to 0} \dfrac{x(x+2)}{\sin \pi x} = $ _____. (第十五届全国决赛, 2024)

解 利用洛必达法则, 得 $\lim\limits_{x \to 0} \dfrac{x(x+2)}{\sin \pi x} = \lim\limits_{x \to 0} \dfrac{2(x+1)}{\pi \cos \pi x} = \dfrac{2}{\pi}$.

例 74 求极限 $\lim\limits_{n \to \infty} \int_0^{\frac{\pi}{2}} \dfrac{\sin 2n\theta}{\sin \theta} \mathrm{d}\theta$. (第十五届全国决赛, 2024)

解 令 $a_n = \int_0^{\frac{\pi}{2}} \dfrac{\sin 2n\theta}{\sin \theta} \mathrm{d}\theta$, 则 $a_0 = 0, a_1 = 2$, 且当 $n > 1$ 时, 有

$$a_n - a_{n-1} = \int_0^{\frac{\pi}{2}} \frac{\sin 2n\theta - \sin 2(n-1)\theta}{\sin \theta} \mathrm{d}\theta$$

$$= 2 \int_0^{\frac{\pi}{2}} \cos(2n-1)\theta \mathrm{d}\theta = (-1)^{n-1} \frac{2}{2n-1}.$$

所以

$$a_n = \sum_{k=1}^n (a_k - a_{k-1}) = 2 \left(1 - \frac{1}{3} + \frac{1}{5} - \cdots + (-1)^{n-1} \frac{1}{2n-1} \right).$$

因此 $\lim\limits_{n \to \infty} a_n = 2 \lim\limits_{n \to \infty} \left(1 - \dfrac{1}{3} + \dfrac{1}{5} - \cdots + (-1)^{n-1} \dfrac{1}{2n-1} \right) = 2 \cdot \dfrac{\pi}{4} = \dfrac{\pi}{2}$.

八、各地真题赏析

例 75 设 $x_1 = 2, x_2 = 2 + \dfrac{1}{x_1}, \cdots, x_{n+1} = 2 + \dfrac{1}{x_n}, \cdots$, 求证: $\lim\limits_{n \to \infty} x_n$ 存在, 并求其值. (第一届北京市理工类, 1988)(莫斯科国民经济学院, 1975)

解 若 $\lim\limits_{n \to \infty} x_n = A$ (存在). 对于 $x_{n+1} = 2 + \dfrac{1}{x_n}$, 两边令 $n \to \infty$, 取极限 $\Rightarrow$ $\lim\limits_{n \to \infty} x_{n+1} = 2 + \dfrac{1}{\lim\limits_{n \to \infty} x_n}$, 即有 $A = 2 + \dfrac{1}{A} \Rightarrow A^2 - 2A - 1 = 0$, 解得 $A = 1 \pm \sqrt{2}$. 因为

$x_{n+1} = 2 + \dfrac{1}{x_n} > 2$, 所以取 $A = 1 + \sqrt{2}$. 下证 $\lim\limits_{n \to \infty} x_n$ 存在. 对任意 $\varepsilon > 0$,

$$|x_n - A| = \left| \left(2 + \frac{1}{x_{n-1}} \right) - \left(2 + \frac{1}{A} \right) \right| = \left| \frac{1}{x_{n-1}} - \frac{1}{A} \right|$$

$$= \frac{|A - x_{n-1}|}{x_{n-1}A} = \frac{|x_{n-1} - A|}{x_{n-1}A} < \frac{|x_{n-1} - A|}{4}$$

$$\left(\text{因为 } x_{n-1} = 2 + \frac{1}{x_{n-2}} > 2, \text{所以 } A = 2 + \frac{1}{A} > 2 \right)$$

$$< \frac{|x_{n-2} - A|}{4} = \frac{|x_{n-2} - A|}{4^2} < \frac{|x_{n-3} - A|}{4^2}$$

$$= \frac{|x_{n-3} - A|}{4^3} < \cdots < \frac{|x_1 - A|}{4^{n-1}} = \frac{|2 - (1 + \sqrt{2})|}{4^{n-1}}$$

$$= \frac{|1 - \sqrt{2}|}{4^{n-1}} = \frac{\sqrt{2} - 1}{4^{n-1}} < \varepsilon \text{ (当 } n \text{ 足够大时)}.$$

由极限定义知 $\lim\limits_{n \to \infty} (x_n - A) = 0$, 即有 $\lim\limits_{n \to \infty} x_n = A = 1 + \sqrt{2}$ (存在).

例 76 求 $\lim\limits_{x \to 0} \left(\dfrac{a_1^x + a_2^x + \cdots + a_n^x}{n} \right)^{\frac{1}{x}}$ $(a_i > 0, i = 1, 2, 3, \cdots)$. (第一届北京市理工类, 1988)

解 方法 1: 设 $y = \lim\limits_{x \to 0} \left(\dfrac{a_1^x + a_2^x + \cdots + a_n^x}{n} \right)^{\frac{1}{x}}$, 则

$$\ln y = \lim_{x \to 0} \frac{\ln \dfrac{a_1^x + a_2^x + \cdots + a_n^x}{n}}{x}$$

$$= \lim_{x \to 0} \frac{\dfrac{n}{a_1^x + a_2^x + \cdots + a_n^x} \cdot \dfrac{1}{n} (a_1^x \ln a_1 + a_2^x \ln a_2 + \cdots + a_n^x \ln a_n)}{1}$$

$$= \lim_{x \to 0} \frac{1}{n} \left(\sum_{k=1}^{n} a_k^x \ln a_k \right)$$

$$= \frac{1}{n} \sum_{k=1}^{n} \lim_{x \to 0} (a_k^x \ln a_k) = \frac{1}{n} \sum_{k=1}^{n} \ln a_k$$

$$= \frac{1}{n} (\ln a_1 + \ln a_2 + \cdots + \ln a_n) = \frac{1}{n} \ln (a_1 a_2 \cdots a_n)$$

$$= \ln (a_1 a_2 \cdots a_n)^{\frac{1}{n}}.$$

故原极限为 $(a_1 a_2 \cdots a_n)^{\frac{1}{n}}$.

方法 2： $\displaystyle\lim_{x\to 0}\left(\frac{a_1^x+a_2^x+\cdots+a_n^x}{n}\right)^{\frac{1}{x}}$

$$= \lim_{x\to 0}\left(1+\frac{a_1^x+a_2^x+\cdots+a_n^x-n}{n}\right)^{\frac{1}{x}}$$

$$= \lim_{x\to 0}\left\{\left[1+\frac{\displaystyle\sum_{k=1}^{n}(a_k^x-1)}{n}\right]^{\frac{n}{\sum\limits_{k=1}^{n}(a_k^x-1)}}\right\}^{\frac{k(a_k^x-1)}{x}\cdot\frac{1}{n}}$$

$$= \left\{\lim_{x\to 0}\left[1+\frac{\displaystyle\sum_{k=1}^{n}(a_k^x-1)}{n}\right]^{\frac{n}{\sum\limits_{k=1}^{n}(a_k^x-1)}}\right\}^{\lim\limits_{x\to 0}\frac{k(a_k^x-1)}{x}\cdot\frac{1}{n}},$$

而

$$\lim_{x\to 0}\frac{\displaystyle\sum_{k=1}^{n}(a_k^x-1)}{x}=\lim_{x\to 0}\frac{\displaystyle\sum_{k=1}^{n}a_k^x\ln a_k}{1}=\sum_{k=1}^{n}\lim_{x\to 0}(a_k^x\ln a_k)=\sum_{k=1}^{n}\ln a_k=\ln(a_1a_2\cdots a_n),$$

所以, 原式 $=\mathrm{e}^{\frac{1}{n}\ln(a_1a_2\cdots a_n)}=\mathrm{e}^{\ln(a_1a_2\cdots a_n)^{\frac{1}{n}}}=(a_1a_2\cdots a_n)^{\frac{1}{n}}$.

例 77 求 $\displaystyle\lim_{\substack{m\to\infty\\n\to\infty}}\sum_{i=1}^{m}\sum_{j=1}^{n}\frac{(-1)^{i+j}}{i+j}$. (第一届北京市理工类, 1988)

解 因为 $\displaystyle\int_{-1}^{0}x^{i+j-1}\mathrm{d}x=\frac{1}{i+j}x^{i+j}\Big|_{-1}^{0}=-\frac{(-1)^{i+j}}{i+j}$, 所以部分和

$$S_{m,n}=\sum_{i=1}^{m}\sum_{j=1}^{n}\frac{(-1)^{i+j}}{i+j}=-\sum_{i=1}^{m}\sum_{j=1}^{n}\int_{-1}^{0}x^{i+j-1}\mathrm{d}x$$

$$=-\sum_{i=1}^{m}\left(\int_{-1}^{0}x^{i+1-1}\mathrm{d}x+\int_{-1}^{0}x^{i+2-1}\mathrm{d}x+\int_{-1}^{0}x^{i+3-1}\mathrm{d}x+\cdots+\int_{-1}^{0}x^{i+n-1}\mathrm{d}x\right)$$

$$=-\sum_{i=1}^{m}\int_{-1}^{0}\left(x^{i}+x^{i+1}+x^{i+2}+\cdots+x^{i+n-1}\right)\mathrm{d}x$$

$$=-\sum_{i=1}^{m}\int_{-1}^{0}\frac{x^{i}(1-x^{n})}{1-x}\mathrm{d}x=-\sum_{i=1}^{m}\int_{-1}^{0}\frac{x^{i}-x^{i+n}}{1-x}\mathrm{d}x$$

$$=-\int_{-1}^{0}\frac{(x-x^{1+n})+(x^{2}-x^{2+n})+\cdots+(x^{m}-x^{m+n})}{1-x}\mathrm{d}x$$

$$=-\int_{-1}^{0}\frac{x+x^{2}+x^{3}+\cdots+x^{m}}{1-x}\mathrm{d}x$$

$$+ \int_{-1}^{0} \frac{x^{n+1} + x^{n+2} + x^{n+3} + \cdots + x^{n+m}}{1-x} \mathrm{d}x$$

$$= - \int_{-1}^{0} \left(\frac{\frac{x(1-x^m)}{1-x}}{1-x} \right) \mathrm{d}x + \int_{-1}^{0} \left(\frac{\frac{x^{n+1}(1-x^m)}{1-x}}{1-x} \right) \mathrm{d}x$$

$$= - \int_{-1}^{0} \frac{x - x^{m+1}}{(1-x)^2} \mathrm{d}x + \int_{-1}^{0} \frac{x^{n+1} - x^{n+m+1}}{(1-x)^2} \mathrm{d}x.$$

后面可证: $\lim\limits_{l \to \infty} \int_{-1}^{0} \frac{x^l}{(1-x)^2} \mathrm{d}x = 0$, 于是

$$\lim_{\substack{m \to \infty \\ n \to \infty}} \sum_{i=1}^{m} \sum_{j=1}^{n} \frac{(-1)^{i+j}}{i+j} = - \int_{-1}^{0} \frac{x}{(1-x)^2} \mathrm{d}x$$

$$= - \int_{-1}^{0} \left(\frac{1}{(1-x)^2} - \frac{1}{1-x} \right) \mathrm{d}x = \ln 2 - \frac{1}{2}.$$

下证 $\lim\limits_{l \to \infty} \int_{-1}^{0} \frac{x^l}{(1-x)^2} \mathrm{d}x = 0$. 因为 $x \in [-1, 0]$, 所以 $(1-x)^2 \geqslant 1$. 因此

$$\int_{-1}^{0} \frac{x^l}{(1-x)^2} \mathrm{d}x \leqslant \int_{-1}^{0} x^t \mathrm{d}x = \frac{1}{l+1} x^{l+1} \Big|_{-1}^{0} = -\frac{(-1)^{l+1}}{l+1} = \frac{(-1)^{l+2}}{l+1} \to 0 \ (l \to \infty),$$

于是有 $\lim\limits_{l \to \infty} \int_{-1}^{0} \frac{x^l}{(1-x)^2} \mathrm{d}x = 0$.

例 78 求极限 $\lim\limits_{x \to 1^-} (1-x)^3 \sum\limits_{n=1}^{\infty} n^2 x^n$. (第四届北京市理工类, 1992)

解 因为 $x \to 1^-$, 所以当 $|x| < 1$ 时, 有 $\sum\limits_{n=0}^{\infty} x^n = \frac{1}{1-x}$, 两边求导得

$$\sum_{n=1}^{\infty} n x^{n-1} = \frac{1}{(1-x)^2}, \quad \sum_{n=1}^{\infty} n x^n = \frac{x}{(1-x)^2},$$

上式两边再求导得

$$\sum_{n=1}^{\infty} n^2 x^{n-1} = \frac{(1-x) + 2x}{(1-x)^3} = \frac{1}{(1-x)^2} + \frac{2x}{(1-x)^3} \Rightarrow \sum_{n=1}^{\infty} n^2 x^n = \frac{x}{(1-x)^2} + \frac{2x^2}{(1-x)^3},$$

故原式 $= \lim\limits_{x \to 1^-} (1-x)^3 \sum\limits_{n=1}^{\infty} n^2 x^n = \lim\limits_{x \to 1^-} \left[x(1-x) + 2x^2 \right] = 2.$

例 79 设函数 $f(x)$ 在 $[a,b]$ 上连续且非负, M 是 $f(x)$ 在 $[a,b]$ 上的最大值, 求证:
$$\lim_{n\to\infty} \sqrt[n]{\int_a^b [f(x)]^n \mathrm{d}x} = M. \text{(第五届北京市理工类, 1993)}$$

证明 设 $f(c) = M = \max_{a\leqslant x\leqslant b} f(x), c\in[a,b]$.

(1) 若 $c\in(a,b)$, 则当 n 充分大时, $\left[c-\dfrac{1}{n}, c+\dfrac{1}{n}\right]\subset[a,b]$. 由积分中值定理, 存在 $c_n\in\left[c-\dfrac{1}{n}, c+\dfrac{1}{n}\right]$, 使

$$\left(\frac{2}{n}\right)^{\frac{1}{n}} f(c_n) = \sqrt[n]{\int_{c-\frac{1}{n}}^{c+\frac{1}{n}} f^n(x)\mathrm{d}x} \leqslant \sqrt[n]{\int_a^b f^n(x)\mathrm{d}x} \leqslant M(b-a)^{\frac{1}{n}},$$

由 $f(x)$ 连续可知 $\lim\limits_{n\to\infty} c_n = c$ 及 $\lim\limits_{n\to\infty}\left(\dfrac{2}{n}\right)^{\frac{1}{n}} = 1$, $\lim\limits_{n\to\infty}(b-a)^{\frac{1}{n}} = 1$, 即得

$$\lim_{n\to\infty}\sqrt[n]{\int_a^b f^n(x)\mathrm{d}x} = M.$$

(2) 若 $c=a$ 或 $c=b$, 则可分别在区间 $\left[a, a+\dfrac{1}{n}\right]$ 或 $\left[b-\dfrac{1}{n}, b\right]$ 上用同样的方法证明.

例 80 设 $f_n(x) = x + x^2 + \cdots + x^n$ $(n = 2,3,\cdots)$.

(1) 证明: 方程 $f_n(x) = 1$ 在 $[0,+\infty)$ 内有唯一的实根.

(2) 求 $\lim\limits_{n\to\infty} x_n$. (第六届北京市理工类, 1994)

(1) **证明** $f_n(x)$ 在 $[0,1]$ 上连续, 又 $f_n(0) = 0$, $f_n(1) = n > 1$, 由介值定理, 存在 $x_n\in(0,1)$, 使得 $f_n(x_n) = 1$ $(n = 2,3,\cdots)$. 又当 $x\in[0,+\infty)$ 时, $f_n'(x) = 1 + 2x + \cdots + nx^{n-1} > 0$, 即 $f_n(x)$ 在 $x\in[0,+\infty)$ 上严格递增, 故 x_n 是方程 $f_n(x) = 1$ 在 $x\in[0,+\infty)$ 内唯一的实根.

(2) **解** 先证明数列 $\{x_n\}$ 单调有界. 由 (1) 对 $n = 2,3,\cdots, x_n\in(0,1)$, 故数列 $\{x_n\}$ 有界 $0 < x_n < 1$. 因 $f_n(x_n) = 1 = f_{n+1}(x_{n+1})$ $(n = 2,3,\cdots)$, 故 $x_n + x_n^2 + \cdots + x_n^n - (x_{n+1} + x_{n+1}^2 + \cdots + x_{n+1}^{n+1}) = x_{n+1}^{n+1} > 0$. 故 $x_n > x_{n+1}$, 即数列 $\{x_n\}$ 单调减少 $(n = 2,3,\cdots)$, 所以 $\lim\limits_{n\to\infty} x_n$ 存在, 设为 a. 由于 $0 < x_n < x_2 < 1$, 故 $\lim\limits_{n\to\infty} x_n^n = 0$. 由 $x_n + x_n^2 + \cdots + x_n^n = 1$, 得 $\dfrac{x_n(1-x_n^n)}{1-x_n} = 1$, 令 $n\to\infty$, 取极限得 $\dfrac{a}{1-a} = 1$, 解之得 $a = \dfrac{1}{2}$, 即 $\lim\limits_{n\to\infty} x_n = \dfrac{1}{2}$.

例 81 设 $f(x,y)$ 是定义在区域 $0\leqslant x\leqslant 1, 0\leqslant y\leqslant 1$ 上的二元函数, $f(0,0) = 0$ 且在点 $(0,0)$ 处 $f(x,y)$ 可微, 求极限 $\lim\limits_{x\to 0^+} \dfrac{\displaystyle\int_0^{x^2}\mathrm{d}t\int_x^{\sqrt{t}} f(t,u)\mathrm{d}u}{1-\mathrm{e}^{-\frac{x^4}{4}}}$. (第六届北京市理工类, 1994)

解　先换积分次序 $\displaystyle\int_0^{x^2}\mathrm{d}t\int_x^{\sqrt{t}}f(t,u)\mathrm{d}u=-\int_0^x\mathrm{d}u\int_0^{u^2}f(t,u)\mathrm{d}t$, 从而

$$\lim_{x\to0^+}\frac{\displaystyle\int_0^{x^2}\mathrm{d}t\int_x^{\sqrt{t}}f(t,u)\mathrm{d}u}{1-\mathrm{e}^{-\frac{x^4}{4}}}$$

$$=\lim_{x\to0^+}\frac{-\displaystyle\int_0^x\mathrm{d}u\int_0^{u^2}f(t,u)\mathrm{d}t}{1-\mathrm{e}^{-\frac{x^4}{4}}}=-\lim_{x\to0^+}\frac{\displaystyle\int_0^{x^2}f(t,x)\mathrm{d}t}{x^3\mathrm{e}^{-\frac{x^4}{4}}}$$

$$=\lim_{x\to0^+}\frac{x^2f(\xi,x)}{x^3}=-\lim_{x\to0^+}\frac{f(\xi,x)}{x}\quad\left(0<\xi<x^2\right),$$

因为二元函数 $f(x,y)$ 在 $(0,0)$ 处可微, 且 $f(0,0)=0$ 及 $0<\xi<x^2$, 所以

$$f(\xi,x)=f(0,0)+f_x'(0,0)\xi+f_y'(0,0)x+o\left(\sqrt{\xi^2+x^2}\right)=f_y'(0,0)x+o(x),$$

故原式 $=-\displaystyle\lim_{x\to0^+}\frac{f_y'(0,0)x+o(x)}{x}=-f_y'(0,0)=-\left.\dfrac{\partial f}{\partial y}\right|_{(0,0)}$.

例 82　设 $f(x)$ 在区间 $[a,b]$ 上是非负的连续函数, 且严格单调增加, 由积分中值定理知, 对于任意的正整数 n, 存在唯一的 $x_n\in(a,b)$, 使 $[f(x_n)]^n=\dfrac{1}{b-a}\displaystyle\int_a^b[f(x)]^n\mathrm{d}x$, 试求极限 $\displaystyle\lim_{n\to\infty}x_n$, 并证明你的结论. (第七届北京市理工类, 1995)

证明　由所给等式 $[f(x_n)]^n=\dfrac{1}{b-a}\displaystyle\int_a^b[f(x)]^n\mathrm{d}x\ (b>a)$, 得

$$1=\frac{1}{b-a}\int_a^b\left[\frac{f(t)}{f(x_n)}\right]^n\mathrm{d}t\geqslant\frac{1}{b-a}\int_{\frac{x_n+b}{2}}^b\left[\frac{f(t)}{f(x_n)}\right]^n\mathrm{d}t,$$

由于 $f(x)$ 是严格单调增加的, 所以

$$1\geqslant\frac{1}{b-a}\int_{\frac{x_n+b}{2}}^b\left[\frac{f(t)}{f(x_n)}\right]^n\mathrm{d}t\geqslant\frac{b-x_n}{2(b-a)}\left[\frac{f\left(\dfrac{x_n+b}{2}\right)}{f(x_n)}\right]^n,$$

从而 $b-x_n\leqslant2(b-a)\left[\dfrac{f(x_n)}{f\left(\dfrac{x_n+b}{2}\right)}\right]^n$, 由于 $\dfrac{x_n+b}{2}>x_n$ 和 $f(x)$ 严格单调增加,

故 $\dfrac{f(x_n)}{f\left(\dfrac{x_n+b}{2}\right)}<1$. 于是, 我们断言当 $n\to\infty$ 时, $b-x_n\to0$. 下面证明这个断

言. 事实上, 若不然, 则存在 $\{x_n\}$ 的一个子列 $\{x_{n_k}\}$ 和正整数 k_0, 使得当 $k \geqslant k_0$ 时, $b - x_{n_k} > p > 0$, 其中 p 是常数. 这样就有

$$1 = \frac{1}{b-a} \int_a^b \left[\frac{f(t)}{f(x_{n_k})} \right]^{n_k} \mathrm{d}t \geqslant \frac{1}{b-a} \int_{b-\frac{p}{2}}^b \left[\frac{f(t)}{f(x_{n_k})} \right]^{n_k} \mathrm{d}t$$

$$\geqslant \frac{p}{2(b-a)} \left[\frac{f\left(b - \dfrac{p}{2}\right)}{f(x_{n_k})} \right]^{n_k} \geqslant \frac{p}{2(b-a)} \left[\frac{f\left(b - \dfrac{p}{2}\right)}{f(b-p)} \right]^{n_k} \quad (\text{因 } x_{n_k} < b - p),$$

由于 $f\left(b - \dfrac{p}{2}\right) > f(b-p)$, 且此不等式在 k 充分大后与 k 无关, 所以当 $k \to \infty$ 时,

$\left[\dfrac{f\left(b - \dfrac{p}{2}\right)}{f(b-p)} \right]^{n_k} \to \infty$, 从而得 $1 \geqslant \infty$, 这是矛盾的. 故断言成立, 即 $\lim\limits_{n \to \infty} x_n = b$.

例 83 设函数 $f(x)$ 在闭区间 $[a,b]$ 上具有连续导数, 证明:

$$\lim_{n \to \infty} n \left[\int_a^b f(x)\mathrm{d}x - \frac{b-a}{n} \sum_{k=1}^{\infty} f\left(a + \frac{k(b-a)}{n}\right) \right] = \frac{b-a}{2} [f(a) - f(b)].$$

(第九届北京市理工类, 1997)

证明 n 等分区间 $[a,b]$, 分点为 $a = x_0 < x_1 < \cdots < x_{n-1} < x_n = b$. 记 $h = \dfrac{b-a}{n}$, 则 $x_k = a + kh$,

$$\lim_{n \to \infty} n \left[\int_a^b f(x)\mathrm{d}x - \frac{b-a}{n} \sum_{k=1}^n f\left(a + \frac{k(b-a)}{n}\right) \right]$$

$$= \lim_{n \to \infty} n \left[\sum_{k=1}^n \int_{x_{k-1}}^{x_k} f(x)\mathrm{d}x - \sum_{k=1}^n h f(x_k) \right] = \lim_{n \to \infty} n \sum_{k=1}^n \int_{x_{k-1}}^{x_k} [f(x) - f(x_k)]\mathrm{d}x$$

$$= \lim_{n \to \infty} n \sum_{k=1}^n \int_{x_{k-1}}^{x_k} \frac{f(x) - f(x_k)}{x - x_k} \cdot (x - x_k)\,\mathrm{d}x \quad (\text{由第一积分中值定理})$$

$$= \lim_{n \to \infty} n \sum_{k=1}^n \frac{f(\xi_k) - f(x_k)}{\xi_k - x_k} \int_{x_{k-1}}^{x_k} (x - x_k)\,\mathrm{d}x \quad (\text{利用拉格朗日中值定理})$$

$$= \lim_{n \to \infty} n \sum_{k=1}^n f'(\eta_k) \left(-\frac{1}{2}\right) (x_k - x_{k-1})^2$$

$$= \frac{-1}{2} \lim_{n \to \infty} (b-a) \sum_{k=1}^n f'(\eta_k) h = -\frac{b-a}{2} \int_a^b f'(x)\mathrm{d}x$$

$$= \frac{b-a}{2} [f(a) - f(b)].$$

例 84　设 $f(x)$ 具有连续的二阶导数, 且 $\lim\limits_{x\to 0}\left[1+x+\dfrac{f(x)}{x}\right]^{\frac{1}{x}}=\mathrm{e}^3$, 试求 $f(0)$,

$f'(0), f''(0)$ 及 $\lim\limits_{x\to 0}\left[1+\dfrac{f(x)}{x}\right]^{\frac{1}{x}}$. (第十一届北京市理工类, 1999)

解　由 $\lim\limits_{x\to 0}\left[1+x+\dfrac{f(x)}{x}\right]^{\frac{1}{x}}=\mathrm{e}^3$, 知 $\lim\limits_{x\to 0}\dfrac{\ln\left[1+x+\dfrac{f(x)}{x}\right]}{x}=3$, 从而

$$\lim_{x\to 0}\ln\left[1+x+\frac{f(x)}{x}\right]=0,$$

因此 $\lim\limits_{x\to 0}\dfrac{f(x)}{x}=0$, $\lim\limits_{x\to 0}f(x)=0$. 由 $f(x)$ 的连续性得 $f(0)=0$, 因此可推得 $f'(0)=$

$\lim\limits_{x\to 0}\dfrac{f(x)}{x}=0$. 又由泰勒公式

$$f(x)=f(0)+f'(0)x+\frac{f''(0)}{2}x^2+o\left(x^2\right)=\frac{f''(0)}{2}x^2+o\left(x^2\right)\,(x\to 0)$$

知 $\dfrac{f(x)}{x}=\dfrac{f''(0)}{2}x+o(x)$, 代入 $\lim\limits_{x\to 0}\left[1+x+\dfrac{f(x)}{x}\right]^{\frac{1}{x}}=\mathrm{e}^3$, 有 $\mathrm{e}^3=\lim\limits_{x\to 0}\left[1+x+\dfrac{f''(0)}{2}x\right.$

$\left.+o(x)\right]^{\frac{1}{x}}=\mathrm{e}^{1+\frac{f''(0)}{2}}$. 于是 $3=1+\dfrac{f''(0)}{2}$, $f''(0)=4$, 而且

$$\lim_{x\to 0}\left[1+\frac{f(x)}{x}\right]^{\frac{1}{x}}=\lim_{x\to 0}[1+2x+o(x)]^{\frac{1}{x}}=\mathrm{e}^2.$$

例 85　设 $a_1=1$, $a_2=2$, 当 $n\geqslant 3$ 时, $a_n=a_{n-1}+a_{n-2}$, 证明:

(1) $\dfrac{3}{2}a_{n-1}\leqslant a_n\leqslant 2a_{n-1}$;

(2) $\lim\limits_{n\to\infty}\dfrac{1}{a_n}=0$. (第十一届北京市理工类, 1999)

证明　(1) 由题设知 $\{a_n\}$ 单调增加, 即 $a_{n-2}\leqslant a_{n-1}$, 从而 $a_n\leqslant a_{n-1}+a_{n-2}\leqslant$

$2a_{n-1}$, 又 $a_{n-2}\geqslant\dfrac{1}{2}a_{n-1}$, 所以 $a_n=a_{n-1}+a_{n-2}\geqslant a_{n-1}+\dfrac{1}{2}a_{n-1}=\dfrac{3}{2}a_{n-1}$, 于是 (1)

得证.

(2) 由 (1), $a_n\geqslant\dfrac{3}{2}a_{n-1}\geqslant\left(\dfrac{3}{2}\right)^2 a_{n-2}\geqslant\cdots\geqslant\left(\dfrac{3}{2}\right)^{n-2}a_2\geqslant\left(\dfrac{3}{2}\right)^{n-1}$, 即有

$0\leqslant\dfrac{1}{a_n}\leqslant\left(\dfrac{2}{3}\right)^{n-1}$, 因此 (2) 成立.

例 86　设 $S_n=\sum\limits_{k=1}^{n}\arctan\dfrac{1}{2k^2}$, 求 $\lim\limits_{n\to\infty}S_n$. (第一届浙江省理工类, 2002)

解　$S_1=\arctan\dfrac{1}{2}$, $S_2=\arctan\dfrac{1}{2}+\arctan\dfrac{1}{8}=\arctan\dfrac{\dfrac{1}{2}+\dfrac{1}{8}}{1-\dfrac{1}{2}\cdot\dfrac{1}{8}}=\arctan\dfrac{2}{3}$,

$$S_3 = \arctan \frac{2}{3} + \arctan \frac{1}{18} = \arctan \frac{\frac{2}{3} + \frac{1}{18}}{1 - \frac{2}{3} \cdot \frac{1}{18}} = \arctan \frac{3}{4}, \cdots, S_n = \arctan \frac{n}{n+1},$$

$$\lim_{n \to \infty} S_n = \lim_{n \to \infty} \arctan \frac{n}{n+1} = \frac{\pi}{4}.$$

注 本题中应用公式: $\arctan x + \arctan y = \arctan \dfrac{x+y}{1-xy}$.

例 87 求 $\displaystyle \lim_{n \to \infty} \sum_{k=1}^{n} \frac{n+k}{n^2+k}$. (第二届浙江省理工类, 2003)

解 求无穷项的极限问题, 主要有如下方法: ① 通过等比、等差等方法转化为有限项, 但适用性不强; ② 夹逼定理; ③ 转化为定积分, $\displaystyle \int_a^b f(x)\mathrm{d}x = \lim_{n \to \infty} \sum_{k=1}^{n} \frac{b-a}{n} f\left(a + \frac{b-a}{n}k\right)$. 尤其当 $a=0, b=1$ 时, $\displaystyle \int_0^1 f(x)\mathrm{d}x = \lim_{n \to \infty} \sum_{k=1}^{n} \frac{1}{n} f\left(\frac{k}{n}\right)$.

$$\lim_{n \to \infty} \sum_{k=1}^{n} \frac{n+k}{n^2+k} = \lim_{n \to \infty} \left(\frac{n+1}{n^2+1} + \frac{n+2}{n^2+2} + \cdots + \frac{n+n}{n^2+n}\right),$$

令 $x_n = \dfrac{n+1}{n^2+1} + \dfrac{n+2}{n^2+2} + \cdots + \dfrac{n+n}{n^2+n}$, $y_n = \dfrac{n+1}{n^2+n} + \dfrac{n+2}{n^2+n} + \cdots + \dfrac{n+n}{n^2+n}$, $z_n = \dfrac{n+1}{n^2+1} + \dfrac{n+2}{n^2+1} + \cdots + \dfrac{n+n}{n^2+1}$, 显然, $y_n \leqslant x_n \leqslant z_n$, 且 $\displaystyle \lim_{n \to \infty} y_n = \lim_{n \to \infty} z_n = \frac{3}{2}$, 由夹逼定理得 $\displaystyle \lim_{n \to \infty} \sum_{k=1}^{n} \frac{n+k}{n^2+k} = \frac{3}{2}$.

例 88 计算: $\displaystyle \lim_{x \to 0} \frac{\int_0^x \mathrm{e}^t \cos t\, \mathrm{d}t - x - \frac{x^2}{2}}{(x - \tan x)\left(\sqrt{x+1} - 1\right)}$. (第三届浙江省理工类, 2004)

解 原式 $\displaystyle = \lim_{x \to 0} \frac{2 \int_0^x \mathrm{e}^t \cos t\, \mathrm{d}t - 2x - x^2}{(x - \tan x) \cdot x} \overset{\frac{0}{0}}{=} \lim_{x \to 0} \frac{2\mathrm{e}^x \cos x - 2 - 2x}{2x - \tan x - x \sec^2 x}$

$\displaystyle \overset{\frac{0}{0}}{=} \lim_{x \to 0} \frac{2\mathrm{e}^x \cos x - 2 - 2x}{x - \tan x - x \tan^2 x} \overset{\frac{0}{0}}{=} \lim_{x \to 0} \frac{2\mathrm{e}^x \cos x - 2 - 2x}{x^3 \left(\dfrac{x - \tan x}{x^3} - \dfrac{x \tan^2 x}{x^3}\right)},$

其中

$$\lim_{x \to 0} \left(\frac{x - \tan x}{x^3} - \frac{x \tan^2 x}{x^3}\right) = \lim_{x \to 0} \frac{x - \tan x}{x^3} - \lim_{x \to 0} \frac{x \tan^2 x}{x^3}$$

$$= \lim_{x \to 0} \frac{1 - \sec^2 x}{3x^2} - \lim_{x \to 0} \frac{x \tan^2 x}{x^3}$$

$$= \lim_{x \to 0} \frac{-\tan^2 x}{3x^2} - \lim_{x \to 0} \frac{x \tan^2 x}{x^3} = -\frac{4}{3},$$

原式 $= -\dfrac{3}{4} \lim\limits_{x\to 0} \dfrac{2\mathrm{e}^x \cos x - 2 - 2x}{x^3} \overset{\frac{0}{0}}{=\!=} -\dfrac{3}{2} \lim\limits_{x\to 0} \dfrac{\mathrm{e}^x \cos x - \mathrm{e}^x \sin x - 1}{3x^2}$

$\overset{\frac{0}{0}}{=\!=} \dfrac{1}{2} \lim\limits_{x\to 0} \dfrac{\mathrm{e}^x \cos x - \mathrm{e}^x \sin x - \mathrm{e}^x \sin x - \mathrm{e}^x \cos x}{2x} \overset{\frac{0}{0}}{=\!=} -\dfrac{1}{4} \lim\limits_{x\to 0} \dfrac{-2\mathrm{e}^x \sin x}{x} = \dfrac{1}{2}.$

例 89 计算 $\lim\limits_{x\to 0} \dfrac{\displaystyle\int_0^x \sin t \ln(1+t)\mathrm{d}t - \dfrac{x^3}{3} + \dfrac{x^4}{8}}{(x - \sin x)(\mathrm{e}^{x^2} - 1)}$. (第四届浙江省理工类, 2005)

解 $\lim\limits_{x\to 0} \dfrac{x - \sin x}{x^3} = \lim\limits_{x\to 0} \dfrac{1 - \cos x}{3x^2} = \dfrac{1}{6},$

原式 $= 6\lim\limits_{x\to 0} \dfrac{\displaystyle\int_0^x \sin t \ln(1+t)\mathrm{d}t - \dfrac{x^3}{3} + \dfrac{x^4}{8}}{x^5}$

$= 6\lim\limits_{x\to 0} \dfrac{\sin x \ln(1+x) - x^2 + \dfrac{x^3}{2}}{5x^4}$

$= 6\lim\limits_{x\to 0} \dfrac{\cos x \ln(1+x) + \dfrac{\sin x}{1+x} - 2x + \dfrac{3x^2}{2}}{20x^3}$

$= \lim\limits_{x\to 0} \dfrac{-\sin x \ln(1+x) + \dfrac{\cos x}{1+x} + \dfrac{(1+x)\cos x - \sin x}{(1+x)^2} - 2 + 3x}{10x^2}$

$= \lim\limits_{x\to 0} \dfrac{-\sin x \ln(1+x)}{10x^2} + \lim\limits_{x\to 0} \dfrac{\dfrac{\cos x}{1+x} + \dfrac{(1+x)\cos x - \sin x}{(1+x)^2} - 2 + 3x}{10x^2}$

$= -\dfrac{1}{10} + \lim\limits_{x\to 0} \dfrac{2(1+x)\cos x - \sin x - 2(1+x)^2 + 3x(1+x)^2}{10x^2(1+x)^2}$

$= -\dfrac{1}{10} + \lim\limits_{x\to 0} \dfrac{2(1+x)\cos x - \sin x - 2(1+x)^2 + 3x(1+x)^2}{10x^2}$

$= -\dfrac{1}{10} + \lim\limits_{x\to 0} \dfrac{\cos x - 2(1+x)\sin x - 4(1+x) + 3(1+x)^2 + 6x(1+x)}{20x}$

$= -\dfrac{1}{10} + \lim\limits_{x\to 0} \dfrac{-2(1+x)\sin x}{20x} + \lim\limits_{x\to 0} \dfrac{\cos x - 4(1+x) + 3(1+x)^2 + 6x(1+x)}{20x}$

$= -\dfrac{1}{10} - \dfrac{1}{10} + \lim\limits_{x\to 0} \dfrac{\cos x - 1 + 9x^2 + 8x}{20x}$

$= -\dfrac{1}{10} - \dfrac{1}{10} + \lim\limits_{x\to 0} \dfrac{\cos x - 1}{20x} + \lim\limits_{x\to 0} \dfrac{9x^2 + 8x}{20x}$

$= -\dfrac{1}{10} - \dfrac{1}{10} + 0 + \dfrac{4}{10} = \dfrac{1}{5}.$

例 90 计算 $\lim\limits_{n\to\infty} n\left[\left(1+\dfrac{x}{n}\right)^n - \mathrm{e}^x\right]$. (第五届浙江省理工类, 2006)

解 $\quad \lim\limits_{n\to\infty} n\left\{\left[\left(1+\dfrac{x}{n}\right)^{\frac{n}{x}}\right]^x - \mathrm{e}^x\right\}$

$$= \lim_{n\to\infty} n\mathrm{e}^x\left\{\left[\frac{\left(1+\dfrac{x}{n}\right)^{\frac{n}{x}}}{\mathrm{e}}\right]^x - 1\right\}$$

$$= \lim_{n\to\infty} n\mathrm{e}^x\left\{\left[1 + \frac{\left(1+\dfrac{x}{n}\right)^{\frac{n}{x}} - \mathrm{e}}{\mathrm{e}}\right]^x - 1\right\}$$

$$= \lim_{n\to\infty} n\mathrm{e}^x \frac{\left(1+\dfrac{x}{n}\right)^{\frac{n}{x}} - \mathrm{e}}{\mathrm{e}} x = x^2 \mathrm{e}^{x-1} \lim_{n\to\infty} \frac{\left(1+\dfrac{x}{n}\right)^{\frac{n}{x}} - \mathrm{e}}{\dfrac{x}{n}}$$

$$= x^2 \mathrm{e}^{x-1} \lim_{t\to 0} \frac{(1+t)^{\frac{1}{t}} - \mathrm{e}}{t} \overset{\frac{0}{0}}{=\!=} x^2 \mathrm{e}^{x-1} \lim_{t\to 0} \frac{(1+t)^{\frac{1}{t}} \cdot \dfrac{\dfrac{t}{1+t} - \ln(1+t)}{t^2}}{1}$$

$$= x^2 \mathrm{e}^x \lim_{t\to 0} \frac{t - (1+t)\ln(1+t)}{(1+t)t^2}$$

$$= x^2 \mathrm{e}^x \lim_{t\to 0} \frac{t - (1+t)\ln(1+t)}{t^2} \overset{\frac{0}{0}}{=\!=} x^2 \mathrm{e}^x \lim_{t\to 0} \frac{1 - 1 - \ln(1+t)}{2t} = \frac{-x^2 \mathrm{e}^x}{2}.$$

例 91 求 $\lim\limits_{x\to 0} \dfrac{(1+x)^{\frac{1}{x}} - (1+2x)^{\frac{1}{2x}}}{\sin x}$. (第六届浙江省理工类, 2007)

解 $\quad \lim\limits_{x\to 0} \dfrac{(1+x)^{\frac{1}{x}} - (1+2x)^{\frac{1}{2x}}}{\sin x}$

$$= \lim_{x\to 0} \frac{(1+x)^{\frac{1}{x}} - (1+2x)^{\frac{1}{2x}}}{x}$$

$$\overset{\frac{0}{0}}{=\!=} \lim_{x\to 0} \left\{(1+x)^{\frac{1}{x}}\left[\frac{1}{x(x+1)} - \frac{\ln(1+x)}{x^2}\right] - (1+2x)^{\frac{1}{2x}}\left[\frac{1}{x(2x+1)} - \frac{\ln(1+2x)}{2x^2}\right]\right\}$$

$$\overset{\frac{0}{0}}{=\!=} \lim_{x\to 0} \left\{(1+x)^{\frac{1}{x}}\left[\frac{x - (x+1)\ln(1+x)}{x^2(x+1)}\right] - (1+2x)^{\frac{1}{2x}}\left[\frac{2x - (2x+1)\ln(1+2x)}{2x^2(2x+1)}\right]\right\}$$

$$= \lim_{x\to 0}(1+x)^{\frac{1}{x}}\left[\frac{x - (x+1)\ln(1+x)}{x^2(x+1)}\right] - \lim_{x\to 0}(1+2x)^{\frac{1}{2x}}\left[\frac{2x - (2x+1)\ln(1+2x)}{2x^2(2x+1)}\right]$$

$$= \mathrm{e}\lim_{x\to 0} \frac{x - (x+1)\ln(1+x)}{x^2} - \mathrm{e}\lim_{x\to 0}\frac{2x - (2x+1)\ln(1+2x)}{2x^2}$$

$$\overset{\frac{0}{0}}{=\!=} \mathrm{e}\lim_{x\to 0}\frac{-\ln(1+x)}{2x} - \mathrm{e}\lim_{x\to 0}\frac{-2\ln(1+2x)}{4x} = -\frac{\mathrm{e}}{2} + \mathrm{e} = \frac{\mathrm{e}}{2}.$$

例 92 设 $u_n = 1 + \dfrac{1}{2} - \dfrac{2}{3} + \dfrac{1}{4} + \dfrac{1}{5} - \dfrac{2}{6} + \cdots + \dfrac{1}{3n-2} + \dfrac{1}{3n-1} - \dfrac{2}{3n}$, $v_n = \dfrac{1}{n+1} + \dfrac{1}{n+2} + \cdots + \dfrac{1}{3n}$, 求: (1) $\dfrac{u_{10}}{v_{10}}$; (2) $\lim\limits_{n \to \infty} u_n$. (第六届浙江省理工类, 2007)

解 (1) $u_n = \sum\limits_{k=1}^{n} \left(\dfrac{1}{3k-2} + \dfrac{1}{3k-1} - \dfrac{2}{3k} \right)$

$$= 1 + \dfrac{1}{2} - \dfrac{2}{3} + \dfrac{1}{4} + \dfrac{1}{5} - \dfrac{2}{6} + \cdots + \dfrac{1}{3n-2} + \dfrac{1}{3n-1} - \dfrac{2}{3n},$$

$$v_n = \sum\limits_{k=1}^{2n} \dfrac{1}{n+k} = \sum\limits_{k=1}^{3n} \dfrac{1}{k} - \sum\limits_{k=1}^{n} \dfrac{1}{k}$$

$$= \left(1 + \dfrac{1}{2} + \dfrac{1}{3} + \dfrac{1}{4} + \dfrac{1}{5} + \dfrac{1}{6} + \cdots + \dfrac{1}{n} + \cdots + \dfrac{1}{3n-2} + \dfrac{1}{3n-1} + \dfrac{1}{3n} \right)$$

$$- \left(1 + \dfrac{1}{2} + \cdots + \dfrac{1}{n} \right),$$

$$u_n - v_n = \sum\limits_{k=1}^{n} \left(\dfrac{1}{3k-2} + \dfrac{1}{3k-1} - \dfrac{2}{3k} \right) - \sum\limits_{k=1}^{3n} \dfrac{1}{k} - \sum\limits_{k=1}^{n} \dfrac{1}{k}$$

$$= \sum\limits_{k=1}^{n} \left(-\dfrac{2}{3k} - \dfrac{1}{3k} \right) - \sum\limits_{k=1}^{n} \dfrac{1}{k} = 0,$$

$$\Rightarrow \dfrac{u_n}{v_v} = 1,$$

所以 $\dfrac{u_{10}}{v_{10}} = 1$;

(2) $\lim\limits_{n \to \infty} u_n = \lim\limits_{n \to \infty} v_n = \lim\limits_{n \to \infty} \left(\dfrac{1}{n+1} + \dfrac{1}{n+2} + \cdots + \dfrac{1}{3n} \right)$

$$= \lim\limits_{n \to \infty} \dfrac{1}{n} \sum\limits_{k=1}^{2n} \dfrac{1}{1 + \dfrac{k}{n}} = \int_0^2 \dfrac{1}{1+x} \mathrm{d}x = \ln 3.$$

例 93 求 $\lim\limits_{x \to 0} \left(\dfrac{\mathrm{e}^x + \mathrm{e}^{2x} + \mathrm{e}^{3x}}{3} \right)^{\frac{1}{\sin x}}$. (第七届浙江省理工类, 2008)

解 $\lim\limits_{x \to 0} \left(\dfrac{\mathrm{e}^x + \mathrm{e}^{2x} + \mathrm{e}^{3x}}{3} \right)^{\frac{1}{\sin x}}$

$$= \lim\limits_{x \to 0} \left(1 + \dfrac{\mathrm{e}^x + \mathrm{e}^{2x} + \mathrm{e}^{3x} - 3}{3} \right)^{\frac{1}{\sin x}}$$

$$= \lim\limits_{x \to 0} \left(1 + \dfrac{\mathrm{e}^x + \mathrm{e}^{2x} + \mathrm{e}^{3x} - 3}{3} \right)^{\frac{3}{\mathrm{e}^x + \mathrm{e}^{2x} + \mathrm{e}^{3x} - 3} \cdot \frac{\mathrm{e}^x + \mathrm{e}^{2x} + \mathrm{e}^{3x} - 3}{3} \cdot \frac{1}{\sin x}}$$

$$= \lim\limits_{x \to 0} \mathrm{e}^{\frac{\mathrm{e}^x + \mathrm{e}^{2x} + \mathrm{e}^{3x} - 3}{3} \cdot \frac{1}{\sin x}}$$

$$\overset{\frac{0}{0}}{=\!=\!=} \lim_{x \to 0} \mathrm{e}^{\frac{\mathrm{e}^x + 2\mathrm{e}^{2x} + 3\mathrm{e}^{3x}}{3\cos x}} = \mathrm{e}^2.$$

例 94 求极限 $\displaystyle\lim_{n \to \infty} \frac{1}{n^2} \sum_{i=1}^{n} i \sin \frac{i\pi}{n}$. (第八届浙江省理工类, 2009)

解
$$\lim_{n \to \infty} \frac{1}{n^2} \sum_{i=1}^{n} i \sin \frac{i\pi}{n} = \int_0^1 x \sin \pi x \mathrm{d}x = -\frac{1}{\pi} \int_0^1 x \mathrm{d}\cos \pi x$$

$$= -\frac{1}{\pi} \left(x \cos \pi x \Big|_0^1 - \int_0^1 \cos \pi x \mathrm{d}x \right)$$

$$= -\frac{1}{\pi} \left(-1 - \frac{1}{\pi} \sin \pi x \Big|_0^1 \right) = \frac{1}{\pi}.$$

例 95 已知极限 $\displaystyle\lim_{x \to 0}(\mathrm{e}^x + ax^2 + bx)^{\frac{1}{x^2}} = 1$, 求常数的值 a, b. (第八届浙江省理工类, 2009)

解 方法 1: $\displaystyle\lim_{x \to 0}(\mathrm{e}^x + ax^2 + bx)^{\frac{1}{x^2}} = \mathrm{e}^{\lim_{x \to 0}(\mathrm{e}^x + ax^2 + bx - 1) \cdot \frac{1}{x^2}} = \mathrm{e}^{\lim_{x \to 0} \frac{\mathrm{e}^x + 2ax + b}{2x}} = 1$, 于是
$\displaystyle\lim_{x \to 0}(\mathrm{e}^x + 2ax + b) = 0$, 所以 $b = -1$, 由 $\displaystyle\lim_{x \to 0} \frac{\mathrm{e}^x + 2a}{2} = 0$, 得 $a = -\frac{1}{2}$.

方法 2: $\displaystyle\lim_{x \to 0}(\mathrm{e}^x + ax^2 + bx)^{\frac{1}{x^2}} = \lim_{x \to 0}(1 + \mathrm{e}^x + ax^2 + bx - 1)^{\frac{1}{\mathrm{e}^x + ax^2 + bx - 1} \cdot \frac{\mathrm{e}^x + ax^2 + bx - 1}{x^2}}$

$$= \mathrm{e}^{\lim_{x \to 0} \frac{\mathrm{e}^x + ax^2 + bx - 1}{x^2}},$$

$$\lim_{x \to 0} \frac{\mathrm{e}^x + ax^2 + bx - 1}{x^2} = \lim_{x \to 0} \frac{1 + x + \frac{1}{2}x^2 + o(x^2) + ax^2 + bx - 1}{x^2}$$

$$= \lim_{x \to 0} \frac{(1+b)x + \left(\frac{1}{2} + a\right)x^2 + o(x^2)}{x^2} = 0$$

$$\Rightarrow a = -\frac{1}{2}, b = -1.$$

例 96 定义数列 $\{a_n\}$ 如下: $a_1 = \dfrac{1}{2}$, $a_n = \displaystyle\int_0^1 \max\{a_{n-1}, x\} \mathrm{d}x, n = 2, 3, 4, \cdots$, 求 $\displaystyle\lim_{n \to \infty} a_n$. (第九届浙江省理工类, 2010)

解 $a_n = \displaystyle\int_0^1 \max\{a_{n-1}, x\} \mathrm{d}x \geqslant \int_0^1 a_{n-1} \mathrm{d}x = a_{n-1}$, 即 $\{a_n\}$ 单调递增且 $a_1 = \dfrac{1}{2} \leqslant 1$, 设 $0 \leqslant a_n \leqslant 1$, 则 $0 \leqslant a_{n+1} = \displaystyle\int_0^1 \max\{a_n, x\} \mathrm{d}x \leqslant \int_0^1 \mathrm{d}x = 1$, 即 $\{a_n\}$ 有界, 从而 $\{a_n\}$ 收敛, 记其极限为 a, 有 $a = \displaystyle\int_0^1 \max\{a, x\} \mathrm{d}x = \int_0^a a \mathrm{d}x + \int_a^1 x \mathrm{d}x = \dfrac{1+a^2}{2}$, 故 $\displaystyle\lim_{n \to \infty} a_n = 1$.

例 97 求极限 $\lim\limits_{n\to\infty}\left(\sqrt{n\cos^4 n}+\sqrt{(n+1)\sin^4 n}-\sqrt{n+2}\right)$. (第十届浙江省理工类, 2011)

解 原极限 $=\lim\limits_{n\to\infty}\left(\sqrt{n}\cos^2 n+\sqrt{n+1}\sin^2 n-\sqrt{n+2}\right)$

$$=\lim\limits_{n\to\infty}\left(\cos^2 n\frac{-2}{\sqrt{n}+\sqrt{n+2}}+\sin^2 n\frac{-1}{\sqrt{n+1}+\sqrt{n+2}}\right)=0.$$

例 98 求极限 $\lim\limits_{x\to+\infty}\log_x(x^a+x^b)$. (第十一届浙江省理工类, 2012)

解 当 $a\geqslant b$ 时, $\lim\limits_{x\to+\infty}\log_x(x^a+x^b)=\lim\limits_{x\to+\infty}\log_x x^a(1+x^{b-a})=a+\lim\limits_{x\to+\infty}\log_x(1+x^{b-a})=a.$

同理, 当 $a<b$ 时, $\lim\limits_{x\to+\infty}\log_x(x^a+x^b)=b.$

所以 $\lim\limits_{x\to+\infty}\log_x(x^a+x^b)=\max\{a,b\}.$

例 99 求极限 $\lim\limits_{n\to\infty}\sum\limits_{k=1}^{n}\frac{k-\sin^2 k}{n^2}\left[\ln\left(n+k-\sin^2 k\right)-\ln n\right]$. (第十二届浙江省理工类, 2013)

解 记 $f(x)=x\ln(1+x)$, $x_k=\dfrac{k-1}{n}$, $\Delta x_k=\dfrac{1}{n}$, $\dfrac{k-1}{n}<\xi_k=\dfrac{k-\sin^2 k}{n}<\dfrac{k}{n}$,

$$\sum\limits_{k=1}^{n}\frac{k-\sin^2 k}{n^2}\left[\ln\left(n+k-\sin^2 k\right)-\ln n\right]=\sum\limits_{k=1}^{n}f(\xi_k)\Delta x_k.$$

$$原极限 =\int_0^1 x\ln(1+x)\mathrm{d}x=\frac{1}{2}\ln 2-\frac{1}{2}\int_0^1\frac{x^2}{x+1}\mathrm{d}x=\frac{1}{4}.$$

例 100 求极限 $\lim\limits_{n\to\infty}\dfrac{[na]+\sin n}{n+\cos n}$, 其中 $[x]$ 表示不大于 x 的最大整数. (第十三届浙江省理工类, 2014)

解 由于 $na-1<[na]\leqslant na$, 所以 $\dfrac{na-1+\sin n}{n+\cos n}<\dfrac{[na]+\sin n}{n+\cos n}\leqslant\dfrac{na+\sin n}{n+\cos n}$ 且

$\lim\limits_{n\to\infty}\dfrac{na+\sin n}{n+\cos n}=\lim\limits_{n\to\infty}\dfrac{na-1+\sin n}{n+\cos n}=a$, 从而 $\lim\limits_{n\to\infty}\dfrac{[na]+\sin n}{n+\cos n}=a.$

例 101 求极限 $\lim\limits_{x\to 0^+}\int_x^{2x}\dfrac{\cos(1+t^2)}{t}\mathrm{d}t$. (第十三届浙江省理工类, 2014)

解 由积分中值定理得

$$\int_x^{2x}\frac{\cos(1+t^2)}{t}\mathrm{d}t=\cos(1+\xi^2)\int_x^{2x}\frac{1}{t}\mathrm{d}t=\cos(1+\xi^2)\ln 2(\xi\in(x,2x)),$$

所以 $\lim\limits_{x\to 0^+}\int_x^{2x}\dfrac{\cos(1+t^2)}{t}\mathrm{d}t=\lim\limits_{x\to 0^+}\cos(1+\xi^2)\ln 2=\ln 2\cos 1.$

例 102 求极限 $\lim\limits_{x\to 0}\dfrac{1-\cos x\sqrt[n]{\cos nx}}{x^2}$, 其中 n 为正整数. (第十四届浙江省理工类, 2015)

解 $\dfrac{1-\cos x\sqrt[n]{\cos nx}}{x^2} = \dfrac{1-\cos x}{x^2} + \cos x\dfrac{1-\sqrt[n]{\cos nx}}{x^2}$, 所以

$$\lim\limits_{x\to 0}\dfrac{1-\cos x\sqrt[n]{\cos nx}}{x^2} = \dfrac{1}{2} + \lim\limits_{x\to 0}\dfrac{1-\sqrt[n]{\cos nx}}{x^2} = \dfrac{1}{2} + \lim\limits_{x\to 0}\dfrac{\sin nx}{2x(\sqrt[n]{\cos nx})^{n-1}} = \dfrac{1+n}{2}.$$

例 103 求极限 $\lim\limits_{x\to 0}\dfrac{\mathrm{e}^{x^2}-\sqrt{\cos 2x}\cos x}{x-\ln(1+x)}$. (第十六届浙江省理工类, 2017)

解 由泰勒公式, 当 $x\to 0$ 时, $x-\ln(1+x)\sim\dfrac{x^2}{2}$, $\mathrm{e}^{x^2}-1\sim x^2$, $1-\cos x\sim\dfrac{x^2}{2}$, 所以

$$\lim\limits_{x\to 0}\dfrac{\mathrm{e}^{x^2}-\cos x\sqrt{\cos 2x}}{x-\ln(1+x)} = 2\lim\limits_{x\to 0}\dfrac{\mathrm{e}^{x^2}-1+1-\cos x+\cos x(1-\sqrt{\cos 2x})}{x^2}$$

$$= 3 + 2\lim\limits_{x\to 0}\dfrac{1-\sqrt{\cos 2x}}{x^2} = 3 + 2\lim\limits_{x\to 0}\dfrac{1-\cos 2x}{x^2(1+\sqrt{\cos 2x})}$$

$$= 3 + \lim\limits_{x\to 0}\dfrac{1-\cos 2x}{x^2} = 5.$$

例 104 求极限 $\lim\limits_{x\to 0}\dfrac{\displaystyle\int_0^x\left[\mathrm{e}^{(x-t)^2}-1\right]t\mathrm{d}t}{x^4}$. (第十七届浙江省理工类, 2018)

解 令 $u = x-t$, 则

$$\lim\limits_{x\to 0}\dfrac{\displaystyle\int_0^x\left[\mathrm{e}^{(x-t)^2}-1\right]t\mathrm{d}t}{x^4}$$

$$= \lim\limits_{x\to 0}\dfrac{\displaystyle\int_0^x\left(\mathrm{e}^{u^2}-1\right)(x-u)\mathrm{d}u}{x^4}$$

$$= \lim\limits_{x\to 0}\dfrac{x\displaystyle\int_0^x\left(\mathrm{e}^{u^2}-1\right)\mathrm{d}u - \int_0^x\left(\mathrm{e}^{u^2}-1\right)u\mathrm{d}u}{x^4}$$

$$= \lim\limits_{x\to 0}\dfrac{\displaystyle\int_0^x\left(\mathrm{e}^{u^2}-1\right)\mathrm{d}u}{4x^3} = \lim\limits_{x\to 0}\dfrac{\mathrm{e}^{x^2}-1}{12x^2} = \lim\limits_{x\to 0}\dfrac{x^2}{12x^2} = \dfrac{1}{12}.$$

例 105 求极限 $\lim\limits_{n\to\infty}\tan^n\left(\dfrac{\pi}{4}+\dfrac{1}{n}\right)$. (第十八届浙江省理工类, 2019)

解　由三角等式 $\tan(x+y) = \dfrac{\tan x + \tan y}{1 - \tan x \tan y}$, 得

$$\lim_{n\to\infty} \tan^n\left(\frac{\pi}{4} + \frac{1}{n}\right) = \lim_{n\to\infty}\left(\frac{1 + \tan\dfrac{1}{n}}{1 - \tan\dfrac{1}{n}}\right)^n.$$

由幂指函数转换为指数函数 $f(x)^{g(x)} = \mathrm{e}^{g(x)\ln f(x)}$, 并由等价无穷小代换 $\tan x \sim x(x \to 0)$, 问题转换为计算

$$\lim_{n\to\infty} n \cdot \ln \frac{1 + \tan\dfrac{1}{n}}{1 - \tan\dfrac{1}{n}}$$

$$= \lim_{n\to\infty} \frac{\ln\left(1 + \tan\dfrac{1}{n}\right)}{\dfrac{1}{n}} - \lim_{n\to\infty} \frac{\ln\left(1 - \tan\dfrac{1}{n}\right)}{\dfrac{1}{n}}$$

$$= \lim_{n\to\infty} \frac{\tan\dfrac{1}{n}}{\dfrac{1}{n}} - \lim_{n\to\infty} \frac{-\tan\dfrac{1}{n}}{\dfrac{1}{n}} = 2,$$

所以 $\displaystyle\lim_{n\to\infty} \tan^n\left(\frac{\pi}{4} + \frac{1}{n}\right) = \mathrm{e}^2.$

例 106　设 $f(x)$ 在 $[0,1]$ 上有连续的导函数, 证明:

$$\lim_{n\to\infty} \sum_{k=1}^{n}\left[f\left(\frac{k}{n}\right) - f\left(\frac{2k-1}{2n}\right)\right] = \frac{1}{2}(f(1) - f(0)).$$

(第十八届浙江省理工类, 2019)

证明　由于 $f(x)$ 在 $[0,1]$ 上有连续的导函数, 所以由 $f(x)$ 在 $x = \dfrac{2k-1}{2n}$ 的一阶带佩亚诺余项的泰勒公式, 得 $f\left(\dfrac{k}{n}\right) = f\left(\dfrac{2k-1}{2n}\right) + f'\left(\dfrac{2k-1}{2n}\right) \cdot \dfrac{1}{2n} + o\left(\dfrac{1}{n}\right)$, 于是可得

$$\sum_{k=1}^{n}\left[f\left(\frac{k}{n}\right) - f\left(\frac{2k-1}{2n}\right)\right] = \sum_{k=1}^{n}\left[f'\left(\frac{2k-1}{2n}\right)\frac{1}{2n} + o\left(\frac{1}{n}\right)\right]$$

$$= \frac{1}{2}\sum_{k=1}^{n} f'\left(\frac{k}{n} - \frac{1}{2n}\right)\frac{1}{n} + o(1),$$

于是, 两端当 $n \to \infty$ 时取极限, 由定积分定义得

$$原式 = \lim_{n\to\infty}\left[\frac{1}{2}\sum_{k=1}^{n} f'\left(\frac{k}{n} - \frac{1}{2n}\right)\frac{1}{n} + o(1)\right] = \frac{1}{2}\int_0^1 f'(x)\mathrm{d}x = \frac{1}{2}(f(1) - f(0)).$$

例 107 求极限 $\lim\limits_{n\to\infty}\left(\cos\dfrac{1}{n}+\dfrac{1}{n}\sin\dfrac{1}{n}\right)^{n^2}$. (第十九届浙江省理工类, 2020)

解 基于海涅定理和当 $x\to 0$ 时的等价无穷小代换: $\ln(1+x)\sim x$, $\sin x\sim x$, $1-\cos x\sim\dfrac{x^2}{2}$, 考虑如下的极限, 有

$$\lim_{n\to\infty}n^2\ln\left(\cos\frac{1}{n}+\frac{1}{n}\sin\frac{1}{n}\right)=\lim_{x\to 0^+}\frac{\cos x+x\sin x-1}{x^2}$$
$$=\lim_{x\to 0^+}\frac{\cos x-1}{x^2}+\lim_{x\to 0^+}\frac{x\sin x}{x^2}=-\frac{1}{2}+1=\frac{1}{2},$$

故得 $\lim\limits_{n\to\infty}\left(\cos\dfrac{1}{n}+\dfrac{1}{n}\sin\dfrac{1}{n}\right)^{n^2}=\mathrm{e}^{1/2}=\sqrt{\mathrm{e}}$.

例 108 设 $s(x)=\displaystyle\int_0^x|\cos t|\,\mathrm{d}t$,

(1) 求 $\lim\limits_{x\to+\infty}\dfrac{s(x)}{x}$;

(2) 问 $y=s(x)$ 是否有渐近线, 并说明理由. (第十九届浙江省理工类, 2020)

解 (1) 设 $n\pi\leqslant x\leqslant(n+1)\pi$, 则 $\displaystyle\int_0^{n\pi}|\cos t|\,\mathrm{d}t\leqslant s(x)\leqslant\int_0^{(n+1)\pi}|\cos t|\,\mathrm{d}t$, 由于 $|\cos t|$ 是周期为 π 的周期函数, 故 $\displaystyle\int_0^{n\pi}|\cos t|\,\mathrm{d}t=n\int_0^{\pi}|\cos t|\,\mathrm{d}t=2n$,

$$\int_0^{(n+1)\pi}|\cos t|\,\mathrm{d}t=(n+1)\int_0^{\pi}|\cos t|\,\mathrm{d}t=2n+2.$$

于是可得 $\dfrac{2n}{(n+1)\pi}\leqslant\dfrac{s(x)}{x}\leqslant\dfrac{2n+2}{n\pi}$, 故由夹逼准则, 得 $\lim\limits_{x\to+\infty}\dfrac{s(x)}{x}=\dfrac{2}{\pi}$.

(2) 由 $s(x)$ 的定义式可知, 函数在实数集内连续, 故无铅直渐近线; 又由 (1) 可知 $\lim\limits_{x\to+\infty}s(x)=\infty$, 故无水平渐近线. 由 (1), 考察极限 $\lim\limits_{x\to+\infty}\left[\displaystyle\int_0^x|\cos t|\,\mathrm{d}t-\dfrac{2}{\pi}x\right]$, 取子变化过程 $x_n=n\pi, y_n=n\pi+1$, 则可得

$$\int_0^{x_n}|\cos t|\,\mathrm{d}t-\frac{2}{\pi}x_n=\int_0^{n\pi}|\cos t|\,\mathrm{d}t-\frac{2}{\pi}n\pi=2n-\frac{2}{\pi}n\pi=0,$$

$$\int_0^{y_n}|\cos t|\,\mathrm{d}t-\frac{2}{\pi}y_n=\int_0^{n\pi+1}|\cos t|\,\mathrm{d}t-\frac{2}{\pi}(n\pi+1)$$
$$=2n+\int_{n\pi}^{n\pi+1}|\cos t|\,\mathrm{d}t-2n-\frac{2}{\pi}=\sin 1-\frac{2}{\pi},$$

故极限不存在.

类似可得 $\lim\limits_{x\to-\infty}\dfrac{s(x)}{x}=-\dfrac{2}{\pi}$，也有 $s(x)+\dfrac{2}{\pi}x$，当 $x\to-\infty$ 极限不存在，故 $y=s(x)$ 不存在渐近线.

例 109 设 $x_n=\left(1+\dfrac{1}{n^2}\right)\left(1+\dfrac{2}{n^2}\right)\cdots\left(1+\dfrac{n}{n^2}\right)$，求 $\lim\limits_{n\to\infty}x_n$. (第二十届浙江省理工类, 2021)

解 $x_n=\prod\limits_{k=1}^{n}\left(1+\dfrac{k}{n^2}\right)$，$\ln x_n=\sum\limits_{k=1}^{n}\ln\left(1+\dfrac{k}{n^2}\right)$，有

$$\lim_{n\to\infty}\ln x_n=\lim_{n\to\infty}\sum_{k=1}^{n}\ln\left(1+\dfrac{k}{n^2}\right)$$

$$=\lim_{n\to\infty}\sum_{k=1}^{n}\left(\dfrac{k}{n^2}+o\left(\dfrac{k}{n^2}\right)\right)$$

$$=\lim_{n\to\infty}\dfrac{\dfrac{n(n+1)}{2}}{n^2}=\dfrac{1}{2}.$$

从而 $\lim\limits_{n\to\infty}x_n=\lim\limits_{n\to\infty}\mathrm{e}^{\ln x_n}=\mathrm{e}^{\lim\limits_{n\to\infty}\ln x_n}=\mathrm{e}^{\frac{1}{2}}$.

例 110 求 $y=\dfrac{x^3}{(x-1)^2}\cos(2\arctan x)$ 的所有渐近线. (第二十届浙江省理工类, 2021)

解 $k=\lim\limits_{x\to\infty}\dfrac{x^3}{x(x-1)^2}\cos(2\arctan x)$

$$=\lim_{x\to\infty}\dfrac{x^3}{x(x-1)^2}\lim_{x\to\infty}\cos(2\arctan x)=-1,$$

$b=\lim\limits_{x\to\infty}\left(\dfrac{x^3}{(x-1)^2}\cos(2\arctan x)+x\right)=\lim\limits_{x\to\infty}\dfrac{x^3\cos(2\arctan x)+x(x-1)^2}{(x-1)^2}$

$$=\lim_{x\to\infty}\dfrac{x^3(\cos(2\arctan x)+1)-2x^2+x}{(x-1)^2},$$

$$\lim_{x\to\infty}\dfrac{x^3(\cos(2\arctan x)+1)}{(x-1)^2}$$

$$=\lim_{x\to\infty}\dfrac{x^3(\cos(2\arctan x)+1)}{(x-1)^2}=\lim_{x\to\infty}\dfrac{2x^3\cos^2(\arctan x)}{(x-1)^2}$$

$$=\lim_{x\to\infty}\dfrac{2x^3\sin^2\left(\dfrac{\pi}{2}-\arctan x\right)}{(x-1)^2}=\lim_{x\to\infty}\dfrac{2x^3\sin^2(\operatorname{arccot} x)}{(x-1)^2}$$

$$=\lim_{x\to\infty}\dfrac{2x^2}{(x-1)^2}\cdot\lim_{x\to\infty}x\operatorname{arccot}^2 x=\lim_{x\to\infty}\dfrac{2x^2}{(x-1)^2}\cdot\lim_{x\to\infty}\cot(\operatorname{arccot} x)\operatorname{arccot}^2 x$$

$$=\lim_{x\to\infty}\dfrac{2x^2}{(x-1)^2}\cdot\lim_{x\to\infty}\cos(\operatorname{arccot} x)\operatorname{arccot} x=2\times1\times0=0.$$

以上计算利用 $\lim\limits_{x\to\infty}\operatorname{arccot}x=0.\sin(\operatorname{arccot}x)\sim\operatorname{arccot}x\ (x\to\infty)$. 所以 $b=-2$. $y=-x-2$ 为斜渐近线. $\lim\limits_{x\to1}\dfrac{x^3}{(x-1)^2}\cos(2\arctan x)=\lim\limits_{x\to1}x^3\cdot\lim\limits_{x\to1}\dfrac{\cos(2\arctan x)}{(x-1)^2}=\lim\limits_{x\to1}\dfrac{-\sin(2\arctan x)}{2(x-1)}\cdot\dfrac{2}{1+x^2}=\infty$, 所以 $x=1$ 是铅直渐近线. 综上知, 原函数存在一条斜渐近线 $y=-x-2$ 及一条铅直渐近线 $x=1$.

例 111 求数列 $x_n=\sum\limits_{k=n^2}^{(n+1)^2}\dfrac{1}{\sqrt{k}}$ 的极限. (莫斯科物理技术学院, 1977)

解 $x_n=\dfrac{1}{\sqrt{n^2}}+\dfrac{1}{\sqrt{n^2+1}}+\dfrac{1}{\sqrt{n^2+2}}+\cdots+\dfrac{1}{\sqrt{n^2+2n+1}}$, 而数列 $\{x_n\}$ 的通项满足 $\dfrac{2n+2}{\sqrt{n^2+2n+1}}\leqslant x_n\leqslant\dfrac{2n+2}{\sqrt{n^2}}$, $\lim\limits_{n\to\infty}\dfrac{2n+2}{\sqrt{n^2+2n+1}}=2$, $\lim\limits_{n\to\infty}\dfrac{2n+2}{\sqrt{n^2}}=2$, 由数列极限的夹逼准则, 有 $\lim\limits_{n\to\infty}\sum\limits_{k=n^2}^{(n+1)^2}\dfrac{1}{\sqrt{k}}=2$.

例 112 计算 $\lim\limits_{n\to\infty}\left(\dfrac{2^{\frac{1}{n}}}{n+1}+\dfrac{2^{\frac{2}{n}}}{n+\frac{1}{2}}+\cdots+\dfrac{2^{\frac{n}{n}}}{n+\frac{1}{n}}\right)$. (莫斯科钢铁合金学院, 1976)

解 令 $x_n=\dfrac{2^{\frac{1}{n}}}{n+1}+\dfrac{2^{\frac{2}{n}}}{n+\frac{1}{2}}+\cdots+\dfrac{2^{\frac{n}{n}}}{n+\frac{1}{n}}$, 则

$$\dfrac{2^{\frac{1}{n}}}{n+1}+\dfrac{2^{\frac{2}{n}}}{n+1}+\cdots+\dfrac{2^{\frac{n}{n}}}{n+1}\leqslant x_n\leqslant\dfrac{2^{\frac{1}{n}}}{n}+\dfrac{2^{\frac{2}{n}}}{n}+\cdots+\dfrac{2^{\frac{n}{n}}}{n},$$

而

$$\lim_{n\to\infty}\left(\dfrac{2^{\frac{1}{n}}}{n}+\dfrac{2^{\frac{2}{n}}}{n}+\cdots+\dfrac{2^{\frac{n}{n}}}{n}\right)=\int_0^1 2^x\,\mathrm{d}x=\dfrac{1}{\ln 2};$$

$$\lim_{n\to\infty}\left(\dfrac{2^{\frac{1}{n}}}{n+1}+\dfrac{2^{\frac{2}{n}}}{n+1}+\cdots+\dfrac{2^{\frac{n}{n}}}{n+1}\right)=\lim_{n\to\infty}\dfrac{n}{n+1}\cdot\int_0^1 2^x\,\mathrm{d}x=\dfrac{1}{\ln 2},$$

所以由夹逼准则, 有 $\lim\limits_{n\to\infty}\left(\dfrac{2^{\frac{1}{n}}}{n+1}+\dfrac{2^{\frac{2}{n}}}{n+\frac{1}{2}}+\cdots+\dfrac{2^{\frac{n}{n}}}{n+\frac{1}{n}}\right)=\dfrac{1}{\ln 2}$.

例 113 数列 $\{x_n\}$ 的递推定义如下: $x_n=\sin x_{n-1}(n=2,3,\cdots)$, 而 x_1 为区间 $(0,\pi)$ 内的任意数, 证明: 当 $n\to\infty$ 时, $x_n\sim\sqrt{\dfrac{3}{n}}$. (莫斯科物理技术学院, 1977)

证明 显然对于任意的 n, 都有 $x_n>0$, 容易证明数列 $\{x_n\}$ 单调递减, 由单调有界准则知, 数列 $\{x_n\}$ 收敛, 对递推公式两边取极限及函数的单调性知 $\lim\limits_{n\to\infty}x_n=0$; 而由

斯托尔茨定理,

$$\lim_{n\to\infty}\frac{\dfrac{1}{x_n^2}}{\dfrac{n}{3}}=\lim_{n\to\infty}\frac{\dfrac{3}{x_n^2}}{n}=\lim_{n\to\infty}\frac{\dfrac{3}{x_n^2}-\dfrac{3}{x_{n-1}^2}}{n-(n-1)}=\lim_{n\to\infty}\frac{3}{x_n^2}-\frac{3}{x_{n-1}^2}$$

$$=\lim_{n\to\infty}\frac{3(x_{n-1}^2-x_n^2)}{x_n^2\cdot x_{n-1}^2}=\lim_{n\to\infty}\frac{3(x_{n-1}^2-\sin^2 x_{n-1})}{\sin^2 x_{n-1}\cdot x_{n-1}^2},$$

由泰勒公式,

$$\lim_{n\to\infty}\frac{3(x_{n-1}^2-\sin^2 x_{n-1})}{\sin^2 x_{n-1}\cdot x_{n-1}^2}=\lim_{n\to\infty}\frac{3\left(x_{n-1}^2-x_{n-1}^2+\dfrac{1}{3}x_{n-1}^4+o(x_{n-1}^4)\right)}{x_{n-1}^4}=1,$$

从而 $x_n\sim\sqrt{\dfrac{3}{n}}$.

例 114　设 $x_1,x_2,\cdots$ 是方程 $\tan x=x$ 的按递增顺序排列的所有正根, 计算极限 $\lim\limits_{n\to\infty}(x_n-x_{n-1})$. (莫斯科航空工业学院, 1976)

解　由 $\tan x$ 与 x 的图像知, 若 $x_n=\tan x_n$, 则 $x_n=\arctan x_n+n\pi$, $x_{n-1}=\arctan x_{n-1}+(n-1)\pi$, 从而 $\lim\limits_{n\to\infty}(x_n-x_{n-1})=\pi+\lim\limits_{n\to\infty}(\arctan x_n-\arctan x_{n-1})$, 由拉格朗日中值定理, $\lim\limits_{n\to\infty}(\arctan x_n-\arctan x_{n-1})=\dfrac{1}{1+\xi^2}(x_n-x_{n-1})$, $\xi\in(x_{n-1},x_n)$, 但 $\lim\limits_{n\to\infty}x_n=\infty$, 从而有 $\lim\limits_{n\to\infty}(\arctan x_n-\arctan x_{n-1})=0$, 即 $\lim\limits_{n\to\infty}(x_n-x_{n-1})=\pi$.

注　此题部分国内数学竞赛题目中条件未变, 结论是证明级数 $\sum\limits_{n=1}^{\infty}\dfrac{1}{x_n}$ 发散或证明级数 $\sum\limits_{n=1}^{\infty}\dfrac{1}{x_n^2}$ 收敛, 用夹逼准则即可.

例 115　设 $a_n=\sum\limits_{i=1}^{n-1}\dfrac{\sin\dfrac{(2k-1)\pi}{2\pi}}{\cos^2\dfrac{(k-1)\pi}{2n}\cos^2\dfrac{k\pi}{2n}}$ $(n>1)$, 求 $\lim\limits_{n\to\infty}\dfrac{a_n}{n^3}$. (普特南 B2, 2019)

解　首先我们有三角恒等式

$$\cos^2\alpha-\cos^2\beta=(\cos\alpha+\cos\beta)(\cos\alpha-\cos\beta)$$

$$=2\cos\frac{\alpha+\beta}{2}\cos\frac{\alpha-\beta}{2}\cdot 2\sin\frac{\alpha+\beta}{2}\sin\frac{\beta-\alpha}{2}$$

$$=\sin(\beta-\alpha)\sin(\beta+\alpha),$$

于是

$$a_n = \frac{1}{\sin\dfrac{\pi}{2n}} \sum_{k=1}^{n-1} \frac{\sin\dfrac{\pi}{2n} \sin\left(\dfrac{(2k-1)}{2n}\pi\right)}{\cos^2\left(\dfrac{(k-1)\pi}{2n}\right)\cos^2\left(\dfrac{k\pi}{2n}\right)}$$

$$= \frac{1}{\sin\dfrac{\pi}{2n}} \sum_{k=1}^{n-1} \frac{\cos^2\left(\dfrac{(k-1)\pi}{2n}\right) - \cos^2\left(\dfrac{k\pi}{2n}\right)}{\cos^2\left(\dfrac{(k-1)\pi}{2n}\right)\cos^2\left(\dfrac{k\pi}{2n}\right)}$$

$$= \frac{1}{\sin\dfrac{\pi}{2n}} \sum_{k=1}^{n-1} \left(\frac{1}{\cos^2\left(\dfrac{k\pi}{2n}\right)} - \frac{1}{\cos^2\left(\dfrac{(k-1)\pi}{2n}\right)} \right)$$

$$= \frac{1}{\sin\dfrac{\pi}{2n}} \left(\frac{1}{\cos^2\dfrac{n-1}{2n}\pi} - 1 \right)$$

$$= \frac{\sin^2\dfrac{n-1}{2n}\pi}{\sin\dfrac{\pi}{2n}\cos^2\dfrac{n-1}{2n}\pi} = \frac{\sin^2\dfrac{n-1}{2n}\pi}{\sin^3\dfrac{\pi}{2n}},$$

于是

$$\lim_{n\to\infty} \frac{a_n}{n^3} = \lim_{n\to\infty} \frac{\sin^2\dfrac{n-1}{2n}\pi}{n^3\sin^3\dfrac{\pi}{2n}} = \left(\frac{2}{\pi}\right)^3 = \frac{8}{\pi^3}.$$

例 116 设 $a_1 = 1, a_{n+1} = a_n + \mathrm{e}^{-a_n}(n \geqslant 1)$, 证明数列 $\{a_n - \ln n\}$ 收敛. (普特南 B4, 2012)

证明 利用单调有界准则来证明. 令 $b_n = a_n - \ln n$, 则

$$b_{n+1} - b_n = a_{n+1} - \ln(n+1) - a_n + \ln n = \mathrm{e}^{-a_n} - \ln\frac{n+1}{n},$$

由已知不等式 $\ln(1+x) \geqslant \dfrac{x}{1+x} \ (x > 0)$, 可知

$$\ln\frac{n+1}{n} = \ln\left(1 + \frac{1}{n}\right) \geqslant \frac{\dfrac{1}{n}}{1 + \dfrac{1}{n}} = \frac{1}{n+1},$$

$$b_{n+1} - b_n = \mathrm{e}^{-a_n} - \ln\frac{n+1}{n} \leqslant \mathrm{e}^{-a_n} - \frac{1}{n+1}.$$

下面用数学归纳法证明 $a_n > \ln(n+1)$. 当 $n = 1$ 时, $a_1 = 1 > \ln 2$, 结论成立; 假设当 $n = k$ 时, 结论成立, 即 $a_k > \ln(k+1)$; 当 $n = k+1$ 时, $a_{k+1} = a_k + \mathrm{e}^{-a_k}$, 设 $h(x) = x + \mathrm{e}^{-x}$, 其中 $x > 0$, 则 $h'(x) = 1 - \mathrm{e}^{-x} > 0$, 从而 $h(x)$ 在 $(0, +\infty)$ 上单调递增, 故

$$a_{k+1} = a_k + \mathrm{e}^{-a_k} > \ln(k+1) + \mathrm{e}^{-\ln(k+1)} = \ln(k+1) + \frac{1}{k+1}$$

$$\geqslant \ln(k+1) + \ln\left(1 + \frac{1}{k+1}\right) = \ln(k+2),$$

从而由数学归纳法知 $a_n > \ln(n+1)$. 所以 $b_n > 0$, 且 $b_{n+1} < b_n$, 从而由单调有界准则知原数列收敛.

例 117 设 $a_1 > 0$, $a_{n+1} = a_n + \dfrac{1}{\sqrt{a_n}}$ $(n \geqslant 1)$, 求 $\lim\limits_{n \to \infty} \dfrac{a_n^3}{n^2}$. (普特南 B6, 2006).

解 由公式 $a_{n+1} = a_n + \dfrac{1}{\sqrt{a_n}}$ $(n \geqslant 1)$, 易知 $\{a_n\}$ 单调递增且 $n \to \infty$ 时, $a_n \to \infty$ (否则对已知条件两边取极限得到矛盾), 且 $\dfrac{a_{n+1}}{a_n} = 1 + a_n^{-\frac{3}{2}}$, 从而

$$\lim_{n \to \infty} \frac{a_{n+1}}{a_n} = \lim_{n \to \infty} \left(1 + a_n^{-\frac{3}{2}}\right) = 1,$$

由

$$a_{n+1}^{\frac{3}{2}} - a_n^{\frac{3}{2}} = \left(a_{n+1}^{\frac{1}{2}} - a_n^{\frac{1}{2}}\right) \cdot \left(a_{n+1} + a_{n+1}^{\frac{1}{2}} a_n^{\frac{1}{2}} + a_n\right)$$

$$= \frac{(a_{n+1} - a_n)}{\left(a_{n+1}^{\frac{1}{2}} + a_n^{\frac{1}{2}}\right)} \cdot \left(a_{n+1} + a_{n+1}^{\frac{1}{2}} a_n^{\frac{1}{2}} + a_n\right) = \frac{a_{n+1} + a_{n+1}^{\frac{1}{2}} a_n^{\frac{1}{2}} + a_n}{a_n^{\frac{1}{2}} a_{n+1}^{\frac{1}{2}} + a_n},$$

而

$$\lim_{n \to \infty} \frac{a_{n+1} + a_{n+1}^{\frac{1}{2}} a_n^{\frac{1}{2}} + a_n}{a_n^{\frac{1}{2}} a_{n+1}^{\frac{1}{2}} + a_n} = \lim_{n \to \infty} \frac{\dfrac{a_{n+1}}{a_n} + \sqrt{\dfrac{a_{n+1}^{\frac{1}{2}}}{a_n^{\frac{1}{2}}} + 1}}{\sqrt{\dfrac{a_{n+1}^{\frac{1}{2}}}{a_n^{\frac{1}{2}}} + 1}} = \frac{3}{2},$$

从而由斯托尔茨定理, 得

$$\lim_{n \to \infty} \frac{a_n^{\frac{3}{2}}}{n} = \lim_{n \to \infty} \frac{a_{n+1}^{\frac{3}{2}} - a_n^{\frac{3}{2}}}{n+1-n} = \frac{3}{2},$$

从而原极限 $\lim\limits_{n \to \infty} \dfrac{a_n^3}{n^2} = \dfrac{9}{4}$.

例 118 设数列 $\{a_n\}$ 满足 $\frac{1}{2} < a_n < 1$ $(n \geqslant 1)$. 若 $b_1 = a_1, b_{n+1} = \frac{a_{n+1} + b_n}{1 + a_{n+1} b_n}$ $(n \geqslant 1)$, 求 $\lim_{n \to n} b_n$. (国际大学生数学竞赛 2-1, 2011)

解 我们归纳证明 $0 < 1 - b_n < \frac{1}{2^n}$, 那么就有 $1 - b_n \to 0$, 即 $b_n \to 1$. $n = 1$ 显然成立, 因为 $\frac{1}{2} < b_1 = a_1 < 1$. 假定结论对 n 成立, 由递推式可得

$$1 - b_{n+1} = 1 - \frac{a_{n+1} + b_n}{1 + a_{n+1} b_n} = \frac{1 - a_{n+1}}{1 + a_{n+1} b_n} (1 - b_n),$$

由

$$0 < \frac{1 - a_{n+1}}{1 + a_{n+1} b_n} < \frac{1 - \frac{1}{2}}{1 + 0} = \frac{1}{2},$$

我们得到

$$0 < 1 - b_{n+1} < \frac{1}{2} (1 - b_n) < \frac{1}{2} \cdot \frac{1}{2^n} = \frac{1}{2^{n+1}},$$

因此, 在任何情形下 $\{b_n\}$ 都收敛到 1.

例 119 设 $a_1 = \sqrt{5}$, $a_{n+1} = a_n^2 - 2$ $(n \geqslant 1)$, 求 $\lim_{n \to \infty} \frac{a_1 a_2 \cdots a_n}{a_{n+1}}$. (国际大学生数学竞赛 1-3, 2010)

解 令 $y_n = a_n^2$, 则 $y_{n+1} = (y_n - 2)^2$, 于是 $y_{n+1} - 4 = y_n (y_n - 4)$. 归纳可知当 $n \geqslant 2$ 时, $y_n > 5$, 于是 $y_{n+1} - y_n = y_n^2 - 5y_n + 4 > 5$, 意味着 $y_n \to \infty$. 由 $y_{n+1} - 4 = y_n (y_n - 4)$ 得

$$\left(\frac{a_1 a_2 \cdots a_n}{a_{n+1}} \right)^2 = \frac{y_1 \cdot y_2 \cdot y_3 \cdots y_n}{y_{n+1}} = \frac{y_{n+1} - 4}{y_{n+1}} \frac{y_1 \cdot y_2 \cdot y_3 \cdots y_n}{y_{n+1} - 4}$$

$$= \frac{y_{n+1} - 4}{y_{n+1}} \frac{y_1 \cdot y_2 \cdot y_3 \cdots y_{n-1}}{y_n - 4}$$

$$= \cdots = \frac{y_{n+1} - 4}{y_{n+1}} \frac{1}{y_1 - 4} = \frac{y_{n+1} - 4}{y_{n+1}} \to 1.$$

因此 $\lim_{n \to \infty} \frac{a_1 a_2 \cdots a_n}{a_{n+1}} = 1$.

九、模拟导训

1. 求极限 $\lim_{x \to 0} \frac{\cos x - e^{-\frac{x^2}{2}}}{x^2 [2x + \ln(1 - 2x)]}$.

2. 已知 $a > 0$, $x_1 > 0$, 定义 $x_{n+1} = \frac{1}{4} \left(3x_n + \frac{a}{x_n^3} \right)$ $(n = 1, 2, 3, \cdots)$, 求证: $\lim_{n \to \infty} x_n$ 存在, 并求其值.

3. 已知极限 $\lim\limits_{x \to 0} \dfrac{2\arctan x - \ln\dfrac{1+x}{1-x}}{x^n} = C \neq 0$, 试确定常数 n 和 C 的值.

4. 当 a,b,c 为何值时, $\lim\limits_{x \to 0} \dfrac{1}{\sin x - ax} \displaystyle\int_b^x \dfrac{t^2\mathrm{d}t}{\sqrt{1+t^2}} = c$ 成立.

5. 设 $x_0 > 0$, $x_n = \dfrac{2(1+x_{n-1})}{2+x_{n-1}}(n = 1,2,3,\cdots)$. 证明 $\lim\limits_{n \to \infty} x_n$ 存在, 并求之.

6. 计算 $\lim\limits_{n \to \infty}\left[\left(n^3 - n^2 + \dfrac{n}{2}\right)\mathrm{e}^{\frac{1}{n}} - \sqrt{1+n^6}\right]$.

7. 设 $a > 0$, $a \neq 1$. 求极限 $\lim\limits_{x \to 0} \dfrac{(a+x)^x - a^x}{x^2}$.

8. 计算极限 $\lim\limits_{x \to 0}(\sin x + \cos x)^{\frac{1}{2x}}$.

9. 求极限 $\lim\limits_{n \to \infty} \dfrac{1}{n}\left[\ln\left(1+\sqrt{\dfrac{1}{n}}\right) + \ln\left(1+\sqrt{\dfrac{2}{n}}\right) + \cdots + \ln\left(1+\sqrt{\dfrac{n}{n}}\right)\right]$.

10. 求极限 $\lim\limits_{x \to 0} \dfrac{1 - \cos x \cos 2x \cos 3x \cdots \cos nx}{x^2}$.

11. 求极限 $\lim\limits_{n \to \infty}\left(1 + \sin \pi\sqrt{1+4n^2}\right)^n$.

12. 求极限 $\lim\limits_{x \to 0} \dfrac{\tan(\tan x) - \sin(\sin x)}{x - \sin x}$.

13. 求极限 $\lim\limits_{x \to 0^+} \dfrac{x^x - (\sin x)^x}{\sqrt[3]{1 + \arctan x \cdot \tan x^2 \cdot (3 + \arcsin x)} - 1}$.

14. 求极限 $\lim\limits_{n \to \infty}\left|\sin\left(\pi\sqrt{n^2+n}\right)\right|$. (莫斯科财经学院, 1976)

15. 计算极限 $\lim\limits_{x \to 0}\left[\dfrac{(1+x)^{\frac{1}{x}}}{\mathrm{e}}\right]^{\frac{1}{x}}$.

16. 已知 $\lim\limits_{x \to 0} \dfrac{\sqrt{1 + f(x)\sin 2x} - 1}{\mathrm{e}^{3x} - 1} = 2$, 求 $\lim\limits_{x \to 0} f(x)$.

17. 已知极限 $\lim\limits_{n \to \infty} \dfrac{n^{1976}}{n^\alpha - (n-1)^\alpha}$ 是不为零的有限数, 试求 α 以及极限值. (莫斯科高等技术学校, 1976)

18. 设正值序列 $\{x_n\}$ 满足 $\ln x_n + \dfrac{1}{x_{n+1}} < 1$, 证明: $\lim\limits_{n \to \infty} x_n$ 存在, 并求其值.

19. 求极限 $\lim\limits_{x \to 0} \dfrac{\tan(\tan x) - \tan(\sin x)}{\left(\sqrt{1+x} - \sqrt{1+\ln(1+x)}\right)(\mathrm{e}^x - 1)}$. (景润杯数学竞赛, 2019)

20. 求极限 $\lim\limits_{n \to \infty}\left[\displaystyle\int_0^1 \left(1 + \sin\dfrac{\pi}{2}t\right)^n \mathrm{d}t\right]^{\frac{1}{n}}$. (景润杯数学竞赛, 2018)

21. 设 $[0, +\infty)$ 上定义的函数 $f(x)$ 在 $x = 3$ 处连续且对任意 $x \geqslant 0$, $f(x) = f\left(\sqrt{x+6}\right)$. 证明: $f(x)$ 为常数.

22. 设函数 $y = f(x)$ 在点 $x = 1$ 处可导, 且它的图形在点 $(1, f(1))$ 处切线方程为

$y = x - 1$, 求极限 $I = \lim\limits_{x \to 0} \dfrac{\displaystyle\int_0^{x^2} \mathrm{e}^t f\left(1 + \mathrm{e}^{x^2} - \mathrm{e}^t\right) \mathrm{d}t}{x^2 \ln \cos x}$.

23. 求极限 $\lim\limits_{x \to 0} \dfrac{(3 + 2\sin x)^x - 3^x}{\tan^2 x}$.

24. 设 $x_1 = 1, x_2 = 2, x_n = x_{n-1} + x_{n-2}\ (n = 2, 3, \cdots)$, 求极限 $\lim\limits_{n \to \infty} \dfrac{1}{x_n}$.

25. 设可微函数 $f(x)$ 满足 $\lim\limits_{x \to 0} \dfrac{f(x)}{x} = 1$, 求

$$\lim_{t \to 0^+} \frac{\displaystyle\int_0^t \mathrm{d}x \int_{-\sqrt{t^2-x^2}}^{\sqrt{t^2-x^2}} \left[f\left(\sqrt{x^2+y^2}\right) + 2y\right] \mathrm{d}y}{t^3}.$$

26. 计算极限 $\lim\limits_{x \to 0} \left(\dfrac{\arcsin x}{x}\right)^{\frac{1}{x^2}}$.

27. 计算极限 $\lim\limits_{t \to 0^+} \dfrac{\displaystyle\int_0^{\sqrt{t}} \mathrm{d}x \int_{x^2}^t \sin y^2 \mathrm{d}y}{\left(\mathrm{e}^{-\frac{2}{\pi}t^2} - 1\right) \arctan t^{\frac{3}{2}}}$.

28. 求极限 $\lim\limits_{R \to +\infty} \displaystyle\iint\limits_{D_R} \mathrm{e}^{-x} \arctan \dfrac{y}{x} \mathrm{d}x\mathrm{d}y$, 其中 D_R 是由 $x = R, y = 0, y = \dfrac{2}{R}x - 1$ 所围成的.

29. 求极限 $\lim\limits_{x \to 0^+} \left(\dfrac{1}{x^5}\displaystyle\int_0^x \dfrac{\sin t}{t}\mathrm{d}t - \dfrac{1}{x^4} + \dfrac{1}{18x^2}\right)$.

30. 求极限 $\lim\limits_{n \to \infty} \left(\dfrac{\sin\frac{\pi}{n}}{n+1} + \dfrac{\sin\frac{2\pi}{n}}{n+1/2} + \cdots + \dfrac{\sin\frac{n\pi}{n}}{n+1/n}\right)$. (莫斯科轻工业工艺学院, 1977)

31. 试求常数 p 使得极限 $\lim\limits_{n \to \infty} (\sqrt{n+1} + 2\sqrt{n+2} + \cdots + 63\sqrt{n+63} - p\sqrt{n+p}) = 0$. (第一届卓越联盟, 2016)

32. 设 $\boldsymbol{a}, \boldsymbol{b}$ 是两个夹角为 $\dfrac{\pi}{4}$ 单位向量, 求极限 $\lim\limits_{x \to 0} \dfrac{|\boldsymbol{a} + x\boldsymbol{b}| - |\boldsymbol{a}|}{x}$. (第二届卓越联盟, 2017)

33. 当 $x \to 0$ 时, 若 $x - \sqrt[3]{\sin(x^3)} \sim Ax^k$, 则 $A = \underline{\hspace{2cm}}$, $k = \underline{\hspace{2cm}}$. (第二届卓越联盟, 2017)

34. 计算极限 $\lim\limits_{n \to \infty} \dfrac{\sqrt{1} + \sqrt{2} + \sqrt{3} + \cdots + \sqrt{n}}{\sqrt{1^2 + 2^2 + 3^2 + \cdots + n^2}}$. (第三届卓越联盟, 2018)

35. 求极限 $\lim\limits_{n \to \infty} \dfrac{1! + 2! + \cdots + n!}{n!}$. (第三届卓越联盟, 2018)

36. 计算极限 $\lim\limits_{x \to \frac{\pi}{2}} \dfrac{(1 - \sqrt{\sin x})(1 - \sqrt[3]{\sin x}) \cdots (1 - \sqrt[2019]{\sin x})}{(1 - \sin x)^{2018}}$. (第四届卓越联盟,

2019)

37. 设 $\varphi'(x)$ 是连续函数, 且 $\lim\limits_{x\to+\infty}(\varphi(x)+\varphi'(x))=a$, 证明: $\lim\limits_{x\to+\infty}\varphi(x)=a$, $\lim\limits_{x\to+\infty}\varphi'(x)=0$. (第四届卓越联盟, 2019)

38. 求极限 $\lim\limits_{n\to\infty}n\left(\mathrm{e}^x-\left(1+\dfrac{x}{n}\right)^n\right), x\in\mathbb{R}$.

模拟导训
参考解答

第二章

一元函数微分学

一、竞赛大纲逐条解读

1. 导数和微分的概念、导数的几何意义和物理意义、函数的可导性与连续性之间的关系、平面曲线的切线和法线

[解读] 函数在一点处导数的定义是近几届考察的热点, 平面曲线的切线 (含公切线) 与法线是非数学 B 类必考的重点.

2. 基本初等函数的导数、导数和微分的四则运算、一阶微分形式的不变性

[解读] 此部分内容作为常识性的基本知识需牢牢掌握.

3. 复合函数、反函数、隐函数以及参数方程所确定的函数的微分法

[解读] 反函数求导、隐函数的一阶导数、隐函数的二阶导数、参数方程的一阶及二阶导数是非数学 A 类和非数学 B 类填空题中的必考题, 大家需重点练习做到熟能生巧.

4. 高阶导数的概念、分段函数的二阶导数、某些简单函数的 n 阶导数

[解读] 利用莱布尼茨公式求高阶导数在 $x = 0$ 处的函数值是最近几届初赛试题填空题中经常考察的知识点, 这种题目还可以利用泰勒公式展开成幂级数进行计算. 分段函数的连续性及可导性也是非数学 B 类考察的重点.

5. 微分中值定理, 包括罗尔定理、拉格朗日中值定理、柯西中值定理和泰勒定理

[解读] 解答题中, 经常会涉及介值定理与微分中值定理联合考察的多步问题, 微分中值定理中的罗尔 (Rolle) 定理一般在于构造函数 (K 值法是一种很好的方法); 拉格朗日定理关键在于拆分区间, 合理选取拆分区间的中间值便于证明; 柯西定理考察频率较低; 当证明结论中出现二阶或二阶以上导数时, 一般考虑泰勒定理, 并且注意若两次利用微分中值定理, 展开式中字母参数 ξ 不一定相同.

6. 洛必达 (L' Hospital) 法则与求未定式极限

[解读] 洛必达法则是一种很方便计算函数比值极限的方法, 当分子和分母表达式比较复杂时, 大家不要轻易放弃, 可能求导数后表达式并不复杂, 但需注意洛必达法则并不是充要条件, 不能随便断定比值极限不存在.

7. 函数的极值、函数单调性、函数图形的凹凸性、拐点及渐近线 (水平、铅直和斜渐近线)、函数图形的描绘

[解读] 利用函数的导数研究函数的性态也是近几届初赛非数学类考察的重点, 多以填空题和解答题出现, 尤其是非数学 B 类, 2024 年第十五届在此处出了 30 分左右的题目, 内容以求极值、最值、拐点、斜渐近线、判断函数的凹凸性和单调性、利用导数证明不等式及零点个数问题等, 此部分内容难度相对较小, 是拿分的重点.

8. 函数最大值和最小值及其简单应用

[解读] 这部分内容一般与值域结合考察, 属于简单题目, 但需注意不可导点.

9. 弧微分、曲率、曲率半径

[解读] 曲率与曲率半径, 在初赛和决赛中都有可能考察, 尤其是曲线的参数方程在某点处的曲率, 大家需要记住曲率的计算公式, 尤其是曲率都是正值, 切勿出现数据求对但最后结果差一个符号的情况.

二、内容思维导图

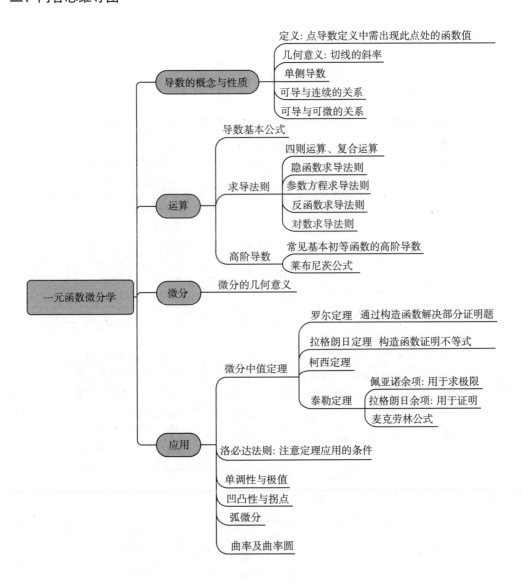

三、考点分布及分值

全国大学生数学竞赛初赛 (非数学类) 一元函数微分学中的考点分布及分值

章节	届次	考点及分值
一元函数微分学	第一届初赛 (20 分)	第一题: (4) 隐函数求二阶导数 (5 分)
		第三题: 求一点的导数并判定连续性 (15 分)
	第二届初赛 (30 分)	第二题: 证明方程根的个数问题 (15 分)
		第三题: 参数方程二阶导求原函数 (15 分)
	第三届初赛 (15 分)	第三题: 泰勒中值定理 (15 分)
	第四届初赛 (12 分)	第四题: 导数的应用 (12 分)
	第五届初赛 (6 分)	第一题: (3) 隐函数的极值 (6 分)
	第六届初赛 (20 分)	第一题: (3) 隐函数求导数 (6 分)
		第三题: 利用泰勒展开证明不等式 (14 分)
	第七届初赛 (12 分)	第三题: 证明函数的可导性 (12 分)
	第八届初赛 (20 分)	第一题: (4) 莱布尼茨公式求高阶导数 (6 分)
		第五题: 微分中值定理 (14 分)
	第十届初赛 (6 分)	第一题: (2) 参数方程求导数 (6 分)
	第十一届初赛 (28 分)	第三题: 利用导数的性质证明等式 (14 分)
		第六题: 利用导数的性质证明不等式 (14 分)
	第十二届初赛 (22 分)	第一题: (2) 高阶导数的莱布尼茨公式 (6 分)
		第一题: (3) 隐函数的切线问题 (6 分)
		第三题: 介值定理与微分中值定理 (10 分)
	第十三届初赛补赛 (14 分)	第二题: 零点个数问题 (14 分)
	第十四届初赛 (28 分)	第二题: 函数的最值与范围问题 (14 分)
		第三题: 利用导数的性质证明不等式 (14 分)
	第十四届初赛补赛-1 (26 分)	第一题: (1) 函数的值域 (6 分)
		第一题: (3) 隐函数的二阶导数 (6 分)
		第四题: 利用导数证明不等式 (14 分)
	第十四届初赛补赛-2 (34 分)	第一题: (2) 切线方程 (6 分)
		第二题: 高阶导数 (14 分)
		第四题: 利用中值定理证明不等式 (14 分)
	第十五届初赛 A 类 (6 分)	第一题: (3) 高阶导数 (6 分)
	第十五届初赛 B 类 (40 分)	第一题: (3) 两条曲线的公切线 (6 分)
		第一题: (4) 隐函数求导 (6 分)
		第二题: 旋转体积的最值问题 (14 分)
		第五题: 零点个数与微分中值定理 (14 分)
	第十六届初赛 A 类 (28 分)	第三题: 利用导数性质研究函数形态 (14 分)
		第五题: 利用导数性质证明不等式 (14 分)
	第十五届初赛 B 类 (20 分)	第一题: (3) 隐函数的二阶导数 (6 分)
		第六题: 利用导数性质证明不等式 (14 分)

全国大学生数学竞赛决赛 (非数学类) 一元函数微分学中的考点分布及分值

章节	届次	考点及分值
一元函数微分学	第一届决赛 (29 分)	第一题: 生活中的优化问题 (5 分)
		第五题: 介值定理与微分中值定理证明含参等式 (12 分)
		第七题: 利用导数研究函数的性态 (12 分)
	第二届决赛 (20 分)	第一题: (3) 参数方程的二阶导数 (5 分)
		第七题: 利用导数研究函数的性态 (15 分)
	第三届决赛 (13 分)	第三题: 利用导数研究函数的性态 (13 分)
	第四届决赛 (15 分)	第四题: 利用导数研究函数的性态 (15 分)

章节	届次	考点及分值
一元函数微分学	第五届决赛 (24 分)	第二题: 利用泰勒展开研究函数性质 (12 分)
		第三题: 利用导数研究函数的性态 (12 分)
	第七届决赛 (6 分)	第一题: (3) 参数方程的二阶导数 (6 分)
	第八届决赛 (14 分)	第二题: 利用导数研究函数的性态 (14 分)
	第九届决赛 (22 分)	第二题: 构造辅助函数证明含参等式 (11 分)
		第三题: 微分中值定理证明含参等式 (11 分)
	第十届决赛 (12 分)	第三题: 利用导数的性质证明等式 (12 分)
	第十一届决赛 (12 分)	第一题: (2) 隐函数的切线问题 (6 分)
		第一题: (4) 高阶导数问题 (6 分)
	第十二届决赛 (24 分)	第四题: 微分中值定理证明含参等式 (12 分)
		第六题: 利用导数的性质证明不等式 (12 分)
	第十三届决赛 (16 分)	第一题: (4) 参数方程在某点处的曲率 (6 分)
		第六题: 利用导数的性质证明不等式 (10 分)
	第十四届决赛 (12 分)	第五题: 利用导数研究函数的性态 (12 分)
	第十五届决赛 (10 分)	第七题: 利用导数研究函数的性态 (10 分)

四、内容点睛

章节	专题	内容
一元函数微分学	导数与微分的计算	利用定义求函数在一点处的导数
		隐函数求导
		对数求导法则
		参数方程求导
		高阶导数 (莱布尼茨公式)
		微分的计算
	微分中值定理	罗尔定理
		拉格朗日定理
		柯西定理
		泰勒定理
		讨论中介值的存在性与渐近性
	利用导数研究函数的性态	单调性与极值点、凹凸性与拐点、最值
		利用导数证明等式
		利用导数证明不等式
		判断零点 (或方程的根) 的个数
		曲率与曲率圆、弧微分

五、内容详情

1. 导数的定义

$f(x)$ 在 x_0 的某一邻域内有定义, 且 $\lim\limits_{\Delta x \to 0} \dfrac{f(x_0 + \Delta x) - f(x_0)}{\Delta x}$ 存在, 称

$$\lim_{\Delta x \to 0} \frac{f(x_0 + \Delta x) - f(x_0)}{\Delta x} = f'(x_0)$$

为函数 $f(x)$ 在 $x = x_0$ 处的导数.

(1) 导数的定义是可导的充要条件形式, 需注意以下两点:

(i) 极限 $\lim\limits_{\Delta x \to 0} \dfrac{f(x_0 + \Delta x) - f(x_0)}{\Delta x}$ 存在, 特点是分子必须存在一个定点函数值 $f(x_0)$.

(ii) 一切与 Δx 的等价无穷小量都可以代替 Δx, 下列均为导数极限定义的几种等价形式:

$$f'(x_0) = \lim_{x \to x_0} \frac{f(x) - f(x_0)}{x - x_0} = \lim_{h \to 0} \frac{f(x_0 + h) - f(x_0)}{h}$$

$$= \lim_{x \to 0} \frac{f(x_0 + \sin x) - f(x_0)}{\sin x}; \quad \frac{\Delta f}{\Delta x} = f'(x_0) + \alpha, \quad \lim_{\Delta x \to 0} \alpha = 0.$$

(2) 可导的充分条件必须同时满足下列 4 个条件:

(i) $\lim\limits_{\Delta x \to 0} \dfrac{f[g_1(\Delta x)] - f[g_2(\Delta x)]}{g_3(\Delta x)}$ 存在.

(ii) $f[g_1(\Delta x)]$ 和 $f[g_2(\Delta x)]$ 必须有一个是 $f(x_0)$, 不妨设 $f[g_2(\Delta x)] = f(x_0)$ 称为定点函数, 而 $f[g_1(\Delta x)]$ 称为动点函数, 比如 $\lim\limits_{x \to a} \dfrac{f(2x - a) - f(x)}{x - a}$ 就不满足此条件.

(iii) Δx 必须能两侧趋于 0, $g_1(\Delta x)$ 也随之变号, 比如 $\lim\limits_{\Delta x \to 0} \dfrac{f\left[x_0 + (\Delta x)^2\right] - f(x_0)}{(\Delta x)^2}$

或 $\lim\limits_{h \to +\infty} h\left[f\left(a + \dfrac{1}{h}\right) - f(a)\right]$ 或 $\lim\limits_{\Delta x \to 0} \dfrac{f(1 - \cos \Delta x)}{(\Delta x)^2}$ $(f(0) = 0)$ 就不满足此条件.

(iv) $g_1(\Delta x) - g_2(\Delta x)$ 与 $g_3(\Delta x)$ 为同阶无穷小, 比如 $\lim\limits_{\Delta x \to 0} \dfrac{f(\Delta x - \sin \Delta x)}{(\Delta x)^2}$ $(f(0) = 0)$ 就不满足此条件. 而 $\lim\limits_{\Delta x \to 0} \dfrac{f(a) - f(a - \Delta x)}{\Delta x}$ 和 $\lim\limits_{\Delta x \to 0} \dfrac{f(1 - e^{\Delta x})}{\Delta x}$ $(f(0) = 0)$ 就满足充分条件.

(3) 必要条件形式 (特点是: 没有一个固定点 x_0)

$$f'(x_0) = \lim_{h \to 0} \frac{f(x_0 + h) - f(x_0 - h)}{2h} = \lim_{h_1 + h_2 \to 0} \frac{f(x_0 + h_1) - f(x_0 - h_2)}{h_1 + h_2},$$

也就是说, 相应的极限存在, $f'(x_0)$ 不一定存在.

重要公式 如果 $f'(x_0)$ 存在, 并且 $h_i (i = 1, 2, 3)$ 为同阶无穷小时, 下列公式成立:

$$\lim_{h_i \to 0} \frac{f(x_0 + h_1) - f(x_0 + h_2)}{h_3}$$

$$= \lim_{h_i \to 0} \frac{f(x_0 + h_1) - f(x_0)}{h_1} \cdot \frac{h_1}{h_3} - \lim_{h_i \to 0} \frac{f(x_0 + h_2) - f(x_0)}{h_2} \cdot \frac{h_2}{h_3}$$

$$= f'(x_0) \lim_{h_i \to 0} \frac{h_1 - h_2}{h_3},$$

但是 $\lim\limits_{h_i \to 0} \dfrac{f(x_0 + h_1) - f(x_0 + h_2)}{h_3}$ 存在, $f'(x_0)$ 不一定存在, 则它也是可导的必要条件.

2. $f'(x_0)$ 的几何意义

$f'(x_0)$ 的几何意义为 $f(x)$ 在 x_0 点处切线的斜率.

3. $f'(x_0)$ **存在的充要条件**

$f'(x_0)$ 存在等价于 $f'_+(x_0)$ 和 $f'_-(x_0)$ 存在且相等.

4. 可导函数的性质

可导的奇函数的导数为偶函数; 可导的偶函数的导数为奇函数; 求导不改变函数的周期性; 但积分会改变函数的周期性.

5. 函数 $f(x)$ **在** $(0, +\infty)$ **内有界, 则下列命题成立.**

(1) $\lim\limits_{x \to +\infty} f'(x)$ 存在 $\Rightarrow \lim\limits_{x \to +\infty} f'(x) = 0$.

(设 $\lim\limits_{x \to +\infty} f'(x) = a(\neq 0)$, 不妨设 $a > 0$, 由极限保号性知, 存在 $X > 0$, 当 $x > X$ 时, 可使 $f'(x) > \dfrac{a}{2}$, 于是, $f(x) = f(X) + f'(\xi)(x - X), X < \xi < x$, 从而 $f(x) > f(X) + \dfrac{a}{2}(x - X) \to +\infty \, (X \to +\infty)$ 与 $f(x)$ 有界矛盾. 当 $a < 0$ 时, 同理得出矛盾. 故 $a = 0$.)

(2) $\lim\limits_{x \to +\infty} f(x) = 0 \nRightarrow \lim\limits_{x \to +\infty} f'(x) = 0$, 反例: $f(x) = \dfrac{1}{x} \sin x^3$.

(3) $\lim\limits_{x \to 0^+} f(x) = 0 \nRightarrow \lim\limits_{x \to 0^+} f'(x) = 0$, 反例: $f(x) = \dfrac{x}{x+1}$.

6. 反函数二阶导数公式

$$\frac{\mathrm{d}^2 x}{\mathrm{d} y^2} = -\frac{1}{\left(\dfrac{\mathrm{d} y}{\mathrm{d} x}\right)^3} \frac{\mathrm{d}^2 y}{\mathrm{d} x^2}.$$

7. 微分

1) 微分的定义

$$\Delta y = f(x_0 + \Delta x) - f(x_0) = k\Delta x + o(\Delta x) = f'(x_0)\Delta x + o(\Delta x).$$

$$\mathrm{d} y = k\Delta x = f'(x)\Delta x = f'(x)\mathrm{d} x, \Delta y = \mathrm{d} y + o(\mathrm{d} y) \xrightarrow[\Delta x \to 0]{} \Delta y \approx \mathrm{d} y,$$

常用关系式 $f(x) - f(0) = xf'(0) + o(x)$.

微分本质: Δy 一般是一个 Δx 的复杂函数, 与具体 x 无关; 而微分是它的线性主部, 是线性简单函数; 在 $\Delta x \to 0$, $\mathrm{d} y$ 代替 Δy, 意味着使用简单的线性函数代替复杂函数来求解.

2) 微分符号规定

$$\mathrm{d}^2 y = \mathrm{d}(\mathrm{d} y), \quad \mathrm{d} y^2 = (\mathrm{d} y)^2, \quad \mathrm{d}(y^2) = 2y\mathrm{d} y,$$

$$\mathrm{d}^2 x = \mathrm{d}(\mathrm{d} x) \equiv 0, \quad \mathrm{d} x^2 = (\mathrm{d} x)^2, \quad \mathrm{d}(x^2) = 2x\mathrm{d} x,$$

$$\mathrm{d}^2 f(x) = \mathrm{d}(\mathrm{d} f(x)) = \mathrm{d}(f'(x)\mathrm{d} x) = (f''(x)\mathrm{d} x\mathrm{d} x) + f'(x)\mathrm{d}(\mathrm{d} x)$$

$$= f''(x)\mathrm{d} x^2 + f'(x)\mathrm{d}^2 x = f''(x)\mathrm{d} x^2 \, (\mathrm{d}^2 x \equiv 0).$$

3) 微分 $\mathrm{d} y$ 与函数增量 Δy 的重要关系

(1) $\Delta y - \mathrm{d} y = o(\Delta x) \, (\Delta y = f(x + \Delta x) - f(x) = f'(x)\Delta x + o(\Delta x))$;

(2) $\Delta y - \mathrm{d} y = \dfrac{1}{2} f''(\xi)(\Delta x)^2$.

8. 弧微分

$$\mathrm{d}s = \sqrt{(\mathrm{d}x)^2 + (\mathrm{d}y)^2} = \sqrt{1 + y'^2}\,\mathrm{d}x.$$

9. 曲率 K 与曲率半径 R

$$K = \frac{|y''|}{(1 + y'^2)^{\frac{3}{2}}}, \quad R = \frac{1}{K}.$$

10. 参数方程的导数

设 $\begin{cases} x = \varphi(t), \\ y = \psi(t), \end{cases}$ 则 $\dfrac{\mathrm{d}y}{\mathrm{d}x} = \dfrac{\psi'(t)}{\varphi'(t)}, \dfrac{\mathrm{d}^2 y}{\mathrm{d}x^2} = \dfrac{\psi''(t)\varphi'(t) - \psi'(t)\varphi''(t)}{\varphi'^3(t)}.$

11. 变限积分 $\displaystyle\int_{\alpha(x)}^{\beta(x)} f(x,y)\,\mathrm{d}y$ 的导数

若 $y = \displaystyle\int_{\psi(x)}^{\varphi(x)} f(t)\mathrm{d}t$, 则 $\dfrac{\mathrm{d}y}{\mathrm{d}x} = f(\varphi(x))\varphi'(x) - f(\psi(x))\psi'(x);$

若 $y = \displaystyle\int_a^{f(x)} g(x)f(t)\mathrm{d}t$, 则 $\dfrac{\mathrm{d}y}{\mathrm{d}x} = g'(x)\displaystyle\int_a^{f(x)} f(t)\mathrm{d}t + g(x)f(f(x))f'(x),$

$$\frac{\mathrm{d}}{\mathrm{d}x}\int_{\alpha(x)}^{\beta(x)} f(x,y)\,\mathrm{d}y = \int_{\alpha(x)}^{\beta(x)} \frac{\partial f(x,y)}{\partial x}\mathrm{d}y + f(x,\beta)\,\beta'(x) - f(x,\alpha)\,\alpha'(x).$$

12. 隐函数的导数

确定谁是求导变量, 另一个量应是求导变量的函数, 构成复合求导.

一般方法: 对求一阶导数, 两边同时求一阶导数; 对求高阶导数, 两边同时求高阶导数得到相应函数的微分方程, 从低阶到高阶逐阶代入, 从而求出最高阶的导数.

13. 常见函数的高阶导数公式

乘积形式的高阶导数公式 $(uv)^{(n)} = \displaystyle\sum_{k=0}^{n} \mathrm{C}_n^k u^{n-k} v^k \left(\text{其中 } \mathrm{C}_n^k = \frac{n!}{(n-k)!k!}\right)$ 称为莱布尼茨公式.

对于常见的简单函数的高阶导数, 有以下结论:

$$[\sin(ax+b)]^{(n)} = a^n \sin\left(ax+b+\frac{n\pi}{2}\right);$$

$$[\cos(ax+b)]^{(n)} = a^n \cos\left(ax+b+\frac{n\pi}{2}\right);$$

$$\left(\frac{1}{x \pm a}\right)^{(n)} = (-1)^n \frac{n!}{(x \pm a)^{n+1}};$$

$$(\ln(1+x))^{(n)} = (-1)^{n-1} \frac{(n-1)!}{(1+x)^n};$$

$$[(1+x)^\alpha]^{(n)} = \alpha(\alpha-1)\cdots(\alpha-n+1)(1+x)^{\alpha-n}.$$

14. 极坐标方程下的求导

$$x = r\cos\theta, \quad y = r\sin\theta, \quad \frac{\mathrm{d}y}{\mathrm{d}x} = \frac{\cos\theta\,\mathrm{d}r - r\sin\theta\,\mathrm{d}\theta}{\sin\theta\,\mathrm{d}r - r\cos\theta\,\mathrm{d}\theta}.$$

15. 洛必达法则

若在某极限过程中 (下面以 $x \to a$ 为例), $f(x) \to 0, g(x) \to 0$, 则称 $\lim\limits_{x \to a} \dfrac{f(x)}{g(x)}$ 为 $\dfrac{0}{0}$ 型的未定式极限. 类似地, 有 $\dfrac{\infty}{\infty}$ 型, $0 \cdot \infty$ 型, $\infty - \infty$ 型, 以及 $1^\infty, 0^0, \infty^0$ 型的未定式的极限, 洛必达法则是求上述未定式的极限的好方法.

1) $\dfrac{0}{0}$ 型的未定式的极限

定理 1 (洛必达法则 I)   若在某极限过程中 (下面以 $x \to a$ 为例), 有

(1) $f(x) \to 0, g(x) \to 0$;

(2) $f(x), g(x)$ 在 $x = a$ 的某去心邻域内可导, $g'(x) \neq 0$;

(3) $\lim\limits_{x \to a} \dfrac{f'(x)}{g'(x)} = A$ (或 ∞),

则有

$$\lim_{x \to a} \frac{f(x)}{g(x)} = \lim_{x \to a} \frac{f'(x)}{g'(x)} = A \ (\text{或} \ \infty).$$

2) $\dfrac{\infty}{\infty}$ 型的未定式的极限

定理 2 (洛必达法则 II)   若在某极限过程中 (下面以 $x \to a$ 为例), 有

(1) $f(x) \to \infty, g(x) \to \infty$;

(2) $f(x), g(x)$ 在 $x = a$ 的某去心邻域内可导, $g'(x) \neq 0$;

(3) $\lim\limits_{x \to a} \dfrac{f'(x)}{g'(x)} = A$ (或 ∞),

则有

$$\lim_{x \to a} \frac{f(x)}{g(x)} = \lim_{x \to a} \frac{f'(x)}{g'(x)} = A \ (\text{或} \infty).$$

3) 其他型的未定式的极限

对于 $0 \cdot \infty, \infty - \infty$ 型的未定式, 总可化为 $\dfrac{0}{0}$ 或 $\dfrac{\infty}{\infty}$ 型的形式; 对 $1^\infty, 0^0, \infty^\circ$ 型的为定式 u^v, 有

$$u^v = \exp(v \ln u) = \exp\left(\frac{\ln u}{1/v}\right),$$

这里 $\dfrac{\ln u}{1/v}$ 是 $\dfrac{0}{0}$ 或 $\dfrac{\infty}{\infty}$ 型.

16. 利用导数研究函数的性态

1) 单调性

可导函数 $f(x)$ 在区间 I 上单调增 (减) 的充要条件是 $f'(x) \geqslant 0 \ (\leqslant 0)$. 若 $f'(x) > 0$, $x \in I$, 则 $f(x)$ 在 I 上严格增; 若 $f'(x) < 0, x \in I$, 则 $f(x)$ 在 I 上严格减.

2) 极值

可导函数 $f(x)$ 在 $x = a$ 取极值的必要条件是 $f'(a) = 0$. 反之, 若 $f'(a) = 0$, 且

$$f'(x)(x - a) > 0 \ (< 0),$$

这里 x 在 $x = a$ 的去心邻域内取值, 则 $f(a)$ 为 $f(x)$ 的一个极小值 (或极大值). 若 $f'(a) = 0$, $f''(a) > 0$ (< 0), 则 $f(a)$ 为 $f(x)$ 的极小值 (极大值).

3) 最值

设函数 $f(x)$ 在区间 $[a, b]$ 上连续, $x_i \in (a, b)$ 是 $f(x)$ 的驻点 (即 $f'(x_i) = 0$). $x_j \in (a, b)$ 是 $f(x)$ 的不可导点, 则 $f(x)$ 在 $[a, b]$ 上的最大值与最小值分别为

$$\max_{x \in [a,b]} f(x) = \max \{f(x_i), f(x_j), f(a), f(b)\},$$

$$\min_{x \in [a,b]} f(x) = \min \{f(x_i), f(x_j), f(a), f(b)\}.$$

4) 凹凸性、拐点

设 $f(x)$ 在区间 I 上二阶可导, 当 $f''(x) > 0$ 时, $f(x)$ 在 I 上的曲线是凹的; 当 $f''(x) < 0$ 时, $f(x)$ 在 I 上的曲线是凸的. 二阶可导函数 $f(x)$ 有拐点 $(a, f(a))$ 的必要条件是 $f''(a) = 0$. 反之, 若 $f''(a) = 0$, 且 $f''(x)(x - a) \neq 0$, 这里 x 在 $x = a$ 的去心邻域内取值, 则 $(a, f(a))$ 是 $f(x)$ 的拐点.

5) 作函数的图形

第一步考察函数 $f(x)$ 的定义域, 是否有奇偶性、周期性, 是否连续; 第二步求 $f'(x)$, 确定驻点与不可导点, 判别 $f(x)$ 的单调性, 求其极值; 第三步求 $f''(x)$, 确定凹凸区间, 求出拐点; 第四步考察当 $x \to \infty$ 时 $f(x)$ 的曲线的走向, 即求 $y = f(x)$ 的渐近线; 第五步作 $y = f(x)$ 的简图.

6) 渐近线

(1) 铅直渐近线: 若 $\lim\limits_{x \to a^+} f(x) = \infty$ 或 $\lim\limits_{x \to a^-} f(x) = \infty$, 则 $x = a$ 是 $y = f(x)$ 的一条铅直渐近线.

(2) 水平渐近线: 若 $\lim\limits_{x \to +\infty} f(x) = A$, $\lim\limits_{x \to -\infty} f(x) = B$ $(A, B$ 为有限值$)$, 则 $y = A$ 与 $y = B$ 是 $y = f(x)$ 的两条水平渐近线, $y = f(x)$ 的水平渐近线最多有两条.

(3) 斜渐近线: 若 $\lim\limits_{x \to +\infty} \dfrac{f(x)}{x} = a$, $\lim\limits_{x \to +\infty} (f(x) - ax) = b$, 则 $y = ax + b$ 是 $y = f(x)$ 的右侧斜渐近线; 若 $\lim\limits_{x \to -\infty} \dfrac{f(x)}{x} = c$, $\lim\limits_{x \to -\infty} (f(x) - cx) = d$, 则 $y = cx + d$ 是 $y = f(x)$ 的左侧斜渐近线.

$y = f(x)$ 的斜渐近线最多有两条, 且 $y = f(x)$ 的水平渐近线与斜渐近线的总条线最多有两条.

17. 微分中值定理

(1) 费马定理: $x \in (x_0 - \delta, x_0 + \delta)$, $f(x) \geqslant f(x_0) (\leqslant f(x_0))$, 如果 $f'(x_0)$ 存在, 则 $f'(x_0) = 0$.

(2) 罗尔定理: $f(x)$ 在 $[a, b]$ 上连续, 在 (a, b) 内可导, 且 $f(a) = f(b)$, 则存在 $\xi \in (a, b)$ 使得 $f'(\xi) = 0$.

(3) 拉格朗日中值定理: $f(x)$ 在 $[a, b]$ 上连续, $f(x)$ 在 (a, b) 内可导, 则存在 $\xi \in (a, b)$, 使得 $f(b) - f(a) = f'(\xi)(b - a)$.

(4) 柯西中值定理: 若 $f(x), g(x)$ 在 $[a,b]$ 上连续, 在 (a,b) 内可导, 且 $g'(x) \neq 0$, 则 $\exists \xi \in (a,b)$ 使得 $\dfrac{f(b) - f(a)}{g(b) - g(a)} = \dfrac{f'(\xi)}{g'(\xi)}$.

(5) 泰勒中值定理: 若 $f(x)$ 在 x_0 处具有 n 阶导数, 则存在 x_0 的一个邻域, 对于该邻域内的任一 x, 有

$$f(x) = f(x_0) + f'(x_0)(x - x_0) + \frac{f''(x_0)}{2!}(x - x_0)^2 + \cdots + \frac{f^{(n)}(x_0)}{n!}(x - x_0)^n + R_n(x),$$

其中, $R_n = \dfrac{f^{(n+1)}(\xi)}{(n+1)!}(x - x_0)^{n+1}$ 为拉格朗日余项, 其中 ξ 介于 x 与 x_0 之间. 当 $x_0 = 0$ 时, 上述的泰勒展开称为麦克劳林展开, 它们的 "等价无穷小代换" 形式一般为 $f(x) = f(0) + xf'(\xi)$, $f(x) = f(0) + xf'(0) + o(x)$.

对二元函数具有类似的结论:

$$f(x_0 + h, y_0 + k) = \sum_{n=0}^{\infty} \frac{1}{n!} \left(h\frac{\partial}{\partial x} + k\frac{\partial}{\partial y} \right)^n f(x_0, y_0) + R_n.$$

几种常见函数的麦克劳林形式的泰勒展开:

(1) $e^x = 1 + x + \dfrac{1}{2!}x^2 + \cdots = \sum\limits_{n=0}^{\infty} \dfrac{1}{n!}x^n, x \in (-\infty, +\infty)$;

(2) $\sin x = x - \dfrac{1}{3!}x^3 + \dfrac{1}{5!}x^5 + \cdots = \sum\limits_{n=0}^{\infty} (-1)^n \dfrac{x^{2n+1}}{(2n+1)!}, x \in (-\infty, +\infty)$;

(3) $\cos x = 1 - \dfrac{1}{2!}x^2 + \dfrac{1}{4!}x^4 + \cdots = \sum\limits_{n=0}^{\infty} (-1)^n \dfrac{x^{2n}}{(2n)!}, x \in (-\infty, +\infty)$;

(4) $\ln(1 + x) = x - \dfrac{1}{2}x^2 + \dfrac{1}{3}x^3 + \cdots = \sum\limits_{n=1}^{\infty} (-1)^n \dfrac{1}{n+1}x^{n+1}, x \in (-1, 1]$;

(5) $\tan x = x + \dfrac{1}{3}x^3 + \dfrac{2}{15}x^5 + \cdots, x \in \left(-\dfrac{\pi}{2}, \dfrac{\pi}{2} \right)$;

(6) $\arctan x = x - \dfrac{1}{3}x^3 + \dfrac{1}{5}x^5 - \dfrac{1}{7}x^7 + \cdots = \sum\limits_{n=0}^{\infty} (-1)^n \dfrac{x^{2n+1}}{2n+1}, x \in (-1, 1)$;

(7) $(1 + x)^{\alpha} = 1 + \alpha x + \dfrac{\alpha(\alpha - 1)}{2!}x^2 + \cdots = 1 + \sum\limits_{n=1}^{\infty} \dfrac{\alpha(\alpha - 1) \cdots (\alpha - n + 1)}{n!}x^n, x \in (-1, 1)$.

18. 构造辅助函数常用方法

构造辅助函数 $F(x)$, 然后再使用罗尔定理, 是使用中值定理证明等式的主要技巧. 如被证明的等式含有复杂常数, 并且变量与常数可以分离, 则可令常数总体为 k, 以方便运算. 一般采用以下三种方法.

(1) 直接积分法.

第一步: 代换 $\xi \to x$, 如存在导数, 则两边同时积分, 取积分常数 $c = 0$.

第二步: 移项使等式右边为 0, 令左边等于辅助函数 $F(x)$.

第三步: 如需证明的等式中不含导数, 则计算 $F(a)$ 与 $F(b)$, 如果 $F(a) \cdot F(b) < 0$ (注意: 等号不成立), 则可直接应用零点定理, 否则, 必须分割原区域 $[a,b]$ 为 $[a,c]$ 与 $[c,b]$ 或 $[c,d] \in [a,b]$ 称为辅助子区间, 再验证子区间端点的函数值之积是否小于零, 取条件点 ξ, 使之满足零点定理 $F(\xi) = 0$.

第四步: 如需证明的等式中含有二阶导数, 则必须分割原区间 $[a,b]$ 为 $[a,c]$ 与 $[c,b]$ 两个辅助子区间, 在不同的辅助区间上分别使用罗尔定理, 如 $F'(\xi_1) = 0$, $F'(\xi_2) = 0$, 再在 $[\xi_1, \xi_2]$ 上使用罗尔定理得 $F''(\xi) = 0$, 对于二阶以上类推. 也可以构造变限积分形式的辅助函数 $F(x) = \int_a^x f(t)\,\mathrm{d}t$, 由 $f(x)$ 的二阶可导推得 $F(x)$ 三阶可导, 即 $F'''(x)$ 存在. 常用积分法寻找原函数范例:

(i) $f'(\xi) - \lambda[f(\xi) - \xi] = 1 \Rightarrow f'(x) - \lambda f(x) = 1 - \lambda x$

$\Rightarrow f(x) = \mathrm{e}^{\int \lambda \mathrm{d}x}\left[(1 - \lambda x)\mathrm{e}^{-\int \lambda \mathrm{d}x} + c\right] \Rightarrow \mathrm{e}^{\lambda x}\left(x\mathrm{e}^{-\lambda x} + c\right) = c\mathrm{e}^{\lambda x} + x$

$\Rightarrow [f(x) - x]\mathrm{e}^{-\lambda x} = c \Rightarrow [f(x) - x]\mathrm{e}^{-\lambda x} = 0 \Rightarrow F(x) = [f(x) - x]\mathrm{e}^{-\lambda x}$.

(ii) $(1 + \xi)f'(\xi) = f(\xi) \Rightarrow (1 + x)f'(x) = f(x) \Rightarrow \dfrac{f'(x)}{f(x)} = \dfrac{1}{1 + x} \Rightarrow \dfrac{f(x)}{1 + x} = \mathrm{e}^c$

$\Rightarrow F(x) = \dfrac{f(x)}{1 + x}$.

(2) 配全微分法:

第一步: 移项或代换化简, 观察得出全微分形式.

第二步: 区域端点替换.

第三步: 如需证明等式, 则利用罗尔定理; 必要时再分割原区域, 取条件点, 使之满足罗尔定理; 如需证明不等式, 则利用函数单调性. 常用配全微分法范例:

① $f'(\xi) = k \Rightarrow f'(x) - k = 0 \Rightarrow [f(x) - kx]' = 0 \Rightarrow F(x) = f(x) - kx$.

② $f'(\xi) = kf(\xi) \Rightarrow f'(x) - kf(x) = 0 \Rightarrow \left[\mathrm{e}^{-kx}f(x)\right]' = 0 \Rightarrow F(x) = \mathrm{e}^{-kx}f(x)$.

③ $f(\xi)g'(\xi) = f'(\xi) \Rightarrow f(x)g'(x) - f'(x) = 0 \Rightarrow F(x) = \mathrm{e}^{-g(x)}f(x)$.

④ $f'(\xi) - \dfrac{1 - \xi^2}{(1 + \xi^2)^2} = 0 \Rightarrow \left[f(x) - \dfrac{x}{1 + x^2}\right]' = 0 \Rightarrow F(x) = f(x) - \dfrac{x}{1 + x^2}$.

⑤ $2f'(\xi) + \xi f''(\xi) = 0 \Rightarrow \left[x^2 f'(x)\right]' = 0 \Rightarrow F(x) = x^2 f'(x)$.

⑥ $f'(\xi) = 1 + \lambda(f(\xi) - \xi) \Rightarrow \left[\mathrm{e}^{-\lambda \xi}(f(\xi) - \xi)\right]' = 0 \Rightarrow F(x) = \mathrm{e}^{-\lambda x}(f(x) - x)$.

(3) 双元拉柯法 (一般适用于被证明的等式中含有两个变量, 如 ξ, η 等):

第一步: 观察设置一个或两个具体辅助函数;

第二步: 利用双元拉柯法, 即两次拉格朗日中值定理或两次柯西中值定理或一次拉格朗日中值定理和一次柯西中值定理, 如遇到闭区间上可导的条件或二阶以上导数存在或遇到求极限问题, 采用泰勒中值定理.

19. 中值问题中的常数 K 值法

在一些中值等式问题中, 结论常常表现为某函数在中值 ξ 处的导数 (或高阶导数)

为定值, 这时用一种 "常数 K 值法" 来证明问题往往产生奇效. 所谓 "常数 K 值法", 从以下问题中可了解其一般思想.

设 $f(x)$ 在 $[a,b]$ 上连续, 在 (a,b) 内二次可微, $a<c<b$, 试证: 存在 $\xi \in (a,b)$ 使得

$$\frac{f(b)-f(a)}{b-a} - \frac{f(c)-f(a)}{c-a} = \frac{f''(\xi)}{2}(b-c).$$

所证结论为 f'' 在 (a,b) 内中值点 ξ 取到常数 $K = \dfrac{\dfrac{f(b)-f(a)}{b-a} - \dfrac{f(c)-f(a)}{c-a}}{\dfrac{(b-c)}{2}}$, 两

边乘以 $c-a$, 将结论变为 $\dfrac{f(b)-f(a)}{b-a}(c-a) - [f(c)-f(a)] - \dfrac{K}{2}(c-a)(b-c) = 0$, 注意 a,b 为区间端点, c 取在区间 (a,b) 内 (具有一般性), 构造辅助函数, 用中值定理来证明结论.

过程如下: 作函数 $F(t) = \dfrac{f(b)-f(a)}{b-a}(t-a) - [f(t)-f(a)] - \dfrac{K}{2}(t-a)(b-t)$,

显然 $F(a) = F(b) = 0$, 而 $F(c) = 0$, 由罗尔定理知存在 $\eta_1 \in (a,c)$, $\eta_2 \in (c,b)$, 使 $F'(\eta_1) = 0, F'(\eta_2) = 0$, 进一步存在 $\xi \in (\eta_1, \eta_2) \subset (a,b)$, 使得 $F''(\xi) = 0$. 而 $F''(t) = -f''(t) + K$, 故 $f''(\xi) = K$.

注　该题的两个变化形式为

(i) 设 $f(x)$ 在 $[a,b]$ 上连续, 在 (a,b) 内二次可微, $a<c<b$, 则存在 $\xi \in (a,b)$ 使

$$\frac{f(a)}{(a-b)(a-c)} + \frac{f(b)}{(b-a)(b-c)} + \frac{f(c)}{(c-a)(c-b)} = \frac{f''(\xi)}{2}.$$

(ii) 设 $f(x)$ 在 $[a,b]$ 上连续, 在 (a,b) 内二次可微, $a<x<b$, 试证明: 存在 $\xi \in (a,b)$

使得 $[f(b)-f(a)](x-a) - [f(x)-f(a)](b-a) = \dfrac{f''(\xi)}{2}(b-a)(b-x)(x-a)$.

以下这个例子也是基于 "常数 K 值法" 思想来证明的中值等式问题.

设 $f(x)$ 在 $[a,b]$ 上二次可微, 试证明: 存在 $\xi \in (a,b)$ 使得

$$f(a) - 2f\left(\frac{a+b}{2}\right) + f(b) = \frac{f''(\xi)}{4}(b-a)^2.$$

所证结论为 f'' 在 (a,b) 内中值点 ξ 取到常数 $K = \dfrac{f(a) - 2f\left(\dfrac{a+b}{2}\right) + f(b)}{\dfrac{(b-a)^2}{4}}$, 结论

写作 $f(a) - 2f\left(\dfrac{a+b}{2}\right) + f(b) - \dfrac{K}{4}(b-a)^2 = 0$, 作辅助函数 $F(t) = f(a) - 2f\left(\dfrac{a+t}{2}\right) +$

$f(t) - \dfrac{K}{4}(t-a)^2$, 显然 $F(a) = F(b) = 0$, 由罗尔定理知存在 $\eta \in (a,b)$, $F'(\eta) = 0$. 而

$F'(t) = f'(t) - f'\left(\dfrac{a+t}{2}\right) - \dfrac{K}{2}(t-a)$, 即有 $f'(\eta) - f'\left(\dfrac{a+\eta}{2}\right) = \dfrac{K}{2}(\eta-a)$, 又由中

值公式有

$$f'(\eta) - f'\left(\frac{a+\eta}{2}\right) = f''(\xi) \cdot \frac{\eta - a}{2}, \quad \xi \in \left(\frac{a+\eta}{2}, \eta\right),$$

故 $f''(\xi) = K$.

六、全国初赛真题赏析

例 1 设函数 $y = y(x)$ 由方程 $x e^{f(y)} = e^y \ln 29$ 确定, 其中 f 具有二阶导数, 且 $f' \neq 1$, 计算 $\dfrac{\mathrm{d}^2 y}{\mathrm{d}x^2}$. (第一届全国初赛, 2009)

解 方程 $x e^{f(y)} = e^y \ln 29$ 的两边对 x 求导, 得 $e^{f(y)} + x f'(y) y' e^{f(y)} = e^y y' \ln 29$, 即 $\left[\dfrac{1}{x} + f'(y) y'\right] x e^{f(y)} = y' e^y \ln 29$, 因 $e^y \ln 29 = x e^{f(y)} \neq 0$, 故 $\dfrac{1}{x} + f'(y) y' = y'$, 即 $y' = \dfrac{1}{x(1 - f'(y))}$, 故

$$\frac{\mathrm{d}^2 y}{\mathrm{d}x^2} = y'' = -\frac{1}{x^2(1 - f'(y))} + \frac{f''(y) y'}{x[1 - f'(y)]^2}$$

$$= \frac{f''(y)}{x^2[1 - f'(y)]^3} - \frac{1}{x^2(1 - f'(y))} = \frac{f''(y) - [1 - f'(y)]^2}{x^2[1 - f'(y)]^3}.$$

例 2 设函数 $f(x)$ 连续, $g(x) = \displaystyle\int_0^1 f(xt)\mathrm{d}t$, 且 $\displaystyle\lim_{x \to 0} \frac{f(x)}{x} = A$, A 为常数, 求 $g'(x)$ 并讨论 $g'(x)$ 在 $x = 0$ 处的连续性. (第一届全国初赛, 2009)

解 由 $\displaystyle\lim_{x \to 0} \frac{f(x)}{x} = A$ 和函数 $f(x)$ 连续知 $f(0) = \displaystyle\lim_{x \to 0} f(x) = \lim_{x \to 0} x \cdot \lim_{x \to 0} \frac{f(x)}{x} = 0$, 因 $g(x) = \displaystyle\int_0^1 f(xt)\mathrm{d}t$, 故 $g(0) = \displaystyle\int_0^1 f(0)\mathrm{d}t = f(0) = 0$. 因此, 当 $x \neq 0$ 时, $g(x) = \dfrac{1}{x}\displaystyle\int_0^x f(u)\mathrm{d}u$, 故 $\displaystyle\lim_{x \to 0} g(x) = \lim_{x \to 0} \frac{\displaystyle\int_0^x f(u)\mathrm{d}u}{x} = \lim_{x \to 0} \frac{f(x)}{1} = f(0) = 0$.

当 $x \neq 0$ 时,

$$g'(x) = -\frac{1}{x^2}\int_0^x f(u)\mathrm{d}u + \frac{f(x)}{x},$$

$$g'(0) = \lim_{x \to 0} \frac{g(x) - g(0)}{x} = \lim_{x \to 0} \frac{\dfrac{1}{x}\displaystyle\int_0^x f(t)\mathrm{d}t}{x} = \lim_{x \to 0} \frac{\displaystyle\int_0^x f(t)\mathrm{d}t}{x^2} = \lim_{x \to 0} \frac{f(x)}{2x} = \frac{A}{2}.$$

$$\lim_{x \to 0} g'(x) = \lim_{x \to 0} \left[-\frac{1}{x^2}\int_0^x f(u)\mathrm{d}u + \frac{f(x)}{x}\right]$$

$$= \lim_{x \to 0} \frac{f(x)}{x} - \lim_{x \to 0} \frac{1}{x^2}\int_0^x f(u)\mathrm{d}u = A - \frac{A}{2} = \frac{A}{2},$$

这表明 $g'(x)$ 在 $x = 0$ 处连续.

例 3　设函数 $f(x)$ 在 $\mathbb{R}$ 上具有二阶导数, 并且 $f''(x) > 0$, $\lim\limits_{x \to +\infty} f'(x) = \alpha > 0$, $\lim\limits_{x \to -\infty} f'(x) = \beta < 0$, 且存在一点 x_0 使得 $f(x_0) < 0$, 证明: 方程 $f(x) = 0$ 在 $(-\infty, +\infty)$ 内恰有两个实根. (第二届全国初赛, 2010)

证明　由 $\lim\limits_{x \to +\infty} f'(x) = \alpha > 0$ 必有一个充分大的 $a > x_0$, 使得 $f'(a) > 0$. 由 $f''(x) > 0$ 得 $y = f(x)$ 是凹函数, 从而 $f(x) > f(a) + f'(a)(x - a)\,(x > a)$, 当 $x \to +\infty$ 时 $f(x) \to +\infty$, 故存在 $b > a$, 使得 $f(b) > f(a) + f'(a)(b - a) > 0$. 同样, 由 $\lim\limits_{x \to -\infty} f'(x) = \beta < 0$, 必有 $c < x_0$, 使得 $f'(c) < 0$. 由 $y = f(x)$ 是凹函数, 从而 $f(x) > f(c) + f'(c)(x - c)\,(x < c)$, 当 $x \to -\infty$ 时 $f(x) \to +\infty$, 故存在 $d < c$, 使得 $f(d) > f(c) + f'(c)(d - c) > 0$. 在 $[x_0, b]$ 和 $[d, x_0]$ 利用零点定理, $\exists x_1 \in (x_0, b)$, $x_2 \in (d, x_0)$ 使得 $f(x_1) = f(x_2) = 0$.

下面证明方程 $f(x) = 0$ 在 $\mathbb{R}$ 上只有两个实根.

(反证法) 假设方程 $f(x) = 0$ 在 $(-\infty, +\infty)$ 内有三个实根, 不妨设为 x_1, x_2, x_3 且 $x_1 < x_2 < x_3$, 对 $f(x)$ 在区间 $[x_1, x_2]$ 和 $[x_2, x_3]$ 上分别应用罗尔定理, 则各至少存在一点 $\xi_1\,(x_1 < \xi_1 < x_2)$ 和 $\xi_2\,(x_2 < \xi_2 < x_3)$, 使得 $f'(\xi_1) = f'(\xi_2) = 0$, 再将 $f'(x)$ 在区间 $[\xi_1, \xi_2]$ 上使用罗尔定理, 则至少存在一点 $\eta \in (\xi_1, \xi_2)$, 使得 $f''(\eta) = 0$, 此与条件 $f''(x) > 0$ 矛盾, 从而方程 $f(x) = 0$ 在 $(-\infty, +\infty)$ 不多于两个根, 所以, 方程 $f(x) = 0$ 在 $\mathbb{R}$ 上只有两个实根.

例 4　设函数 $y = f(x)$ 由参数方程 $\begin{cases} x = 2t + t^2, \\ y = \varphi(t) \end{cases} (t > -1)$ 确定, 且 $\dfrac{\mathrm{d}^2 y}{\mathrm{d}x^2} = \dfrac{3}{4(1+t)}$, 其中 $\varphi(t)$ 具有二阶导数, 曲线 $y = \varphi(t)$ 与 $y = \displaystyle\int_1^{t^2} \mathrm{e}^{-u^2}\mathrm{d}u + \dfrac{3}{2\mathrm{e}}$ 在 $t = 1$ 处相切, 求函数 $\varphi(t)$. (第二届全国初赛, 2010)

解　因为 $\dfrac{\mathrm{d}y}{\mathrm{d}x} = \dfrac{\varphi'(t)}{2 + 2t}$, $\dfrac{\mathrm{d}^2 y}{\mathrm{d}x^2} = \dfrac{1}{2 + 2t} \cdot \dfrac{(2 + 2t)\varphi''(t) - 2\varphi'(t)}{(2 + 2t)^2}$, 所以

$$\frac{\mathrm{d}^2 y}{\mathrm{d}x^2} = \frac{(1+t)\varphi''(t) - \varphi'(t)}{4(1+t)^3} = \frac{3}{4(1+t)},$$

从而 $(1+t)\varphi''(t) - \varphi'(t) = 3(1+t)^2$, 即 $\varphi''(t) - \dfrac{1}{1+t}\varphi'(t) = 3(1+t)$, 解得

$$\varphi'(t) = \mathrm{e}^{\int \frac{\mathrm{d}t}{1+t}} \left[\int 3(1+t)\mathrm{e}^{-\int \frac{\mathrm{d}t}{1+t}} + c_1 \right] = (1+t)(3t + c_1),$$

由曲线 $y = \varphi(t)$ 与 $y = \displaystyle\int_1^{t^2} \mathrm{e}^{-u^2}\mathrm{d}u + \dfrac{3}{2\mathrm{e}}$ 在 $t = 1$ 处相切得 $\varphi(1) = \dfrac{3}{2\mathrm{e}}$, $\varphi'(1) = \dfrac{2}{\mathrm{e}}$, 所以 $c_1 = \dfrac{1}{\mathrm{e}} - 3$, $\varphi(t) = \displaystyle\int (3t^2 + (3 + c_1)t + c_1)\mathrm{d}t = t^3 + \dfrac{3 + c_1}{2}t^2 + c_1 t + c_2$, 由 $\varphi(1) = \dfrac{3}{2\mathrm{e}}$ 得 $c_2 = 2$, 于是 $\varphi(t) = t^3 + \dfrac{1}{2\mathrm{e}}t^2 + \left(\dfrac{1}{\mathrm{e}} - 3\right)t + 2\,(t > -1)$.

例 5 设函数 $f(x)$ 在闭区间 $[-1,1]$ 上具有连续的三阶导数, 且 $f(-1) = 0$, $f(1) = 1$, $f'(0) = 0$, 求证: 在开区间 $(-1,1)$ 内至少存在一点 x_0, 使得 $f'''(x_0) = 3$. (第三届全国初赛, 2011)

解 由麦克劳林公式, 得 $f(x) = f(0) + \dfrac{1}{2!}f''(0)x^2 + \dfrac{1}{3!}f'''(\eta)x^3$, η 介于 0 与 x 之间, $x \in [-1,1]$, 在上式中分别取 $x = 1$ 和 $x = -1$, 得

$$1 = f(1) = f(0) + \frac{1}{2!}f''(0) + \frac{1}{3!}f'''(\eta_1), \quad 0 < \eta_1 < 1,$$

$$0 = f(-1) = f(0) + \frac{1}{2!}f''(0) - \frac{1}{3!}f'''(\eta_2), \quad -1 < \eta_2 < 0,$$

两式相减, 得 $f'''(\eta_1) + f'''(\eta_2) = 6$, 由于 $f'''(x)$ 在闭区间 $[-1,1]$ 上连续, 因此 $f'''(x)$ 在闭区间 $[\eta_2, \eta_1]$ 上有最大值 M、最小值 m, 从而 $m \leqslant \dfrac{f'''(\eta_1) + f'''(\eta_2)}{2} \leqslant M$, 再由连续函数的介值定理, 至少存在一点 $x_0 \in [\eta_2, \eta_1] \subset (-1,1)$, 使得

$$f'''(x_0) = \frac{f'''(\eta_1) + f'''(\eta_2)}{2} = 3.$$

例 6 求方程 $x^2 \sin \dfrac{1}{x} = 2x - 501$ 的近似解, 精确到 0.001. (第四届全国初赛, 2012)

解 由泰勒公式 $\sin t = t - \dfrac{\sin(\theta t)}{2}t^2$ $(0 < \theta < 1)$, 令 $t = \dfrac{1}{x}$ 得 $\sin \dfrac{1}{x} = \dfrac{1}{x} - \dfrac{\sin \dfrac{\theta}{x}}{2x^2}$, 代入原方程得 $x - \dfrac{1}{2}\sin \dfrac{\theta}{x} = 2x - 501$, 即 $x = 501 - \dfrac{1}{2}\sin \dfrac{\theta}{x}$, 由此知 $x \approx 500$,

$$0 < \frac{\theta}{x} < \frac{1}{500}, \quad |x - 501| = \frac{1}{2}\left|\sin \frac{\theta}{x}\right| \leqslant \frac{1}{2}\frac{\theta}{x} < \frac{1}{1000} = 0.001.$$

例 7 设函数 $y = y(x)$ 由 $x^3 + 3x^2y - 2y^3 = 2$ 确定, 求 $y(x)$ 的极值. (第五届全国初赛, 2013)

解 方程两边对 x 求导, 得 $3x^2 + 6xy + 3x^2y' - 6y^2y' = 0$, 故 $y' = \dfrac{x(x + 2y)}{2y^2 - x^2}$, 令 $y' = 0$, 得 $x(x + 2y) = 0 \Rightarrow x = 0$ 或 $x = -2y$, 将 $x = -2y$ 代入所给方程得 $x = -2, y = 1$, 将 $x = 0$ 代入所给方程得 $x = 0, y = -1$, 又

$$y'' = \frac{(2x + 2xy' + 2y)(2y^2 - x^2) - x(x + 2y)(4yy' - 2x)}{(2y^2 - x^2)^2},$$

$$y''|_{x=0,y=1,y'=0} = \frac{(0 + 0 - 2)(2 - 0) - 0}{(2 - 0)^2} = -1 < 0, \quad y''|_{x=-2,y=1,y'=0} = 1 > 0,$$

故 $y(0) = -1$ 为极大值, $y(-2) = 1$ 为极小值.

例 8 设函数 $y = y(x)$ 由方程 $x = \int_1^{y-x} \sin^2\left(\dfrac{\pi t}{4}\right) \mathrm{d}t$ 所确定, 则 $\dfrac{\mathrm{d}y}{\mathrm{d}x}\Big|_{x=0} = $

_____. (第六届全国初赛, 2014)

解 代入 $x = 0$ 得 $y(0) = 1$. 方程两边同时对 x 求导, 得 $1 = (y' - 1)\sin^2\dfrac{\pi(y-x)}{4}$,

于是 $y' = \csc^2\left(\dfrac{\pi}{4}(y-x)\right) + 1$. 代入 $x = 0$, 得 $y'(0) = 3$.

例 9 设函数 $f(x)$ 在 $[0,1]$ 上有二阶导数, 且有正常数 A, B 使得 $|f(x)| \leqslant A$,
$|f''(x)| \leqslant B$. 证明: 对任意 $x \in [0,1]$, 有 $|f'(x)| \leqslant 2A + \dfrac{B}{2}$. (第六届全国初赛, 2014)

证明 由泰勒公式, 有

$$f(0) = f(x) + f'(x)(0-x) + \frac{f''(\xi)}{2}(0-x)^2, \quad \xi \in (0, x),$$

$$f(1) = f(x) + f'(x)(1-x) + \frac{f''(\eta)}{2}(1-x)^2, \quad \eta \in (x, 1),$$

上述两式相减, 得到

$$f(0) - f(1) = -f'(x) - \frac{1}{2}f''(\eta)(1-x)^2 + \frac{1}{2}f''(\xi)x^2,$$

于是

$$f'(x) = f(1) - f(0) - \frac{1}{2}f''(\eta)(1-x)^2 + \frac{1}{2}f''(\xi)x^2.$$

由条件 $|f(x)| \leqslant A$, $|f''(x)| \leqslant B$, 得

$$|f'(x)| \leqslant 2A + \frac{B}{2}((1-x)^2 + x^2),$$

因 $(1-x)^2 + x^2 = 2x^2 - 2x + 1$ 在 $[0,1]$ 的最大值为 1, 故 $|f'(x)| \leqslant 2A + \dfrac{B}{2}$.

例 10 设 $f(x)$ 在 (a,b) 内二次可导, 且存在常数 α, β, 使得对于 $\forall x \in (a,b)$, 有
$f'(x) = \alpha f(x) + \beta f''(x)$, 则 $f(x)$ 在 (a,b) 内无穷次可导. (第七届全国初赛, 2015)

证明 若 $\beta = 0$, 对于 $\forall x \in (a,b)$, 有

$$f'(x) = \alpha f(x), \quad f''(x) = \alpha f'(x) = \alpha^2 f(x), \cdots, f^{(n)}(x) = \alpha^n f(x).$$

从而 $f(x)$ 在 (a,b) 内无穷次可导.

若 $\beta \neq 0$, 对于 $\forall x \in (a,b)$, 有

$$f''(x) = \frac{f'(x) - \alpha f(x)}{\beta} = A_1 f'(x) + B_1 f(x), \qquad (*)$$

其中 $A_1 = \dfrac{1}{\beta}, B_1 = -\dfrac{\alpha}{\beta}$. 因为 $(*)$ 右端可导, 从而 $f'''(x) = A_1 f''(x) + B_1 f'(x)$; 设
$f^{(n)}(x) = A_1 f^{(n-1)}(x) + B_1 f^{(n-2)}, n > 1$, 则

$$f^{(n+1)}(x) = A_1 f^{(n)}(x) + B_1 f^{(n-1)},$$

而 $f(x)$ 在 (a,b) 内无穷次可导.

例 11 设 $f(x)=\mathrm{e}^x\sin 2x$, 求 $f^{(4)}(0)$. (第八届全国初赛, 2016)

解 由泰勒展开得 $f(x)=\left[1+x+\dfrac{x^2}{2!}+\dfrac{x^3}{3!}+o(x^3)\right]\cdot\left[2x-\dfrac{8x^3}{3!}+o(x^3)\right]$, 展开式中 x^4 项为 $-\dfrac{8}{3!}x^3\cdot x+\dfrac{x^3}{3!}\cdot 2x=-x^4$, 从而 $\dfrac{f^{(4)}(0)}{4!}=-1$, 因此 $f^{(4)}(0)=-24$.

例 12 设函数 $f(x)$ 在闭区间 $[0,1]$ 上连续, 且 $I=\displaystyle\int_0^1 f(x)\,\mathrm{d}x\neq 0$, 证明: 在 $(0,1)$ 内存在不同的两点 x_1,x_2, 使得 $\dfrac{1}{f(x_1)}+\dfrac{1}{f(x_2)}=\dfrac{2}{I}$. (第八届全国初赛, 2016)

证明 设 $F(x)=\dfrac{1}{I}\displaystyle\int_0^x f(t)\mathrm{d}t$, 则 $F(0)=0$, $F(1)=1$. 由介值定理, 存在 $\xi\in(0,1)$, 使得 $F(\xi)=\dfrac{1}{2}$. 在两个子区间 $(0,\xi),(\xi,1)$ 上分别应用拉格朗日中值定理:

$$F'(x_1)=\frac{f(x_1)}{I}=\frac{F(\xi)-F(0)}{\xi-0}=\frac{1/2}{\xi},\quad x_1\in(0,\xi);$$

$$F'(x_2)=\frac{f(x_2)}{I}=\frac{F(1)-F(\xi)}{1-\xi}=\frac{1/2}{1-\xi},\quad x_2\in(\xi,1).$$

$\dfrac{I}{f(x_1)}+\dfrac{I}{f(x_2)}=\dfrac{1}{F'(x_1)}+\dfrac{1}{F'(x_2)}=\dfrac{\xi}{1/2}+\dfrac{1-\xi}{1/2}=2$, 故 $\dfrac{1}{f(x_1)}+\dfrac{1}{f(x_2)}=\dfrac{2}{I}$.

例 13 若曲线 $y=y(x)$ 由 $\begin{cases}x=t+\cos t,\\ \mathrm{e}^y+ty+\sin t=1\end{cases}$ 确定, 则此曲线在 $t=0$ 对应点处的切线方程为_____. (第十届全国初赛, 2018)

解 当 $t=0$ 时, $x=1,y=0$, 对 $x=t+\cos t$ 两边关于 t 求导: $\dfrac{\mathrm{d}x}{\mathrm{d}t}=1-\sin t$, $\dfrac{\mathrm{d}x}{\mathrm{d}t}\Big|_{t=0}=1$, 对 $\mathrm{e}^y+ty+\sin t=1$ 两边关于 t 求导: $\mathrm{e}^y\dfrac{\mathrm{d}y}{\mathrm{d}t}+y+t\dfrac{\mathrm{d}y}{\mathrm{d}t}+\cos t=0$, $\dfrac{\mathrm{d}y}{\mathrm{d}t}\Big|_{t=0}=-1$, 则 $\dfrac{\mathrm{d}y}{\mathrm{d}x}\Big|_{t=0}=-1$, 所以切线方程为 $y=-x+1$.

例 14 设 $f(x)$ 在 $[0,+\infty)$ 上可微, $f(0)=0$, 且存在常数 $A>0$ 使得 $|f'(x)|\leqslant A|f(x)|$ 在 $[0,+\infty)$ 上成立, 试证明: 在 $(0,+\infty)$ 上有 $f(x)\equiv 0$. (第十一届全国初赛, 2019)

证明 设 $x_0\in\left[0,\dfrac{1}{2A}\right]$, 使得 $|f(x_0)|=\max\left\{|f(x)|\Big|x\in\left[0,\dfrac{1}{2A}\right]\right\}$,

$$|f(x_0)|=|f(0)+f'(\xi)x_0|\leqslant A|f(x_0)|\frac{1}{2A}=\frac{1}{2}|f(x_0)|,$$

所以 $|f(x_0)|=0$, 故当 $x\in\left[0,\dfrac{1}{2A}\right]$ 时 $f(x)\equiv 0$. 递推得, 对所有的 $x\in\left[\dfrac{k-1}{2A},\dfrac{k}{2A}\right]$, $k=1,2,\cdots$, 均有 $f(x)\equiv 0$.

例 15　设函数 $f(x)$ 在 $[0, +\infty)$ 上具有连续导数, 满足

$$3\left[3 + f^2(x)\right] f'(x) = 2[1 + f^2(x)]^2 \mathrm{e}^{-x^2}$$

且 $f(0) \leqslant 1$. 证明: 存在常数 $M > 0$, 使得 $x \in [0, +\infty)$ 时, 恒有 $|f(x)| \leqslant M$. (第十一届全国初赛, 2019)

证明　由于 $f'(x) > 0$, 所以 $f(x)$ 是 $[0, +\infty)$ 上的严格增函数, 故 $\lim\limits_{x \to +\infty} f(x) = L$ (L 有限或为 $+\infty$). 下面证明 $L \neq +\infty$.

记 $y = f(x)$, 将所给等式分离变量并积分得 $\displaystyle\int \frac{3 + y^2}{(1 + y^2)^2} \mathrm{d}y = \frac{2}{3} \int \mathrm{e}^{-x^2} \mathrm{d}x$, 即

$$\frac{y}{1 + y^2} + 2\arctan y = \frac{2}{3} \int_0^x \mathrm{e}^{-t^2} \mathrm{d}t + C, \text{ 其中 } C = \frac{f(0)}{1 + f^2(0)} + 2\arctan f(0). \text{ 若 } L = +\infty,$$

则对上式取极限 $x \to +\infty$, 并利用

$$\int_0^{+\infty} \mathrm{e}^{-t^2} \mathrm{d}t = \frac{\sqrt{\pi}}{2}, \quad C = \pi - \frac{\sqrt{\pi}}{3}.$$

另一方面, 令 $g(u) = \dfrac{u}{1 + u^2} + 2\arctan u$, 则 $g'(u) = \dfrac{3 + u^2}{(1 + u^2)^2} > 0$, 所以函数 $g(u)$ 在 $(-\infty, +\infty)$ 上严格单调增加. 因此, 当 $f(0) \leqslant 1$ 时, $C = g(f(0)) \leqslant g(1) = \dfrac{1 + \pi}{2}$. 但 $C > \dfrac{2\pi - \sqrt{\pi}}{2} > \dfrac{1 + \pi}{2}$ 矛盾, 这就证明了 $\lim\limits_{x \to +\infty} f(x) = L$ 为有限数.

最后, 取 $M = \max\{|f(0)|, |L|\}$, 则 $|f(x)| \leqslant M, \forall x \in [0, +\infty)$.

例 16　设函数 $f(x) = (x + 1)^n \mathrm{e}^{-x^2}$, 计算 $f^{(n)}(-1)$. (第十二届全国初赛, 2020)

解　利用莱布尼茨求导法则, 得 $f^{(n)}(x) = n!\mathrm{e}^{-x^2} + \displaystyle\sum_{k=0}^{n-1} \mathrm{C}_n^k \left[(x + 1)^n\right]^{(k)} \left(\mathrm{e}^{-x^2}\right)^{(n-k)}$,

所以 $f^{(n)}(-1) = \dfrac{n!}{\mathrm{e}}$.

例 17　设 $y = f(x)$ 是由方程 $\arctan \dfrac{x}{y} = \ln\sqrt{x^2 + y^2} - \dfrac{1}{2}\ln 2 + \dfrac{\pi}{4}$ 确定的隐函数, 且满足 $f(1) = 1$, 求曲线 $y = f(x)$ 在点 $(1, 1)$ 处的切线方程. (第十二届全国初赛, 2020)

解　对所给方程两端关于 x 求导, 得

$$\frac{\dfrac{y - xy'}{y^2}}{1 + \left(\dfrac{x}{y}\right)^2} = \frac{x + yy'}{x^2 + y^2},$$

即 $(x + y)y' = y - x$, 所以 $f'(1) = 0$, 曲线 $y = f(x)$ 在点 $(1, 1)$ 处的切线方程为 $y = 1$.

例 18　设 $f(x)$ 在 $[0, 1]$ 上连续, $f(x)$ 在 $(0, 1)$ 内可导, 且 $f(0) = 0, f(1) = 1$. 证明: (1) 存在 $x_0 \in (0, 1)$ 使得 $f(x_0) = 2 - 3x_0$; (2) 存在 $\xi, \eta \in (0, 1)$ 且 $\xi \neq \eta$, 使得 $[1 + f'(\xi)][1 + f'(\eta)] = 4$. (第十二届全国初赛, 2020)

证明 (1) 令 $F(x) = f(x) - 2 + 3x$, 则 $F(x)$ 在 $[0,1]$ 上连续, 且 $F(0) = -2$, $F(1) = 2$. 根据连续函数介值定理, 存在 $x_0 \in (0,1)$ 使得 $F(x_0) = 0$, 即 $f(x_0) = 2 - 3x_0$.

(2) 在区间 $[0, x_0], [x_0, 1]$ 上利用拉格朗日中值定理, 存在 $\xi, \eta \in (0,1)$ 且 $\xi \neq \eta$ 使得

$$\frac{f(x_0) - f(0)}{x_0 - 0} = f'(\xi), \quad \frac{f(x_0) - f(1)}{x_0 - 1} = f'(\eta).$$

所以 $[1 + f'(\xi)][1 + f'(\eta)] = 4$.

例 19 设 $f(x) = -\frac{1}{2}\left(1 + \frac{1}{e}\right) + \int_{-1}^{1} |x - t| \, e^{-t^2} dt$, 证明: 在区间 $(-1, 1)$ 内 $f(x)$ 有且仅有两个实根. (第十三届全国初赛补赛, 2021)

证明
$$f(x) = -\frac{1}{2}\left(1 + \frac{1}{e}\right) + \int_{-1}^{x} (x - t)e^{-t^2} dt + \int_{x}^{1} (t - x)e^{-t^2} dt$$
$$= -\frac{1}{2}\left(1 + \frac{1}{e}\right) + x \int_{-1}^{x} e^{-t^2} dt$$
$$\quad - x \int_{x}^{1} e^{-t^2} dt - \int_{-1}^{x} te^{-t^2} dt + \int_{x}^{1} te^{-t^2} dt,$$

注意到

$$\int_{x}^{1} e^{-t^2} dt = \int_{-1}^{1} e^{-t^2} dt - \int_{-1}^{x} e^{-t^2} dt,$$
$$\int_{x}^{1} te^{-t^2} dt = \int_{-1}^{1} te^{-t^2} dt - \int_{-1}^{x} te^{-t^2} dt = -\int_{-1}^{x} te^{-t^2} dt,$$

所以

$$f(x) = -\frac{1}{2}\left(1 + \frac{1}{e}\right) + 2x \int_{-1}^{x} e^{-t^2} dt - x \int_{-1}^{1} e^{-t^2} dt - 2 \int_{-1}^{x} te^{-t^2} dt$$
$$= -\frac{1}{2}\left(1 + \frac{1}{e}\right) + 2x \int_{-1}^{x} e^{-t^2} dt - 2x \int_{-1}^{0} e^{-t^2} dt + e^{-x^2} - e^{-1}$$
$$= 2x \int_{0}^{x} e^{-t^2} dt + e^{-x^2} - \frac{3}{2}e^{-1} - \frac{1}{2},$$

显然 $f(x)$ 为偶函数, 因此只需考虑 $f(x)$ 在区间 $[0,1]$ 上的零点即可. $f(0) = \frac{1}{2} - \frac{3}{2}e^{-1} < 0$, $f(1) = 2\int_{0}^{1} e^{-t^2} dt - \frac{1}{2}e^{-1} - \frac{1}{2} > 2\int_{0}^{1} e^{-x} dx - \frac{1}{2}e^{-1} - \frac{1}{2} = \frac{3}{2} - \frac{5}{2}e^{-1} > 0$, 所以由零点定理可知, $f(x)$ 在 $(0,1)$ 上至少有一个零点, 又因为 $f'(x) = 2\int_{0}^{x} e^{-t^2} dt + 2xe^{-x^2} > 0$ 在 $[0,1]$ 恒成立, 所以 $f(x)$ 单调递增, 故 $f(x)$ 在 $(0,1)$ 有且只有一个零点, 因此, $f(x)$ 在 $(-1, 1)$ 有且只有两个实根.

例 20 记向量 $\overrightarrow{OA}$ 与 $\overrightarrow{OB}$ 的夹角为 α, $\left|\overrightarrow{OA}\right| = 1$, $\left|\overrightarrow{OB}\right| = 2$, $\overrightarrow{OP} = (1-\lambda)\overrightarrow{OA}$, $\overrightarrow{OQ} = \lambda\overrightarrow{OB}$, $0 \leqslant \lambda \leqslant 1$. (1) 问当 λ 为何值时, $\left|\overrightarrow{PQ}\right|$ 取得最小值; (2) 设 (1) 中的 λ 满足 $0 < \lambda < \dfrac{1}{5}$, 求夹角 α 的取值范围. (第十四届全国初赛, 2022)

解 (1)

$$\left|\overrightarrow{PQ}\right|^2 = \left|\overrightarrow{OQ} - \overrightarrow{OP}\right|^2 = (1-\lambda)^2 + 4\lambda^2 - 4\lambda(1-\lambda)\cos\alpha$$

$$= (5 + 4\cos\alpha)\lambda^2 - 2(1 + 2\cos\alpha)\lambda + 1$$

$$= (5 + 4\cos\alpha)\left(\lambda - \frac{1 + 2\cos\alpha}{5 + 4\cos\alpha}\right)^2 + 1 - \frac{(1 + 2\cos\alpha)^2}{5 + 4\cos\alpha},$$

这是开口向上的抛物线, 对称轴为 $\lambda = \dfrac{1 + 2\cos\alpha}{5 + 4\cos\alpha}$, 令 $f(\alpha) = \dfrac{1 + 2\cos\alpha}{5 + 4\cos\alpha}$, 则 $f'(\alpha) = \dfrac{-6\sin\alpha}{(5 + 4\cos\alpha)^2}$, 因为 $0 \leqslant \alpha \leqslant \pi$, 所以 $f'(\alpha) \leqslant 0$, 从而 $f(\alpha)$ 单调递减, $f(\alpha) \in \left[-1, \dfrac{1}{3}\right]$, 而 $0 \leqslant \lambda \leqslant 1$, 所以当 $\alpha \in \left[0, \dfrac{2\pi}{3}\right]$, $\lambda = \dfrac{1 + 2\cos\alpha}{5 + 4\cos\alpha}$ 时, $\left|\overrightarrow{PQ}\right|$ 取得最小值; 当 $\alpha \in \left(\dfrac{2\pi}{3}, \pi\right]$, $\lambda = 0$, $\left|\overrightarrow{PQ}\right|$ 取得最小值.

(2) 由 (1) 知当 $0 < \lambda < \dfrac{1}{5}$ 时, $\lambda = \dfrac{1 + 2\cos\alpha}{5 + 4\cos\alpha}$, 解关于 α 的不等式 $0 < \dfrac{1 + 2\cos\alpha}{5 + 4\cos\alpha} < \dfrac{1}{5}$, 解得 $\dfrac{\pi}{2} < \alpha < \dfrac{2\pi}{3}$ (注意分母恒大于零), 即角 α 的取值范围为 $\left(\dfrac{\pi}{2}, \dfrac{2\pi}{3}\right)$.

例 21 设函数 $f(x)$ 在 $(-1, 1)$ 上二阶可导, $f(0) = 1$, 且当 $x \geqslant 0$ 时, $f(x) \geqslant 0$, $f'(x) \leqslant 0$, $f''(x) \leqslant f(x)$, 证明: $f'(0) \geqslant -\sqrt{2}$. (第十四届全国初赛, 2022)

证明 方法 1: 任取 $x \in (0, 1)$, 对 $f(x)$ 在 $[0, x]$ 上利用拉格朗日中值定理, 存在 $\xi \in (0, 1)$, 使得 $f(x) - f(0) = xf'(\xi)$. 因为 $f(0) = 1, f(x) \geqslant 0 (x > 0)$, 所以

$$-\frac{1}{x} \leqslant f'(\xi) \leqslant 0,$$

令 $F(x) = [f'(x)]^2 - [f(x)]^2$, 则 $F(x)$ 在 $(0, 1)$ 内可导, 且 $F'(x) = 2f'(x)[f''(x) - f(x)]$. 根据题设条件, 当 $x \geqslant 0$ 时, $f'(x) \leqslant 0, f''(x) \leqslant f(x)$, 所以 $F'(x) \geqslant 0$. 这表明 $F(x)$ 在 $[0, 1)$ 上单调增加, 从而有 $F(\xi) \geqslant F(0)$, 可得 $[f'(\xi)]^2 - [f'(0)]^2 \geqslant [f(\xi)]^2 - [f(0)]^2 \geqslant -1$, 因此 $[f'(0)]^2 \leqslant [f'(\xi)]^2 + 1 \leqslant 1 + \dfrac{1}{x^2}$. 由于 $\lim\limits_{x \to 1^-}\left(1 + \dfrac{1}{x^2}\right) = 2$, 所以 $[f'(0)]^2 \leqslant 2$, 从而有 $f'(0) \geqslant -\sqrt{2}$.

方法 2: 利用 $f(x)$ 在 $x = 0$ 处右侧的泰勒展开,

$$f(x) = f(0) + xf'(0) + \frac{f''(\xi)}{2!}x^2,$$

其中 $\xi \in (0, x)$, 因为 $f'(x) \leqslant 0$, 所以 $f(x)$ 在 $[0,1]$ 上单调递减, 又 $f''(x) \leqslant f(x)$, 所以 $f''(\xi) \leqslant f(\xi) \leqslant f(0) = 1$, 从而 $f(x) = f(0) + xf'(0) + \dfrac{f''(\xi)}{2!}x^2 \leqslant 1 + xf'(0) + \dfrac{1}{2}x^2$, 另一方面 $f(x) \geqslant 0$ 在 $[0,1)$ 恒成立, 所以 $1 + xf'(0) + \dfrac{1}{2}x^2 \geqslant 0$ 在 $[0,1)$ 恒成立, 即 $f'(0) \geqslant -\left(\dfrac{1}{2}x + \dfrac{1}{x}\right)$ 在 $[0,1)$ 恒成立, 而函数 $u(x) = -\left(\dfrac{1}{2}x + \dfrac{1}{x}\right) \leqslant -2\sqrt{\dfrac{1}{2}x \cdot \dfrac{1}{x}} = -\sqrt{2}$, 从而 $f'(0) \geqslant -\sqrt{2}$ 成立.

方法 3: 对于 $\forall x \in (0,1)$, 由泰勒公式可得

$$f(x) = f(0) + f'(0)x + \frac{f''(\xi)x^2}{2} \leqslant 1 + f'(0)x + \frac{x^2}{2},$$

从而

$$f''(x) \leqslant f'(0)x + \frac{x^2}{2} + 1,$$

对不等式两边同时积分有 $\displaystyle\int_0^x f''(t)\mathrm{d}t \leqslant \int_0^x f'(0)t\mathrm{d}t + \int_0^x \frac{t^2}{2}\mathrm{d}t + \int_0^x 1\mathrm{d}t$, 从而

$$f'(x) - f'(0) \leqslant \frac{f'(0)x^2}{2} + \frac{x^3}{6} + x,$$

两边继续积分, 得 $f(x) - f(0) - xf'(0) \leqslant \dfrac{f'(0)x^3}{6} + \dfrac{x^4}{24} + \dfrac{x^2}{2}$, 从而有 $f'(0)\left(x + \dfrac{x^3}{6}\right) \geqslant -\dfrac{x^2}{2} - \dfrac{x^4}{24} + f(x) - f(0)$, 于是 $f'(0) \geqslant \dfrac{-\dfrac{x^2}{2} - \dfrac{x^4}{24} - 1}{x + \dfrac{x^4}{6}}$, 而函数 $u(x) = \dfrac{-\dfrac{x^2}{2} - \dfrac{x^4}{24} - 1}{x + \dfrac{x^4}{6}}$ 在 $[0,1]$ 上的最大值为 $-\dfrac{37}{28}$, 从而 $f'(0) \geqslant -\dfrac{37}{28} > -\sqrt{2}$.

例 22 函数 $f(x) = 2x^3 - 6x + 1$ 在区间 $\left[\dfrac{1}{2}, 2\right]$ 上的值域为_____. (第十四届全国初赛第一次补赛, 2022)

解 因为 $f'(x) = 6(x+1)(x-1)$, 所以函数 $f(x)$ 在 $\left(\dfrac{1}{2}, 2\right)$ 内的驻点为 $x = 1$. 由于 $f\left(\dfrac{1}{2}\right) = -\dfrac{7}{4}$, $f(1) = -3$, $f(2) = 5$, 所以函数 $f(x)$ 在 $\left[\dfrac{1}{2}, 2\right]$ 上的最小值为 $f(1) = -3$, 最大值为 $f(2) = 5$, 由此可知, $f(x)$ 在 $\left[\dfrac{1}{2}, 2\right]$ 上的值域为 $[-3, 5]$.

例 23 设函数 $y = y(x)$ 由方程 $x^2 + 4xy + \mathrm{e}^y = 1$ 确定, 则 $\left.\dfrac{\mathrm{d}^2 y}{\mathrm{d}x^2}\right|_{x=0} = $_____. (第十四届全国初赛第一次补赛, 2022)

解 由所给方程可知, $x = 0$ 时, $y = 0$. 对方程两端关于 x 求导, 得 $2x + 4y + 4xy' + y'\mathrm{e}^y = 0$. 将 $x = 0, y = 0$ 代入上式, 得 $y'(0) = 0$. 再对上述方程关于 x 求

导, 得 $2 + 8y' + (4x + \mathrm{e}^y) y'' + (y')^2 \mathrm{e}^y = 0$, 将 $x = 0, y = 0, y'(0) = 0$ 代入上式, 得 $\left. \dfrac{\mathrm{d}^2 y}{\mathrm{d}x^2} \right|_{x=0} = -2$.

例 24 证明: 当 $\alpha > 0$ 时, $\left(\dfrac{2\alpha + 2}{2\alpha + 1} \right)^{\sqrt{\alpha+1}} > \left(\dfrac{2\alpha + 1}{2\alpha} \right)^{\sqrt{\alpha}}$. (第十四届全国初赛第一次补赛, 2022)

证明 注意到 $\dfrac{2\alpha + 2}{2\alpha + 1} = 1 + \dfrac{1}{2\alpha + 1}, \dfrac{2\alpha + 1}{2\alpha} = 1 + \dfrac{1}{2\alpha}$, 不等式可等价变形为

$$
\left(\frac{2\alpha + 2}{2\alpha + 1} \right)^{\sqrt{\alpha+1}} > \left(\frac{2\alpha + 1}{2\alpha} \right)^{\sqrt{\alpha}} \Leftrightarrow \sqrt{2\alpha + 1} \sqrt{2\alpha + 2} \ln \left(\frac{2\alpha + 2}{2\alpha + 1} \right)
$$

$$
> \sqrt{2\alpha + 1} \sqrt{2\alpha} \ln \left(\frac{2\alpha + 1}{2\alpha} \right) \Leftrightarrow \frac{\sqrt{1 + \dfrac{1}{2\alpha + 1}} \ln \left(1 + \dfrac{1}{2\alpha + 1} \right)}{\dfrac{1}{2\alpha + 1}}
$$

$$
> \frac{\sqrt{1 + \dfrac{1}{2\alpha}} \ln \left(1 + \dfrac{1}{2\alpha} \right)}{\dfrac{1}{2\alpha}}.
$$

为此, 考虑函数 $f(x) = \dfrac{\sqrt{1+x} \ln(1+x)}{x}, x > 0$, 则 $f(x)$ 在 $(0, +\infty)$ 上可导, 且 $f'(x) = \dfrac{1}{x^2} \left[x \left(\dfrac{\ln(1+x)}{2\sqrt{1+x}} + \dfrac{1}{\sqrt{1+x}} \right) - \sqrt{1+x} \ln(1+x) \right] = \dfrac{2x - (x+2)\ln(1+x)}{2x^2 \sqrt{1+x}}$, 令 $g(x) = 2x - (x+2)\ln(1+x)$, 则 $f'(x) = \dfrac{g(x)}{2x^2 \sqrt{1+x}}$, $g(x)$ 在 $(0, +\infty)$ 上可导, 且

$$
g'(x) = 2 - \ln(1+x) - \frac{2+x}{1+x} = \frac{x}{1+x} - \ln(1+x).
$$

利用不等式: 当 $x > 0$ 时, $\dfrac{x}{1+x} < \ln(1+x) < x$, 得 $g'(x) < 0$. 这表明 $g(x)$ 在 $[0, +\infty)$ 上单调递减, 故当 $x > 0$ 时, $g(x) < g(0) = 0$, 所以 $f'(x) < 0$. 这又表明 $f(x)$ 在 $(0, +\infty)$ 上单调递减, 由于当 $\alpha > 0$ 时, $\dfrac{1}{2\alpha + 1} < \dfrac{1}{2\alpha}$, 所以 $f\left(\dfrac{1}{2\alpha + 1} \right) > f\left(\dfrac{1}{2\alpha} \right)$, 不等式得证.

例 25 设函数 $f(x)$ 在 $x = 1$ 的某邻域内可微, 且满足

$$
f(1+x) - 3f(1-x) = 4 + 2x + o(x),
$$

其中 $o(x)$ 是当 $x \to 0$ 时 x 的高阶无穷小, 则曲线 $y = f(x)$ 在点 $(1, f(1))$ 处的切线方程为_____. (第十四届全国初赛第二次补赛, 2023)

解 由于 $f(x)$ 在 $x = 1$ 处可微, 因而连续, 故对所给等式当 $x \to 0$ 时求极限, 可得

$-2f(1) = 4$, 所以 $f(1) = -2$. 仍由所给等式, 得

$$\frac{f(1+x) - f(1)}{x} + 3 \cdot \frac{f(1-x) - f(1)}{-x} = 2 + \frac{o(x)}{x},$$

当 $x \to 0$ 时两边取极限, 并根据导数的定义, 得 $4f'(1) = 2$, 所以 $f'(1) = \frac{1}{2}$. 因此, 曲线 $y = f(x)$ 在点 $(1, f(1))$ 处的切线方程为 $y - f(1) = f'(1)(x - 1)$, 即 $x - 2y - 5 = 0$.

例 26 设函数 $f(x) = e^{-x} \int_0^x \frac{t^{2023}}{1 + t^2} dt$, 正整数 $n \leqslant 2023$, 求导数 $f^{(n)}(0)$. (第十四届全国初赛第二次补赛, 2023)

解 令 $F(x) = \int_0^x \frac{t^{2023}}{1 + t^2} dt$, 则

$$F'(x) = \frac{x^{2023}}{1 + x^2}, \quad F''(x) = \frac{2023x^{2022}(1 + x^2) - 2x^{2024}}{(1 + x^2)^2},$$

所以 $F(0) = F'(0) = F''(0) = 0$. 对 $f(x) = e^{-x}F(x)$ 利用莱布尼茨公式, 再代入 $x = 0$ 得

$$f^{(n)}(0) = e^{-x} \sum_{k=0}^n (-1)^{n-k} C_n^k F^{(k)}(x) \bigg|_{x=0} = \sum_{k=0}^n (-1)^{n-k} C_n^k F^{(k)}(0).$$

欲求 $F^{(k)}(0)$, 对 $(1 + x^2)F'(x) = x^{2023}$ 两边求 $k - 1$ 阶导数, 利用莱布尼茨公式, 得

$$(1 + x^2)F^{(k)}(x) + 2(k-1)xF^{(k-1)}(x) + (k-1)(k-2)F^{(k-2)}(x) = (x^{2023})^{(k-1)},$$

代入 $x = 0$, 并注意到 $k \leqslant n \leqslant 2023$, 得 $F^{(k)}(0) = -(k-1)(k-2)F^{(k-2)}(0)$. 由此递推, 得

$$F^{(2k)}(0) = \cdots = (-1)^{k-1}(2k-1)!F''(0) = 0,$$
$$F^{(2k+1)}(0) = \cdots = (-1)^k(2k)!F'(0) = 0,$$

因此, $f^{(n)}(0) = \sum_{k=0}^n (-1)^{n-k} C_n^k F^{(k)}(0) = 0$.

例 27 设函数 $f(x)$ 在区间 $[0, 1]$ 上连续, 在 $(0, 1)$ 内可导, 且 $f(0) = 0$, $f(1) = 2$. 证明: 存在两两互异的点 $\xi_1, \xi_2, \xi_3 \in (0, 1)$, 使得 $f'(\xi_1)f'(\xi_2)\sqrt{1 - \xi_3} \geqslant 2$. (第十四届全国初赛第二次补赛, 2023)

证明 方法 1: 因为函数 $f(x)$ 在区间 $[0, 1]$ 上连续, 且 $f(0) = 0$, $f(1) = 2$, 所以由连续函数介值定理, 存在 $\xi_3 \in (0, 1)$ 使得 $f(\xi_3) = 1$. 在区间 $[0, \xi_3]$, $[\xi_3, 1]$ 上分别利用拉格朗日中值定理, 存在 $\xi_1 \in (0, \xi_3)$, $\xi_2 \in (\xi_3, 1)$, 使得 $\frac{f(\xi_3) - f(0)}{\xi_3 - 0} = f'(\xi_1)$, 且 $\frac{f(\xi_3) - f(1)}{\xi_3 - 1} = f'(\xi_2)$, 即 $f'(\xi_1) = \frac{1}{\xi_3}$, $f'(\xi_2) = \frac{1}{1 - \xi_3}$, 所以 $f'(\xi_1)f'(\xi_2)\sqrt{1 - \xi_3} =$

$\dfrac{1}{\xi_3\sqrt{1-\xi_3}} = \dfrac{1}{\sqrt{\xi_3^2\,(1-\xi_3)}} = 2\dfrac{1}{\sqrt{\dfrac{\xi_3}{2}\cdot\dfrac{\xi_3}{2}\cdot(1-\xi_3)}} \geqslant \dfrac{3\sqrt{3}}{2} \geqslant 2$, 因此, 存在两两互异的

点 $\xi_1, \xi_2, \xi_3 \in (0,1)$, 使得 $f'(\xi_1)f'(\xi_2)\sqrt{1-\xi_3} \geqslant 2$.

方法 2: 令 $F(x) = f(x) - 2 + x$, 则 $F(x)$ 在 $[0,1]$ 上连续, 且 $F(0) = -2, F(1) = 1$. 根据连续函数介值定理, 存在 $\xi_3 \in (0,1)$ 使得 $F(\xi_3) = 0$, 即 $f(\xi_3) = 2 - \xi_3$. 在区间 $[0,\xi_3], [\xi_3,1]$ 上分别利用拉格朗日中值定理, 存在 $\xi_1 \in (0,\xi_3), \xi_2 \in (\xi_3,1)$, 使得 $\dfrac{f(\xi_3) - f(0)}{\xi_3 - 0} = f'(\xi_1)$, 且 $\dfrac{f(\xi_3) - f(1)}{\xi_3 - 1} = f'(\xi_2)$, 即 $f'(\xi_1) = \dfrac{2 - \xi_3}{\xi_3}$, $f'(\xi_2) = \dfrac{\xi_3}{1 - \xi_3}$, 所以 $f'(\xi_1)f'(\xi_2) = \dfrac{2 - \xi_3}{1 - \xi_3} = 1 + \dfrac{1}{1 - \xi_3} \geqslant \dfrac{2}{\sqrt{1 - \xi_3}}$, 因此, 存在两两互异的点 $\xi_1, \xi_2, \xi_3 \in (0,1)$, 使得 $f'(\xi_1)f'(\xi_2)\sqrt{1-\xi_3} \geqslant 2$.

例 28 设 $f(x) = \dfrac{1}{x^2 - 3x + 2}$, 则 $f^{(n)}(0) = $ _____. (第十五届全国初赛 A 类, 2023)

解 $f(x) = -\dfrac{1}{x - 1} + \dfrac{1}{x - 2}$. $f^{(n)}(x) = (-1)^{n+1} \cdot n! \left(\dfrac{1}{(x - 1)^{n+1}} - \dfrac{1}{(x - 2)^{n+1}} \right)$, 从而 $f^{(n)}(0) = n! \left(1 - \dfrac{1}{2^{n+1}} \right)$.

注 本题也可以用泰勒展开进行求解, 如下:

$$f(x) = \dfrac{1}{1 - x} - \dfrac{1}{2}\dfrac{1}{1 - \dfrac{x}{2}} = \sum_{n=0}^{\infty} x^n - \dfrac{1}{2}\sum_{n=0}^{\infty}\left(\dfrac{x}{2}\right)^n = \sum_{n=0}^{\infty}\left(1 - \dfrac{1}{2^{n+1}}\right)x^n,$$

从而 $f^{(n)}(0) = n! \left(1 - \dfrac{1}{2^{n+1}} \right)$.

例 29 设曲线 $y = \ln(1 + ax) + 1$ 与曲线 $y = 2xy^3 + b$ 在 $(0,1)$ 处相切, 则 $a + b = $ _____. (第十五届全国初赛 B 类, 2023)

解 将 $(0,1)$ 代入曲线 $y = 2xy^3 + b$ 的方程, 得 $b = 1$. 曲线 $y = \ln(1 + ax) + 1$ 与曲线 $y = 2xy^3 + 1$ 在 $(0,1)$ 处相切, 它们在 $x = 0$ 处导数值相等, 对方程 $y = 2xy^3 + 1$ 两边求导, 得 $y' = 2y^3 + 6xy^2y'$, 从而 $y'(0) = 2$, 故 $\left.\dfrac{a}{1 + ax}\right|_{x=0} = 2$, 得 $a = 2$, 故 $a + b = 3$.

例 30 设函数 $y = y(x)$ 由方程 $y = 1 + \arctan(xy)$ 所决定, 则 $y'(0) = $ _____. (第十五届全国初赛 B 类, 2023)

解 将 $x = 0$ 代入原方程, 得 $y = 1$. 方程两边对 x 求导, 易得 $y' = \dfrac{xy' + y}{1 + x^2y^2}$. 当 $x = 0, y = 1$ 时, $y'(0) = 1$.

例 31 设曲线 $y = 3ax^2 + 2bx + \ln c$ 经过 $(0,0)$ 点, 且当 $0 \leqslant x \leqslant 1$ 时 $y \geqslant 0$. 设该曲线与直线 $x = 1$, x 轴所围平面图形 D 的面积为 1. 试求常数 a, b, c 的值, 使得 D 绕 x 轴旋转一周后, 所得旋转体的体积最小. (第十五届全国初赛 B 类, 2023)

解 曲线 $y = 3ax^2 + 2bx + \ln c$ 经过 $(0,0)$ 点, 故 $\ln c = 0, c = 1$. D 的面积

$$A = \int_0^1 \left(3ax^2 + 2bx\right) \mathrm{d}x = a + b = 1.$$

D 绕 x 轴一周所得到的旋转体体积

$$V = \pi \int_0^1 \left(3ax^2 + 2bx\right)^2 \mathrm{d}x = \pi \left(\frac{9}{5}a^2 + 3ab + \frac{4}{3}b^2\right) = \pi \left(\frac{2}{15}a^2 + \frac{1}{3}a + \frac{4}{3}\right).$$

$V'(a) = \pi \left(\frac{4}{15}a + \frac{1}{3}\right)$. 不难得到, 当 $a = -\frac{5}{4}$ 时, 旋转体得体积最小, 此时, $b = \frac{9}{4}, c = 1$.

注 本题主要考察一元函数积分学的几何应用, 图形的面积及旋转体的体积问题. 推导最小值点时, 用其他办法如配方法也可以. 本题与第一届全国大学生数学竞赛非数学类初赛的第六题基本一样, 只是将图形的面积由 $\frac{1}{3}$ 变为 1.

例 32 设 $f(x)$ 在 $[0,1]$ 上可导且 $f(0) > 0, f(1) > 0, \int_0^1 f(x)\mathrm{d}x = 0$. 证明:

(1) $f(x)$ 在 $[0,1]$ 上至少有两个零点;

(2) 在 $(0,1)$ 内至少存在一点 ξ, 使得 $f'(\xi) + 3f^3(\xi) = 0$. (第十五届全国初赛 B 类, 2023)

证明 (1) 首先, 在 $(0,1)$ 内至少存在一点 x_0 使得 $f(x_0) < 0$. 否则若对于任意的 $x \in [0,1], f(x) \geqslant 0$. $f(x)$ 连续且不恒为零, 故 $\int_0^1 f(x)\mathrm{d}x > 0$. 与题设矛盾. 其次, 因为 $f(x)$ 连续, 在区间 $[0, x_0]$ 和 $[x_0, 1]$ 上分别应用零点定理知, 存在 $\xi_1 \in (0, x_0), \xi_2 \in (x_0, 1)$ 使得 $f(\xi_1) = 0, f(\xi_2) = 0$.

(2) 令 $F(x) = f(x)\mathrm{e}^{\int_0^x 3f^2(t)\mathrm{d}t}$, 则 $F(x)$ 在 $[0,1]$ 上连续, $(0,1)$ 上可导且 $F(\xi_1) = F(\xi_2) = 0$. 由罗尔定理, 存在 $\xi \in (\xi_1, \xi_2) \subset (0,1)$ 使得 $F'(\xi) = 0$. 又 $F'(x) = \left(f'(x) + 3f^3(x)\right)\mathrm{e}^{\int_0^x 3f^2(t)\mathrm{d}t}$, 所以 $f'(\xi) + 3f^3(\xi) = 0$.

注 微分中值定理问题, 解决问题的关键在于构造辅助函数, 可以利用平时总结的经验进行构造, 也可以利用求解微分方程的方法进行构造, 本题中构造了一个变上限形式, 大家需要注意这种形式的应用.

例 33 设函数 $f(x) = \begin{cases} \dfrac{1}{\ln(1+x)} - \dfrac{1}{x}, & 0 < x \leqslant 1, \\ k, & x = 0. \end{cases}$

(1) 求常数 k 的值, 使得 $f(x)$ 在区间 $[0,1]$ 上连续;

(2) 对 (1) 中的 k 的值, 求函数 $f(x)$ 的最小值 λ 与最大值 μ. (第十六届全国初赛 A 类, 2024)

解 (1)

$$\lim_{x \to 0^+} f(x) = \lim_{x \to 0^+} \frac{x - \ln(1+x)}{x\ln(1+x)} = \lim_{x \to 0^+} \frac{x - \ln(1+x)}{x^2} = \lim_{x \to 0^+} \frac{1 - \dfrac{1}{1+x}}{2x}$$

$$= \lim_{x \to 0^+} \frac{1}{2(1+x)} = \frac{1}{2},$$

令 $k = \frac{1}{2}$, 则 $\lim_{x \to 0^+} f(x) = f(0) = \frac{1}{2}$. 所以 $f(x)$ 在 $[0,1]$ 上连续.

(2) $f(x)$ 在 $(0,1)$ 内可导, $f'(x) = -\dfrac{1}{(1+x)\ln^2(1+x)} + \dfrac{1}{x^2} = \dfrac{g(x)}{x^2(1+x)\ln^2(1+x)}$,

其中 $g(x) = (1+x)\ln^2(1+x) - x^2$. 因为 $g'(x) = \ln^2(1+x) + 2\ln(1+x) - 2x$, 且

$g''(x) = \dfrac{2\ln(1+x)}{1+x} + \dfrac{2}{1+x} - 2 = \dfrac{2\ln(1+x) - 2x}{1+x} < 0 \ (0 < x \leqslant 1)$, 所以 $g'(x)$ 在 $[0,1]$

上单调递减, 故当 $0 < x \leqslant 1$ 时, $g'(x) < g'(0) = 0$. 这又推出 $g(x)$ 在 $[0,1]$ 上单调递减,

故当 $0 < x \leqslant 1$ 时, $g(x) < g(0) = 0$. 从而 $f'(x) < 0 \ (0 < x \leqslant 1)$, 又可推出 $f(x)$ 在

$[0,1]$ 上单调递减. 因此, $\min\limits_{0 \leqslant x \leqslant 1} f(x) = f(1) = \dfrac{1}{\ln 2} - 1$, $\max\limits_{0 \leqslant x \leqslant 1} f(x) = f(0) = \dfrac{1}{2}$. 于是, 函

数 $f(x)$ 的最小值 $\lambda = \dfrac{1}{\ln 2} - 1$, 最大值 $\mu = \dfrac{1}{2}$.

注 本题难度较小, 主要是利用导数性质研究函数的性态.

例 34 设 $f(x)$ 是 $(-\infty, +\infty)$ 上具有连续导数的非负函数, 且存在 $M > 0$ 使得对任意的 $x, y \in (-\infty, +\infty)$, 有 $|f'(x) - f'(y)| \leqslant M|x-y|$. 证明: 对于任意实数 x, 恒有 $(f'(x))^2 \leqslant 2Mf(x)$. (第十六届全国初赛 A 类、B 类, 2024)

证明 方法 1: 任取 $x \in (-\infty, +\infty)$, 对任意 $h \in (-\infty, +\infty)$, 且 $h \neq 0$, 恒有

$$0 \leqslant f(x+h) = f(x) + \int_0^h f'(x+t)\mathrm{d}t = f(x) + \int_0^h (f'(x+t) - f'(x))\,\mathrm{d}t + f'(x)h,\ \text{取}$$

h 使得 $hf'(x) \leqslant 0$, 则 $-f'(x)h \leqslant f(x) + \int_0^h (f'(x+t) - f'(x))\,\mathrm{d}t \leqslant f(x) + M\dfrac{h^2}{2}$, 所以

$|f'(x)| \leqslant \dfrac{f(x)}{|h|} + M\dfrac{|h|}{2}$, 取 $|h| = \sqrt{\dfrac{2f(x)}{M}}$, 即得所证不等式 $(f'(x))^2 \leqslant 2Mf(x)$.

方法 2: 任取 $x \in (-\infty, +\infty)$, 对任意 $h \in (-\infty, +\infty)$, 恒有

$$0 \leqslant f(x+h) = f(x) + \int_0^h f'(x+t)\mathrm{d}t$$

$$= f(x) + \int_0^h (f'(x+t) - f'(x))\,\mathrm{d}t + f'(x)h \leqslant f(x) + M\frac{h^2}{2} + f'(x)|h|,$$

即对任意 $h \in (-\infty, +\infty)$, $\dfrac{M}{2}h^2 + f'(x)|h| + f(x) \geqslant 0$ 恒成立, 从而 $\Delta = (f'(x))^2 - 4 \cdot \dfrac{M}{2} \cdot f(x) \leqslant 0$, 从而, 对任意 $x \in (-\infty, +\infty)$, 都有 $(f'(x))^2 \leqslant 2Mf(x)$ 成立.

注 此题是 2017 年国际大学生数学竞赛的原题, 第十届初赛数学类 A 类中也出现过此题 (数学分析压轴题 20 分), 后期普特南大学生数学竞赛题目和国际大学生数学竞赛题目也是大学生数学竞赛出题的重点, 有兴趣的同学可以进行整理汇总复习.

例 35 设 $y = y(x)$ 由方程 $e^{3y} + \int_0^{x+y} \cos t^2 dt = 1$ 确定, 则 $\left.\dfrac{d^2 y}{dx^2}\right|_{(0,0)} = $ _____.

(第十六届全国初赛 B 类, 2024)

解 两端对 x 求导得 $3y'e^{3y} + (1 + y') \cos(x + y)^2 = 0$, 继续求导得

$$3y''e^{3y} + 9 (y')^2 e^{3y} + y'' \cos(x + y)^2 - 2(x + y) (1 + y')^2 \sin(x + y)^2 = 0,$$

将 $x = 0, y = 0$ 分别代入上面两式, 得 $y'(x)|_{(0,0)} = -\dfrac{1}{4}$, $y''(x)|_{(0,0)} = -\dfrac{9}{64}$.

注 隐函数求导与参数方程求导在非数学类 B 类的考试中是必考题目, 变限积分函数在求导与解积分方程过程中是常考的知识点, 大家需要重点掌握.

七、全国决赛真题赏析

例 36 现要设计一个容积为 V 的圆柱形容器, 已知上、下两底的材料费用为每单位面积 a 元, 而侧面的材料费用为每单位面积 b 元, 试给出最节省的设计方案: 即高与上、下底的直径之比为何值时所需费用最少? (第一届全国决赛, 2010)

解 设圆柱容器的高为 h, 上、下底半径为 r, 则有 $V = \pi r^2 h$ 或 $h = \dfrac{V}{\pi r^2}$. 所需费用为 $F(r) = 2a\pi r^2 + 2b\pi r h = 2a\pi r^2 + \dfrac{2bV}{r}$, 显然, $F'(r) = 4a\pi r - \dfrac{2bV}{r^2}$. 那么费用最少意味着 $F'(r) = 0$, 也即 $r^3 = \dfrac{bV}{2a\pi}$, 这时高与底的直径之比为 $\dfrac{h}{2r} = \dfrac{V}{2\pi r^3} = \dfrac{a}{b}$.

例 37 设函数 $f(x)$ 在 $[0,1]$ 上连续, 在 $(0,1)$ 内可微, 且 $f(0) = f(1) = 0$, $f\left(\dfrac{1}{2}\right) = 1$. 证明:

(1) 存在一个 $\xi \in \left(\dfrac{1}{2}, 1\right)$, 使得 $f(\xi) = \xi$;

(2) 存在一个 $\eta \in (0, \xi)$, 使得 $f'(\eta) = f(\eta) - \eta + 1$. (第一届全国决赛, 2010)

证明 (1) 令 $F(x) = f(x) - x$, 则 $F(x)$ 在 $[0,1]$ 上连续, 且有 $F\left(\dfrac{1}{2}\right) = \dfrac{1}{2} > 0$, $F(1) = -1 < 0$. 所以存在一个 $\xi \in \left(\dfrac{1}{2}, 1\right)$, 使得 $F(\xi) = 0$, 即 $f(\xi) = \xi$.

(2) 令 $G(x) = e^{-x} [f(x) - x]$, 那么 $G(0) = G(\xi) = 0$. 这样, 存在一个 $\eta \in (0, \xi)$, 使得 $G'(\eta) = 0$, 即 $G'(\eta) = e^{-\eta} [f'(\eta) - 1] - e^{-\eta} [f(\eta) - \eta] = 0$, 也即 $f'(\eta) = f(\eta) - \eta + 1$.

例 38 是否存在 $\mathbb{R}$ 中的可微函数 $f(x)$, 使得 $f(f(x)) = 1 + x^2 + x^4 - x^3 - x^5$? 若存在, 请给出一个例子; 若不存在, 请给出证明. (第一届全国决赛, 2010)

解 不存在. 假设存在 $\mathbb{R}$ 中的可微函数 $f(x)$, 使得 $f(f(x)) = 1 + x^2 + x^4 - x^3 - x^5$. 考虑方程 $f(f(x)) = x$, 即 $1 + x^2 + x^4 - x^3 - x^5 = x$, 或 $(x - 1) (1 + x^2 + x^4) = 0$. 此方程有唯一实数根 $x = 1$, 即方程 $f(f(x)) = x$ 有唯一不动点 $x = 1$. 下面说明 $x = 1$ 也是 $f(x)$ 的不动点. 事实上, 令 $f(1) = t$, 则 $f(t) = f(f(1)) = 1$, $f(f(t)) = f(1) = t$, 因此, $t = 1$.

记 $g(x) = f(f(x))$, 则一方面 $g'(x) = [f(f(x))]' \Rightarrow g'(1) = [f'(1)]^2 \geqslant 0$; 另一方

面, $g'(x) = \left(1 + x^2 + x^4 - x^3 - x^5\right)' = 2x + 4x^3 - 3x^2 - 5x^4$, 从而 $g'(1) = -2$, 矛盾. 所以不存在 $\mathbb{R}$ 中的可微函数 $f(x)$, 使得 $f(f(x)) = 1 + x^2 + x^4 - x^3 - x^5$.

例 39 已知 $\begin{cases} x = \ln\left(1 + e^{2t}\right), \\ y = t - \arctan e^t, \end{cases}$ 求 $\dfrac{d^2y}{dx^2}$. (第二届全国决赛, 2011)

解 $\dfrac{dx}{dt} = \dfrac{2e^{2t}}{1 + e^{2t}}$, $\dfrac{dy}{dt} = 1 - \dfrac{e^t}{1 + e^{2t}}$, 所以 $\dfrac{dy}{dx} = \dfrac{1 - \dfrac{e^t}{1 + e^{2t}}}{\dfrac{2e^{2t}}{1 + e^{2t}}} = \dfrac{e^{2t} - e^t + 1}{2e^{2t}}$,

$$\frac{d^2y}{dx^2} = \frac{d}{dt}\left(\frac{dy}{dx}\right) \cdot \frac{1}{\dfrac{dx}{dt}} = \frac{e^t - 2}{2e^{2t}} \cdot \frac{1 + e^{2t}}{2e^{2t}} = \frac{\left(1 + e^{2t}\right)\left(e^t - 2\right)}{4e^{4t}}.$$

例 40 是否存在区间 $[0,2]$ 上的连续可微函数 $f(x)$, 满足 $f(0) = f(2) = 1$, $|f'(x)| \leqslant 1$, $\left|\displaystyle\int_0^2 f(x)\,dx\right| \leqslant 1$? 请说明理由. (第二届全国决赛, 2011)

解 假设存在. 当 $x \in [0,1]$ 时, 由拉格朗日中值定理得: 存在 ξ_1 介于 $0, x$ 之间, 使得 $f(x) = f(0) + f'(\xi_1)x$, 同理, 当 $x \in [1,2]$ 时, 由拉格朗日中值定理得: 存在 ξ_2 介于 $x, 2$ 之间, 使得 $f(x) = f(2) + f'(\xi_2)(x - 2)$, 即 $f(x) = 1 + f'(\xi_1)x, x \in [0,1]$; $f(x) = 1 + f'(\xi_2)(x - 2), x \in [1,2]$, 因为 $-1 \leqslant f'(x) \leqslant 1$, 所以 $1 - x \leqslant f(x) \leqslant 1 + x$, $x \in [0,1]$; $x - 1 \leqslant f(x) \leqslant 3 - x, x \in [1,2]$.

显然, $f(x) \geqslant 0$, $\displaystyle\int_0^2 f(x)\,dx \geqslant 0$, $1 = \displaystyle\int_0^1 (1 - x)\,dx + \int_1^2 (x - 1)\,dx \leqslant \int_0^2 f(x)\,dx \leqslant \displaystyle\int_0^1 (1 + x)\,dx + \int_1^2 (3 - x)\,dx = 3$, 所以 $\left|\displaystyle\int_0^2 f(x)\,dx\right| \geqslant 1$, 又由题意得 $\left|\displaystyle\int_0^2 f(x)\,dx\right| \leqslant 1$, 所以 $\left|\displaystyle\int_0^2 f(x)\,dx\right| = 1$, 即 $\displaystyle\int_0^2 f(x)\,dx = 1$, 所以 $f(x) = \begin{cases} 1 - x, & x \in [0,1], \\ x - 1, & x \in (1,2], \end{cases}$ 因为 $\displaystyle\lim_{x \to 1^+} \frac{f(x) - f(1)}{x - 1} = \lim_{x \to 1^+} \frac{x - 1}{x - 1} = 1$, $\displaystyle\lim_{x \to 1^-} \frac{f(x) - f(1)}{x - 1} = \lim_{x \to 1^+} \frac{1 - x}{x - 1} = -1$, 从而 $f'(1)$ 不存在, 又因为 $f(x)$ 是在区间 $[0,2]$ 上的连续可微函数, 即 $f'(1)$ 存在, 矛盾. 故原假设不成立, 所以不存在满足题意的函数 $f(x)$.

例 41 设 $f(x)$ 在 $(-\infty, +\infty)$ 上无穷次可微, 并且满足: 存在 $M > 0$, 使得 $\left|f^{(k)}(x)\right| \leqslant M, \forall x \in (-\infty, +\infty)\ (k = 1, 2, \cdots)$, 且 $f\left(\dfrac{1}{2^n}\right) = 0\ (n = 1, 2, \cdots)$, 求证: 在 $(-\infty, +\infty)$ 上, $f(x) \equiv 0$. (第三届全国决赛, 2012)

证明 因为 $f(x)$ 在 $(-\infty, +\infty)$ 上无穷次可微, 且 $\left|f^{(k)}(x)\right| \leqslant M(k = 1, 2, \cdots)$, 所以

$$f(x) = \sum_{n=0}^{\infty} \frac{f^{(n)}(0)}{n!}x^n, \tag{$*$}$$

由 $f\left(\dfrac{1}{2^n}\right) = 0\ (n = 1, 2, \cdots)$, 得 $f(0) = \displaystyle\lim_{n \to \infty} f\left(\frac{1}{2^n}\right) = 0$, 于是

$$f'(0) = \lim_{n \to \infty} \frac{f\left(\dfrac{1}{2^n}\right) - f(0)}{\dfrac{1}{2^n}} = 0,$$

由罗尔定理, 对于自然数 n 在 $\left[\dfrac{1}{2^{n+1}}, \dfrac{1}{2^n}\right]$ 上, 存在 $\xi_n^{(1)} \in \left(\dfrac{1}{2^{n+1}}, \dfrac{1}{2^n}\right)$, 使得 $f'(\xi_n^{(1)}) = 0 \ (n = 1, 2, \cdots)$, 且 $\xi_n^{(1)} \to 0 \ (n \to \infty)$, 这里 $\xi_1^{(1)} > \xi_2^{(1)} > \xi_3^{(1)} > \cdots > \xi_n^{(1)} > \xi_{n+1}^{(1)} > \cdots$, 在 $[\xi_{n+1}^{(1)}, \xi_n^{(1)}] (n = 1, 2, \cdots)$ 上, 对 $f'(x)$ 应用罗尔定理, 存在 $\xi_n^{(2)} \in (\xi_{n+1}^{(1)}, \xi_n^{(1)})$, 使得 $f''(\xi_n^{(2)}) = 0 \ (n = 1, 2, \cdots)$, 且 $\xi_n^{(2)} \to 0 \ (n \to \infty)$, 于是 $f''(0) = \lim\limits_{n \to \infty} \dfrac{f'(\xi_n^{(2)}) - f'(0)}{\xi_n^{(2)}} = 0$.

类似地, 对于任意的 n, 有 $f^{(n)}(0) = 0$, 由 $(*)$, 所以 $f(x) = \sum\limits_{n=1}^{\infty} \dfrac{f^{(n)}(0)}{n!} x^n \equiv 0$.

例 42 函数 $f(x)$ 在 $[-2, 2]$ 上二阶可导, 且 $|f(x)| < 1$, 又 $f^2(0) + [f'(0)]^2 = 4$, 试证: 在 $(-2, 2)$ 内至少存在一点 ξ, 使得 $f(\xi) + f''(\xi) = 0$. (第四届全国决赛, 2013)

证明 在 $[-2, 0]$ 和 $[0, 2]$ 上分别对 $f(x)$ 应用拉格朗日中值定理, 可知存在 $\xi_1 \in (-2, 0)$, $\xi_2 \in (0, 2)$, 使得 $f'(\xi_1) = \dfrac{f(0) - f(-2)}{2}$, $f'(\xi_2) = \dfrac{f(2) - f(0)}{2}$. 由于 $|f(x)| < 1$, 所以 $|f'(\xi_1)| \leqslant 1$, $|f'(\xi_2)| \leqslant 1$.

设 $F(x) = f^2(x) + [f'(x)]^2$, 则 $|F(\xi_1)| \leqslant 2$, $|F(\xi_2)| \leqslant 2(*)$, 由于 $F(0) = f^2(0) + [f'(0)]^2 = 4$, 且 $F(x)$ 为 $[\xi_1, \xi_2]$ 上的连续函数, 应用闭区间上连续函数的最值定理, $F(x)$ 在 $[\xi_1, \xi_2]$ 上必定能够取得最大值, 设为 M. 则当 ξ 为 $F(x)$ 的最大值点时, 由 $(*)$ 知: $M = F(\xi)$, $\xi \in [\xi_1, \xi_2]$. 所以 ξ 必是 $F(x)$ 的极大值点.

注意到 $F(x)$ 可导, 由极值点的必要条件可知 $F'(\xi) = 2f'(\xi)[f(\xi) + f''(\xi)]^2 = 0$, 由于 $F(\xi) = f^2(\xi) + [f'(\xi)]^2 \geqslant 4$, 且 $|f(\xi)| < 1$, 可知 $f'(\xi) \neq 0$, 由上式知 $f(\xi) + f''(\xi) = 0$.

例 43 设 $f \in C^4(-\infty, +\infty)$, $f(x + h) = f(x) + f'(x)h + \dfrac{1}{2}f''(x + \theta h)h^2$, 其中 θ 是与 x, h 无关的常数, 证明 f 是不超过三次的多项式. (第五届全国决赛, 2014)

证明 由泰勒公式

$$f(x + h) = f(x) + f'(x)h + \frac{1}{2}f''(x)h^2 + \frac{1}{6}f'''(x)h^3 + \frac{1}{24}f^{(4)}(\xi)h^4,$$

$$f''(x + \theta h) = f''(x) + f'''(x)\theta h^3 + \frac{1}{2}f^{(4)}(\eta)\theta^2 h^4,$$

其中 ξ 介于 x 和 $x + h$ 之间, η 介于 x 和 $x + \theta h$ 之间, 由上面两式及已知条件 $f(x + h) = f(x) + f'(x)h + \dfrac{1}{2}f''(x + \theta h)h^2$, 可得 $4(1 - 3\theta)f'''(x) = \left[6f^{(4)}(\eta)\theta^2 - f^{(4)}(\xi)\right]h$. 当 $\theta \neq \dfrac{1}{3}$ 时, 令 $h \to 0$ 得 $f'''(x) = 0$, 此时 f 是不超过二次的多项式. 当 $\theta = \dfrac{1}{3}$ 时, 有 $\dfrac{2}{3}f^{(4)}(\eta) = f^{(4)}(\xi)$. 令 $h \to 0$, 注意到 $\xi \to x, \eta \to x$, 有 $f^{(4)}(x) = 0$, 从而 f 是不超过三次的多项式.

例 44 设当 $x > -1$ 时, 可微函数 $f(x)$ 满足条件 $f'(x) + f(x) - \dfrac{1}{x+1}\displaystyle\int_0^x f(t)\mathrm{d}t = 0$, 且 $f(0) = 1$, 试证: 当 $x \geqslant 0$ 时, 有 $\mathrm{e}^{-x} \leqslant f(x) \leqslant 1$ 成立. (第五届全国决赛, 2014)

证明 由已知条件知 $f'(0) = -1$, 所给方程可变形为 $(1+x)f'(x) + (1+x)f(x) - \displaystyle\int_0^x f(t)\mathrm{d}t = 0$, 两端对 x 求导, 得 $(1+x)f''(x) + (2+x)f'(x) = 0$, 利用可降阶的微分方程的方法, 可得 $f'(x) = \dfrac{C\mathrm{e}^{-x}}{1+x}$, 由 $f'(0) = -1$ 得 $C = -1$, $f'(x) = -\dfrac{\mathrm{e}^{-x}}{1+x} < 0$, 可见 $f(x)$ 单调减少. 而 $f(0) = 1$, 所以当 $x \geqslant 0$ 时, $f(x) \leqslant 1$. 对 $f'(x) = -\dfrac{\mathrm{e}^{-x}}{1+x} < 0$ 在 $[0, x]$ 上进行积分得 $f(x) = f(0) - \displaystyle\int_0^x \dfrac{\mathrm{e}^{-t}}{1+t}\mathrm{d}t \geqslant 1 - \displaystyle\int_0^x \mathrm{e}^{-t}\mathrm{d}t = \mathrm{e}^{-x}$.

例 45 设 $f(t)$ 二阶连续可导, 且 $f(t) \neq 0$, 若 $\begin{cases} x = \displaystyle\int_0^t f(s)\mathrm{d}s, \\ y = f(t), \end{cases}$ 则 $\dfrac{\mathrm{d}^2 y}{\mathrm{d}x^2} = $ _____. (第七届全国决赛, 2016)

解 $\dfrac{\mathrm{d}x}{\mathrm{d}t} = f(t)$, $\dfrac{\mathrm{d}y}{\mathrm{d}t} = f'(t)$, 所以 $\dfrac{\mathrm{d}y}{\mathrm{d}x} = \dfrac{f'(t)}{f(t)}$, 则得

$$\dfrac{\mathrm{d}^2 y}{\mathrm{d}x^2} = \dfrac{\mathrm{d}\left(\dfrac{f'(t)}{f(t)}\right)}{\mathrm{d}t} \cdot \dfrac{1}{\dfrac{\mathrm{d}x}{\mathrm{d}t}} = \dfrac{f(t)f''(t) - (f'(t))^2}{f^3(t)}.$$

例 46 设 $0 < x < \dfrac{\pi}{2}$, 证明: $\dfrac{4}{\pi^2} < \dfrac{1}{x^2} - \dfrac{1}{\tan^2 x} < \dfrac{2}{3}$. (第八届全国决赛, 2017)

证明 设 $f(x) = \dfrac{1}{x^2} - \dfrac{1}{\tan^2 x}$ $\left(0 < x < \dfrac{\pi}{2}\right)$, 则

$$f'(x) = -\dfrac{2}{x^3} + \dfrac{2\cos x}{\sin^3 x} = \dfrac{2(x^3\cos x - \sin^3 x)}{x^3\sin^3 x},$$

令 $\varphi(x) = \dfrac{\sin x}{\sqrt[3]{\cos x}} - x$ $\left(0 < x < \dfrac{\pi}{2}\right)$, 则

$$\varphi'(x) = \dfrac{\cos^{\frac{4}{3}} x + \dfrac{1}{3}\cos^{-\frac{2}{3}} x \sin^2 x}{\cos^{\frac{2}{3}} x} - 1 = \dfrac{2}{3}\cos^{\frac{2}{3}} x + \dfrac{1}{3}\cos^{-\frac{4}{3}} x - 1,$$

由均值不等式, 得

$$\dfrac{2}{3}\cos^{\frac{2}{3}} x + \dfrac{1}{3}\cos^{-\frac{4}{3}} x = \dfrac{1}{3}\left(\cos^{\frac{2}{3}} x + \cos^{\frac{2}{3}} x + \cos^{-\frac{4}{3}} x\right)$$
$$> \sqrt[3]{\cos^{\frac{2}{3}} x \cdot \cos^{\frac{2}{3}} x \cdot \cos^{-\frac{4}{3}} x} = 1.$$

所以当 $0 < x < \dfrac{\pi}{2}$ 时, $\varphi'(x) > 0$, 从而 $\varphi(x)$ 单调递增, 又 $\varphi(0) = 0$, 因此 $\varphi(x) > 0$, 即 $x^3\cos x - \sin^3 x < 0$, 从而 $f'(x) < 0$, 故 $f(x)$ 在区间 $\left(0, \dfrac{\pi}{2}\right)$ 单调递减. 由于

$$\lim_{x \to \frac{\pi}{2}^-} f(x) = \lim_{x \to \frac{\pi}{2}^-} \left(\frac{1}{x^2} - \frac{1}{\tan^2 x} \right) = \frac{4}{\pi^2},$$

$$\lim_{x \to 0^+} f(x) = \lim_{x \to 0^+} \left(\frac{1}{x^2} - \frac{1}{\tan^2 x} \right) = \lim_{x \to 0^+} \frac{\tan^2 x - x^2}{x^2 \tan^2 x}$$

$$= \lim_{x \to 0^+} \frac{\tan x + x}{x} \cdot \lim_{x \to 0^+} \frac{\tan x - x}{x \tan^2 x} = 2 \lim_{x \to 0^+} \frac{\frac{1}{3} x^3}{x^3} = \frac{2}{3},$$

所以, 当 $0 < x < \dfrac{\pi}{2}$ 时, 有 $\dfrac{4}{\pi^2} < \dfrac{1}{x^2} - \dfrac{1}{\tan^2 x} < \dfrac{2}{3}$.

例 47 设函数 $f(x)$ 在区间 $(0,1)$ 内连续, 且存在两两互异的点 $x_1, x_2, x_3, x_4 \in (0,1)$, 使得 $\alpha = \dfrac{f(x_1) - f(x_2)}{x_1 - x_2} < \dfrac{f(x_3) - f(x_4)}{x_3 - x_4} = \beta$, 证明: 对任意 $\lambda \in (\alpha, \beta)$, 存在互异的点 $x_5, x_6 \in (0,1)$, 使得 $\lambda = \dfrac{f(x_5) - f(x_6)}{x_5 - x_6}$. (第九届全国决赛, 2018)

证明 不妨设 $x_1 < x_2 < x_3 < x_4 \in (0,1)$, 考虑辅助函数

$$F(t) = \frac{f((1-t) x_2 + t x_4) - f((1-t) x_1 + t x_3)}{(1-t)(x_2 - x_1) + t(x_4 - x_3)},$$

则 $F(t)$ 在闭区间 $[0,1]$ 上连续, 且 $F(0) = \alpha < \lambda < \beta = F(1)$. 根据连续函数介值定理, 存在 $t_0 \in (0,1)$, 使得 $F(t_0) = \lambda$.

令 $x_5 = (1-t_0) x_1 + t_0 x_3$, $x_6 = (1-t_0) x_2 + t_0 x_4$, 则 $x_5, x_6 \in (0,1)$, $x_5 < x_6$, 且 $\lambda = F(t_0) = \dfrac{f(x_5) - f(x_6)}{x_5 - x_6}$.

例 48 设函数 $f(x)$ 在区间 $[0,1]$ 上连续且 $\displaystyle\int_0^1 f(x) \, \mathrm{d}x \neq 0$, 证明: 在区间 $[0,1]$ 上存在三个不同的点 x_1, x_2, x_3, 使得

$$\frac{\pi}{8} \int_0^1 f(x) \, \mathrm{d}x = \left[\frac{1}{1 + x_1^2} \int_0^{x_1} f(t) \, \mathrm{d}t + f(x_1) \arctan x_1 \right] x_3$$

$$= \left[\frac{1}{1 + x_2^2} \int_0^{x_2} f(t) \, \mathrm{d}t + f(x_2) \arctan x_2 \right] (1 - x_3).$$

(第九届全国决赛, 2018)

证明 令 $F(x) = \dfrac{4}{\pi} \dfrac{\arctan x \displaystyle\int_0^x f(t) \, \mathrm{d}t}{\displaystyle\int_0^1 f(t) \, \mathrm{d}t}$, 则 $F(0) = 0$, $F(1) = 1$ 且函数 $F(x)$ 在闭区间 $[0,1]$ 上可导. 根据介值定理, 存在点 $x_3 \in (0,1)$, 使 $F(x_3) = \dfrac{1}{2}$. 分别在区间 $[0, x_3]$ 与 $[x_3, 1]$ 上利用拉格朗日定理, 存在 $x_1 \in (0, x_3)$, 使得 $F(x_3) - F(0) = F'(x_1)(x_3 - 0)$; 即 $\dfrac{\pi}{8} \displaystyle\int_0^1 f(x) \, \mathrm{d}x = \left[\dfrac{1}{1 + x_1^2} \displaystyle\int_0^{x_1} f(t) \, \mathrm{d}t + f(x_1) \arctan x_1 \right] x_3$, 且存在 $x_2 \in (x_3, 1)$, 使

$F(1) - F(x_3) = F'(x_2)(1 - x_3)$, 即

$$\frac{\pi}{8} \int_0^1 f(x)\,dx = \left[\frac{1}{1 + x_2^2} \int_0^{x_2} f(t)\,dt + f(x_2)\arctan x_2 \right](1 - x_3).$$

例 49 设函数 $f(x)$ 在区间 $(-1, 1)$ 内三阶连续可导, 满足 $f(0) = 0$, $f'(0) = 1$, $f''(0) = 0$, $f'''(0) = -1$; 又设数列 $\{a_n\}$ 满足 $a_1 \in (0, 1)$, $a_{n+1} = f(a_n)$ $(n = 1, 2, \cdots)$ 严格单调减少, 且 $\lim\limits_{n \to \infty} a_n = 0$, 计算 $\lim\limits_{n \to \infty} n a_n^2$. (第十届全国决赛, 2019)

解 由于 $f(x)$ 在区间 $(-1, 1)$ 内三阶可导, $f(x)$ 在 $x = 0$ 处的泰勒公式为 $f(x) = f(0) + f'(0)x + \dfrac{1}{2!}f''(0)x^2 + \dfrac{1}{3!}f'''(0)x^3 + o(x^3)$, 又 $f(0) = 0$, $f'(0) = 1$, $f''(0) = 0$, $f'''(0) = -1$, 所以

$$f(x) = x - \frac{1}{6}x^3 + o(x^3). \qquad \text{①}$$

由于 $a_1 \in (0, 1)$, 数列 $\{a_n\}$ 单调递减且 $\lim\limits_{n \to \infty} a_n = 0$, 则 $a_n > 0$, 且 $\left\{ \dfrac{1}{a_n^2} \right\}$ 为严格单调增加趋于正无穷的数列, 注意到 $a_{n+1} = f(a_n)$, 由斯托尔茨定理及 ① 式, 有

$$\lim_{n \to \infty} n a_n^2 = \lim_{n \to \infty} \frac{n}{\dfrac{1}{a_n^2}} = \lim_{n \to \infty} \frac{1}{\dfrac{1}{a_{n+1}^2} - \dfrac{1}{a_n^2}} = \lim_{n \to \infty} \frac{a_n^2 a_{n+1}^2}{a_n^2 - a_{n+1}^2} = \lim_{n \to \infty} \frac{a_n^2 f^2(a_n)}{a_n^2 - f^2(a_n)}$$

$$= \lim_{n \to \infty} \frac{a_n^2 \left(a_n - \dfrac{1}{6}a_n^3 + o(a_n^3) \right)^2}{a_n^2 - \left(a_n - \dfrac{1}{6}a_n^3 + o(a_n^3) \right)^2} = \lim_{n \to \infty} \frac{a_n^4 - \dfrac{1}{3}a_n^6 + \dfrac{1}{36}a_n^8 + o(a_n^4)}{\dfrac{1}{3}a_n^4 - \dfrac{1}{36}a_n^6 + o(a_n^4)} = 3.$$

例 50 设函数 $y = f(x)$ 由方程 $3x - y = 2\arctan(y - 2x)$ 所确定, 求曲线 $y = f(x)$ 在点 $P\left(1 + \dfrac{\pi}{2}, 3 + \pi\right)$ 处的切线方程. (第十一届全国决赛, 2021)

解 对方程 $3x - y = 2\arctan(y - 2x)$ 两边求导, 得 $3 - y' = 2\dfrac{y' - 2}{1 + (y - 2x)^2}$. 将点 P 的坐标代入, 得曲线 $y = f(x)$ 在 P 点的切线斜率为 $y' = \dfrac{5}{2}$. 因此, 切线方程为

$$y - (3 + \pi) = \frac{5}{2}\left(x - 1 - \frac{\pi}{2} \right),$$

即 $y = \dfrac{5}{2}x + \dfrac{1}{2} - \dfrac{\pi}{4}$.

例 51 设 $f(x) = \left(x^2 + 2x - 3\right)^n \arctan^2 \dfrac{x}{3}$, 其中 n 为正整数, 计算 $f^{(n)}(-3)$. (第十一届全国决赛, 2021)

解 记 $g(x) = (x-1)^n \arctan^2 \dfrac{x}{3}$, 则 $f(x) = (x+3)^n g(x)$. 利用莱布尼茨法则, 可得 $f^{(n)}(x) = n!g(x) + \displaystyle\sum_{k=0}^{n-1} C_n^k \left[(x+3)^n\right]^{(k)} g^{(n-k)}(x)$, 所以

$$f^{(n)}(-3) = n!g(-3) = (-1)^n 4^{n-2} n! \pi^2.$$

例 52 设函数 $f(x)$ 在 $[a,b]$ 上连续, 在 (a,b) 内二阶可导, 且 $f(a) = f(b) = 0$, $\displaystyle\int_a^b f(x)\mathrm{d}x = 0$. 证明:

(1) 存在互不相同的点 $x_1, x_2 \in (a,b)$, 使得 $f'(x_i) = f(x_i), i = 1, 2$;

(2) 存在 $\xi \in (a,b), \xi \neq x_i, i = 1, 2$, 使得 $f''(\xi) = f(\xi)$. (第十二届全国决赛, 2021)

证明 (1) 令 $F(x) = \mathrm{e}^{-x} \displaystyle\int_a^x f(t)\mathrm{d}t$, 则 $F(a) = F(b) = 0$. 对 $F(x)$ 在 $[a,b]$ 上利用罗尔定理, 存在 $x_0 \in (a,b)$, 使得 $F'(x_0) = 0$, 即 $f(x_0) = \displaystyle\int_a^{x_0} f(t)\mathrm{d}t$.

再令 $G(x) = f(x) - \displaystyle\int_a^x f(t)\mathrm{d}t$, 则 $G(a) = G(x_0) = G(b) = 0$. 对 $G(x)$ 分别在 $[a, x_0]$ 与 $[x_0, b]$ 上利用罗尔定理, 存在 $x_1 \in (a, x_0)$ 及 $x_2 \in (x_0, b)$, 使得 $G'(x_1) = G'(x_2) = 0$, 即 $f'(x_i) = f(x_i), i = 1, 2$, 且 $x_1 \neq x_2$.

(2) 令 $\varphi(x) = \mathrm{e}^x \left[f'(x) - f(x)\right]$, 则 $\varphi(x_1) = \varphi(x_2) = 0$, 且

$$\varphi'(x) = \mathrm{e}^x \left[f'(x) - f(x)\right] + \mathrm{e}^x \left[f''(x) - f'(x)\right] = \mathrm{e}^x \left[f''(x) - f(x)\right].$$

对 $\varphi(x)$ 在 $[x_1, x_2]$ 上利用罗尔定理, 存在 $\xi \in (x_1, x_2)$, 使 $\varphi'(\xi) = 0$, 即 $f''(\xi) = f(\xi)$, 显然 $\xi \neq x_i, i = 1, 2$.

例 53 设函数 $y = y(x)$ 由参数方程 $x = \dfrac{t}{1+t^2}, y = \dfrac{t^2}{1+t^2}$ 确定, 则曲线 $y = y(x)$ 在点 $\left(\dfrac{\sqrt{2}}{3}, \dfrac{2}{3}\right)$ 处的曲率 $K = \underline{\hspace{2cm}}$. (第十三届全国决赛, 2023)

解 易知, 对应点 $\left(\dfrac{\sqrt{2}}{3}, \dfrac{2}{3}\right)$ 的参数 $t = \sqrt{2}$. 利用参数方程求导法则, 得

$$\frac{\mathrm{d}y}{\mathrm{d}x} = \frac{2t}{1-t^2}, \quad \frac{\mathrm{d}^2 y}{\mathrm{d}x^2} = \frac{2\left(1+t^2\right)^3}{\left(1-t^2\right)^3}.$$

所以, 当 $t = \sqrt{2}$ 时, $\dfrac{\mathrm{d}y}{\mathrm{d}x} = -2\sqrt{2}, \dfrac{\mathrm{d}^2 y}{\mathrm{d}x^2} = -54$, 因此 $y = y(x)$ 在 $\left(\dfrac{\sqrt{2}}{3}, \dfrac{2}{3}\right)$ 处的曲率

$$K = \frac{\left|\dfrac{\mathrm{d}^2 y}{\mathrm{d}x^2}\right|}{\sqrt{\left(1 + \left(\dfrac{\mathrm{d}y}{\mathrm{d}x}\right)^2\right)^{\frac{3}{2}}}} = \frac{54}{\sqrt{\left(1 + \left(2\sqrt{2}\right)^2\right)^{\frac{3}{2}}}} = 2.$$

例 54 证明: $a^b + b^a \leqslant \sqrt{a} + \sqrt{b} \leqslant a^a + b^b$, 其中 $a > 0, b > 0$, $a + b = 1$. (第十三届全国决赛, 2023)

证明 不妨设 $0 < a \leqslant \dfrac{1}{2} \leqslant b < 1$, 考虑函数 $f(x) = a^x + b^{1-x}$, 如能证明 $f(x)$ 在区间 $(0, b]$ 上单调减少, 则有 $f(b) \leqslant f\left(\dfrac{1}{2}\right) \leqslant f(a)$, 不等式得证. 对于 $x \in (0, b]$, 因为 $f'(x) = \ln a \cdot a^x - \ln b \cdot b^{1-x}$, $f''(x) = \ln^2 a \cdot a^x + \ln^2 b \cdot b^{1-x} > 0$, 所以 $f'(x) < f'(b)$, 故只需证 $f'(b) \leqslant 0$, 即 $\ln a \cdot a^b \leqslant \ln b \cdot b^a$ 或 $\dfrac{\ln a^a}{a^a} \leqslant \dfrac{\ln b^b}{b^b}$. 容易证明 $\dfrac{\ln x}{x}$ 是 $(0, \mathrm{e}]$ 上的单调增函数, 问题归结为证明 $0 < a^a < b^b \leqslant \mathrm{e}$, 这等价于证明 $\dfrac{\ln a}{1-a} < \dfrac{\ln b}{1-b}$, 而这由函数 $\dfrac{\ln x}{1-x}$ 在 $(0, 1)$ 上单调增加即得.

注 补证函数 $g(x) = \dfrac{\ln x}{1-x}$ 在 $(0, 1)$ 上单调增加. 利用 $\ln(1+x) < x \ (x > 0)$, 有 $g'(x) = \dfrac{1}{(1-x)^2}\left[\dfrac{1}{x} - 1 - \ln\left(1 + \left(\dfrac{1}{x} - 1\right)\right)\right] > 0$, 所以 $g(x)$ 在 $(0, 1)$ 上单调增加.

例 55 证明下列不等式:

(1) 设 $x \in [0, \pi], t \in [0, 1]$, 则 $\sin tx \geqslant t \sin x$;

(2) 设 $p > 0$, 则 $\displaystyle\int_0^{\frac{\pi}{2}} |\sin u|^p \, \mathrm{d}u \geqslant \dfrac{\pi}{2(p+1)}$;

(3) 设 $x \geqslant 0, p > 0$, 则 $\displaystyle\int_0^x |\sin u|^p \, \mathrm{d}u \geqslant \dfrac{x|\sin x|^p}{p+1}$. (第十四届全国决赛, 2023)

证明 (1) 令 $F(t) = \sin xt - t \sin x$, 则 $F(0) = F(1) = 0, F''(t) = -x^2 \sin xt \leqslant 0$. 当 $x \in [0, \pi], t \in [0, 1]$ 时, 有 $F(t) \geqslant 0$, 即 $\sin tx \geqslant t \sin x$.

(2) 设 $p > 0$, 令 $u = \dfrac{\pi}{2}t$, 则 $\displaystyle\int_0^{\frac{\pi}{2}} |\sin u|^p \, \mathrm{d}u = \dfrac{\pi}{2}\int_0^1 \left|\sin \dfrac{\pi}{2}t\right|^p \, \mathrm{d}t \geqslant \dfrac{\pi}{2}\int_0^1 \left|t \sin \dfrac{\pi}{2}\right|^p \, \mathrm{d}t = \dfrac{\pi}{2(p+1)}$.

(3) 根据对称性, 并利用上述结果, 得 $\displaystyle\int_0^\pi |\sin u|^p \, \mathrm{d}u = 2\int_0^{\frac{\pi}{2}} |\sin u|^p \, \mathrm{d}u \geqslant \dfrac{\pi}{p+1}$. 对于 $x \geqslant 0$, 存在非负整数 $k \geqslant 0$, 使得 $x = k\pi + v$, 其中 $v \in [0, \pi)$. 根据定积分的周期性特征, 有 $\displaystyle\int_0^{k\pi} |\sin u|^p \, \mathrm{d}u = k\int_0^\pi |\sin u|^p \, \mathrm{d}u, \int_{k\pi}^x |\sin u|^p \, \mathrm{d}u = \int_0^v |\sin u|^p \, \mathrm{d}u$. 类似于第

(2) 题可证明, $\int_0^v |\sin u|^p \, du \geqslant \dfrac{v |\sin v|^p}{p+1}$, 因此

$$\int_0^x |\sin u|^p \, du = \int_0^{k\pi} |\sin u|^p \, du + \int_{k\pi}^x |\sin u|^p \, du$$

$$= k \int_0^\pi |\sin u|^p \, du + \int_0^v |\sin u|^p \, du \geqslant \frac{k\pi}{p+1} + \frac{v |\sin v|^p}{p+1} \geqslant \frac{x |\sin x|^p}{p+1}.$$

例 56 (1) 证明: 对于任意的实数 $r > 0$, 存在唯一的 $t \in (\pi, 2\pi)$, 使得 $e^{-rt} - \cos t + r \sin t = 0$;

(2) 设 (1) 中的方程所确定的隐函数为 $t = t(r)$, 证明: 当 $r > 0$, 且 $\pi < t < t(r)$ 时, 恒有 $r(\sin t - t \cos t) - t \sin t > 0$. (第十五届全国决赛, 2024)

证明 (1) 记 $g(t) = e^{-rt} - \cos t + r \sin t$, 则 $g(t)$ 在区间 $[\pi, 2\pi]$ 上连续. 当 $r > 0$ 时, $g(\pi) = e^{-r\pi} + 1 > 0$, $g(2\pi) = e^{-2r\pi} - 1 < 0$, 根据介值定理, 存在 $\xi \in (\pi, 2\pi)$, 使得 $g(\xi) = 0$. 进一步, 注意到 $(e^{rt} g(t))' = e^{rt} (1 + r^2) \sin t < 0$, 若存在 $t_1, t_2 \in (\pi, 2\pi), t_1 \neq t_2$, 使得 $g(t_1) = g(t_2) = 0$, 则由罗尔定理, 存在 $\xi \in (\pi, 2\pi)$, 使得 $(e^{rt} g(t))' \big|_{t=\xi} = 0$, 矛盾. 所以, 对任意 $r > 0$, $g(t)$ 在 $(\pi, 2\pi)$ 内仅有唯一实根.

(2) 令 $F(t, r) = rh(t) - t \sin t$, 其中 $h(t) = \sin t - t \cos t$. 因为 $h(\pi) = \pi > 0$, 而 $h(2\pi) = -2\pi < 0$, 所以存在 $t_0 \in (\pi, 2\pi)$, 使得 $h(t_0) = 0$. 又 $h'(t) = t \sin t < 0$ ($\pi < t < 2\pi$), 因此 t_0 是 $h(t)$ 在 $(\pi, 2\pi)$ 内唯一的零点.

① 当 $\pi < t < t(r) \leqslant t_0$ 或 $\pi < t \leqslant t_0 < t(r)$ 时, $h(t) \geqslant 0$, 因而 $F(r, t) \geqslant -t \sin t > 0$;

② 当 $t_0 < t < t(r) < 2\pi$ 时, $h(t) < 0$. 因为 $e^{rt}(1 - \cos t + r \sin t) > e^{rt} g(t) \geqslant e^{rt(r)} g(t(r)) = 0$, 所以 $r < \dfrac{1 - \cos t}{-\sin t}$. 于是

$$F(r, t) > \frac{1 - \cos t}{-\sin t} h(t) - t \sin t = \frac{1 - \cos t}{-\sin t} (t + \sin t) > 0.$$

八、各地真题赏析

例 57 设函数 $f(x)$ 在 $(a, +\infty)$ 内有二阶导数, 且 $f(a+1) = 0$, $\lim\limits_{x \to a^+} f(x) = 0$, $\lim\limits_{x \to +\infty} f(x) = 0$, 证明: 在 $(a, +\infty)$ 内至少有一点 ξ, 满足 $f''(\xi) = 0$. (第一届北京市理工类, 1988)

证明 (1) 已知 $f(a+1) = 0$, 若在 $(a+1, +\infty) \subset (a, +\infty)$ 内 $f(x) \equiv 0$, 则 $f''(x) = 0$. 每个 x 点都可取作 ξ, 使 $f''(\xi) = 0$, 结论成立.

(2) 若在 $(a+1, +\infty) \subset (a, +\infty)$ 内 $f(x) \not\equiv 0$, 则至少存在 $x_1 \in (a+1, +\infty)$, 使 $f(x_1) \neq 0$, 不妨设 $f(x_1) > 0$, 由于 $f(a+1) = 0$, $\lim\limits_{x \to +\infty} f(x) = 0$, 又曲线 $y = f(x)$ 连续, 则曲线在点 $(x_1, f(x_1))$ 的左右曲线皆有下降接近零处. 在 x_1 左侧存在 x_2 满足 $a + 1 < x_2 < x_1$ 时, 有 $f(x_2) < f(x_1)$. 在 x_1 右侧存在 x_3 满足 $x_1 < x_3 < +\infty$

时, 也有 $f(x_3) < f(x_1)$. 于是由拉格朗日微分中值定理, 存在 $\xi_1 \in (x_2, x_1)$, 使得
$f'(\xi_1) = \dfrac{f(x_1) - f(x_2)}{x_1 - x_2} > 0$; 存在 $\xi_2 \in (x_1, x_3)$, 使得 $f'(\xi_2) = \dfrac{f(x_3) - f(x_1)}{x_3 - x_1} < 0$. 由
$f(x)$ 二阶可导, 所以 $f'(x)$ 在 $[\xi_1, \xi_2]$ 连续, 故存在 $\xi_3 \in (\xi_1, \xi_2)$, 使得 $f'(\xi_3) = 0$.

补充定义 $f(a) = 0$, 又知 $f(a+1) = 0$, 所以 $f(x)$ 在 $[a, a+1]$ 上满足罗尔定理条件. 于是存在 $\xi_4 \in (a, a+1)$, 使 $f'(\xi_4) = 0$. 因此, 导函数 $f'(x)$ 在区间 $[\xi_4, \xi_3]$ 上仍满足罗尔定理条件. 故存在 $\xi \in (\xi_4, \xi_3) \subset (a, +\infty)$, 使 $\left. [f'(x)]' \right|_{x=\xi} = 0$, 即有 $f''(\xi) = 0$.

例 58 设 f 是一定义于长度不小于 2 的闭区间 I 上的实函数, 满足 $|f(x)| \leqslant 1$, $|f''(x)| \leqslant 1$, 对于 $x \in I$, 证明: $|f'(x)| \leqslant 2$, 对于 $x \in I$, 且有函数使得等式成立. (第二届北京市理工类, 1990)

证明 令闭区间 $I = [a, a+2]$, 将函数 f 在任意点 $x \in I$ 按一阶泰勒公式展开, 有
$f(t) = f(x) + f'(x)(t-x) + \dfrac{f''(\xi)}{2!}(t-x)^2$, 其中 $\xi \in I$, 则有

$$f(a+2) = f(x) + f'(x)(a+2-x) + \frac{f''(\xi_1)}{2}(a+2-x)^2 \quad (a \leqslant x \leqslant \xi_1 \leqslant a+2),$$

$$f(a) = f(x) + f'(x)(a-x) + \frac{f''(\xi_2)}{2}(a-x)^2 \quad (a \leqslant \xi_2 \leqslant x \leqslant a+2),$$

两式相减, 得

$$f(a+2) - f(a)$$
$$= 2f'(x) + \frac{f''(\xi_1)}{2}(a+2-x)^2 - \frac{f''(\xi_2)}{2}(a-x)^2$$
$$\Rightarrow 2|f'(x)| = \left| f(a+2) - f(a) - \frac{f''(\xi_1)}{2}(a+2-x)^2 + \frac{f''(\xi_2)}{2}(a-x)^2 \right|$$
$$\leqslant |f(a+2)| + |f(a)| + \left| \frac{f''(\xi_1)}{2}(a+2-x)^2 \right| + \left| \frac{f''(\xi_2)}{2}(a-x)^2 \right|$$
$$\leqslant 1 + 1 + \frac{1}{2}(a+2-x)^2 + \frac{1}{2}(a-x)^2 = 2 + \frac{1}{2}\left[(a+2-x)^2 + (a-x)^2 \right]$$
$$= 2 + (a^2 + x^2 - 2ax + 2 + 2a - 2x)$$
$$= 4 + (a-x)(a-x+2) = 4 - (x-a)(a+2-x) \leqslant 4,$$

故有 $|f'(x)| \leqslant 2$, 对于 $x \in I = [a, a+2]$. 特别地, 当 $f(x) = \dfrac{1}{2}(x-a)^2 - 1$ 时, $x \in I = [a, a+2] \Rightarrow f'(x) = x-a, f''(x) = 1$.

若 $x = a+2$, 有 $f(a+2) = 1, f''(a+2) = 1$, 又有结论 $f'(a+2) = 2$, 故对于函数 $f(x) = \dfrac{1}{2}(x-a)^2 - 1$, 有 $|f'(x)| \leqslant 2$, 对于 $x \in I = [a, a+2]$.

例 59 设 f 是可导函数, 对于任意的实数 s, t, 有 $f(s+t) = f(s) + f(t) + 2st$, 且 $f'(0) = 1$, 求函数 f 的表达式. (第三届北京市理工类, 1991)

解 因为 $f(s+t) = f(s) + f(t) + 2st$, 令 $s = 0 \Rightarrow f(0+t) - f(0) = f(t)$. 所以

$$\frac{f(0+t) - f(0)}{t} = \frac{f(t)}{t} \Rightarrow f'(0) = \lim_{t \to 0} \frac{f(0+t) - f(0)}{t} = \lim_{t \to 0} \frac{f(t)}{t} = 1.$$

另一方面, 由于 $\dfrac{f(s+t) - f(s)}{t} = \dfrac{f(t)}{t} + 2s$, 所以

$$f'(s) = \lim_{t \to 0} \frac{f(s+t) - f(s)}{t} = \lim_{t \to 0} \frac{f(t)}{t} + 2s,$$

得 $f'(s) = 1 + 2s$. 积分得 $f(s) = s + s^2 + C$, 则 $f(0) = C$, 而由 $f(s+t) = f(s) + f(t) + 2st$, 令 $s = t = 0 \Rightarrow f(0) = 0$. 可定出 $C = 0$, 从而知 $f(s) = s + s^2$.

例 60 若函数 $f(x)$ 对于一切 $u \neq v$ 均有

$$\frac{f(u) - f(v)}{u - v} = \alpha f'(u) + \beta f'(v),$$

其中 $\alpha, \beta > 0$, $\alpha + \beta = 1$, 试求 $f(x)$ 的表达式. (第四届北京市理工类, 1992; 第十六届江苏省理工类, 2019)

解 因为 $\dfrac{f(u) - f(v)}{u - v} = \alpha f'(u) + \beta f'(v)$, 交换 u, v 可得

$$\frac{f(v) - f(u)}{v - u} = \alpha f'(v) + \beta f'(u).$$

当 $\alpha \neq \beta$ 时, $(\alpha - \beta)(f'(u) - f'(v)) = 0$, 即知 $f'(x)$ 为常数, 所以 $f(x)$ 是线性函数, 即 $f(x) = ax + b$.

另一方面, 对于任意线性函数 $f(x) = ax + b$,

$$\frac{f(u) - f(v)}{u - v} = \frac{(au + b) - (av + b)}{u - v} = a$$

$$= \frac{1}{3}a + \frac{2}{3}a = \frac{1}{3}f'(u) + \frac{2}{3}f'(v) \quad \left(\alpha = \frac{1}{3}, \beta = \frac{2}{3}\right)$$

满足题意.

当 $\alpha = \beta = \dfrac{1}{2}$ 时, 对于 $x, h \in \mathbb{R}$, $h \neq 0$, 取 $u = x + h, v = x - h$, 得

$$\frac{f(u) - f(v)}{u - v} = \frac{f(x+h) - f(x-h)}{(x+h) - (x-h)} = \frac{1}{2}f'(x+h) + \frac{1}{2}f'(x-h)$$

$$\Rightarrow f(x+h) - f(x-h) = [f'(x+h) + f'(x-h)]h,$$

两边对 h 求导, 有

$$f'(x+h) + f'(x-h) = [f'(x+h) + f'(x-h)] + [f''(x+h) - f''(x-h)]h,$$

比较两边, 即知 $f''(x)$ 为常数, 所以 $f(x)$ 是二次函数 $f(x) = ax^2 + bx + c$.

另一方面, 对于任意二次函数 $f(x) = ax^2 + bx + c$,

$$\frac{f(u) - f(v)}{u - v} = \frac{(au^2 + bu + c) - (av^2 + bv + c)}{u - v}$$

$$= a(u + v) + b = \left(au + \frac{b}{2}\right) + \left(av + \frac{b}{2}\right)$$

$$= \frac{1}{2}(2au + b) + \frac{1}{2}(2av + b) = \frac{1}{2}f'(u) + \frac{1}{2}f'(v)\left(\alpha = \beta = \frac{1}{2}\right)$$

满足题意.

例 61　设 $f(u)$ 在 $-\infty < u < +\infty$ 内可导, 且 $f(0) = 0$, 又

$$f'(\ln x) = \begin{cases} 1, & 0 < x \leqslant 1, \\ \sqrt{x}, & x > 1, \end{cases}$$

求 $f(u)$ 的表达式. (第五届北京市理工类, 1993)

解　记 $F(x) = f(\ln x)$, 则 $F(1) = 0$ 且 $F'(x) = \frac{1}{x}f'(\ln x) = \begin{cases} \dfrac{1}{x}, & 0 < x \leqslant 1, \\ \dfrac{1}{\sqrt{x}}, & x > 1, \end{cases}$

故 $F(x) = \begin{cases} \ln x, & 0 < x \leqslant 1, \\ 2\sqrt{x} - 2, & x > 1, \end{cases}$ 因此 $f(u) = F(e^u) = \begin{cases} u, & u \leqslant 0, \\ 2e^{\frac{u}{2}} - 2, & u > 0. \end{cases}$

例 62　设函数 $f(x)$ 在 $[a, b]$ 上连续, 在 (a, b) 内二阶可导, 且对 $x \in (a, b), |f''(x)| \geqslant 1$, 求证: 在曲线 $y = f(x), a \leqslant x \leqslant b$ 上, 存在三个点 A, B, C, 使 $\triangle ABC$ 的面积 $\geqslant \dfrac{(b - a)^3}{16}$. (第五届北京市理工类, 1993)

证明　首先证明一个引理.

引理　设 $g(x)$ 在 $[a, b]$ 上连续, 在 (a, b) 内二阶可导, 且 $|g''(x)| \geqslant m > 0$ (m 为常数), 又 $g(a) = g(b) = 0$, 则 $\max\limits_{a \leqslant x \leqslant b} |g(x)| \geqslant \dfrac{m}{8}(b - a)^2$.

引理的证明:　由 $|g(x)|$ 在 $[a, b]$ 上连续, 故必存在 $x_0 \in [a, b]$, 使 $\max\limits_{a \leqslant x \leqslant b} |g(x)| = |g(x_0)|$, 因 $g(x)$ 不是常数, 故 $x_0 \neq a, x_0 \neq b$, 从而 $g(x)$ 在 x_0 点取得极值, 因此 $g'(x_0) = 0$, 从而对任意 $x \in (a, b), g(x) = g(x_0) + \dfrac{1}{2}g''(\xi)(x - x_0)^2$, ξ 介于 x 与 x_0 之间, 故对一切 $x \in (a, b), |g(x_0) - g(x)| \geqslant \dfrac{m}{2}(x - x_0)^2$, 再由连续性及 $g(a) = g(b) = 0$, 即得 $|g(x_0)| \geqslant \dfrac{m}{2}(x_0 - a)^2, |g(x_0)| \geqslant \dfrac{m}{2}(b - x_0)^2$, 从而

$$|g(x_0)| \geqslant \max\left\{\frac{m}{2}(x_0 - a)^2, \frac{m}{2}(b - x_0)^2\right\} \geqslant \frac{m}{8}(b - a)^2.$$

方法 1:　令 $\varphi(x) = \dfrac{f(b) - f(a)}{b - a}(x - a) + f(a) - f(x)$, 则 $\varphi(x)$ 在 $[a, b]$ 上连续, 在 (a, b) 内二阶可导, $|\varphi''(x)| = |f''(x)| \geqslant 1$, $\varphi(a) = \varphi(b) = 0$, 由以上引理, 存在 $x_0 \in (a, b)$ 使

$|\varphi(x_0)| \geqslant \frac{1}{8}(b-a)^2$, 令 $\triangle ABC$ 的顶点为 $A = (a, f(a)), B = (b, f(b)), C = (x_0, f(x_0))$, 设连接 AB 的直线与 x 轴正向的夹角为 θ, 则 C 点到直线 AB 的距离

$$h = |\cos\theta| |\varphi(x_0)| \geqslant \frac{b-a}{\overline{AB}} \cdot \frac{(b-a)^2}{8},$$

故 $\triangle ABC$ 的面积 $= \frac{1}{2}\overline{AB} \cdot h \geqslant \frac{1}{16}(b-a)^3$.

方法 2: 令 $F(x) = \frac{1}{2} \begin{vmatrix} 1 & 1 & 1 \\ a & b & x \\ f(a) & f(b) & f(x) \end{vmatrix}, a \leqslant x \leqslant b$, 则 $F(a) = F(b) = 0$,

$$|F''(x)| = \left| \frac{1}{2}(b-a)f''(x) \right| \geqslant \frac{b-a}{2},$$

由引理可知, 存在 $x_0 \in (a, b)$, 使 $|F(x_0)| = \max\limits_{a \leqslant x \leqslant b} |F(x)| \geqslant \frac{b-a}{2} \cdot \frac{(b-a)^2}{8} = \frac{(b-a)^3}{16}$, 而 $|F(x)|$ 的几何意义是以 $A(a, f(a)), B(b, f(b))$ 和 $(x, f(x))$ 为顶点的三角形面积.

例 63 设 $y > x > 0$, 求证: $y^{x^y} > x^{y^x}$. (第五届北京市理工类, 1993)

证明 分三种情况讨论.

(1) 若 $x^y \geqslant y^x$, 则必有 $y > 1$ (若不然, 则由 $0 < x < y < 1$, 有 $x^y < x^x < y^y$, 与假设矛盾), 因此 $x^y \ln y - y^x \ln x \geqslant y^x \ln y - y^x \ln x > 0$.

(2) 若 $x^y < y^x$ 且 $0 < x < 1$, 则

$$x^y \ln y - y^x \ln x > x^y \ln x - y^x \ln x = (x^y - y^x)\ln x > 0.$$

(3) 若 $x^y < y^x$ 且 $x \geqslant 1$, 则有 $x \ln y > y \ln x$. 从而

$$x^y \ln y - y^x \ln x > x^{y-1} y \ln x - y^x \ln x = (yx^y - xy^x)\frac{\ln x}{x},$$

只要证当 $y > x \geqslant 1$ 时, $yx^y - xy^x \geqslant 0$ 或 $\ln(yx^y) \geqslant \ln(xy^x)$. 令

$$f(y) = \ln(yx^y) - \ln(xy^x) = \ln y + y\ln x - \ln x - x\ln y,$$

由 $f(x) = 0$, 而 $y > x \geqslant 1$ 时,

$$f'(y) = \frac{1}{y} + \ln x - \frac{x}{y} = \ln x - \frac{x-1}{y} > \ln x - \frac{x-1}{x} = \frac{\int_1^x \ln t\, dt}{x} \geqslant 0,$$

故 $y > x \geqslant 1$ 时, $f(y) \geqslant 0$, 即 $\ln(yx^y) \geqslant \ln(xy^x)$.

例 64 设函数 $f(x)$ 在 $(-\infty, +\infty)$ 内有定义, 对于任意的 x, 都有 $f(x+1) = 2f(x)$, 且当 $0 \leqslant x \leqslant 1$ 时, $f(x) = x(1-x)^2$, 试判断在 $x = 0$ 处, 函数 $f(x)$ 是否可导. (第六届北京市理工类, 1994)

解 当 $-1 \leqslant x < 0$ 时, $0 \leqslant x+1 < 1$,

$$f(x) = \frac{1}{2}f(x+1) = \frac{1}{2}(x+1)\left[1 - (x+1)^2\right] = \frac{1}{2}(x+1)\left(-2x - x^2\right),$$

$$f'_+(0) = \lim_{x \to 0^+} \frac{f(x) - f(0)}{x} = \lim_{x \to 0^+} \frac{x(1-x^2)}{x} = 1,$$

$$f'_-(0) = \lim_{x \to 0^-} \frac{f(x) - f(0)}{x} = \lim_{x \to 0^-} \frac{-\frac{1}{2}x(x+1)(2+x)}{x} = -1.$$

因 $f'_+(0) \neq f'_-(0)$, 故函数 $f(x)$ 在 $x = 0$ 处不可导.

例 65 设函数 $f(x)$ 在区间 $[0,1]$ 上可导, 且 $f(0) = 0$, $f(1) = 1$, 证明在区间 $[0,1]$ 上存在两点 x_1, x_2, 使 $\dfrac{1}{f'(x_1)} + \dfrac{1}{f'(x_2)} = 2$. (第六届北京市理工类, 1994)

证明 因 $f(x)$ 在 $[0,1]$ 上连续, 且 $f(0) = 0$, $f(1) = 1$, 故由介值定理, 存在 $\xi \in (0,1)$, 使 $f(\xi) = \dfrac{1}{2}$, 又 $f(x)$ 在区间 $[0, \xi]$ 及 $[\xi, 1]$ 上均满足拉格朗日中值定理的条件, 故分别存在 $x_1 \in (0, \xi)$, $x_2 \in (\xi, 1)$, 使得 $f'(x_1) = \dfrac{f(\xi)}{\xi}$, $f'(x_2) = \dfrac{1 - f(\xi)}{1 - \xi}$, 而

$$\frac{1}{f'(x_1)} + \frac{1}{f'(x_2)} = \frac{\xi}{f(\xi)} + \frac{1 - \xi}{1 - f(\xi)} = 2\xi + 2 - 2\xi = 2.$$

例 66 设函数 $f(x)$ 在 $\mathbb{R}$ 上可微, 且满足 $f(0) = 0$, $|f'(x)| \leqslant p|f(x)|$, 其中 $0 < p < 1$, 证明: $f(x) \equiv 0$ ($x \in \mathbb{R}$). (第七届北京市理工类, 1995)

证明 由已知条件, 函数 $f(x)$ 在闭区间 $[0,1]$ 上连续、可导. 故 $|f(x)|$ 在 $[0,1]$ 上也是连续的, 设其在点 $x_0 \in [0,1]$ 处取到最大值 M, 于是由拉格朗日中值定理, 有

$$M = |f(x_0)| = |f(x_0) - f(0)| = |f'(x_1)x_0|,$$

其中 $x_1 \in (0, x_0) \subset [0,1]$, 所以 $M = |f'(x_1)x_0| \leqslant |f'(x_1)| \leqslant p|f(x_1)| \leqslant pM$. 而 $p < 1$, 从而 $M = 0$. (若 $x_0 = 0$, 由已知条件 $M = 0$), 即函数 $f(x)$ 在闭区间 $[0,1]$ 上恒等于零. 因此 $f(1) = 0$, 现以 $x = 1$ 为出发点, 考察闭区间 $[1,2]$, 则上述证明步骤可以完全类似进行, 因而证得函数 $f(x)$ 在 $[1,2]$ 上也恒为零, 以此类推, 则 $f(x)$ 在正半实轴 $(x \geqslant 0)$ 上恒等于零; 同理亦可证得 $f(x)$ 在负半实轴 $(x \leqslant 0)$ 上恒等于零, 即在整个实轴上有 $f(x) \equiv 0$.

例 67 何处观看塑像最好: 某公园中有一高为 a 米的美人鱼雕塑, 其基座高为 6 米, 为了观赏时把塑像看得最清楚 (即对塑像张成的夹角最大), 观赏者应该站在离其基座底部多远的地方? (第九届北京市理工类, 1997)

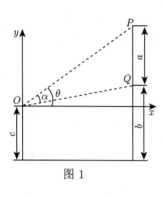

图 1

解 如图 1, 建立坐标系, 设游人的水平视线距地面 c 米, $h = b - c$, 则 $\tan\theta = \dfrac{a+h}{x}$, $\tan(\theta - \alpha) = \dfrac{h}{x}$,

$$\tan\alpha = \tan[\theta - (\theta - \alpha)] = \frac{\dfrac{a+h}{x} - \dfrac{h}{x}}{1 + \dfrac{a+h}{x} \cdot \dfrac{h}{x}} = \frac{ax}{x^2 + (a+h)h}.$$

由 $\tan\alpha$ 在区间 $\left(0, \dfrac{\pi}{2}\right)$ 内的单调性, 故只需求 $\tan\alpha$ 的极值, 设

$$y = \tan\alpha = \frac{ax}{x^2 + (a+h)h} \ (x > 0), \quad y' = \frac{a[x^2 + (a+h)h] - 2ax^2}{[x^2 + (a+h)h]^2} = \frac{ah(a+h) - ax^2}{[x^2 + (a+h)h]^2},$$

令 $y' = 0$, 得唯一驻点 $x = \sqrt{a(a+h)}$ (舍去负值). 由于实际问题存在极值, 故 $x = \sqrt{a(a+h)}$ 也就是最大值点.

例 68 已知函数 $g(x)$ 在区间 $[a,b]$ 上连续, 函数 $f(x)$ 在 $[a,b]$ 上满足 $f'' + gf' - f = 0$, 又 $f(a) = f(b) = 0$, 证明 $f(x)$ 在闭区间 $[a,b]$ 上恒为一常数. (第九届北京市理工类, 1997)

证明 设 $f(x)$ 在区间 $[a,b]$ 上不恒为常数, 则由 $f(x)$ 的连续性及 $f(a) = f(b) = 0$, 知存在 $x_0 \in (a,b)$, 使 $f(x_0) \neq 0$ 为 $f(x)$ 在区间 $[a,b]$ 上的最大 (最小) 值. 由费马定理, $f'(x_0) = 0$, 从而 $f''(x_0) - f(x_0) = 0$.

若 x_0 为最大值点, 则 $f(x_0) > 0$, 即 $f''(x_0) = f(x_0) > 0$, 由判定极值的第二充分条件, x_0 应是 $f(x)$ 的一个极小值点, 与 x_0 为最大值点矛盾; 反之, 若 x_0 是 $f(x)$ 的最小值点, 则 $f(x_0) < 0$, 类似可得 x_0 是 $f(x)$ 的一个极大值点, 也是矛盾的.

综上可得 $f(x)$ 在区间 $[a,b]$ 上恒为常数, 又 $f(a) = f(b) = 0$, 故 $f(x) \equiv 0$, $x \in [a,b]$.

例 69 设 $f(x)$ 在闭区间 $[a,b]$ 上连续, 开区间 (a,b) 内可导, $0 \leqslant a \leqslant b \leqslant \dfrac{\pi}{2}$, 证明在区间 (a,b) 内至少存在两点 ξ_1, ξ_2, 使 $f'(\xi_2) \tan \dfrac{a+b}{2} = f'(\xi_1) \dfrac{\sin\xi_2}{\cos\xi_1}$. (第十届北京市理工类, 1998)

证明 设 $g_1(x) = \sin x$, 由柯西中值定理得

$$\frac{f(b) - f(a)}{\sin b - \sin a} = \frac{f'(\xi_1)}{\cos\xi_1}, \quad a < \xi_1 < b.$$

又设 $g_2(x) = \cos x$, 同理得

$$\frac{f(b) - f(a)}{\cos b - \cos a} = \frac{f'(\xi_2)}{-\sin\xi_2}, \quad a < \xi_2 < b.$$

比较两等式得

$$\frac{f'(\xi_1)}{\cos\xi_1}(\sin b - \sin a) = -\frac{f'(\xi_2)}{\sin\xi_2}(\cos b - \cos a),$$

从而 $\dfrac{\sin \xi_2}{\cos \xi_1} f'(\xi_1) = -\dfrac{\cos b - \cos a}{\sin b - \sin a} f'(\xi_2)$, 即 $\tan \dfrac{a+b}{2} \cdot f'(\xi_2) = \dfrac{\sin \xi_2}{\cos \xi_1} f'(\xi_1)$.

例 70 证明: 若 $q(x) < 0$, 则方程 $y'' + q(x)y = 0$ 的任意非零解至多有一个零点.
(第十届北京市理工类, 1998)

证明 (反证法) 设 x_1, x_2 是原方程的一个非零解 $y(x)$ 的两个相邻的零点, 不妨设 $x_1 < x_2$, 且在区间 (x_1, x_2) 内 $y(x) > 0$. 由导数定义

$$y'(x_1) = \lim_{x \to x_1^+} \frac{y(x) - y(x_1)}{x - x_1} \geqslant 0, \quad y'(x_2) = \lim_{x \to x_2^-} \frac{y(x) - y(x_2)}{x - x_2} \leqslant 0.$$

即函数 $y(x)$ 在 (x_1, x_2) 的导函数 $y'(x)$ 不具单调性, 而由已知条件 $y'' = -q(x)y > 0$, $x \in (x_1, x_2)$, 即 $y'(x)$ 是单调增加函数, 故与之矛盾, 因此方程 $y'' + q(x)y = 0$ 的任一非零解至多只有一个零点.

例 71 设 $f(x)$ 在包含原点在内的某区间 (a,b) 内有二阶导数, 且 $\lim\limits_{x \to 0} \dfrac{f(x)}{x} = 1$, $f''(x) > 0 (a < x < b)$, 证明: $f(x) \geqslant x$ $(a < x < b)$. (第十一届北京市理工类, 1999)

证明 由 $f(x)$ 在 $x = 0$ 处连续及 $\lim\limits_{x \to 0} \dfrac{f(x)}{x} = 1$ 得 $f(0) = 0$ 及 $f'(0) = 1$. 令 $g(x) = f(x) - x$, 则 $g(0) = 0$ 且 $g'(x) = 0$.

由 $f''(x) > 0, a < x < b$ 知 $f'(x)$ 在 (a,b) 上单调增, 即有 $a < x < 0$ 时, $f'(x) < 1$; 当 $0 < x < b$ 时, $f'(x) > 1$.

因而, 当 $a < x < 0$ 时, $g'(x) < 0$, 当 $0 < x < b$ 时, $g'(x) > 0$, 函数 $g(x)(a < x < b)$ 在 $x = 0$ 取得最小值 $g(0) = 0$, 于是 $g(x) \geqslant 0$ $(a < x < b)$, 即 $f(x) \geqslant x$ $(a < x < b)$.

例 72 设 $f(x) = a_n x^n + \cdots + a_1 x + a_0$ 是实系数多项式 $n \geqslant 2$, 且某个 $a_k = 0$ $(1 \leqslant k \leqslant n-1)$ 及当 $i \neq k$ 时 $a_i \neq 0$, 证明: 若 $f(x)$ 有 n 个相异的实根, 则 $a_{k-1} a_{k+1} < 0$.
(第十二届北京市理工类, 2000)

证明 设 $f^{(k-1)}(x) = C_0 + C_2 x^2 + \cdots + C_{n-k+1} x^{n-k+1}$, 这里 $C_0 = (k-1)! a_{k-1}$, $C_2 = \dfrac{(k+1)!}{2} a_{k+1}, \cdots, C_i = \dfrac{(n-k+1)!}{i!} a_{k+i-1}, \cdots$.

由罗尔定理, 在函数的两个零点之间其导数在某点为零, 因此 $f^{(k-1)}(x)$ 有 $n-k+1$ 相异的实根, 而 $f^{(k)}(x)$ 有 $n-k$ 个实根, 且 $f^{(k)}(x)$ 的根位于 $f^{(k-1)}(x)$ 的每两个相邻根之间.

假设 a_{k-1}, a_{k+1} 同号, 不失一般性可设 $a_{k-1} > 0$, $a_{k+1} > 0$, 从而 $C_0, C_2 > 0$, 则 $f^{(k-1)}(x)$ 在点 $x = 0$ 左方减, 右方增, 而 $f^{(k)}(0) = 0$, $f^{(k-1)}(0) = C_0 > 0$ 为极小值.

若 $f^{(k)}(x)$ 无其他根, 则到处有 $f^{(k-1)}(x) > f^{(k-1)}(0) = C_0 > 0$, 因而 $f^{(k-1)}(x)$ 也无实根, 矛盾!

若 x_0 是 $f^{(k)}(x)$ 的与 $x = 0$ 相邻的根, 则在 0 与 x_0 之间的区间上 $f^{(k-1)}(x) \geqslant C_0 > 0$, 这与 $f^{(k-1)}(x)$ 在此区间上存在根相矛盾!

例 73 设 $f(x)$ 是 $[0,1]$ 上有二阶导数, 且 $f(1) = f(0) = f'(1) = f'(0) = 0$, 证明: 存在 $\xi \in (0,1)$ 使得 $f''(\xi) = f(\xi)$. (第十三届北京市理工类, 2001)

证明 作辅助函数 $F(x) = (f(x) + f'(x))\,\mathrm{e}^{-x}$ 或 $F(x) = (f(x) - f'(x))\,\mathrm{e}^x$, 则 $F(x)$ 在 $[0,1]$ 上满足罗尔定理的条件, 且 $F'(x) = (f''(x) - f(x))\,\mathrm{e}^{-x}$ 或 $F'(x) = (f(x) - f''(x))\,\mathrm{e}^x$, 则由罗尔定理的结论知, 存在 $\xi \in (0,1)$, 使得 $F'(\xi) = 0$, 即 $f(\xi) = f''(\xi)$.

例 74 设在 $[0,a]$ 上具有二阶导数, 在 $(0,a)$ 内达到最小值, 又 $|f''(x)| \leqslant M$ $(x \in [0,a])$, 证明: $|f'(0)| + |f'(a)| \leqslant Ma$. (第十四届北京市理工类, 2002)

证明 由题设知存在 $c \in (0,a)$, 使 $f(c)$ 为 $f(x)$ 的最小值, 从而 $f'(c) = 0$. 对导函数 $f'(x)$ 在 $[0,c]$ 与 $[c,a]$ 上分别应用拉格朗日中值定理, 得

$$f'(c) - f'(0) = -f'(0) = f''(\xi_1)\,c, \quad 0 < \xi_1 < c,$$

$$f'(a) - f'(c) = f'(a) = f''(\xi_2)\,(a-c), \quad c < \xi_2 < a,$$

于是 $|f'(0)| \leqslant Mc$, $|f'(a)| \leqslant M(a-c)$, 从而 $|f'(0)| + |f'(a)| \leqslant Ma$.

例 75 已知方程 $\log_a x = x^b$ 存在实根, 且常数 $a > 1, b > 0$, 求 a, b 应满足的条件. (第十五届北京市理工类, 2004)

解 设 $f(x) = \log_a x - x^b$, $f'(x) = \dfrac{1 - bx^b \ln a}{x \ln a}$, 驻点 $x_0 = \left(\dfrac{1}{b \ln a}\right)^{\frac{1}{b}}$.

当 $0 < x < x_0$ 时, $f'(x) > 0$, $f(x)$ 单调增加; 当 $x_0 < x < +\infty$ 时, $f'(x) < 0$, $f(x)$ 单调减少, $f(x_0)$ 是最大值. 又 $\lim\limits_{x \to 0^+} f(x) = \lim\limits_{x \to +\infty} f(x) = -\infty$, 所以 $f(x_0) \geqslant 0$, 即有 $-\dfrac{\ln(b \ln a)}{b \ln a} - \dfrac{1}{b \ln a} \geqslant 0$, 从而 $\ln(b \ln a) \leqslant -1$, 则 a, b 应满足 $\ln a \leqslant \dfrac{1}{be}$.

例 76 证明方程 $2^x = x^2 + 1$ 有且仅有三个实根. (第十六届北京市理工类, 2005)

证明 令 $f(x) = 2^x - x^2 - 1$, 显然 $f(0) = f(1) = 0$. 又 $f(2) = -1 < 0$, $f(5) = 6 > 0$, 且 $f(x)$ 连续, 由连续函数的零点定理知 $f(x)$ 在 $(2,5)$ 内至少存在一个零点, 从而 $f(x)$ 至少有三个零点.

若 $f(x)$ 有四个或四个以上的零点, 则由罗尔定理知 $f'''(x) = 2^x \ln^3 2$ 至少有一个零点, 这是不可能的, 故 $f(x)$ 至多有三个零点.

综上可知 $f(x)$ 有且仅有三个零点, 即方程 $2^x = x^2 + 1$ 有且仅有三个实根.

例 77 设整数 $n > 1$, 求证: $\dfrac{1}{2ne} < \dfrac{1}{e} - \left(1 - \dfrac{1}{n}\right)^n < \dfrac{1}{ne}$. (第十七届北京市理工类, 2006)

证明 先证明不等式 $\dfrac{1}{e} - \left(1 - \dfrac{1}{n}\right)^n < \dfrac{1}{ne} \Leftrightarrow \left(1 - \dfrac{1}{n}\right) \ln\left(1 - \dfrac{1}{n}\right) + \dfrac{1}{n} > 0$ 成立. 设 $f(x) = (1-x)\ln(1-x) + x$, $x \in [0,1]$, $f'(x) = -\ln(1-x) > 0$, $x \in (0,1)$, 所以 $f(x)$ 在 $[0,1]$ 上单调增加, $f(0) = 0$, 当 $x \in (0,1)$ 时, $f(x) = (1-x)\ln(1-x) + x > 0$, 故

$$f\left(\frac{1}{n}\right) = \left(1 - \frac{1}{n}\right) \ln\left(1 - \frac{1}{n}\right) + \frac{1}{n} > 0.$$

再证不等式 $\dfrac{1}{2ne} < \dfrac{1}{e} - \left(1 - \dfrac{1}{n}\right)^n \Leftrightarrow \dfrac{1}{n}\ln\left(1 - \dfrac{1}{2n}\right) - \ln\left(1 - \dfrac{1}{n}\right) - \dfrac{1}{n} > 0$. 设

$g(x) = x\ln\left(1 - \dfrac{x}{2}\right) - \ln(1-x) - x$, $x \in [0,1)$, $g'(x) = \ln\left(1 - \dfrac{x}{2}\right) - \dfrac{x}{2-x} + \dfrac{1}{1-x} - 1$,

$x \in (0,1)$, $g''(x) = -\dfrac{1}{2-x} - \dfrac{2}{(2-x)^2} + \dfrac{1}{(1-x)^2} = \dfrac{x(x^2 - 5x + 5)}{(2-x)^2(1-x)^2} > 0$, 所以 $g'(x)$ 在

$[0,1)$ 上单调增加, $g'(0) = 0$, 当 $x \in (0,1)$ 时, $g'(x) = \ln\left(1 - \dfrac{x}{2}\right) - \dfrac{x}{2-x} + \dfrac{1}{1-x} - 1 > 0$,

所以 $g(x)$ 在 $[0,1]$ 上单调增加, $g(0) = 0$, 当 $x \in (0,1)$ 时, $g(x) = x\ln\left(1 - \dfrac{x}{2}\right) - \ln(1 -$

$x) - x > 0$, 故 $g\left(\dfrac{1}{n}\right) = \dfrac{1}{n}\ln\left(1 - \dfrac{1}{2n}\right) - \ln\left(1 - \dfrac{1}{n}\right) - \dfrac{1}{n} > 0$.

例 78 设 $f(x) = \dfrac{1}{1 + 2x + 4x^2}$, 计算 $f^{(100)}(0)$. (第十七届北京市理工类, 2006)

解 因为当 $|x| < \dfrac{1}{2}$ 时, $f(x) = \dfrac{1}{1 + 2x + 4x^2} = \dfrac{1 - 2x}{1 - (2x)^3} = \sum_{n=0}^{\infty}(2x)^{3n} - \sum_{n=0}^{\infty}(2x)^{3n+1}$,

所以 $f^{(100)}(0) = -2^{100}(100)!$.

例 79 设 $f(x)$ 在区间 $[-1,1]$ 上三次可微, 证明存在实数 $\xi \in (-1,1)$, 使得

$\dfrac{f'''(\xi)}{6} = \dfrac{f(1) - f(-1)}{2} - f'(0)$. (第十八届北京市理工类, 2007)

证明 $f(1) = f(0) + f'(0) + \dfrac{f''(0)}{2!} + \dfrac{f'''(\xi_1)}{3!}$,

$$f(-1) = f(0) - f'(0) + \dfrac{f''(0)}{2!} - \dfrac{f'''(\xi_2)}{3!},$$

$$f(1) - f(-1) = 2f'(0) + \dfrac{1}{6}\left[f'''(\xi_1) + f'''(\xi_2)\right].$$

由导数的介值性知, 存在实数 $\xi \in (\xi_1, \xi_2)$, 使得 $f'''(\xi) = \dfrac{1}{2}[f'''(\xi_1) + f'''(\xi_2)]$. 于是

$$\dfrac{f'''(\xi)}{6} = \dfrac{f(1) - f(-1)}{2} - f'(0).$$

例 80 证明 $\sin 1$ 是无理数. (第十八届北京市理工类, 2007)

证明 (反证法) 设 $\sin 1$ 是有理数, 则 $\sin 1 = \dfrac{p}{q}$, p, q 是互素的正整数. 根据 $\sin x$ 的展开式有

$$\dfrac{p}{q} = 1 - \dfrac{1}{3!} + \dfrac{1}{5!} - \dfrac{1}{7!} + \cdots + \dfrac{(-1)^{n-1}}{(2n-1)!} + \dfrac{(-1)^n}{(2n+1)!}\cos\xi \quad (2n-1 > q).$$

由 $(2n-1)!\dfrac{p}{q} = (2n-1)!\left[1 - \dfrac{1}{3!} + \dfrac{1}{5!} - \dfrac{1}{7!} + \cdots + \dfrac{(-1)^{n-1}}{(2n-1)!}\right] + \dfrac{(-1)^n}{2n(2n+1)}\cos\xi$, 知

$\dfrac{(-1)^n}{2n(2n+1)}\cos\xi$ 是整数 (两个整数之差仍是整数).

然而 $|\cos\xi|\leqslant 1$, $2n>1$, 故 $\dfrac{(-1)^n\cos\xi}{2n(2n+1)}$ 不可能是整数, 矛盾.

所以 $\sin 1$ 是无理数.

例 81 在区间 $\left(0,\dfrac{\pi}{2}\right)$ 内, 试比较函数 $\tan(\sin x)$ 与 $\sin(\tan x)$ 的大小, 并证明你的结论. (第十八届北京市理工类, 2007)

解 设 $f(x)=\tan(\sin x)-\sin(\tan x)$, 则

$$f'(x)=\sec^2(\sin x)\cos x-\cos(\tan x)\sec^2 x=\frac{\cos^3 x-\cos(\tan x)\cos^2(\sin x)}{\cos^2(\sin x)\cos^2 x},$$

当 $0<x<\arctan\dfrac{\pi}{2}$ 时, $0<\tan x<\dfrac{\pi}{2}$, $0<\sin x<\dfrac{\pi}{2}$, 由余弦函数在 $\left(0,\dfrac{\pi}{2}\right)$ 上的凹凸性知, $\sqrt[3]{\cos(\tan x)\cos^2(\sin x)}\leqslant\dfrac{1}{3}[\cos(\tan x)+2\cos(\sin x)]\leqslant\cos\dfrac{\tan x+2\sin x}{3}$.

设 $\phi(x)=\tan x+2\sin x-3x$, $\phi'(x)=\sec^2 x+2\cos x-3=\tan^2 x-4\sin^2\dfrac{x}{2}>0$, 于是 $\tan x+2\sin x>3x$, 所以 $\cos\dfrac{\tan x+2\sin x}{3}<\cos x$, 即 $\cos(\tan x)\cos^2(\sin x)<\cos^3 x$. 于是当 $x\in\left(0,\arctan\dfrac{\pi}{2}\right)$ 时, $f'(x)>0$, 又 $f(0)=0$, 所以 $f(x)>0$.

当 $x\in\left[\arctan\dfrac{\pi}{2},\dfrac{\pi}{2}\right)$ 时, $\sin\left(\arctan\dfrac{\pi}{2}\right)<\sin x<1$. 由于

$$\sin\left(\arctan\frac{\pi}{2}\right)=\frac{\tan\left(\arctan\dfrac{\pi}{2}\right)}{\sqrt{1+\tan^2\left(\arctan\dfrac{\pi}{2}\right)}}=\frac{\dfrac{\pi}{2}}{\sqrt{1+\dfrac{\pi^2}{4}}}=\frac{\pi}{\sqrt{4+\pi^2}}>\frac{\pi}{4},$$

故 $\dfrac{\pi}{4}<\sin x<1$, 于是 $1<\tan(\sin x)<\tan 1$. 当 $x\in\left[\arctan\dfrac{\pi}{2},\dfrac{\pi}{2}\right)$ 时, $f(x)>0$.

综上可得, 当 $x\in\left(0,\dfrac{\pi}{2}\right)$ 时, $\tan(\sin x)>\sin(\tan x)$.

例 82 设 $f(x)$ 在 $[a,+\infty)$ 上二阶可导, 且 $f(a)>0$, $f'(a)<0$, 而当 $x>a$ 时, $f''(x)\leqslant 0$, 证明在 $(a,+\infty)$ 内, 方程 $f(x)=0$ 有且仅有一个实根. (第十九届北京市理工类, 2008)

证明 由于当 $x>a$ 时, $f''(x)\leqslant 0$, 因此 $f'(x)$ 单调减少, 从而 $f'(x)\leqslant f'(a)<0$, 于是又有 $f(x)$ 严格单调减少. 再由 $f(a)>0$ 知, $f(x)$ 最多只有一个实根.

下面证明 $f(x)=0$ 必有一实根. 当 $x>a$ 时,

$$f(x)-f(a)=f'(\xi)(x-a)\leqslant f'(a)(x-a),$$

即 $f(x)\leqslant f(a)+f'(a)(x-a)$, 上式右端当 $x\to+\infty$ 时, 趋于 $-\infty$, 因此当 x 充分大时, $f(x)<0$, 于是存在 $b>a$, 使得 $f(b)<0$, 由介值定理知存在 $\eta(a<\eta<b)$, 使得 $f(\eta)=0$. 综上所述, 知 $f(x)=0$ 在 $(a,+\infty)$ 有而且只有一个实根.

例 83 设 $f(x)$ 连续且 $f(x) = 3x + \int_0^x (t-x)^2 f(t)\mathrm{d}t$, 求 $f^{(2017)}(0)$ 的值. (第十六届浙江理工类, 2017)

解 $f'(x) = 3 + \int_0^x 2(x-t)f(t)\mathrm{d}t$, $f''(x) = 2\int_0^x f(t)\mathrm{d}t$,

$$f'''(x) = 2f(x) \Rightarrow f^{(n+3)} = 2f^{(n)},$$

所以 $f^{(2017)}(0) = 2^{672} f'(0) = 3 \times 2^{672}$ $(2017 = 672 \times 3 + 1)$.

例 84 证明: $(\cos x)^p \leqslant \cos(px)$, 其中 $x \in \left[0, \dfrac{\pi}{2}\right]$, $0 < p < 1$. (第十六届浙江理工类, 2017)

证明 记 $f(x) = (\cos x)^p - \cos(px)$, 则 $f'(x) = p[\sin(px) - (\cos x)^{p-1}\sin x]$, $(\cos x)^{p-1} \sin x \geqslant \sin x \geqslant \sin px$, 所以 $f'(x) \leqslant 0$, 又 $f(0) = 0$, 从而 $f(x) \leqslant 0$, 即 $(\cos x)^p \leqslant \cos(px)$.

例 85 已知函数 $f(x) = \dfrac{1}{(1+x^2)^2}$, 求 $f^{(n)}(0)$ 的值. (第十五届浙江省理工类, 2016)

解 考虑

$$\frac{1}{(1+t)^2} = -\left(\frac{1}{1+t}\right)' = -\frac{\mathrm{d}}{\mathrm{d}t}\sum_{k=0}^{\infty}(-1)^k t^k = -\sum_{k=1}^{\infty}(-1)^k k t^{k-1}$$

$$= \sum_{k=0}^{\infty}(-1)^k (k+1) t^k,$$

所以 $\dfrac{1}{(1+x^2)^2} = \displaystyle\sum_{k=0}^{\infty}(-1)^k (k+1) x^{2k}$, 从而

$$f^{(n)}(0) = \begin{cases} (-1)^k(k+1)(2k)!, & n = 2k, \\ 0, & n = 2k+1. \end{cases}$$

例 86 已知 $P_n(x)$ 为 n 次实系数多项式, 有 n 个不同实根. 证明: $P_n(x) + P_n'(x)$ 有 n 个不同的实根. (第十五届浙江省理工类, 2016)

证明 设 $x_1 < x_2 < \cdots < x_n$ 为 $P_n(x)$ 的 n 个不同实根, 也是 $f(x) = \mathrm{e}^x P_n(x)$ 的根. 由罗尔定理知 $\exists \xi_i \in (x_i, x_{i+1})$, 使 $f'(\xi_i) = 0$, 即 $\xi_i, i = 1, 2, \cdots, n-1$ 是 $P_n(x) + P_n'(x)$ 的 $n-1$ 个实根, 又有 $\lim\limits_{x \to -\infty} \mathrm{e}^x P_n(x) = 0$, 可知 $\exists \xi_0 < x_1$, 使 $f'(\xi_0) = 0$. 若不然, $x < x_1$ 时, $f'(x) \neq 0$, 不妨设 $f'(x) > 0$, 即 $f(x)$ 单调增, 与 $\lim\limits_{x \to -\infty} \mathrm{e}^x P_n(x) = 0$ 矛盾. 说明 $\exists \xi_0 < x_1$ 是 $P_n(x) + P_n'(x)$ 的根. 所以 $P_n(x) + P_n'(x)$ 有 n 个不同的实根.

例 87 设 $f(x) = x\ln(x + \sqrt{1+x^2})$, 求 $f^{(2014)}(0)$. (第十三届浙江省理工类, 2014)

解 记 $g(x) = \ln(x + \sqrt{1+x^2})$, 则 $g'(x) = 1/\sqrt{1+x^2}$, 记 $h(t) = (1+t)^{-0.5}$,

$$h^{(n)}(t) = (-1)^n 0.5(0.5+1)\cdots(0.5+n-1)(1+t)^{-0.5-n}$$

$$= (-1)^n (2n-1)!!(1+t)^{-0.5-n}/2^n.$$

所以

$$h(t) = \sum_{n=0}^{\infty} \frac{h^{(n)}(0)}{n!} t^n = \sum_{n=0}^{\infty} \frac{(-1)^n(2n-1)!!}{2^n n!} t^n = \sum_{n=0}^{\infty} \frac{(-1)^n(2n)!}{2^{2n}(n!)^2} t^n$$

$$\Rightarrow g'(x) = \sum_{n=0}^{\infty} \frac{(-1)^n(2n)!}{2^{2n}(n!)^2} x^{2n} \Rightarrow g(x) = \sum_{n=0}^{\infty} \frac{(-1)^n(2n)!}{2^{2n}(n!)^2(2n+1)} x^{2n+1}$$

$$\Rightarrow f(x) = \sum_{n=0}^{\infty} \frac{(-1)^n(2n)!}{2^{2n}(n!)^2(2n+1)} x^{2n+2} \Rightarrow \frac{f^{(2014)}(0)}{(2014)!} = \left.\frac{(-1)^n(2n)!}{2^{2n}(n!)^2(2n+1)}\right|_{2n+2=2014}$$

$$\Rightarrow f^{(2014)}(0) = \frac{(2012)!}{2^{2012}((1006)!)^2(2013)}(2014)!.$$

例 88 设 $f_n(x) = x^n \ln x$, 求 $\lim\limits_{n\to\infty} f_n^{(n-1)}\left(\frac{1}{n}\right)\frac{1}{n!}$. (第十二届浙江省理工类, 2013)

解 $f_n'(x) = nx^{n-1}\ln x + x^{n-1}$, 以此类推, 有

$$f_n^{(n-1)}(x) = \left(nx^{n-1}\ln x + x^{n-1}\right)^{(n-2)} = nf_{n-1}^{(n-2)}(x) + x(n-1)!,$$

$$\frac{1}{n!}f_n^{(n-1)}(x) = \frac{1}{(n-1)!}f_{n-1}^{(n-2)}(x) + \frac{x}{n} = \frac{1}{2!}f_2'(x) + \sum_{k=3}^{n}\frac{x}{k} = x\left(\ln x + \sum_{k=2}^{n}\frac{1}{k}\right),$$

$$f_n^{(n-1)}\left(\frac{1}{n}\right)\frac{1}{n!} = \frac{1}{n}\left(\sum_{k=2}^{n}\frac{1}{k} - \ln n\right),$$

而

$$\sum_{k=2}^{n}\frac{1}{k} - \ln n < \sum_{k=2}^{n}\int_{k-1}^{k}\frac{1}{x}\mathrm{d}x - \ln n = 0,$$

又有 $\sum\limits_{k=2}^{n}\dfrac{1}{k} - \ln n > \sum\limits_{k=2}^{n-1}\int_{k}^{k+1}\dfrac{1}{x}\mathrm{d}x + \dfrac{1}{n} - \ln n = \dfrac{1}{n} - \ln 2$, 所以

$$\lim_{n\to+\infty} f_n^{(n-1)}\left(\frac{1}{n}\right)\frac{1}{n!} = \lim_{n\to\infty}\frac{1}{n}\left(\sum_{k=2}^{n}\frac{1}{k} - \ln n\right) = 0.$$

例 89 已知 $\sin x = x\cos y, x, y \in \left(0, \frac{\pi}{2}\right)$, 证明 $y < x < 2y$. (第十二届浙江省理工类, 2013)

证明 由拉格朗日中值定理

$$\sin x = x\cos\xi, \xi \in (0, x) \Rightarrow \cos\xi = \cos y \Rightarrow y = \xi < x,$$

$$\sin x = 2\sin\left(\frac{x}{2}\right)\cos\left(\frac{x}{2}\right) < x\cos\left(\frac{x}{2}\right) \Rightarrow \cos y < \cos\left(\frac{x}{2}\right),$$

$\cos x$ 在 $\left(0, \dfrac{\pi}{2}\right)$ 中严格单调减, 所以 $\dfrac{x}{2} < y \Rightarrow x < 2y$, 所以 $y < x < 2y$.

例 90 证明 $f(x) = \dfrac{1-x^\alpha}{1-x^\beta} \ (\alpha > \beta > 0)$ 在 $(0,1)$ 上严格单调增. (第十二届浙江省理工类, 2013)

证明 $f(x)$ 严格单调增等价于 $h(t) = \dfrac{1-t^\lambda}{1-t} \left(\lambda = \dfrac{\alpha}{\beta} > 1\right)$ 的严格单调增, 记 $g(t) = 1 - t^\lambda$, 则 $g''(t) = -\lambda(\lambda-1)t^{\lambda-2} < 0$, 从而 $g(t)$ 是凸函数, 所以 $\forall t_1 < t_2 < 1$,

$$t_2 = \lambda_1 t_1 + \lambda_2 \times 1, \quad \lambda_1 = \frac{1-t_2}{1-t_1} > 0, \quad \lambda_2 = \frac{t_2 - t_1}{1-t_1} > 0,$$

$$g(t_2) > \lambda_1 g(t_1) + \lambda_2 g(1) = \frac{1-t_2}{1-t_1} g(t_1) \Rightarrow \frac{g(t_2)}{1-t_2} > \frac{g(t_1)}{1-t_1}, \quad h(t_1) < h(t_2),$$

所以 $f(x)$ 严格单调增.

例 91 设函数 $f : \mathbb{R} \to \mathbb{R}$ 可导, 且 $\forall x, y \in \mathbb{R}$, 满足 $f(x+y) \geqslant f(x) + y + xy$, 求 $f(x)$ 的表达式. (第十一届浙江省理工类, 2012)

解 由假设 $\forall y > 0$, 有 $\dfrac{f(x+y) - f(x)}{y} \geqslant 1 + x$, f 可导 $\Rightarrow f'_+(x) \geqslant 1 + x$, 同理

$$f'_-(x) \leqslant 1 + x \Rightarrow f'(x) = 1 + x, \ f(x) = x + \frac{x^2}{2} + C.$$

例 92 证明: $\tan^2 x + 2\sin^2 x > 3x^2, x \in \left(0, \dfrac{\pi}{2}\right)$. (第九届浙江省理工类, 2010 年)

证明 由 $\tan x > x$, $(\tan x)' = 1 + \tan^2 x > 1 + x^2 \Rightarrow \tan x > x + \dfrac{x^3}{3}$, 易知 $\sin x > x - \dfrac{x^3}{6}$, 所以 $\tan^2 x + 2\sin^2 x > 3x^2$.

例 93 设 $f(x) = \left(\tan \dfrac{\pi x}{4} - 1\right) \left(\tan \dfrac{\pi x^2}{4} - 2\right) \cdots \left(\tan \dfrac{\pi x^{100}}{4} - 100\right)$, 求 $f'(1)$. (第八届浙江省理工类, 2009)

解 $f(x) = \left(\tan \dfrac{\pi x}{4} - 1\right) \left(\tan \dfrac{\pi x^2}{4} - 2\right) \cdots \left(\tan \dfrac{\pi x^{100}}{4} - 100\right)$,

$$f'(x) = \frac{\pi}{4} \sec^2 \frac{\pi x}{4} \left(\tan \frac{\pi x^2}{4} - 2\right) \cdots \left(\tan \frac{\pi x^{100}}{4} - 100\right)$$
$$+ \left(\tan \frac{\pi x}{4} - 1\right) \left[\left(\tan \frac{\pi x^2}{4} - 2\right) \cdots \left(\tan \frac{\pi x^{100}}{4} - 100\right)\right]',$$

所以 $f'(1) = \dfrac{\pi}{4} \sec^2 \dfrac{\pi}{4}[(1-2)\cdots(1-100)] = -\dfrac{\pi}{2} \times 99!$.

例 94 设 $\begin{cases} x = \cot t, \\ y = \dfrac{\cos 2t}{\sin t}, \end{cases}$ $t \in (0, \pi)$, 求此曲线的拐点. (第八届浙江省理工类, 2009)

解 $\dfrac{\mathrm{d}y}{\mathrm{d}t} = -\csc t \cot t - 2\cos t, \dfrac{\mathrm{d}x}{\mathrm{d}t} = -\csc^2 t, \dfrac{\mathrm{d}y}{\mathrm{d}x} = \cos t(1 + 2\sin^2 t), \dfrac{\mathrm{d}^2y}{\mathrm{d}x^2} =$ $-3\sin^3 t \cos 2t$, 令 $\dfrac{\mathrm{d}^2y}{\mathrm{d}x^2} = 0$ 得 $t_1 = \dfrac{\pi}{4}, t_2 = \dfrac{3\pi}{4}$. 当 $0 < t < \dfrac{\pi}{4}$ 时, $\dfrac{\mathrm{d}^2y}{\mathrm{d}x^2} < 0$; 当 $\dfrac{\pi}{4} < t < \dfrac{3\pi}{4}$ 时, $\dfrac{\mathrm{d}^2y}{\mathrm{d}x^2} > 0$, 当 $\dfrac{3\pi}{4} < t < \pi$ 时, $\dfrac{\mathrm{d}^2y}{\mathrm{d}x^2} < 0$, 因此拐点为 $(1,0), (-1,0)$.

例 95 设 $g(x) = \displaystyle\int_{-1}^{1} |x-t|\, \mathrm{e}^{t^2}\mathrm{d}t$, 求 $g(x)$ 的最小值. (第八届浙江省理工类, 2009)

证明 当 $x > 1$ 时, $g(x) = 2x\displaystyle\int_0^1 \mathrm{e}^{t^2}\mathrm{d}t$, $g'(x) = 2\displaystyle\int_0^1 \mathrm{e}^{t^2}\mathrm{d}t > 0$, 故当 $x \geqslant 1$ 时, $g(x)$ 单调增加;

当 $x < -1$ 时, $g(x) = -2x\displaystyle\int_0^1 \mathrm{e}^{t^2}\mathrm{d}t$, $g'(x) = -2\displaystyle\int_0^1 \mathrm{e}^{t^2}\mathrm{d}t < 0$, 故当 $x \leqslant 1$ 时, $g(x)$ 单调减少;

当 $-1 < x < 1$ 时,

$$g(x) = \int_{-1}^{x}(x-t)\mathrm{e}^{t^2}\mathrm{d}t + \int_x^1 (t-x)\mathrm{e}^{t^2}\mathrm{d}t$$
$$= x\int_{-1}^{x}\mathrm{e}^{t^2}\mathrm{d}t - \int_{-1}^{x} t\mathrm{e}^{t^2}\mathrm{d}t + \int_x^1 t\mathrm{e}^{t^2}\mathrm{d}t - x\int_x^1 \mathrm{e}^{t^2}\mathrm{d}t,$$
$$g'(x) = \int_{-1}^{x}\mathrm{e}^{t^2}\mathrm{d}t - \int_x^1 \mathrm{e}^{t^2}\mathrm{d}t = \int_{-x}^{x}\mathrm{e}^{t^2}\mathrm{d}t.$$

由 $g'(x) = 0$ 得 $x = 0$. 当 $-1 < x < 0$ 时, $g'(x) < 0$; 当 $0 < x < 1$ 时, $g'(x) > 0$, 故 $x = 0$ 是 $g(x)$ 的极小值点, 又 $g(1) = g(-1) = 2\displaystyle\int_0^1 \mathrm{e}^{t^2}\mathrm{d}t > 2\displaystyle\int_0^1 \mathrm{d}t = 2$,

$$g(0) = 2\int_0^1 t\mathrm{e}^{t^2}\mathrm{d}t = \mathrm{e}^{t^2}\Big|_0^1 = \mathrm{e} - 1,$$

故 $g(x)$ 的最小值为 $g(0) = \mathrm{e} - 1$.

例 96 设 f 为连续函数, 且 $0 \leqslant f(x) \leqslant 1$, 证明: 在 $[0,1]$ 上方程 $2x - \displaystyle\int_0^x f(t)\mathrm{d}t = 1$ 有唯一解. (第八届浙江省理工类, 2009)

证明 设 $F(x) = 2x - \displaystyle\int_0^x f(t)\mathrm{d}t - 1$, 则 $F(x)$ 在 $[0,1]$ 上连续, 在 $(0,1)$ 内可导, $F(0) = -1 < 0$, $F(1) = 1 - \displaystyle\int_0^1 f(t)\mathrm{d}t$, 当 $f(x) \equiv 1$ 时, $F(1) = 0$, $x = 1$ 是方程 $2x - \displaystyle\int_0^x f(t)\mathrm{d}t = 1$ 的解; 当 $0 \leqslant f(x) < 1$ 时, $F(1) = 1 - \displaystyle\int_0^1 f(t)\mathrm{d}t > 0$, 由零点定理, 得至少存在一点 $\xi \in (0,1)$, 使得 $F(\xi) = 0$, 即方程 $2x - \displaystyle\int_0^x f(t)\mathrm{d}t = 1$ 至少有一个

解. 又 $F'(x) = 2 - f(x) > 0$, 故 $F(x)$ 在 $[0,1]$ 上严格单调递增, 因此在 $[0,1]$ 上方程 $2x - \int_0^x f(t)\mathrm{d}t = 1$ 有唯一解.

例 97 (1) 当 $0 < x \leqslant 1$ 时, 证明: 存在小于 x 的正数 ξ, 使 $\arcsin x = \dfrac{x}{\sqrt{1-\xi^2}}$;

(2) 对 (1) 中 ξ, 求 $\lim\limits_{x\to 0^+} \dfrac{\xi}{x}$. (第十八届江苏省理工类, 2021)

解 (1) 对函数 $f(x) = \arcsin x$ 在区间 $[0,x]$ 上使用拉格朗日中值定理可得 $\arcsin x - \arcsin 0 = \dfrac{1}{\sqrt{1-\xi^2}}(x-0), \xi \in (0,x)$, 结论成立.

(2) 由 (1) 可得 $\xi^2 = 1 - \left(\dfrac{x}{\arcsin x}\right)^2 = \dfrac{\arcsin^2 x - x^2}{\arcsin^2 x}$,

$$\lim_{x\to 0^+} \frac{\xi^2}{x^2} = \lim_{x\to 0^+} \frac{\arcsin^2 x - x^2}{x^2 \arcsin^2 x} = \lim_{x\to 0^+} \frac{(\arcsin x + x)(\arcsin x - x)}{x^4}$$
$$= \lim_{x\to 0^+} \frac{2x \cdot \dfrac{1}{6}x^3}{x^4} = \frac{1}{3},$$

因为 $\dfrac{\xi}{x} > 0$, 所以 $\lim\limits_{x\to 0^+} \dfrac{\xi}{x} = \dfrac{1}{\sqrt{3}}$.

例 98 确定常数 k 的取值范围, 使得 $\left(1+\dfrac{1}{n}\right)^{n+k} > \mathrm{e}$ 对所有的正整数 n 都成立. (第十八届江苏省理工类, 2021)

解 两边取对数, 则有 $(n+k)\ln\left(1+\dfrac{1}{n}\right) > 1$, 即 $k > \dfrac{1}{\ln\left(1+\dfrac{1}{n}\right)} - n$, 故只需计

算函数 $f(x) = \dfrac{1}{\ln(1+x)} - \dfrac{1}{x}$ 在 $(0,1]$ 上的最大值即可. 由于

$$f'(x) = -\frac{1}{\ln^2(x+1)}\frac{1}{x+1} + \frac{1}{x^2} = \frac{(x+1)\ln^2(x+1) - x^2}{x^2(x+1)\ln^2(x+1)},$$

令 $\varphi(x) = (x+1)\ln^2(x+1) - x^2$, 则

$$\varphi'(x) = \ln^2(x+1) + 2\ln(x+1) - 2x,$$
$$\varphi''(x) = \frac{2\ln(1+x)}{1+x} + \frac{2}{1+x} - 2 = \frac{2[\ln(1+x) - x]}{1+x}.$$

显然 $\varphi''(x) \leqslant 0$ 在 $(0,+\infty)$ 上恒成立, 所以 $\varphi'(x)$ 单调递减, 因此 $\varphi'(x) \leqslant \lim\limits_{x\to 0} \varphi'(x) = 0$, 故 $\varphi(x)$ 在 $(0,+\infty)$ 上单调递减, 从而 $\varphi(x) \leqslant \lim\limits_{x\to 0} \varphi(x) = 0$. 所以 $f'(x) \leqslant 0$ 在 $(0,+\infty)$ 上恒成立, 所以 $f(x)$ 在 $(0,+\infty)$ 上单调递减.

又因为 $\lim\limits_{x\to 0^+} f(x) = \lim\limits_{x\to 0^+}\left(\dfrac{1}{\ln(1+x)} - \dfrac{1}{x}\right) = \dfrac{1}{2}$, 所以当 $k\geqslant\dfrac{1}{2}$ 时, $k > \dfrac{1}{\ln\left(1+\dfrac{1}{n}\right)} - $

n 恒成立.

例 99 设 $f(x)$ 连续, 且 $f(x) = (x-1)^2 + 3\displaystyle\int_0^x f(t)\mathrm{d}t$, 求 $f^{(100)}(0)$. (第十八届江苏省理工类, 2021)

解 等式两边同时对 x 求导, 则有 $f'(x) = 2(x-1) + 3f(x)$, 即

$$f'(x) - 3f(x) = 2(x-1),$$

即 $\left[\mathrm{e}^{-3x}f(x)\right]' = 2(x-1)\mathrm{e}^{-3x}$, 两边积分, 得

$$\mathrm{e}^{-3x}f(x) = 2\int(x-1)\mathrm{e}^{-3x}\mathrm{d}x = -\frac{2}{3}\int(x-1)\mathrm{d}\left(\mathrm{e}^{-3x}\right)$$

$$= -\frac{2}{3}(x-1)\mathrm{e}^{-3x} + \frac{2}{3}\int\mathrm{e}^{-3x}\mathrm{d}x = -\frac{2}{3}(x-1)\mathrm{e}^{-3x} - \frac{2}{9}\mathrm{e}^{-3x} + C,$$

又因为 $f(0) = 1$, 代入上式可得 $C = \dfrac{5}{9}$, 所以 $f(x) = -\dfrac{2}{3}(x-1) - \dfrac{2}{9} + \dfrac{5}{9}\mathrm{e}^{3x}$,

$$f^{(100)}(x) = \frac{5}{9}\times 3^{100}\mathrm{e}^{3x} = 5\times 3^{98}\mathrm{e}^{3x},\quad f^{(100)}(0) = 5\times 3^{98}.$$

例 100 设 $f(x) = x\mathrm{e}^{-x} + x^{2020}$, 计算 $f^{(2020)}(x)$. (第十七届江苏省理工类, 2020)

解 由 $\left(x^{2020}\right)^{(2020)} = 2020!$ 及莱布尼茨公式得

$$\left(x\mathrm{e}^{-x}\right)^{(2020)} = \sum_{n=0}^{2020}\mathrm{C}_{2020}^n x^{(n)}\left(\mathrm{e}^{-x}\right)^{(2020-n)}$$

$$= \mathrm{C}_{2020}^0\cdot x\cdot\left(\mathrm{e}^{-x}\right)^{(2020)} + \mathrm{C}_{2020}^1\cdot 1\cdot\left(\mathrm{e}^{-x}\right)^{(2019)}$$

$$= x\cdot\mathrm{e}^{-x} - 2020\cdot\mathrm{e}^{-x},$$

故由求导的加法法则得 $f^{(2020)}(x) = \mathrm{e}^{-x}(x - 2020) + 2020!$.

例 101 计算方程 $\displaystyle\sum_{k=1}^{100}\dfrac{1}{x-k} = 0$ 的实根个数. (第十七届江苏省理工类, 2020)

解 令等式左侧为 $f(x)$, 易知 $f(x)$ 在区间 $(-\infty, 1), (1, 2), \cdots, (99, 100), (100, +\infty)$ 内都严格单调减少, 且 $\lim\limits_{x\to k^+} f(x) = +\infty$, $\lim\limits_{x\to (k+1)^-} f(x) = -\infty$, 其中 $k = 1, 2, \cdots, 99$ 且 $\lim\limits_{x\to 100^+} f(x) = +\infty$, $\lim\limits_{x\to 1^-} f(x) = -\infty$, 又 $\lim\limits_{x\to +\infty} f(x) = \lim\limits_{x\to -\infty} f(x) = 0$. 故由各区间内 $f(x)$ 的单调性, 可知函数 $f(x)$ 在各有限区间内有且仅有一个零点, 故共有 99 个零点.

例 102 设 $f(x)$ 在 $[0,1]$ 上连续, 在 $(0,1)$ 内可导, $f(0) = f(1) = 0$, 若 $a\in(0,1)$, $f(a) > 0$, 证明: 存在 $\xi\in(0,1)$, 使得 $|f'(\xi)| > 2f(a)$. (第十六届江苏省理工类, 2019)

证明 若 $a \in \left(0, \frac{1}{2}\right)$, 则存在 $\xi \in \left(0, \frac{1}{2}\right)$, 使得 $f'(\xi) = \dfrac{f(a) - f(0)}{a - 0} = \dfrac{f(a)}{a}$, 故

$$|f'(\xi)| > 2f(a).$$

若 $a \in \left(\frac{1}{2}, 1\right)$, 则 $\exists \xi \in \left(\frac{1}{2}, 1\right)$, 使 $f'(\xi) = \dfrac{f(1) - f(a)}{1 - a} = -\dfrac{f(a)}{1 - a}$, 故 $|f'(\xi)| > 2f(a)$.

若 $a = \frac{1}{2}$,

(1) 若当 $x \in \left[0, \frac{1}{2}\right]$ 时, $f(x)$ 不是线性函数, 则存在 $c \in \left(0, \frac{1}{2}\right)$, 使得 $f(c) > 2f(a)c$ 或 $f(c) < 2f(a)c$, 当 $f(c) > 2f(a)c$ 时, 存在 $\xi \in (0, c) \subset (0, 1)$, 使得 $f'(\xi) = \dfrac{f(c) - f(0)}{c - 0} = \dfrac{f(c)}{c}$, 从而 $|f'(\xi)| = \left|\dfrac{f(c)}{c}\right| > 2f(a)$. 当 $f(c) < 2f(a)c$ 时, 存在 $\xi \in \left(c, \frac{1}{2}\right) \subset (0, 1)$, 使得

$$f'(\xi) = \frac{f\left(\frac{1}{2}\right) - f(c)}{\frac{1}{2} - c} > \frac{f\left(\frac{1}{2}\right) - 2f(a)c}{\frac{1}{2} - c} = \frac{f(a) - 2f(a)c}{\frac{1}{2} - c} = 2f(a),$$

从而 $|f'(\xi)| > 2f(a)$.

(2) 若当 $x \in \left[0, \frac{1}{2}\right]$ 时, $f(x)$ 是线性函数, 则当 $x \in \left[\frac{1}{2}, 1\right]$ 时, $f(x)$ 不可能是线性函数 $\left(\text{否则 } f(x) \text{ 在 } x = \frac{1}{2} \text{ 处不可导, 与题设矛盾}\right)$. 在 $x \in \left[\frac{1}{2}, 1\right]$ 时, 与 (1) 类似讨论可得结论成立. 或者若当 $x \in \left[0, \frac{1}{2}\right]$ 时, $f(x)$ 是线性函数 $f(x) = 2f(a)x$, 由 $f'\left(\frac{1}{2}\right) = 2f(a) > 0$, 可知存在 $b \in \left(\frac{1}{2}, 1\right)$, 使得 $f(b) > f\left(\frac{1}{2}\right) = f(a)$, 故存在 $\xi \in (b, 1) \subset (0, 1)$, 使得 $f'(\xi) = \dfrac{f(1) - f(b)}{1 - b} = -\dfrac{f(b)}{1 - b}$, 从而 $|f'(\xi)| = \left|-\dfrac{f(b)}{1 - b}\right| > 2f(a)$.

例 103 设 $f(x) = \lim\limits_{r \to 0} \left[(x + 1)^{r+1} - x^{r+1}\right]^{\frac{1}{r}}$ $(x > 0)$, 求 $\lim\limits_{x \to +\infty} \dfrac{f(x)}{x}$. (普特南 A2, 2021)

解 对于 $r > -1$ 及 $x > 0$, 我们有 $(x + 1)^{r+1} - x^{r+1} > 0$. 因此, 根据对数函数的连续性 $\ln f(x) = \lim\limits_{r \to 0} \ln\left(\left((x + 1)^{r+1} - x^{r+1}\right)^{\frac{1}{r}}\right) = \lim\limits_{r \to 0} \dfrac{1}{r} \ln\left((x + 1)^{r+1} - x^{r+1}\right)$, 应用洛必达法则, 我们有

$$\ln f(x) = \lim_{r \to 0} \frac{(x+1)^{r+1} \ln(x+1) - x^{r+1} \ln x}{(x+1)^{r+1} - x^{r+1}}$$

$$= \frac{(x+1) \ln(x+1) - x \ln x}{(x+1) - x} = \ln\left((x+1)^{x+1} x^{-x}\right),$$

所以 $f(x) = (x+1)^{x+1} x^{-x} = (x+1)\left(1 + \dfrac{1}{x}\right)^x$, 从而

$$\lim_{x \to \infty} \frac{f(x)}{x} = \lim_{x \to \infty} \frac{x+1}{x}\left(1 + \frac{1}{x}\right)^x = 1 \cdot \mathrm{e} = \mathrm{e}.$$

例 104 设 $f(x)$ 无穷次可导, 且 $f(0) = 0, f(1) = 1, f(x) \geqslant 0, x \in (-\infty, +\infty)$, 证明: 存在正整数 n 和实数 x, 使得 $f^{(n)}(x) < 0$. (普特南 A5, 2018)

证明 (反证法) 假设对所有的整数 $n \geqslant 0$ 及任意实数 $x \in \mathbb{R}$, 都有 $f^{(n)}(x) \geqslant 0$. 首先, 函数 $f(x)$ 有最小值 $f(0)$, 因此 $f'(0) = 0$. 通过数学归纳法, 我们去证明 $f(2x) \geqslant 2^n f(x)$ 对所有的整数 $n \geqslant 0$ 及 $x \geqslant 0$ 成立. 当 $n = 0$ 时, 因为 $f' \geqslant 0$, 所以 $f(2x) \geqslant f(x), x \geqslant 0$ 成立. 假设 $f(2x) \geqslant 2^n f(x)x \geqslant 0$ 成立, 因为 $f(0) = 0$ 及 $f(1) = 1$, $f'(x) > 0, f'(1) > 0$. 我们定义函数 $g(x) = \dfrac{f'(x)}{f'(1)}$, 则 $g(x)$ 无穷次可微, 并且 $g(0) = 0$, $g(1) = 1, g^{(n)}(x) \geqslant 0$. 根据归纳假设, 我们有 $g(2x) \geqslant 2^n g(x)$, 因此 $f'(2x) \geqslant 2^n f'(x)$, $x \geqslant 0$. 对上式进行积分, 从而有 $\dfrac{1}{2} f(2y) \geqslant 2^n f(y), y \geqslant 0$. 由此可得 $f(2x) \geqslant 2^{n+1} f(x)$, $x \geqslant 0$, 从而当 $n+1$ 时也成立, 从而我们就证明了 $f(2x) \geqslant 2^n f(x)$. 将 $x = 1$ 代入, 我们得到 $f(2) \geqslant 2^n$, 这显然是错误的, 从而原结论正确.

例 105 设 $f(x)$ 在 $(-\infty, +\infty)$ 上三次可导, 方程 $f(x) = 0$ 有 5 个不同的实根, 证明: 方程 $f(x) + 6f'(x) + 12f''(x) + 8f'''(x) = 0$ 至少有 2 个不同的实根. (普特南 B1, 2015)

证明 令 $g(x) = \mathrm{e}^{\frac{x}{2}} f(x)$, 则 $g(x)$ 至少有 5 个不同的零点, 应用罗尔定理, 有 g', g'', g''' 分别至少有 $4, 3, 2$ 个不同的零点, 而

$$g'''(x) = \frac{1}{8}\mathrm{e}^{\frac{x}{2}}\left(f(x) + 6f'(x) + 12f''(x) + 8f'''(x)\right),$$

从而 $f(x) + 6f'(x) + 12f''(x) + 8f'''(x) = 0$ 至少有 2 个不同的实根.

例 106 设 $f(x)$ 在 $(1, +\infty)$ 上可导, 且 $f'(x) = \dfrac{x^2 - f^2(x)}{x^2 (f^2(x) + 1)}, x > 1$. 证明: $\displaystyle\lim_{x \to +\infty} \frac{1}{f(x)} = 0$. (普特南 B5, 2009)

证明 对于 $x \geqslant 2$, 所给微分方程蕴含着:

(1) 若 $|f(x)| \geqslant x$, 则 $|f'(x)| \leqslant \dfrac{1}{x^2} \leqslant \dfrac{1}{4}$.

(2) 若 $|f(x)| < x$, 则 $0 \leqslant f'(x) \leqslant 1$.

对于所有 $x \geqslant 2$, 不等式 $|f(x)| \geqslant x$ 不成立, 因为在此情形 (1) 中指出 $|f'(x)|$ 太小而不能支持不等式显示的增长. 一旦成立 $|f(x)| < x$, 由 (2), 对于所有较大的 x 亦有 $|f(x)| < x$. 除此之外, (2) 蕴含着 f 是增函数. 因而 $f(x)$ 趋于一个极限 L (可以是 ∞).

若 L 是有限的, 则所给定微分方程就蕴涵着 $\displaystyle\lim_{x \to \infty} f'(x) = \lim_{x \to \infty} \frac{1 - \dfrac{f^2(x)}{x^2}}{f^2(x) + 1} = \frac{1}{L^2 + 1}$,

因而存在 $a > 0$, 使得对所有充分大的 x 有 $f'(x) \geqslant a$. 此时, 存在另一个常数 b, 使得对所有充分大的 x 有 $f(x) \geqslant ax + b$. 这与 L 的有限性矛盾, 因而 $\lim\limits_{x \to \infty} f(x) = \infty$.

例 107 求函数 $f(x) = |\sin x + \cos x + \tan x + \cot x + \sec x + \csc x|$ 的最小值. (普特南 A3, 2003)

解

$$\tan x + \cot x + \sec x + \csc x = \frac{(\sin x + \cos x + 1)(\sin x + \cos x - 1)}{(\sin x \cos x)(\sin x + \cos x - 1)}$$
$$= \frac{2}{\sin x + \cos x - 1},$$

这样, 问题中的表达式即取形式 $f(t) = 1 + t + \dfrac{2}{t}$, 其中 $t = \sin x + \cos x - 1$. 由于 $\sin x + \cos x = \sqrt{2} \sin\left(x + \dfrac{\pi}{4}\right)$, 我们只考虑在 $[-\sqrt{2} - 1, \sqrt{2} - 1]$ 中的 t 值. 因为 $f'(t) = 1 - \dfrac{2}{t^2}$, 所以 f 在 $(0, \sqrt{2} - 1)$ 中是减函数. 这样, 当 $t > 0$ 时, 则 $f(t) \geqslant 1 + \sqrt{2} - 1 + \dfrac{2}{\sqrt{2} - 1} = 2 + 3\sqrt{2}$. 另一方面, 当 $t < 0$ 时, 则 f 在 $[-\sqrt{2} - 1, -\sqrt{2}]$ 上单调递增, 并在 $[-\sqrt{2}, 0)$ 上单调递减. 于是, 对于 $t < 0$, 我们有 $f(t) \leqslant 1 - 2\sqrt{2}$, 当 $t = -\sqrt{2}$ 时等号成立. 结合这两个事实, 我们得到 $|f(t)| \geqslant 2\sqrt{2} - 1$, 右端即为所求的最小值.

例 108 设 $f(x)$ 在 $(0, +\infty)$ 上可导, 且 $f(x) > 0$, 存在常数 $L > 0$ 使得对任意的 $x, y \in (0, +\infty)$, 有 $|f'(x) - f'(y)| \leqslant L|x - y|$ 成立. 证明: $(f'(x))^2 < 2Lf(x), x \in (0, +\infty)$. (国际大学生数学竞赛 1-2, 2017)

证明 注意到 f' 满足利普希茨 (Lipschitz) 条件, 所以 f' 是连续的, 且局部可积. 考虑任意 $x \in \mathbb{R}$, 并令 $d = f'(x)$, 我们需要证明 $f(x) > \dfrac{d^2}{2L}$. 如果 $d = 0$, 则结论显然成立. 如果 $d > 0$, 则由已知条件得 $f'(x - t) \geqslant d - Lt$, 当 $0 \leqslant t < \dfrac{d}{L}$ 时, 这个估计值为正. 在此区间上积分得 $f(x) > f(x) - f\left(x + \dfrac{|d|}{L}\right) = \int_0^{\frac{|d|}{L}} = \int_0^{\frac{d}{L}} f'(x - t)\mathrm{d}t \geqslant \int_0^{\frac{d}{L}} (d - Lt)\mathrm{d}t = \dfrac{d^2}{2L}$. 如果 $d < 0$, 则由 $f'(x + t) \leqslant d + Lt = -|d| + Lt$ 进行重复讨论得

$$f(x) > f(x) - f\left(x + \frac{|d|}{L}\right) = \int_0^{\frac{|d|}{L}} (-f'(x + t))\,\mathrm{d}t \geqslant \int_0^{\frac{|d|}{L}} (|d| - Lt)\mathrm{d}t = \frac{d^2}{2L}.$$

例 109 设 $f(x) = \dfrac{\sin x}{x}, x > 0$, 证明: 对任意的正整数 n, 有 $\left|f^{(n)}(x)\right| < \dfrac{1}{n+1}, x > 0$. (国际大学生数学竞赛 2-3, 2014)

证明 首先有

$$\left(\frac{\sin x}{x}\right)^{(n)} = \frac{\mathrm{d}^n}{\mathrm{d}x^n} \int_0^1 -\cos(xt)\mathrm{d}t = \int_0^1 \frac{\partial^n}{\partial x^n}(-\cos(xt))\mathrm{d}t = \int_0^1 t^n g_n(xt)\mathrm{d}t,$$

这里的函数 $g_n(x)$ 可以是与 n 有关的 $\pm\sin u$ 或者 $\pm\cos u$. 我们只需要注意到 $|g_n| \leqslant 1$ 且等号只在有限个点成立, 所以 $\left|\left(\dfrac{\sin x}{x}\right)^{(n)}\right| \leqslant \displaystyle\int_0^1 t^n |g_n(xt)|\,\mathrm{d}t < \int_0^1 t^n\mathrm{d}t = \dfrac{1}{n+1}$.

例 110 设 $f(x)$ 在 $(-\infty, +\infty)$ 上有二阶导数, 且 $f(0) = 0$. 证明: 存在数 $\xi \in \left(-\dfrac{\pi}{2}, \dfrac{\pi}{2}\right)$, 使得 $f''(\xi) = f(\xi)\left(1 + 2\tan^2\xi\right)$. (国际大学生数学竞赛 1-2, 2013)

证明 令 $g(x) = f(x)\cos x$. 由于 $g\left(-\dfrac{\pi}{2}\right) = g(0) = g\left(\dfrac{\pi}{2}\right) = 0$, 由罗尔定理, 存在 $\xi_1 \in \left(-\dfrac{\pi}{2}, 0\right), \xi_2 \in \left(0, \dfrac{\pi}{2}\right)$, 使得 $g'(\xi_1) = g'(\xi_2) = 0$. 现在考虑函数

$$h(x) = \frac{g'(x)}{\cos^2 x} = \frac{f'(x)\cos x - f(x)\sin x}{\cos^2 x}.$$

我们有 $h(\xi_1) = h(\xi_2) = 0$, 再由罗尔定理知, 存在 $\xi \in (\xi_1, \xi_2)$, 使得

$$
\begin{aligned}
0 = h'(\xi) &= \frac{g''(\xi)\cos^2\xi + 2\cos\xi\, g'(\xi)}{\cos^4\xi}\\
&= \frac{(f''(\xi)\cos\xi - 2f'(\xi)\sin\xi - f(\xi)\cos\xi)\cos\xi + 2\sin\xi\,(f'(\xi)\cos\xi - f(\xi)\sin\xi)}{\cos^3\xi}\\
&= \frac{f''(\xi)\cos^2\xi - f(\xi)\left(\cos^2\xi + 2\sin^2\xi\right)}{\cos^3\xi} = \frac{1}{\cos\xi}\left(f''(\xi) - f(\xi)\left(1 + 2\tan^2\xi\right)\right).
\end{aligned}
$$

例 111 设 $f(x)$ 在 $(-\infty, +\infty)$ 上三阶可导. 证明: 存在 $\xi \in (-1, 1)$, 使得 $\dfrac{f'''(\xi)}{6} = \dfrac{f(1) - f(-1)}{2} - f'(0)$. (国际大学生数学竞赛 2-4, 2005)

证明 设 $g(x) = -\dfrac{f(-1)}{2}x^2(x-1) - f(0)\left(x^2 - 1\right) + \dfrac{f(1)}{2}x^2(x-1) - f'(0)x(x-1)(x+1)$, 易得 $g(\pm 1) = f(\pm 1)$, $g(0) = g(0)$ 以及 $g'(0) = f'(0)$. 对函数 $h(x) = f(x) - g(x)$ 及其导数应用罗尔定理. 由于 $h(-1) = f(0) = f(1) = 0$, 因此存在 $\eta \in (-1, 0)$ 以及 $\theta \in (0, 1)$, 使得 $h'(\eta) = h'(\theta) = 0$. 还有 $h'(0) = 0$, 所以存在 $\xi_1 \in (\eta, 0), \xi_2 \in (0, \theta)$, 使得 $h''(\xi_1) = h''(\xi_2) = 0$. 最后, 存在 $\xi \in (\xi_1, \xi_2) \subset (-1, 1)$, 使得 $h'''(\xi) = 0$, 即

$$f'''(\xi) = g'''(\xi) = -\frac{f(-1)}{2}\cdot 6 - f(0)\cdot 0 + \frac{f(1)}{2}\cdot 6 - f'(0)\cdot 6 = \frac{f(1) - f(-1)}{2} - f'(0).$$

例 112 设 $f(x)$ 在 $(0, +\infty)$ 上有连续的一阶导数, 且满足

$$\left|f''(x) + 2xf'(x) + \left(x^2 + 1\right)f(x)\right| \leqslant 1, \quad x > 0.$$

证明: $\displaystyle\lim_{x\to+\infty} f(x) = 0$. (国际大学生数学竞赛 1-5, 2015)

证明 运用一般的洛必达法则可得

$$\lim_{x\to+\infty} f(x) = \lim_{x\to+\infty} \frac{f(x)\mathrm{e}^{\frac{x^2}{2}}}{\mathrm{e}^{\frac{x^2}{2}}}$$

$$= \lim_{x \to +\infty} \frac{(f'(x) + xf(x))\,\mathrm{e}^{\frac{x^2}{2}}}{x\mathrm{e}^{\frac{x^2}{2}}}$$

$$= \lim_{x \to +\infty} \frac{(f''(x) + 2xf'(x) + (x^2 + 1)\,f(x))\,\mathrm{e}^{\frac{x^2}{2}}}{(x^2 + 1)\,\mathrm{e}^{\frac{x^2}{2}}}$$

$$= \lim_{x \to +\infty} \frac{f''(x) + 2xf'(x) + (x^2 + 1)\,f(x)}{x^2 + 1} = 0.$$

九、模拟导训

1. 证明不等式 $1 + x\ln(x + \sqrt{1 + x^2}) \geqslant \sqrt{1 + x^2}$, $x \in (-\infty, +\infty)$.

2. 设函数 $f(x)$ 在闭区间 $[0,1]$ 上连续, 在 $(0,1)$ 内可导, 且 $4\int_{\frac{3}{4}}^{1} f(x)\mathrm{d}x = f(0)$, 求证: 在开区间 $(0,1)$ 内存在一点 ξ, 使得 $f'(\xi) = 0$.

3. 设函数 $f(x)$ 在区间 $[a, +\infty)$ 上具有二阶导数, 且 $|f(x)| \leqslant M_0, 0 < |f''(x)| \leqslant M_2$ $(a \leqslant x < +\infty)$. 证明: $|f'(x)| \leqslant 2\sqrt{M_0 M_2}$.

4. 求函数 $f(x) = x\arcsin 2x$ 的 6 阶导数 $f^{(6)}(0)$.

5. 设 $y = y(x)$ 是由方程 $\mathrm{e}^{-y} + \int_0^x \mathrm{e}^{-t^2}\mathrm{d}t - y + x = 1$ 确定的隐函数.

(1) 证明: $y(x)$ 是单调增加的;

(2) 求 $\lim\limits_{x \to +\infty} y'(x)$.

6. 设函数 $f(x) = \begin{cases} \dfrac{\phi(x) - \cos x}{x}, & x \neq 0, \\ a, & x = 0, \end{cases}$ 其中 $\phi(x)$ 具有连续二阶导数, 且 $\varphi(0) = 1$.

(1) 确定 a 的值, 使 $f(x)$ 在点 $x = 0$ 处可导, 并求 $f'(x)$;

(2) 讨论 $f'(x)$ 在点 $x = 0$ 处的连续性.

7. 设正值函数 $f(x)$ 在 $[1, +\infty)$ 上连续, 求函数

$$F(x) = \int_1^x \left[\left(\frac{2}{x} + \ln x\right) - \left(\frac{2}{t} + \ln t\right)\right] f(t)\mathrm{d}t$$

的最小值点.

8. 设函数 $f(x)$ 具有二阶连续导函数, 且 $f(0) = 0$, $f'(0) = 0$, $f''(0) > 0$. 在曲线 $y = f(x)$ 上任意取一点 $(x, f(x))(x \neq 0)$ 作曲线的切线, 此切线在 x 轴上的截距记作 μ, 求 $\lim\limits_{x \to 0} \dfrac{xf(\mu)}{\mu f(x)}$.

9. 设函数 $f(x)$ 在闭区间 $[0,1]$ 上连续, 在开区间 $(0,1)$ 内可导, 且 $f(0) = 0$, $f(1) = 1$, 试证明: 对于任意给定的正数 a 和 b, 在开区间 $(0,1)$ 内存在不同的 ξ 和 η, 使得 $\dfrac{a}{f'(\xi)} + \dfrac{b}{f'(\eta)} = a + b$.

10. 设函数 $f(x)$ 在 $x = 0$ 的某邻域内具有二阶导数, 且 $\lim\limits_{x \to 0} \left(1 + x + \dfrac{f(x)}{x}\right)^{\frac{1}{x}} = \mathrm{e}^3$, 求 $f(0), f'(0), f''(0)$ 及 $\lim\limits_{x \to 0} \left(1 + \dfrac{f(x)}{x}\right)^{\frac{1}{x}}$.

11. 求函数 $f(x) = x^2 \ln(1 + x)$ 在 $x = 0$ 点处的 100 阶导数值.

12. 求函数 $f(x) = \mathrm{e}^{-x^2} \sin x^2$ 的值域.

13. 设函数 $f(x)$ 在闭区间 $[a, b]$ 上具有连续的二阶导数, 证明: 存在 $\xi \in (a, b)$, 使得 $\dfrac{4}{(b-a)^2} \left[f(a) - 2f\left(\dfrac{a+b}{2}\right) + f(b)\right] = f''(\xi)$.

14. 设函数 $y = y(x)$ 由参数方程 $\begin{cases} x = 1 + 2t^2, \\ y = \displaystyle\int_1^{1+2\ln t} \dfrac{\mathrm{e}^u}{u} \mathrm{d}u \end{cases}$ $(t > 1)$ 所确定, 求 $\left.\dfrac{\mathrm{d}^2 y}{\mathrm{d}x^2}\right|_{x=9}$.

15. 设 $f(x)$ 是除 $x = 0$ 点外处处连续的奇函数, $x = 0$ 为其第一类跳跃间断点, 证明 $\displaystyle\int_0^x f(t) \mathrm{d}t$ 是连续的偶函数, 但在 $x = 0$ 处不可导.

16. 设 $k > \ln 2 - 1$, 证明: 当 $x > 0$ 且 $x \neq 1$ 时, $(x-1)(x - \ln^2 x + 2k \ln x - 1) > 0$.

17. 证明: 当 $x > 2$ 时, $(x-2)\mathrm{e}^{\frac{x-2}{2}} - x\mathrm{e}^x + 2\mathrm{e}^{-2} < 0$.

18. 设当 $0 \leqslant x < 1$ 时, $f(x) = x(1 - x^2)$, 且 $f(x+1) = af(x)$, 试确定常数 a 的值, 使 $f(x)$ 在 $x = 0$ 点处可导, 并求此导数.

19. 求过第一卦限中的点 (a, b, c) 的平面, 使之与三个坐标平面所围成的四面体的体积最小.

20. 设函数 $f(x, y) = |x - y| \phi(x, y)$, 其中 $\phi(x, y)$ 在点 $(0, 0)$ 的一个邻域内连续, 证明: $f(x, y)$ 在点 $(0, 0)$ 处可微的充要条件是 $\phi(0, 0) = 0$.

21. 设函数 $f(x)$ 在闭区间 $[a, b]$ 上连续, 在开区间 (a, b) 内可导, 且有 $f(1) = 0$, $\displaystyle\int_0^{\frac{2}{\pi}} \mathrm{e}^{f(x)} \arctan x \mathrm{d}x = \dfrac{1}{2}$, 则至少存在一点 $\xi \in (0, 1)$, 使得 $(1 + \xi^2) \arctan \xi \cdot f'(\xi) = -1$.

22. 设函数 $\phi(x) = \displaystyle\int_0^{\sin x} f(tx^2) \mathrm{d}t$, 其中 $f(x)$ 是连续函数, 且 $f(0) = 2$. (1) 求 $\phi'(x)$; (2) 讨论 $\phi'(x)$ 的连续性.

23. 设 $f(x) = nx(1 - x)^n$ (n 为正整数), (1) 求 $f(x)$ 在闭区间 $[0, 1]$ 上的最大值 $M(n)$; (2) 求 $\lim\limits_{n \to \infty} M(n)$.

24. 设函数 $f(x)$ 在闭区间 $[a, b]$ 上具有二阶导数, 且 $f(a) < 0$, $f(b) < 0$, $\displaystyle\int_a^b f(x) \mathrm{d}x = 0$. 证明: 存在一点 $\xi \in (a, b)$ 使得 $f''(\xi) < 0$.

25. 设 $f(x) = \arctan \dfrac{1 - x}{1 + x}$, 求 $f^{(5)}(0)$.

26. 设 $f(x)$ 是区间 $[a, a+2]$ 上的函数, 且 $|f(x)| \leqslant 1$, $|f''(x)| \leqslant 1$, 证明: $|f'(x)| \leqslant 2$, $x \in [a, a+2]$.

27. 设函数 $f(x) = \begin{cases} \dfrac{\displaystyle\int_0^x \left[(t-1) \displaystyle\int_0^{t^2} \varphi(u)\, \mathrm{d}u \right] \mathrm{d}t}{\sin^2 x}, & x \neq 0, \\ 0, & x = 0, \end{cases}$ 其中函数 φ 处处连续. 讨论 $f(x)$ 在 $x = 0$ 处的连续性及可导性.

28. 设函数 $x = x(t)$ 由方程 $t\cos x + x = 0$ 确定, 又函数 $y = y(x)$ 由方程 $e^{y-2} - xy = 1$ 确定, 求复合函数 $y = y(x(t))$ 的导数 $\left. \dfrac{\mathrm{d}y}{\mathrm{d}t} \right|_{t=0}$.

29. 设函数 $f(x)$ 在 $(-\infty, +\infty)$ 上二阶可导, 且 $\lim\limits_{x \to 0} \dfrac{f(x)}{x} = 0$, 记 $\varphi(x) = \displaystyle\int_0^1 f'(xt)\mathrm{d}t$, 求 $\varphi(x)$ 的导数, 并讨论 $\varphi'(x)$ 在 $x = 0$ 处的连续性.

30. 设 $f(x)$ 在 $(0, +\infty)$ 上有定义, $f(x)$ 在 $x = 1$ 处可导, 且 $f'(1) = 4$, 若对所有的 $x_1 > 0, x_2 > 0$, 有 $f(x_1 x_2) = x_1 f(x_2) + x_2 f(x_1)$, 试证: $f(x)$ 在 $(0, +\infty)$ 上可导, 并求 $f(x)$.

31. 设 $f(x) \geqslant 0$, 它在区间 $[a, b]$ 上的任一子区间上不恒为零, 且在 $[a, b]$ 上二阶可导, $f''(x) \geqslant 0$, 证明: 方程 $f(x) = 0$ 在 $[a, b]$ 上最多只有一个根.

32. 设函数 $f(x)$ 在 $x = 0$ 处连续, 且 $\lim\limits_{x \to 0} \dfrac{f(2x) - f(x)}{x} = A$, 求证: $f'(0)$ 存在, 且 $f'(0) = A$.

33. 已知函数 $f(x)$ 二阶可导, 且 $f(x) > 0$, $f(0) = 1$, $f'(0) = 1$, $f(x)f''(x) - (f'(x))^2 > 0$. 证明: $f(x) \geqslant e^x$.

34. 设函数 $f(x)$ 在 $[0, +\infty)$ 上可导, 且 $0 \leqslant f(x) \leqslant \dfrac{x}{1+x^2}$. 证明: 存在 $\xi \in (0, +\infty)$, 使得 $f'(\xi) = \dfrac{1 - \xi^2}{(1 + \xi^2)^2}$.

35. 设定义在区间 $[a, b]$ 上的函数 $f(x)$ 存在二阶导数, 且 $f(a) = f(b) = 0$, $f''(x) + e^x f'(x) - f(x) = 0$. 证明: $f(x) \equiv 0$.

36. 设 $f(x)$ 是二次可微的函数, 满足 $f(0) = -1$, $f'(0) = 0$, 且对任意的 $x \geqslant 0$, 有 $f''(x) - 3f'(x) + 2f(x) \geqslant 0$, 证明: 对每个 $x \geqslant 0$, 都有 $f(x) \geqslant e^{2x} - 2e^x$.

37. 设 $f(x)$ 在区间 (a, b) 内连续可导, $x_i \in (a, b), \lambda_i > 0$ $(i = 1, 2, \cdots, n)$ 且 $\sum\limits_{i=1}^n \lambda_i = 1$, 证明: 存在 $\xi \in (a, b)$, 使得 $\sum\limits_{i=1}^n \lambda_i f'(x_i) = f'(\xi)$.

38. 设 $f(x)$ 在 $[0,1]$ 上连续, 在 $(0,1)$ 内可导且 $f(0) = 0$, 当 $x \in (0,1)$ 时, $f(x) > 0$, 求证: 存在 $\xi \in (0,1)$, 使得 $\dfrac{2021 \cdot f'(\xi)}{f(\xi)} = \dfrac{f'(1-\xi)}{f(1-\xi)}$.

39. 设 $f(x)$ 在 $\left[0, \dfrac{1}{2}\right]$ 上二阶可导, 且 $f(0) = f'(0)$, $f\left(\dfrac{1}{2}\right) = 0$, 证明: $\exists \xi \in \left(0, \dfrac{1}{2}\right)$,

使 $f'(\xi) = \dfrac{1-2\xi}{3} \cdot f''(\xi)$.

40. 设函数 $f(x)$ 在 $[0,1]$ 上连续, 证明:

(1) 存在一点 $\xi \in (0,1)$, 使 $\displaystyle\int_0^\xi f(t)\mathrm{d}t = f(\xi)\left(\dfrac{1-\xi^2}{2\xi}\right)$;

(2) 若 $f(x) > 0$ 且单调减少, 则 ξ 是唯一的.

41. 设函数 $f(x)$ 在 $[a,b]$ 上可导, $f'(x)$ 在 $[a,b]$ 上可积, 且 $f(a) = f(b) = 0$, 证明: 对于任意的 $x \in [a,b]$, 有 $|f(x)| \leqslant \dfrac{1}{2} \displaystyle\int_a^b |f'(x)| \,\mathrm{d}x$.

42. 假设函数 $f(x)$ 在 $(-\infty, +\infty)$ 上二阶可导, 且满足 $f(x) + f''(x) = -xg(x)f'(x)$, 其中对任意的 $x \in (-\infty, +\infty)$, 恒有 $g(x) \geqslant 0$. 证明: $|f(x)|$ 有界.

43. 已知函数 $f(x)$ 具有四阶导数, 且 $\left|f^{(4)}(x)\right| \leqslant M$. 求证: $\forall x \neq a$, 有

$$\left|f''(a) - \dfrac{f(x) + f(2a-x) - 2f(a)}{(x-a)^2}\right| \leqslant \dfrac{M}{12}(x-a)^2.$$

44. 设函数 $f(x)$ 在 $[a,b]$ 上连续, 在 (a,b) 内二阶可导. 证明: 存在 $\xi \in (a,b)$, 使得

$$f(a) + f(b) - 2f\left(\dfrac{a+b}{2}\right) = \dfrac{1}{4}(b-a)^2 f''(\xi).$$

45. 设 $f(x)$ 是对全体实数有定义的函数, 满足方程 $2f(x+1) = f(x) + f(2x)$. 证明: 如果 $f(x)$ 是二次连续可微函数, 那么 $f(x)$ 必是一个常数.

46. 设 $f(x)$ 在 $[0,1]$ 上连续, 且 $f(0) = f(1)$. 证明: 存在 $\xi \in \left[0, \dfrac{3}{4}\right]$, 使得

$$f(\xi) = f\left(\xi + \dfrac{1}{4}\right).$$

模拟导训
参考解答

第三章

一元函数积分学

一、竞赛大纲逐条解读

1. 原函数和不定积分的概念

[解读] 连续函数一定有原函数, 但原函数不唯一, 任意两个原函数之间相差一个常数. 求不定积分的过程, 就是在寻找被积函数的原函数的过程. 在计算不定积分时, 不要忘记最后需加一个常数.

2. 不定积分的基本性质、基本积分公式

[解读] 应注意先求导再积分和先积分再求导, 结果是不同的. 基本积分公式中需要记住常见初等函数的积分公式, 尤其是三角函数与反三角函数的积分公式.

3. 定积分的概念和基本性质、定积分中值定理、变上限定积分确定的函数及其导数、牛顿-莱布尼茨 (Newton-Leibniz) 公式

[解读] 定积分的概念中, 要明确四个步骤, 即无限分割、近似替代、求和、取极限. 它最终是一个极限形式, 所以我们经常会用定积分的定义去求一些数列的极限问题. 积分中值定理在证明含有积分形式的等式或者不等式时, 是便于尝试的一种方法. 变限函数是我们经常去构造的一个函数, 它给我们提供了很多便利, 变上限函数还经常用来求极限问题或者求导数判定函数的单调性. 牛顿-莱布尼茨公式是原函数方便计算时, 用来计算定积分的不二之选.

4. 不定积分和定积分的换元积分法与分部积分法

[解读] 换元积分法主要有: 凑微分法、三角代换法、根式代换法、整体代换法、倒代换 (当分母的次数减分子的次数大于 2 时). 分部积分法, 一般适用于被积函数是两个函数的乘积, 一般的口诀是: 反对幂指三, 靠后进微分, 有时可能需要用到多次分部积分, 也可能分部积分后等式右端会出现与等式左端相同的积分形式, 需要移项化简整理, 从而求出结果. 沃利斯公式需要记住.

5. 有理函数、三角函数的有理式和简单无理函数的积分

[解读] 有理函数的积分一般采用裂项的形式进行, 当分子的次数大于等于分母的次数时, 先需要用多项式的除法, 将分子中变量的次数化为比分母次数低的形式, 然后再利用裂项的方法进行积分. 三角函数的有理式一般采用万能公式代换, 变为有理函数后积分, 或者采用组合积分法进行积分 (详见华中科技大学朱永银等编著的《组合积分法》).

6. 广义积分

[解读] 广义积分分两种: 一种为无穷限的积分; 另一种为被积函数无界 (瑕积分). 在进行计算时需用到极限, 判定广义积分的敛散性以及含字母参数敛散性的讨论是常考的大题, 需要大家多做这方面的练习.

7. 定积分的应用：平面图形的面积、平面曲线的弧长、旋转体的体积及侧面积、平行截面面积为已知的立体体积、功、引力、压力及函数的平均值

[解读] 定积分的应用中，经常考察的是平面曲线的弧长计算 (含参数方程情形)、旋转体的体积 (柱壳法有时会用到) 及其最值 (非数学 B 类中是考察的重点)，变力做功、函数在某区间上的平均值问题也是常考察的问题.

注 积分不等式是本章必考的一个考点，通常会用到柯西-施瓦茨 (Cauchy-Schwarz) 不等式及定积分中的绝对值不等式，大家必须掌握.

二、内容思维导图

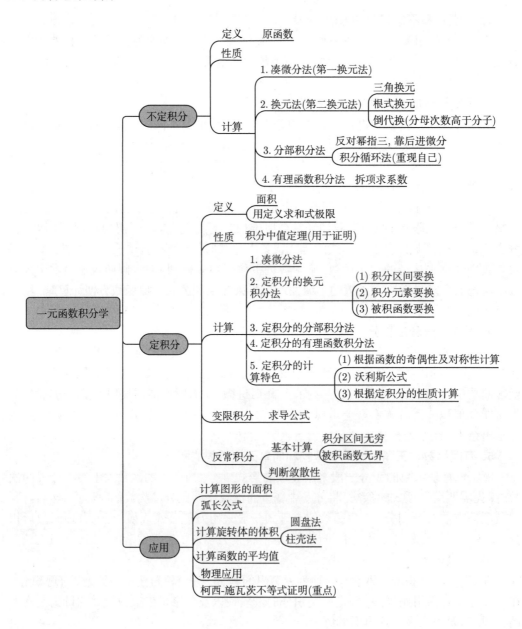

三、考点分布及分值

全国大学生数学竞赛初赛 (非数学类) 一元函数积分学中的考点分布及分值

章节	届次	考点及分值
一元函数积分学	第一届初赛 (15 分)	第一题: (2) 一元函数定积分计算 (5 分)
		第六题: 旋转体体积的综合问题 (10 分)
	第二届初赛 (5 分)	第一题: (3) 广义积分的计算 (5 分)
	第三届初赛 (15 分)	第四题: 射线对质点的引力问题 (15 分)
	第四届初赛 (22 分)	第二题: 广义积分的计算 (10 分)
		第五题: 积分不等式 (12 分)
	第五届初赛 (36 分)	第一题: (2) 广义积分敛散性 (6 分)
		第一题: (4) 定积分几何应用求面积 (6 分)
		第二题: 定积分的计算 (12 分)
		第四题: 积分不等式证明 (12 分)
	第六届初赛 (27 分)	第二题: 定积分的计算 (12 分)
		第五题: 积分等式的应用 (15 分)
	第七届初赛 (16 分)	第五题: 定积分等式与不等式证明 (16 分)
	第八届初赛 (28 分)	第二题: 积分不等式证明 (14 分)
		第四题: 定积分的 "加边" 问题 (14 分)
	第九届初赛 (22 分)	第一题: (5) 不定积分的计算 (7 分)
		第四题: 积分不等式的证明 (15 分)
	第十届初赛 (34 分)	第一题: (3) 不定积分的计算 (6 分)
		第三题: 积分不等式证明 (14 分)
		第六题: 积分不等式证明 (14 分)
	第十一届初赛 (12 分)	第一题: (2) 利用参数方程求积分 (6 分)
		第一题: (3) 利用对称性求积分 (6 分)
	第十二届初赛 (12 分)	第六题: 定积分的计算与性质 (12 分)
	第十三届初赛 (14 分)	第五题: 定积分的 "加边" 问题 (14 分)
	第十三届初赛补赛 (34 分)	第一题: (2) 轮换对称性求定积分 (6 分)
		第五题: 含参广义积分敛散性讨论 (14 分)
		第六题: 广义积分敛散性讨论 (14 分)
	第十四届初赛 (14 分)	第四题: 拆分区间证明积分不等式 (14 分)
	第十五届初赛 A 类 (14 分)	第五题: 利用柯西不等式构造证明积分不等式 (14 分)
	第十五届初赛 B 类 (14 分)	第六题: 利用柯西不等式构造证明积分不等式 (14 分)
	第十六届初赛 A 类 (6 分)	第一题: (1) 分部积分法计算定积分 (6 分)
	第十六届初赛 B 类 (20 分)	第一题: (2) 利用函数的奇偶性计算定积分 (6 分)
		第五题: 含参变量积分的推导与计算 (14 分)

全国大学生数学竞赛决赛 (非数学类) 一元函数积分学中的考点分布及分值

章节	届次	考点及分值
一元函数积分学	第一届决赛 (15 分)	第一题: (4) 三角函数有理式不定积分 (5 分)
		第四题: 广义积分的极限 (10 分)
	第三届决赛 (19 分)	第一题: (4) 分部积分计算不定积分 (6 分)
		第二题: 含参广义积分敛散性讨论 (13 分)
	第四届决赛 (5 分)	第一题: (4) 分部积分 (5 分)
	第五届决赛 (7 分)	第一题: (5) 柯西不等式等号成立条件 (7 分)
	第六届决赛 (6 分)	第一题: (4) 有理函数不定积分 (6 分)
	第八届决赛 (14 分)	第三题: 积分不等式证明 (14 分)
	第九届决赛 (11 分)	第三题: 积分等式证明 (11 分)

续表

章节	届次	考点及分值
一元函数积分学	第十届决赛 (6 分)	第一题: (2) 广义积分的计算 (6 分)
	第十一届决赛 (6 分)	第一题: (5) 利用定积分性质求函数 (6 分)
	第十二届决赛 (10 分)	第七题: 积分不等式证明 (10 分)
	第十三届决赛 (6 分)	第一题: (3) 三角代换求定积分 (6 分)
	第十四届决赛 (18 分)	第一题: (2) 无穷限积分的计算 (6 分)
		第六题: 积分不等式证明 (12 分)
	第十五届决赛 (18 分)	第一题: (5) 有理函数的定积分 (6 分)
		第三题: 三角函数有理式积分的极限 (12 分)

四、内容点睛

章节	专题	内容
一元函数积分学	不定积分的计算	凑微分法
		换元积分法: 三角代换、根式代换、倒代换、二项代换
		分部积分法: 回归法、拆项法、递推法
		部分分式法: 裂项
		万能公式代换法
	定积分的计算	定积分的换元法
		定积分的分部积分法
		计算分段函数的定积分
		利用定积分的性质计算定积分: 周期性、奇偶性、固有结论
	定积分的理论应用	变上限函数的应用
		积分中值定理
		证明积分等式: 定积分的 "加边" 问题
		证明积分不等式: 柯西-施瓦茨不等式重点掌握
	广义积分	无穷限积分
		瑕积分
	定积分的几何应用	平面图形的面积
		旋转体的体积和侧面积
		平面曲线的弧长
	定积分的物理应用	变力做功
		引力及侧压力问题

五、内容详情

1. 原函数的概念及等价描述

1) 原函数的概念

设有函数 $f(x)$ 和可导函数 $F(x)$, 对区间 $[a,b]$ 上的任一点 x, 都有 $F'(x) = f(x)$, 则称 $F(x)$ 为 $f(x)$ 在区间 $[a,b]$ 上的一个原函数. $F(x) + C$ 构成 $f(x)$ 的全体原函数, 叫做 $f(x)$ 的不定积分, 记为 $\int f(x)\mathrm{d}x = F(x) + C$.

2) 原函数的性质

(1) $F'(x) = f(x) = \lim\limits_{\Delta x \to 0} \dfrac{F(x + \Delta x) - F(x)}{\Delta x}$ 存在, 且原函数 $F(x)$ 一定是连续函数;

(2) 验证 $F(x)$ 是否为 $f(x)$ 的原函数, 分两步:

第一步: $F(x)$ 在区间上是否连续;

第二步: 验证 $F'(x) = f(x)$ 是否成立.

当 $f(x)$ 连续时, 则 $f(x)$ 一定有原函数, 且 $\left[\int_a^x f(t)\,dt\right]' = f(x)$, 因为

$$F'(x) = \lim_{\Delta x \to 0} \frac{F(x + \Delta x) - f(x)}{\Delta x} = \lim_{\Delta x \to 0} \frac{1}{\Delta x} \cdot \left[\int_a^{x+\Delta x} f(t)\,dt - \int_a^x f(t)\,dt\right]$$

$$= \lim_{\Delta x \to 0} \frac{1}{\Delta x} \cdot \left[\int_x^{x+\Delta x} f(t)\,dt\right] \xrightarrow{\text{积分中值定理}} \lim_{\Delta x \to 0} \frac{1}{\Delta x} \cdot f(\xi)\Delta x = f(x).$$

当 $f(x)$ 连续时, 则 $f(x)$ 一定有原函数, 且可以写成 $F(x) = \int_a^x f(t)\,dt$; 当 $f(x)$ 不连续时, $F(x) = \int_a^x f(t)\,dt$ 却不一定是 $f(x)$ 的原函数, 但 $F(x) = \int_a^x f(t)\,dt$ 在区间内必连续.

(3) 连续奇函数的原函数为偶函数; 连续偶函数的原函数为奇函数与常数之和.

(4) 当 $f(x)$ 存在第一类间断点时, 则 $f(x)$ 一定没有原函数, $\left[\int_a^x f(t)\,dt\right]' \neq f(x)$.

证明如下: 设 x_0 是 $f(x)$ 的第一类间断点, 且 $f(x)$ 在 $U(x_0)$ 上有原函数 $F(x)$, 则 $F'(x) = f(x), x \in U(x_0)$, 由于第一类间断点单侧极限存在, 则推出

$$\begin{cases} \lim\limits_{x \to x_0^+} f(x) = \lim\limits_{x \to x_0^+} F'(x) = F'_+(x_0) = F'(x_0) = f(x_0), \\ \lim\limits_{x \to x_0^-} f(x) = \lim\limits_{x \to x_0^-} F'(x) = F'_-(x_0) = F'(x_0) = f(x_0) \end{cases} \Rightarrow f(x) \text{ 在 } x_0 \text{ 连续},$$

矛盾.

所以, 当 $f(x)$ 存在第一类间断点时, 则 $f(x)$ 一定没有原函数.

(5) 当 $f(x)$ 存在第二类间断点时, 则 $f(x)$ 可能有也可能没有原函数.

2. 变限积分的求导方法

(1) $\left[\int_a^{g(x)} f(t)\,dt\right]' = f(g(x))g'(x);$

(2) $\left[\int_a^{g(x)} xf(t)\,dt\right]' = \left[x\int_a^{g(x)} f(t)\,dt\right]' = xf(g(x))g'(x) + \int_a^{g(x)} f(t)\,dt;$

(3) $\left[\int_{g_1(x)}^{g_2(x)} f(t)\,dt\right]' = \left[\int_{g_1(x)}^a f(t)\,dt + \int_a^{g_2(x)} f(t)\,dt\right]'$

$$= \left[-\int_a^{g_1(x)} f(t)\,dt + \int_a^{g_2(x)} f(t)\,dt\right]'$$

$$= f(g_2(x))g'_2(x) - f(g_1(x))g'_1(x);$$

(4) $\left[\displaystyle\int_a^b f\left(xt\right)\mathrm{d}t\right]' = \left[\displaystyle\int_{ax}^{bx}\frac{1}{x}f\left(u\right)\mathrm{d}u\right]' = \left[\frac{1}{x}\displaystyle\int_{ax}^{bx}f\left(u\right)\mathrm{d}u\right]'$

$$= \frac{1}{x}\left[bf\left(bx\right)-af\left(ax\right)\right] - \frac{1}{x^2}\int_{ax}^{bx}f\left(u\right)\mathrm{d}u;$$

(5) $\dfrac{\mathrm{d}}{\mathrm{d}x}\left[\displaystyle\int_{\alpha(x)}^{\beta(x)}f\left(x,y\right)\mathrm{d}y\right] = \displaystyle\int_{\alpha(x)}^{\beta(x)}\dfrac{\partial f\left(x,y\right)}{\partial x}\mathrm{d}y + f\left[x,\beta(x)\right]\beta'(x) - f\left[x,\alpha(x)\right]\alpha'(x).$

3. 定积分

1) 定积分的定义

(1) 定对象: 有限区间 $[a,b]$ 的有界函数.

(2) 分区间: 将 $[a,b]$ 分为 n 个子区间 $[x_{i-1},x_i]\,(i=1,2,\cdots,n)$, 其中规定 $x_0=a$, $x_n=b$, 子区间 $[x_{i-1},x_i]$ 与分法无关, $[a,b]$ 内共有 $n+1$ 个点, 中间插入 $n-1$ 个点, 其中等分区间只是其中的一种分法.

(3) 作乘积: 在 $[x_{i-1},x_i]$ 内任意取一点 ξ_i, ξ_i 与取法无关, 作乘积 $f\left(\xi_i\right)\Delta x_i$, 其中 $\Delta x_i = x_i - x_{i-1}$ $\left(\text{对等分情况: } x_i = a + \dfrac{b-a}{n}\cdot i, x_0 = a, x_n = b\right)$.

(4) 求和式: $S = \displaystyle\sum_{i=1}^{n}f\left(\xi_i\right)\Delta x_i.$

(5) 取极限: $I = \displaystyle\lim_{\lambda\to 0}\sum_{i=1}^{n}f\left(\xi_i\right)\Delta x_i$, $\lambda = \max\{\Delta x_i\}$, $\lambda\to 0^+$.

(6) 作结论: 极限存在, 且与区间分法和子区间 $[x_{i-1},x_i]$ 内点 ξ_i 的取法无关时, I 才是 $f(x)$ 在闭区间 $[a,b]$ 上的定积分.

注 定积分的定义的数学形式: (实际使用中 $[a,b]\to[0,1]$ 比较常见)

$$\int_a^b f(x)\mathrm{d}x = \lim_{n\to\infty}\sum_{i=1}^{n}f\left[a + \frac{i(b-a)}{n}\right]\left(\frac{b-a}{n}\right) \text{ (取右端点定义)};$$

$$\int_a^b f(x)\mathrm{d}x = \lim_{x\to\infty}\sum_{i=0}^{n-1}f\left[a + \frac{i(b-a)}{n}\right]\left(\frac{b-a}{n}\right) \text{ (取左端点定义)};$$

$$a = 0, b = 1 \Rightarrow \lim_{n\to\infty}\sum_{i=1}^{n}\frac{1}{n}f\left(\frac{i}{n}\right) \xrightarrow{\frac{i}{n}\to x} \int_0^1 f(x)\mathrm{d}x \text{ 或 } \lim_{n\to\infty}\sum_{i=0}^{n-1}\frac{1}{n}f\left(\frac{i}{n}\right) = \int_0^1 f(x)\mathrm{d}x.$$

下列重要结论成立:

(i) $\displaystyle\lim_{n\to\infty}\sum_{i=1}^{n}\frac{1}{n}f\left(\frac{i+1}{n}\right) \xrightarrow{j=i+1} = \lim_{n\to\infty}\sum_{j=2}^{n+1}\frac{1}{n}f\left(\frac{j}{n}\right)$

$$= \lim_{n\to\infty}\sum_{i=2}^{n+1}\frac{1}{n}f\left(\frac{i}{n}\right) = \lim_{n\to\infty}\sum_{i=1}^{n}\frac{1}{n}f\left(\frac{i}{n}\right) - \frac{1}{n}f\left(\frac{1}{n}\right) + \frac{1}{n}f\left(\frac{n+1}{n}\right)$$

$$= \int_0^1 f(x)\mathrm{d}x - \frac{1}{n}f\left(\frac{1}{n}\right) + \frac{1}{n}f\left(\frac{n+1}{n}\right);$$

(ii) $\displaystyle \lim_{n\to\infty}\sum_{i=1}^{n}\frac{1}{n}f\left(\frac{i-1}{n}\right)\xlongequal{j=i-1}\lim_{n\to\infty}\sum_{j=0}^{n-1}\frac{1}{n}f\left(\frac{j}{n}\right)$

$$= \lim_{n\to\infty}\sum_{i=0}^{n-1}\frac{1}{n}f\left(\frac{i}{n}\right) = \int_0^1 f(x)\mathrm{d}x;$$

(iii) $\displaystyle \int_0^1 f(x)\mathrm{d}x = \lim_{n\to\infty}\sum_{i=1}^{n}\int_{\frac{i-1}{n}}^{\frac{i}{n}} f(x)\mathrm{d}x = \lim_{n\to\infty}\sum_{i=1}^{n}\frac{1}{n}f\left(\frac{i}{n}\right)$, 如

$$\lim_{n\to\infty}\sum_{i=1}^{n}\frac{1}{n}\frac{5}{\sqrt{1+\left(\frac{i}{n}\right)^2}} = \lim_{n\to\infty}\sum_{i=0}^{n-1}\frac{1}{n}\frac{5}{\sqrt{1+\left(\frac{i}{n}\right)^2}} = \int_0^1 \frac{5}{\sqrt{1+x^2}}\mathrm{d}x.$$

2) 可积性

(1) 若 $f(x)$ 在 $[a,b]$ 上可积, 则 $f(x)$ 在 $[a,b]$ 有界;

(2) 若 $f(x)$ 在 $[a,b]$ 上连续, 则 $f(x)$ 在 $[a,b]$ 上可积;

(3) 若 $f(x)$ 在 $[a,b]$ 上有界且有有限个间断点, 则 $f(x)$ 在 $[a,b]$ 上可积.

3) 重要结论

(1) 积分 7 个常用比较定理.

(i) $f(x)$ 在 $[a,b]$ 上连续不变号且 $\displaystyle\int_a^b f(x)\mathrm{d}x = 0$, 则 $f(x)\equiv 0$;

(ii) $f(x)$ 在 $[a,b]$ 上连续, 任意子区间 $[\alpha,\beta]\subseteq[a,b]$ 有 $\displaystyle\int_\alpha^\beta f(x)\mathrm{d}x = 0$, 则 $f(x)\equiv 0$;

(iii) $f(x)$ 在 $[a,b]$ 上连续, $f(x)\geqslant 0$, 且 $f(x)$ 不恒为零, 则 $\displaystyle\int_a^b f(x)\mathrm{d}x > 0$;

(iv) $f(x)$ 在 $[a,b]$ 上连续, $f(x)\geqslant g(x)$ 且 $\displaystyle\int_a^b f(x)\mathrm{d}x = \int_a^b g(x)\mathrm{d}x$, 则 $f(x)=g(x)$;

(v) 保序性: $f(x)$ 在 $[a,b]$ 上连续, $f(x)\geqslant g(x)$, 则 $\displaystyle\int_a^b f(x)\mathrm{d}x \geqslant \int_a^b g(x)\mathrm{d}x$;

(vi) $\displaystyle\left|\int_a^b f(x)\mathrm{d}x\right| \leqslant \int_a^b |f(x)|\,\mathrm{d}x$;

(vii) 柯西不等式: $\displaystyle\left(\int_a^b f(x)g(x)\mathrm{d}x\right)^2 \leqslant \left(\int_a^b f^2(x)\mathrm{d}x\right)\left(\int_a^b g^2(x)\mathrm{d}x\right)$.

(2) 积分估值定理.

$$m(b-a) \leqslant \int_a^b f(x)\mathrm{d}x \leqslant M(b-a), \quad f(x)\in[m,M].$$

(3) 函数在对称区间的积分特点:

$$\int_{-l}^{l} f(x)\mathrm{d}x$$

$$= \begin{cases} 0, & f(-x) = -f(x), \\ 2\int_{0}^{l} f(x)\mathrm{d}x, & f(-x) = f(x), \\ \dfrac{1}{2}\int_{-l}^{l} [f(x) + f(-x)]\,\mathrm{d}x = \int_{0}^{l} [f(x) + f(-x)]\,\mathrm{d}x, & \text{其他}. \end{cases}$$

注 (i) $\displaystyle\int_{-1}^{1} \frac{\mathrm{d}x}{x\sqrt{1+x^2}} \neq 0$, 因为该积分为广义积分, 与定积分定义不符.

(ii) $F(x) = f(x) + f(-x)$ 为常用偶函数; $G(x) = f(x) - f(-x)$ 为常用奇函数.

(4) 周期函数 $f(x + T) = f(x)$ 的积分特性.

下列周期函数的积分性质, 只要被积函数是某一周期函数即可, 不一定要求是最小正周期.

(i) 平移性质: $\displaystyle\int_{a}^{a+T} f(x)\mathrm{d}x = \int_{0}^{T} f(x)\mathrm{d}x$.

(ii) 周期性质: $\displaystyle\int_{T}^{a+T} f(x)\mathrm{d}x = \int_{0}^{a} f(x)\mathrm{d}x$, 如 (i) 的应用:

$$F(x) = \int_{x}^{x+2\pi} \mathrm{e}^{\sin t} \sin t\,\mathrm{d}t = \int_{0}^{2\pi} \mathrm{e}^{\sin t} \sin t\,\mathrm{d}t = \int_{-\pi}^{\pi} \mathrm{e}^{\sin t} \sin t\,\mathrm{d}t$$

$$= \int_{-\pi}^{0} \mathrm{e}^{\sin t} \sin t\,\mathrm{d}t + \int_{0}^{\pi} \mathrm{e}^{\sin t} \sin t\,\mathrm{d}t$$

$$= \int_{\pi}^{0} \mathrm{e}^{-\sin u} (-\sin u)(-\mathrm{d}u) + \int_{0}^{\pi} \mathrm{e}^{\sin t} \sin t\,\mathrm{d}t$$

$$= \int_{0}^{\pi} \left(\mathrm{e}^{\sin t} - \mathrm{e}^{-\sin t}\right) \sin t\,\mathrm{d}t > 0.$$

(5) 积分技巧.

(i) $\displaystyle\int_{0}^{2a} f(x)\mathrm{d}x = \int_{0}^{a} [f(x) + f(2a - x)]\,\mathrm{d}x$, 如求

$$\int_{0}^{\pi} \frac{x\sin x}{1 + \cos^2 x}\mathrm{d}x = \frac{\pi^2}{4} \ \text{及} \ \int_{0}^{\pi} \frac{\mathrm{d}x}{1 + a\cos x} = \frac{\pi}{\sqrt{1-a^2}} \ (0 < a < 1) \ \text{等题型}.$$

(ii) $\displaystyle\int_{0}^{a} f(x)\mathrm{d}x = \frac{1}{2}\int_{0}^{a} [f(x) + f(a - x)]\,\mathrm{d}x$.

(iii) 用面积法解释 $\displaystyle\int_{0}^{a} \sqrt{a^2 - x^2}\mathrm{d}x = \frac{1}{4}\pi a^2$ 的积分方法.

(iv) 常用奇函数 $\varphi(x) = \displaystyle\int_{-1}^{1} |t - x|\, \mathrm{d}t$, $\varphi(x) = \ln\dfrac{x+a}{x-a}$, $\varphi(x) = f(x) - f(-x)$, 常用偶函数 $\varphi(x) = f(x) + f(-x)$, 如果 $f(x)$ 关于 $x = a$ 轴对称, 那么 $f(a+x) = f(a-x)$ 或 $f(x) = f(2a - x)$.

(v) $\displaystyle\int_{a}^{b} f(x)\mathrm{d}x = \int_{a}^{b} f(a + b - x)\,\mathrm{d}x$; $y = f(x)$ 关于 $x = \dfrac{a+b}{2}$ 轴对称 $\Rightarrow \displaystyle\int_{a}^{b} f(x)\mathrm{d}x$ $= 2\displaystyle\int_{a}^{\frac{a+b}{2}} f(x)\mathrm{d}x$, 对多元函数积分有类似结论.

(6) 沃利斯公式:

$$\int_{0}^{\frac{\pi}{2}} \sin^n x\, \mathrm{d}x = \int_{0}^{\frac{\pi}{2}} \cos^n x\, \mathrm{d}x = \begin{cases} \dfrac{(n-1)(n-3)\cdots 1}{n(n-2)\cdots 2} \cdot \dfrac{\pi}{2}, & n = 2k, \\[3mm] \dfrac{(n-1)(n-3)\cdots 2}{n(n-2)\cdots 3} \cdot 1, & n = 2k + 1, \end{cases}$$

如

$$\int_{0}^{\frac{\pi}{2}} (\cos^7 x + \sin^8 x)\mathrm{d}x = \frac{6 \times 4 \times 2}{7 \times 5 \times 3} + \frac{7 \times 5 \times 3 \times 1}{8 \times 6 \times 4 \times 2} \cdot \frac{\pi}{2}.$$

常用的转换公式有

(i) $\displaystyle\int_{0}^{\frac{\pi}{2}} f(\sin x)\mathrm{d}x = \int_{0}^{\frac{\pi}{2}} f(\cos x)\mathrm{d}x$;

(ii) $\displaystyle\int_{0}^{\pi} \sin^n x\,\mathrm{d}x = 2\int_{0}^{\frac{\pi}{2}} \sin^n x\,\mathrm{d}x$;

(iii) $\displaystyle\int_{0}^{\pi} \cos^n x\,\mathrm{d}x = \begin{cases} 2\displaystyle\int_{0}^{\frac{\pi}{2}} \cos^n x\,\mathrm{d}x, & n = 2k, \\[3mm] 0, & n = 2k + 1; \end{cases}$

(iv) $\displaystyle\int_{0}^{2\pi} \sin^n x\,\mathrm{d}x = \int_{0}^{2\pi} \cos^n x\,\mathrm{d}x = \begin{cases} 4\displaystyle\int_{0}^{\frac{\pi}{2}} \sin^n x\,\mathrm{d}x, & n = 2k, \\[3mm] 0, & n = 2k + 1. \end{cases}$

(7) $\displaystyle\int_{0}^{\pi} x f(\sin x)\,\mathrm{d}x = \frac{\pi}{2}\int_{0}^{\pi} f(\sin x)\,\mathrm{d}x = \pi\int_{0}^{\frac{\pi}{2}} f(\sin x)\,\mathrm{d}x$, 如

$$\int_{-\pi}^{\pi} \frac{x \sin x}{1 + \cos^2 x}\mathrm{d}x = 2\pi\int_{0}^{\frac{\pi}{2}} \frac{\sin x}{1 + \cos^2 x}\mathrm{d}x.$$

(8) $\displaystyle\int \mathrm{e}^{kx} \sin ax\, \mathrm{d}x = \dfrac{\begin{vmatrix} (\mathrm{e}^{kx})' & (\sin ax)' \\ \mathrm{e}^{kx} & \sin ax \end{vmatrix}}{a^2 + k^2} + C,$

$$\int \mathrm{e}^{kx} \cos ax\, \mathrm{d}x = \frac{\begin{vmatrix} (\mathrm{e}^{kx})' & (\cos ax)' \\ \mathrm{e}^{kx} & \cos ax \end{vmatrix}}{a^2 + k^2} + C.$$

(9) 具有特殊功能的定积分四大区间变换:

(i) $[a,b] \Leftrightarrow [0,1]$ 使用变换 $\displaystyle\int_a^b f(x)\mathrm{d}x \xrightarrow{t=\frac{x-a}{b-a}} \int_0^1 f[x(t)]\, x'(t)\,\mathrm{d}t$;

(ii) $[a,b] \Leftrightarrow [c,\ d]$ 使用变换 $\displaystyle\int_a^b f(x)\mathrm{d}x \xrightarrow{t=\frac{x-a}{b-a}(d-c)+c} \int_c^d f[x(t)]\, x'(t)\,\mathrm{d}t$;

(iii) $[a,b] \Leftrightarrow [b,a]$ 使用反变换 $t=-x$.

4) 积分中值定理

(1) 积分中值定理 (平均值公式): 若函数 $f(x)$ 在 $[a,b]$ 上连续, 则至少存在一点 $\xi \in [a,b]$, 使得 $\displaystyle\int_a^b f(x)\mathrm{d}x = f(\xi)(b-a)$.

(2) 积分第一中值定理: 若函数 $f(x)$ 在 $[a,b]$ 上连续, $g(x)$ 在 $[a,b]$ 上可积且不变号, 则至少存在一点 $\xi \in [a,b]$, 使得 $\displaystyle\int_a^b f(x)g(x)\mathrm{d}x = f(\xi)\int_a^b g(x)\mathrm{d}x$.

5) 积分不等式

(1) 柯西-施瓦茨不等式: 设 $f(x), g(x)$ 在 $[a,b]$ 上可积, 则

$$\left(\int_a^b f(x)g(x)\mathrm{d}x\right)^2 \leqslant \int_a^b f^2(x)\mathrm{d}x \int_a^b g^2(x)\mathrm{d}x.$$

(2) 阿达马 (Hadamard) 不等式: 设 $f(x)$ 在 $[a,b]$ 上连续, 且对于任意的 $t \in [0,1]$ 及任意 $x_1, x_2 \in [a,b]$, 满足 $f(tx_1 + (1-t)x_2) \leqslant tf(x_1) + (1-t)f(x_2)$, 则

$$f\left(\frac{x_1+x_2}{2}\right) \leqslant \frac{1}{x_2-x_1}\int_{x_1}^{x_2} f(x)\mathrm{d}x \leqslant \frac{1}{2}(f(x_1)+f(x_2)).$$

(3) 康托罗维奇 (Kantorovich) 不等式: 设 $f(x)$ 是 $[a,b]$ 上的正连续函数, M 和 m 分别是 $f(x)$ 在 $[a,b]$ 上的最大值和最小值, 则

$$(b-a)^2 \leqslant \int_a^b f(x)\mathrm{d}x \int_a^b \frac{1}{f(x)}\mathrm{d}x \leqslant \frac{(m+M)^2}{4mM}(b-a)^2.$$

(4) 赫尔德 (Hölder) 不等式: 设 $f(x), g(x)$ 在 $[a,b]$ 上可积, $p>1, q>1$, 且 $\frac{1}{p}+\frac{1}{q}=1$, 则 $\displaystyle\int_a^b |f(x)g(x)|\,\mathrm{d}x \leqslant \left(\int_a^b |f(x)|^p\,\mathrm{d}x\right)^{\frac{1}{p}}\left(\int_a^b |g(x)|^q\,\mathrm{d}x\right)^{\frac{1}{q}}$.

(5) Minkowski (闵可夫斯基) 不等式: 设 $f(x), g(x)$ 在 $[a,b]$ 上可积, $p \geqslant 1$, 则

$$\left(\int_a^b |f(x)+g(x)|^p\,\mathrm{d}x\right)^{\frac{1}{p}} \leqslant \left(\int_a^b |f(x)|^p\,\mathrm{d}x\right)^{\frac{1}{p}} + \left(\int_a^b |g(x)|^p\,\mathrm{d}x\right)^{\frac{1}{p}}.$$

4. 广义积分

广义积分分为瑕积分和无穷区间上的积分, 它们的收敛与发散的定义这里省略.

(1) 设 a 为正常数, 积分 $\displaystyle\int_a^{+\infty} \frac{1}{x^p}\mathrm{d}x$, 当 $p>1$ 时收敛, 而当 $p \leqslant 1$ 时发散.

(2) 设 a, b 为常数, $a < b$, 对于瑕积分 $\int_a^b \dfrac{\mathrm{d}x}{(x-a)^q}$, 当 $q < 1$ 时收敛, 而当 $q \geqslant 1$ 时发散.

(3) 一些特殊的广义积分.

(i) 伽马函数 $\Gamma(s) = \displaystyle\int_0^{+\infty} x^{s-1}\mathrm{e}^{-x}\mathrm{d}x \, (s > 0)$. 递推公式 $\Gamma(s+1) = s\Gamma(s)(s > 0)$; 对于正整数 n 有 $\Gamma(n+1) = n!$, 特别 $\Gamma(1) = 0! = 1$.

(ii) 高斯积分 $\displaystyle\int_{-\infty}^{+\infty} \mathrm{e}^{-x^2}\mathrm{d}x = \sqrt{\pi}$.

(4) 广义积分敛散性的判别法:

设 $-\infty \leqslant a < b \leqslant +\infty$, $f(x), g(x)$ 在 (a, b) 上连续.

① 如果在 (a, b) 上恒有 $0 \leqslant f(x) \leqslant g(x)$, 且广义积分 $\displaystyle\int_a^b g(x)\mathrm{d}x$ 收敛, 则广义积分 $\displaystyle\int_a^b f(x)\mathrm{d}x$ 也收敛.

② 如果 $\displaystyle\int_a^b |f(x)|\,\mathrm{d}x$ 收敛, 则 $\displaystyle\int_a^b f(x)\mathrm{d}x$ 收敛.

③ 如果 $\displaystyle\int_a^b |f(x)|\,\mathrm{d}x$ 收敛, 则称 $\displaystyle\int_a^b f(x)\mathrm{d}x$ 绝对收敛; 如果 $\displaystyle\int_a^b f(x)\mathrm{d}x$ 收敛, 而 $\displaystyle\int_a^b |f(x)|\,\mathrm{d}x$ 发散, 则称 $\displaystyle\int_a^b f(x)\mathrm{d}x$ 条件收敛.

5. 定积分的应用

1) 平面图形的面积

(1) 直角坐标情形: 由两条曲线 $y = f(x), y = g(x)$ (其中 $f(x), g(x)$ 在闭区间 $[a, b]$ 上连续) 与直线 $x = a, x = b$ 所围成的平面图形, 其面积为 $A = \displaystyle\int_a^b |f(x) - g(x)|\,\mathrm{d}x$.

(2) 极坐标情形: 设曲线 C 由极坐标方程 $r = r(\theta), \theta \in [\alpha, \beta]$ 给出, 其中 $r(\theta)$ 在区间 $[\alpha, \beta]$ 上连续, 且 $\beta - \alpha \leqslant 2\pi$. 由曲线 C 与两条射线 $\theta = \alpha, \theta = \beta$ 所围成的曲边扇形的面积为 $A = \dfrac{1}{2}\displaystyle\int_\alpha^\beta r^2(\theta)\mathrm{d}\theta$.

2) 体积

(1) 平行截面面积已知的空间立体的体积.

设 Ω 为三维空间中的立体, 它夹在垂直于 x 轴的两平面 $x = a$ 与 $x = b$ 之间 $(a < b)$, 在任意一点 $x \in [a, b]$ 处作垂直于 x 轴的平面, 它截得 Ω 的截面面积为 $A(x)(x \in [a, b])$, 若 $A(x)$ 在 $[a, b]$ 上连续, 则立体 Ω 的体积 V 为 $V = \displaystyle\int_a^b A(x)\mathrm{d}x$.

(2) 旋转体的体积.

由连续曲线 $y = f(x)$, 直线 $x = a, x = b \, (a < b)$ 及 x 轴所围成的曲边梯形绕 x 轴

旋转一周所得旋转体的体积为 $V_x = \int_a^b \pi f^2(x)\mathrm{d}x$.

由连续曲线 $x = g(y)$, 直线 $y = c, y = d$ $(c < d)$ 及 y 轴所围成的曲边梯形绕 y 轴旋转一周所得旋转体的体积为 $V_y = \int_c^d \pi g^2(y)\mathrm{d}y$.

由曲边梯形 $0 \leqslant y \leqslant f(x), 0 \leqslant a \leqslant x \leqslant b$ 绕 y 轴旋转一周所得立体的体积公式为 $V = 2\pi \int_a^b x f(x)\mathrm{d}x$ (柱壳法).

(3) 曲线的弧长微元 $\mathrm{d}s = \sqrt{(\mathrm{d}x)^2 + (\mathrm{d}y)^2}$.

当曲线 C 由参数方程 $\begin{cases} x = \varphi(t), \\ y = \psi(t), \end{cases}$ $t \in [\alpha, \beta]$ 给出时, $\mathrm{d}s = \sqrt{[\varphi'(t)]^2 + [\psi'(t)]^2}\mathrm{d}t$. 此时要求 C 为一光滑曲线 ($\varphi(t)$ 与 $\psi(t)$ 在区间 $[\alpha, \beta]$ 上具有连续的导数, 且 $\varphi'(t)$ 与 $\psi'(t)$ 在区间 $[\alpha, \beta]$ 上不同时为零), 曲线 C 的弧长为 $s = \int_a^\beta \sqrt{[\varphi'(t)]^2 + [\psi'(t)]^2}\mathrm{d}t$.

注 当曲线 C 是以弧长 s 为参数时 $x = u(s), y = v(s)$, 则恒有

$$[u'(s)]^2 + [v'(s)]^2 \equiv 1.$$

当曲线 C 由 $y = f(x), x \in [a, b]$ 给出时, 其中 $f'(x)$ 连续, 则 $\mathrm{d}s = \sqrt{1 + [f'(x)]^2}\mathrm{d}x$, 曲线 C 的弧长为 $s = \int_a^b \sqrt{1 + [f'(x)]^2}\mathrm{d}x$.

当曲线 C 由极坐标 $r = r(\theta), \theta \in [\alpha, \beta]$ 给出时, 其中 $r(\theta)$ 有连续的导数, 则 $\mathrm{d}s = \sqrt{(r')^2 + r^2}\mathrm{d}\theta$. 曲线 C 的弧长为 $s = \int_\alpha^\beta \sqrt{(r')^2 + r^2}\mathrm{d}\theta$.

六、全国初赛真题赏析

例 1 设 $f(x)$ 是连续函数, 且满足 $f(x) = 3x^2 - \int_0^2 f(x)\mathrm{d}x - 2$, 求 $f(x)$. (第一届全国初赛, 2009)

解 令 $A = \int_0^2 f(x)\mathrm{d}x$, 则 $f(x) = 3x^2 - A - 2$, 等式两边取 $[0, 2]$ 上积分, 得 $A = \int_0^2 (3x^2 - A - 2)\mathrm{d}x = 8 - 2(A + 2) = 4 - 2A$, 解得 $A = \dfrac{4}{3}$. 因此 $f(x) = 3x^2 - \dfrac{10}{3}$.

例 2 设抛物线 $y = ax^2 + bx + 2\ln c$ 过原点. 当 $0 \leqslant x \leqslant 1$ 时, $y \geqslant 0$, 又已知该抛物线与 x 轴及直线 $x = 1$ 所围图形的面积为 $\dfrac{1}{3}$. 试确定 a, b, c, 使此图形绕 x 轴旋转一周而成的旋转体的体积最小. (第一届全国初赛, 2009)

解 因抛物线 $y = ax^2 + bx + 2\ln c$ 过原点, 故 $c = 1$, 于是 $\dfrac{1}{3} = \int_0^1 (ax^2 + bx)\mathrm{d}x = \left[\dfrac{a}{3}x^3 + \dfrac{b}{2}x^2\right]_0^1 = \dfrac{a}{3} + \dfrac{b}{2}$, 即 $b = \dfrac{2}{3}(1 - a)$, 此图形绕 x 轴旋转一周而成的旋转体的

体积为

$$
\begin{aligned}
V(a) &= \pi \int_0^1 (ax^2 + bx)^2 \mathrm{d}x = \pi \int_0^1 \left(ax^2 + \frac{2}{3}(1-a)x \right)^2 \mathrm{d}x \\
&= \pi a^2 \int_0^1 x^4 \mathrm{d}x + \pi \frac{4}{3} a(1-a) \int_0^1 x^3 \mathrm{d}x + \pi \frac{4}{9}(1-a)^2 \int_0^1 x^2 \mathrm{d}x \\
&= \frac{1}{5} \pi a^2 + \pi \frac{1}{3} a(1-a) + \pi \frac{4}{27}(1-a)^2,
\end{aligned}
$$

即 $V(a) = \frac{1}{5}\pi a^2 + \pi \frac{1}{3} a(1-a) + \pi \frac{4}{27}(1-a)^2$. 令 $V'(a) = \frac{2}{5}\pi a + \pi \frac{1}{3}(1-2a) - \pi \frac{8}{27}(1-a) = 0$, 得 $54a + 45 - 90a - 40 + 40a = 0$, 即 $4a + 5 = 0$, 因此 $a = -\frac{5}{4}$, $b = \frac{3}{2}$, $c = 1$.

例 3 设 $s > 0$, 求 $I_n = \int_0^{+\infty} \mathrm{e}^{-sx} x^n \mathrm{d}x \, (n = 1, 2, \cdots)$. (第二届全国初赛, 2010)

解 因为 $s > 0$, 所以 $\lim\limits_{x \to +\infty} \mathrm{e}^{-sx} x^n = 0$,

$$
I_n = -\frac{1}{s} \int_0^{+\infty} x^n \mathrm{d}\mathrm{e}^{-sx} = -\frac{1}{s} \left[-n \int_0^{+\infty} x^{n-1} \mathrm{e}^{-sx} \mathrm{d}x \right] = \frac{n}{s} I_{n-1},
$$

由此 $I_n = \frac{n}{s} I_{n-1} = \frac{n}{s} \cdot \frac{n-1}{s} I_{n-2} = \cdots = \frac{n!}{s^{n-1}} I_1$, 又 $I_1 = \int_0^{+\infty} x \mathrm{e}^{-sx} \mathrm{d}x = \frac{1}{s^2}$, 则 $I_n = \frac{n!}{s^{n+1}}$.

例 4 在平面上, 有一条从点 $(a, 0)$ 向右的射线, 线密度为 ρ, 在点 $(0, h)$ 处 (其中 $h > 0$) 有一质量为 m 的质点, 求射线对该质点的引力. (第三届全国初赛, 2011)

解 在 x 轴的 x 处取一小段 $\mathrm{d}x$, 其质量是 $\rho \mathrm{d}x$, 到质点的距离为 $\sqrt{h^2 + x^2}$, 这一小段与质点的引力是 $\mathrm{d}F = \frac{Gm\rho \mathrm{d}x}{h^2 + x^2}$ (其中 G 为引力常数). 这个引力在水平方向的分量为 $\mathrm{d}F_x = \frac{Gm\rho x \mathrm{d}x}{(h^2 + x^2)^{3/2}}$. 从而

$$
\begin{aligned}
F_x &= \int_a^{+\infty} \frac{Gm\rho x \mathrm{d}x}{(h^2 + x^2)^{3/2}} = \frac{Gm\rho}{2} \int_a^{+\infty} \frac{\mathrm{d}(x^2)}{(h^2 + x^2)^{3/2}} \\
&= -Gm\rho \left. (h^2 + x^2)^{-1/2} \right|_a^{+\infty} = \frac{Gm\rho}{\sqrt{h^2 + a^2}}.
\end{aligned}
$$

而 $\mathrm{d}F$ 在竖直方向上的分量为

$$
\mathrm{d}F_y = \frac{Gm\rho h \mathrm{d}x}{(h^2 + x^2)^{3/2}},
$$

故

$$
F_y = \int_a^{+\infty} \frac{Gm\rho h \mathrm{d}x}{(h^2 + x^2)^{3/2}} = \int_{\arctan \frac{a}{h}}^{\frac{\pi}{2}} \frac{Gm\rho h^2 \sec^2 t \mathrm{d}t}{h^3 \sec^3 t}
$$

$$= \frac{Gm\rho}{h} \int_{\arctan \frac{a}{h}}^{\frac{\pi}{2}} \cos t \, dt = \frac{Gm\rho}{h} \left(1 - \sin \arctan \frac{a}{h}\right)$$

$$= \frac{Gm\rho}{h} \left(1 - \frac{a}{\sqrt{a^2 + h^2}}\right).$$

所求引力向量为 $F = (F_x, F_y)$.

例 5 计算 $\int_0^{+\infty} e^{-2x} |\sin x| \, dx$. (第四届全国初赛, 2012)

解 由于

$$\int_0^{n\pi} e^{-2x} |\sin x| \, dx = \sum_{k=1}^{n} \int_{(k-1)\pi}^{k\pi} e^{-2x} |\sin x| \, dx = \sum_{k=1}^{n} \int_{(k-1)\pi}^{k\pi} (-1)^{k-1} e^{-2x} \sin x \, dx,$$

应用分部积分法, 得 $\int_{(k-1)\pi}^{k\pi} (-1)^{k-1} e^{-2x} \sin x \, dx = \frac{1}{5} e^{-2k\pi} (1 + e^{2\pi})$, 所以

$$\int_0^{n\pi} e^{-2x} |\sin x| \, dx = \frac{1}{5}(1 + e^{2\pi}) \sum_{k=1}^{n} e^{-2k\pi} = \frac{1}{5}(1 + e^{2\pi}) \frac{e^{-2k\pi} - e^{-2(k+1)\pi}}{1 - e^{-2k\pi}}.$$

当 $n\pi \leqslant t < (n+1)\pi$ 时,

$$\int_0^{n\pi} e^{-2x} |\sin x| \, dx \leqslant \int_0^t e^{-2x} |\sin x| \, dx \leqslant \int_0^{(n+1)\pi} e^{-2x} |\sin x| \, dx,$$

令 $n \to \infty$, 由夹逼法则, 得

$$\int_0^{+\infty} e^{-2x} |\sin x| \, dx = \lim_{n \to \infty} \int_0^{n\pi} e^{-2x} |\sin x| \, dx = \frac{1}{5} \frac{e^{2\pi} + 1}{e^{2\pi} - 1}.$$

注 如果最后不用夹逼法则, 而用

$$\int_0^{+\infty} e^{-2x} |\sin x| \, dx = \lim_{n \to \infty} \int_0^{n\pi} e^{-2x} |\sin x| \, dx = \frac{1}{5} \frac{e^{2\pi} + 1}{e^{2\pi} - 1},$$

需先说明 $\int_0^{+\infty} e^{-2x} |\sin x| \, dx$ 收敛.

例 6 求最小实数 C, 使得满足 $\int_0^1 |f(x)| \, dx = 1$ 的连续函数 $f(x)$ 都有 $\int_0^1 f(\sqrt{x}) \, dx \leqslant C$. (第四届全国初赛, 2012)

解 由于 $\int_0^1 |f(\sqrt{x})| \, dx = \int_0^1 |f(t)| 2t \, dt \leqslant 2 \int_0^1 |f(t)| \, dt = 2$.

另一方面取 $f_n(x) = (n+1)x^n$, 则 $\int_0^1 |f_n(x)| \, dx = \int_0^1 f_n(x) \, dx = 1$, 而

$$\int_0^1 f_n(\sqrt{x}) \, dx = 2 \int_0^1 t f_n(t) \, dt = 2 \frac{n+1}{n+2} \to 2 \quad (n \to \infty).$$

因此最小实数 $C = 2$.

例 7 证明广义积分 $\displaystyle\int_0^{+\infty} \frac{\sin x}{x} \mathrm{d}x$ 不是绝对收敛的. (第五届全国初赛, 2013)

证明 记 $a_n = \displaystyle\int_{n\pi}^{(n+1)\pi} \frac{|\sin x|}{x} \mathrm{d}x$, 只要证明 $\displaystyle\sum_{n=0}^{\infty} a_n$ 发散即可. 因为

$$a_n \geqslant \frac{1}{(n+1)\pi} \int_{n\pi}^{(n+1)\pi} |\sin x| \mathrm{d}x = \frac{1}{(n+1)\pi} \int_0^{\pi} \sin x \mathrm{d}x = \frac{2}{(n+1)\pi},$$

而 $\displaystyle\sum_{n=0}^{\infty} \frac{2}{(n+1)\pi}$ 发散, 故由比较判别法可知 $\displaystyle\sum_{n=0}^{\infty} a_n$ 发散.

例 8 过曲线 $y = \sqrt[3]{x}\,(x \geqslant 0)$ 上的点 A 作切线, 使该切线与曲线及 x 轴所围成的平面图形的面积为 $\dfrac{3}{4}$, 求点 A 的坐标. (第五届全国初赛, 2013)

解 设切点 A 的坐标为 $\left(t, \sqrt[3]{t}\right)$, 曲线过 A 点的切线方程为 $y - \sqrt[3]{t} = \dfrac{1}{3\sqrt[3]{t^2}}(x - t)$, 令 $y = 0$, 由切线方程得切线与 x 轴交点的横坐标为 $x_0 = -2t$. 从而作图可知, 所求平面图形的面积 $S = \dfrac{1}{2}\sqrt[3]{t}\,[t - (-2t)] - \displaystyle\int_0^t \sqrt[3]{x}\mathrm{d}x = \dfrac{3}{4}t\sqrt[3]{t} = \dfrac{3}{4}$, 解得 $t = 1$, 故 A 点的坐标为 $(1, 1)$.

例 9 计算定积分 $I = \displaystyle\int_{-\pi}^{\pi} \frac{x \sin x \cdot \arctan \mathrm{e}^x}{1 + \cos^2 x} \mathrm{d}x$. (第五届全国初赛, 2013)

解 $I = \displaystyle\int_{-\pi}^0 \frac{x \sin x \cdot \arctan \mathrm{e}^x}{1 + \cos^2 x} \mathrm{d}x + \int_0^{\pi} \frac{x \sin x \cdot \arctan \mathrm{e}^x}{1 + \cos^2 x} \mathrm{d}x$

$\qquad = \displaystyle\int_0^{\pi} \frac{x \sin x \cdot \arctan \mathrm{e}^{-x}}{1 + \cos^2 x} \mathrm{d}x + \int_0^{\pi} \frac{x \sin x \cdot \arctan \mathrm{e}^x}{1 + \cos^2 x} \mathrm{d}x$

$\qquad = \displaystyle\int_0^{\pi} \frac{x \sin x}{1 + \cos^2 x}(\arctan \mathrm{e}^{-x} + \arctan \mathrm{e}^x)\mathrm{d}x = \frac{\pi}{2} \int_0^{\pi} \frac{x \sin x}{1 + \cos^2 x} \mathrm{d}x$

$\qquad = \left(\dfrac{\pi}{2}\right)^2 \displaystyle\int_0^{\pi} \frac{\sin x}{1 + \cos^2 x} \mathrm{d}x = -\left(\dfrac{\pi}{2}\right)^2 \arctan(\cos x)\Big|_0^{\pi} = \frac{\pi^3}{8}$.

例 10 设 $|f(x)| \leqslant \pi$, $f'(x) \geqslant m > 0\,(a \leqslant x \leqslant b)$, 证明 $\left|\displaystyle\int_a^b \sin f(x)\mathrm{d}x\right| \leqslant \dfrac{2}{m}$. (第五届全国初赛, 2013)

解 因为 $f'(x) \geqslant m > 0\,(a \leqslant x \leqslant b)$, 所以 $f(x)$ 在 $[a, b]$ 上严格单调增加, 从而有反函数. 设 $A = f(a)$, $B = f(b)$, φ 是 f 的反函数, 则 $0 < \varphi'(y) = \dfrac{1}{f'(x)} \leqslant \dfrac{1}{m}$, 又 $|f(x)| \leqslant \pi$, 则 $-\pi \leqslant A < B \leqslant \pi$, 所以

$$\left|\int_a^b \sin f(x)\mathrm{d}x\right| \xlongequal{x = \varphi(y)} \left|\int_A^B \varphi'(y)\sin y\mathrm{d}y\right|$$

$$\leqslant \left| \int_0^\pi \varphi'(y) \sin y \mathrm{d}y \right| \leqslant \int_0^\pi \frac{1}{m} \sin y \mathrm{d}y = -\frac{1}{m} \cos y \Big|_0^\pi = \frac{2}{m}.$$

例 11 设 n 为正整数, 计算 $I = \int_{e^{-2n\pi}}^1 \left| \frac{\mathrm{d}}{\mathrm{d}x} \cos\left(\ln\frac{1}{x}\right) \right| \mathrm{d}x$. (第六届全国初赛, 2014)

解 $I = \int_{e^{-2n\pi}}^1 \left| \frac{\mathrm{d}}{\mathrm{d}x} \cos\left(\ln\frac{1}{x}\right) \right| \mathrm{d}x = \int_{e^{-2n\pi}}^1 \left| \frac{\mathrm{d}}{\mathrm{d}x} \cos(\ln x) \right| \mathrm{d}x = \int_{e^{-2n\pi}}^1 \left| \sin(\ln x) \frac{1}{x} \right| \mathrm{d}x,$

令 $\ln x = u$, 则 $I = \int_{-2n\pi}^0 |\sin u| \mathrm{d}u = \int_0^{2n\pi} |\sin t| \mathrm{d}t = 4n \int_0^{\frac{\pi}{2}} |\sin t| \mathrm{d}t = 4n.$

例 12 设函数 $f(x)$ 在 $[0,1]$ 上连续, 且 $\int_0^1 f(x)\mathrm{d}x = 0$, $\int_0^1 x f(x)\mathrm{d}x = 1$. 试证:
(1) $\exists x_0 \in [0,1]$ 使 $|f(x_0)| > 4$; (2) $\exists x_1 \in [0,1]$ 使 $|f(x_1)| = 4$. (第七届全国初赛, 2015)

证明 (1) (反证法) 假设 $\forall x \in [0,1]$, $|f(x)| \leqslant 4$, 则

$$1 = \int_0^1 \left(x - \frac{1}{2}\right) f(x)\mathrm{d}x \leqslant \int_0^1 \left|x - \frac{1}{2}\right| |f(x)| \mathrm{d}x \leqslant 4 \int_0^1 \left|x - \frac{1}{2}\right| \mathrm{d}x = 1.$$

因此, $\int_0^1 \left|x - \frac{1}{2}\right| |f(x)| \mathrm{d}x = 1$, 而 $4 \int_0^1 \left|x - \frac{1}{2}\right| \mathrm{d}x = 1$, 故 $\int_0^1 \left|x - \frac{1}{2}\right| (4 - |f(x)|) \mathrm{d}x = 0$, 所以对于 $\forall x \in [0,1]$, $|f(x)| = 4$, 由连续性知 $f(x) \equiv \pm 4$, 这与条件 $\int_0^1 f(x)\mathrm{d}x = 0$ 矛盾, 因此 $\exists x_0 \in [0,1]$, 使 $|f(x_0)| > 4$.

(2) 先证明存在 $x_2 \in [0,1]$, 使 $|f(x_2)| < 4$. 假设, 对 $\forall x \in [0,1]$, $|f(x)| \geqslant 4$ 成立, 则 $f(x) \geqslant 4$ 恒成立, 或 $f(x) \leqslant -4$ 恒成立, 与条件 $\int_0^1 f(x)\mathrm{d}x = 0$ 矛盾. 因此存在 $x_2 \in [0,1]$, 使 $|f(x_2)| < 4$. 因为函数 $f(x)$ 在 $[0,1]$ 上连续, 所以 $|f(x)|$ 在 $[0,1]$ 上连续. 由 (1) 及介值定理知, $\exists x_1 \in [0,1]$ 使 $|f(x_1)| = 4$.

例 13 设 $f(x)$ 在 $[0,1]$ 上可导, $f(0) = 0$, 且当 $x \in (0,1)$, $0 < f'(x) < 1$, 试证当 $a \in (0,1)$, $\left(\int_0^a f(x)\mathrm{d}x\right)^2 > \int_0^a f^3(x)\mathrm{d}x$. (第八届全国初赛, 2016)

证明 设 $F(x) = \left(\int_0^x f(x)\mathrm{d}x\right)^2 - \int_0^x f^3(x)\mathrm{d}x$, 则 $F(0) = 0$, 我们只需要证明 $F'(x) > 0$ 即可. $F'(x) = 2f(x) \int_0^x f(x)\mathrm{d}x - f^3(x) = f(x)\left[2\int_0^x f(x)\mathrm{d}x - f^2(x)\right]$, 因为 $0 < f'(x) < 1$, 所以 $f(x)$ 单调递增, 又 $f(0) = 0$, 所以 $f(x) > 0$. 令 $g(x) = 2\int_0^x f(x)\mathrm{d}x - f^2(x)$, 则 $g'(x) = 2f(x) - 2f(x)f'(x) = 2f(x)[1 - f'(x)] > 0$, 因此 $g(x)$ 单调递增, 又因为 $g(0) = 0$, 所以 $g(x) > 0$, 因此 $F'(x) > 0$, $F(x)$ 单调递增, 因此 $F(a) > F(0)$, 即 $\left(\int_0^a f(x)\mathrm{d}x\right)^2 > \int_0^a f^3(x)\mathrm{d}x.$

例 14 计算不定积分 $I = \displaystyle\int \frac{\mathrm{e}^{-\sin x}\sin 2x}{(1-\sin x)^2}\mathrm{d}x$. (第九届全国初赛, 2017)

解 $I = 2\displaystyle\int \frac{\mathrm{e}^{-\sin x}\sin x\cos x}{(1-\sin x)^2}\mathrm{d}x \xlongequal{\sin x = v} 2\int \frac{v\mathrm{e}^{-v}}{(1-v)^2}\mathrm{d}v$

$\qquad = 2\displaystyle\int \frac{(v-1+1)\mathrm{e}^{-v}}{(1-v)^2}\mathrm{d}v = 2\int \frac{\mathrm{e}^{-v}}{v-1}\mathrm{d}v + 2\int \frac{\mathrm{e}^{-v}}{(v-1)^2}\mathrm{d}v$

$\qquad = 2\displaystyle\int \frac{\mathrm{e}^{-v}}{v-1}\mathrm{d}v - 2\int \mathrm{e}^{-v}\mathrm{d}\frac{1}{v-1}$

$\qquad = 2\displaystyle\int \frac{\mathrm{e}^{-v}}{v-1}\mathrm{d}v - 2\left(\mathrm{e}^{-v}\frac{1}{v-1} + \int \frac{\mathrm{e}^{-v}}{v-1}\mathrm{d}v\right)$

$\qquad = -\dfrac{2\mathrm{e}^{-v}}{v-1} + C = \dfrac{2\mathrm{e}^{-\sin x}}{1-\sin x} + C.$

例 15 设函数 $f(x) > 0$ 且在实轴上连续, 若对任意实数 t, 有

$$\int_{-\infty}^{+\infty} \mathrm{e}^{-|t-x|}f(x)\mathrm{d}x \leqslant 1,$$

则 $\forall a, b(a < b)$, $\displaystyle\int_a^b f(x)\mathrm{d}x \leqslant \frac{b-a+2}{2}$. (第九届全国初赛, 2017)

证明 由于 $\forall a, b(a < b)$, 有 $\displaystyle\int_a^b \mathrm{e}^{-|t-x|}f(x)\mathrm{d}x \leqslant \int_{-\infty}^{+\infty} \mathrm{e}^{-|t-x|}f(x)\mathrm{d}x \leqslant 1$. 因此 $\displaystyle\int_a^b \mathrm{d}t\int_a^b \mathrm{e}^{-|t-x|}f(x)\mathrm{d}x \leqslant b-a$. 然而

$$\int_a^b \mathrm{d}t\int_a^b \mathrm{e}^{-|t-x|}f(x)\mathrm{d}x = \int_a^b f(x)\left(\int_a^b \mathrm{e}^{-|t-x|}\mathrm{d}t\right)\mathrm{d}x,$$

其中 $\displaystyle\int_a^b \mathrm{e}^{-|t-x|}\mathrm{d}t = \int_a^x \mathrm{e}^{t-x}\mathrm{d}t + \int_x^b \mathrm{e}^{x-t}\mathrm{d}t = 2 - \mathrm{e}^{a-x} - \mathrm{e}^{x-b}$. 这样就有

$$\int_a^b f(x)(2 - \mathrm{e}^{a-x} - \mathrm{e}^{x-b})\mathrm{d}x \leqslant b-a, \qquad\qquad ①$$

即 $\displaystyle\int_a^b f(x)\mathrm{d}x \leqslant \frac{b-a}{2} + \frac{1}{2}\left[\int_a^b \mathrm{e}^{a-x}f(x)\mathrm{d}x + \int_a^b \mathrm{e}^{x-b}f(x)\mathrm{d}x\right]$. 注意到

$$\int_a^b \mathrm{e}^{a-x}f(x)\mathrm{d}x = \int_a^b \mathrm{e}^{-|a-x|}f(x)\mathrm{d}x \leqslant 1$$

和 $\displaystyle\int_a^b f(x)\mathrm{e}^{x-b}\mathrm{d}x \leqslant 1$, 把以上两个式子代入 ①, 即得结论.

例 16 计算不定积分 $\displaystyle\int \frac{\ln(x+\sqrt{1+x^2})}{(1+x^2)^{3/2}}\mathrm{d}x$. (第十届全国初赛, 2018)

解 方法 1:

$$\int \frac{\ln(x+\sqrt{1+x^2})}{(1+x^2)^{3/2}}\mathrm{d}x \xlongequal{x=\tan t} \int \frac{\ln(\tan t+\sec t)}{\sec t}\mathrm{d}t$$

$$= \int \ln(\tan t+\sec t)\mathrm{d}\sin t$$

$$= \sin t\ln(\tan t+\sec t) - \int \sin t\,\mathrm{d}\ln(\tan t+\sec t)$$

$$= \sin t\ln(\tan t+\sec t) - \int \sin t\frac{1}{\tan t+\sec t}\left(\sec^2 t+\tan t\sec t\right)\mathrm{d}t$$

$$= \sin t\ln(\tan t+\sec t) - \int \frac{\sin t}{\cos t}\mathrm{d}t$$

$$= \sin t\ln(\tan t+\sec t) + \ln|\cos t| + C$$

$$= \frac{x}{\sqrt{1+x^2}}\ln(x+\sqrt{1+x^2}) - \frac{1}{2}\ln\left(1+x^2\right) + C.$$

方法 2:

$$\int \frac{\ln(x+\sqrt{1+x^2})}{(1+x^2)^{3/2}}\mathrm{d}x = \int \ln(x+\sqrt{1+x^2})\mathrm{d}\frac{x}{\sqrt{1+x^2}}$$

$$= \frac{x}{\sqrt{1+x^2}}\ln\left(x+\sqrt{1+x^2}\right) - \int \frac{x}{\sqrt{1+x^2}}\frac{1}{x+\sqrt{1+x^2}}\left(1+\frac{x}{\sqrt{1+x^2}}\right)\mathrm{d}x$$

$$= \frac{x}{\sqrt{1+x^2}}\ln(x+\sqrt{1+x^2}) - \int \frac{x}{1+x^2}\mathrm{d}x$$

$$= \frac{x}{\sqrt{1+x^2}}\ln(x+\sqrt{1+x^2}) - \frac{1}{2}\ln\left(1+x^2\right) + C.$$

例 17 设 $f(x)$ 在区间 $[0,1]$ 上连续, 且 $1\leqslant f(x)\leqslant 3$, 证明: $1\leqslant \displaystyle\int_0^1 f(x)\mathrm{d}x$.
$\displaystyle\int_0^1 \frac{1}{f(x)}\mathrm{d}x\leqslant \frac{4}{3}$. (第十届全国初赛, 2018)

证明 由柯西不等式有 $\displaystyle\int_0^1 f(x)\mathrm{d}x\int_0^1 \frac{1}{f(x)}\mathrm{d}x\geqslant \left(\int_0^1 \sqrt{f(x)}\sqrt{\frac{1}{f(x)}}\mathrm{d}x\right)^2 = 1$.

又由于 $(f(x)-1)(f(x)-3)\leqslant 0$, $\dfrac{(f(x)-1)(f(x)-3)}{f(x)}\leqslant 0$, 即 $f(x)+\dfrac{3}{f(x)}\leqslant 4$,

$\displaystyle\int_0^1 \left(f(x)+\frac{3}{f(x)}\right)\mathrm{d}x\leqslant 4$. 由于 $\displaystyle\int_0^1 f(x)\mathrm{d}x\int_0^1 \frac{3}{f(x)}\mathrm{d}x\leqslant \frac{1}{4}\left(\int_0^1 f(x)\mathrm{d}x+\int_0^1 \frac{3}{f(x)}\mathrm{d}x\right)^2$,

故 $1\leqslant \displaystyle\int_0^1 f(x)\mathrm{d}x\int_0^1 \frac{1}{f(x)}\mathrm{d}x\leqslant \frac{4}{3}$.

例 18 证明: 对于连续函数 $f(x)>0$, 有 $\ln\displaystyle\int_0^1 f(x)\mathrm{d}x\geqslant \int_0^1 \ln f(x)\mathrm{d}x$. (第十届全国初赛, 2018)

证明 由于 $f(x)$ 在 $[0,1]$ 上连续, 所以 $\int_0^1 f(x)\mathrm{d}x = \lim\limits_{n\to\infty} \dfrac{1}{n}\sum\limits_{k=1}^{n} f(x_k)$, 其中 $x_k \in \left[\dfrac{k-1}{n}, \dfrac{k}{n}\right]$, 由不等式 $(f(x_1)f(x_2)\cdots f(x_n))^{\frac{1}{n}} \leqslant \dfrac{1}{n}\sum\limits_{k=1}^{n} f(x_k)$, 根据 $\ln x$ 的单调性 $\dfrac{1}{n}\sum\limits_{k=1}^{n}\ln f(x_k) \leqslant \ln\left(\dfrac{1}{n}\sum\limits_{k=1}^{n} f(x_k)\right)$, 以及 $\ln x$ 的连续性, 两边取极限

$$\lim_{n\to\infty}\left(\frac{1}{n}\sum_{k=1}^{n}\ln f(x_k)\right) \leqslant \lim_{n\to\infty}\ln\left(\frac{1}{n}\sum_{k=1}^{n} f(x_k)\right),$$

从而 $\ln\int_0^1 f(x)\mathrm{d}x \geqslant \int_0^1 \ln f(x)\mathrm{d}x$.

例 19 若设隐函数 $y=y(x)$ 由方程 $y^2(x-y)=x^2$ 所确定, 计算 $\int \dfrac{\mathrm{d}x}{y^2}$. (第十一届全国初赛, 2019)

解 令 $y=tx$, $x=\dfrac{1}{t^2(1-t)}$, $y=\dfrac{1}{t(1-t)}$, $\mathrm{d}x=\dfrac{-2+3t}{t^3(1-t)^2}\mathrm{d}t$, 这样

$$\int \frac{\mathrm{d}x}{y^2} = \int \frac{-2+3t}{t}\mathrm{d}t = 3t - 2\ln|t| + C = \frac{3y}{x} - 2\ln\left|\frac{y}{x}\right| + C.$$

例 20 计算定积分 $\int_0^{\frac{\pi}{2}} \dfrac{\mathrm{e}^x(1+\sin x)}{1+\cos x}\mathrm{d}x$. (第十一届全国初赛, 2019)

解
$$\int_0^{\frac{\pi}{2}} \frac{\mathrm{e}^x(1+\sin x)}{1+\cos x}\mathrm{d}x = \int_0^{\frac{\pi}{2}} \frac{\mathrm{e}^x}{1+\cos x}\mathrm{d}x + \int_0^{\frac{\pi}{2}} \frac{\sin x}{1+\cos x}\mathrm{d}\mathrm{e}^x$$

$$= \int_0^{\frac{\pi}{2}} \frac{\mathrm{e}^x}{1+\cos x}\mathrm{d}x + \frac{\sin x \mathrm{e}^x}{1+\cos x}\bigg|_0^{\frac{\pi}{2}} - \int_0^{\frac{\pi}{2}} \mathrm{e}^x \frac{\cos x(1+\cos x) + \sin^2 x}{(1+\cos x)^2}\mathrm{d}x$$

$$= \int_0^{\frac{\pi}{2}} \frac{\mathrm{e}^x}{1+\cos x}\mathrm{d}x + \mathrm{e}^{\frac{\pi}{2}} - \int_0^{\frac{\pi}{2}} \frac{\mathrm{e}^x}{1+\cos x}\mathrm{d}x = \mathrm{e}^{\frac{\pi}{2}}.$$

例 21 证明 $f(n) = \sum\limits_{m=1}^{n}\int_0^m \cos\dfrac{2\pi n[x+1]}{m}\mathrm{d}x$ 等于 n 的所有因子 (包括 1 和 n 本身) 之和, 其中 $[x+1]$ 表示不超过 $x+1$ 的最大整数, 并计算 $f(2021)$. (第十二届全国初赛, 2020)

解
$$\int_0^m \cos\frac{2\pi n[x+1]}{m}\mathrm{d}x = \sum_{k=1}^{m}\int_{k-1}^{k} \cos\frac{2\pi n[x+1]}{m}\mathrm{d}x$$

$$= \sum_{k=1}^{m}\int_{k-1}^{k} \cos\frac{2\pi nk}{m}\mathrm{d}x = \sum_{k=1}^{m}\cos k\frac{2\pi n}{m}.$$

如果 m 是 n 的因子, 那么 $\int_0^m \cos\dfrac{2\pi n[x+1]}{m}\mathrm{d}x = m$. 否则, 根据三角恒等式

$$\sum_{k=1}^{m}\cos kt = \cos\frac{m+1}{2}t \cdot \frac{\sin\dfrac{mt}{2}}{\sin\dfrac{t}{2}}, \text{有}$$

$$\int_0^m \cos\frac{2\pi n[x+1]}{m}\mathrm{d}x = \cos\left(\frac{m+1}{2}\cdot\frac{2\pi n}{m}\right)\cdot\frac{\sin\left(\frac{m}{2}\cdot\frac{2\pi n}{m}\right)}{\sin\frac{2\pi n}{2m}} = 0,$$

因此得证.

由此可得 $f(2021) = 1 + 43 + 47 + 2021 = 2112$.

例 22 积分 $\displaystyle\int_0^{\frac{\pi}{2}}\frac{\cos x}{1+\tan x}\mathrm{d}x = $ _____. (第十三届全国初赛补赛, 2021)

解 $\displaystyle\int_0^{\frac{\pi}{2}}\frac{\cos x}{1+\tan x}\mathrm{d}x = \int_0^{\frac{\pi}{2}}\frac{\cos^2 x}{\sin x + \cos x}\mathrm{d}x$, 作代换 $x = \frac{\pi}{2} - t$, 则有

$$\int_0^{\frac{\pi}{2}}\frac{\cos^2 x}{\sin x + \cos x}\mathrm{d}x = \int_0^{\frac{\pi}{2}}\frac{\sin^2 t}{\sin t + \cos t}\mathrm{d}t = \int_0^{\frac{\pi}{2}}\frac{\sin^2 x}{\sin x + \cos x}\mathrm{d}x,$$

因此

$$\int_0^{\frac{\pi}{2}}\frac{\cos^2 x}{\sin x + \cos x}\mathrm{d}x = \frac{1}{2}\left(\int_0^{\frac{\pi}{2}}\frac{\cos^2 x}{\sin x + \cos x}\mathrm{d}x + \int_0^{\frac{\pi}{2}}\frac{\sin^2 x}{\sin x + \cos x}\mathrm{d}x\right)$$

$$= \frac{1}{2}\int_0^{\frac{\pi}{2}}\frac{1}{\sin x + \cos x}\mathrm{d}x = \frac{1}{2\sqrt{2}}\int_0^{\frac{\pi}{2}}\frac{\mathrm{d}x}{\sin\left(x+\frac{\pi}{4}\right)}$$

$$= \frac{1}{2\sqrt{2}}\ln\left|\csc\left(x+\frac{\pi}{4}\right) - \cot\left(x+\frac{\pi}{4}\right)\right|\Big|_0^{\frac{\pi}{2}}$$

$$= \frac{1}{\sqrt{2}}\ln(1+\sqrt{2}),$$

所以 $\displaystyle\int_0^{\frac{\pi}{2}}\frac{\cos x}{1+\tan x}\mathrm{d}x = \frac{1}{\sqrt{2}}\ln(1+\sqrt{2})$.

例 23 设正数列 $\{a_n\}$ 单调减少且趋于零, $f(x) = \displaystyle\sum_{n=1}^{\infty}a_n^n x^n$, 证明: 若级数 $\displaystyle\sum_{n=1}^{\infty}a_n$ 发散, 则积分 $\displaystyle\int_1^{+\infty}\frac{\ln f(x)}{x^2}\mathrm{d}x$ 也发散. (第十三届全国初赛补赛, 2021)

证明 因为级数 $\displaystyle\sum_{n=1}^{\infty}a_n^n x^n$ 的收敛半径 $R = \lim\limits_{n\to\infty}\frac{1}{\sqrt[n]{a_n^n}} = \lim\limits_{n\to\infty}\frac{1}{a_n} = \infty$, 所以 $f(x)$ 的定义域是 $\mathbb{R}$. 若 $x \in \left[\frac{\mathrm{e}}{a_p}, \frac{\mathrm{e}}{a_{p+1}}\right]$, 则当 $k \leqslant p$ 时, $a_k x \geqslant a_p x \geqslant \mathrm{e}$ (因为 a_n 单调减少). 因此 $f(x) \geqslant \displaystyle\sum_{k=0}^{p}(a_k x)^k \geqslant \sum_{k=0}^{p}\mathrm{e}^k \geqslant \mathrm{e}^p$, 于是 $\ln f(x) > p$ $\left(\frac{\mathrm{e}}{a_p} \leqslant x \leqslant \frac{\mathrm{e}}{a_{p+1}}\right)$. 又因为当 $x \geqslant 0$ 时, $f(x) \geqslant f(0) = 1$, 所以得到对于固定的 n, 当 $X > \frac{\mathrm{e}}{a_n}$ 时,

$$\int_1^X\frac{\ln f(x)}{x^2}\mathrm{d}x = \int_1^{\frac{\mathrm{e}}{a_1}}\frac{\ln f(x)}{x^2}\mathrm{d}x + \sum_{p=1}^{n-1}\int_{\frac{\mathrm{e}}{a_p}}^{\frac{\mathrm{e}}{a_{p+1}}}\frac{\ln f(x)}{x^2}\mathrm{d}x + \int_{\frac{\mathrm{e}}{a_n}}^X\frac{x^2}{x^2}\mathrm{d}x$$

$$\geqslant \sum_{p=1}^{n-1} p \int_{\frac{e}{a_p}}^{\frac{e}{a_{p+1}}} \frac{\mathrm{d}x}{x^2} + n \int_{\frac{e}{a_n}}^{X} \frac{\mathrm{d}x}{x^2} = \sum_{p=1}^{n-1} p \left(\frac{a_p}{e} - \frac{a_{p+1}}{e} \right) + n \left(\frac{a_n}{e} - \frac{1}{X} \right)$$

$$= \frac{1}{e} \sum_{p=1}^{n} a_p - \frac{n}{X},$$

于是当 $X > \max \left\{ n, \dfrac{e}{a_n} \right\}$ 时,

$$\int_1^X \frac{\ln f(x)}{x^2} \mathrm{d}x \geqslant \frac{1}{e} \sum_{p=1}^n a_p - 1.$$

因为级数 $\displaystyle\sum_{n=1}^{\infty} a_n$ 发散, 所以 $\displaystyle\lim_{X\to\infty} \int_1^X \frac{\ln f(x)}{x^2} \mathrm{d}x = \infty$, 即积分 $\displaystyle\int_1^{+\infty} \frac{\ln f(x)}{x^2} \mathrm{d}x$ 发散.

例 24 证明: 对任意正整数 n, 恒有 $\displaystyle\int_0^{\frac{\pi}{2}} x \left(\frac{\sin nx}{\sin x} \right)^4 \mathrm{d}x \leqslant \left(\frac{n^2}{4} - \frac{1}{8} \right) \pi^2$. (第十四届全国初赛, 2022)

证明 首先, 利用归纳法易证: 对 $n \geqslant 1$, $|\sin nx| \leqslant n \sin x \left(0 \leqslant x \leqslant \dfrac{\pi}{2} \right)$. 又由于 $|\sin nx| \leqslant 1$ 及 $\sin x \geqslant \dfrac{2}{\pi} x \left(0 \leqslant x \leqslant \dfrac{\pi}{2} \right)$ (若尔当不等式), 所以

$$\int_0^{\frac{\pi}{2}} x \left(\frac{\sin nx}{\sin x} \right)^4 \mathrm{d}x = \int_0^{\frac{\pi}{2n}} x \left(\frac{\sin nx}{\sin x} \right)^4 \mathrm{d}x + \int_{\frac{\pi}{2n}}^{\frac{\pi}{2}} x \left(\frac{\sin nx}{\sin x} \right)^4 \mathrm{d}x$$

$$\leqslant n^4 \int_0^{\frac{\pi}{2n}} x \mathrm{d}x + \int_{\frac{\pi}{2n}}^{\frac{\pi}{2}} x \left(\frac{1}{\frac{2x}{\pi}} \right)^4 \mathrm{d}x = \frac{n^4}{2} \left(\frac{\pi}{2n} \right)^2$$

$$+ \frac{\pi^4}{16} \int_{\frac{\pi}{2n}}^{\frac{\pi}{2}} x^{-3} \mathrm{d}x = \frac{n^2 \pi^2}{8} + \frac{\pi^4}{16} \cdot \frac{1}{(-2x^2)} \Big|_{\frac{\pi}{2n}}^{\frac{\pi}{2}}$$

$$= \frac{n^2 \pi^2}{8} - \frac{\pi^4}{16} \left(\frac{2}{\pi^2} - \frac{2n^2}{\pi^2} \right) = \left(\frac{n^2}{4} - \frac{1}{8} \right) \pi^2.$$

例 25 设曲线 $C: x^3 + y^3 - \dfrac{3}{2} xy = 0$.

(1) 已知曲线 C 存在斜渐近线, 求其斜渐近线的方程;

(2) 求由曲线 C 所围成的平面图形的面积. (第十四届全国初赛第一次补赛, 2022)

解 (1) 斜渐近线的方程为 $y = kx + b$, 其中 $k = \displaystyle\lim_{x\to\infty} \frac{y}{x}$, $b = \displaystyle\lim_{x\to\infty} (y - kx)$. 由 $x^3 + y^3 - \dfrac{3}{2} xy = 0$ 得 $1 + \left(\dfrac{y}{x} \right)^3 - \dfrac{3}{2x} \cdot \dfrac{y}{x} = 0$. 两边当 $x \to \infty$ 时取极限, 得 $k = \displaystyle\lim_{x\to\infty} \frac{y}{x} = -1$.

令 $t = y + x$, 则 $y = t - x$, 代入 C 的方程并整理, 得 $\dfrac{t^3}{3x^2} - \dfrac{t^2}{x} + t - \dfrac{t}{2x} = -\dfrac{1}{2}$. 两

边对 $x \to \infty$ 取极限, 注意到 $t \to b$, 得 $b = -\dfrac{1}{2}$. 因此, 曲线 C 的斜渐近线方程为 $x + y + \dfrac{1}{2} = 0$.

(2) 采用极坐标计算所求面积. 曲线 C 的方程可用极坐标表示为 $r = \dfrac{3}{2} \cdot \dfrac{\cos\theta\sin\theta}{\cos^3\theta + \sin^3\theta}$ $\left(0 \leqslant \theta \leqslant \dfrac{\pi}{2}\right)$, 围成的平面图形如图 1 所示.

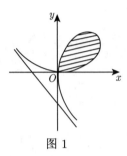

图 1

故所求面积为

$$A = \int_0^{\frac{\pi}{2}} r^2(\theta)\mathrm{d}\theta = \frac{9}{8}\int_0^{\frac{\pi}{2}} \frac{\cos^2\theta\sin^2\theta}{\left(\cos^3\theta + \sin^3\theta\right)^2}\mathrm{d}\theta$$

$$= \frac{9}{8}\int_0^{\frac{\pi}{2}} \frac{\tan^2\theta\,\mathrm{d}(\tan\theta)}{\left(1 + \tan^3\theta\right)^2}$$

$$= \frac{9}{8}\cdot\left(-\frac{1}{3}\cdot\frac{1}{1+\tan^3\theta}\right)\bigg|_0^{\frac{\pi}{2}} = \frac{3}{8}.$$

例 26 设 $f(x)$ 在 $[0,1]$ 上有连续的导数且 $f(0) = 0$. 求证: $\displaystyle\int_0^1 f^2(x)\mathrm{d}x \leqslant 4\int_0^1 (1-x)^2\left|f'(x)\right|^2\mathrm{d}x$, 并求使上式成为等式的 $f(x)$. (第十五届全国初赛 A 类、B 类, 2023)

解 利用分部积分法

$$\int_0^1 f^2(x)\mathrm{d}x = -\int_0^1 f^2(x)\mathrm{d}(1-x) = (x-1)f^2(x)\big|_0^1 - 2\int_0^1 (x-1)f(x)f'(x)\mathrm{d}x$$

$$= 2\int_0^1 (1-x)f'(x)\cdot f(x)\mathrm{d}x.$$

由柯西-施瓦茨不等式, 有 $\displaystyle\int_0^1 (1-x)f'(x)\cdot f(x)\mathrm{d}x \leqslant \left(\int_0^1 (1-x)^2\left(f'(x)\right)^2\,\mathrm{d}x\right)^{\frac{1}{2}}\cdot$ $\left(\displaystyle\int_0^1 f^2(x)\mathrm{d}x\right)^{\frac{1}{2}}$. 于是

$$\int_0^1 f^2(x)\mathrm{d}x \leqslant 4\int_0^1 (1-x)^2\left|f'(x)\right|^2\mathrm{d}x.$$

等式成立时应有常数 λ 使得 $(1-x)f'(x)=\lambda f(x)$. 故当 $x\in(0,1)$ 时, 有 $\left((1-x)^\lambda f(x)\right)'=(1-x)^{\lambda-1}\left((1-x)f'(x)-\lambda f(x)\right)=0$. 因而存在常数 c 使得 $f(x)=c(1-x)^{-\lambda}(0<x<1)$. 因为 $f(x)$ 在 $[0,1]$ 上连续, 所以当 $x\to 0$ 时, $f(x)\to 0$, 故 $c=0$. 于是 $f\equiv 0$. 所以使得题中不等式成为等式的函数是 $f(x)\equiv 0$.

注　竞赛中, 积分不等式是常考的一种题型, 出现频率较高, 一般会考察柯西-施瓦茨不等式, 本题中的关键为凑出 $1-x$, 一般将微分 $\mathrm{d}x$ 进行处理, 凑出关于 $1-x$ 的形式, 然后再利用分部积分, 让 $1-x$ 出现在被积函数的位置, 然后再利用柯西-施瓦茨不等式即可得到我们想要的结果.

例 27　$\displaystyle\int_0^1 \ln\left(1+x^2\right)\mathrm{d}x=\underline{\hspace{2cm}}$. (第十六届全国初赛 A 类, 2024)

解　$\displaystyle\int_0^1 \ln\left(1+x^2\right)\mathrm{d}x = x\ln\left(1+x^2\right)\big|_0^1 - \int_0^1 \frac{2x^2}{1+x^2}\mathrm{d}x$

$$= \ln 2 - (2x-2\arctan x)\big|_0^1 = \ln 2 - 2 + \frac{\pi}{2}.$$

例 28　$\displaystyle\int_{-2}^2 \left(x^3\cos^5 x + \sqrt{4-x^2}\right)\mathrm{d}x = \underline{\hspace{2cm}}$. (第十六届全国初赛 B 类, 2024)

解　由于积分区间关于原点对称, 被积函数中第一项 $x^3\cos^5 x$ 是关于 x 的奇函数, 故原式 $=\displaystyle\int_{-2}^2 \sqrt{4-x^2}\mathrm{d}x$. 此积分为圆心在原点, 半径为 2 的上半圆盘的面积, 故积分为 2π.

注　定积分的计算中, 当出现积分区间关于原点对称的情形时, 一般需注意奇偶函数问题, 将较复杂的奇函数删去, 然后进行积分计算.

例 29　已知 $\displaystyle\int_0^{+\infty} \frac{\sin x}{x}\mathrm{d}x = \frac{\pi}{2}$. (1) 计算 $I_1=\displaystyle\int_0^{+\infty}\left(\frac{\sin x}{x}\right)^2\mathrm{d}x$. (2) 计算 $I_2=\displaystyle\int_0^{+\infty}\left(\frac{\sin x}{x}\right)^3\mathrm{d}x$. (第十六届全国初赛 B 类, 2024)

解　(1) 当 $a>0$ 时, 作变换 $x=\dfrac{u}{a}$, $\displaystyle\int_0^{+\infty}\frac{\sin(ax)}{x}\mathrm{d}x = \int_0^{+\infty}\frac{\sin u}{\frac{u}{a}}\mathrm{d}\left(\frac{u}{a}\right) =$

$$\int_0^{+\infty}\frac{\sin u}{u}\mathrm{d}u = \frac{\pi}{2}. \int_0^{+\infty}\left(\frac{\sin x}{x}\right)^2\mathrm{d}x = -\frac{1}{x}\cdot\sin^2 x\bigg|_0^{+\infty} + \int_0^{+\infty}\frac{1}{x}\cdot 2\sin x\cos x\mathrm{d}x$$

$$= \int_0^{+\infty}\frac{\sin(2x)}{x}\mathrm{d}x = \frac{\pi}{2}.$$

(2) 当 $a>0$ 时, 作变换 $x=\dfrac{u}{a}$, 易得 $\displaystyle\int_0^{+\infty}\left(\frac{\sin(ax)}{x}\right)^2\mathrm{d}x = \frac{\pi}{2}a$. 因此

$$\int_0^{+\infty} \left(\frac{\sin x}{x}\right)^3 \mathrm{d}x = -\frac{1}{2x^2} \cdot \sin^3 x \Big|_0^{+\infty} + \int_0^{+\infty} \frac{1}{2x^2} \cdot 3\sin^2 x \cos x \mathrm{d}x$$

$$= \frac{3}{4} \int_0^{+\infty} \frac{\sin x \sin(2x)}{x^2} \mathrm{d}x = \frac{3}{8} \int_0^{+\infty} \frac{\cos x - \cos(3x)}{x^2} \mathrm{d}x$$

$$= \frac{3}{8} \int_0^{+\infty} \frac{(1 - \cos(3x)) - (1 - \cos x)}{x^2} \mathrm{d}x$$

$$= \frac{3}{8} \int_0^{+\infty} \frac{2\sin^2\left(\frac{3x}{2}\right) - 2\sin^2\left(\frac{x}{2}\right)}{x^2} \mathrm{d}x$$

$$= \frac{3}{4} \left(\int_0^{+\infty} \frac{\sin^2\left(\frac{3x}{2}\right)}{x^2} \mathrm{d}x - \int_0^{+\infty} \frac{\sin^2\left(\frac{x}{2}\right)}{x^2} \mathrm{d}x \right)$$

$$= \frac{3}{4} \cdot \frac{\pi}{2} = \frac{3\pi}{8}.$$

注 此题为数学专业学生学习数学分析过程中的课后习题, 主要考察分部积分法与凑微分法求解广义积分问题, 此题也是各高校数学分析研究生入学考试中常考题目, 大家需要记住类似的结论及处理此类问题的方法.

七、全国决赛真题赏析

例 30 已知 $f(x)$ 在 $\left(\frac{1}{4}, \frac{1}{2}\right)$ 内满足 $f'(x) = \dfrac{1}{\sin^3 x + \cos^3 x}$, 求 $f(x)$. (第一届全国决赛, 2010)

解 $f(x) = \displaystyle\int \frac{\mathrm{d}x}{\sin^3 x + \cos^3 x} = \int \frac{\mathrm{d}x}{(\sin x + \cos x)(1 - \sin x \cos x)}$

$$= \int \frac{\mathrm{d}x}{\sqrt{2}\sin\left(x + \frac{\pi}{4}\right)\left(1 - \frac{1}{2}\sin 2x\right)}.$$

作变换 $t = x + \dfrac{\pi}{4}$, 则

$$f(x) = \int \frac{\mathrm{d}t}{\sqrt{2}\sin t \left(1 + \frac{1}{2}\cos 2t\right)} = \frac{1}{\sqrt{2}} \int \frac{\sin t \mathrm{d}t}{\sin^2 t \left(\cos^2 t + \frac{1}{2}\right)}$$

$$= -\frac{\sqrt{2}}{3} \int \left(\frac{1}{1 - \cos^2 t} + \frac{2}{1 + 2\cos^2 t} \right) \mathrm{d}\cos t$$

$$= -\frac{\sqrt{2}}{6} \ln \frac{1 + \cos t}{1 - \cos t} - \frac{2}{3} \arctan(\sqrt{2}\cos t) + C$$

$$= -\frac{\sqrt{2}}{6} \ln \frac{1 + \cos\left(x + \frac{\pi}{4}\right)}{1 - \cos\left(x + \frac{\pi}{4}\right)} - \frac{2}{3} \arctan\left(\sqrt{2}\cos\left(x + \frac{\pi}{4}\right)\right) + C.$$

例 31 讨论 $\displaystyle\int_0^{+\infty}\frac{x}{\cos^2 x+x^\alpha\sin^2 x}\mathrm{d}x$ 的敛散性, 其中 α 是一个实常数. (第三届全国决赛, 2012)

解 记 $f(x)=\dfrac{x}{\cos^2 x+x^\alpha\sin^2 x}$, 因为 $f(x)$ 是 $[0,+\infty)$ 上的连续函数, 所以只需讨论 $\displaystyle\int_1^{+\infty}f(x)\mathrm{d}x$ 的敛散性.

(1) 若 $\alpha\leqslant 0$, 则 $f(x)\geqslant\dfrac{x}{2}\geqslant\dfrac{1}{2}$. 根据比较判别法可知, 积分 $\displaystyle\int_1^{+\infty}f(x)\mathrm{d}x$ 发散.

(2) 若 $\alpha>0$, 记 $a_n=\displaystyle\int_{n\pi}^{(n+1)\pi}f(x)\mathrm{d}x$, 注意到 $f(x)>0$, 则 $\displaystyle\int_1^{+\infty}f(x)\mathrm{d}x$ 与级数 $\displaystyle\sum_{n=1}^\infty a_n$ 的收敛性相同. 对于 a_n, 因为 $n\pi\leqslant x\leqslant(n+1)\pi$, 所以

$$\frac{n\pi}{\cos^2 x+((n+1)\pi)^\alpha\sin^2 x}\leqslant f(x)\leqslant\frac{(n+1)\pi}{\cos^2 x+(n\pi)^\alpha\sin^2 x},$$

$$\int_{n\pi}^{(n+1)\pi}\frac{n\pi}{\cos^2 x+((n+1)\pi)^\alpha\sin^2 x}\mathrm{d}x\leqslant a_n\leqslant\int_{n\pi}^{(n+1)\pi}\frac{(n+1)\pi}{\cos^2 x+(n\pi)^\alpha\sin^2 x}\mathrm{d}x.$$

为计算上述定积分, 任取 $b>0$, 由于 $\dfrac{1}{\cos^2 x+b\sin^2 x}$ 是以 π 为周期的偶函数, 所以

$$\int_{n\pi}^{(n+1)\pi}\frac{\mathrm{d}x}{\cos^2 x+b\sin^2 x}=\int_{-\frac{\pi}{2}}^{\frac{\pi}{2}}\frac{\mathrm{d}x}{\cos^2 x+b\sin^2 x}=2\int_0^{\frac{\pi}{2}}\frac{\mathrm{d}x}{\cos^2 x+b\sin^2 x}$$

$$=2\int_0^{\frac{\pi}{2}}\frac{\mathrm{d}(\tan x)}{1+(\sqrt{b}\tan x)^2}=\frac{2}{\sqrt{b}}\arctan\left(\sqrt{b}\tan x\right)\Big|_0^{\frac{\pi}{2}}=\frac{\pi}{\sqrt{b}}.$$

令 $b=((n+1)\pi)^\alpha$ 和 $(n\pi)^\alpha$, 得 $\dfrac{n\pi^2}{\sqrt{((n+1)\pi)^\alpha}}\leqslant a_n\leqslant\dfrac{(n+1)\pi^2}{\sqrt{(n\pi)^\alpha}}$.

所以 $\displaystyle\lim_{n\to\infty}\frac{a_n}{n^{1-\frac{\alpha}{2}}}=\pi^{2-\frac{\alpha}{2}}$. 根据级数 $\displaystyle\sum_{n=1}^\infty\frac{1}{n^{\frac{\alpha}{2}-1}}$ 的收敛性及比较判别法可知, 当 $\alpha>4$ 时 $\displaystyle\sum_{n=1}^\infty a_n$ 收敛, $0<\alpha\leqslant 4$ 时 $\displaystyle\sum_{n=1}^\infty a_n$ 发散.

综上可知, 当 $\alpha>4$ 时 $\displaystyle\int_0^{+\infty}f(x)\mathrm{d}x$ 收敛, 当 $\alpha\leqslant 4$ 时 $\displaystyle\int_0^{+\infty}f(x)\mathrm{d}x$ 发散.

(3) 若 $\alpha>2$, 记 $a_n=\displaystyle\int_{n\pi}^{(n+1)\pi}f(x)\mathrm{d}x$, 考虑 $\displaystyle\sum_{n=1}^\infty a_n$ 敛散性即可.

当 $n\pi \leqslant x < (n+1)\pi$ 时,

$$\frac{n\pi}{1+(n+1)^\alpha \pi^\alpha \sin^2 x} \leqslant f(x) \leqslant \frac{(n+1)\pi}{1+n^\alpha \pi^\alpha \sin^2 x}.$$

对任何 $b > 0$, 我们有

$$\int_{n\pi}^{(n+1)\pi} \frac{\mathrm{d}x}{1+b\sin^2 x} = 2\int_0^{\frac{\pi}{2}} \frac{\mathrm{d}x}{1+b\sin^2 x} = -2\int_0^{\frac{\pi}{2}} \frac{\mathrm{d}\cot x}{b+\csc^2 x}$$

$$= 2\int_0^{+\infty} \frac{\mathrm{d}t}{b+1+t^2} = \frac{\pi}{\sqrt{b+1}},$$

这样, 存在 $0 < A_1 \leqslant A_2$, 使得 $\dfrac{A_1}{n^{\frac{\alpha}{2}-1}} \leqslant a_n \leqslant \dfrac{A_2}{n^{\frac{\alpha}{2}-1}}$. 从而可知, 当 $\alpha > 4$ 时, 所讨论的积分收敛, 否则发散.

例 32 计算不定积分 $\displaystyle\int x\arctan x \ln(1+x^2)\mathrm{d}x$. (第四届全国决赛, 2013)

解 由于

$$\int x\ln(1+x^2)\mathrm{d}x$$

$$= \frac{1}{2}\int \ln(1+x^2)\mathrm{d}(1+x^2)$$

$$= \frac{1}{2}[(1+x^2)\ln(1+x^2)-x^2]+C,$$

则

$$原式 = \frac{1}{2}\int \arctan x\,\mathrm{d}[(1+x^2)\ln(1+x^2)-x^2]$$

$$= \frac{1}{2}[(1+x^2)\ln(1+x^2)-x^2]\arctan x - \frac{1}{2}\int \left[\ln(1+x^2)-\frac{x^2}{1+x^2}\right]\mathrm{d}x$$

$$= \frac{1}{2}[(1+x^2)\ln(1+x^2)-x^2-3]\arctan x - \frac{1}{2}x\ln(1+x^2)+C.$$

例 33 设 $f(x)$ 是区间 $[0,1]$ 上的连续函数, 且满足 $\displaystyle\int_0^1 f(x)\mathrm{d}x = 1$, 求一个这样的函数 $f(x)$ 使得积分 $\displaystyle\int_0^1 (1+x^2)f^2(x)\mathrm{d}x$ 取得最小值. (第五届全国决赛, 2014)

解 $1 = \displaystyle\int_0^1 f(x)\mathrm{d}x = \int_0^1 f(x)\frac{\sqrt{1+x^2}}{\sqrt{1+x^2}}\mathrm{d}x$

$$\leqslant \left(\int_0^1 (1+x^2)f^2(x)\mathrm{d}x\right)^{\frac{1}{2}} \left(\int_0^1 \frac{1}{1+x^2}\mathrm{d}x\right)^{\frac{1}{2}}$$

$$= \left(\int_0^1 (1+x^2) f^2(x) \mathrm{d}x \right)^{\frac{1}{2}} \left(\frac{\pi}{4} \right)^{\frac{1}{2}}$$

$$\Rightarrow \left(\int_0^1 (1+x^2) f^2(x) \mathrm{d}x \right)^{\frac{1}{2}} \geqslant \frac{4}{\pi},$$

取 $f(x) = \dfrac{4}{\pi(1+x^2)}$ 即可.

例 34 计算不定积分 $I = \displaystyle\int \frac{x^2+1}{x^4+1} \mathrm{d}x$. (第六届全国决赛, 2015)

解 $I = \displaystyle\int \frac{1+\dfrac{1}{x^2}}{x^2+\dfrac{1}{x^2}} \mathrm{d}x = \int \frac{1}{2+\left(x-\dfrac{1}{x}\right)^2} \mathrm{d}\left(x-\frac{1}{x}\right)$

$$= \frac{1}{\sqrt{2}} \arctan \frac{1}{\sqrt{2}} \left(x - \frac{1}{x}\right) + C.$$

例 35 设 $f(x)$ 为 $(-\infty, +\infty)$ 上连续的周期为 1 的周期函数且满足 $0 \leqslant f(x) \leqslant 1$ 与 $\displaystyle\int_0^1 f(x)\mathrm{d}x = 1$. 证明: 当 $0 \leqslant x \leqslant 13$ 时, 有 $\displaystyle\int_0^{\sqrt{x}} f(t)\mathrm{d}t + \int_0^{\sqrt{x+27}} f(t)\mathrm{d}t + \int_0^{\sqrt{13-x}} f(t)\mathrm{d}t \leqslant 11$, 并给出取等号的条件. (第八届全国决赛, 2017)

证明 由条件 $0 \leqslant f(x) \leqslant 1$, 有

$$\int_0^{\sqrt{x}} f(t)\mathrm{d}t + \int_0^{\sqrt{x+27}} f(t)\mathrm{d}t + \int_0^{\sqrt{13-x}} f(t)\mathrm{d}t \leqslant \sqrt{x} + \sqrt{x+27} + \sqrt{13-x}.$$

利用离散柯西不等式, 即 $\left(\displaystyle\sum_{i=1}^n a_i b_i\right)^2 \leqslant \sum_{i=1}^n a_i^2 \sum_{i=1}^n b_i^2$, 等号当 a_i 与 b_i 对应成比例时成立. 有

$$\sqrt{x} + \sqrt{x+27} + \sqrt{13-x} = 1 \cdot \sqrt{x} + \sqrt{2} \cdot \sqrt{\frac{1}{2}(x+27)} + \sqrt{\frac{2}{3}} \cdot \sqrt{\frac{3}{2}(13-x)}$$

$$\leqslant \sqrt{1+2+\frac{2}{3}} \cdot \sqrt{x + \frac{1}{2}(x+27) + \frac{3}{2}(13-x)} = 11,$$

且等号成立的充分必要条件是

$$\frac{x}{1} = \frac{\dfrac{1}{2}(x+27)}{2} = \frac{\dfrac{3}{2}(13-x)}{\dfrac{2}{3}},$$

即 $x = 9$. 所以

$$\int_0^{\sqrt{x}} f(t)\mathrm{d}t + \int_0^{\sqrt{x+27}} f(t)\mathrm{d}t + \int_0^{\sqrt{13-x}} f(t)\mathrm{d}t \leqslant 11.$$

特别地, 当 $x = 9$ 时, 有 $\int_0^{\sqrt{x}} f(t)\mathrm{d}t + \int_0^{\sqrt{x+27}} f(t)\mathrm{d}t + \int_0^{\sqrt{13-x}} f(t)\mathrm{d}t = \int_0^3 f(t)\mathrm{d}t$ $+ \int_0^6 f(t)\mathrm{d}t + \int_0^2 f(t)\mathrm{d}t$, 根据周期性, 以及 $\int_0^1 f(x)\mathrm{d}x = 1$, 有 $\int_0^3 f(t)\mathrm{d}t + \int_0^6 f(t)\mathrm{d}t +$ $\int_0^2 f(t)\mathrm{d}t = 11\int_0^1 f(t)\mathrm{d}t = 11$, 所以取等号的充分必要条件是 $x = 9$.

例 36 设 $a > 0$, 则 $\int_0^{+\infty} \dfrac{\ln x}{x^2 + a^2}\mathrm{d}x = $ _____. (第十届全国决赛, 2019)

解 令 $x = at$, 则

$$I = \frac{1}{a}\int_0^{+\infty} \frac{\ln a + \ln t}{1 + t^2}\mathrm{d}t = \frac{\ln a}{a}\int_0^{+\infty} \frac{\mathrm{d}t}{1 + t^2} + \frac{1}{a}\int_0^{+\infty} \frac{\ln t}{1 + t^2}\mathrm{d}t$$

$$= \frac{\ln a}{a}\arctan t\Big|_0^{+\infty} + \frac{1}{a}\int_0^{+\infty} \frac{\ln t}{1 + t^2}\mathrm{d}t = \frac{\pi\ln a}{2a} + \frac{1}{a}I_1,$$

其中 $\left(\text{作代换: } t = \dfrac{1}{u}\right)$, $I_1 = \displaystyle\int_0^{+\infty} \frac{\ln t}{1 + t^2}\mathrm{d}t = -\int_0^{+\infty} \frac{\ln u}{1 + u^2}\mathrm{d}u = -I_1$, 得 $I_1 = 0$. 因此, 得 $I = \dfrac{\pi\ln a}{2a}$.

例 37 设函数 $f(x)$ 的导数 $f'(x)$ 在 $[0, 1]$ 上连续, $f(0) = f(1) = 0$, 且满足

$$\int_0^1 (f'(x))^2\mathrm{d}x - 8\int_0^1 f(x)\mathrm{d}x + \frac{4}{3} = 0,$$

计算 $f(x)$. (第十一届全国决赛, 2021)

解 因为 $\displaystyle\int_0^1 f(x)\mathrm{d}x = -\int_0^1 xf'(x)\mathrm{d}x$, $\displaystyle\int_0^1 f'(x)\mathrm{d}x = 0$, 且 $\displaystyle\int_0^1 (4x^2 - 4x + 1)\mathrm{d}x = \dfrac{1}{3}$, 所以

$$\int_0^1 (f'(x))^2\mathrm{d}x - 8\int_0^1 f(x)\mathrm{d}x + \frac{4}{3}$$

$$= \int_0^1 \left[(f'(x))^2 + 8xf'(x) - 4f'(x) + (16x^2 - 16x + 4)\right]\mathrm{d}x$$

$$= \int_0^1 [f'(x) + 4x - 2]^2\,\mathrm{d}x = 0,$$

因此 $f'(x) = 2 - 4x$, $f(x) = 2x - 2x^2 + C$. 由 $f(0) = 0$ 得 $C = 0$. 因此 $f(x) = 2x - 2x^2$.

例 38 设 $f(x), g(x)$ 是 $[0,1] \to [0,1]$ 的连续函数, 且 $f(x)$ 单调增加, 求证:
$\int_0^1 f(g(x))\mathrm{d}x \leqslant \int_0^1 f(x)\mathrm{d}x + \int_0^1 g(x)\mathrm{d}x.$ (第十二届全国决赛, 2021)

证明 由积分中值定理, 即存在 $\xi \in [0,1]$, 使得

$$\int_0^1 [f(g(x)) - g(x)]\mathrm{d}x = f(g(\xi)) - g(\xi),$$

设 $t = g(\xi)$, 有

$$\int_0^1 f(g(x))\mathrm{d}x = f(t) - t + \int_0^1 g(x)\mathrm{d}x \leqslant f(t)(1-t) + \int_0^1 g(x)\mathrm{d}x$$

$$= \int_t^1 f(t)\mathrm{d}x + \int_0^1 g(x)\mathrm{d}x \leqslant \int_t^1 f(x)\mathrm{d}x + \int_0^1 g(x)\mathrm{d}x$$

$$\leqslant \int_0^1 f(x)\mathrm{d}x + \int_0^1 g(x)\mathrm{d}x.$$

例 39 积分 $\int_{\sqrt{2}}^2 \dfrac{\mathrm{d}x}{x\sqrt{x^2-1}} = $ _____. (第十三届全国决赛, 2023)

解 作变换 $x = \sec\theta$, 则

$$\int_{\sqrt{2}}^2 \frac{\mathrm{d}x}{x\sqrt{x^2-1}} = \int_{\frac{\pi}{4}}^{\frac{\pi}{3}} \frac{\sec\theta\tan\theta\mathrm{d}\theta}{\sec\theta\tan\theta} = \int_{\frac{\pi}{4}}^{\frac{\pi}{3}} \mathrm{d}\theta = \frac{\pi}{3} - \frac{\pi}{4} = \frac{\pi}{12}.$$

例 40 设 $a > 0$, 则 $\int_0^{+\infty} \dfrac{x^3}{\mathrm{e}^{ax}}\mathrm{d}x = $ _____. (第十四届全国决赛, 2023)

解 利用分部积分, 得

$$\int_0^{+\infty} \frac{x^3}{\mathrm{e}^{ax}}\mathrm{d}x = -\frac{1}{a}x^3\mathrm{e}^{-ax}\Big|_0^{+\infty} + \frac{3}{a}\int_0^{+\infty} x^2\mathrm{e}^{-ax}\mathrm{d}x = \frac{3}{a}\int_0^{+\infty} x^2\mathrm{e}^{-ax}\mathrm{d}x$$

$$= -\frac{3}{a^2}x^2\mathrm{e}^{-ax}\Big|_0^{+\infty} + \frac{6}{a^2}\int_0^{+\infty} x\mathrm{e}^{-ax}\mathrm{d}x$$

$$= \frac{6}{a^2}\int_0^{+\infty} x\mathrm{e}^{-ax}\mathrm{d}x = -\frac{6}{a^3}x\mathrm{e}^{-ax}\Big|_0^{+\infty} + \frac{6}{a^3}\int_0^{+\infty} \mathrm{e}^{-ax}\mathrm{d}x$$

$$= -\frac{6}{a^4}\mathrm{e}^{-ax}\Big|_0^{+\infty} = \frac{6}{a^4}.$$

例 41 设函数 $f(x)$ 在闭区间 $[a,b]$ 上具有一阶连续导数, 证明: $\int_a^b \sqrt{1+[f'(x)]^2}\mathrm{d}x \geqslant$ $\sqrt{(a-b)^2 + [f(a)-f(b)]^2}$, 并给出等号成立的条件. (第十四届全国决赛, 2023)

解 令 $F(t) = \int_a^t \sqrt{1+[f'(x)]^2}\mathrm{d}x - \sqrt{(t-a)^2 + [f(t)-f(a)]^2}$, 则 $F(t)$ 在 $[a,b]$ 上连续, 在 (a,b) 内有一阶连续导数, 且

$$F'(t) = \sqrt{1 + [f'(t)]^2} - \frac{(t-a) + [f(t) - f(a)]f'(t)}{\sqrt{(t-a)^2 + [f(t) - f(a)]^2}}$$

$$= \frac{\sqrt{1 + [f'(t)]^2}\sqrt{(t-a)^2 + [f(t) - f(a)]^2} - [(t-a) + [f(t) - f(a)]f'(t)]}{\sqrt{(t-a)^2 + [f(t) - f(a)]^2}}.$$

对任意 $t \in (a,b)$, 利用柯西不等式, 恒有

$$1 \cdot (t-a) + f'(t)[f(t) - f(a)] \leqslant \sqrt{1 + [f'(t)]^2}\sqrt{(t-a)^2 + [f(t) - f(a)]^2},$$

可知 $F'(t) \geqslant 0$, 所以 $F(t)$ 在 $[a,b]$ 上单调递增. 故 $F(b) \geqslant F(a) = 0$, 即得所证. 进一步, 等号成立当且仅当 $f'(t) = \dfrac{f(t) - f(a)}{t - a} = k$ (实常数), 即 $f(t) = f(a) + k(t-a), \forall t \in [a,b]$, 此时曲线 $y = f(x)$ 为直线.

例 42 定积分 $\displaystyle\int_0^1 \frac{x^4(1-x)^4}{1+x^2}dx$ 的值等于 _____. (第十五届全国决赛, 2024)

解 因为 $(1-x)^4 = (1 + x^2 - 2x)^2 = (1+x^2)^2 - 4x(1+x^2) + 4x^2$, 所以

$$原式 = \int_0^1 x^4(1+x^2)dx - 4\int_0^1 x^5 dx + 4\int_0^1 \frac{(x^6+1)-1}{1+x^2}dx$$

$$= \frac{1}{5} + \frac{1}{7} - \frac{2}{3} + 4\int_0^1 (x^4 - x^2 + 1)dx - 4\int_0^1 \frac{dx}{1+x^2} = \frac{22}{7} - \pi.$$

例 43 求极限: $\displaystyle\lim_{n\to\infty}\int_0^{\frac{\pi}{2}} \frac{\sin 2n\theta}{\sin\theta}d\theta$. (第十五届全国决赛, 2024)

解 令 $a_n = \displaystyle\int_0^{\frac{\pi}{2}} \frac{\sin 2n\theta}{\sin\theta}d\theta$, 则 $a_0 = 0, a_1 = 2$, 且当 $n > 1$ 时, 有

$$a_n - a_{n-1} = \int_0^{\frac{\pi}{2}} \frac{\sin 2n\theta - \sin 2(n-1)\theta}{\sin\theta}d\theta$$

$$= 2\int_0^{\frac{\pi}{2}} \cos(2n-1)\theta d\theta = (-1)^{n-1}\frac{2}{2n-1}.$$

所以

$$a_n = \sum_{k=1}^n (a_k - a_{k-1}) = 2\left(1 - \frac{1}{3} + \frac{1}{5} - \cdots + (-1)^{n-1}\frac{1}{2n-1}\right).$$

因此 $\displaystyle\lim_{n\to\infty} a_n = 2\lim_{n\to\infty}\left(1 - \frac{1}{3} + \frac{1}{5} - \cdots + (-1)^{n-1}\frac{1}{2n-1}\right) = 2 \cdot \frac{\pi}{4} = \frac{\pi}{2}.$

八、各地真题赏析

例 44 设函数 f 在 $[a,b]$ 上连续, 且对于 $t \in [0,1]$ 及对于 $x_1, x_2 \in [a,b]$, 满足

$f(tx_1 + (1-t)x_2) \leqslant tf(x_1) + (1-t)f(x_2)$, 证明: $f\left(\dfrac{a+b}{2}\right) \leqslant \dfrac{1}{b-a}\displaystyle\int_a^b f(x)\mathrm{d}x \leqslant$

$\dfrac{f(a)+f(b)}{2}$. (第二届北京市理工类, 1990)

证明 对于 $\displaystyle\int_a^b f(x)\mathrm{d}x$ 作代换, 令

$$x = ta + (1-t)b \Rightarrow \mathrm{d}x = (a-b)\mathrm{d}t$$

$$\Rightarrow \int_a^b f(x)\mathrm{d}x$$

$$= \int_1^0 f(ta + (1-t)b)(a-b)\mathrm{d}t = (b-a)\int_0^1 f(ta + (1-t)b)\mathrm{d}t$$

$$\leqslant (b-a)\int_0^1 [tf(a) + (1-t)f(b)]\mathrm{d}t$$

$$= (b-a)\left[f(a)\int_0^1 t\mathrm{d}t + f(b)\int_0^1 (1-t)\mathrm{d}t\right] = (b-a)\left[\frac{f(a)}{2} + \frac{f(b)}{2}\right].$$

可得求证之右边不等式: $\dfrac{1}{b-a}\displaystyle\int_a^b f(x)\mathrm{d}x \leqslant \dfrac{1}{2}[f(a) + f(b)]$.

又 $\displaystyle\int_a^b f(x)\mathrm{d}x = \int_a^{\frac{a+b}{2}} f(x)\mathrm{d}x + \int_{\frac{a+b}{2}}^b f(x)\mathrm{d}x$, 对右边第一个积分 $\displaystyle\int_a^{\frac{a+b}{2}} f(x)\mathrm{d}x$ 作代

换, 令 $x = a + b - u$, 则

$$\int_a^{\frac{a+b}{2}} f(x)\mathrm{d}x = -\int_b^{\frac{a+b}{2}} f(a+b-u)\mathrm{d}u = \int_{\frac{a+b}{2}}^b f(a+b-u)\mathrm{d}u$$

$$= \int_{\frac{a+b}{2}}^b f(a+b-x)\mathrm{d}x.$$

从而

$$\int_a^b f(x)\mathrm{d}x = \int_{\frac{a+b}{2}}^b [f(a+b-x) + f(x)]\mathrm{d}x.$$

因为 $\dfrac{a+b}{2} \leqslant x \leqslant b \Rightarrow -b \leqslant -x \leqslant -\dfrac{a+b}{2} \Rightarrow (a+b) - b \leqslant a+b-x \leqslant (a+b) - \dfrac{a+b}{2}$,

所以 $a \leqslant a+b-x \leqslant \dfrac{a+b}{2}$. 又因为 $f(ta + (1-t)b) \leqslant tf(a) + (1-t)f(b), t \in [0,1]$, 取

$t = \dfrac{1}{2} \Rightarrow f\left(\dfrac{a}{2} + \dfrac{b}{2}\right) \leqslant \dfrac{1}{2}f(a) + \dfrac{1}{2}f(b)$, 即 $f\left(\dfrac{a+b}{2}\right) \leqslant \dfrac{1}{2}[f(a) + f(b)]$, 于是, 有

$$\int_a^b f(x)\mathrm{d}x = 2\int_{\frac{a+b}{2}}^b \frac{1}{2}[f(a+b-x) + f(x)]\mathrm{d}x \geqslant 2\int_{\frac{a+b}{2}}^b f\left(\frac{a+b-x+x}{2}\right)\mathrm{d}x$$

$$= 2\int_{\frac{a+b}{2}}^b f\left(\frac{a+b}{2}\right)\mathrm{d}x = 2f\left(\frac{a+b}{2}\right) \cdot x \Big|_{\frac{a+b}{2}}^b = (b-a)f\left(\frac{a+b}{2}\right),$$

可得求证之左边不等式:

$$f\left(\frac{a+b}{2}\right) \leqslant \frac{1}{b-a}\int_a^b f(x)\mathrm{d}x.$$

综上有 $f\left(\dfrac{a+b}{2}\right) \leqslant \dfrac{1}{b-a}\displaystyle\int_a^b f(x)\mathrm{d}x \leqslant \dfrac{f(a)+f(b)}{2}.$

例 45 计算下列积分:

(1) $I = \displaystyle\int \frac{\mathrm{e}^{-\sin x}\sin 2x}{\sin^4\left(\frac{\pi}{4}-\frac{x}{2}\right)}\mathrm{d}x;$

(2) $I = \displaystyle\int_0^1 \frac{\ln(1+x)}{1+x^2}\mathrm{d}x.$

解 (1) $I = \displaystyle\int \mathrm{e}^{-\sin x}\frac{2\sin x\cos x}{\left[\sin^2\left(\frac{\pi}{4}-\frac{x}{2}\right)\right]^2}\mathrm{d}x = \int \mathrm{e}^{-\sin x}\frac{2\sin x\cos x}{\left[\dfrac{1-\cos\left(\frac{\pi}{2}-x\right)}{2}\right]^2}\mathrm{d}x$

$$= 8\int \mathrm{e}^{-\sin x}\frac{-\sin x\mathrm{d}(-\sin x)}{(1-\sin x)^2} = 8\int \mathrm{e}^v\frac{v\mathrm{d}v}{(1+v)^2}$$

$$= 8\int \mathrm{e}^v\left(\frac{1}{1+v}-\frac{1}{(1+v)^2}\right)\mathrm{d}v$$

$$= 8\left[\int \mathrm{e}^v\frac{1}{1+v}\mathrm{d}v - \int \mathrm{e}^v\frac{1}{(1+v)^2}\mathrm{d}v\right]$$

$$= 8\left[\int \mathrm{e}^v\frac{1}{1+v}\mathrm{d}v + \int \mathrm{e}^v\mathrm{d}\frac{1}{1+v}\right]$$

$$= 8\left[\int \mathrm{e}^v\frac{1}{1+v}\mathrm{d}v + \mathrm{e}^v\frac{1}{1+v} - \int \frac{1}{1+v}\mathrm{d}\mathrm{e}^v\right] + C$$

$$= \frac{8\mathrm{e}^v}{1+v} + C = \frac{8\mathrm{e}^{-\sin x}}{1-\sin x} + C.$$

(2) 方法 1: 令 $x = \tan t$, 则 $\mathrm{d}x = \sec^2 t\mathrm{d}t$,

$$I = \int_0^{\frac{\pi}{4}} \frac{\ln(1+\tan t)}{1+\tan^2 t}\sec^2 t\mathrm{d}t = \int_0^{\frac{\pi}{4}} \ln(1+\tan t)\mathrm{d}t = \int_0^{\frac{\pi}{4}} \ln\frac{\cos t+\sin t}{\cos t}\mathrm{d}t$$

$$= \int_0^{\frac{\pi}{4}} [\ln(\sin t+\cos t) - \ln\cos t]\mathrm{d}t = \int_0^{\frac{\pi}{4}} \left[\ln\left(\sqrt{2}\sin\left(t+\frac{\pi}{4}\right)\right) - \ln\cos t\right]\mathrm{d}t$$

$$= \int_0^{\frac{\pi}{4}} \frac{1}{2}\ln 2\mathrm{d}t + \int_0^{\frac{\pi}{4}} \ln\sin\left(t+\frac{\pi}{4}\right)\mathrm{d}t - \int_0^{\frac{\pi}{4}} \ln\cos t\mathrm{d}t.$$

对上式右边第二个积分作代换, 令 $t+\dfrac{\pi}{4} = \dfrac{\pi}{2}-u$, 则有 $\displaystyle\int_0^{\frac{\pi}{4}} \ln\left(\sin\left(t+\frac{\pi}{4}\right)\right)\mathrm{d}t$

$$= -\int_{\frac{\pi}{4}}^0 \ln\left(\sin\left(\frac{\pi}{2}-u\right)\right)\mathrm{d}u = \int_0^{\frac{\pi}{4}} \ln\cos u\mathrm{d}u \text{ (此式恰好与右边第二个积分抵消掉), 所}$$

以 $I = \dfrac{1}{2}\ln 2 \displaystyle\int_0^{\frac{\pi}{4}} dt = \dfrac{\pi}{8}\ln 2.$

方法 2: 令 $x = \dfrac{1-t}{1+t}$,

$$I = \int_1^0 \frac{\ln\dfrac{2}{1+t}}{\dfrac{2(1+t^2)}{(1+t)^2}}\left(-\frac{2}{(1+t)^2}dt\right) = \int_0^1 \frac{\ln 2 - \ln(1+t)}{1+t^2}dt$$

$$= \int_0^1 \frac{\ln 2}{1+t^2}dt - \int_0^1 \frac{\ln(1+t)}{1+t^2}dt = \ln 2 \cdot \arctan t\big|_0^1 - I,$$

则 $I = \dfrac{\pi}{8}\ln 2.$

例 46 设 f 是定义在闭区间 $[0,1]$ 的连续函数, 且 $0 < m \leqslant f(x) \leqslant M$, 对于 $x \in [0,1]$, 证明: $\left(\displaystyle\int_0^1 \frac{dx}{f(x)}\right)\left(\displaystyle\int_0^1 f(x)dx\right) \leqslant \dfrac{(m+M)^2}{4mM}.$ (第二届北京市理工类, 1990)

证明 因为 $0 < m \leqslant f(x) \leqslant M$, 所以 $f(x) - m \geqslant 0$, $f(x) - M \leqslant 0$. 于是有 $\dfrac{(f(x)-m)(f(x)-M)}{f(x)} \leqslant 0 \Rightarrow (f(x)-m)\left(1-\dfrac{M}{f(x)}\right) \leqslant 0 \Rightarrow f(x)-M-m+\dfrac{Mm}{f(x)} \leqslant 0.$

所以 $f(x)+\dfrac{Mm}{f(x)} \leqslant M+m.$ 于是有 $\displaystyle\int_0^1\left[f(x)+\dfrac{Mm}{f(x)}\right]dx \leqslant \int_0^1 (M+m)dx = M+m,$ 从而 $\displaystyle\int_0^1 f(x)dx+Mm\int_0^1\dfrac{1}{f(x)}dx \leqslant M+m,$ 令 $Mm\displaystyle\int_0^1\dfrac{1}{f(x)}dx = u,$ 所以 $\displaystyle\int_0^1 f(x)dx + u \leqslant M+m(u>0) \Rightarrow u\int_0^1 f(x)dx+u^2 \leqslant (M+m)u,$ 即 $u\displaystyle\int_0^1 f(x)dx \leqslant (M+m)u-u^2.$

又因为 $(M+m-2u) \geqslant 0,$ 所以

$$\frac{(M+m-2u)^2}{4} = \frac{(M+m)^2-4(M+m)u+4u^2}{4}$$

$$= \frac{(M+m)^2}{4} - (M+m)u + u^2 \geqslant 0,$$

可知 $(M+m)u-u^2 \leqslant \dfrac{(M+m)^2}{4},$ 故有 $u\displaystyle\int_0^2 f(x)dx \leqslant \dfrac{(M+m)^2}{4},$ 即

$$Mm\int_0^1\frac{1}{f(x)}dx\int_0^1 f(x)dx \leqslant \frac{(M+m)^2}{4} \Rightarrow \left(\int_0^1\frac{1}{f(x)}dx\right)\left(\int_0^1 f(x)dx\right)$$

$$\leqslant \frac{(M+m)^2}{4Mm}.$$

例 47 计算: 由曲线 $y = x^2$ 与直线 $y = mx(m>0)$ 在第一象限内所围成的图形绕该直线旋转所产生的体积. (第二届北京市理工类, 1990)

解 如图 2 所示 (用微元法).

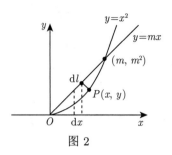

图 2

在曲线上取一点 $P(x,y)$, 该点到旋转轴的距离为 $\rho = \dfrac{|y-mx|}{\sqrt{1+m^2}} = \dfrac{|x^2-mx|}{\sqrt{1+m^2}}$. 过该点垂直于旋转轴的截面面积为 $\pi\rho^2$, 沿旋转轴给截面一个厚度 $\mathrm{d}l$, $\mathrm{d}l$ 在 x 轴上的投影为 $\mathrm{d}x$, 则 $\mathrm{d}l = \sqrt{1+m^2}\mathrm{d}x$. 于是体积微元为 $\mathrm{d}V = \pi\rho^2\mathrm{d}l = \dfrac{\pi\left(x^2-mx\right)^2}{\sqrt{1+m^2}}\mathrm{d}x$ (此处用到了微元的代换), 于是 $V = \dfrac{\pi}{\sqrt{1+m^2}}\displaystyle\int_0^m \left(x^2-mx\right)^2 \mathrm{d}x = \dfrac{\pi m^5}{30\sqrt{1+m^2}}$.

例 48 设函数 $\varphi(x)$ 在上 $[0,1]$ 可导, 并有 $\displaystyle\int_0^1 \varphi(tx)\mathrm{d}x = a\varphi(x)$, 其中 a 为实常数, 试求 $\varphi(x)$. (第三届北京市理工类, 1991)

解 令 $tx = u$, 则 $\displaystyle\int_0^1 \varphi(tx)\mathrm{d}t = \dfrac{1}{x}\displaystyle\int_0^x \varphi(u)\mathrm{d}u = a\varphi(x)$, 故 $\displaystyle\int_0^x \varphi(u)\mathrm{d}u = ax\varphi(x)$, 两边对 x 求导 ($\varphi(u)$ 在 $[0,1]$ 连续). 所以 $\varphi(x) = a\varphi(x)+ax\varphi'(x)$, $ax\varphi'(x) = (1-a)\varphi(x)$. 可见: 若 $a = 0$, 则 $\varphi(x) \equiv 0$; 若 $a \neq 0$, 则 $\dfrac{\mathrm{d}\varphi(x)}{\mathrm{d}x} = \dfrac{1-a}{ax}\varphi(x) \Rightarrow \dfrac{\mathrm{d}\varphi(x)}{\varphi(x)} = \dfrac{1-a}{a}\cdot\dfrac{\mathrm{d}x}{x}$, 当 $a \neq 1$ 时, 有 $\ln\varphi(x) = \dfrac{1-a}{a}\ln x + \ln C = \ln Cx^{\frac{1-a}{a}} \Rightarrow \varphi(x) = Cx^{\frac{1-a}{a}}$. 当 $a = 1$ 时, 有 $\dfrac{\mathrm{d}\varphi(x)}{\mathrm{d}x} = 0, \Rightarrow \varphi(x) = C$. 故 $\varphi(x) = \begin{cases} 0, & a = 0, \\ Cx^{\frac{1-a}{a}}, & a \neq 1, \\ C, & a = 1. \end{cases}$

例 49 设 $f(x), g(x)$ 均为 $[a,b]$ 上的连续增函数, $a,b > 0$, 证明:
$$\int_a^b f(x)\mathrm{d}x \int_a^b g(x)\mathrm{d}x \leqslant (b-a)\int_a^b f(x)g(x)\mathrm{d}x. \quad \text{(第三届北京市理工类, 1991)}$$

证明 因为 $f(x), g(x)$ 都是 $[a,b]$ 上的增函数, 所以对于 x, y 不论哪个大哪个小都有 $[f(x)-f(y)][g(x)-g(y)] \geqslant 0$, 于是, 有
$$I = \iint\limits_D [f(x)-f(y)][g(x)-g(y)]\mathrm{d}x\mathrm{d}y \geqslant 0,$$

其中 $D : a \leqslant x \leqslant b, a \leqslant y \leqslant b$. 即
$$I = \iint\limits_D f(x)g(x)\mathrm{d}x\mathrm{d}y - \iint\limits_D f(x)g(y)\mathrm{d}x\mathrm{d}y$$

$$- \iint\limits_{D} f(y)g(x)\mathrm{d}x\mathrm{d}y + \iint\limits_{D} f(y)g(y)\mathrm{d}x\mathrm{d}y \geqslant 0,$$

$$I = 2 \iint\limits_{D} f(x)g(x)\mathrm{d}x\mathrm{d}y - 2 \iint\limits_{D} f(x)g(y)\mathrm{d}x\mathrm{d}y \geqslant 0$$

$$\Rightarrow \int_a^b f(x)\mathrm{d}x \int_a^b g(y)\mathrm{d}y \leqslant (b-a) \int_a^b f(x)g(x)\mathrm{d}x,$$

即 $\displaystyle\int_a^b f(x)\mathrm{d}x \int_a^b g(x)\mathrm{d}x \leqslant (b-a) \int_a^b f(x)g(x)\mathrm{d}x.$

例 50 设 f 在 $[a,b]$ 上不恒为零, 且其导数 f' 连续, 并有 $f(a) = f(b) = 0$, 试证明: 存在点 $\xi \in [a,b]$, 使得 $|f'(\xi)| > \dfrac{1}{(b-a)^2} \displaystyle\int_a^b f(x)\mathrm{d}x.$ (第三届北京市理工类, 1991)

证明 若 $\displaystyle\int_a^b f(x)\mathrm{d}x < 0$, 则 $|f'(\xi)| > \dfrac{1}{(b-a)^2} \displaystyle\int_a^b f(x)\mathrm{d}x$ 已经成立, ξ 可在 $[a,b]$ 内随意选取.

若 $\displaystyle\int_a^b f(x)\mathrm{d}x = 0$, 因为 $f(x)$ 在 $[a,b]$ 上不恒为零且连续, 又有 $f(a) = f(b) = 0$, 所以曲线 $y = f(x)$ 在 $[a,b]$ 上必有上升、下降处, 即必有 $f'(x) > 0$, $f'(x) < 0$ 处, 于是 $|f'(\xi)| > \dfrac{1}{(b-a)^2} \displaystyle\int_a^b f(x)\mathrm{d}x$ 也成立, ξ 可在 $f'(x) \neq 0$ 处随意选取.

若 $\displaystyle\int_a^b f(x)\mathrm{d}x > 0$, 因为 $f'(x)$ 在 $[a,b]$ 上连续, 可设 $M = \max\limits_{a \leqslant x \leqslant b} [f'(x)]$. 由拉格朗日中值定理, 在 $a \leqslant x \leqslant \dfrac{a+b}{2}$, 有 $f(x) - f(a) = f'(t)(x-a) \leqslant M(x-a)$ $(a < t < x)$, 在 $\dfrac{a+b}{2} \leqslant x \leqslant b$, 有 $f(x) - f(b) = f'(s)(x-b) \leqslant M(b-x)$, 且知 $f(a) = f(b) = 0$. 所以

$$\int_a^b f(x)\mathrm{d}x = \int_a^{\frac{a+b}{2}} f(x)\mathrm{d}x + \int_{\frac{a+b}{2}}^b f(x)\mathrm{d}x$$

$$\leqslant M \int_a^{\frac{a+b}{2}} (x-a)\mathrm{d}x + M \int_{\frac{a+b}{2}}^b (b-x)\mathrm{d}x = \frac{M(b-a)^2}{4},$$

所以 $M \geqslant \dfrac{4}{(b-a)^2} \displaystyle\int_a^b f(x)\mathrm{d}x > \dfrac{2}{(b-a)^2} \displaystyle\int_a^b f(x)\mathrm{d}x$. 由最大值定义, 又 $f'(x)$ 在 $[a,b]$ 上连续. 对任意的 $\varepsilon = \dfrac{1}{(b-a)^2} \displaystyle\int_a^b f(x)\mathrm{d}x > 0$, 存在点 $\xi \in [a,b]$, 使得 $|f'(\xi)| > M - \varepsilon > \dfrac{2}{(b-a)^2} \displaystyle\int_a^b f(x)\mathrm{d}x - \dfrac{1}{(b-a)^2} \displaystyle\int_a^b f(x)\mathrm{d}x$, 即有 $|f'(\xi)| > \dfrac{1}{(b-a)^2} \displaystyle\int_a^b f(x)\mathrm{d}x$ $(\xi \in [a,b])$ 成立.

例 51 $\displaystyle\int_0^1 \frac{x^b - x^a}{\ln x}\mathrm{d}x, a, b > 0.$ (第四届北京市理工类, 1992)

解 $\displaystyle\int_0^1 \frac{x^b - x^a}{\ln x}\mathrm{d}x = \int_0^1 \left[\int_a^b x^t \mathrm{d}t\right]\mathrm{d}x = \int_a^b \left[\int_0^1 x^t \mathrm{d}x\right]\mathrm{d}t$

$$= \int_a^b \frac{1}{t+1}x^{t+1}\bigg|_0^1 \mathrm{d}t = \int_a^b \left(\frac{1}{t+1} - 0\right)\mathrm{d}t$$

$$= \ln(t+1)\big|_a^b = \ln\frac{b+1}{a+1}.$$

例 52 设 $f(x)$ 在 $[0,\pi]$ 上连续, 在 $(0,\pi)$ 内可导, 且

$$\int_0^\pi f(x)\cos x\mathrm{d}x = \int_0^\pi f(x)\sin x\mathrm{d}x = 0,$$

求证: 存在 $\xi \in (0,\pi)$, 使得 $f'(\xi) = 0$. (第四届北京市理工类, 1992)

证明 因为在 $(0,\pi)$ 内 $\sin x > 0$, 又已知 $\displaystyle\int_0^\pi f(x)\sin x\mathrm{d}x = 0$. 若在 $(0,\pi)$ 内 $f(x)$ 恒正, 则 $\displaystyle\int_0^\pi f(x)\sin x\mathrm{d}x > 0$. 若在 $(0,\pi)$ 内 $f(x)$ 恒负, 则 $\displaystyle\int_0^\pi f(x)\sin x\mathrm{d}x < 0$. 说明在 $(0,\pi)$ 内 $f(x)$ 不可能恒正或恒负, 因而 $f(x)$ 在 $(0,\pi)$ 内必有零点.

以下用反证法证明 $f(x)$ 在 $(0,\pi)$ 内零点不唯一. 设 $\alpha \in (0,\pi)$ 是 $f(x)$ 的唯一零点, 则 $x \neq \alpha$. 对任意 $x \in (0,\pi)$, 有 $\sin(x-\alpha)f(x)$ 必恒正或恒负 (否则 $f(x)$ 必另有零点) 可得 $\displaystyle\int_0^\pi f(x)\sin(x-\alpha)\mathrm{d}x \neq 0$. 但由已知

$$\int_0^\pi f(x)\sin(x-\alpha)\mathrm{d}x = \int_0^\pi f(x)(\sin x\cos\alpha - \cos x\sin\alpha)\mathrm{d}x$$

$$= \cos\alpha\int_0^\pi f(x)\sin x\mathrm{d}x - \sin\alpha\int_0^\pi f(x)\cos x\mathrm{d}x = 0$$

与上式矛盾. 表明 $f(x)$ 在 $(0,\pi)$ 内零点的个数不止一个, 于是由罗尔定理知: 在函数 $f(x)$ 的两个零点之间必然存在导函数的零点, 即存在 $\xi \in (0,\pi)$, 使得 $f'(\xi) = 0$.

例 53 计算定积分 $\displaystyle\int_0^{\frac{\pi}{2}} \frac{\mathrm{d}x}{1 + \tan^{1993} x}$. (第五届北京市理工类, 1993)

解 作变换 $x = \dfrac{\pi}{2} - t$, 则

$$I = \int_0^{\frac{\pi}{2}} \frac{\mathrm{d}x}{1 + \tan^{1993} x} = \int_{\frac{\pi}{2}}^0 \frac{-\mathrm{d}t}{1 + \cot^{1993} t} = \int_0^{\frac{\pi}{2}} \frac{\tan^{1993} t}{1 + \tan^{1993} t}\mathrm{d}t = \frac{1}{2}\int_0^{\frac{\pi}{2}}\mathrm{d}x = \frac{\pi}{4}.$$

例 54 求证 $\dfrac{5\pi}{2} < \displaystyle\int_0^{2\pi} \mathrm{e}^{\sin x}\mathrm{d}x < 2\pi\mathrm{e}^{\frac{1}{4}}$. (第五届北京市理工类, 1993)

证明 由于泰勒展开式 $\mathrm{e}^{\sin x} = 1+\sin x+\dfrac{1}{2!}\sin^2 x+\cdots+\dfrac{1}{n!}\sin^n x+\cdots$ 一致收敛, 故

可逐项积分, 且当 n 为奇数时, $\displaystyle\int_0^{2\pi}\sin^n x\mathrm{d}x = 0$, 而 $\displaystyle\int_0^{2\pi}\sin^{2n} x\mathrm{d}x = 4\displaystyle\int_0^{\frac{\pi}{2}}\sin^{2n} x\mathrm{d}x =$

$\dfrac{4(2n-1)!!}{(2n)!!}\cdot\dfrac{\pi}{2}$, 故

$$\int_0^{2\pi}\mathrm{e}^{\sin x}\mathrm{d}x = 2\pi + \sum_{n=1}^{\infty}\frac{1}{(2n)!}\int_0^{2\pi}\sin^{2n} x\mathrm{d}x = 2\pi\left[1+\sum_{n=1}^{\infty}\frac{(2n-1)!!}{(2n)!(2n)!!}\right]$$

$$= 2\pi\left[1+\sum_{n=1}^{\infty}\frac{\frac{1}{4^n}}{(n!)^2}\right],$$

从而有 $\dfrac{5\pi}{2} = 2\pi\left(1+\dfrac{1}{4}\right) < \displaystyle\int_0^{2\pi}\mathrm{e}^{\sin x}\mathrm{d}x < 2\pi\left[1+\sum_{n=1}^{\infty}\dfrac{\frac{1}{4^n}}{(n!)}\right] = 2\pi\mathrm{e}^{\frac{1}{4}}$.

例 55 求积分 $\displaystyle\int_1^{+\infty}\dfrac{\mathrm{d}x}{x\sqrt{1+x^5+x^{10}}}$. (第六届北京市理工类, 1994)

解 令 $x = \dfrac{1}{t}$, 则 $\displaystyle\int_1^{+\infty}\dfrac{\mathrm{d}x}{x\sqrt{1+x^5+x^{10}}} = \int_1^0\dfrac{-\mathrm{d}t}{t\sqrt{1+\frac{1}{t^5}+\frac{1}{t^{10}}}} = \int_1^0\dfrac{-t^4\mathrm{d}t}{\sqrt{t^{10}+t^5+1}}$

$= \displaystyle\int_0^1\dfrac{t^4\mathrm{d}t}{\sqrt{t^{10}+t^5+1}}$. 再令 $u = t^5$, 则

$$\int_0^1\frac{t^4\mathrm{d}t}{\sqrt{t^{10}+t^5+1}} = \int_0^1\frac{\mathrm{d}u}{5\sqrt{u^2+u+1}}$$

$$= \frac{1}{5}\ln\left(u+\frac{1}{2}+\sqrt{u^2+u+1}\right)\Big|_0^1 = \frac{1}{5}\ln\left(1+\frac{2}{\sqrt{3}}\right).$$

例 56 设函数 $f(x)$ 在区间 $[a,b]$ 上有连续的导函数, 且 $f(a) = 0$, 证明

$$\int_a^b f^2(x)\mathrm{d}x \leqslant \frac{(b-a)^2}{2}\int_a^b[f'(x)]^2\mathrm{d}x. \text{(第六届北京市理工类, 1994)}$$

证明 因 $f(x) = f(x) - f(a) = \displaystyle\int_a^x f'(t)\mathrm{d}t$, 故

$$f^2(x) = \left[\int_a^x f'(t)\mathrm{d}t\right]^2 \leqslant \int_a^x 1^2\mathrm{d}t\cdot\int_a^x[f'(t)]^2\,\mathrm{d}t = (x-a)\int_a^x[f'(t)]^2\,\mathrm{d}t$$

$$\leqslant (x-a)\int_a^b[f'(t)]^2\,\mathrm{d}t,$$

从而有 $\displaystyle\int_a^b f^2(x)\mathrm{d}x \leqslant \int_a^b (x-a)\mathrm{d}x \cdot \int_a^b [f'(t)]^2\,\mathrm{d}t = \frac{(b-a)^2}{2}\int_a^b [f'(x)]^2\,\mathrm{d}x.$

例 57 设函数对于任意 x 的及 a 满足 $\displaystyle\frac{1}{2a}\int_{x-a}^{x+a} f(t)\mathrm{d}t = f(x)(a \neq 0)$, 证明 $f(x)$ 是线性函数. (第七届北京市理工类, 1995)

证明 由 $f(x) = \dfrac{1}{2a}\displaystyle\int_{x-a}^{x+a} f(t)\mathrm{d}t\ (a \neq 0)$, 可知 $f(x)$ 是连续的; 而 $f(x)$ 作为一个连续函数的原函数也必是可导的, 且其导数 $f'(x)$ 连续. 重复这个推理过程得到 $f(x)$ 是任意次可导的.

而 $2af(x) = \displaystyle\int_{x-a}^{x+a} f(t)\mathrm{d}t$ 成立, 故两边对 a 求导, 得 $2f(x) = f(x+a) - f(x-a)\cdot(-1)$, 即 $2f(x) = f(x+a) + f(x-a)$. 再次求导, 有 $f'(x+a) - f'(x-a) = 0$, 即 $f'(x+a) = f'(x-a)$, 令 $a = x \neq 0$, 则 $f'(2x) = f'(0)$, 即对任何非零 x, $f'(2x)$ 是一常数; 又 $f'(x)$ 连续, 故对任何 x, $f'(x) \equiv b$, 从而 $f(x) = bx + c$, 即 $f(x)$ 是线性函数.

例 58 设 $f(x)$ 是区间 $[0,1]$ 上的连续可微函数, 且当 $x \in (0,1)$ 时, $0 < f'(x) < 1$, $f(0) = 0$, 证明: $\displaystyle\int_0^1 f^2(x)\mathrm{d}x > \left[\int_0^1 f(x)\mathrm{d}x\right]^2 > \int_0^1 f^3(x)\mathrm{d}x.$ (第八届北京市理工类, 1996)

证明 利用柯西不等式, $\left[\displaystyle\int_0^1 f(x)\mathrm{d}x\right]^2 = \left[\int_0^1 f(x)\cdot 1\mathrm{d}x\right]^2 < \int_0^1 f^2(x)\mathrm{d}x\cdot\int_0^1 \mathrm{d}x =$ $\displaystyle\int_0^1 f^2(x)\mathrm{d}x\ \left(\text{由于 }\frac{f(x)}{g(x)}\text{ 不等于常数, 故等号不成立}\right).$

令 $F(x) = \left[\displaystyle\int_0^x f(t)\mathrm{d}t\right]^2 - \int_0^x f^3(t)\mathrm{d}t$, 则

$$F'(x) = 2f(x)\int_0^x f(t)\mathrm{d}t - f^3(x) = f(x)\left[2\int_0^x f(t)\mathrm{d}t - f^2(x)\right].$$

再设 $G(x) = 2\displaystyle\int_0^x f(t)\mathrm{d}t - f^2(x)$, 即 $F'(x) = f(x)G(x)$, 有 $G'(x) = 2f(x) - 2f(x)f'(x) = 2f(x)[1 - f'(x)]$, 当 $x \in (0,1)$ 时, 由 $0 < f'(x) < 1$ 和 $f(0) = 0$, 知 $f(x)$ 严格单调增加, 即 $F(x)$ 单调增加, 而 $F(0) = 0$, 所以 $F(1) > 0$, 从而 $f(x) > 0$, 从而 $G'(x) > 0$, 又 $G(0) = 0$, 所以 $G(x) > 0$. 由以上得知 $F'(x) > 0$, $\left[\displaystyle\int_0^1 f(x)\mathrm{d}x\right]^2 > \int_0^1 f^3(x)\mathrm{d}x.$

例 59 设函数 $f(x)$ 具有二阶导数, 且 $f''(x) \geqslant 0, x \in (-\infty, +\infty)$, 函数 $g(x)$ 在区间 $[0,a]$ 上连续 $(a > 0)$, 证明: $\dfrac{1}{a}\displaystyle\int_0^a f(g(t))\mathrm{d}t \geqslant f\left(\frac{1}{a}\int_0^a g(t)\mathrm{d}t\right).$ (第十届北京市理工类, 1998)

证明 由泰勒公式 $f(x) = f(x_0) + f'(x_0)(x - x_0) + \dfrac{1}{2}f''(\xi)(x - x_0)^2$, ξ 介于 x 与

x_0 之间, 知 $f(x) \geqslant f(x_0) + f'(x_0)(x - x_0)$, 令 $x = g(t)$, $x_0 = \dfrac{1}{a}\displaystyle\int_0^a g(t)\mathrm{d}t$, 代入得

$f[g(t)] \geqslant f(x_0) + f'(x_0)(g(t) - x_0)$, 两边从 0 到 a 求定积分, 有

$$\int_0^a f(g(t))\mathrm{d}t \geqslant af(x_0) + f'(x_0)\int_0^a g(t)\mathrm{d}t - x_0 f'(x_0) a = af(x_0),$$

即 $\dfrac{1}{a}\displaystyle\int_0^a f[g(t)]\mathrm{d}t \geqslant f\left[\dfrac{1}{a}\displaystyle\int_0^a g(t)\mathrm{d}t\right]$.

例 60 设 $f(x)$ 在闭区间 $[a,b]$ 有连续的二阶导数, 且 $f(a) = f(b) = 0$, 当 $x \in (a,b)$ 时 $f(x) \neq 0$. 证明: $\displaystyle\int_a^b \left|\dfrac{f''(x)}{f(x)}\right|\mathrm{d}x \geqslant \dfrac{4}{b-a}$. (第十二届北京市理工类, 2000)

证明 由于 $\displaystyle\int_a^b \left|\dfrac{f''(x)}{f(x)}\right|\mathrm{d}x \geqslant \dfrac{\displaystyle\int_a^b |f''(x)|\,\mathrm{d}x}{\max\limits_{a\leqslant x\leqslant b} |f(x)|}$, 故只需证

$$\int_a^b |f''(x)|\,\mathrm{d}x \geqslant \dfrac{4}{b-a}\max\limits_{a\leqslant x\leqslant b}|f(x)| = \dfrac{4}{b-a}|f(x_0)|, \quad x_0 \neq a, b,$$

对 $f(x)$ 分别在 $[a, x_0]$ 和 $[x_0, b]$ 上应用拉格朗日值定理, 有 $f(x_0) - f(a) = f'(\xi_1)(x_0 - a)$, $f(b) - f(x_0) = f'(\xi_2)(b - x_0)$, 则

$$\int_a^b |f''(x)|\,\mathrm{d}x \geqslant \int_{\xi_1}^{\xi_2} |f''(x)|\,\mathrm{d}x \geqslant \left|\int_{\xi_1}^{\xi_2} f''(x)\mathrm{d}x\right|$$

$$= |f'(\xi_2) - f'(\xi_1)| = \left|\dfrac{-f(x_0)}{b - x_0} - \dfrac{f(x_0)}{x_0 - a}\right|$$

$$= |f(x_0)|\dfrac{b-a}{(b-x_0)(x_0-a)},$$

而

$$(b - x_0)(x_0 - a) \leqslant \dfrac{(b-a)^2}{4},$$

因此 $\displaystyle\int_a^b |f''(x)|\,\mathrm{d}x \geqslant f(x_0)\dfrac{4}{b-a}$.

例 61 证明: $\displaystyle\int_0^{\frac{\pi}{2}} \dfrac{\sin x}{1+x^2}\mathrm{d}x \leqslant \int_0^{\frac{\pi}{2}} \dfrac{\cos x}{1+x^2}\mathrm{d}x$. (第十四届北京市理工类, 2002)

证明 $\displaystyle\int_0^{\frac{\pi}{2}} \dfrac{\cos x - \sin x}{1+x^2}\mathrm{d}x$

$$= \int_0^{\frac{\pi}{4}} \dfrac{\cos x - \sin x}{1+x^2}\mathrm{d}x + \int_{\frac{\pi}{4}}^{\frac{\pi}{2}} \dfrac{\cos x - \sin x}{1+x^2}\mathrm{d}x \left(u = \dfrac{\pi}{2} - x\right)$$

$$= \int_0^{\frac{\pi}{4}} \frac{\cos x - \sin x}{1 + x^2} \mathrm{d}x + \int_0^{\frac{\pi}{4}} \frac{\sin u - \cos u}{1 + \left(\frac{\pi}{2} - u\right)^2} \mathrm{d}u$$

$$= \int_0^{\frac{\pi}{4}} \frac{\cos x - \sin x}{1 + x^2} \mathrm{d}x + \int_0^{\frac{\pi}{4}} \frac{\sin x - \cos x}{1 + \left(\frac{\pi}{2} - x\right)^2} \mathrm{d}x$$

$$= \pi \int_0^{\frac{\pi}{4}} \frac{(\cos x - \sin x)\left(\frac{\pi}{4} - x\right)}{(1 + x^2)\left[1 + \left(\frac{\pi}{2} - x\right)^2\right]} \mathrm{d}x > 0.$$

例 62 已知 $0 \leqslant f(x) \in C(\mathbb{R}^+)$, $f(x) \cdot \int_0^x f(x-t)\mathrm{d}t = \sin^4 x$, 求 $\frac{1}{\pi} \int_0^\pi f(x)\mathrm{d}x$.
(第十六届北京市理工类, 2005)

解 $f(x) \cdot \int_0^x f(x-t)\mathrm{d}t = \sin^4 x \Rightarrow f(x) \cdot \int_0^x f(x)\mathrm{d}x = \sin^4 x \Rightarrow \left(\int_0^x f(x)\mathrm{d}x\right)^2 = \int_0^x \sin^4 x \mathrm{d}x = \frac{3x}{4} - \frac{\sin 2x}{2} + \frac{\sin 4x}{16}$, 得 $\int_0^\pi f(x)\mathrm{d}x = \frac{\sqrt{3\pi}}{2}$. 所以 $\frac{1}{\pi} \int_0^\pi f(x)\mathrm{d}x = \frac{\sqrt{3\pi}}{2\pi}$.

例 63 $f(x)$ 在 $[0,1]$ 上连续且单调增加, 证明不等式 $\int_0^1 f(x)\mathrm{d}x \leqslant 2\int_0^1 xf(x)\mathrm{d}x$.
(第十六届北京市理工类, 2005)

证明 在 $[0,1]$ 上有 $(x-y)[f(x)-f(y)] \geqslant 0$. 记 $D: 0 \leqslant x, y \leqslant 1$, 则

$$\iint\limits_D (x-y)[f(x)-f(y)]\mathrm{d}x\mathrm{d}y \geqslant 0.$$

而

$$\iint\limits_D (x-y)[f(x)-f(y)]\mathrm{d}x\mathrm{d}y = \iint\limits_D [xf(x)+yf(y)-xf(y)-yf(x)]\mathrm{d}x\mathrm{d}y$$

$$= 2\int_0^1 xf(x)\mathrm{d}x - \int_0^1 f(x)\mathrm{d}x,$$

所以 $\int_0^1 f(x)\mathrm{d}x \leqslant 2\int_0^1 xf(x)\mathrm{d}x$.

例 64 设函数 $f(x)$ 在闭区间 $[0,1]$ 上连续, 且 $|f(x)| < 1$, $\int_0^1 f(x)\,\mathrm{d}x = 0$, 证明: 对于任意的 $a, b \in [0,1]$ 都有 $\left|\int_a^b f(x)\mathrm{d}x\right| \leqslant \frac{1}{2}$ 成立. (第十七届北京市理工类, 2006)

证明 不妨假设 $a < b$.

若 $b - a \leqslant \frac{1}{2}$, 则 $\left|\int_a^b f(x)\mathrm{d}x\right| = |f(\xi)|\,|b-a| \leqslant \frac{1}{2}$;

若 $b - a > \dfrac{1}{2}$, 则

$$\left|\int_a^b f(x)\mathrm{d}x\right| = \left|\int_a^0 f(x)\mathrm{d}x + \int_0^1 f(x)\mathrm{d}x + \int_1^b f(x)\mathrm{d}x\right| \leqslant \left|\int_0^a f(x)\mathrm{d}x\right| + \left|\int_b^1 f(x)\mathrm{d}x\right|$$

$$= |f(\xi)|\,a + |f(\eta)|\,(1-b) \leqslant 1 - (b-a) < \frac{1}{2}.$$

例 65 证明 $\displaystyle\int_0^{\sqrt{2\pi}} \sin(x^2)\mathrm{d}x > 0.$ (第一届浙江省理工类, 2002)

证明
$$\int_0^{\sqrt{2\pi}} \sin(x^2)\mathrm{d}x = \int_0^{\sqrt{2\pi}} \frac{1}{2x}\sin(x^2)\mathrm{d}x^2 \xrightarrow{x^2=t} \int_0^{2\pi} \frac{1}{2\sqrt{t}}\sin t\,\mathrm{d}t$$

$$= \int_0^{\pi} \frac{1}{2\sqrt{t}}\sin t\,\mathrm{d}t + \int_{\pi}^{2\pi} \frac{1}{2\sqrt{t}}\sin t\,\mathrm{d}t$$

$$= \int_0^{\pi} \frac{1}{2\sqrt{t}}\sin t\,\mathrm{d}t + \int_0^{\pi} \frac{-\sin x}{2\sqrt{x+\pi}}\mathrm{d}x$$

$$= \frac{1}{2}\int_0^{\pi} \left(\frac{1}{\sqrt{t}} - \frac{1}{\sqrt{t+\pi}}\right)\sin t\,\mathrm{d}t > 0.$$

例 66 计算广义积分 $\displaystyle\int_0^{+\infty} \frac{x^2}{1+x^4}\mathrm{d}x.$ (第二届浙江省理工类, 2003)

解 令 $t = \dfrac{1}{x}$, 则 $\mathrm{d}x = -\dfrac{\mathrm{d}t}{t^2}$, 代入 $\displaystyle\int_0^{+\infty} \frac{x^2}{1+x^4}\mathrm{d}x$, 得

$$\int_0^{+\infty} \frac{x^2}{1+x^4}\mathrm{d}x = \int_0^{+\infty} \frac{1}{1+t^4}\mathrm{d}t = \int_0^{+\infty} \frac{1}{1+x^4}\mathrm{d}x$$

$$\Rightarrow \int_0^{+\infty} \frac{x^2}{1+x^4}\mathrm{d}x = \frac{1}{2}\left[\int_0^{+\infty} \frac{x^2}{1+x^4}\mathrm{d}x + \int_0^{+\infty} \frac{1}{1+x^4}\mathrm{d}x\right]$$

$$= \frac{1}{2}\int_0^{+\infty} \frac{x^2+1}{1+x^4}\mathrm{d}x = \frac{1}{2}\int_0^{+\infty} \frac{1+\dfrac{1}{x^2}}{\dfrac{1}{x^2}+x^2}\mathrm{d}x$$

$$= \frac{1}{2}\int_0^{+\infty} \frac{1}{\left(x-\dfrac{1}{x}\right)^2+2}\mathrm{d}\left(x-\frac{1}{x}\right)$$

$$= \frac{\sqrt{2}}{4}\int_0^{+\infty} \frac{1}{\left[\dfrac{\sqrt{2}}{2}\left(x-\dfrac{1}{x}\right)\right]^2+1}\mathrm{d}\frac{\sqrt{2}}{2}\left(x-\frac{1}{x}\right)$$

$$= \frac{\sqrt{2}}{4}\arctan\frac{\sqrt{2}}{2}\left(x-\frac{1}{x}\right)\Bigg|_0^{+\infty} = \frac{\sqrt{2}}{4}\pi.$$

例 67 证明: $\left|\displaystyle\int_{2003}^{2004} \sin t^2 \mathrm{d}t\right| < \dfrac{1}{2003}$. (第二届浙江省理工类, 2003)

证明 $\left|\displaystyle\int_{2003}^{2004} \sin t^2 \mathrm{d}t\right| = \left|\displaystyle\int_{2003^2}^{2004^2} \dfrac{1}{2\sqrt{x}} \sin x \mathrm{d}x\right| = \left|\displaystyle\int_{2003^2}^{2004^2} \dfrac{1}{2\sqrt{x}} \cos' x \mathrm{d}x\right|$

$$= \left| \dfrac{1}{2} \dfrac{\cos x}{\sqrt{x}} \Big|_{2003^2}^{2004^2} + \dfrac{1}{4} \int_{2003^2}^{2004^2} \dfrac{1}{x^{\frac{3}{2}}} \cos x \mathrm{d}x \right|$$

$$\leqslant \left| \dfrac{1}{2} \dfrac{\cos x}{\sqrt{x}} \Big|_{2003^2}^{2004^2} \right| + \left| \dfrac{1}{4} \int_{2003^2}^{2004^2} \dfrac{1}{x^{\frac{3}{2}}} \cos x \mathrm{d}x \right|$$

$$\leqslant \dfrac{1}{4006} + \left| \dfrac{1}{2} \cdot \dfrac{1}{x^{\frac{1}{2}}} \Big|_{2003^2}^{2004^2} \right| \leqslant \dfrac{1}{2003}.$$

例 68 计算定积分 $\displaystyle\int_0^\pi \dfrac{\pi + \cos x}{x^2 - \pi x + 2004} \mathrm{d}x$. (第三届浙江省理工类, 2004)

解 原式 $= \displaystyle\int_0^\pi \dfrac{\pi + \cos x}{\left(x - \dfrac{\pi}{2}\right)^2 - \dfrac{\pi^2}{4} + 2004} \mathrm{d}x = \int_{-\frac{\pi}{2}}^{\frac{\pi}{2}} \dfrac{\pi - \sin x}{x^2 - \dfrac{\pi^2}{4} + 2004} \mathrm{d}x$

$$= \int_{-\frac{\pi}{2}}^{\frac{\pi}{2}} \dfrac{\pi}{x^2 - \dfrac{\pi^2}{4} + 2004} \mathrm{d}x - \int_{-\frac{\pi}{2}}^{\frac{\pi}{2}} \dfrac{\sin x}{x^2 - \dfrac{\pi^2}{4} + 2004} \mathrm{d}x$$

$$= \dfrac{1}{\sqrt{2004 - \dfrac{\pi^2}{4}}} \int_{-\frac{\pi}{2}}^{\frac{\pi}{2}} \dfrac{\pi}{\left(\dfrac{x}{\sqrt{2004 - \dfrac{\pi^2}{4}}}\right)^2 + 1} \mathrm{d} \dfrac{x}{\sqrt{2004 - \dfrac{\pi^2}{4}}}$$

$$= \dfrac{2\pi}{\sqrt{2004 - \dfrac{\pi^2}{4}}} \arctan \dfrac{x}{\sqrt{2004 - \dfrac{\pi^2}{4}}} \Bigg|_0^{\frac{\pi}{2}}$$

$$= \dfrac{2\pi}{\sqrt{2004 - \dfrac{\pi^2}{4}}} \arctan \dfrac{\pi}{2\sqrt{2004 - \dfrac{\pi^2}{4}}}.$$

例 69 设函数 $f(x)$ 在 $[0, 1]$ 上连续, 证明:

$$\left(\int_0^1 \dfrac{f(x)}{t^2 + x^2} \mathrm{d}x\right)^2 \leqslant \dfrac{\pi}{2t} \int_0^1 \dfrac{f^2(x)}{t^2 + x^2} \mathrm{d}x \, (t > 0). \text{ (第三届浙江省理工类, 2004)}$$

证明 由柯西-施瓦茨不等式得

$$\left(\int_0^1 \dfrac{f(x)}{t^2 + x^2} \mathrm{d}x\right)^2 \leqslant \int_0^1 \dfrac{1}{t^2 + x^2} \mathrm{d}x \cdot \int_0^1 \dfrac{f^2(x)}{t^2 + x^2} \mathrm{d}x$$

$$= \frac{1}{t}\arctan\frac{1}{t}\cdot\int_0^1\frac{f^2(x)}{t^2+x^2}\mathrm{d}x \leqslant \frac{\pi}{2t}\cdot\int_0^1\frac{f^2(x)}{t^2+x^2}\mathrm{d}x.$$

例 70 计算 $\displaystyle\int\frac{\sin x}{3\cos x+4\sin x}\mathrm{d}x.$ (第四届浙江省理工类, 2005)

解 $\sin x = A(3\cos x+4\sin x)' + B(3\cos x+4\sin x)$, 解得 $A=-\dfrac{3}{25}, B=\dfrac{4}{25}$,

$$\int\frac{\sin x}{3\cos x+4\sin x}\mathrm{d}x = \int\frac{-\dfrac{3}{25}(3\cos x+4\sin x)'+\dfrac{4}{25}(3\cos x+4\sin x)}{3\cos x+4\sin x}\mathrm{d}x$$

$$=-\frac{3}{25}\int\frac{(3\cos x+4\sin x)'}{3\cos x+4\sin x}\mathrm{d}x + \frac{4}{25}\int\frac{3\cos x+4\sin x}{3\cos x+4\sin x}\mathrm{d}x$$

$$=-\frac{3}{25}\ln|3\cos x+4\sin x| + \frac{4}{25}+C.$$

注 此种计算方法称为组合积分法.

例 71 计算 $\displaystyle\int_0^x\min\{4,t^4\}\mathrm{d}t.$ (第四届浙江省理工类, 2005)

解 (1) 当 $|x|<\sqrt{2}$ 时, $\displaystyle\int_0^x t^4\mathrm{d}t = \frac{x^5}{5}$;

(2) 当 $x\geqslant\sqrt{2}$ 时, $\displaystyle\int_0^x\min\{4,t^4\}\mathrm{d}t = \int_0^{\sqrt{2}}t^4\mathrm{d}t + \int_{\sqrt{2}}^x 4\mathrm{d}t = 4x-\frac{16\sqrt{2}}{5}$;

(3) 当 $x\leqslant-\sqrt{2}$ 时, $\displaystyle\int_0^x\min\{4,t^4\}\mathrm{d}t = \int_0^{-\sqrt{2}}t^4\mathrm{d}t + \int_{-\sqrt{2}}^x 4\mathrm{d}t = 4x+\frac{16\sqrt{2}}{5}$.

例 72 计算不定积分 $\displaystyle\int\frac{1+x^4+x^8}{x(1-x^8)}\mathrm{d}x.$ (第五届浙江省理工类, 2006)

解 $\displaystyle\int\frac{1+x^4+x^8}{x(1-x^8)}\mathrm{d}x = \frac{1}{2}\int\frac{1+x^4+x^8}{x^2(1-x^8)}\mathrm{d}x^2 \xlongequal{t=x^2} \frac{1}{2}\int\frac{1+t^2+t^4}{t(1-t^4)}\mathrm{d}t$

$$= \frac{1}{4}\int\frac{1+t^2+t^4}{t^2(1-t^4)}\mathrm{d}t^2 \xlongequal{u=t^2} \frac{1}{4}\int\frac{1+u+u^2}{u(1-u^2)}\mathrm{d}u$$

$$= \frac{1}{4}\int\left(\frac{-\dfrac{3}{2}}{u-1}+\frac{1}{u}+\frac{-\dfrac{1}{2}}{u+1}\right)\mathrm{d}u$$

$$= \frac{1}{4}\left[-\frac{3}{2}\ln(u-1)+\ln u-\frac{1}{2}\ln(u+1)\right]+C$$

$$= -\frac{3}{8}\ln(x^4-1)+\frac{1}{4}\ln x^4-\frac{1}{8}\ln(x^4+1)+C.$$

例 73 计算不定积分 $\int \dfrac{x^9}{\sqrt{x^5+1}}\mathrm{d}x$. (第六届浙江省理工类, 2007)

解 $\int \dfrac{x^9}{\sqrt{x^5+1}}\mathrm{d}x = \dfrac{1}{5}\int \dfrac{x^5}{\sqrt{x^5+1}}\mathrm{d}x^5 \xlongequal{t=x^5} \dfrac{1}{5}\int \dfrac{t}{\sqrt{t+1}}\mathrm{d}t$

$$\xlongequal{u=t+1} \dfrac{1}{5}\int \dfrac{u-1}{\sqrt{u}}\mathrm{d}u = \dfrac{1}{5}\int \sqrt{u}\mathrm{d}u - \dfrac{1}{5}\int \dfrac{1}{\sqrt{u}}\mathrm{d}u$$

$$= \dfrac{2}{15}u^{\frac{3}{2}} - \dfrac{2}{5}u^{\frac{1}{2}} + C = \dfrac{2}{15}(x^5+1)^{\frac{3}{2}} - \dfrac{2}{5}(x^5+1)^{\frac{1}{2}} + C.$$

例 74 求 p 的值, 使 $\int_a^b (x+p)^{2007}\mathrm{e}^{(x+p)^2}\mathrm{d}x = 0$. (第六届浙江省理工类, 2007)

解 $\int_a^b (x+p)^{2007}\mathrm{e}^{(x+p)^2}\mathrm{d}x \xlongequal{t=x+p} \int_{a+p}^{b+p} t^{2007}\mathrm{e}^{t^2}\mathrm{d}t$, 被积函数是奇函数, 要积分为

零, 当且仅当积分区间对称, 即 $a+p = -b-p$, 解得 $p = -\dfrac{a+b}{2}$.

例 75 设曲线 $y = \mathrm{e}^{-x}\sqrt{|\sin x|}$, $0 \leqslant x \leqslant n\pi$, n 为正整数, 求此曲线与 x 轴围成的图形绕 x 轴旋转一周所得旋转体的体积. (第八届浙江省理工类, 2009)

解 由旋转体计算公式 $V = \int_a^b \pi f^2(x)\mathrm{d}x$, 得

$$V_n = \pi \int_0^{n\pi} \mathrm{e}^{-2x}|\sin x|\,\mathrm{d}x = \pi \sum_{k=0}^{n-1}(-1)^k \int_{k\pi}^{(k+1)\pi} \mathrm{e}^{-2x}\sin x\mathrm{d}x$$

$$= \dfrac{1+\mathrm{e}^{2\pi}}{5}\pi \sum_{k=0}^{n-1}(-1)^k[\mathrm{e}^{-2\pi(k+1)}(2\sin(k\pi)+\cos(k\pi))] = \dfrac{1+\mathrm{e}^{2\pi}}{5\mathrm{e}^{2\pi}}\pi \sum_{k=0}^{n-1}\mathrm{e}^{-2\pi k}\mathrm{e}^{2\pi}$$

$$= \pi \dfrac{1+\mathrm{e}^{2\pi}}{5\mathrm{e}^{2\pi}}\dfrac{\mathrm{e}^{2\pi}(1-\mathrm{e}^{-2\pi n})}{\mathrm{e}^{2\pi}-1}.$$

例 76 设 $F(t) = \int_0^\pi \ln(1-2t\cos x + t^2)\mathrm{d}x$, 证明:

(1) $F(t)$ 为偶函数;

(2) $F(t^2) = 2F(t)$. (第八届浙江省理工类, 2009)

证明 (1) $F(-t) = \int_0^\pi \ln(1+2t\cos x + t^2)\mathrm{d}x$

$$\xlongequal{x=\pi-u} \int_0^\pi \ln(1-2t\cos u + t^2)\mathrm{d}u$$

$$= \int_0^\pi \ln(1-2t\cos x + t^2)\mathrm{d}x = F(t);$$

(2) $2F(t) = F(t) + F(-t) = \int_0^\pi \ln[(1+t^2)^2 - 4t^2\cos^2 x]\mathrm{d}x$

$$= \int_0^\pi \ln(1-2t^2\cos 2x + t^4)\mathrm{d}x$$

$$\underline{\underline{2x=\pi-y}} \frac{1}{2} \int_{-\pi}^{\pi} \ln(1 - 2(-t^2) \cos y + (-t^2)^2) \mathrm{d}y$$

$$= \int_{0}^{\pi} \ln(1 - 2(-t^2) \cos y + (-t^2)^2) \mathrm{d}y = F(-t^2) = F(t^2).$$

例 77 证明: 当 $\forall x > 0$ 时, $\int_{x}^{+\infty} \exp\left(-\frac{t^2}{2}\right) \mathrm{d}t < \frac{1}{x} \exp\left(-\frac{x^2}{2}\right)$. (第九届浙江省理工类, 2010)

证明
$$x \int_{x}^{+\infty} \exp\left(-\frac{t^2}{2}\right) \mathrm{d}t = \int_{x}^{+\infty} x \exp\left(-\frac{t^2}{2}\right) \mathrm{d}t$$

$$< \int_{x}^{+\infty} t \exp\left(-\frac{t^2}{2}\right) \mathrm{d}t < \exp\left(-\frac{x^2}{2}\right).$$

例 78 计算不定积分 $\int \max\left\{1, x, x^2, \cdots, x^n\right\} \mathrm{d}x$. (第十届浙江省理工类, 2011)

解 当 $x \in (-1, 1)$ 时, $f(x) = \max\left\{1, x, x^2, \cdots, x^n\right\} = 1$. 当 $x > 1$ 时, $f(x) = x^n$. 当 $x < -1$ 且 n 是偶数时 $f(x) = x^n$, n 是奇数时 $f(x) = x^{n-1}$ $(n \geqslant 1)$.

当 n 是偶数时, $\int f(x)\mathrm{d}x = \begin{cases} \dfrac{1}{n+1} x^{n+1} + 1 - \dfrac{1}{n+1} + C, & x > 1, \\ x + C, & x \in [-1, 1], \\ \dfrac{1}{n+1} x^{n+1} - 1 + \dfrac{1}{n+1} + C, & x < -1. \end{cases}$

当 n 是奇数时, $\int f(x)\mathrm{d}x = \begin{cases} \dfrac{1}{n+1} x^{n+1} + 1 - \dfrac{1}{n+1} + C, & x > 1, \\ x + C, & x \in [-1, 1], \\ \dfrac{1}{n} x^n - 1 + \dfrac{1}{n} + C, & x < -1. \end{cases}$

例 79 计算 $\int_{0}^{\frac{\pi}{2}} \left[x^2 - x + 1\right] \cos x \mathrm{d}x$, 其中 $[x]$ 表示不大于 x 的最大整数. (第十届浙江省理工类, 2011)

解 $0 < x < 1$ 时, $f(x) = \left[x^2 - x + 1\right] = 0$;

当 $1 < x < \dfrac{\pi}{2}$ 时, $f(x) = 1$, 原积分 $= \int_{1}^{\frac{\pi}{2}} \cos x \mathrm{d}x = 1 - \sin 1$.

例 80 设 $f: [0,1] \to [-a, b]$ 连续, 且 $\int_{0}^{1} f^2(x)\mathrm{d}x = ab$, 证明: $0 \leqslant \dfrac{1}{b-a} \int_{0}^{1} f(x)\mathrm{d}x \leqslant \dfrac{1}{4}\left(\dfrac{a+b}{a-b}\right)^2$. (第十届浙江省理工类, 2011)

证明 因为 $0 \leqslant \left(f(x) - \dfrac{b-a}{2}\right)^2 \leqslant \left(\dfrac{b+a}{2}\right)^2$, 所以

$$0 \leqslant \int_{0}^{1} \left(f(x) - \frac{b-a}{2}\right)^2 \mathrm{d}x \leqslant \left(\frac{b+a}{2}\right)^2,$$

所以 $-\dfrac{(b+a)^2}{4} \leqslant (b-a)\displaystyle\int_0^1 f(x)\mathrm{d}x - \int_0^1 f^2(x)\mathrm{d}x - \dfrac{(b-a)^2}{4} \leqslant 0$, 从而

$$-\dfrac{(b+a)^2}{4} \leqslant (b-a)\int_0^1 f(x)\mathrm{d}x - \dfrac{(b+a)^2}{4} \leqslant 0,$$

因此 $0 \leqslant \dfrac{1}{b-a}\displaystyle\int_0^1 f(x)\mathrm{d}x \leqslant \dfrac{1}{4}\left(\dfrac{a+b}{a-b}\right)^2$.

例 81 计算 $\displaystyle\int_0^{n\pi} x\,|\sin x|\,\mathrm{d}x$ (n 为正整数). (第十一届浙江省理工类, 2012)

解 $\displaystyle\int_0^{n\pi} x\,|\sin x|\,\mathrm{d}x = \sum_{j=1}^n \int_{j\pi-\pi}^{j\pi} x\,|\sin x|\,\mathrm{d}x = \sum_{j=1}^n \int_0^{\pi} (x+j\pi-\pi)\sin x\,\mathrm{d}x$

$$= n\int_0^{\pi} x\sin x\,\mathrm{d}x + 2\pi\sum_{j=1}^n (j-1)$$

$$= n\pi + \pi n(n-1) = n^2\pi.$$

例 82 证明: $\dfrac{1}{n} + \ln n < \displaystyle\sum_{i=1}^n \dfrac{1}{i} < 1 + \ln n,\ n \in \mathbb{Z}^+$. (第十一届浙江省理工类, 2012)

证明 显然 $\displaystyle\int_j^{j+1} \dfrac{1}{x}\mathrm{d}x < \dfrac{1}{j} < \int_{j-1}^j \dfrac{1}{x}\mathrm{d}x,\ j \geqslant 2$. 所以

$$\sum_{j=1}^n \dfrac{1}{j} = 1 + \sum_{j=2}^n \dfrac{1}{j} < 1 + \sum_{j=2}^n \int_{j-1}^j \dfrac{1}{x}\mathrm{d}x = 1 + \int_1^n \dfrac{1}{x}\mathrm{d}x = 1 + \ln n.$$

另一方面, $\displaystyle\sum_{j=1}^n \dfrac{1}{j} = \sum_{j=1}^{n-1} \dfrac{1}{j} + \dfrac{1}{n} > \sum_{j=1}^{n-1} \int_j^{j+1} \dfrac{1}{x}\mathrm{d}x + \dfrac{1}{n} = \dfrac{1}{n} + \ln n.$

例 83 证明 $\displaystyle\sum_{k=1}^n (-1)^{k-1}\mathrm{C}_n^k \dfrac{1}{k} = \sum_{k=1}^n \dfrac{1}{k}$. (第十一届浙江省理工类, 2012)

证明 $\displaystyle\sum_{k=1}^n (-1)^{k-1}\mathrm{C}_n^k \dfrac{1}{k} = \int_0^1 \sum_{k=1}^n (-1)^{k-1}\mathrm{C}_n^k t^{k-1}\mathrm{d}t$

$$= \int_0^1 \dfrac{-1}{t} \sum_{k=1}^n (-1)^k \mathrm{C}_n^k t^k \mathrm{d}t$$

$$= \int_0^1 \dfrac{(1-t)^n - 1}{t}\mathrm{d}t = \int_0^1 \dfrac{1-(1-t)^n}{t}\mathrm{d}t = \int_0^1 \dfrac{1-x^n}{1-x}\mathrm{d}x,$$

而 $\displaystyle\sum_{k=1}^n \dfrac{1}{k} = \int_0^1 \sum_{k=1}^n t^{k-1}\mathrm{d}t = \int_0^1 \dfrac{1-t^n}{1-t}\mathrm{d}t$, 所以等式成立.

例 84 求极限 $\lim\limits_{n\to\infty}\sum\limits_{k=1}^{n}\dfrac{k-\sin^2 k}{n^2}\left[\ln\left(n+k-\sin^2 k\right)-\ln n\right]$. (第十二届浙江省理工类, 2013)

解 记 $f(x)=x\ln(1+x)$, $x_k=\dfrac{k-1}{n}$, 则

$$\Delta x_k=\frac{1}{n},\frac{k-1}{n}<\xi_k=\frac{k-\sin^2 k}{n}<\frac{k}{n},$$

$$\sum_{k=1}^{n}\frac{k-\sin^2 k}{n^2}\left[\ln\left(n+k-\sin^2 k\right)-\ln n\right]=\sum_{k=1}^{n}f\left(\xi_k\right)\Delta x_k.$$

$$\text{原极限}=\int_0^1 x\ln(1+x)\mathrm{d}x=\frac{1}{2}\ln 2-\frac{1}{2}\int_0^1\frac{x^2}{x+1}\mathrm{d}x=\frac{1}{4}.$$

例 85 求积分 $\displaystyle\int\dfrac{\sin\left(x+a\right)}{\sin\left(x+b\right)}\mathrm{d}x$, 其中为 a,b 常数. (第十二届浙江省理工类, 2013)

解 由 $\sin\left(x+a\right)=\sin\left(x+b\right)\cos\left(a-b\right)+\cos\left(x+b\right)\sin\left(a-b\right)$ 知

$$\int\frac{\sin\left(x+a\right)}{\sin\left(x+b\right)}\mathrm{d}x=\cos\left(a-b\right)x+\sin\left(a-b\right)\int\frac{\cos\left(x+b\right)}{\sin\left(x+b\right)}\mathrm{d}x$$

$$=\cos\left(a-b\right)x+\sin\left(a-b\right)\ln\left|\sin\left(x+b\right)\right|+C.$$

例 86 计算积分 $\displaystyle\int_0^{+\infty}\left(\sum_{n=0}^{\infty}(-1)^n\frac{x^{2n+1}}{(2n)!!}\right)\left(\sum_{n=0}^{\infty}\frac{x^{2n}}{4^n\left(n+1\right)!}\right)\mathrm{d}x$. (第十二届浙江省理工类, 2013)

解 令 $t=x^2$, 则

$$\text{原积分}=\frac{1}{2}\int_0^{+\infty}\left(\sum_{n=0}^{\infty}(-1)^n\frac{t^n}{2^n n!}\right)\left(\sum_{n=0}^{\infty}\frac{t^n}{4^n\left(n+1\right)!}\right)\mathrm{d}t$$

$$=\frac{1}{2}\int_0^{+\infty}\mathrm{e}^{-0.5t}(\mathrm{e}^{0.25t}-1)\frac{4}{t}\mathrm{d}t=2\int_0^{+\infty}(\mathrm{e}^{-0.25t}-\mathrm{e}^{-0.5t})\frac{1}{t}\mathrm{d}t$$

$$=2\int_0^{+\infty}\mathrm{d}x\int_{0.25}^{0.5}\mathrm{e}^{-xy}\mathrm{d}y=2\int_{0.25}^{0.5}\mathrm{d}y\int_0^{+\infty}\mathrm{e}^{-xy}\mathrm{d}x=2\int_{0.25}^{0.5}\frac{1}{y}\mathrm{d}y$$

$$=2\ln 2.$$

例 87 求不定积分 $\displaystyle\int\min\{x+2,x^2,4-3x\}\mathrm{d}x$. (第十三届浙江省理工类, 2014)

解 $\min\{x+2,x^2,4-3x\}=\begin{cases}x+2,&x<-1,\\x^2,&-1\leqslant x\leqslant 1,\\4-3x,&x>1,\end{cases}$ 所以

$$\int \min\{x+2, x^2, 4-3x\}\mathrm{d}x = \begin{cases} \dfrac{x^2}{2} + 2x + C, & x < -1, \\ \dfrac{x^3}{3} + C_1, & -1 \leqslant x \leqslant 1, \\ 4x - \dfrac{3x^2}{2} + C_2, & x > 1, \end{cases}$$

由积分的连续性, 得

$$\int \min\{x+2, x^2, 4-3x\}\mathrm{d}x == \begin{cases} \dfrac{x^2}{2} + 2x + C, & x < -1, \\ \dfrac{x^3}{3} + C - \dfrac{7}{6}, & -1 \leqslant x \leqslant 1, \\ 4x - \dfrac{3x^2}{2} + C - \dfrac{10}{3}, & x > 1. \end{cases}$$

例 88 求不定积分 $\displaystyle\int \dfrac{x+1}{(x^2+4)^2}\mathrm{d}x$. (第十四届浙江省理工类, 2015)

解 $\displaystyle\int \dfrac{x+1}{(x^2+4)^2}\mathrm{d}x = \int \dfrac{x}{(x^2+4)^2}\mathrm{d}x + \int \dfrac{1}{2x(x^2+4)^2}\mathrm{d}x^2$

$$= \dfrac{-1}{2(x^2+4)} - \dfrac{1}{2x(x^2+4)} - \int \dfrac{1}{2x^2(x^2+4)}\mathrm{d}x$$

$$= \dfrac{-x-1}{2x(x^2+4)} - \dfrac{1}{8}\int \left(\dfrac{1}{x^2} - \dfrac{1}{x^2+4}\right)\mathrm{d}x$$

$$= \dfrac{-x-1}{2x(x^2+4)} + \dfrac{1}{8x} + \dfrac{1}{16}\arctan\dfrac{x}{2} + C.$$

例 89 设 f 在 $[0,1]$ 上连续可导, $f(0) = 0$, 证明: $|f(x)| \leqslant \sqrt{\displaystyle\int_0^1 [f'(x)]^2\mathrm{d}x}$. (第十六届浙江省理工类, 2017)

证明 $f(x) = \displaystyle\int_0^x f'(t)\mathrm{d}t, |f(x)| \leqslant \int_0^x |f'(t)|\,\mathrm{d}t \leqslant \int_0^1 |f'(t)|\,\mathrm{d}t$

$$\leqslant \sqrt{\int_0^1 [f'(x)]^2\mathrm{d}x} \quad \text{(柯西-施瓦茨不等式)}.$$

例 90 求不定积分 $\displaystyle\int \dfrac{\mathrm{d}x}{(2+\cos x)\sin x}$. (第十七届浙江省理工类, 2018)

解 方法 1: 令 $t = \cos x$, 则 $\mathrm{d}t = -\sin x\mathrm{d}x$, 于是

$$\int \dfrac{\mathrm{d}x}{(2+\cos x)\sin x} = \int \dfrac{1}{(2+t)\cdot \sin x} \cdot \left(-\dfrac{1}{\sin x}\right)\mathrm{d}t = -\int \dfrac{1}{(2+t)(1-t^2)}\mathrm{d}t$$

$$= \int \left(\dfrac{\dfrac{1}{3}}{2+t} + \dfrac{-\dfrac{1}{2}}{1+t} + \dfrac{-\dfrac{1}{6}}{1-t}\right)\mathrm{d}t$$

$$= \frac{1}{3}\ln(2+t) - \frac{1}{2}\ln(1+t) + \frac{1}{6}\ln(1-t) + C$$

$$= \frac{1}{3}\ln(2+\cos x) - \frac{1}{2}\ln(1+\cos x) + \frac{1}{6}\ln(1-\cos x) + C.$$

方法 2: 令 $t = \tan\dfrac{x}{2}$, 则

$$\sin x = \frac{2t}{1+t^2}, \cos x = \frac{1-t^2}{1+t^2}, \mathrm{d}x = \frac{2}{1+t^2}\mathrm{d}t,$$

$$\int \frac{1}{(2+\cos x)\sin x}\mathrm{d}x$$

$$= \int \frac{1+t^2}{t(3+t^2)}\mathrm{d}t = \frac{1}{2}\int \frac{1+t^2}{t^2(3+t^2)}\mathrm{d}\left(t^2\right) = \frac{1}{2}\int \left(\frac{\frac{1}{3}}{t^2} + \frac{\frac{2}{3}}{3+t^2}\right)\mathrm{d}\left(t^2\right)$$

$$= \frac{1}{6}\ln t^2 + \frac{1}{3}\ln\left(3+t^2\right) + C = \frac{1}{6}\ln\left(\tan^2\frac{x}{2}\right) + \frac{1}{3}\ln\left(3+\tan^2\frac{x}{2}\right) + C.$$

例 91　求定积分 $\displaystyle\int_{-1}^{1} \frac{(x-\cos x)^2\cos x}{x^2+\cos^2 x}\mathrm{d}x$. (第十七届浙江省理工类, 2018)

解　$\displaystyle\int_{-1}^{1} \frac{(x-\cos x)^2\cos x}{x^2+\cos^2 x}\mathrm{d}x = \int_{-1}^{1} \frac{(x^2-2x\cos x+\cos^2 x)\cos x}{x^2+\cos^2 x}\mathrm{d}x$

$$= \int_{-1}^{1}\left(\cos x + \frac{2x\cos^2 x}{x^2+\cos^2 x}\right)\mathrm{d}x = \int_{-1}^{1}\cos x\mathrm{d}x = 2\sin 1.$$

例 92　求不定积分 $\displaystyle\int \frac{2x+\sin 2x}{(\cos x - x\sin x)^2}\mathrm{d}x$. (第十八届浙江省理工类, 2019)

解　改写积分表达式, 凑微分得

$$F(x) = \int \frac{2x+\sin 2x}{(\cos x - x\sin x)^2}\mathrm{d}x = 2\int \frac{x+\sin x\cos x}{(\cos x - x\sin x)^2}\mathrm{d}x,$$

分子分母同时除以 $\cos^2 x$, 得

$$F(x) = 2\int \frac{x\sec^2 x + \tan x}{(1-x\tan x)^2}\mathrm{d}x = 2\int \frac{\mathrm{d}(x\tan x)}{(1-x\tan x)^2} = \frac{2}{1-x\tan x} + C.$$

例 93　求定积分 $\displaystyle\int_0^\pi \cos\left(\sin^2 x\right)\cos x\mathrm{d}x$. (第十八届浙江省理工类, 2019)

解　方法 1: 令 $x = \pi - t$, 则

$$\text{原式} = \int_0^\pi \cos\left(\sin^2 t\right)(-\cos t)\mathrm{d}t = -\int_0^\pi \cos\left(\sin^2 x\right)(\cos x)\mathrm{d}x,$$

即 $2\displaystyle\int_0^\pi \cos\left(\sin^2 x\right)\cos x\mathrm{d}x = 0$, 即 $\displaystyle\int_0^\pi \cos\left(\sin^2 x\right)\cos x\mathrm{d}x = 0$.

方法 2: 直接令 $\sin x = t$, 则

$$原式 = \int_0^{\frac{\pi}{2}} \cos\left(\sin^2 x\right) \mathrm{d}\sin x + \int_{\frac{\pi}{2}}^{\pi} \cos\left(\sin^2 x\right) \mathrm{d}\sin x$$

$$= \int_0^1 \cos\left(t^2\right) \mathrm{d}t + \int_1^0 \cos\left(t^2\right) \mathrm{d}t$$

$$= \int_0^1 \cos\left(t^2\right) \mathrm{d}t - \int_0^1 \cos\left(t^2\right) \mathrm{d}t = 0.$$

例 94 设 $f(x)$ 在 $[0,1]$ 上有连续的导函数, 证明: $\lim\limits_{n\to\infty} \sum\limits_{k=1}^{n} \left[f\left(\dfrac{k}{n}\right) - f\left(\dfrac{2k-1}{2n}\right) \right]$

$= \dfrac{1}{2}(f(1) - f(0))$. (第十八届浙江省理工类, 2019)

证明 由于 $f(x)$ 在 $[0,1]$ 上有连续的导函数, 所以由 $f(x)$ 在 $x = \dfrac{2k-1}{2n}$ 的一阶带佩亚诺余项的泰勒公式, 得

$$f\left(\frac{k}{n}\right) = f\left(\frac{2k-1}{2n}\right) + f'\left(\frac{2k-1}{2n}\right) \cdot \frac{1}{2n} + o\left(\frac{1}{n}\right),$$

于是, 可得

$$\sum_{k=1}^{n} \left[f\left(\frac{k}{n}\right) - f\left(\frac{2k-1}{2n}\right) \right] = \sum_{k=1}^{n} \left[f'\left(\frac{2k-1}{2n}\right) \frac{1}{2n} + o\left(\frac{1}{n}\right) \right]$$

$$= \frac{1}{2} \sum_{k=1}^{n} f'\left(\frac{k}{n} - \frac{1}{2n}\right) \frac{1}{n} + o(1),$$

于是两端当 $n \to \infty$ 时取极限, 由定积分定义得

$$\lim_{n\to\infty} \sum_{k=1}^{n} \left[f\left(\frac{k}{n}\right) - f\left(\frac{2k-1}{2n}\right) \right] = \lim_{n\to\infty} \left[\frac{1}{2} \sum_{k=1}^{n} f'\left(\frac{k}{n} - \frac{1}{2n}\right) \frac{1}{n} + o(1) \right]$$

$$= \frac{1}{2} \int_0^1 f'(x)\mathrm{d}x = \frac{1}{2}(f(1) - f(0)).$$

例 95 求不定积分 $\displaystyle\int (1+x^n)^{-\left(1+\frac{1}{n}\right)} \mathrm{d}x$, 其中 n 为正整数. (第十九届浙江省理工类, 2020)

解 分子、分母同时除以 x^{n+1}, 得

$$原式 = \int \frac{\dfrac{1}{x^{n+1}}}{\left(\dfrac{1}{x^n} + 1\right)^{(1+1/n)}} \mathrm{d}x = \int \frac{-\dfrac{1}{n}\mathrm{d}\left(1 + \dfrac{1}{x^n}\right)}{\left(\dfrac{1}{x^n} + 1\right)^{(1+1/n)}}$$

$$= \left(\frac{1}{x^n} + 1\right)^{-\frac{1}{n}} + C = x\left(1 + x^n\right)^{-\frac{1}{n}} + C.$$

例 96 求定积分 $\int_0^1 \dfrac{x^2+6x+3}{(x+3)^2+(x^2+x)^2}\mathrm{d}x$. (第十九届浙江省理工类, 2020)

解 根据被积函数结构, 考虑分子分母同除以 $(x+3)^2$, 得

$$I = \int_0^1 \frac{\dfrac{x^2+6x+3}{(x+3)^2}}{1+\left(\dfrac{x^2+x}{x+3}\right)^2}\mathrm{d}x = \int_0^1 \frac{\mathrm{d}\dfrac{x^2+x}{x+3}}{1+\left(\dfrac{x^2+x}{x+3}\right)^2}$$

$$= \arctan\left(\frac{x^2+x}{x+3}\right)\bigg|_0^1$$

$$= \arctan\frac{1}{2}.$$

例 97 设 $f(x)$ 在 $[a,b]$ 上连续且大于零, 利用二重积分证明不等式:

$$\int_a^b f(x)\mathrm{d}x \int_a^b \frac{1}{f(x)}\mathrm{d}x \geqslant (b-a)^2.$$

(第五届江苏省理工类, 2000)

证明 $(b-a)^2 = \int_a^b \sqrt{f(x)}\frac{1}{\sqrt{f(x)}}\mathrm{d}x \cdot \int_a^b \sqrt{f(y)}\frac{1}{\sqrt{f(y)}}\mathrm{d}y$

$$= \int_a^b \mathrm{d}x \int_a^b \sqrt{\frac{f(x)}{f(y)}}\cdot\sqrt{\frac{f(y)}{f(x)}}\mathrm{d}y$$

$$\leqslant \frac{1}{2}\int_a^b \mathrm{d}x \int_a^b \left(\frac{f(x)}{f(y)}+\frac{f(y)}{f(x)}\right)\mathrm{d}y$$

$$= \frac{1}{2}\int_a^b \mathrm{d}x \int_a^b \frac{f(x)}{f(y)}\mathrm{d}y + \frac{1}{2}\int_a^b \mathrm{d}x \int_a^b \frac{f(y)}{f(x)}\mathrm{d}y$$

$$= \int_a^b \mathrm{d}x \int_a^b \frac{f(x)}{f(y)}\mathrm{d}y = \int_a^b f(x)\mathrm{d}x \cdot \int_a^b \frac{1}{f(y)}\mathrm{d}y$$

$$= \int_a^b f(x)\mathrm{d}x \cdot \int_a^b \frac{1}{f(x)}\mathrm{d}x.$$

例 98 设 $f(x)=x$, $g(x)=\begin{cases} \sin x, & 0\leqslant x\leqslant \dfrac{\pi}{2}, \\ 0, & x>\dfrac{\pi}{2}, \end{cases}$ 求 $F(x)=\int_0^x f(t)g(x-t)\mathrm{d}t$.

(第五届江苏省理工类, 2000)

解 $F(x)=\int_0^x f(t)g(x-t)\mathrm{d}t \xrightarrow{x-t=u} \int_0^x f(x-u)g(u)\mathrm{d}u$

$$= \begin{cases} \displaystyle\int_0^x (x-u)\sin u\,\mathrm{d}u, & 0\leqslant x\leqslant \dfrac{\pi}{2}, \\ \displaystyle\int_0^{\frac{\pi}{2}} (x-u)\sin u\,\mathrm{d}u, & x>\dfrac{\pi}{2} \end{cases} = \begin{cases} x-\sin x, & 0\leqslant x\leqslant \dfrac{\pi}{2}, \\ \dfrac{\pi}{2}-1, & x>\dfrac{\pi}{2}. \end{cases}$$

例 99 设 $I_n = \int_0^{\frac{\pi}{4}} \tan^n x \mathrm{d}x$, 求证 $\dfrac{1}{2(n+1)} < I_n < \dfrac{1}{2(n-1)}$ $(n \geqslant 2)$. (第六届江苏省理工类, 2002)

证明 令 $\tan x = t$, $I_n = \int_0^{\frac{\pi}{4}} \tan^n x \mathrm{d}x = \int_0^1 \dfrac{t^n}{1+t^2} \mathrm{d}t < \int_0^1 \dfrac{t^n}{2t} \mathrm{d}t = \dfrac{1}{2n} < \dfrac{1}{2(n-1)}$,

$I_n = \int_0^1 \dfrac{t^n}{1+t^2} \mathrm{d}t > \int_0^1 \dfrac{t^n}{1+1^2} \mathrm{d}t = \dfrac{1}{2(n+1)}$.

例 100 设 $f(x)$ 在 $[a,b]$ 上连续, $\int_a^b f(x)\mathrm{d}x = \int_a^b f(x)\mathrm{e}^x \mathrm{d}x = 0$, 求证: $f(x)$ 在 (a,b) 内至少存在两个零点. (第六届江苏省理工类, 2002)

证明 令 $F(x) = \int_a^x f(t)\mathrm{d}t$, $(a \leqslant x \leqslant b)$, 则 $F(a) = F(b) = 0$, 且 $F'(x) = f(x)$.

则 $\int_a^b f(x)\mathrm{e}^x \mathrm{d}x = \int_a^b \mathrm{e}^x \mathrm{d}F(x) = \mathrm{e}^x F(x)\big|_a^b - \int_a^b F(x)\mathrm{e}^x \mathrm{d}x = -F(c)\mathrm{e}^c(b-a) = 0$,

$c \in (a,b)$, 于是 $F(c) = 0$. 分别在 $[a,c]$ 及 $[c,b]$ 上应用罗尔定理, $\exists \xi_1 \in (a,c)$, $\xi_2 \in (c,b)$, 使得 $F'(\xi_1) = F'(\xi_2) = 0$, 即 $f(\xi_1) = f(\xi_2) = 0$, 所以 $f(x)$ 在 (a,b) 内至少存在两个零点.

例 101 设 $f(x)$ 在 $[a,b]$ 上具有连续的导数, 求证:

$$\max_{a \leqslant x \leqslant b} |f(x)| \leqslant \dfrac{1}{b-a} \left| \int_a^b f(x)\mathrm{d}x \right| + \int_a^b |f'(x)| \mathrm{d}x. \text{(第九届江苏省理工类, 2008)}$$

证明 根据积分中值定理, 存在 $\xi \in (a,b)$, 使得 $f(\xi) = \dfrac{\int_a^b f(x)\mathrm{d}x}{b-a}$, $\forall x \in [a,b]$,

$\int_\xi^x f'(t)\mathrm{d}t = f(x) - f(\xi)$, 故 $f(x) = f(\xi) + \int_\xi^x f'(t)\mathrm{d}t$, 因而

$$|f(x)| \leqslant |f(\xi)| + \left| \int_\xi^x f'(t)\mathrm{d}t \right| \leqslant \dfrac{1}{b-a} \left| \int_a^b f(x)\mathrm{d}x \right| + \int_a^b |f'(t)| \mathrm{d}t,$$

于是 $\max\limits_{a \leqslant x \leqslant b} |f(x)| \leqslant \dfrac{1}{b-a} \left| \int_a^b f(x)\mathrm{d}x \right| + \int_a^b |f'(x)| \mathrm{d}x$.

例 102 求定积分 $\int_0^\pi \dfrac{x \sin^2 x}{1 + \cos^2 x} \mathrm{d}x$. (第十三届江苏省理工类, 2016)

解 方法 1: 原式 $= \int_0^{\frac{\pi}{2}} \dfrac{x \sin^2 x}{1 + \cos^2 x} \mathrm{d}x + \int_{\frac{\pi}{2}}^\pi \dfrac{x \sin^2 x}{1 + \cos^2 x} \mathrm{d}x$, 在第二项中令 $t = \pi - x$, 则

$$\int_{\frac{\pi}{2}}^\pi \dfrac{x \sin^2 x}{1 + \cos^2 x} \mathrm{d}x = \int_0^{\frac{\pi}{2}} \dfrac{(\pi - t) \sin^2 t}{1 + \cos^2 t} \mathrm{d}t = \pi \int_0^{\frac{\pi}{2}} \dfrac{\sin^2 t}{1 + \cos^2 t} \mathrm{d}t - \int_0^{\frac{\pi}{2}} \dfrac{t \sin^2 t}{1 + \cos^2 t} \mathrm{d}t$$

$$= \pi \int_0^{\frac{\pi}{2}} \dfrac{\sin^2 x}{1 + \cos^2 x} \mathrm{d}x - \int_0^{\frac{\pi}{2}} \dfrac{x \sin^2 x}{1 + \cos^2 x} \mathrm{d}x.$$

于是

$$\text{原式} = \pi \int_0^{\frac{\pi}{2}} \frac{\sin^2 x}{1 + \cos^2 x} dx = \pi \int_0^{\frac{\pi}{2}} \frac{-1 - \cos^2 x + 2}{1 + \cos^2 x} dx$$

$$= -\frac{\pi^2}{2} + 2\pi \int_0^{\frac{\pi}{2}} \frac{1}{\sin^2 x + 2\cos^2 x} dx$$

$$= -\frac{\pi^2}{2} + 2\pi \int_0^{\frac{\pi}{2}} \frac{1}{2 + \tan^2 x} d\tan x$$

$$\xlongequal{u = \tan x} -\frac{\pi^2}{2} + 2\pi \int_0^{+\infty} \frac{1}{2 + u^2} du$$

$$= -\frac{\pi^2}{2} + \sqrt{2}\pi \arctan \frac{u}{\sqrt{2}} \Big|_0^{+\infty} = \frac{\sqrt{2} - 1}{2} \pi^2.$$

方法 2: 记原式为 I. 令 $x = \pi - t$, 则

$$I = \int_0^{\pi} \frac{(\pi - t)\sin^2 t}{1 + \cos^2 t} dt = \pi \int_0^{\pi} \frac{\sin^2 t}{1 + \cos^2 t} dt$$

$$- \int_0^{\pi} \frac{t\sin^2 t}{1 + \cos^2 t} dt = \pi \int_0^{\pi} \frac{\sin^2 x}{1 + \cos^2 x} dx - I.$$

于是

$$I = \frac{\pi}{2} \int_0^{\pi} \frac{\sin^2 x}{1 + \cos^2 x} dx = \frac{\pi}{2} \int_0^{\pi} \frac{-1 - \cos^2 x + 2}{1 + \cos^2 x} dx$$

$$= -\frac{\pi^2}{2} + \pi \int_0^{\pi} \frac{1}{\sin^2 x + 2\cos^2 x} dx$$

$$= -\frac{\pi^2}{2} + \pi \int_0^{\frac{\pi}{2}} \frac{1}{2 + \tan^2 x} d\tan x + \pi \int_{\frac{\pi}{2}}^{\pi} \frac{1}{2 + \tan^2 x} d\tan x$$

$$\xlongequal{u = \tan x} -\frac{\pi^2}{2} + 2\pi \int_0^{+\infty} \frac{1}{2 + u^2} du$$

$$= -\frac{\pi^2}{2} + \frac{\pi}{\sqrt{2}} \arctan \frac{u}{\sqrt{2}} \Big|_0^{+\infty} + \frac{\pi}{\sqrt{2}} \arctan \frac{u}{\sqrt{2}} \Big|_{-\infty}^0$$

$$= -\frac{\pi^2}{2} + \frac{\pi}{\sqrt{2}} \cdot \frac{\pi}{2} + \frac{\pi}{\sqrt{2}} \cdot \frac{\pi}{2} = \frac{\sqrt{2} - 1}{2} \pi^2.$$

例 103 设 $[x]$ 表示实数 x 的整数部分, 试求定积分 $\int_{\frac{1}{6}}^6 \frac{1}{x} \left[\frac{1}{\sqrt{x}} \right] dx$. (第十四届江苏省理工类, 2017)

解 令 $\frac{1}{\sqrt{x}} = t$, 则原积分 $= 2 \int_{1/\sqrt{6}}^{\sqrt{6}} \frac{[t]}{t} dt = 2 \int_1^{\sqrt{6}} \frac{[t]}{t} dt = 2 \int_1^2 \frac{1}{t} dt + 2 \int_2^{\sqrt{6}} \frac{2}{t} dt = 2\ln 2 + 2\ln 6 - 4\ln 2 = 2\ln 3.$

例 104 已知函数 $f(x)$ 在区间 $[a,b]$ 上连续, 单调增加, 求证:

$$\int_a^b \left(\frac{b-x}{b-a}\right)^n f(x)\mathrm{d}x \leqslant \frac{1}{n+1} \int_a^b f(x)\mathrm{d}x (n \in \mathbb{N}). \text{(第十四届江苏省理工类, 2017)}$$

证明 原式等价于 $(n+1)\int_a^b (b-x)^n f(x)\mathrm{d}x \leqslant (b-a)^n \int_a^b f(x)\mathrm{d}x$, 令

$$F(x) = (b-x)^n \int_x^b f(t)\mathrm{d}t - (n+1)\int_x^b (b-t)^n f(t)\mathrm{d}t,$$

应用变限积分的导数公式得

$$F'(x) = -n(b-x)^{n-1}\int_x^b f(t)\mathrm{d}t - (b-x)^n f(x) + (n+1)(b-x)^n f(x)$$

$$= -n(b-x)^{n-1}\int_x^b f(t)\mathrm{d}t + n(b-x)^n f(x),$$

若对上式中的积分应用积分中值定理得存在 $\zeta \in (x,b)$, 使得 $\int_x^b f(t)\mathrm{d}t = f(\zeta)(b-x)$, 则

$$F'(x) = -n(b-x)^n f(\zeta) + n(b-x)^n f(x) = n(b-x)^n(f(x)-f(\zeta)) \leqslant 0,$$

因此 $F(x)$ 在 $[a,b]$ 上单调减少, 由此可得

$$F(a) = (b-a)^n \int_a^b f(t)\mathrm{d}t - (n+1)\int_a^b (b-t)^n f(t)\mathrm{d}t \geqslant F(b) = 0,$$

此式等价于原式成立.

例 105 设 $f(x)$ 在 $[a,b]$ 上可导, 且 $f'(x) \neq 0$.

(1) 证明: 至少存在一点 $\xi \in (a,b)$, 使得 $\int_a^b f(x)\mathrm{d}x = f(b)(\xi-a) + f(a)(b-\xi)$;

(2) 对 (1) 中的 ξ, 求 $\lim_{b \to a^+} \frac{\xi-a}{b-a}$. (第十七届江苏省理工类, 2020)

(1) **证明** 由 $f'(x) \neq 0$, 不妨设 $f'(x) > 0$, 且令

$$F(x) = \int_a^b f(x)\mathrm{d}x - f(b)(x-a) - f(a)(b-x),$$

$$F(a) = \int_a^b f(x)\mathrm{d}x - f(a)(b-a) = \int_a^b [f(x)-f(a)]\mathrm{d}x,$$

$$F(b) = \int_a^b f(x)\mathrm{d}x - f(b)(b-a) = \int_a^b [f(x)-f(b)]\mathrm{d}x,$$

又 $f(a) < f(x) < f(b), x \in (a,b)$ 时, 故由积分保号性必有 $F(a)F(b) < 0$. 故由零点定理知结论成立.

(2) **解** 由 (1) 可得

$$\int_a^b f(x)\mathrm{d}x - f(a)(b-a) = [f(b) - f(a)](\xi - a),$$

两端除以 $(b-a)^2$, 得 $\dfrac{\displaystyle\int_a^b f(x)\mathrm{d}x - f(a)(b-a)}{(b-a)^2} = \dfrac{f(b) - f(a)}{b-a} \cdot \dfrac{\xi - a}{b-a}$, 两边当 $b \to a^+$

时取极限, 得 $f'_+(a) \cdot \lim\limits_{b \to a^+} \dfrac{\xi - a}{b-a} = \lim\limits_{b \to a^+} \dfrac{\displaystyle\int_a^b f(x)\mathrm{d}x - f(a)(b-a)}{(b-a)^2} = \lim\limits_{b \to a^+} \dfrac{f(b) - f(a)}{2(b-a)} =$

$2f'_+(a)$, 故 $\lim\limits_{b \to a^+} \dfrac{\xi - a}{b-a} = \dfrac{1}{2}$.

例 106 计算定积分 $\displaystyle\int_0^2 \dfrac{2x + \mathrm{e}^{x+1} - \mathrm{e}^{3-x}}{x^2 - 2x - 3}\mathrm{d}x$. (第十八届江苏省理工类, 2021)

解 令 $x = 1 - t$, 则 $\mathrm{d}x = -\mathrm{d}t$, 从而

$$\begin{aligned}
\int_0^2 \dfrac{2x + \mathrm{e}^{x+1} - \mathrm{e}^{3-x}}{x^2 - 2x - 3}\mathrm{d}x &= \int_{-1}^1 \dfrac{2 - 2t + \mathrm{e}^{2-t} - \mathrm{e}^{t+2}}{t^2 - 4}\mathrm{d}t \\
&= 2\int_{-1}^1 \dfrac{1}{t^2 - 4}\mathrm{d}t - \int_{-1}^1 \dfrac{2t}{t^2 - 4}\mathrm{d}t + \int_{-1}^1 \dfrac{\mathrm{e}^{2-t} - \mathrm{e}^{t+2}}{t^2 - 4}\mathrm{d}t \\
&= 4\int_0^1 \dfrac{1}{t^2 - 4}\mathrm{d}t + 0 + 0 = \ln\left|\dfrac{t-2}{t+2}\right|\bigg|_0^1 = -\ln 3.
\end{aligned}$$

例 107 计算定积分 $\displaystyle\int_1^3 \dfrac{\sqrt{|2x - x^2|}}{x}\mathrm{d}x$. (第十八届江苏省理工类, 2021)

解 基于积分对区间的可加性, 有

$$\begin{aligned}
\text{原式} &= \int_1^2 \dfrac{\sqrt{2x - x^2}}{x}\mathrm{d}x + \int_2^3 \dfrac{\sqrt{x^2 - 2x}}{x}\mathrm{d}x \\
&= \int_1^2 \dfrac{\sqrt{1 - (x-1)^2}}{(x-1) + 1}\mathrm{d}x + \int_2^3 \dfrac{\sqrt{(x-1)^2 - 1}}{(x-1) + 1}\mathrm{d}x \\
&\xlongequal{t = x-1} \int_0^1 \dfrac{\sqrt{1 - x^2}}{x + 1}\mathrm{d}x + \int_1^2 \dfrac{\sqrt{x^2 - 1}}{x + 1}\mathrm{d}x,
\end{aligned}$$

对以上两个积分分别计算, 得

$$\begin{aligned}
\int_0^1 \dfrac{\sqrt{1 - x^2}}{x + 1}\mathrm{d}x &= \int_0^1 \sqrt{\dfrac{1-x}{1+x}}\mathrm{d}x = \int_0^1 \dfrac{1-x}{\sqrt{1-x^2}}\mathrm{d}x \\
&= \arcsin x\big|_0^1 + \sqrt{1-x^2}\,\big|_0^1 = \dfrac{\pi}{2} - 1;
\end{aligned}$$

$$\int_1^2 \dfrac{\sqrt{x^2 - 1}}{x + 1}\mathrm{d}x = \int_1^2 \sqrt{\dfrac{x-1}{x+1}}\mathrm{d}x = \int_1^2 \dfrac{x-1}{\sqrt{x^2 - 1}}\mathrm{d}x$$

$$= \sqrt{x^2-1}\,\Big|_1^2 - \ln\left|x+\sqrt{x^2-1}\right|\,\Big|_1^2 = \sqrt{3} - \ln(2+\sqrt{3}).$$

故 $\displaystyle\int_1^3 \frac{\sqrt{|2x-x^2|}}{x}\mathrm{d}x = \frac{\pi}{2} - 1 + \sqrt{3} - \ln(2+\sqrt{3})$.

例 108 设 $f(x)$ 满足 $f(x) + f\left(1 - \dfrac{1}{x}\right) = \arctan x, x \in (-\infty, 0) \cup (0, +\infty)$, 求 $\displaystyle\int_0^1 f(x)\mathrm{d}x$. (普特南 A3, 2016)

解 令 $\phi(x) = 1 - \dfrac{1}{x}$. 注意, 对于 $x \neq 0$, 有 $\phi(\phi(x)) = \dfrac{1}{1-x}$ 和 $\phi(\phi(\phi(x))) = x$. 因而, 从所给的方程

$$f(x) + f(\phi(x)) = \arctan x, \qquad\qquad ①$$

并用 $\phi(x)$ 多次替代 x, 我们得到

$$f(\phi(x)) + f(\phi(\phi(x))) = \arctan \phi(x) \qquad\qquad ②$$

和

$$f(\phi(\phi(x))) + f(x) = \arctan \phi(\phi(x)). \qquad\qquad ③$$

这样, 对于 $x \neq 0, 1$, 由 ①—③ 我们有

$$f(x) = \frac{1}{2}(\arctan x - \arctan \phi(x) + \arctan \phi(\phi(x)))$$

$$= \frac{1}{2}(\arctan x + \arctan(-\phi(x)) + \arctan \phi(\phi(x))),$$

因为这个函数在开区间 $(0,1)$ 上是连续的, 并且当 $x \to 0^+$ 和 $x \to 1^-$ 时有有限极限 $\dfrac{3\pi}{8}$, 所以我们不妨假设 f 在整个区间 $[0,1]$ 上是连续的. 同时, 在最后的方程中我们可以用 $1-x$ 替代 x 而得到 $f(1-x) = \dfrac{1}{2}\left(\arctan(1-x) + \arctan(-\phi(1-x)) + \arctan \dfrac{1}{x}\right)$. 现在注意, $\phi(x)\phi(1-x) = 1$, 因而把 $f(x)$ 和 $f(-x)$ 的表达式相加, 我们就得到

$$f(x) + f(1-x) = \frac{1}{2}\left(\arctan x + \arctan \frac{1}{x} + \arctan a\right.$$

$$\left. + \arctan \frac{1}{a} + \arctan b + \arctan \frac{1}{b}\right),$$

其中 $a = -\phi(x), b = 1-x$. 对于开区间 $(0,1)$ 中的 x, 诸数 x, a, b 都是正的, 因而每对互为倒数的反正切值之和为 $\dfrac{\pi}{2}$. 因而 $f(x) + f(1-x) = \dfrac{1}{2}\left(\dfrac{\pi}{2} + \dfrac{\pi}{2} + \dfrac{\pi}{2}\right) = \dfrac{3\pi}{4}$. 最后, 由代换 $u = 1-x$ 得 $\displaystyle\int_0^1 f(x)\mathrm{d}x = \int_0^1 f(1-x)\mathrm{d}x$, 因而

$$\int_0^1 f(x)\mathrm{d}x = \frac{1}{2}\int_0^1 (f(x)+f(1-x))\mathrm{d}x = \frac{1}{2}\int_0^1 \frac{3\pi}{4}\mathrm{d}x = \frac{3\pi}{8}.$$

例 109 设 $f(x), g(x)$ 在 $[a,b]$ 上连续且恒正, $\int_a^b f(x)\mathrm{d}x = \int_a^b g(x)\mathrm{d}x$, $f(x), g(x)$ 在 $[a,b]$ 上不恒相等. 令 $I_n = \dfrac{1}{\displaystyle\int_a^b \dfrac{[f(x)]^{n+1}}{[g(x)]^n}\mathrm{d}x}$ $(n=1,2,\cdots)$, 证明: 数列 $\{I_n\}$ 单调递减且 $\lim\limits_{n\to\infty} I_n = 0$. (普特南 A3, 2017)

证明 首先观察到

$$I_n - I_{n-1} = \int_a^b \frac{(f(x))^{n+1}}{(g(x))^n}\mathrm{d}x - \int_a^b \frac{(f(x))^n}{(g(x))^{n-1}}\mathrm{d}x = \int_a^b \left(\frac{f(x)}{g(x)}\right)^n (f(x)-g(x))\mathrm{d}x,$$

因为 $f(x)$ 和 $g(x)$ 是正的, 所以当 $f(x) \neq g(x)$ 时, 我们就有 $\left(\dfrac{f(x)}{g(x)}\right)^n (f(x)-g(x)) > f(x) - g(x)$. 因为 $f \neq g$, 并且 f 和 g 是连续的, 所以存在一个正长度的 $[a,b]$ 的闭子区间, 在其上 $f(x) \neq g(x)$.

由此即得 $I_n - I_{n-1} = \int_a^b \left(\dfrac{f(x)}{g(x)}\right)^n (f(x)-g(x))\mathrm{d}x > \int_a^b (f(x)-g(x))\mathrm{d}x = 0$, 这证明了序列 $\{I_n\}$ 是递增的. 由于 $\int_a^b (f(x)-g(x))\mathrm{d}x = 0$, 因而 $[a,b]$ 必定有一个非平凡的子区间 $[c,d]$, 在其上对于某个常数 $\varepsilon > 0$ 有 $f(x) - g(x) > \varepsilon$. 当 $x \in [c,d]$ 时, 我们有

$$\left(\frac{f(x)}{g(x)}\right)^n (f(x)-g(x)) = (f(x)-g(x)) + \left(\left(\frac{f(x)}{g(x)}\right)^n - 1\right)(f(x)-g(x))$$

$$> (f(x)-g(x)) + \left(\left(\frac{\varepsilon}{g(x)}+1\right)^n - 1\right)\varepsilon$$

$$\geqslant f(x) - g(x) + \frac{n\varepsilon^2}{g(x)},$$

其中最后一步用了伯努利不等式 $(1+b)^n \geqslant 1 + bn$, 其中 $b = \dfrac{\varepsilon}{g(x)}$.

这就给出了估计 $I_n - I_{n-1} \geqslant \int_a^b (f(x)-g(x))\mathrm{d}x + \int_c^d \dfrac{n\varepsilon^2}{g(x)}\mathrm{d}x \geqslant \dfrac{(d-c)\varepsilon^2}{\max\limits_{c\leqslant x\leqslant d} g(x)}\cdot n$. 这样, 当 $n \to \infty$ 时, $I_n - I_{n-1}$ 无限制地增长, 因此当然有 $\lim\limits_{n\to\infty} I_n = \infty$.

例 110 求实数 c 和正数 L, 使得 $\lim\limits_{r\to\infty} \dfrac{r^c \displaystyle\int_0^{\frac{\pi}{2}} x^r \sin x\,\mathrm{d}x}{\displaystyle\int_0^{\frac{\pi}{2}} x^r \cos x\,\mathrm{d}x} = L$. (普特南 A3, 2011)

解 当且仅当 $c = -1$ 和 $L = \dfrac{2}{\pi}$ 时题中陈述为真. 因为在区间 $\left[0, \dfrac{\pi}{2}\right]$ 上, $\dfrac{2}{\pi}x \leqslant \sin x \leqslant 1$, 所以我们有 $\int_0^{\frac{\pi}{2}} \dfrac{2}{\pi}x \cdot x^r \mathrm{d}x < \int_0^{\frac{\pi}{2}} x^r \sin x\,\mathrm{d}x < \int_0^{\frac{\pi}{2}} x^r \mathrm{d}x$, 由此得 $\dfrac{1}{r+2}\left(\dfrac{\pi}{2}\right)^{r+1}$

$< \displaystyle\int_0^{\frac{\pi}{2}} x^r \sin x \mathrm{d}x < \frac{1}{r+1}\left(\frac{\pi}{2}\right)^{r+1}$, 因而在 $r \to \infty$ 时下式两端的比值在趋近于 1 的意义

下有 $\displaystyle\int_0^{\frac{\pi}{2}} x^r \sin x \mathrm{d}x \sim \frac{1}{r}\left(\frac{\pi}{2}\right)^{r+1}$, 由分部积分 $\displaystyle\int_0^{\frac{\pi}{2}} x^r \cos x \mathrm{d}x = \frac{1}{r+1}\int_0^{\frac{\pi}{2}} x^{r+1} \sin x \mathrm{d}x$,

因此 $\displaystyle\int_0^{\frac{\pi}{2}} x^r \cos x \mathrm{d}x \sim \frac{1}{r^2}\left(\frac{\pi}{2}\right)^{r+2}$.

例 111 设 $F_0(x) = \ln x, F_{n+1}(x) = \displaystyle\int_0^x F_n(t)\mathrm{d}t \,(x > 0), n = 1, 2, \cdots$, 求 $\displaystyle\lim_{n\to\infty} \frac{n! F_n(1)}{\ln n}$.

(普特南 B2, 2008)

解 极限是 -1. 对最初少数几个 $F_n(x)$ 的计算提示, 对每个 $n \geqslant 0$, 存在 $\alpha_n \in \mathbb{R}$,
使得对所有 $x > 0$ 有 $F_n(x) = \dfrac{x^n}{n!}\ln x - \alpha_n x^n$. 我们利用归纳法来证明它. 当 $n = 0$ 时,
它是成立的. 取 $\alpha_0 = 0$, 如果对于某个给定的 n, 它是成立的, 那么分部积分即导致对于
某个常数 C, 有

$$\begin{aligned}
F_{n+1}(x) &= \int F_n(x)\mathrm{d}x = \int \left(\frac{x^n}{n!}\ln x - \alpha_n x^n\right)\mathrm{d}x \\
&= \frac{x^{n+1}}{(n+1)!}\ln x - \int \frac{x^n}{(n+1)!}\mathrm{d}x - \int \alpha_n x^n \mathrm{d}x \\
&= \frac{x^{n+1}}{(n+1)!}\ln x - \left(\frac{1}{(n+1)!(n+1)} + \frac{\alpha_n}{n+1}\right)x^{n+1} + C,
\end{aligned}$$

当 $x \to 0^+$ 时取极限, 即得 $C = 0$, 因而当 $\alpha_{n+1} = \dfrac{\alpha_n}{n+1} + \dfrac{1}{(n+1)!(n+1)}$ 时归纳法

的推导就成立. 故 $(n+1)!\alpha_{n+1} = n!\alpha_n + \dfrac{1}{n+1}$, 由归纳法我们得到, 当 $n \geqslant 1$ 时, 有

$n!\alpha_n = H_n = 1 + \dfrac{1}{2} + \cdots + \dfrac{1}{n}$. 与 $\displaystyle\int_1^n \frac{1}{t}\mathrm{d}t$ 比较可知, 当 $n \to \infty$ 时 $H_n - \ln n$ 是有界的.

因而 $\displaystyle\lim_{n\to\infty} \frac{n! F_n(1)}{\ln n} = \lim_{n\to\infty} \frac{n!(-\alpha_n)}{\ln n} = \lim_{n\to\infty} \frac{H_n}{\ln n} = -1$.

例 112 设 $f(x)$ 在 $[0,1]$ 上有连续的导数, 且 $\displaystyle\int_0^1 f(x)\mathrm{d}x = 0$. 证明: 对任意的

$0 < \alpha < 1$ 有 $\left|\displaystyle\int_0^\alpha f(x)\mathrm{d}x\right| \leqslant \dfrac{1}{8}\displaystyle\max_{0\leqslant x\leqslant 1}|f'(x)|$. (普特南 B2, 2007)

证明 设 $B = \displaystyle\max_{0\leqslant x\leqslant 1}|f'(x)|$ 及 $g(x) = \displaystyle\int_0^x f(y)\mathrm{d}y$. 由于 $g(0) = g(1) = 0$, 因此 $|g(x)|$

的最大值必发生在满足 $g'(y) = f(y) = 0$ 的临界点 $y \in (0,1)$ 处. 我们可在这以及以后

取 $\alpha = y$. 由于 $\displaystyle\int_0^\alpha f(x)\mathrm{d}x = -\displaystyle\int_0^{1-\alpha} f(1-x)\mathrm{d}x$, 因此我们可设 $\alpha \leqslant \dfrac{1}{2}$. 如果需要用

$-f(x)$ 代替 $f(x)$, 我们可设 $\displaystyle\int_0^\alpha f(x)\mathrm{d}x \geqslant 0$. 从不等式 $f'(x) \geqslant -B$, 得出对 $0 \leqslant x \leqslant \alpha$,

$f(x) \leqslant B(\alpha - x)$, 因而 $\int_0^\alpha f(x)\mathrm{d}x \leqslant \int_0^\alpha B(\alpha - x)\mathrm{d}x = -\frac{1}{2}B(\alpha - x)^2 \Big|_0^\alpha = \frac{\alpha^2}{2}B \leqslant \frac{1}{8}B.$

例 113 求极限 $\lim\limits_{x \to 0^+} \int_x^{2x} \dfrac{\sin^m t}{t^n}\mathrm{d}t \ (m, n \in \mathbb{N})$. (国际大学生数学竞赛 2-2, 2003)

解 首先, $\dfrac{\sin t}{t}$ 在 $(0, \pi)$ 内递减且 $\lim\limits_{t \to 0^+} \dfrac{\sin t}{t} = 1$. 对任意 $x \in \left(0, \dfrac{\pi}{2}\right)$ 以及 $t \in [x, 2x]$, 我们有 $\dfrac{\sin 2x}{2x} < \dfrac{\sin t}{t} < 1$, 因此

$$\left(\frac{\sin 2x}{2x}\right)^m \int_x^{2x} \frac{t^m}{t^n}\mathrm{d}t < \int_x^{2x} \frac{\sin^m t}{t^n}\mathrm{d}t < \int_x^{2x} \frac{t^m}{t^n}\mathrm{d}t,$$

而 $\int_x^{2x} \dfrac{t^m}{t^n}\mathrm{d}t = x^{m-n+1} \int_1^2 u^{m-n}\mathrm{d}u$, 且当 $x \to 0^+$ 时, $\left(\dfrac{\sin 2x}{2x}\right)^m \to 1$. 如果 $m - n + 1 < 0$, 则 $x^{m-n+1} \to +\infty$; 如果 $m - n + 1 > 0$, 则 $x^m - n + 1 \to 0$. 如果 $m - n + 1 = 0$, 则

$x^{m-n+1} \int_1^2 u^{m-n}\mathrm{d}u = \ln 2$, 因此 $\lim\limits_{x \to 0^+} \int_x^{2x} \dfrac{\sin^m t}{t^n}\mathrm{d}t = \begin{cases} 0, & m \geqslant n, \\ \ln 2, & n - m = 1, \\ +\infty, & n - m > 1. \end{cases}$

例 114 设 $f(x)$ 在 $(-1, 1)$ 上有二阶导数, 且 $2f'(x) + xf''(x) > 1, x \in (-1, 1)$. 证明: $\int_{-1}^1 xf(x)\mathrm{d}x \geqslant \dfrac{1}{3}$. (国际大学生数学竞赛 1-3, 2009)

证明 令 $g(x) = xf(x) - \dfrac{x^2}{2}$. 注意到 $g''(x) = 2f'(x) + xf''(x) - 1 \geqslant 0$, 因此 g 是凸函数. g 在 0 处的切线方程为 $y = g'(0)x$, 因此 $g(x) \geqslant g'(0)x$, 于是

$$\int_{-1}^1 xf(x)\mathrm{d}x = \int_{-1}^1 \left(g(x) + \frac{x^2}{2}\right)\mathrm{d}x \geqslant \int_{-1}^1 \left(g'(0)x + \frac{x^2}{2}\right)\mathrm{d}x = \frac{1}{3}.$$

例 115 设 $f(x)$ 在 $[0, +\infty)$ 上有连续的一阶导数, 且 $f(x) \geqslant 0$, 证明:

$$\left| \int_0^1 f^3(x)\mathrm{d}x - f^2(0) \int_0^1 f(x)\mathrm{d}x \right| \leqslant \max_{0 \leqslant x \leqslant 1} |f'(x)| \left(\int_0^1 f(x)\mathrm{d}x \right)^2.$$

(国际大学生数学竞赛 1-3, 2005)

证明 设 $M = \max\limits_{0 \leqslant x \leqslant 1} |f'(x)|$. 由不等式 $-M \leqslant f'(x) \leqslant M, x \in [0, 1]$, 可得 $-Mf(x) \leqslant f(x)f'(x) \leqslant Mf(x), x \in [0, 1]$. 积分即得

$$-M \int_0^x f(t)\mathrm{d}t \leqslant \frac{1}{2}f^2(x) - \frac{1}{2}f^2(0) \leqslant M \int_0^x f(t)\mathrm{d}t, \quad x \in [0, 1],$$

两边再乘以 $f(x)$ 得

$$-Mf(x) \int_0^x f(t)\mathrm{d}t \leqslant \frac{1}{2}f^3(x) - \frac{1}{2}f^2(0)f(x) \leqslant Mf(x) \int_0^x f(t)\mathrm{d}t, \quad x \in [0, 1],$$

再次积分得到

$$-M\left(\int_0^1 f(x)\mathrm{d}x\right)^2 \leqslant \int_0^1 f^3(x)\mathrm{d}x - f^2(0)\int_0^1 f(x)\mathrm{d}x \leqslant M\left(\int_0^1 f(x)\mathrm{d}x\right)^2$$

$$\Leftrightarrow \left|\int_0^1 f^3(x)\mathrm{d}x - f^2(0)\int_0^1 f(x)\mathrm{d}x\right| \leqslant M\left(\int_0^1 f(x)\mathrm{d}x\right)^2.$$

例 116 $f(x), g(x)$ 为 $[a,b]$ 上非负的连续单调非减函数, 且

$$\int_a^x \sqrt{f(t)}\mathrm{d}t \leqslant \int_a^x \sqrt{g(t)}\mathrm{d}t, \ x \in [a,b], \quad \int_a^b \sqrt{f(t)}\mathrm{d}t = \int_a^b \sqrt{g(t)}\mathrm{d}t.$$

证明: $\int_a^b \sqrt{1+f(t)}\mathrm{d}t \geqslant \int_a^b \sqrt{1+g(t)}\mathrm{d}t.$ (国际大学生数学竞赛 2-2, 2004)

证明 令 $F(x) = \int_a^x \sqrt{f(t)}\mathrm{d}t$, $G(x) = \int_a^x \sqrt{g(t)}\mathrm{d}t.$ 则函数 F, G 都是凸的, 且 $F(a) = G(a) = 0, F(b) = G(b).$ 要证明的是 $\int_a^x \sqrt{1+(F'(t))^2}\mathrm{d}t \leqslant \int_a^x \sqrt{1+(G'(t))^2}\mathrm{d}t,$ 即证明曲线 $y = F(x)$ 的长度不小于曲线 $y = G(x)$ 的长度, 由于两个函数都是凸的, 且它们有相同的端点, 而 $F(x)$ 的图像在 $G(x)$ 图像的下方, 这是显然成立的.

例 117 设 $f(x)$ 为定义在 $[1,3]$ 上的函数, 且 $-1 \leqslant f(x) \leqslant 1$, $\int_1^3 f(x)\mathrm{d}x = 0$, 求 $\int_1^3 \frac{f(x)}{x}\mathrm{d}x$ 的最大值. (普特南 B2, 2014)

解 令 $F(x) = \int_1^x f(t)\mathrm{d}t \ (1 \leqslant x \leqslant 3)$, 则 $F(1) = F(3) = 0$ 且 $F(x) \leqslant \min\{x-1, 3-x\}$. 利用分部积分, 有

$$\int_1^3 \frac{f(x)}{x}\mathrm{d}x = \int_1^3 \frac{F(x)}{x^2}\mathrm{d}x \leqslant \int_1^2 \frac{x-1}{x^2}\mathrm{d}x + \int_2^3 \frac{3-x}{x^2}\mathrm{d}x = \ln\frac{4}{3}.$$

九、模拟导训

1. 计算广义积分 $\int_0^{+\infty} \frac{x\mathrm{e}^{-x}}{(1+\mathrm{e}^{-x})^2}\mathrm{d}x.$

2. 计算不定积分 $\int \frac{1}{(x^2+1)^3}\mathrm{d}x.$

3. 已知函数 $f(x)$ 连续, $g(x) = \int_0^x t^2 f(t-x)\mathrm{d}t$, 求 $g'(x).$

4. 设 $y'(x) = \arctan(x-1)^2$, 且 $y(0) = 0$, 求 $\int_0^1 y(x)\mathrm{d}x.$

5. 计算不定积分 $\int \frac{\ln(1+x) - \ln x}{x(1+x)}\mathrm{d}x.$

6. 设正值函数 $f(x)$ 在区间 $[a,b]$ 上连续, $\int_a^b f(x)\mathrm{d}x = A$, 证明:

$$\int_a^b f(x)\mathrm{e}^{f(x)}\mathrm{d}x \int_a^b \frac{1}{f(x)}\mathrm{d}x \geqslant (b-a)(b-a+A).$$

7. 设函数 $\phi(x) = \int_0^{\sin x} f\left(tx^2\right)\mathrm{d}t$, 其中 $f(x)$ 是连续函数, 且 $f(0) = 2$.

(1) 求 $\phi'(x)$;

(2) 讨论 $\phi'(x)$ 的连续性.

8. 设函数 $f(x)$ 在闭区间 $[0,1]$ 上具有连续的导数, $f(1) = 0$, 且 $\int_0^1 f^2(x)\mathrm{d}x = 1$.

(1) 求 $\int_0^1 xf(x)f'(x)\mathrm{d}x$;

(2) 证明: $\int_0^1 x^2 f^2(x)\mathrm{d}x \int_0^1 [f'(x)]^2\mathrm{d}x \geqslant \frac{1}{4}$.

9. 求证: $\sqrt{1-\mathrm{e}^{-1}} < \frac{1}{\sqrt{\pi}}\int_{-1}^1 \mathrm{e}^{-x^2}\mathrm{d}x < \sqrt{1-\mathrm{e}^{-2}}$.

10. 计算定积分 $I = \int_{-\frac{\pi}{4}}^{\frac{\pi}{4}} \frac{\sin^2 x}{1+\mathrm{e}^{-x}}\mathrm{d}x$.

11. 设函数 $f(x)$ 在闭区间 $[a,b]$ 上具有二阶导数, 且 $f(a) < 0$, $f(b) < 0$, $\int_a^b f(x)\mathrm{d}x = 0$. 证明: 存在一点 $\xi \in (a,b)$, 使得 $f''(\xi) < 0$.

12. 设 a,b 均为常数且 $a > -2$, $a \neq 0$, 问 a,b 为何值时, 有

$$\int_1^{+\infty} \left[\frac{2x^2+bx+a}{x(2x+a)} - 1\right]\mathrm{d}x = \int_0^1 \ln\left(1-x^2\right)\mathrm{d}x.$$

13. 求不定积分 $\int \frac{\arcsin x}{x^2} \cdot \frac{1+x^2}{\sqrt{1-x^2}}\mathrm{d}x \, (0 < |x| < 1)$.

14. 设 $f(x)$ 在区间 $[-a,a] \, (a > 0)$ 上连续,

(1) 证明 $\int_{-a}^a f(x)\mathrm{d}x = \int_0^a [f(x)+f(-x)]\mathrm{d}x$;

(2) 利用 (1) 的结论, 计算定积分 $\int_{-\frac{\pi}{4}}^{\frac{\pi}{4}} \frac{\sin^2 x}{1+\mathrm{e}^x}\mathrm{d}x$.

15. 设 $f(x) = \int_{-1}^x t|t|\mathrm{d}t \, (x \geqslant -1)$, 求 $f(x)$ 与 x 轴所围成的封闭图形 D 的面积 S 及 D 绕 x 轴旋转一周所成的旋转体的体积 V.

16. 设函数 $f(x)$ 在 $[a,b]$ 上连续, 且单调增加, 求证:

$$\int_a^b xf(x)\mathrm{d}x \geqslant \frac{a+b}{2}\int_a^b f(x)\mathrm{d}x.$$

17. 计算极限 $\lim\limits_{n\to\infty}\int_{-\frac{\pi}{2}}^{\frac{\pi}{2}}\dfrac{\mathrm{e}^x\sin^2 x}{1+\mathrm{e}^x}\cdot\sqrt[n]{2+\sin x}\mathrm{d}x$.

18. 设 n 为正整数, 计算定积分 $\int_0^{2n}x(x-1)(x-2)\cdots(x-2n)\mathrm{d}x$.

19. 设函数 $f(x)$ 在区间 $[a,b]$ 上有连续的二阶导数, 且 $f(a)=f(b)=0$. 证明:

$$\left|\int_a^b f(x)\mathrm{d}x\right|\leqslant\frac{(b-a)^3}{12}\max_{x\in[a,b]}|f''(x)|.$$

20. 求由曲线 $y=\sin x$ 与 $y=\sin 2x$ $(0\leqslant x\leqslant\pi)$ 围成的平面图形 D 绕 x 轴旋转一周所成的旋转体的体积 V.

21. 设 $f(x)$ 在 $[0,1]$ 上连续, 且 $1\leqslant f(x)\leqslant 2$, 证明 $\int_0^1 f(x)\mathrm{d}x\cdot\int_0^1\dfrac{1}{f(x)}\mathrm{d}x\leqslant\dfrac{9}{8}$.

22. 设 $f(x)$ 在 $[0,1]$ 连续, 在 $(0,1)$ 二阶可导, $f(0)=\int_{-1}^1(x+\sqrt{1-x^2})^2\mathrm{d}x$, $f(1)=\int_1^{+\infty}\dfrac{\ln x}{x^2}\mathrm{d}x$, $\int_0^1 f(x)\mathrm{d}x=3$, 证明: 至少存在 $\xi\in(0,1)$, 使 $f''(\xi)<0$.

23. 设 $f'(x)=\arcsin(x-1)^2$, $f(0)=0$, 求 $I=\int_0^1 f(x)\mathrm{d}x$.

24. 设函数 $f(x)$ 在 $[0,1]$ 上连续, 并且满足 $\int_0^1 xf(x)\mathrm{d}x=\int_0^1 f(x)\mathrm{d}x$. 证明: 存在 $\xi\in(0,1)$, 使得 $\int_0^\xi f(x)\mathrm{d}x=0$.

25. 设 $f(x)$ 单调增加且有连续导数, $f(0)=0$, $f(a)=b$, $f(x)$ 与 $g(x)$ 互为反函数, 证明: $\int_0^a f(x)\mathrm{d}x+\int_0^b g(x)\mathrm{d}x=ab$.

26. 计算定积分: $\int_0^{\frac{\pi}{2}}\dfrac{x}{\tan x}\mathrm{d}x$.

27. 求曲线 $y=2\mathrm{e}^{-x}\sin x$ 与 x 轴所围成图形的面积 A.

28. 设函数 $f(x)$ 在 $[-a,a]$ 上连续, 在点 $x=0$ 处可导, 且 $f'(0)\neq 0$.

(1) 求证: 对任意 $x\in(0,a)$, 存在 $\theta(x)\in(0,1)$, 使

$$\int_0^x f(t)\mathrm{d}t+\int_0^{-x}f(t)\mathrm{d}t=x\left[f(\theta(x)x)-f(-\theta(x)x)\right].$$

(2) 求极限 $\lim\limits_{x\to 0^+}\theta(x)$.

29. 设 $f(x)$ 在 $[a,b]$ 上连续, 证明:

(1) $\left[\int_a^b f(x)g(x)\mathrm{d}x\right]^2\leqslant\int_a^b f^2(x)\mathrm{d}x\cdot\int_a^b g^2(x)\mathrm{d}x$;

(2) 若 $f(x)$ 在 $[a,b]$ 上可导且 $f(a)=0$, 证明: $\displaystyle\int_a^b f^2(x)\mathrm{d}x \leqslant \frac{(b-a)^2}{2}\cdot\int_a^b \left[f'(x)\right]^2\mathrm{d}x$.

30. 设 $f(x)=\lim\limits_{t\to 0}\left[g(2x+t)-g(2x)\right]\cdot\dfrac{1}{t^2}\sin(xt)$, $g(x)$ 的一个原函数为 $\ln(x+1)$,

计算 $\displaystyle\int_0^1 f(x)\mathrm{d}x$.

31. 设函数 $f(x)$ 在 $[0,b]$ 上连续且单调递增, 证明: 当 $0<a\leqslant b$ 时, 有

$$\int_a^b xf(x)\mathrm{d}x \geqslant \frac{b}{2}\int_0^b f(x)\mathrm{d}x-\frac{a}{2}\int_0^a f(x)\mathrm{d}x.$$

32. 设函数 $f(x)$ 在 $[a,b]$ 上可导, $f'(x)$ 在 $[a,b]$ 上可积, 且 $f(a)=f(b)=0$, 证明:
对于任意的 $x\in[a,b]$, 有 $|f(x)|\leqslant\dfrac{1}{2}\displaystyle\int_a^b |f'(x)|\,\mathrm{d}x$.

33. 矛盾的加布里埃尔号角: 在区间 $[1,+\infty)$ 上, 曲线 $y=\dfrac{1}{x}$ 绕着 x 轴旋转一周得
到的曲面所围成的空间体叫做加布里埃尔号角 (图 3). 证明:

(1) 这个号角的体积 V 是有限的;

(2) 这个号角的表面积是无限的.

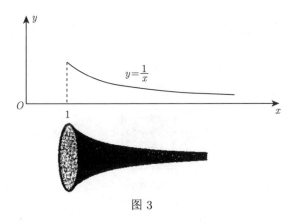

图 3

34. 计算广义积分 $I=\displaystyle\int_1^{+\infty}\dfrac{\mathrm{d}x}{x\sqrt{1+x^5+x^{10}}}$.

35. 设函数 $f(x)$ 在闭区间 $[a,b]$ 上具有一阶连续导数, 且 $f(a)=f(b)=0$, 证明
$$\max_{x\in[a,b]}|f'(x)|\geqslant\frac{4}{(b-a)^2}\left|\int_a^b f(x)\mathrm{d}x\right|.$$

36. 计算广义积分 $I=\displaystyle\int_0^{+\infty}\dfrac{\mathrm{d}x}{1+x^6}$.

37. 计算定积分 $I=\displaystyle\int_{-\frac{\pi}{4}}^{\frac{\pi}{4}}\dfrac{(\cos x-\sin x)\mathrm{e}^{\frac{x}{2}}}{\sqrt{\cos x}}\mathrm{d}x$.

38. 计算定积分 $I = \int_0^1 \arctan x \cdot \ln(1 + x^2)\mathrm{d}x$.

39. 设函数 $f(x)$ 在 $[a, b]$ 上具有连续的一阶导数, 且 $f(a) = 0$, 证明:

$$\int_a^b f^2(x)\mathrm{d}x \leqslant \frac{(b - a)^2}{2} \int_a^b [f'(x)]^2 \, \mathrm{d}x - \frac{1}{2} \int_a^b [f'(x)]^2 (x - a)^2 \mathrm{d}x.$$

40. 计算定积分 $\int_0^{+\infty} \frac{\ln x}{x^2 + \mathrm{e}^2}\mathrm{d}x$.

41. 设 $f(x)$ 在 $[0, 1]$ 上可导且 $f'(x) > 0$, $x \in [0, 1]$, 证明:

$$\int_0^1 \frac{f(\sin x)}{\sqrt{1 - x^2}}\mathrm{d}x < \int_0^1 \frac{f(\cos x)}{\sqrt{1 - x^2}}\mathrm{d}x.$$

42. 设 $f(x), g(x)$ 是 $[a, b]$ 上的连续函数, 且对 $\forall x, y \in [a, b]$ 有 $[f(x) - f(y)][g(x) - g(y)] \leqslant 0$ (称 $f(x)$ 与 $g(x)$ 具有反序性).

(1) 证明: $\int_a^b f(x)\mathrm{d}x \cdot \int_a^b g(x)\mathrm{d}x \geqslant (b - a) \int_a^b f(x)g(x)\mathrm{d}x$.

(2) 利用 (1) 的结论, 证明: 若 $f(x)$ 是 $[0, 1]$ 上的连续函数, 且对 $\forall x \in [0, 1]$ 有

$0 \leqslant f(x) < 1$, 则 $\int_0^1 \frac{f(x)}{1 - f(x)}\mathrm{d}x \geqslant \dfrac{\displaystyle\int_0^1 f(x)\mathrm{d}x}{1 - \displaystyle\int_0^1 f(x)\mathrm{d}x}$.

模拟导训
参考解答

微 分 方 程

一、竞赛大纲逐条解读

1. 常微分方程的基本概念：微分方程及其解、阶、通解、初始条件和特解等

[解读] 当把一个积分方程转化为微分方程时，需要注意初始条件，求出的解一般是特解.

2. 变量可分离的微分方程、齐次微分方程、一阶线性微分方程、伯努利方程、全微分方程

[解读] 变量可分离的微分方程一般会出现在题目的某些步骤中，如积分与路径无关、闭曲面上积分为零的情况等；齐次微分方程与可化为齐次微分方程是近几届考察的重点；一阶线性微分方程的通解公式必须掌握，有时会涉及转换变量的情况，常数变易法的思想需要了解和掌握；伯努利方程、全微分方程，也作为考察的内容，但出现频率较低.

3. 可用简单的变量代换求解的某些微分方程、可降阶的高阶微分方程：$y^{(n)} = f(x), y'' = f(x, y'), y'' = f(y, y')$

[解读] 变量代换法在求解某些积分或者微分方程时，有时是不可缺少的方法和必经途径；对于有些高阶微分方程，我们可以通过代换将它化成较低阶的方程来求解.

4. 线性微分方程解的性质及解的结构定理

[解读] 大家需要掌握微分方程解的结构和解的叠加原理，在近几年的竞赛题目中也涉及了解的有界性、周期性等性质；已知方程的几个线性无关的特解求解微分方程往届题目中也涉及过.

5. 二阶常系数齐次线性微分方程、高于二阶的某些常系数齐次线性微分方程

[解读] 用特征方程的方法求解二阶常系数齐次线性微分方程的通解，是我们必须要掌握的方法，对于特征根的三种不同情形，需牢牢掌握解的具体形式；高于二阶的某些常系数齐次线性微分方程的难点在于求解特征根，大家需要了解简单的高次多项式方程的求根方法.

6. 简单的二阶常系数非齐次线性微分方程：自由项为多项式、指数函数、正弦函数、余弦函数，以及它们的和与积

[解读] 能通过自由项的不同形式，合理假设特解的形式，并能通过解的叠加原理处理它们和的特解形式.

7. 欧拉 (Euler) 方程

[解读] 变系数的线性微分方程，一般来说都是不容易求解的. 但是有些特殊的变系数线性微分方程，则可以通过变量代换化为常系数线性微分方程，因而容易求解，欧拉方

程就是其中的一种. 在处理这类方程时, 关键在于判别方程的特征, 看它是否满足欧拉方程的形式.

8. 微分方程的简单应用

[解读] 微分方程的应用是将一些实际应用问题转化为带初始条件 (或边界条件) 的微分方程形式 (常微分方程或偏微分方程). 人类研究宇宙就是从解微分方程开始的, 并且微分方程在物理学、工程学等方面有着广泛的应用, 建立微分方程模型是解决这类问题的关键.

二、内容思维导图

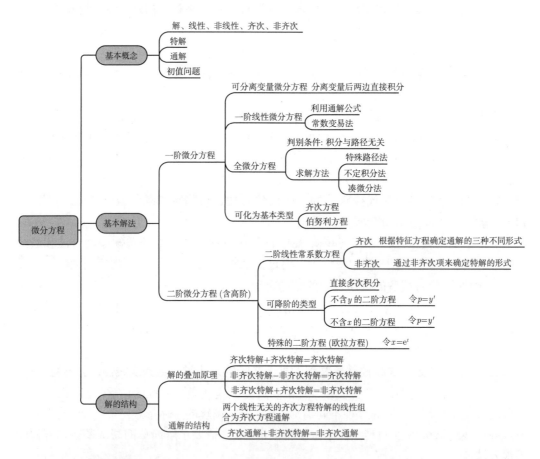

三、考点分布及分值

全国大学生数学竞赛初赛 (非数学类) 微分方程中的考点分布及分值

章节	届次	考点及分值
微分方程	第一届初赛 (10 分)	第五题: 高阶微分方程解的结构 (10 分)
	第二届初赛 (15 分)	第三题: 实际问题中的可降阶方程 (15 分)
	第四届初赛 (6 分)	第一题: (4) 积分与路径无关求解一阶非齐次线性微分方程 (6 分)
	第六届初赛 (6 分)	第一题: (1) 由微分方程的解确定方程 (6 分)

续表

章节	届次	考点及分值
微分方程	第八届初赛 (6 分)	第一题: (3) 可分离变量微分方程 (6 分)
	第九届初赛 (7 分)	第一题: (1) 积分方程转化为一阶非齐次线性微分方程的初值问题 (7 分)
	第十届初赛 (8 分)	第二题: 积分与路径无关求解一阶非齐次线性微分方程 (8 分)
	第十一届初赛 (6 分)	第一题: (4) 全微分方程 (6 分)
	第十二届初赛 (12 分)	第四题: 可降阶的高阶微分方程 (12 分)
	第十三届初赛 (14 分)	第三题: 微分方程解的有界性 (14 分)
	第十三届初赛补赛 (20 分)	第一题: (5) 一阶非齐次线性方程 (6 分)
		第四题: 二阶常系数非齐次方程初值问题 (14 分)
	第十四届初赛 (6 分)	第一题: (4) 变量代换解微分方程、伯努利方程 (6 分)
	第十四届初赛第一次补赛 (14 分)	第二题: 可降阶的高阶微分方程 (14 分)
	第十四届初赛第二次补赛 (6 分)	第一题: (3) 二阶常系数非齐次方程的初值问题 (6 分)
	第十五届初赛 A 类 (14 分)	第二题: 变量代换、齐次方程求解 (14 分)
	第十五届初赛 B 类 (14 分)	第三题: 变量代换、齐次方程求解 (14 分)
	第十六届初赛 A 类 (14 分)	第二题: 变量代换法求解微分方程 (14 分)
	第十六届初赛 B 类 (14 分)	第四题: 变量代换法求解微分方程 (14 分)

全国大学生数学竞赛决赛 (非数学类) 微分方程中的考点分布及分值

章节	届次	考点及分值
微分方程	第二届决赛 (10 分)	第二题: 全微分方程求解 (10 分)
	第三届决赛 (6 分)	第六题: (1) 一阶非齐次线性微分方程初值问题 (6 分)
	第四届决赛 (10 分)	第一题: (2) 一阶非齐次线性微分方程 (5 分)
		第一题: (3) 可分离变量微分方程 (5 分)
	第六届决赛 (5 分)	第一题: (2) 可降阶的高阶微分方程 (5 分)
	第七届决赛 (6 分)	第一题: (1) 可降阶的高阶微分方程 (6 分)
	第九届决赛 (12 分)	第一题: (3) 全微分方程 (6 分)
		第一题: (4) 一阶非齐次线性微分方程初值问题 (6 分)
	第十三届决赛 (12 分)	第二题: 积分方程转化为微分方程求特解 (12 分)
	第十四届决赛 (12 分)	第三题: 利用积分与路径无关求解微分方程 (12 分)
	第十五届决赛 (12 分)	第二题: 可化为一阶非齐次线性微分方程的实际问题 (12 分)

四、内容点睛

章节	专题	内容
微分方程	一阶微分方程的解法	可分离变量微分方程
		齐次方程
		一阶线性微分方程 (伯努利方程)
		全微分方程
		变量代换法求解微分方程
	高阶微分方程	可降阶的微分方程
		高阶微分方程解的结构
		二阶常系数齐次微分方程
		二阶常系数非齐次微分方程: 非齐次项共两种形式
		Euler 方程
	微分方程的应用	积分方程转为微分方程求函数
		利用微分方程求解几何问题
		利用微分方程求解应用问题

五、内容详情

1. 微分方程的基本概念

微分方程: 含有未知函数的导数 (或微分) 的等式称为微分方程.

微分方程的阶: 微分方程中, 所含未知函数的导数的最高阶数称为微分方程的阶.

微分方程的通解: 如果微分方程的解中含有任意常数, 且任意个不相关的常数的个数与微分方程的阶数相同, 这样的解称为微分方程的通解.

微分方程的特解: 在通解中给予任意常数以确定的值而得到的解, 称为特解.

初始条件: 用于确定通解中的任意常数而得到特解的条件称为初始条件.

积分曲线: 微分方程的特解的图形是一条曲线, 叫做微分方程的积分曲线.

2. 一阶微分方程的求解方法

1) 分离变量法

可分离变量的微分方程: 形如 $\dfrac{\mathrm{d}y}{\mathrm{d}x} = f(x)g(y)$ 的微分方程, 称为可分离变量的微分方程. 特点: 等式右边可以分解成两个函数之积, 其中一个是只含有 x 的函数, 另一个是只含有 y 的函数.

解法: 当 $g(y) \neq 0$ 时, 把 $\dfrac{\mathrm{d}y}{\mathrm{d}x} = f(x)g(y)$ 分离变量为 $\dfrac{\mathrm{d}y}{g(y)} = f(x)\mathrm{d}x$, 对上式两边积分, 得通解为 $\displaystyle\int \dfrac{\mathrm{d}y}{g(y)} = \int f(x)\mathrm{d}x + C$(这里我们把积分常数 C 明确写出来, 而把 $\displaystyle\int \dfrac{\mathrm{d}y}{g(y)}, \int f(x)\mathrm{d}x$ 分别理解为 $\dfrac{1}{g(y)}$ 和 $f(x)$ 的一个确定的原函数).

2) 一阶线性微分方程

如果一阶微分方程 $F(x, y, y') = 0$ 可以写为 $y' + p(x)y = q(x)$, 则称为一阶线性微分方程, 其中 $p(x), q(x)$ 为连续函数. 当 $q(x) \equiv 0$ 时, 此方程为 $\dfrac{\mathrm{d}y}{\mathrm{d}x} + p(x)y = 0$, 称它为对应于非齐次线性方程的齐次线性微分方程; 当 $q(x) \neq 0$ 时, 称为非齐次线性微分方程.

解法: 用常数变易法可得其通解为 $y = \mathrm{e}^{-\int p(x)\mathrm{d}x}\left(\displaystyle\int q(x)\mathrm{e}^{\int p(x)\mathrm{d}x}\mathrm{d}x + C\right)$(注: 其中每个积分, 不再加任意常数 C).

3) 伯努利方程

形如 $y' + P(x)y = Q(x)y^n (n \neq 0, 1)$, 当 $n = 0$ 时或 $n = 1$ 时, 这是线性微分方程. 当 $n \neq 0$ 且 $n \neq 1$ 时, 方程不是线性的, 但是通过变量代换, 便可以把它化为线性的.

解法: 换元法, 令 $z = y^{1-n}$, 则 $z' = \dfrac{\mathrm{d}z}{\mathrm{d}x} = \dfrac{\mathrm{d}z}{\mathrm{d}y} \cdot \dfrac{\mathrm{d}y}{\mathrm{d}x} = (1-n)y^{-n} \cdot y'$, $\dfrac{z'}{1-n} + P(x) \cdot z = Q(x)$, $z' + (1-n)P(x) \cdot z = (1-n)Q(x)$, 上式是 z 关于 x 的一阶线性微分方程, 求解即可.

3. 可降阶的二阶微分方程

1) 不显含未知函数 y 的二阶方程: $y'' = f(x, y')$

解法: 令 $y' = p = p(x)$, 则 $y'' = \dfrac{\mathrm{d}p}{\mathrm{d}x}$, 方程变为 $\dfrac{\mathrm{d}p}{\mathrm{d}x} = f(x, p)$, 解之得 p, 再积分得

$y = \int p(x)\mathrm{d}x$, 即得通解.

2) 不显含自变量 x 的二阶方程: $y'' = f(y, y')$

解法: 令 $y' = p = p(y)$, 则 $y'' = \dfrac{\mathrm{d}p}{\mathrm{d}y} \cdot p$, 方程变为 $p\dfrac{\mathrm{d}p}{\mathrm{d}y} = f(y, p)$, 解得 p, 再积分得通解.

4. 二阶线性微分方程的解的结构

二阶线性微分方程: 形如 $y'' + p(x)y' + q(x)y = f(x)$ 的方程, 称为二阶线性微分方程. 当 $f(x) \equiv 0$ 时, 称之为二阶齐次线性微分方程; 当 $f(x) \neq 0$ 时, 称之为二阶非齐次线性微分方程.

齐次线性方程解的叠加原理: 如果函数 y_1, y_2 是齐次方程 $y'' + p(x)y' + q(x)y = 0$ 的两个解, 则 $y = C_1y_1 + C_2y_2$ 也是方程 $y'' + p(x)y' + q(x)y = 0$ 的解, 其中 C_1, C_2 均为任意常数.

齐次线性方程解的结构: 如果函数 y_1, y_2 是齐次方程 $y'' + p(x)y' + q(x)y = 0$ 的两个线性无关解, 则 $y = C_1y_1 + C_2y_2$ (C_1, C_2 为任意常数) 是方程 $y'' + p(x)y' + q(x)y = 0$ 的通解.

非齐次线性方程的通解结构: 如果 y^* 是方程 $y'' + p(x)y' + q(x)y = f(x)$ 的一个特解, $Y = C_1y_1 + C_2y_2$ 是方程 $y'' + p(x)y' + q(x)y = f(x)$ 的通解, 则 $y = Y + y^* = C_1y_1 + C_2y_2 + y^*$ 是方程 $y'' + p(x)y' + q(x)y = f(x)$ 的通解.

线性微分方程的解的叠加原理: 若 y_1^*, y_2^* 分别是方程 $y'' + p(x)y' + q(x)y = f_1(x)$, $y'' + p(x)y' + q(x)y = f_2(x)$ 的特解, 则 $y = y_1^* + y_2^*$ 是方程 $y'' + p(x)y' + q(x)y = f_1(x) + f_2(x)$ 的特解.

5. 二阶常系数齐次线性微分方程

二阶常系数齐次线性微分方程: $y'' + py' + qy = 0$, 其中 p, q 是常数.

特征方程与特征根: 根据 $y'' + py' + qy = 0$, 可得 $r^2 + pr + q = 0$. 只要 r 的值能使 $r^2 + pr + q = 0$ 成立. 那么 $y = \mathrm{e}^{rx}$ 就是 $y'' + py' + qy = 0$ 的解, 称 $r^2 + pr + q = 0$ 为 $y'' + py' + qy = 0$ 的特征方程, 称 $r^2 + pr + q = 0$ 的根 r_1, r_2 为方程的特征根.

二阶常系数齐次线性微分方程的通解:

特征方程 $r^2 + pr + q = 0$ 的两个特征根 r_1, r_2	微分方程 $y'' + py' + qy = 0$ 的通解
$r_1 \neq r_2$	$y = C_1\mathrm{e}^{r_1x} + C_2\mathrm{e}^{r_2x}$
$r_1 = r_2$	$y = (C_1 + C_2x)\mathrm{e}^{r_1x}$
$r_1 = \alpha + \mathrm{i}\beta, r_2 = \alpha - \mathrm{i}\beta$	$y = \mathrm{e}^{\alpha x}(C_1\cos\beta x + C_2\sin\beta x)$

6. 二阶常系数非齐次线性微分方程

二阶常系数非齐次线性微分方程: 形如 $y'' + py' + qy = f(x)$ (其中 p, q 均为常数, $f(x) \neq 0$) 的方程, 称为二阶常系数非齐次线性微分方程.

二阶常系数非齐次线性微分方程的通解: $y'' + py' + qy = f(x)$ 的通解应该为 $y = Y + y^*$, Y 为 $y'' + py' + qy = f(x)$ 对应齐次线性方程: $y'' + py' + qy = 0$ 的通解, y^* 为 $y'' + py' + qy = f(x)$ 的一个特解.

二阶常系数非齐次线性微分方程的特解:

$f(x)$ 的两种形式是:

(1) $f(x) = p_m(x)\mathrm{e}^{\lambda x}$, λ 是常数. $p_m(x)$ 是 x 的一个 m 次多项式, 即 $p_m(x) = a_0 x^m + a_1 x^{m-1} + \cdots + a_{m-1}x + a_m$, $y'' + py' + qy = f(x)$ 具有如下形式的特解: $y^* = x^k Q_m(x)\mathrm{e}^{\lambda x}$, 其中 $Q_m(x)$ 是与 $p_m(x)$ 同次的多项式 (其中 k 的取值与特征根的重数相同).

(2) $f(x) = \mathrm{e}^{\lambda x}[P_l(x)\cos\omega x + P_n(x)\sin\omega x]$, 其中 λ, ω 是常数. $P_l(x), P_n(x)$ 分别是 l 次、n 次多项式, 其中有一个可为零. $y'' + py' + qy = f(x)$ 具有如下形式的特解: $y^* = x^k \cdot \mathrm{e}^{\lambda x}[R_m^1(x)\cos\omega x + R_m^2(x)\sin\omega x]$, 其中 $R_m^1(x), R_m^2(x)$ 是 m 次多项式, $m = \max\{n, l\}$, $k = 0, 1$ 的取值与 $\lambda \pm \mathrm{i}\omega$ 是否为特征根相关.

7. 欧拉方程

形如 $x^n y^{(n)} + p_1 x^{n-1} y^{(n-1)} + \cdots + p_{n-1}xy' + p_n y = f(x)$ 的方程称为欧拉方程, 其中 $p_1, p_2, \cdots, p_n$ 为常数. 欧拉方程的特点是: 方程中各项未知函数导数的阶数与其乘积因子自变量的幂次相同. 作变量替换 $x = \mathrm{e}^t$ 或 $t = \ln x$, 将上述变换代入欧拉方程, 则将方程化为以 t 为自变量的常系数线性微分方程, 求出该方程的解后, 把 t 换为 $\ln x$, 即得到原方程的解. 如果采用记号 D 表示对自变量 t 求导的运算 $\dfrac{\mathrm{d}}{\mathrm{d}t}$, 则上述结果可以写为 $xy' = Dy$, $x^2 y'' = D(D-1)y$, $x^3 y''' = (D^3 - 3D^2 + 2D)y = D(D-1)(D-2)y$, 一般地, 有 $x^k y^{(k)} = D(D-1)\cdots(D-k+1)y$.

六、全国初赛真题赏析

例 1 已知 $y_1 = x\mathrm{e}^x + \mathrm{e}^{2x}$, $y_2 = x\mathrm{e}^x + \mathrm{e}^{-x}$, $y_3 = x\mathrm{e}^x + \mathrm{e}^{2x} - \mathrm{e}^{-x}$ 是某二阶常系数非齐次线性微分方程的三个解, 试求此微分方程. (第一届全国初赛, 2009)

解 设 $y_1 = x\mathrm{e}^x + \mathrm{e}^{2x}$, $y_2 = x\mathrm{e}^x + \mathrm{e}^{-x}$, $y_3 = x\mathrm{e}^x + \mathrm{e}^{2x} - \mathrm{e}^{-x}$ 是二阶常系数非齐次线性微分方程 $y'' + by' + cy = f(x)$ 的三个解, 则 $y_2 - y_1 = \mathrm{e}^{-x} - \mathrm{e}^{2x}$ 和 $y_3 - y_1 = -\mathrm{e}^{-x}$ 都是二阶常系数齐次线性微分方程 $y'' + by' + cy = 0$ 的解, 因此 $y'' + by' + cy = 0$ 的特征方程是 $(\lambda - 2)(\lambda + 1) = 0$, 而 $y'' + by' + cy = 0$ 的特征方程是 $\lambda^2 + b\lambda + c = 0$, 因此二阶常系数齐次线性微分方程为 $y'' - y' - 2y = 0$, 由 $y_1'' - y_1' - 2y_1 = f(x)$ 和 $y_1' = \mathrm{e}^x + x\mathrm{e}^x + 2\mathrm{e}^{2x}$, $y_1'' = 2\mathrm{e}^x + x\mathrm{e}^x + 4\mathrm{e}^{2x}$ 知, $f(x) = y_1'' - y_1' - 2y_1 = (1 - 2x)\mathrm{e}^x$, 二阶常系数非齐次线性微分方程为 $y'' - y' - 2y = \mathrm{e}^x - 2x\mathrm{e}^x$.

例 2 设函数 $u = u(x)$ 连续可微, $u(2) = 1$, 且 $\displaystyle\int_L (x + 2y)u\mathrm{d}x + (x + u^3)u\mathrm{d}y$ 在右半平面与路径无关, 求 $u(x, y)$. (第四届全国初赛, 2012)

解 由 $\dfrac{\partial}{\partial x}(u(x + u^3)) = \dfrac{\partial}{\partial y}((x + 2y)u)$, 得 $(x + 4u^3)u' = u$, 即 $\dfrac{\mathrm{d}x}{\mathrm{d}u} - \dfrac{x}{u} = 4u^2$, 方程的通解为 $x = \mathrm{e}^{\ln u}\left(\displaystyle\int 4u^2 \mathrm{e}^{-\ln u}\mathrm{d}u + C\right) = u(2u^2 + C)$, 由 $u(2) = 1$ 得 $C = 0$, 故 $u = \sqrt[3]{\dfrac{x}{2}}$.

例 3 已知 $y_1 = \mathrm{e}^x$ 和 $y_2 = x\mathrm{e}^x$ 是二阶常系数齐次线性微分方程的解, 则该方程是_____. (第六届全国初赛, 2014)

解 由解可知, 该方程的特征方程有二重根 $\lambda = 1$, 故特征方程为 $\lambda^2 - 2\lambda + 1 = 0$, 从而所求微分方程为 $y'' - 2y' + y = 0$.

例 4 设 $f(x)$ 有连续导数, 且 $f(1) = 2$, 记 $z = f(\mathrm{e}^x y^2)$, 若 $\dfrac{\partial z}{\partial x} = z$, 则当 $x > 0$ 时, $f(x)$ 的表达式为_____. (第八届全国初赛, 2016)

解 由题设得 $\dfrac{\partial z}{\partial x} = f'(\mathrm{e}^x y^2)\mathrm{e}^x y^2 = f(\mathrm{e}^x y^2)$. 令 $u = \mathrm{e}^x y^2$, 得到当 $u > 0$ 有 $f'(u)u = f(u)$, 从而 $f(u) = cu$. 由初始条件得 $f(u) = 2u$, 故在 $x > 0$ 时有 $f(x) = 2x$.

例 5 已知可导函数 $f(x)$ 满足 $\cos x\, f(x) + 2\displaystyle\int_0^x f(t)\sin t\,\mathrm{d}t = x + 1$, 求 $f(x)$. (第九届全国初赛, 2017)

解 在方程两边求导得 $f'(x)\cos x + f(x)\sin x = 1$, 即 $f'(x) + f(x)\tan x = \sec x$. 从而

$$
f(x) = \mathrm{e}^{-\int \tan x\,\mathrm{d}x}\left(\int \sec x\,\mathrm{e}^{\int \tan x\,\mathrm{d}x}\,\mathrm{d}x + C\right) = \mathrm{e}^{\ln\cos x}\left(\int \frac{1}{\cos x}\mathrm{e}^{-\ln\cos x}\,\mathrm{d}x + C\right)
$$

$$
= \cos x\left(\int \frac{1}{\cos^2 x}\,\mathrm{d}x + C\right) = \cos x\,(\tan x + C) = \sin x + C\cos x,
$$

由于 $f(0) = 1$, 故 $f(x) = \sin x + \cos x$.

例 6 设函数 $f(t)$ 在 $t \neq 0$ 时一阶连续可导, 且 $f(1) = 0$, 求函数 $f(x^2 - y^2)$, 使得积分曲线 $\displaystyle\int_L \left[y\left(2 - f\left(x^2 - y^2\right)\right)\right]\mathrm{d}x + xf\left(x^2 - y^2\right)\mathrm{d}y$ 与路径无关, 其中 L 为任一不与直线 $y = \pm x$ 相交的分段光滑闭曲线. (第十届全国初赛, 2018)

解 设 $P(x, y) = y\left(2 - f\left(x^2 - y^2\right)\right)$, $Q(x, y) = xf\left(x^2 - y^2\right)$, 由题设可知, 积分与路径无关, 于是有 $\dfrac{\partial Q}{\partial x} = \dfrac{\partial P}{\partial y}$, 由此可知 $\left(x^2 - y^2\right)f'\left(x^2 - y^2\right) + f\left(x^2 - y^2\right) = 1$. 记 $t = x^2 - y^2$, 则得微分方程 $tf'(t) + f(t) = 1$, 即 $(tf(t))' = 1$, $tf(t) = t + C$, 又 $f(1) = 0$, 可得 $C = -1$, $f(t) = 1 - \dfrac{1}{t}$, 从而 $f\left(x^2 - y^2\right) = 1 - \dfrac{1}{x^2 - y^2}$.

例 7 已知 $\mathrm{d}u(x, y) = \dfrac{y\mathrm{d}x - x\mathrm{d}y}{3x^2 - 2xy + 3y^2}$, 计算 $u(x, y)$. (第十一届全国初赛, 2019)

解
$$
\mathrm{d}u(x, y) = \frac{y\mathrm{d}x - x\mathrm{d}y}{3x^2 - 2xy + 3y^2} = \frac{\mathrm{d}\left(\dfrac{x}{y}\right)}{3\left(\dfrac{x}{y}\right)^2 - \dfrac{2x}{y} + 3}
$$

$$
= \frac{1}{2\sqrt{2}}\mathrm{d}\arctan\frac{3}{2\sqrt{2}}\left(t - \frac{1}{3}\right),
$$

两边积分, $u(x, y) = \displaystyle\int \frac{\mathrm{d}\left(\dfrac{x}{y}\right)}{3\left(\dfrac{x}{y}\right)^2 - \dfrac{2x}{y} + 3} \xlongequal{\frac{x}{y} = t} \int \frac{\mathrm{d}t}{3t^2 - 2t + 3}$, 所以

$$u(x,y) = \frac{1}{2\sqrt{2}} \arctan \frac{3}{2\sqrt{2}} \left(\frac{x}{y} - \frac{1}{3} \right) + C.$$

例 8 已知 $z = xf\left(\frac{y}{x}\right) + 2y\varphi\left(\frac{x}{y}\right)$, 其中 f, φ 均为二次可微函数.

(1) 求 $\frac{\partial z}{\partial x}, \frac{\partial^2 z}{\partial x \partial y}$;

(2) 当 $f = \varphi$ 且 $\left.\frac{\partial^2 z}{\partial x \partial y}\right|_{x=a} = -by^2$ 时, 求 $f(y)$. (第十二届全国初赛, 2020)

解 (1) $\frac{\partial z}{\partial x} = f\left(\frac{y}{x}\right) - \frac{y}{x}f'\left(\frac{y}{x}\right) + 2\varphi'\left(\frac{x}{y}\right)$, $\frac{\partial^2 z}{\partial x \partial y} = -\frac{y}{x^2}f''\left(\frac{y}{x}\right) - \frac{2x}{y^2}\varphi''\left(\frac{x}{y}\right)$.

(2) $\left.\frac{\partial^2 z}{\partial x \partial y}\right|_{x=a} = -\frac{y}{a^2}f''\left(\frac{y}{a}\right) - \frac{2a}{y^2}\varphi''\left(\frac{a}{y}\right) = -by^2$, 因为 $f = \varphi$, 所以 $\frac{y}{a^2}f''\left(\frac{y}{a}\right) +$

$\frac{2a}{y^2}f''\left(\frac{a}{y}\right) = by^2$, 令 $y = au$, 则 $\frac{u}{a}f''(u) + \frac{2}{au^2}f''\left(\frac{1}{u}\right) = a^2bu^2$, 即

$$u^3 f''(u) + 2f''\left(\frac{1}{u}\right) = a^3bu^4. \tag{①}$$

① 式中以 $\frac{1}{u}$ 换 u 得

$$2f''\left(\frac{1}{u}\right) + 4u^3 f''(u) = 2a^3b\frac{1}{u}, \tag{②}$$

联立①-②解得 $-3u^3 f''(u) = a^3b\left(u^4 - \frac{2}{u}\right)$, 所以 $f''(u) = \frac{a^3b}{3}\left(\frac{2}{u^4} - u\right)$, 从而有

$f(u) = \frac{a^3b}{3}\left(\frac{1}{3u^2} - \frac{u^3}{6}\right) + C_1 u + C_2$, 故 $f(y) = \frac{a^3b}{3}\left(\frac{1}{3y^2} - \frac{y^3}{6}\right) + C_1 y + C_2$.

例 9 设 $f(x)$ 在 $[0, +\infty)$ 上是有界连续函数, 证明: 方程 $y'' + 14y' + 13y = f(x)$ 的每一个解在 $[0, +\infty)$ 上都是有界函数. (第十三届全国初赛, 2021)

证明 易得对应的齐次方程 $y'' + 14y' + 13y = 0$ 的通解为 $y = C_1 e^{-x} + C_2 e^{-13x}$, 又由 $y'' + 14y' + 13y = f(x)$, 得 $(y'' + y') + 13(y' + y) = f(x)$. 令 $y_1 = y' + y$, 则 $y_1' + 13y_1 = f(x)$, 解得 $y_1 = e^{-13x}\left(\int_0^x f(t)e^{13t}dt + C_3\right)$. 同理由 $y'' + 14y' + 13y = f(x)$, 得 $(y'' + 13y') + (y' + 13y) = f(x)$. 令 $y_2 = y' + 13y$, 则 $y_2' + y_2 = f(x)$, 解得 $y_2 = e^{-x}\left(\int_0^x f(t)e^t dt + C_4\right)$. 取 $C_3 = C_4 = 0$, 得

$$\begin{cases} y' + y = e^{-13x}\displaystyle\int_0^x f(t)e^{13t}dt, \\ y' + 13y = e^{-x}\displaystyle\int_0^x f(t)e^t dt, \end{cases}$$

由此解得原方程的一个特解为 $y^* = \dfrac{1}{12}\mathrm{e}^{-x}\displaystyle\int_0^x f(t)\mathrm{e}^t\mathrm{d}t - \dfrac{1}{12}\mathrm{e}^{-13x}\displaystyle\int_0^x f(t)\mathrm{e}^{13t}\mathrm{d}t.$ 因此, 原方程的通解为 $y = C_1\mathrm{e}^{-x} + C_2\mathrm{e}^{-13x} + \dfrac{1}{12}\mathrm{e}^{-x}\displaystyle\int_0^x f(t)\mathrm{e}^t\mathrm{d}t - \dfrac{1}{12}\mathrm{e}^{-13x}\displaystyle\int_0^x f(t)\mathrm{e}^{13t}\mathrm{d}t.$ 因为 $f(x)$ 在 $[0,+\infty)$ 上有界, 所以, 存在 $M > 0$, 使得 $|f(x)| \leqslant M, x \geqslant 0$, 注意到当 $x \in [0,+\infty)$ 时, $0 < \mathrm{e}^{-x} \leqslant 1, 0 < \mathrm{e}^{-13x} \leqslant 1$, 所以

$$
\begin{aligned}
|y| &\leqslant \left|C_1\mathrm{e}^{-x}\right| + \left|C_2\mathrm{e}^{-13x}\right| + \frac{1}{12}\mathrm{e}^{-x}\left|\int_0^x f(t)\mathrm{e}^t\mathrm{d}t\right| + \frac{1}{12}\mathrm{e}^{-13x}\left|\int_0^x f(t)\mathrm{e}^{13t}\mathrm{d}t\right| \\
&\leqslant |C_1| + |C_2| + \frac{M}{12}\mathrm{e}^{-x}\int_0^x \mathrm{e}^t\mathrm{d}t + \frac{M}{12}\mathrm{e}^{-13x}\int_0^x \mathrm{e}^{13t}\mathrm{d}t \\
&\leqslant |C_1| + |C_2| + \frac{M}{12}\left(1 - \mathrm{e}^{-x}\right) + \frac{M}{156}\left(1 - \mathrm{e}^{-13x}\right) \\
&\leqslant |C_1| + |C_2| + \frac{M}{12} + \frac{M}{156} = |C_1| + |C_2| + \frac{7M}{78},
\end{aligned}
$$

对于方程的每一个确定的解, 常数 C_1 与 C_2 是固定的, 所以, 原方程的每一个解都是有界的.

例 10 微分方程 $\begin{cases} (x+1)\dfrac{\mathrm{d}y}{\mathrm{d}x} + 1 = 2\mathrm{e}^{-y}, \\ y(0) = 0 \end{cases}$ 的解是_____. (第十三届初赛补赛, 2021)

解 由 $(x+1)\dfrac{\mathrm{d}y}{\mathrm{d}x} + 1 = 2\mathrm{e}^{-y}$, 当 $x = -1$ 时, 显然 $y = \ln 2$. 当 $x \neq -1$ 时, 可得 $(x+1)\dfrac{\mathrm{d}\left(\mathrm{e}^y\right)}{\mathrm{d}x} + \mathrm{e}^y = 2$, 所以 $\left[(x+1)\mathrm{e}^y\right]' = 2$, 两边积分可得 $(x+1)\mathrm{e}^y = 2x + C$, 由于 $y(0) = 0$, 所以 $C = 1$, $\mathrm{e}^y = \dfrac{2x+1}{x+1}$, 进而 $y = \ln\left|\dfrac{2x+1}{x+1}\right|$.

综上可得 $y = \begin{cases} \ln\left|\dfrac{2x+1}{x+1}\right|, & x \neq -1, \\ \ln 2, & x = -1. \end{cases}$

例 11 若对于 $\mathbb{R}^3$ 中半空间 $\left\{(x,y,z) \in \mathbb{R}^3 \,\middle|\, x > 0\right\}$ 内任意有向光滑封闭曲面 S, 都有 $\displaystyle\iint\limits_S xf'(x)\mathrm{d}y\mathrm{d}z + y\left(xf(x) - f'(x)\right)\mathrm{d}z\mathrm{d}x - xz(\sin x + f'(x))\mathrm{d}x\mathrm{d}y = 0$, 其中 f 在 $(0,+\infty)$ 上二阶导数连续且 $\lim\limits_{x\to 0^+} f(x) = \lim\limits_{x\to 0^-} f'(x) = 0$, 求 $f(x)$. (第十三届初赛补赛, 2021)

解 记 $P = xf'(x), Q = y\left(xf(x) - f'(x)\right), R = -xz\left(\sin x + f'(x)\right)$, 则有

$$
\begin{aligned}
\frac{\partial P}{\partial x} + \frac{\partial Q}{\partial y} + \frac{\partial R}{\partial z} &= f'(x) + xf''(x) + xf(x) - f'(x) - x\sin x - xf'(x) \\
&= xf''(x) - xf'(x) + xf(x) - x\sin x,
\end{aligned}
$$

由已知条件可知 $\dfrac{\partial P}{\partial x} + \dfrac{\partial Q}{\partial y} + \dfrac{\partial R}{\partial z} = 0$, 即 $f''(x) - f'(x) + f(x) = \sin x$, 该方程对

应的齐次方程的特征方程为 $r^2 - r + 1 = 0$, 解得 $r_{1,2} = \dfrac{1}{2} \pm \dfrac{\sqrt{3}}{2}\mathrm{i}$, 所以齐次方程

的通解为: $\bar{y} = \mathrm{e}^{\frac{1}{2}x}\left(C_1 \cos \dfrac{\sqrt{3}}{2}x + C_2 \sin \dfrac{\sqrt{3}}{2}x\right)$. 又因为 $y^* = \cos x$, 所以 $f(x) =$

$\mathrm{e}^{\frac{1}{2}x}\left(C_1 \cos \dfrac{\sqrt{3}}{2}x + C_2 \sin \dfrac{\sqrt{3}}{2}x\right) + \cos x$. 由于 $\lim\limits_{x\to 0^+} f(x) = \lim\limits_{x\to 0^-} f'(x) = 0$, 故 $C_1 =$

$-1, C_2 = \dfrac{1}{\sqrt{3}}$, $f(x) = \mathrm{e}^{\frac{1}{2}x}\left(-\cos \dfrac{\sqrt{3}}{2}x + \dfrac{1}{\sqrt{3}}\sin \dfrac{\sqrt{3}}{2}x\right) + \cos x$.

例 12 微分方程 $\dfrac{\mathrm{d}y}{\mathrm{d}x}x\ln x \sin y + \cos y(1 - x\cos y) = 0$ 的通解为_____.
(第十四届全国初赛, 2023)

解 原方程等价于 $\dfrac{\mathrm{d}y}{\mathrm{d}x}\sin y + \dfrac{1}{x\ln x}\cos y = \dfrac{1}{\ln x}\cos^2 y$. 令 $u = \cos y$, 则方程可化为

$$\dfrac{\mathrm{d}u}{\mathrm{d}x} - \dfrac{1}{x\ln x}u = -\dfrac{1}{\ln x}u^2.$$

此方程为伯努利方程, 再令 $w = \dfrac{1}{u}$, 则方程可进一步化为 $\dfrac{\mathrm{d}w}{\mathrm{d}x} + \dfrac{1}{x\ln x}w = \dfrac{1}{\ln x}$. 这是一

阶线性微分方程, 利用求解公式得 $w = \mathrm{e}^{-\int \frac{\mathrm{d}x}{x\ln x}}\left(\int \dfrac{1}{\ln x}\mathrm{e}^{\int \frac{\mathrm{d}x}{x\ln x}}\mathrm{d}x + C\right) = \dfrac{1}{\ln x}(x+C)$,

将变量 $w = \dfrac{1}{u} = \dfrac{1}{\cos y}$ 代回原表达式, 得原微分方程的通解为 $(x+C)\cos y = \ln x$.

例 13 设函数 $z = f(u)$ 在区间 $(0, +\infty)$ 上具有二阶连续导数, $u = \sqrt{x^2 + y^2}$, 且

满足 $\dfrac{\partial^2 z}{\partial x^2} + \dfrac{\partial^2 z}{\partial y^2} = x^2 + y^2$, 求函数 $f(u)$ 的表达式. (第十四届全国初赛第一次补赛,

2022)

解 根据复合函数求导法则, 得 $\dfrac{\partial z}{\partial x} = f'(u)\dfrac{x}{u}$, $\dfrac{\partial z}{\partial y} = f'(u)\dfrac{y}{u}$, $\dfrac{\partial^2 z}{\partial x^2} = f''(u)\dfrac{x^2}{u^2} +$

$f'(u)\dfrac{y^2}{u^3}$, $\dfrac{\partial^2 z}{\partial y^2} = f''(u)\dfrac{y^2}{u^2} + f'(u)\dfrac{x^2}{u^3}$, 代入题设方程并整理, 得到不显含未知函数 $f(u)$ 的

二阶微分方程 $f''(u) + \dfrac{1}{u}f'(u) = u^2$. 令 $p = f'(u)$, 上述方程可化为 $\dfrac{\mathrm{d}p}{\mathrm{d}u} + \dfrac{1}{u}p = u^2$. 利用求

解公式得 $p = \mathrm{e}^{-\int \frac{1}{u}\mathrm{d}u}\left(\int u^2 \mathrm{e}^{\int \frac{1}{u}\mathrm{d}u}\mathrm{d}u + C\right) = \dfrac{1}{4}u^3 + \dfrac{C}{u}$, 因此 $f(u) = \dfrac{1}{16}u^4 + C\ln u + C_1$,

其中 C, C_1 为任意常数.

例 14 设 $y = y(x)$ 是初值问题 $\begin{cases} y'' - 2y' - 3y = 1, \\ y(0) = 0, y'(0) = 1 \end{cases}$ 的解, 则 $y(x) =$_____.

(第十四届全国初赛第二次补赛, 2023)

解 对于齐次微分方程 $y'' - 2y' - 3y = 0$, 其特征方程 $\lambda^2 - 2\lambda - 3 = 0$ 的根为 $\lambda_1 = 3$,

$\lambda_2 = -1$, 所以 $y'' - 2y' - 3y = 0$ 的通解为 $y = C_1 \mathrm{e}^{3x} + C_2 \mathrm{e}^{-x}$. 经观察, 非齐次微分方程 $y'' - 2y' - 3y = 1$ 的一个特解为 $y_0 = -\dfrac{1}{3}$. 所以, 方程的通解为 $y(x) = C_1 \mathrm{e}^{3x} + C_2 \mathrm{e}^{-x} - \dfrac{1}{3}$. 又由 $y(0) = 0, y'(0) = 1$ 解得, $C_1 = \dfrac{1}{3}$, $C_2 = 0$, 因此 $y(x) = \dfrac{1}{3}\left(\mathrm{e}^{3x} - 1\right)$.

例 15 解方程 $(x^2 + y^2 + 3)\dfrac{\mathrm{d}y}{\mathrm{d}x} = 2x\left(2y - \dfrac{x^2}{y}\right)$. (第十五届全国初赛 A 类、B 类, 2024)

解 原方程变形为 $\dfrac{2y\mathrm{d}y}{2x\mathrm{d}x} = \dfrac{2(2y^2 - x^2)}{x^2 + y^2 + 3}$. 令 $u = x^2, v = y^2$, 则原方程化为 $\dfrac{\mathrm{d}v}{\mathrm{d}u} = \dfrac{2(2v - u)}{u + v + 3}$. 解方程 $2v - u = 0, u + v + 3 = 0$, 得到 $u = -2, v = -1$, 再令 $U = u + 2, V = v + 1$, 上述方程化为 $\dfrac{\mathrm{d}V}{\mathrm{d}U} = \dfrac{2(2V - U)}{U + V}$. 作变量替换 $W = \dfrac{V}{U}$ 得到 $U\dfrac{\mathrm{d}W}{\mathrm{d}U} = -\dfrac{W^2 - 3W + 2}{W + 1}$. 这是可分离变量微分方程, 解得 $U(W - 2)^3 = C(W - 1)^2$, 回代得

$$\left(y^2 - 2x^2 - 3\right)^3 = C\left(y^2 - x^2 - 1\right)^2.$$

注 变量代换是求解常微分方程中常用的方法, 本题中还用到了平移变换及齐次方程的理论, 此题目为丁同仁、李承治中编的《常微分方程教程 (第二版)》中习题 2-4 的 2(3) 题.

例 16 求微分方程 $(x^3 - y^2)\,\mathrm{d}x + (x^2 y + xy)\,\mathrm{d}y = 0$ 的通解. (第十六届全国初赛 A 类、B 类, 2024)

解 方法 1: 设 $u = y^2$, 则原方程化为 $\dfrac{\mathrm{d}u}{\mathrm{d}x} = \dfrac{2u}{x(1+x)} - \dfrac{2x^2}{x+1}$. 这个线性方程的通解为 $\left(\dfrac{1+x}{x}\right)^2 u + (1+x)^2 = C$, 即 $\left(\dfrac{1+x}{x}\right)^2 y^2 + (1+x)^2 = C$.

方法 2: 原方程可化为 $x\mathrm{d}x + y\mathrm{d}y + y\dfrac{x\mathrm{d}y - y\mathrm{d}x}{x^2} = 0$, 即 $\dfrac{1}{2}\mathrm{d}\left(x^2 + y^2\right) + y\,\mathrm{d}\left(\dfrac{y}{x}\right) = 0$. 两边同时除以 $\sqrt{x^2 + y^2}$, 得 $\dfrac{1}{2} \cdot \dfrac{\mathrm{d}\left(x^2 + y^2\right)}{\sqrt{x^2 + y^2}} + \dfrac{1}{\sqrt{1 + \left(\dfrac{y}{x}\right)^2}} \cdot \dfrac{y}{x} \cdot \mathrm{d}\left(\dfrac{y}{x}\right) = 0$, 即

$$\mathrm{d}\left(\sqrt{x^2 + y^2}\right) + \mathrm{d}\left(\sqrt{1 + \left(\dfrac{y}{x}\right)^2}\right) = 0.$$ 故 $\sqrt{x^2 + y^2} + \dfrac{\sqrt{x^2 + y^2}}{x} = C$, 即

$$(1 + x)\sqrt{x^2 + y^2} = Cx.$$

方法 3: 将原方程化为 $x\mathrm{d}x + y\mathrm{d}y + y\dfrac{x\mathrm{d}y - y\mathrm{d}x}{x^2} = 0$, 即 $\dfrac{1}{2}\mathrm{d}\left(x^2 + y^2\right) + y\,\mathrm{d}\left(\dfrac{y}{x}\right) = 0$, 令 $x = r\cos\theta, y = r\sin\theta$, 则 $r = \sqrt{x^2 + y^2}, \tan\theta = \dfrac{y}{x}$, 方程化为 $\dfrac{1}{2}\mathrm{d}r^2 + r\sin\theta\mathrm{d}\tan\theta = 0$, $\mathrm{d}r + \sec\theta\tan\theta\mathrm{d}\theta = 0$, 积分得 $r + \sec\theta = C$. 换回原变量, 得原方程的通解为

$$\sqrt{x^2 + y^2} + \dfrac{\sqrt{x^2 + y^2}}{x} = C.$$

方法 4: 积分因子法.

设 $P(x,y) = x^3 - y^2$, $Q(x,y) = x^2y + xy$, 则

$$\frac{U_x}{U} = \frac{P_y - Q_x}{Q} = \frac{-2y - 2xy - y}{y(x(x+1))} = -\frac{2x+3}{x(x+1)} - \frac{3(x+1)-x}{x(x+1)} = \frac{1}{x+1} - \frac{3}{x},$$

得 $\dfrac{U_x}{U} = \dfrac{1}{x+1} - \dfrac{3}{x}$, 所以 $\ln U = \ln\left(\dfrac{x+1}{x^3}\right) + C$, 取 $U = \dfrac{x+1}{x^3}$, 则 $UP\mathrm{d}x + UQ\mathrm{d}y = 0$ 为全微分方程, 即 $\left((x+1) - \dfrac{x+1}{x^3}y^2\right)\mathrm{d}x + \dfrac{(x+1)^2}{x^2}y\mathrm{d}y = 0$, 从而 $(x+1)\mathrm{d}x + \left(-\dfrac{x+1}{x^3}y^2\mathrm{d}x + \dfrac{(x+1)^2}{x^2}y\mathrm{d}y\right) = 0$, 即 $\mathrm{d}\left(\dfrac{x^2}{2} + x\right) + \mathrm{d}\left(\dfrac{(x+1)^2}{2x^2}y^2\right) = 0$, 所以微分方程的通解为 $\dfrac{x^2}{2} + x + \dfrac{(x+1)^2}{2x^2}y^2 = C$.

注 对于复杂形式的一阶微分方程, 一般首先会采用变量代换法, 然后转化为一阶线性微分方程或者齐次方程, 积分因子法大家也是需要掌握的.

七、全国决赛真题赏析

例 17 求方程 $(2x+y-4)\mathrm{d}x + (x+y-1)\mathrm{d}y = 0$ 的通解. (第二届全国决赛, 2011)

解 设 $P = 2x+y-4$, $Q = x+y-1$, 则 $P\mathrm{d}x + Q\mathrm{d}y = 0$, 因为 $\dfrac{\partial P}{\partial y} = \dfrac{\partial Q}{\partial x} = 1$, $P\mathrm{d}x + Q\mathrm{d}y = 0$ 是一个全微分方程, 设 $\mathrm{d}z = P\mathrm{d}x + Q\mathrm{d}y$.

方法 1: 由 $\dfrac{\partial z}{\partial x} = P = 2x+y-4$ 得

$$z = \int (2x+y-4)\,\mathrm{d}x = x^2 + xy - 4x + C(y),$$

由 $\dfrac{\partial z}{\partial y} = x + C'(y) = Q = x+y-1$ 得 $C'(y) = y-1$, $C(y) = \dfrac{1}{2}y^2 - y + C$, 所以 $z = x^2 + xy - 4x + \dfrac{1}{2}y^2 - y + C$, 即原方程的通解为 $x^2 + xy - 4x + \dfrac{1}{2}y^2 - 4x - y + C = 0$.

方法 2: $z = \displaystyle\int \mathrm{d}z = \int P\mathrm{d}x + Q\mathrm{d}y = \int_{(0,0)}^{(x,y)} (2x+y-4)\,\mathrm{d}x + (x+y-1)\,\mathrm{d}y + C$, $\dfrac{\partial P}{\partial y} = \dfrac{\partial Q}{\partial x}$, 该曲线积分与路径无关, 得

$$z = \int_0^x (2x-4)\,\mathrm{d}x + \int_0^y (x+y-1)\,\mathrm{d}y + C = x^2 - 4x + xy + \frac{1}{2}y^2 - y + C.$$

例 18 求解微分方程 $\begin{cases} y' - xy = x\mathrm{e}^{x^2}, \\ y(0) = 1. \end{cases}$ (第三届全国决赛, 2012)

解 令 $p(x) = -x, q(x) = xe^{x^2}$，则该方程属于一阶非齐次线性微分方程 $y' + p(x)y = q(x)$，利用通解公式，可知该微分方程通解为

$$y = e^{-\int p(x)dx}\left[\int q(x)e^{\int p(x)dx}dx + C\right] = e^{-\int(-x)dx}\left(\int xe^{x^2}e^{\int(-x)dx}dx + C\right)$$

$$= e^{\frac{1}{2}x^2}\left(\int xe^{x^2}e^{-\frac{1}{2}x^2}dx + C\right) = e^{\frac{1}{2}x^2}\left(\int xe^{\frac{1}{2}x^2}dx + C\right)$$

$$= e^{\frac{1}{2}x^2}\left[\int e^{\frac{1}{2}x^2}d\left(\frac{1}{2}x^2\right) + C\right]$$

$$= e^{\frac{1}{2}x^2}\left(e^{\frac{1}{2}x^2} + C\right) = e^{x^2} + Ce^{\frac{1}{2}x^2}.$$

因为 $y(0) = 1$，所以 $C = 0$，从而 $f(x) = e^{x^2}$.

例 19 设 $f(u, v)$ 具有连续偏导数，且满足 $f_u(u, v) + f_v(u, v) = uv$，求 $y(x) = e^{-2x}f(x, x)$ 所满足的一阶微分方程，并求其通解. (第四届全国决赛, 2013)

解 $y' = -2e^{-2x}f(x, x) + e^{-2x}f_u(x, x) + e^{-2x}f_v(x, x) = -2y + x^2e^{-2x}$. 因此，所求的一阶微分方程为 $y' + 2y = x^2e^{-2x}$，其通解为

$$y = e^{-\int 2dx}\left(\int x^2e^{-2x}e^{\int 2dx}dx + C\right) = \left(\frac{x^3}{3} + C\right)e^{-2x} \, (C为任意常数).$$

例 20 求在 $[0, +\infty)$ 上的可微函数 $f(x)$，使 $f(x) = e^{-u(x)}$，其中 $u(x) = \int_0^x f(t)dt$. (第四届全国决赛, 2013)

解 由题意，有 $e^{-\int_0^x f(t)dt} = f(x)$，即 $\int_0^x f(t)dt = -\ln f(x)$. 两边求导可得 $f'(x) = -f^2(x)$，并且 $f(0) = e^0 = 1$，利用可分离变量微分方程可求得 $f(x) = \dfrac{1}{x+1}$.

例 21 设实数 $a \neq 0$，求微分方程 $\begin{cases} y'' - ay'^2 = 0, \\ y(0) = 0, y'(0) = -1 \end{cases}$ 的解. (第六届全国决赛, 2015)

解 记 $y' = p(x)$，则 $p' - ap^2 = 0$，就是 $\dfrac{dp}{p^2} = adx$，从而 $-\dfrac{1}{p} = ax + C_1$，由 $p(0) = -1$ 得 $C_1 = 1$. 故有 $\dfrac{dy}{dx} = -\dfrac{1}{ax+1}$，所以 $y = \dfrac{1}{a}\ln(ax+1) + C_2$，再由 $y(0) = 0$，得 $C_2 = 0$. 故 $y = -\dfrac{1}{a}\ln(ax+1)$. 再由 $y(0) = 0$ 得 $C_2 = 1$，故 $y = -\dfrac{1}{a}\ln(ax+1)$.

例 22 求微分方程 $y'' - (y')^3 = 0$ 的通解. (第七届全国决赛, 2016)

解 令 $y' = p$，则 $y'' = p'$，则 $dp = p^3dx$，积分得到 $-\dfrac{1}{2}p^{-2} = x - C_1$，即 $p = y' = \dfrac{\pm 1}{\sqrt{2(C_1 - x)}}$，积分得 $y = C_2 \pm \sqrt{2(C_1 - x)}$ $(C_1, C_2$ 为常数).

例 23 设函数 $f(x,y)$ 具有一阶连续偏导数, 满足 $\mathrm{d}f(x,y)=y\mathrm{e}^y\mathrm{d}x+x(1+y)\mathrm{e}^y\mathrm{d}y$, 及 $f(0,0)=0$, 则 $f(x,y)=$_____. (第九届全国决赛, 2018)

解 利用 $\mathrm{d}f(x,y)=y\mathrm{e}^y\mathrm{d}x+x(1+y)\mathrm{e}^y\mathrm{d}y$ 凑微分, 可知 $f(x,y)=xy\mathrm{e}^y+C$. 又由 $f(0,0)=0$, 解得 $C=0$, 所以 $f(x,y)=xy\mathrm{e}^y$.

例 24 满足 $\dfrac{\mathrm{d}u(t)}{\mathrm{d}t}=u(t)+\displaystyle\int_0^1 u(t)\mathrm{d}t$ 及 $u(0)=1$ 的可微函数 $u(t)=$_____. (第九届全国决赛, 2018)

解 记 $k=\displaystyle\int_0^1 u(t)\mathrm{d}t$, 则原方程为 $\dfrac{\mathrm{d}u(t)}{\mathrm{d}t}-u(t)=k$. 这是一阶线性微分方程, 利用求解公式得 $u(t)=\mathrm{e}^{\int\mathrm{d}t}\left(\displaystyle\int k\mathrm{e}^{\int(-1)\mathrm{d}t}\mathrm{d}t+C\right)=-k+C\mathrm{e}^t$, 由 $u(0)=1$ 解得 $C=1+k$, 故 $u(t)=-k+(1+k)\mathrm{e}^t$. 等式两边同时在 $[0,1]$ 上积分, 可得 $k=-k+(1+k)(\mathrm{e}-1)$, 故 $k=\dfrac{\mathrm{e}-1}{3-\mathrm{e}}$, 所以 $u(t)=\dfrac{2\mathrm{e}^t-\mathrm{e}+1}{3-\mathrm{e}}$.

例 25 求区间 $[0,1]$ 上的连续函数 $f(x)$, 使之满足

$$f(x)=1+(1-x)\int_0^x yf(y)\mathrm{d}y+x\int_x^1(1-y)f(y)\mathrm{d}y.$$

(第十三届全国决赛, 2023)

解 根据题设条件及等式可推知, 函数 $f(x)$ 在 $[0,1]$ 上二阶可导, 且 $f(0)=f(1)=1$, 对 $f(x)=1+(1-x)\displaystyle\int_0^x yf(y)\mathrm{d}y+x\int_x^1(1-y)f(y)\mathrm{d}y$ 两边求导, 得

$$f'(x)=-\int_0^x yf(y)\mathrm{d}y+(1-x)xf(x)+\int_x^1(1-y)f(y)\mathrm{d}y-x(1-x)f(x)$$
$$=-\int_0^x yf(y)\mathrm{d}y+\int_x^1(1-y)f(y)\mathrm{d}y,$$

再对上式两边求导得 $f''(x)=-xf(x)-(1-x)f(x)=-f(x)$, 即 $f''(x)+f(x)=0$. 这是二阶常系数齐次线性微分方程, 易知其通解为 $f(x)=C_1\cos x+C_2\sin x$. 分别将 $x=0$ 和 $x=1$ 代入上式, 得 $C_1=1$, $C_2=\dfrac{1-\cos 1}{\sin 1}=\tan\dfrac{1}{2}$, 因此所求函数为

$$f(x)=\cos x+\tan\dfrac{1}{2}\cdot\sin x\,(0\leqslant x\leqslant 1).$$

例 26 设函数 $f(x),g(x)$ 在 $(-\infty,+\infty)$ 上具有二阶连续导数, $f(0)=g(0)=1$, 且对 xOy 平面上的任一简单闭曲线 C, 曲线积分

$$\oint_C \left[y^2 f(x)+2y\mathrm{e}^x-8yg(x)\right]\mathrm{d}x+2[yg(x)+f(x)]\mathrm{d}y=0,$$

求函数 $f(x),g(x)$. (第十四届全国决赛, 2023)

解 记 $P(x,y) = y^2 f(x) + 2y e^x - 8y g(x), Q(x,y) = 2[y g(x) + f(x)]$. 根据题设条件可知 $\dfrac{\partial Q}{\partial x} = \dfrac{\partial P}{\partial y}$, 由此得 $y[g'(x) - f(x)] + f'(x) + 4g(x) - e^x = 0$. 从而有

$$\begin{cases} g'(x) - f(x) = 0, \\ f'(x) + 4g(x) = e^x, \end{cases}$$ 可得 $g''(x) + 4g(x) = e^x$, 这是关于 $g(x)$ 的二阶常系数非齐次线

性微分方程, 解得 $g(x) = C_1 \cos 2x + C_2 \sin 2x + \dfrac{1}{5} e^x$, 利用 $g(0) = 1, g'(0) = f(0) = 1$,

即 $\begin{cases} C_1 + \dfrac{1}{5} = 1, \\ 2C_2 + \dfrac{1}{5} = 1, \end{cases}$ 解得 $C_1 = \dfrac{4}{5}, C_2 = \dfrac{2}{5}$, 因此 $g(x) = \dfrac{4}{5} \cos 2x + \dfrac{2}{5} \sin 2x + \dfrac{1}{5} e^x$. 此

外, 再由 $g'(x) - f(x) = 0$ 即可解得 $f(x) = -\dfrac{8}{5} \sin 2x + \dfrac{4}{5} \cos 2x + \dfrac{1}{5} e^x$.

例 27 已知曲线 $L: \begin{cases} x = f(t), \\ y = \cos t \end{cases} \left(0 \leqslant t < \dfrac{\pi}{2} \right)$, 其中 $f(t)$ 具有连续导数, 且 $f(0) = 0$. 设当 $0 < t < \dfrac{\pi}{2}$ 时, $f'(t) > 0$, 且曲线 L 的切线与 x 轴的交点到切点的距离恒等于切点与点 $(-\sin t, 0)$ 之间的距离, 求函数 $f(t)$ 的表达式. (第十五届全国决赛, 2024)

解 利用参数方程求导法则, 得 $\dfrac{\mathrm{d}y}{\mathrm{d}x} = \dfrac{\mathrm{d}y}{\mathrm{d}t} \cdot \dfrac{\mathrm{d}t}{\mathrm{d}x} = -\dfrac{\sin t}{f'(t)}$, 因此曲线 L 上任意

点 $(x, y) = (f(t), \cos t)$ 处的切线方程为 $Y - \cos t = -\dfrac{\sin t}{f'(t)} (X - f(t))$. 令 $Y = 0$, 可得此切线与 x 轴的交点为 $P(f(t) + f'(t) \cot t, 0)$. 根据题设, 切点与交点 P 的距离恒等于切点与点 $(-\sin t, 0)$ 之间的距离, 故有 $[f(t) + f'(t) \cot t - f(t)]^2 + \cos^2 t = (f(t) + \sin t)^2 + \cos^2 t$. 注意到当 $0 < t < \dfrac{\pi}{2}$ 时, $f'(t) > 0$, 所以 $f(t) > f(0) = 0$, 故将上式整理可得 $f'(t) - \tan t f(t) = \sec t - \cos t$. 这是关于 $f(t)$ 的一阶线性微分方程, 利用求解公式得 $f(t) = e^{\int \tan t \mathrm{d}t} \left(\int (\sec t - \cos t) e^{-\int \tan t \mathrm{d}t} \mathrm{d}t + C \right) = \dfrac{1}{2} (t \sec t - \sin t) + C$. 由 $f(0) = 0$ 得 $C = 0$, 因此 $f(t) = \dfrac{1}{2} (t \sec t - \sin t), 0 \leqslant t < \dfrac{\pi}{2}$.

八、各地真题赏析

例 28 解微分方程 $y(y+1)\mathrm{d}x + [x(y+1) + x^2 y^2]\mathrm{d}y = 0$. (第一届北京市理工类, 1988)

解 方程变为 $y(y+1)\mathrm{d}x + x(y+1)\mathrm{d}y + x^2 y^2 \mathrm{d}y = 0$, 两边除以 $(y+1)x^2 y^2$, 得 $\dfrac{y\mathrm{d}x + x\mathrm{d}y}{x^2 y^2} + \dfrac{\mathrm{d}y}{y+1} = 0$, 即 $\mathrm{d}\left(-\dfrac{1}{xy}\right) + \mathrm{d}\ln|y+1| = 0$, 解出 $-\dfrac{1}{xy} + \ln|y+1| = C_1$, $\ln|y+1| = C_1 + \dfrac{1}{xy}$, $|y+1| = e^{C_1} e^{\frac{1}{xy}}$, 即可得微分方程通解为 $y + 1 = C e^{\frac{1}{xy}}$ (任意常数 $C = \pm e^{C_1} > 0$).

例 29 设 $y_1(x), y_2(x), y_3(x)$ 均为非齐次线性方程 $y'' + P_1(x)y' + P_2(x)y = Q(x)$ 的特解, 其中 $P_1(x), P_2(x), Q(x)$ 为已知函数, 且 $\dfrac{y_2(x) - y_1(x)}{y_3(x) - y_1(x)} \neq C$(常数), 试证明: $y(x) = (1 - C_1 - C_2)y_1(x) + C_1 y_2(x) + C_2 y_3(x)$ 为给定方程的通解 (c_1, c_2 为任意常数). (第二届北京市理工类, 1990)

证明 将 $y'(x) = (1 - C_1 - C_2)y_1'(x) + C_1 y_2'(x) + C_2 y_3'(x)$, $y''(x) = (1 - C_1 - C_2)y_1''(x) + C_1 y_2''(x) + C_2 y_3''(x)$ 代入已知方程左边,

$$\begin{aligned}
左边 &= y''(x) + P_1(x)y'(x) + P_2(x)y(x) \\
&= (1 - C_1 - C_2)\left(y_1''(x) + P_1(x)y_1'(x) + P_2(x)y_1(x)\right) \\
&\quad + C_1\left(y_2''(x) + P_1(x)y_2'(x) + P_2(x)y_2(x)\right) \\
&\quad + C_2\left(y_3''(x) + P_1(x)y_3'(x) + P_2(x)y_3(x)\right) \\
&= (1 - C_1 - C_2)Q(x) + C_1 Q(x) + C_2 Q(x) = Q(x) = 右边.
\end{aligned}$$

所以 $y(x) = (1 - C_1 - C_2)y_1(x) + C_1 y_2(x) + C_2 y_3(x)$ 是原方程的解.

下证 $y(x)$ 是原方程的通解.

$$\begin{aligned}
y(x) &= (1 - C_1 - C_2)y_1(x) + C_1 y_2(x) + C_2 y_2(x) \\
&= y_1(x) + C_1[y_2(x) - y_1(x)] + C_2[y_3(x) - y_1(x)],
\end{aligned}$$

因 $y_1(x), y_2(x), y_2(x)$ 都是原方程的特解, 故 $y_2(x) - y_1(x), y_1(x) - y_1(x)$ 是原方程相应的齐次线性方程的特解, 且由 $\dfrac{y_2(x) - y_1(x)}{y_3(x) - y_1(x)} \neq$ 常数, 知 $y_2(x) - y_1(x)$ 与 $y_3(x) - y_1(x)$ 线性无关. 又 $y_1(x)$ 是原方程的一个特解, 故由线性方程解的结构定理知, $y = y_1(x) + C_1[y_2(x) - y_1(x)] + C_2[y_3(x) - y_1(x)]$ 是原方程的通解, 即 $y = (1 - C_1 - C_2)y_1(x) + C_1 y_2(x) + C_2 y_3(x)$ 是原方程的通解.

例 30 设 $u_0 = 0, u_1 = 1, u_{n+1} = au_n + bu_{n-1}, n = 1, 2, \cdots$, 其中 a, b 为实常数, 又设 $f(x) = \displaystyle\sum_{n=1}^{\infty} \dfrac{u_n}{n!}x^n$.

(1) 试导出 $f(x)$ 满足的微分方程;

(2) 求证: $f(x) = -\mathrm{e}^{ax}f(-x)$. (第五届北京市理工类, 1993)

解 (1) 根据 $f(x), f'(x), f''(x)$ 的结构和 $u_0 = 0, u_1 = 1, u_{n+1} = au_n + bu_{n-1}$, $n = 1, 2, \cdots$, 可以验证 $f(x)$ 满足微分方程 $f''(x) - af'(x) - bf(x) = 0$.

(2) 因为 $f(0) = 0, f'(0) = 1$, 可以验证 $f(x)$ 是满足 $f''(x) - af'(x) - bf(x) = 0$ 及 $f(0) = 0, f'(0) = 1$ 的唯一解. 设 $f_1(x) = -\mathrm{e}^{ax}f(-x)$, 而

$$f_1'(x) = -a\mathrm{e}^{ax}f(-x) + \mathrm{e}^{ax}f'(-x),$$

$$f_1''(x) = -a^2\mathrm{e}^{ax}f(-x) + \mathrm{e}^{ax}f'(-x) + a\mathrm{e}^{ax}f'(-x) - \mathrm{e}^{ax}f''(-x)$$

也是满足微分方程 $f_1''(x) - af_1'(x) - bf_1(x) = 0$ 及初始条件 $f_1(0) = 0, f_1'(0) = 0$ 的唯一解, 故 $f_1(x) \equiv f(x)$, 即 $f(x) = -\mathrm{e}^{ax}f(-x)$.

例 31　已知函数 $f(x)$ 满足 $tf(t) = 1 + \int_0^t s^2 f(s)\mathrm{d}s$, 求 $f(x)$. (第八届北京市理工类, 1996)

解　原方程两边对 t 求导, 得 $tf'(t) + f(t) = t^2 f(t)$, 解此一阶微分方程, 得到 $f(t) = \dfrac{C}{t}\mathrm{e}^{\frac{t^2}{2}}$. 为确定任意常数 C, 令 $t = 1$, 故 $f(1) = C\mathrm{e}^{\frac{1}{2}}$ 以及 $f(1) = 1 + \int_0^1 s^2 f(s)\mathrm{d}s = 1 + \int_0^1 s^2 \dfrac{C}{s}\mathrm{e}^{\frac{s^2}{2}}\mathrm{d}s = 1 + C\left(\mathrm{e}^{\frac{1}{2}} - 1\right)$, 即 $C\mathrm{e}^{\frac{1}{2}} = 1 + C\mathrm{e}^{\frac{1}{2}} - C$, 因而 $C = 1$. 所以, $f(x) = \dfrac{1}{x}\mathrm{e}^{\frac{x^2}{2}}$.

例 32　证明: 若 $q(x) < 0$, 则方程 $y'' + q(x)y = 0$ 的任意非零解至多有一个零点. (第十届北京市理工类, 1998)

证明　(反证法) 设 x_1, x_2 是原方程的一个非零解 $y(x)$ 的两个相邻的零点, 不妨设 $x_1 < x_2$, 且在区间 (x_1, x_2) 内 $y(x) > 0$. 由导数定义 $y'(x_1) = \lim\limits_{x \to x_1^+} \dfrac{y(x) - y(x_1)}{x - x_1} \geqslant 0$, $y'(x_2) = \lim\limits_{x \to x_2^-} \dfrac{y(x) - y(x_2)}{x - x_2} \leqslant 0$, 即函数 $y(x)$ 在 (x_1, x_2) 内的导函数 $y'(x)$ 不具单调性, 而由已知条件 $y'' = -q(x)y > 0$, $x \in (x_1, x_2)$, 即 $y'(x)$ 是单调增加函数, 故与之矛盾, 因此方程 $y'' + q(x)y = 0$ 的任一非零解至多只有一个零点.

例 33　求方程 $4x^4 y''' - 4x^3 y'' + 4x^2 y' = 1$ 的通解. (第十一届北京市理工类, 1999)

解　首先试探方程是否有形如 $y^* = ax^{-1}$ 的特解. 代入方程得 $a(-24 - 8 - 4) = 1$, $a = -\dfrac{1}{36}$. 求得特解 $y^* = -\dfrac{1}{36}x^{-1}$. 再求齐次方程 $4x^4 y''' - 4x^3 y'' + 4x^2 y' = 0$, 即 $x^4 y''' - x^3 y'' + x^2 y' = 0$ 的通解, 这是欧拉方程, 令 $x = \mathrm{e}^t$ 可化为常系数齐次线性方程 $\dfrac{\mathrm{d}^3 y}{\mathrm{d}t^3} - 4\dfrac{\mathrm{d}^2 y}{\mathrm{d}t^2} + 4\dfrac{\mathrm{d}y}{\mathrm{d}t} = 0$, 解特征方程 $r(r - 2)^2 = 0$, 得通解

$$y = C_1 + C_2 \mathrm{e}^{2t} + C_3 t\mathrm{e}^{2t} = C_1 + C_2 x^2 + C_3 x^2 \ln x,$$

所以原方程的通解为 $y = C_1 + C_2 x^2 + C_3 x^2 \ln x - \dfrac{1}{36}x^{-1}$.

例 34　已知方程 $\left(6y + x^2 y^2\right)\mathrm{d}x + \left(8x + x^3 y\right)\mathrm{d}y = 0$ 的两边乘以 $y^3 f(x)$ 成为全微分方程, 试求出可导函数 $f(x)$, 并解此微分方程. (第十四届北京市理工类, 2002)

解　设 $P(x, y) = \left(6y^4 + x^2 y^5\right)f(x)$, $Q(x, y) = \left(8xy^3 + x^3 y^4\right)f(x)$, 由 $\dfrac{\partial Q}{\partial x} = \dfrac{\partial P}{\partial y}$ 得

$$\left(8y^3 + 3x^2 y^4\right)f(x) + \left(8xy^3 + x^3 y^4\right)f'(x) = \left(24y^3 + 5x^2 y^4\right)f(x),$$

消去 y^3 得 $16f(x) - 8xf'(x) + y\left[2x^2 f(x) - x^3 f'(x)\right] = 0$. 于是有 $xf'(x) = 2f(x)$, $\dfrac{\mathrm{d}f(x)}{f(x)} = \dfrac{2}{x}\mathrm{d}x$, $f(x) = C_1 x^2$, 且全微分方程为

$$\left(6x^4 + x^2y^5\right)C_1x^2\mathrm{d}x + \left(8xy^3 + x^3y^4\right)C_1x^2\mathrm{d}y = 0,$$

$$u(x,y) = \int_{(0,0)}^{(x,y)} \left(6x^4 + x^2y^5\right)x^2\mathrm{d}x + \left(8xy^3 + x^3y^4\right)x^2\mathrm{d}y$$

$$= \int_0^x 0\mathrm{d}x + \int_0^y \left(8xy^3 + x^3y^4\right)x^2\mathrm{d}y = 2x^3y^4 + \frac{1}{5}x^5y^5,$$

故微分方程的通解为 $10x^3y^4 + x^5y^5 = C$.

例 35 求微分方程 $y''' - \dfrac{1}{x}y'' = x$ 的通解. (第十七届北京市理工类, 2006)

解 令 $y'' = p(x)$, 则 $y''' - \dfrac{1}{x}y'' = x$ 可化为 $p' - \dfrac{1}{x}p = x$. 根据一阶线性微分方程的求解公式得 $p = x^2 + Cx$, 因此通解为 $y = \dfrac{x^4}{12} + C_1x^3 + C_2x + C_3$.

例 36 设 $y = x^2\mathrm{e}^x$ 是方程 $y'' + ay' + by = c\mathrm{e}^{hx}$ 的一个解, 求常数 a, b, c, h. (第一届浙江省理工类, 2002)

解 $y' = 2x\mathrm{e}^x + x^2\mathrm{e}^x$, $y'' = 2\mathrm{e}^x + 4x\mathrm{e}^x + x^2\mathrm{e}^x$ 代入 $y'' + ay' + by = c\mathrm{e}^{hx}$ 得 $2\mathrm{e}^x + 4x\mathrm{e}^x + x^2\mathrm{e}^x + a(2x\mathrm{e}^x + x^2\mathrm{e}^x) + bx^2\mathrm{e}^x = c\mathrm{e}^{hx}$, 即 $[(1+a+b)x^2 + (4+2a)x + 2]\mathrm{e}^x = c\mathrm{e}^{hx} \Rightarrow (1+a+b) = 0, 4+2a = 0, c = 2, h = 1$, 解得 $a = -2$, $b = 1$, $c = 2$, $h = 1$.

例 37 设二阶线性微分方程 $y'' + ay' + by = c\mathrm{e}^x (a, b, c$ 均为常数) 有特解 $y = \mathrm{e}^{-x}(1 + x\mathrm{e}^{2x})$, 求此方程的通解. (第三届浙江省理工类, 2006)

解 由题设可知函数 $y_1 = \mathrm{e}^x, y_2 = \mathrm{e}^{-x}$ 均为该方程相应的齐次线性微分方程特解, $y^* = x\mathrm{e}^x$ 为原方程的一个特解, 故此方程的通解为 $y = C_1\mathrm{e}^{-x} + (C_2 + x)\mathrm{e}^x$.

例 38 设函数 $y_1(x) = (-1)^{n+1}\dfrac{1}{3(n+1)^2}$ $(n\pi \leqslant x < (n+1)\pi), n = 0, 1, 2, \cdots$, $y_2(x)$ 是方程 $y'' + 2y' - y = \mathrm{e}^{-x}\sin x$ 满足条件 $y(0) = 0, y'(0) = -\dfrac{1}{3}$ 的特解, 求广义积分 $\displaystyle\int_0^{+\infty} \min\{y_1(x), y_2(x)\}\mathrm{d}x$. (合肥工业大学竞赛试题, 2011)

解 方程 $y'' + 2y' - y = 0$ 的通解为 $y(x) = C_1\mathrm{e}^{(\sqrt{2}-1)x} + C_2\mathrm{e}^{-(\sqrt{2}+1)x}$, 方程 $y'' + 2y' - y = \mathrm{e}^{-x}\sin x$ 的特解可设为 $y^*(x) = \mathrm{e}^{-x}(A\sin x + B\cos x)$, 代入原方程可解得 $A = -\dfrac{1}{3}$, $B = 0$, 所以方程 $y'' + 2y' - y = \mathrm{e}^{-x}\sin x$ 的通解为 $y(x) = C_1\mathrm{e}^{(\sqrt{2}-1)x} + C_2\mathrm{e}^{-(\sqrt{2}+1)x} - \dfrac{1}{3}\mathrm{e}^{-x}\sin x$, 由初始条件可得 $C_1 = C_2 = 0$, 所以 $y_2(x) = -\dfrac{1}{3}\mathrm{e}^{-x}\sin x$, 考察函数 $f(x) = \mathrm{e}^{\pi x} - (x+1)^2 (x \geqslant 0)$, 则 $f(0) = 0$, 当 $x > 0$ 时, $f'(x) = \pi\mathrm{e}^{\pi x} - 2(x+1) > 0$, 故函数 $f(x)$ 在 $[0, +\infty)$ 上是单增的, 因而当 $x \in [0, +\infty)$ 时, 有 $\dfrac{1}{3\mathrm{e}^{\pi x}} < \dfrac{1}{3(x+1)^2}$, 所以当 $n\pi \leqslant x < (n+1)\pi$ 时, 有

$$|y_2(x)| \leqslant \frac{1}{3\mathrm{e}^x} < \frac{1}{3\left(\dfrac{x}{\pi} + 1\right)^2} < \frac{1}{3(n+1)^2} = |y_1(x)|,$$

所以当 $n = 0, 2, 4, \cdots$ 时, $\min\{y_1(x), y_2(x)\} = y_1(x)$; 当 $n = 1, 3, 5, \cdots$ 时, $\min\{y_1(x), y_2(x)\} = y_2(x)$. 由此可得

$$\int_0^{+\infty} \min\{y_1(x), y_2(x)\}\mathrm{d}x = \sum_{k=0}^{\infty} \int_{2k\pi}^{(2k+1)\pi} y_1(x)\mathrm{d}x + \sum_{k=0}^{\infty} \int_{(2k+1)\pi}^{(2k+2)\pi} y_2(x)\mathrm{d}x$$

$$= -\frac{\pi}{3} \sum_{k=0}^{\infty} \frac{1}{(2k+1)^2} - \frac{1}{3} \sum_{k=0}^{\infty} \int_{(2k+1)\pi}^{(2k+2)\pi} \mathrm{e}^{-x} \sin x \mathrm{d}x,$$

而 $\displaystyle\sum_{k=0}^{\infty} \frac{1}{(2k+1)^2} = \frac{\pi^2}{8}$, $\displaystyle\sum_{k=0}^{\infty} \int_{(2k+1)\pi}^{(2k+2)\pi} \mathrm{e}^{-x} \sin x \mathrm{d}x = -\frac{1}{2} \sum_{k=0}^{\infty} \mathrm{e}^{-(2k+1)\pi}(\mathrm{e}^{\pi} + 1) = \frac{-1}{2(\mathrm{e}^{\pi} - 1)}$,

所以 $\displaystyle\int_0^{+\infty} \min\{y_1(x), y_2(x)\}\mathrm{d}x = -\frac{\pi^3}{24} + \frac{1}{6(\mathrm{e}^{\pi} - 1)}$.

九、模拟导训

1. 求方程 $(2 + x)^2 y'' + (2 + x)y' + y = x\ln(2 + x)$ 的通解.

2. 求以函数 $y(x) = x\mathrm{e}^x + 3\sin 3x$ 为特解的四阶常系数齐次线性微分方程的表达式和通解.

3. 求微分方程 $(x\cos y + \sin 2y)y' = 1$, $y(0) = 0$ 的特解.

4. 求 $(x - 1)y'' - xy' + y = (x - 1)^2$ 的通解.

5. 求 $y'' - 2y' + y = \dfrac{1}{x}\mathrm{e}^x$ 的通解.

6. 求解方程 $\dfrac{\mathrm{d}x}{x^2 - xy + y^2} = \dfrac{\mathrm{d}y}{2y^2 - xy}$.

7. 求解方程 $(x - 2\sin y + 3)\mathrm{d}x - (2x - 4\sin y - 3)\cos y\mathrm{d}y = 0$.

8. 求解方程 $y' - \dfrac{4}{x}y = x\sqrt{y}$.

9. 求解方程 $y'' = \dfrac{1 + y'^2}{2y}$.

10. 已知 $y_1 = x\mathrm{e}^x + \mathrm{e}^{2x}$, $y_2 = x\mathrm{e}^x + \mathrm{e}^{-x}$, $y_3 = x\mathrm{e}^x + \mathrm{e}^{2x} - \mathrm{e}^{-x}$ 都是某非线性微分方程的解, 试求此方程.

模拟导训
参考解答

向量代数与空间解析几何

一、竞赛大纲逐条解读

1. 向量的概念、向量的线性运算、向量的数量积和向量积、向量的混合积

[解读] 向量的数量积、向量的向量积、向量的混合积的几何意义大家需要掌握, 尤其是利用向量积求平面的法向量, 利用混合积证明三个向量共面问题.

2. 两向量垂直与平行的条件、两向量的夹角

[解读] 此部分内容相对简单, 高中教材已作详细说明.

3. 向量的坐标表达式及其运算、单位向量、方向数与方向余弦

[解读] 方向余弦是这部分的重点, 后面关于方向导数及两类曲面积分之间的关系都会用到.

4. 曲面方程和空间曲线方程的概念、平面方程、直线方程

[解读] 需要知道空间中常见曲面的方程和形状, 空间曲面和空间曲线的参数方程形式, 平面方程的两种不同形式, 空间直线的三种不同方程及适用具体方法.

5. 平面与平面、平面与直线、直线与直线的夹角以及平行、垂直的条件、点到平面和点到直线的距离

[解读] 点到平面的距离公式、点到直线的距离公式需要掌握, 还要掌握它们具体的推导方法. 此外, 两条异面直线的距离也应该会计算.

6. 球面、母线平行于坐标轴的柱面、旋转轴为坐标轴的旋转曲面的方程、常用的二次曲面方程及其图形

[解读] 需掌握旋转轴为坐标轴的旋转曲面的方程, 两条异面直线相互旋转得到的柱面、锥面和单叶双曲面的求解方法, 此部分在往届考题中出现频率较高.

7. 空间曲线的参数方程和一般方程、空间曲线在坐标面上的投影曲线方程

[解读] 了解常见的空间曲线的参数方程为后面空间中的曲线积分做铺垫, 掌握螺旋线的参数方程, 会求解空间曲线在各个坐标面上的投影曲线方程.

二、内容思维导图

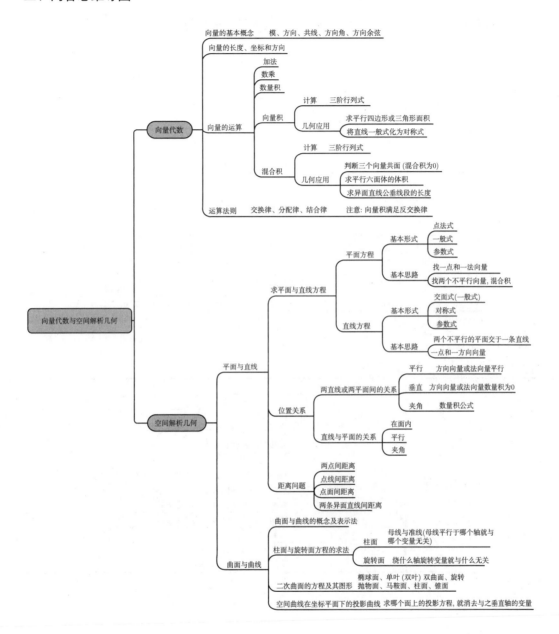

三、考点分布及分值

全国大学生数学竞赛初赛 (非数学类) 向量代数与空间解析几何中的考点分布及分值

章节	届次	考点及分值
向量代数与空间解析几何	第二届初赛 (5 分)	第一题: (5) 异面直线间的距离 (5 分)
	第四届初赛 (6 分)	第一题: (2) 平面束方程 (6 分)
	第七届初赛 (12 分)	第二题: 求圆锥面方程 (12 分)
	第十三届初赛 (6 分)	第一题: (4) 圆柱面方程的确定 (6 分)
	第十三届初赛补赛 (6 分)	第一题: (3) 投影直线方程 (6 分)
	第十四届初赛 (14 分)	第二题: 向量及其运算 (14 分)
	第十六届初赛 A 类 (6 分)	第一题: (4) 投影直线的单位方向向量 (6 分)

全国大学生数学竞赛决赛 (非数学类) 向量代数与空间解析几何中的考点分布及分值

章节	届次	考点及分值
向量代数与空间解析几何	第八届决赛 (6 分)	第一题: (1) 空间中平面方程的确定 (6 分)
	第九届决赛 (6 分)	第一题: (2) 空间中平面方程的确定 (6 分)
	第十四届决赛 (6 分)	第一题: (3) 点关于直线的对称点问题 (6 分)
	第十五届决赛 (6 分)	第一题: (4) 确定直线的方向向量 (6 分)

四、内容点睛

章节	专题	内容
向量代数与空间解析几何	向量代数	向量的基本运算
		证明向量等式或者化简
		利用向量求解几何问题: 面积、体积、长度
	空间中直线与平面	直线与平面的位置关系
		直线与直线的位置关系
		点到直线距离、点到平面距离、异面直线间的距离
		直线在平面内的投影
	空间曲线	空间曲线在坐标面上的投影曲线方程
		空间曲线绕坐标轴旋转的曲面方程
	曲面与方程	二次曲面及其方程
		旋转曲面及其方程
		空间中柱面方程的确定

五、内容详情

1. 向量代数

高等数学中向量的研究对象为自由向量, 研究的空间不超过三维空间.

1) 向量的一般表示

(1) 几何表示: 以原点为起点的有向线段.

(2) 坐标表示: $\boldsymbol{a} = (x_1, y_1, z_1)$, $\boldsymbol{b} = (x_2, y_2, z_2)$.

(3) 投影表示: $\boldsymbol{a} = a_x \boldsymbol{i} + a_y \boldsymbol{j} + a_z \boldsymbol{k}$; $\boldsymbol{b} = b_x \boldsymbol{i} + b_y \boldsymbol{j} + b_z \boldsymbol{k}$.

2) 向量的方向角和方向余弦

(1) $\boldsymbol{a}$ 与 x 轴、y 轴和 z 轴的正向且非负的夹角 α, β, γ 称为 $\boldsymbol{a}$ 的方向角.

(2) $\cos\alpha, \cos\beta, \cos\gamma$ 称为 $\boldsymbol{a}$ 的方向余弦, 且 $\cos\alpha = \dfrac{a_x}{|\boldsymbol{a}|}, \cos\beta = \dfrac{a_y}{|\boldsymbol{a}|}, \cos\gamma = \dfrac{a_z}{|\boldsymbol{a}|}$.

(3) 任意向量 $\boldsymbol{r}$($\boldsymbol{e}_r$ 为 $\boldsymbol{r}$ 的单位向量, 并规定 $\boldsymbol{e}_r$ 离开原点为正方向), $\boldsymbol{r} = x\boldsymbol{i} + y\boldsymbol{j} + z\boldsymbol{k} = (x, y, z) = (|\boldsymbol{r}|\cos\alpha, |\boldsymbol{r}|\cos\beta, |\boldsymbol{r}|\cos\gamma) = |\boldsymbol{r}|(\cos\alpha, \cos\beta, \cos\gamma) \Rightarrow (\cos\alpha, \cos\beta, \cos\gamma) = \dfrac{\boldsymbol{r}}{|\boldsymbol{r}|} = \dfrac{x}{|\boldsymbol{r}|}\boldsymbol{i} + \dfrac{y}{|\boldsymbol{r}|}\boldsymbol{j} + \dfrac{z}{|\boldsymbol{r}|}\boldsymbol{k} = \boldsymbol{e}_r$, $\boldsymbol{e}_r$ 称为 $\boldsymbol{r}$ 的单位向量, 并且

$$\cos^2\alpha + \cos^2\beta + \cos^2\gamma = |\boldsymbol{e}_r| = \sqrt{\left(\dfrac{x}{r}\right)^2 + \left(\dfrac{y}{r}\right)^2 + \left(\dfrac{z}{r}\right)^2} = 1.$$

(4) 任意向量线元 ($\boldsymbol{e}_l$ 为 l 的单位向量, 并规定 $\boldsymbol{e}_l$ 离开原点为正方向)$\mathrm{d}\boldsymbol{l} = \mathrm{d}|\boldsymbol{l}|\boldsymbol{e}_l = \boldsymbol{i}\mathrm{d}x + \boldsymbol{j}\mathrm{d}y + \boldsymbol{k}\mathrm{d}z \Rightarrow \boldsymbol{e}_l = \boldsymbol{i}\dfrac{\mathrm{d}x}{\mathrm{d}l} + \boldsymbol{j}\dfrac{\mathrm{d}y}{\mathrm{d}l} + \boldsymbol{k}\dfrac{\mathrm{d}z}{\mathrm{d}l} = \boldsymbol{i}\cos\alpha + \boldsymbol{j}\cos\beta + \boldsymbol{k}\cos\gamma$.

3) 夹角专题

(1) 两个向量的夹角 φ 规定: 为两向量不大于 π 的夹角, 即 $0 \leqslant \varphi \leqslant \pi$. $\boldsymbol{a}/\!/\boldsymbol{b} \Rightarrow \dfrac{a_x}{b_x} = \dfrac{a_y}{b_y} = \dfrac{a_z}{b_z} \Rightarrow$ 两向量平行 (共线); $\boldsymbol{a} \perp \boldsymbol{b} \Rightarrow a_x b_x + a_y b_y + a_z b_z = 0 \Rightarrow$ 两向量垂直.

(2) 直线与平面的夹角 θ 规定: 直线与该直线在平面上的投影直线之间的夹角, $0 \leqslant \theta \leqslant \dfrac{\pi}{2}$.

(3) 平面与平面的夹角 ψ 规定: 两平面的公垂面与它们的截痕直线之间的夹角, $0 \leqslant \psi \leqslant \dfrac{\pi}{2}$. 又等于它们的法线之间不超过 $\dfrac{\pi}{2}$ 的夹角.

4) 数量积

又称标积或点积, 表示为

$$\boldsymbol{a} \cdot \boldsymbol{b} = |\boldsymbol{a}||\boldsymbol{b}|\cos\varphi, \quad \cos\varphi = \dfrac{\boldsymbol{a} \cdot \boldsymbol{b}}{|\boldsymbol{a}||\boldsymbol{b}|} = \dfrac{x_1 x_2 + y_1 y_2 + z_1 z_2}{\sqrt{x_1^2 + y_1^2 + z_1^2} \cdot \sqrt{x_2^2 + y_2^2 + z_2^2}},$$

或

$$\boldsymbol{a} \cdot \boldsymbol{b} = |\boldsymbol{a}|\mathrm{Prj}_{\boldsymbol{a}}\boldsymbol{b} = |\boldsymbol{b}|\mathrm{Prj}_{\boldsymbol{b}}\boldsymbol{a}, \quad \mathrm{Prj}\boldsymbol{b}\boldsymbol{a} = \dfrac{\boldsymbol{a} \cdot \boldsymbol{b}}{|\boldsymbol{b}|} = \dfrac{a_x b_x + a_y b_y + a_z b_z}{\sqrt{b_x^2 + b_y^2 + b_z^2}}$$

称为 $\boldsymbol{a}$ 在 $\boldsymbol{b}$ 上的投影.

5) 向量积

又称叉积或外积, 表示为 $\boldsymbol{a} \times \boldsymbol{b}$.

(1) $\boldsymbol{a} \times \boldsymbol{b} = \begin{vmatrix} \boldsymbol{i} & \boldsymbol{j} & \boldsymbol{k} \\ x_1 & y_1 & z_1 \\ x_2 & y_2 & z_2 \end{vmatrix} = (y_1 z_2 - y_2 z_1)\boldsymbol{i} - (x_1 z_2 - x_2 z_1)\boldsymbol{j} + (x_1 y_2 - x_2 y_1)\boldsymbol{k}$, 方向规定: 转向角不超过 π 的右手螺旋法则.

(2) $|\boldsymbol{a} \times \boldsymbol{b}| = |\boldsymbol{a}||\boldsymbol{b}|\sin\varphi$.

(3) 几何意义: $|\boldsymbol{a} \times \boldsymbol{b}|$ 表示平行四边形的面积.

6) 混合积

表示为 $[\boldsymbol{abc}]$.

① $[abc] = (a \times b) \cdot c = (b \times c) \cdot a = (c \times a) \cdot b = \begin{vmatrix} x_1 & y_1 & z_1 \\ x_2 & y_2 & z_2 \\ x_3 & y_3 & z_3 \end{vmatrix}$.

② 几何意义: $|[abc]|$ 代表平行六面体的体积; $[abc] = 0$ 等价于三个向量共面.

7) 求导法则

$$\frac{\mathrm{d}a}{\mathrm{d}t} = \frac{\mathrm{d}a_x}{\mathrm{d}t}i + \frac{\mathrm{d}a_y}{\mathrm{d}t}j + \frac{\mathrm{d}a_z}{\mathrm{d}t}k, \quad \frac{\mathrm{d}}{\mathrm{d}t}(fa) = \frac{\mathrm{d}f}{\mathrm{d}t}a + f\frac{\mathrm{d}a}{\mathrm{d}t},$$

$$\frac{\mathrm{d}}{\mathrm{d}t}(a \cdot b) = \frac{\mathrm{d}a}{\mathrm{d}t} \cdot b + a \cdot \frac{\mathrm{d}b}{\mathrm{d}t}, \quad \frac{\mathrm{d}}{\mathrm{d}t}(a \times b) = \frac{\mathrm{d}a}{\mathrm{d}t} \times b + a \times \frac{\mathrm{d}b}{\mathrm{d}t}.$$

2. 直线及其方程

方向向量 s: 一簇与该直线平行的方向数 l, m, n; 一般用 $s = (l, m, n)$ 表示直线的方向向量.

(1) 一般式方程: $\begin{cases} A_1 x + B_1 y + C_1 z + D_1 = 0, & n_1 = (A_1, B_1, C_1), \\ A_2 x + B_2 y + C_2 z + D_2 = 0, & n_2 = (A_2, B_2, C_2), \end{cases}$ n 一般表示平面的法线向量. 则直线的方向向量 $s = (l, m, n) = n_1 \times n_2$.

(2) 点向式 (对称式): $s = (l, m, n)$, $\dfrac{x - x_0}{l} = \dfrac{y - y_0}{m} = \dfrac{z - z_0}{n}$.

(3) 参数式 $\begin{cases} x = x_0 + lt, \\ y = y_0 + mt, \quad M(x_0, y_0, z_0) \text{ 为直线上已知点, 方向向量: } s = (l, m, n). \\ z = z_0 + nt, \end{cases}$

(4) 两点式: $\dfrac{x - x_1}{x_2 - x_1} = \dfrac{y - y_1}{y_2 - y_1} = \dfrac{z - z_1}{z_2 - z_1}$.

(5) 方向角式: $x\cos\alpha + y\cos\beta + z\cos\gamma = \sqrt{x^2 + y^2 + z^2}$, α, β, γ 为已知.

(6) 直线间关系: $L_1 // L_2 \Rightarrow \dfrac{l_1}{l_2} = \dfrac{m_1}{m_2} = \dfrac{n_1}{n_2}$; $L_1 \perp L_2 \Rightarrow l_1 l_2 + m_1 m_2 + n_1 n_2 = 0$;

$$\cos\theta = \frac{S_1 \cdot S_2}{|S_1| |S_2|}.$$

(7) 点 $P_1(x_1, y_1, z_1)$ 到直线 $\dfrac{x - x_2}{l} = \dfrac{y - y_2}{m} = \dfrac{z - z_2}{n}$ 的距离

$$d = \frac{\left\| \begin{matrix} i & j & k \\ x_2 - x_1 & y_2 - y_1 & z_2 - z_1 \\ l & m & n \end{matrix} \right\|}{\sqrt{l^2 + m^2 + n^2}}.$$

(8) 直线到直线的距离 d:

(i) 两平行直线的距离 $d = \dfrac{\left\| \begin{matrix} i & j & k \\ x_2 - x_1 & y_2 - y_1 & z_2 - z_1 \\ l & m & n \end{matrix} \right\|}{\sqrt{l^2 + m^2 + n^2}}$.

(ii) 两异面直线的距离

$$d = \frac{\left|\left[\overrightarrow{P_1P_2}, \boldsymbol{S}_1, \boldsymbol{S}_2\right]\right|}{|\boldsymbol{S}_1 \times \boldsymbol{S}_2|} = \frac{\left\|\begin{array}{ccc} x_2-x_1 & y_2-y_1 & z_2-z_1 \\ l_1 & m_1 & n_1 \\ l_2 & m_2 & n_2 \end{array}\right\|}{\left\|\begin{array}{ccc} \boldsymbol{i} & \boldsymbol{j} & \boldsymbol{k} \\ l_1 & m_1 & n_1 \\ l_2 & m_2 & n_2 \end{array}\right\|},$$

其中 $P_1(x_1, y_1, z_1)$ 和 $P_2(x_2, y_2, z_2)$ 分别为两直线上的任意两点, 不管这两点位置如何, $\overrightarrow{P_1P_2}$ 的投影的模都等于 d.

3. 平面及其方程

1) 一般式

$Ax + By + Cz + D = 0$, 法线方向向量为 $\boldsymbol{n} = (A, B, C)$.

2) 点法式

$$A(x - x_0) + B(y - y_0) + C(z - z_0) = 0.$$

3) 三点式

$$\left|\begin{array}{ccc} x-x_1 & y-y_1 & z-z_1 \\ x-x_2 & y-y_2 & z-z_2 \\ x-x_3 & y-y_3 & z-z_3 \end{array}\right| = 0.$$

4) 截距式

平面经过下列三点: $(a, 0, 0), (0, b, 0), (0, 0, c)$, 方程为 $\dfrac{x}{a} + \dfrac{y}{b} + \dfrac{z}{c} = 1$.

5) 平面束方程

$$A_1x + B_1y + C_1z + D_1 + \lambda(A_2x + B_2y + C_2z + D_2) = 0.$$

注　不包含 $A_2x + B_2y + C_2z + D_2 = 0$, 如果所求平面通过已知直线 (一般式), 则用平面束方程会比较简便, 但必须验证 $A_2x + B_2y + C_2z + D_2 = 0$ 是否满足所求结论, 以免遗漏.

6) 平面间的关系

(1) $\Pi_1 /\!/ \Pi_2 \Rightarrow \dfrac{A_1}{A_2} = \dfrac{B_1}{B_2} = \dfrac{C_1}{C_2}$;

(2) $\Pi_1 \perp \Pi_2 \Rightarrow A_1A_2 + B_1B_2 + C_1C_2 = 0$;

(3) 夹角 $\theta \Rightarrow \cos\theta = \dfrac{A_1A_2 + B_1B_2 + C_1C_2}{\sqrt{A_1^2 + B_1^2 + C_1^2} + \sqrt{A_2^2 + B_2^2 + C_2^2}}$;

(4) 点 $P_0(x_0, y_0, z_0)$ 到平面 $Ax + By + Cz + D = 0$ 的距离, 对直线到平面的距离只要在已知直线上任取一点即可类似处理, $d = \dfrac{|Ax_0 + By_0 + Cz_0 + D|}{\sqrt{A^2 + B^2 + C^2}}$;

(5) 两个平行平面之间的距离 $d = \dfrac{|D_1 - D_2|}{\sqrt{A^2 + B^2 + C^2}}$.

7) 平面与直线的关系

(1) $L /\!/ \Pi \Rightarrow Al + Bm + Cn = 0$;

(2) $L \perp \Pi \Rightarrow \dfrac{A}{l} = \dfrac{B}{m} = \dfrac{C}{n}$;

(3) 夹角 $\sin \theta = \dfrac{\boldsymbol{n} \cdot \boldsymbol{s}}{|\boldsymbol{n}| \cdot |\boldsymbol{s}|}$.

4. 曲面及其方程

1) 二次曲面

二次曲面的二次型表示:

$$ax^2 + by^2 + cz^2 + 2dxy + 2eyz + 2fzx = g \Leftrightarrow \begin{pmatrix} x & y & z \end{pmatrix} \begin{pmatrix} a & d & f \\ d & b & e \\ f & e & c \end{pmatrix} \begin{pmatrix} x \\ y \\ z \end{pmatrix} = g,$$

$$A = \begin{pmatrix} a & d & f \\ d & b & e \\ f & e & c \end{pmatrix}$$

的特征值就确定了三类曲面: A 正定或负定 $\Rightarrow$ 椭球面; A 无 0 特征值且特征值异号 $\Rightarrow$ 双曲面; A 有 0 特征值 $\Rightarrow$ 抛物面.

2) 投影方程的确定

任一空间曲线 $\Gamma:\begin{cases} F_1(x, y, z) = 0, \\ F_2(x, y, z) = 0 \end{cases}$ 在平面 Π 上的投影构成一条平面曲线——投影曲线, 以投影曲线为母线沿垂直于平面 Π 的任意准线移动构成投影柱面, 如直线的投影柱面就是一个垂直于 Π 的平面.

求曲线 Γ 在 xOy 平面上的投影方程: 由 Γ 中消去 z $\Rightarrow$ 得到一个母线平行于 z 轴的柱面方程 $\varphi(x, y) = 0$, 则投影于 xOy 平面上的投影方程为 $\begin{cases} \varphi(x, y) = 0, \\ z = 0. \end{cases}$

注 空间几何解题一般切入点: 首先尽可能画出草图, 思考所求结论必须知道几个可能的条件, 这些条件在题目中一般又是隐含出现的, 我们的目标就是从隐含条件推出需要的条件, 然后套用直线或平面的方程类型. 其中, 重点注意已知直线的方向量和已知平面的法向量与待求直线或平面的关系.

3) 二次曲面方程和图形的研究

准线和母线是研究曲面的关键. 已知曲面方程, 用零点法可确定准线和母线, 从而确定曲面的生成方式; 用截痕法可以确定曲面的具体形状; 用伸缩法可以研究曲面之间的转换, 建立新曲面方程和后面的将要建立的旋转曲面方程要使用动静点转换法. 数学中的曲面一般都是由母线沿准线空间平移或旋转及坐标伸缩变形而形成.

(1) 零点法: 例如, 分析曲面方程为 $\dfrac{x^2}{a^2} - \dfrac{y^2}{b^2} = z$ 的图形, 令 $x = 0 \Rightarrow -\dfrac{y^2}{b^2} = z \Rightarrow y^2 = -b^2 z$ 为一开口向下的抛物线; 令 $y = 0 \Rightarrow \dfrac{x^2}{a^2} = z \Rightarrow y^2 = a^2 z$ 为一开口向上的抛

物线; 这两个抛物线就构成了该二次曲面的准线和母线, 可以想象, 该二次曲面是由其中一个抛物线沿另一个抛物线平移生成.

(2) 截痕法: 平面 $z = t$ 与曲面 $F(x, y, z) = 0$ 的交线称为截痕, 通过综合截痕的变化来了解曲面的形状的方法, 称为截痕法. 例如, 在 $\dfrac{x^2}{a^2} - \dfrac{y^2}{b^2} = z$ 中, 令 $z = t \Rightarrow$ $\dfrac{x^2}{\left(a\sqrt{t}\right)^2} - \dfrac{y^2}{\left(b\sqrt{t}\right)^2} = 1$, 这是一条双曲线, 也就是当用水平平面截该曲面时, 其截痕是双曲线. 综合零点法的分析, 我们就能确定 $\dfrac{x^2}{a^2} - \dfrac{y^2}{b^2} = z$ 正是双曲抛物面, 即马鞍面.

(3) 伸缩法: 如在曲面 $F(x, y) = 0$ 上取一静点 $M(x_1, y_1)$, 现把 $M(x_1, y_1)$ 变形为动点 $M(x_2, y_2)$, 然后想办法消去静点坐标 (即动静点转换法). 又给定了两点坐标的伸缩变换关系, 如令 $x_2 = x_1, y_2 = \lambda y_1$, 则 $F(x_1, y_1) = 0 \Rightarrow F\left(x_2, \dfrac{1}{\lambda} y_2\right) = 0 \Rightarrow$ $F\left(x, \dfrac{1}{\lambda} y\right) = 0$ 称为原曲面经伸缩变形后的新曲面方程.

例如, 圆柱面变成椭圆柱面:
$$x^2 + y^2 = a^2 \Rightarrow x_1^2 + y_1^2 = a^2 \xrightarrow{x_2 = x_1, y_2 = \frac{b}{a} y_1} x_2^2 + \left(\frac{a}{b} y_2\right)^2$$
$$= a^2 \Rightarrow \frac{x_2^2}{a^2} + \frac{y_2^2}{b^2} = 1 \Rightarrow \frac{x^2}{a^2} + \frac{y^2}{b^2} = 1.$$

又如, 圆锥面变成椭圆锥面:
$$\frac{x^2 + y^2}{a^2} = z^2 \Rightarrow \frac{x_1^2 + y_1^2}{a^2} = z_1^2 \xrightarrow{x_2 = x_1, y_2 = \frac{b}{a} y_1, z_2 = z_1} \frac{x_2^2 + \left(\frac{a}{b} y_2\right)^2}{a^2} = z_2$$
$$\Rightarrow \frac{x_2^2}{a^2} + \frac{y_2^2}{b^2} = z_2^2 \Rightarrow \frac{x^2}{a^2} + \frac{y^2}{b^2} = z^2.$$

4) 常用曲面之柱面

柱面是由母线沿准线空间平移形成, 柱面的准线和母线必有一个是直线. 其中, 直线为准线, 曲线为母线. 如果是圆柱面, 则准线和母线可以互换; 如果为非圆柱面, 如棱柱面, 则必须取直线为准线, 曲线为母线. $x^2 + y^2 = R^2$ 圆柱面, $\dfrac{x^2}{a^2} + \dfrac{y^2}{b^2} = 1$ 椭圆柱面, $\dfrac{x^2}{a^2} - \dfrac{y^2}{b^2} = 1$ 双曲柱面, $x^2 = 2py$ 抛物柱面.

特点: 柱面方程中, 柱面轴平行于隐含的坐标轴, 如 $x^2 = 2py$ 的轴平行于 z 轴. 注意: 在三维情况下圆的方程的一种形式为 $\begin{cases} x^2 + y^2 + z^2 = R^2, \\ x + y + z = R. \end{cases}$

柱面方程的一般求法: 给定准线 $L: \begin{cases} f(x, y) = 0, \\ z = h \end{cases}$ 和母线的方向 $\boldsymbol{s} = l\boldsymbol{i} + m\boldsymbol{j} + n\boldsymbol{k}$, 求柱面方法如下: 设 $P(x, y, z)$ 为柱面上的任意点, 根据柱面形成的过程, 必在准线

L 上有相应的点 $Q(X,Y,Z)$, 使得 $\overrightarrow{PQ} /\!/ s$, 由此可以利用直线 PQ 的方程将 P,Q 两点的坐标间关系找出来, 即

$$\begin{cases} X = x + lt, \\ Y = y + mt, \\ Z = z + nt, \end{cases} \quad ①$$

又由于 $Q(X,Y,Z)$ 在 L 上, 故

$$\begin{cases} f(X,Y) = 0, \\ Z = h. \end{cases} \quad ②$$

用①式代入②式, 由 $h = z + nt$ 得 $t = \dfrac{h-z}{n}$, $X = x + l \cdot \dfrac{h-z}{n}$, $Y = y + m \cdot \dfrac{h-z}{n}$, 所求的柱面方程为 $f\left(x + \dfrac{l(h-z)}{n}, y + \dfrac{m(h-z)}{n}\right) = 0$. 例如: 已知母线方向 $s = i + j + k$ 及准线 $L : \begin{cases} \dfrac{x^2}{a^2} + \dfrac{y^2}{b^2} - 1 = 0, \\ z = 2, \end{cases}$ 则柱面方程为 $\dfrac{1}{a^2}(x - z + 2)^2 + \dfrac{1}{b^2}(y - z + 2)^2 = 1$,

这是一个斜的椭圆柱面. 特别地: 若母线平行某一坐标轴, 如与 z 轴平行, 则 $l = m = 0$, 则柱面方程就是: $f(x,y) = 0$.

5) 常用曲面之旋转曲面 (母线沿直线准线旋转形成)

(1) 平面曲线 $f(x,y) = 0$ 沿 z 轴旋转不能形成曲面.

(2) 平面曲线 $f(x,y) = 0$ 沿 x 轴旋转 $\Rightarrow f\left(x, \pm\sqrt{z^2 + y^2}\right) = 0$.

(3) 平面曲线 $f(x,y) = 0$ 沿 y 轴旋转 $\Rightarrow f\left(\pm\sqrt{x^2 + z^2}, y\right) = 0$.

(4) 锥面方程的一般求法: 给定准线 $L : \begin{cases} f(x,y) = 0, \\ z = h \end{cases}$ 和原点 $P_0(0,0,0)$, 求锥面

方程如下: 设 $P(x,y,z)$ 为锥面上的任意点, 根据锥面形成的过程, 必在准线 L 上有相应的点 $Q(X,Y,Z)$, 使得 $Q(X,Y,Z)$ 在直线 $\overline{P_0P}$ 的延长线上, 直线 $\overline{P_0P}$ 的方向数显然为 (x,y,z), 即

$$\begin{cases} X = xt, \\ Y = yt, \\ Z = zt, \end{cases} \quad ①$$

又由于 $Q(X,Y,Z)$ 在 L 上, 故

$$\begin{cases} f(X,Y) = 0, \\ Z = h, \end{cases} \quad ②$$

用①式代入②式, 得所求的锥面方程为 $\begin{cases} f(xt,yt) = 0, \\ zt = h \end{cases} \xrightarrow{t = \frac{z}{h}} f\left(\dfrac{hx}{z}, \dfrac{hy}{z}\right) = 0$, 可见

以圆点为顶点的锥面方程是齐次方程.

例如, 已知顶点在原点及准线 $L : \begin{cases} \dfrac{x^2}{a^2} + \dfrac{y^2}{b^2} - 1 = 0, \\ z = 2, \end{cases}$ 则锥面方程为

$$\frac{1}{a^2}\left(\frac{2x}{z}\right)^2 + \frac{1}{b^2}\left(\frac{2y}{z}\right)^2 = 1 \Rightarrow \frac{x^2}{a^2} + \frac{y^2}{b^2} - \frac{z^2}{4} = 0,$$

这是一个椭圆锥面.

6) 空间曲线旋转形成的曲面 (可以沿任意轴旋转)

空间曲线 Γ 的参数方程: $\begin{cases} x = \varphi(t), \\ y = \psi(t), \\ z = \omega(t), \end{cases}$ 空间曲面 Ω 的参数方程: $\begin{cases} x = x(s,t), \\ y = y(s,t), \\ z = z(s,t), \end{cases}$

Γ 沿 z 轴旋转后形成的曲面方程为 $\begin{cases} x = \sqrt{\varphi^2(t) + \psi^2(t)}\cos\theta, \\ y = \sqrt{\varphi^2(t) + \psi^2(t)}\sin\theta, \\ z = \omega(t) \end{cases}$ $\begin{pmatrix} \alpha \leqslant t \leqslant \beta \\ 0 \leqslant \theta \leqslant 2\pi \end{pmatrix}$.

如求曲线 $\begin{cases} y = 1, \\ x^2 + z^2 = 3 \end{cases}$ 绕 z 轴旋转一周所形成的曲面方程, 先将曲线写成参数

式 $\begin{cases} y = 1 \\ x^2 + z^2 = 3 \end{cases} \Rightarrow \begin{cases} x = \sqrt{3}\cos t, \\ y = 1, \\ z = \sqrt{3}\sin t \end{cases}$ 绕 z 轴旋转一周后

$$\begin{cases} x = \left(\sqrt{[\sqrt{3}\cos t]^2 + 1}\right)\cos\theta, \\ y = \left(\sqrt{[\sqrt{3}\cos t]^2 + 1}\right)\sin\theta, \\ z = \sqrt{3}\sin t \end{cases}$$

$$\Rightarrow \begin{cases} x^2 + y^2 = 3\cos^2 t + 1 \\ z = \sqrt{3}\sin t \end{cases} \Rightarrow \begin{cases} x^2 + y^2 = 3(1 - \sin^2 t) + 1, \\ z = \sqrt{3}\sin t \end{cases} \Rightarrow \begin{cases} x^2 + y^2 = 4 - z^2, \\ |z| \leqslant \sqrt{3}. \end{cases}$$

7) 9 种必须掌握的曲面

(1) 椭球锥面 $\dfrac{x^2}{a^2} + \dfrac{y^2}{b^2} = z^2$;

(2) 椭球面 $\dfrac{x^2}{a^2} + \dfrac{y^2}{b^2} + \dfrac{z^2}{c^2} = 1$;

(3) 单叶双曲面 $\dfrac{x^2}{a^2} + \dfrac{y^2}{b^2} - \dfrac{z^2}{c^2} = 1$;

(4) 双叶双曲面 $\dfrac{x^2}{a^2} - \dfrac{y^2}{b^2} - \dfrac{z^2}{c^2} = 1$;

(5) 椭圆抛物面 $\dfrac{x^2}{a^2} + \dfrac{y^2}{b^2} = z$;

(6) 双曲抛物面 $\dfrac{x^2}{a^2} - \dfrac{y^2}{b^2} = z$ 又称马鞍面 (准线与母线是相互正交的抛物线, 母线抛物线沿准线抛物线平移形成马鞍面, 这是我们需要掌握的唯一一个准线与母线都是非直线的曲面);

(7) 椭圆柱面 $\dfrac{x^2}{a^2} + \dfrac{y^2}{b^2} = 1$ $\left(\text{椭圆}\begin{cases} \dfrac{x^2}{a^2} + \dfrac{y^2}{b^2} = 1 \\ z = h \end{cases}\right)$ 母线平行 z 轴;

(8) 双曲柱面 $\dfrac{x^2}{a^2} - \dfrac{y^2}{b^2} = 1$ 母线平行 z 轴;

(9) 抛物柱面 $x^2 = ay$ 母线平行 z 轴.

提示: 对于一般的曲面方程, 最方便的方法是: 先令其中一个变量为零, 如能得出母线或准线, 我们就能确定该曲面的形状.

六、全国初赛真题赏析

例 1 求直线 $l_1: \begin{cases} x - y = 0, \\ z = 0 \end{cases}$ 与直线 $l_2: \dfrac{x-2}{4} = \dfrac{y-1}{-2} = \dfrac{z-3}{-1}$ 的距离. (第二届全国预赛, 2010)

解 直线 l_1 的对称式方程 $l_1: \dfrac{x}{1} = \dfrac{y}{1} = \dfrac{z}{0}$, 记两个直线的方向向量分别为 $\boldsymbol{l_1} = (1,1,0)$, $\boldsymbol{l_2} = (4,-2,-1)$, 两直线上的定点分别为 $P_1(0,0,0)$, $P_2(2,1,3)$, $\boldsymbol{a} = \overrightarrow{P_1P_2} = (2,1,3)$, $\boldsymbol{l_1} \times \boldsymbol{l_2} = (-1,1,-6)$, 由向量的性质可知, 两个直线的距离 $d = \left| \dfrac{\boldsymbol{a} \cdot (\boldsymbol{l_1} \times \boldsymbol{l_2})}{|\boldsymbol{l_1} \times \boldsymbol{l_2}|} \right| = \dfrac{|-2+1-18|}{\sqrt{1+1+36}} = \sqrt{\dfrac{19}{2}}$.

例 2 求通过直线 $l: \begin{cases} 2x + y - 3z + 2 = 0, \\ 5x + 5y - 4z + 3 = 0 \end{cases}$ 的两个互相垂直的平面 Π_1 和 Π_2, 使其中一个平面过点 $(4,-3,1)$. (第四届全国预赛, 2012)

解 过直线的平面束为 $\lambda(2x+y-3z+2) + \mu(5x+5y-4z+3) = 0$, 即 $(2\lambda+5\mu)x + (\lambda+5\mu)y - (3\lambda+4\mu)z + (2\lambda+3\mu) = 0$, 若平面 Π_1 过点 $(4,-3,1)$, 代入 $\lambda + \mu = 0$, 即 $\mu = -\lambda$, 则平面 Π_1 的方程为 $3x + 4y - z + 1 = 0$; 若平面束中 Π_2 与 Π_1 垂直, 则 $3 \cdot (2\lambda+5\mu) + 4 \cdot (\lambda+5\mu) + (-1)(-3\lambda-4\mu) = 0$, 解得 $\lambda = -3\mu$, 从而平面 Π_2 的方程为 $x - 2y - 5z + 3 = 0$.

例 3 设 M 是以三个正半轴为母线的半圆锥面, 求其方程. (第七届全国预赛, 2015)

解 显然, $O(0,0,0)$ 为 M 的顶点, $A(1,0,0), B(0,1,0), C(0,0,1)$ 在 M 上. 由 A, B, C 三点决定的平面 $x + y + z = 1$ 与球面 $x^2 + y^2 + z^2 = 1$ 的交线 L 是 M 的准线. 设 $P(x,y,z)$ 是 M 上的点, (u,v,w) 是 M 的母线 OP 与 L 的交点, 则 OP 的方程为 $\dfrac{x}{u} = \dfrac{y}{v} = \dfrac{z}{w}$, 令 $\dfrac{x}{u} = \dfrac{y}{v} = \dfrac{z}{w} = \dfrac{1}{t}$, 则 $u = xt, v = yt, w = zt$. 代入准线方程, 得 $\begin{cases} (x+y+z)t = 1, \\ (x^2+y^2+z^2)t^2 = 1. \end{cases}$ 消除参数 t, 得到圆锥面 M 的方程为 $xy + yz + zx = 0$.

例 4 过三条直线 $L_1: \begin{cases} x = 0, \\ y - z = 2, \end{cases}$ $L_2: \begin{cases} x = 0, \\ x + y - z + 2 = 0 \end{cases}$ 与 $L_3: \begin{cases} x = \sqrt{2}, \\ y - z = 0 \end{cases}$

的圆柱面方程为_____. (第十三届全国初赛, 2021)

解 三条直线的对称式方程分别为 $L_1: \dfrac{x}{0} = \dfrac{y-1}{1} = \dfrac{z+1}{1}$, $L_2: \dfrac{x}{0} = \dfrac{y-0}{1} = \dfrac{z-2}{1}$, $L_2: \dfrac{x-\sqrt{2}}{0} = \dfrac{y-1}{1} = \dfrac{z-1}{1}$, 所以三条直线平行. 在 L_1 上取点 $P_1(0, 1, -1)$, 过该点作与三直线都垂直的平面 $y + z = 0$, 分别交 L_2, L_3 于点 $P_2(0, -1, 1), P_3(\sqrt{2}, 0, 0)$. 易知经过这三点的圆的圆心为 $O(0, 0, 0)$. 这样, 所求圆柱面的中心轴线方程为 $\dfrac{x}{0} = \dfrac{y}{1} = \dfrac{z}{1}$. 设圆柱面上任意点的坐标为 $Q(x, y, z)$, 因为点 Q 到轴线的距离均为 $\sqrt{2}$, 所以有 $\dfrac{|(x, y, z) \times (0, 1, 1)|}{\sqrt{0^2 + 1^2 + 1^2}} = \sqrt{2}$, 化简即得所求圆柱面的方程为 $2x^2 + y^2 + z^2 - 2yz = 4$.

例 5 已知直线 $L: \begin{cases} 2x - 4y + z = 0, \\ 3x - y - 2z = 9 \end{cases}$ 和平面 $\Pi: 4x - y + z = 1$, 则直线 L 在平面 Π 上的投影直线方程为_____. (第十三届全国初赛补赛, 2021)

解 通过直线 L 的平面方程 Π' 为 $2x - 4y + z + \lambda(3x - y - 2z - 9) = 0$, 则该平面的法向量为 $\boldsymbol{n_1} = (2 + 3\lambda, -4 - \lambda, 1 - 2\lambda)$, 又因为平面 Π 的法向量为 $\boldsymbol{n_2} = (4, -1, 1)$, 由已知条件可知, 平面 Π 与 Π' 垂直, 所以 $\boldsymbol{n_1} \cdot \boldsymbol{n_2} = 0$, 即 $4(2 + 3\lambda) + (\lambda + 4) + (1 - 2\lambda) = 0$, 解得 $\lambda = -\dfrac{13}{11}$, 代入 Π' 方程可得 $17x + 31y - 37z - 117 = 0$, 故投影直线方程为

$$\begin{cases} 17x + 31y - 37z - 117 = 0, \\ 4x - y + z - 1 = 0. \end{cases}$$

例 6 直线 $L: \dfrac{x-1}{1} = \dfrac{y}{1} = \dfrac{z-1}{-1}$ 在平面 $\Pi: x - y + 2z - 1 = 0$ 上的投影直线 L_0 的单位方向向量为_____. (第十六届全国初赛 A 类, 2024)

解 直线 L 的一般式方程为 $\begin{cases} x - y - 1 = 0, \\ y + z - 1 = 0. \end{cases}$ 则过 L 的平面束方程为 $x - y - 1 + \lambda(y + z - 1) = 0$, 即 $x + (\lambda - 1)y + \lambda z - 1 - \lambda = 0$, 其中 λ 为参数. 平面的法向量为 $(1, \lambda - 1, \lambda)$. 此法向量与平面 Π 的法向量垂直当且仅当 $(1, \lambda - 1, \lambda) \cdot (1, -1, 2) = 0$, 即 $\lambda = -2$. 从而, 过 L 且与平面 Π 垂直的平面为 $x - 3y - 2z + 1 = 0$. 于是, 投影直线 L_0 的方程为 $\begin{cases} x - 3y - 2z + 1 = 0, \\ x - y + 2z - 1 = 0. \end{cases}$ 由此, L_0 的方向向量为 $(-4, -2, 1)$. 故单位方向向量为 $\pm \left(-\dfrac{4}{\sqrt{21}}, -\dfrac{2}{\sqrt{21}}, \dfrac{1}{\sqrt{21}} \right)$.

注 单位方向向量有两个, 得到一个即可. 在求投影直线方程时, 平面束方程是常用的处理方法, 投影直线方程的结果表示为一般式, 本题中需要用叉乘来将一般式化为对称式, 从而求出直线的具体方向.

七、全国决赛真题赏析

例 7 过单叶双曲面 $\dfrac{x^2}{4} + \dfrac{y^2}{2} - 2z^2 = 1$ 与球面 $x^2 + y^2 + z^2 = 4$ 的交线且与直线

$$\begin{cases} x = 0, \\ 3y + z = 0 \end{cases}$$ 垂直的平面方程为_____. (第八届全国决赛, 2017)

解 直线 $\begin{cases} x = 0, \\ 3y + z = 0 \end{cases}$ 的方向向量为 $(1,0,0) \times (0,3,1) = (0,-1,3)$, 即所求平面的法向量. 另一方面, 由 $\dfrac{x^2}{4} + \dfrac{y^2}{2} - 2z^2 = 1$ 与 $x^2 + y^2 + z^2 = 4$ 消去变量 z, 得 $9x^2 + 10y^2 = 36$, 可知交线过点 $(2,0,0)$, 也即所求平面上的一点, 因此平面方程为 $0 \times (x-2) - (y-0) + 3(z-0) = 0$, 即 $y - 3z = 0$.

例 8 设平面过原点和点 $(6,-3,2)$, 且与平面 $4x - y + 2z = 8$ 垂直, 则此平面方程为_____. (第九届全国决赛, 2018)

解 根据题设条件, 所求平面可设为 $Ax + By + Cz = 0$, 且 $6A - 3B + 2C = 0$. 因为两平面垂直, 相应的法向量 (A,B,C) 与 $(4,-1,2)$ 垂直, 所以 $4A - B + 2C = 0$, 从而有 $(A,B,C) = C\left(-\dfrac{2}{3}, -\dfrac{2}{3}, 1\right)$. 因此, 所求平面为 $2x + 2y - 3z = 0$.

例 9 点 $M_0(2,2,2)$ 关于直线 $L: \dfrac{x-1}{3} = \dfrac{y+4}{2} = z - 3$ 的对称点 M_1 的坐标为_____. (第十四届全国决赛, 2023)

解 过点 $M_0(2,2,2)$ 且垂直于直线 L 的平面 Π 的方程为 $3(x-2)+2(y-2)+z-2 = 0$, 即 $3x + 2y + z - 12 = 0$, 将直线 $\dfrac{x-1}{3} = \dfrac{y+4}{2} = z - 3$ 用参数方程可表示为 $x = 3t+1, y = 2t-4, z = t+3$ 代入平面 Π 的方程, 得 $3(3t+1)+2(2t-4)+(t+3)-12 = 0$, 解得 $t = 1$. 由此可得直线 L 与平面 Π 的交点为 $P(4,-2,4)$. 注意到 P 是线段 M_0M_1 的中点, 利用中点公式即可解得对称点为 $M_1(6,-6,6)$.

例 10 在平面 $x+y+z = 0$ 上, 与直线 $\begin{cases} x + y - 1 = 0, \\ x - y + z + 1 = 0 \end{cases}$ 和 $\begin{cases} 2x - y + z - 1 = 0, \\ x + y - z + 1 = 0 \end{cases}$ 都相交的直线的单位方向向量为_____. (第十五届全国决赛, 2024)

解 将所给平面的方程分别与这两直线的方程联立, 求解方程组 $\begin{cases} x + y + z = 0, \\ x + y - 1 = 0, \\ x - y + z + 1 = 0 \end{cases}$ 和 $\begin{cases} x + y + z = 0, \\ 2x - y + z - 1 = 0, \\ x + y - z + 1 = 0 \end{cases}$, 得平面与这两直线的交点分别为 $\left(\dfrac{1}{2}, \dfrac{1}{2}, -1\right)$ 和 $\left(0, -\dfrac{1}{2}, \dfrac{1}{2}\right)$, 因此过这两点的直线的方向向量为 $\left(0 - \dfrac{1}{2}, -\dfrac{1}{2} - \dfrac{1}{2}, \dfrac{1}{2} - (-1)\right) = -\dfrac{1}{2}(1,2,-3)$. 相应的单位方向向量为 $\pm\dfrac{1}{\sqrt{14}}(1,2,-3)$.

注 对不带正、负号或 "±" 符号的答案, 也给满分.

八、各地真题赏析

例 11　求直线 $\dfrac{x-1}{0} = \dfrac{y-1}{1} = \dfrac{z-1}{1}$ 绕 z 轴旋转的旋转曲面方程. (第十八届北京市理工类, 2007)

解　由已知 $x=1, y=z$, 所以直线绕 z 轴旋转的旋转曲面方程为 $x^2+y^2=z^2+1$, 即 $x^2+y^2-z^2=1$.

例 12　已知入射光线的方程为 $\dfrac{x-1}{4} = \dfrac{y-1}{3} = z-2$, 计算此光线经过平面 $x+2y+5z+17=0$ 反射后的反射光线方程. (第十九届北京市理工类, 2008)

解　入射光线的参数方程为 $\begin{cases} x=1+4t, \\ y=1+3t, \\ z=2+t, \end{cases}$ 将此方程代入平面方程得交点为 $(-7, -5, 0)$, 取入射光线上一点 $(1,1,2)$, 此点关于平面的对称点为 $(-1,-3,-8)$, 所以反射光线的方程为 $\dfrac{x+7}{3} = \dfrac{y+5}{1} = \dfrac{z}{-4}$.

例 13　求过 $(1,2,3)$ 且与曲面 $z=x+(y-z)^3$ 的所有切平面皆垂直的平面方程. (第五届浙江省理工类, 2006)

解　令 $F(x,y,z)=x+(y-z)^3-z$, 则 $F_x'(x,y,z)=1$, $F_y'(x,y,z)=3(y-z)^2$, $F_z'(x,y,z)=-3(y-z)^2-1$, 令所求平面方程为 $A(x-1)+B(y-2)+C(z-3)=0$, 在曲面 $z=x+(y-z)^3$ 上取一点 $(1,1,1)$, 则切平面的法向量为 $(1,0,-1)$, 故 $A-C=0$. 在曲面 $z=x+(y-z)^3$ 上取一点 $(0,2,1)$, 则切平面的法向量为 $(1,3,-4)$, 故 $A+3B-4C=0$. 解得 $A=B=C$, 即所求平面方程为 $x+y+z=6$.

例 14　求异面直线 $L_1 : \dfrac{x-5}{4} = \dfrac{y-1}{-3} = \dfrac{z+1}{1}$ 与 $L_2 : \dfrac{x+2}{-2} = \dfrac{y-2}{9} = \dfrac{z-4}{2}$ 之间的距离. (第十二届浙江省理工类, 2013)

解　过 L_1 且平行于 L_2 的平面 Π 过点 $M_1(5,1,-1)$ 且法向量为 $\boldsymbol{n}=\boldsymbol{s}_1\times\boldsymbol{s}_2 = -5(3,2,-6)$, 所以 Π 的方程为 $3(x-5)+2(y-1)-6(z+1)=0$, 即 $3x+2y-6z-23=0$, 因平面 Π 平行于 L_2, 故所求距离 d 即为 L_2 到 Π 的距离, 即为 $M_2(-2,2,4)$ 到 Π 距离 $d = \dfrac{|3\times(-2)+2\times 2-6\times 4-23|}{\sqrt{3^2+2^2+(-6)^2}} = 7$.

例 15　求过直线 $L : \begin{cases} x+y+z=0, \\ x=2 \end{cases}$ 且与球面 $x^2+y^2+z^2=2z$ 相切的平面 Π 的方程. (浙江省第十三届理工类, 2014)

解　设平面 Π 为 $(1+a)x+y+z=2a$, 则点 $(0,0,1)$ 到 Π 的距离为 1, 即
$$\frac{|1-2a|}{\sqrt{(1+a)^2+1+1}} = 1 \Rightarrow (1-2a)^2=(1+a)^2+1+1 \Rightarrow 3a^2-6a-2=0 \Rightarrow a=1\pm\sqrt{\frac{5}{3}},$$
所以平面 Π 的方程为 $\left(2+\sqrt{\dfrac{5}{3}}\right)x+y+z = 2+2\sqrt{\dfrac{5}{3}}$ 或 $\left(2-\sqrt{\dfrac{5}{3}}\right)x+y+z = 2-2\sqrt{\dfrac{5}{3}}$.

例 16 计算通过直线 $L_1: \begin{cases} x = 2t - 1, \\ y = 3t + 2, \\ z = 2t - 3 \end{cases}$ 与 $L_2: \begin{cases} x = 2t + 3, \\ y = 3t - 1, \\ z = 2t + 1 \end{cases}$ 的平面方程.

(第五届江苏省理工类, 2000)

解 由题意知两条直线平行, 取 L_1 上的点 $A(-1, 2, -3)$, L_2 上的点 $B(3, -1, 1)$, 平面的法向量 $\boldsymbol{n} = \boldsymbol{s}_1 \times \overrightarrow{AB} = 18(1, 0, -1)$, 再利用 $A(-1, 2, -3)$, 得到平面的方程为 $x - z - 2 = 0$.

例 17 计算曲线 $\begin{cases} z = x^2 + y^2, \\ x^2 + y^2 = 2y \end{cases}$ 在点 $(1, 1, 2)$ 的切线的参数方程. (第六届江苏省理工类, 2007)

解 因为曲线是以一般式形式给出的, 所以切线方向向量满足 $\begin{cases} \dfrac{\mathrm{d}z}{\mathrm{d}y} = 2x\dfrac{\mathrm{d}x}{\mathrm{d}y} + 2y, \\ 2x\dfrac{\mathrm{d}x}{\mathrm{d}y} + 2y = 2, \end{cases}$

代入点 $(1, 1, 2)$, 得方向向量为 $(0, 1, 2)$, 所以切线的参数方程为 $\begin{cases} x = 1, \\ y = 1 + t, \\ z = 2 + 2t. \end{cases}$

例 18 已知点 $P(1, 0, -1)$, $Q(3, 1, 2)$, 在平面 $x - 2y + z = 12$ 上求一点 M, 使 $\left|\overrightarrow{PM}\right| + \left|\overrightarrow{MQ}\right|$ 最小. (第七届江苏省理工类, 2004)

解 从点 P 作直线 l 垂直于平面, l 的方程为 $\begin{cases} x = 1 + t, \\ y = -2t, \\ z = -1 + t \end{cases}$ 代入平面方程解得

$t = 2$, 所以直线 l 与平面的交点为 $P_0(3, -4, 1)$, P 关于平面的对称点为 $P_1(5, -8, 3)$. 连

接 P_1Q, 其方程为 $\begin{cases} x = 3 + 2t, \\ y = 1 - 9t, \\ z = 2 + t \end{cases}$ 代入平面方程解得 $t = \dfrac{3}{7}$. 于是所求点 M 的坐标为

$M\left(\dfrac{27}{7}, -\dfrac{20}{7}, \dfrac{17}{7}\right)$.

例 19 已知点 $A(-4, 0, 0)$, $B(0, -2, 0)$, $C(0, 0, 2)$, O 为坐标原点, 计算四面体 $OABC$ 的内接球面方程. (第八届江苏省理工类, 2006)

解 设球心坐标为 (x_0, y_0, z_0), 半径为 R, 则由已知条件可得 $x_0 = -R, y_0 = -R, z_0 = R$, 由截距式平面方程可知由 A, B, C 三个截距构成的平面方程为 $\dfrac{x}{-4} + \dfrac{y}{-2} + \dfrac{z}{2} = 1 \Rightarrow x + 2y - 2z + 4 = 0$, 由球心到平面的距离为 $\dfrac{|-R - 2R - 2R + 4|}{\sqrt{1 + 4 + 4}} = R \Rightarrow R = \dfrac{1}{2}$, 所以所求的内切球面方程为

$$\left(x + \frac{1}{2}\right)^2 + \left(y + \frac{1}{2}\right)^2 + \left(z - \frac{1}{2}\right)^2 = \frac{1}{4}.$$

例 20　计算通过点 $(1, 1, -1)$ 与直线 $\begin{cases} x = t, \\ y = 2, \\ z = 2 + t \end{cases}$　的平面方程. (第九届江苏省理工类, 2008)

解　直线上取一点 $(0, 2, 2)$ 与点 $(1, 1, -1)$ 构成向量 $\boldsymbol{s} = (1, -1, -3)$, 直线的方向向量 $\boldsymbol{l} = (1, 0, 1)$, 则平面的法向量为 $\boldsymbol{n} = \boldsymbol{s} \times \boldsymbol{l} = (-1, -4, 1)$, 所以平面的方程为 $-1(x-1) - 4(y-1) + (z+1) = 0$, 即 $x + 4y - z - 6 = 0$.

例 21　已知正方体 $ABCD\text{-}A_1B_1C_1D_1$ 的边长为 2, E 为 D_1C_1 的中点, F 为侧面正方形 BCC_1B_1 的中点, (1) 试求过点 A_1, E, F 的平面与底面 $ABCD$ 所成二面角的值. (2) 试求过点 A_1, E, F 的平面截正方体所得到的截面的面积. (第十届江苏省理工类, 2010)

解　(1) 以 A 点为原点, AB, AD, AA_1 分别为 x, y, z 轴建立空间坐标系, 则 $A(0,0,0)$, $A_1(0,0,2), E(1,2,1), F(2,1,1)$, 向量 $\overrightarrow{A_1E} = (1,2,0), \overrightarrow{A_1F} = (2,1,-1)$. 又平面 A_1EF 的法向量为 $\boldsymbol{n}_1 = (-2, 1-3)$. 平面 $ABCD$ 的法向量为 $\boldsymbol{n}_2 = (0,0,1)$, 所以两个平面的二面角为 $\arccos \dfrac{|\boldsymbol{n}_1 \cdot \boldsymbol{n}_2|}{|\boldsymbol{n}_1||\boldsymbol{n}_2|} = \arccos \dfrac{3}{\sqrt{14}}$.

(2) 平面 A_1EF 的方程为 $-2x + y - 3(z-2) = 0$, 即 $z = 2 - \dfrac{2}{3}x + \dfrac{1}{3}y$. 平面 A_1EF 截正方体所得到的截面在 xOy 面上投影为 $D = \left\{ (x,y) \,\middle|\, 0 \leqslant y \leqslant 2, \dfrac{y}{2} \leqslant x \leqslant 2 \right\}$, 则所求面积为

$$A = \iint\limits_{D} \sqrt{1 + \left(\frac{\partial z}{\partial x}\right)^2 + \left(\frac{\partial z}{\partial y}\right)^2} \, \mathrm{d}x\mathrm{d}y = \int_0^2 \mathrm{d}y \int_{\frac{y}{2}}^2 \sqrt{\frac{14}{9}} \mathrm{d}x = \sqrt{14}.$$

例 22　计算点 $A(2, 1, -3)$ 到直线 $\dfrac{x-1}{1} = \dfrac{y+3}{-2} = \dfrac{z}{2}$ 的距离. (第十一届江苏省理工类, 2012)

解　直线 l 的参数方程为 $\begin{cases} x = 1 + t, \\ y = -3 - 2t, \\ z = 2t, \end{cases}$ 设直线上的点 $B(1 + t_0, -3 - 2t_0, 2t_0)$, 则向量 $\overrightarrow{AB} = (t_0 - 1, -4 - 2t_0, 3 + 2t_0)$, 利用 $\overrightarrow{AB} \perp \boldsymbol{s} = (1, -2, 2)$, 得到 $t_0 = -\dfrac{13}{9}$, 所以点到直线的距离等于 $\left| \overrightarrow{AB} \right| = \dfrac{\sqrt{65}}{3}$.

例 23　求过直线 $\dfrac{x-1}{1} = \dfrac{y-1}{-3} = \dfrac{z+1}{-5}$, 且平行于 z 轴的平面方程. (第十二届江苏省理工类, 2014)

解　因为平面平行于 z 轴, 所以设平面的方程为 $Ax + By + D = 0$, 取直线上的两个不同点 $P(1, 1, -1), Q(2, -2, -6)$ 代入平面方程中, 解得平面的方程为 $3x + y - 4 = 0$.

例 24 已知点 $P(3,2,1)$ 与平面 $\Pi : 2x - 2y + 3z = 1$, 在直线 $\begin{cases} x + 2y + z = 1, \\ x - y + 2z = 4 \end{cases}$ 上求一点 Q, 使得线段 PQ 平行于平面 Π, 试写出点 Q 的坐标. (第十三届江苏省理工类, 2016)

解 通过点 $P(3,2,1)$, 且与平面 $2x - 2y + 3z = 1$ 平行的平面为 $\Pi : 2x - 2y + 3z = 5$, 题给直线通过点 $A(3, -1, 0)$, 方向为 $\boldsymbol{l} = (1, 2, 1) \times (1, -1, 2) = (5, -1, -3)$, 设点 Q 的坐标为 (x_0, y_0, z_0), 其中 $x_0 = 3 + 5t, y_0 = -1 - t, z_0 = 0 - 3t$, 代入平面 Π 的方程得 $2(3 + 5t) - 2(-1 - t) + 3(-3t) = 5 \Rightarrow t = -1$, 于是点 Q 的坐标为 $(-2, 0, 3)$.

例 25 已知直线 $L_1 : \dfrac{x-5}{1} = \dfrac{y+1}{0} = \dfrac{z-3}{2}$ 与 $L_2 : \dfrac{x-8}{2} = \dfrac{y-1}{-1} = \dfrac{z-1}{1}$, (1) 证明: L_1 与 L_2 是异面直线; (2) 若直线与 L_1, L_2 皆垂直且相交, 交点分别为 P, Q, 试求点 P 与 Q 的坐标; (3) 求异面直线 L_1 与 L_2 的距离. (第十四届江苏省理工类, 2017)

(1) 证明 直线 L_1 通过点 $A(5, 3, 1)$, 方向为 $\boldsymbol{l}_1 = (1, 0, 2)$, 直线 L_2 通过点 $B(8, 1, 1)$, 方向为 $\boldsymbol{l}_2 = (2, -1, 1)$, $\overrightarrow{AB} = (3, 2, -2)$, 由于 $\left[\overrightarrow{AB}, \boldsymbol{l}_1, \boldsymbol{l}_2 \right] = 14$, 所以 L_1 和 L_2 是异面直线.

(2) 解 直线 L 的方向为 $\boldsymbol{l} = \boldsymbol{l}_1 \times \boldsymbol{l}_2 = (2, 3, -1)$, 设交点坐标为 $P = (x_1, y_1, z_1)$, $Q = (x_2, y_2, z_2)$, 则 $\dfrac{x_1 - 5}{1} = \dfrac{y_1 + 1}{0} = \dfrac{z_1 - 3}{2}$ 与 $\dfrac{x_2 - 8}{2} = \dfrac{y_2 - 1}{-1} = \dfrac{z_2 - 1}{1}$, 与下式联立解得 $P = (4, -1, 1), Q = (6, 2, 0)$.

(3) 由上知 L_1 和 L_2 的距离为 $d = |\overrightarrow{PQ}| = \sqrt{14}$.

例 26 已知二次锥面 $4x^2 + \lambda y^2 - 3z^2 = 0$ 与平面 $x - y + z = 0$ 的交线是一条直线 L.

(1) 试求常数 λ 的值, 并求直线 L 的标准方程;

(2) 平面 Π 通过直线 L 且与球面 $x^2 + y^2 + z^2 + 6x - 2y - 2z + 10 = 0$ 相切, 试求平面 Π 的方程. (第十五届江苏省理工类, 2018)

解 (1) 二次锥面 $4x^2 + \lambda y^2 - 3z^2 = 0$ 与平面 $x - y + z = 0$ 相交有三种可能: 一条直线或两条直线或一点, 令 $y = 1$ 得 $4x^2 + \lambda - 3z^2 = 0, x + z = 1 \Rightarrow x^2 + 6x + (\lambda - 3) = 0$, 相交为一条直线的充要条件是上式有唯一解, 而上式有唯一解的充要条件是 $\Delta = 36 - 4(\lambda - 3) = 0 \Rightarrow \lambda = 12$, 所以 $\lambda = 12$ 时 L 是一条直线. 当 $\lambda = 12$ 时由 $\begin{cases} x^2 + 6x + 9 = 0, \\ z = 1 - x \end{cases}$ 解得 $x = -3, y = 1, z = 4$, 所以直线 L 通过点 $P(-3, 1, 4)$. 因直线 L 又通过原点 $O(0, 0, 0)$, 取直线 L 的方向为 $\boldsymbol{l} = \overrightarrow{OP} = (-3, 1, 4)$, 则直线 L 的标准方程为 $\dfrac{x}{-3} = \dfrac{y}{1} = \dfrac{z}{4}$.

(2) 设平面 Π 的方程为 $ax + by + cz = 0$, 其法向量为 $\boldsymbol{n} = (a, b, c)$. 因 $\boldsymbol{n} \perp \boldsymbol{l}$, 故 $3a - b - 4c = 0$, 球面的球心为 $(-3, 1, 1)$, 半径为 1, 平面 Π 与球面相切时球心到平面 Π 的距离为 1, 所以有 $|-3a + b + c| = \sqrt{a^2 + b^2 + c^2} \Leftrightarrow 4a^2 - 3ab - 3ac + bc = 0$, 取

$c = 1$, 由 $\begin{cases} b = 3a - 4, \\ 4a^2 - 3ab - 3a + b = 0, \end{cases}$ 解得 $(a, b, c) = (2, 2, 1), \left(\dfrac{2}{5}, -\dfrac{14}{5}, 1\right)$, 因此所求

平面 Π 的方程为 $2x + 2y + z = 0$ 或 $2x - 14y + 5z = 0$.

例 27　设点 $A(2, -1, 1)$, 两条直线 $l_1 : \begin{cases} x + 2z + 7 = 0, \\ y - 1 = 0 \end{cases}$ 与 $l_2 : \dfrac{x-1}{2} = \dfrac{y+2}{k} = \dfrac{z}{-1}$, 试判断是否存在过点 A 的直线 l, 使它与两条已知直线 l_1, l_2 都相交? 如果存在, 求出此直线 l 的方程; 如果不存在, 说明理由. (第十七届江苏省理工类, 2020)

解　两直线的方向向量与上面一点的坐标分别为 $\boldsymbol{s}_1 = (-2, 0, 1), P_1(-7, 1, 0), \boldsymbol{s}_2 = (2, k, -1), P_2(1, -2, 0)$, 要过 A 的直线与两条直线相交, 则只要过直线 l_1 与 A 点的平面 Π_1 与直线 l_2 与 A 点的平面 Π_2 两者的交线 l 不与两直线平行即可. 于是两平面的法向量分别为 $\boldsymbol{n}_1 = \boldsymbol{s}_1 \times \overrightarrow{P_1A} = (2, 11, 4), \boldsymbol{n}_2 = \boldsymbol{s}_2 \times \overrightarrow{P_2A} = (1 + k, -3, 2 - k)$, 则两者的交线 l 的方向向量为 $\boldsymbol{s} = \boldsymbol{n}_1 \times \boldsymbol{n}_2 = (34 - 11k, 6k, -11k - 17)$, 比较三个方向向量, 可以看到, 当 $k = 0$ 时, 则有 $\boldsymbol{s}_1 = (-2, 0, 1), \boldsymbol{s}_2 = (2, 0, -1), \boldsymbol{s} = (34, 0, -17) = 17(2, 0, -1)$ 向量成比例, 则不存在这样的直线. 否则存在这样的直线, 并且由点 $A(2, -1, 1)$ 的坐标和方向向量, 由点向式方程得直线方程为 $\dfrac{x-2}{34 - 11k} = \dfrac{y+1}{6k} = \dfrac{z-1}{-11k - 17}$.

例 28　计算函数 $z = \sqrt{x^2 + y^2 - 2y + 10} + \sqrt{x^2 + y^2 + 2x + 2}$ 的最小值. (第十八届江苏省理工类, 2021)

解　由于 $z = \sqrt{(x-0)^2 + (y-1)^2 + (0-3)^2} + \sqrt{(x+1)^2 + (y-0)^2 + (0-1)^2}$, 显然该式子的几何意义表示 xOy 面上的点 $P(x, y, 0)$ 到点 $A(0, 1, 3)$ 和 $B(-1, 0, 1)$ 距离之和的最小值, 作点 B 关于 xOy 面的对称点 $B'(-1, 0, -1)$, 则 AB' 与 xOy 面的交点即为点 P, 此时距离之和最小为 $AB' = \sqrt{1 + 1 + 16} = 3\sqrt{2}$.

例 29　已知直线 $L : \dfrac{x-1}{1} = \dfrac{y}{1} = \dfrac{z-1}{-1}$ 在平面 $\Pi : x + y + z - 2 = 0$ 上的投影为直线 L_1.

(1) 求直线 L_1 的方程;

(2) 求直线 L_1 绕着直线 L 旋转所得到的圆锥面的方程. (第十八届江苏省理工类, 2021)

解　(1) 直线 L 的方向向量为 $\boldsymbol{s} = (1, 1, -1)$, 平面 Π 的法向量为 $\boldsymbol{n} = (1, 1, 1)$, 直线 L 和 L_1 的平面的法向量为 $\boldsymbol{n}' = \boldsymbol{s} \times \boldsymbol{n} = \begin{vmatrix} \boldsymbol{i} & \boldsymbol{j} & \boldsymbol{k} \\ 1 & 1 & -1 \\ 1 & 1 & 1 \end{vmatrix} = (2, -2, 0) = 2(1, -1, 0)$, 又该平面过点 $(1, 0, 1)$, 从而通过直线 L 和 L_1 的平面方程为 $x - y - 1 = 0$, 从而直线 L_1 的方程为 $\begin{cases} x - y - 1 = 0, \\ x + y + z - 2 = 0. \end{cases}$

(2) L 与平面 Π 的夹角为 α. 由于直线 L 的方向向量 $\boldsymbol{s} = (1, 1, -1)$, 平面 Π 的法向量为 $\boldsymbol{n} = (1, 1, 1)$, 所以 $\boldsymbol{s} \cdot \boldsymbol{n} = 1, |\boldsymbol{s}| = \sqrt{3}, |\boldsymbol{n}| = \sqrt{3}$, 因此 $\cos\langle \boldsymbol{s}, \boldsymbol{n} \rangle = \dfrac{\boldsymbol{s} \cdot \boldsymbol{n}}{|\boldsymbol{s}||\boldsymbol{n}|} = \dfrac{1}{3}$,

所以 $\sin\alpha = |\cos < \boldsymbol{s}, \boldsymbol{n} >| = \frac{1}{3}$, 进而 $\cos^2\alpha = \frac{8}{9}$, 不难看出直线 L 与平面 Π 的交点为 $A(1,0,1)$, 在所求圆锥面上任取一点 $B(x,y,z)$, 则有 $\overrightarrow{AB} = (x-1, y, z-1)$, 又 $\boldsymbol{s} = (1,1,-1)$. 所以 $\overrightarrow{AB} \cdot \boldsymbol{s} = x+y-z$, $|\overrightarrow{AB}| = \sqrt{(x-1)^2 + y^2 + (z-1)^2}$, $|\boldsymbol{s}| = \sqrt{3}$, 因此

$$\cos^2\alpha = \left(\frac{\overrightarrow{AB} \cdot \boldsymbol{s}}{|\overrightarrow{AB}||\boldsymbol{s}|} \right)^2 = \frac{1}{3} \frac{(x+y-z)^2}{(x-1)^2 + y^2 + (z-1)^2}, \text{即 } \frac{1}{3} \frac{(x+y-z)^2}{(x-1)^2 + y^2 + (z-1)^2} = \frac{8}{9}.$$

整理可得 $8\left[(x-1)^2 + y^2 + (z-1)^2 \right] = 3(x+y-z)^2$, 即

$$5x^2 + 5y^2 + 5z^2 - 6xy + 6xz + 6yz - 16x - 16z + 16 = 0.$$

例 30 设直线 L 过 $A(1,0,0), B(0,1,1)$ 两点, 求 L 绕 z 轴旋转一周所得的旋转曲面方程. (大连市第二十二届理工类, 2013)

解 直线 L 过 $A(1,0,0), B(0,1,1)$ 两点, 则直线 L 的方程为 $\frac{x-1}{-1} = \frac{y}{1} = \frac{z}{1}$, 此直线绕 z 轴旋转一周所得的旋转曲面方程为 $x^2 + y^2 = z^2 + (1-z)^2$.

例 31 椭球面 S_1 是椭圆 $\frac{x^2}{4} + \frac{y^2}{3} = 1$ 绕 x 轴旋转而成的, 圆锥面 S_2 是由过点 $(4,0)$ 与椭圆 $\frac{x^2}{4} + \frac{y^2}{3} = 1$ 相切的直线绕 x 轴旋转而成的.

(1) 求 S_1 与 S_2 的方程;

(2) 求 S_1 与 S_2 之间的立体体积. (第二十五届大连市理工类, 2016)

解 (1) $S_1: \frac{x^2}{4} + \frac{y^2 + z^2}{3} = 1$, 设切点为 (x_0, y_0). $\frac{x^2}{4} + \frac{y^2}{3} = 1 \Rightarrow \frac{x}{2} + \frac{2}{3}yy' = 0 \Rightarrow$ $y' = -\frac{3x}{4y} \Rightarrow k = -\frac{3x_0}{4y_0}$, 切线方程为 $y - y_0 = -\frac{3x_0}{4y_0}(x - x_0)$, 整理得 $\frac{x_0 x}{4} + \frac{y_0 y}{3} = 1$, 代入 $(4,0)$ 得 $x_0 = 1, y_0 = \pm\frac{3}{2}$, 所以切线方程为 $\frac{x}{4} \pm \frac{y}{2} = 1$, 即 $y = \pm 2\left(1 - \frac{x}{4} \right)$, 所以 $S_2: y^2 + z^2 = 4\left(1 - \frac{x}{4} \right)^2$, 即 $(x-4)^2 - 4y^2 - 4z^2 = 0$.

(2) 设 S_1 与 S_2 之间的立体体积为 V, 则

$$V = \frac{1}{3}\pi \left(\frac{3}{2} \right)^2 \cdot 3 - \int_1^2 \pi \cdot 3\left(1 - \frac{x^2}{4} \right)dx = \frac{9}{4}\pi - \frac{3}{4}\pi \int_1^2 (4 - x^2)dx = \pi.$$

例 32 求异面直线 $L_1: \frac{x-3}{2} = \frac{y}{1} = \frac{z-1}{0}$ 与 $L_2: \frac{x+1}{1} = \frac{y-2}{0} = \frac{z}{1}$ 之间的最短距离. (第二十五届大连市工类, 2016)

解 $L_1: \begin{cases} x - 2y - 3 = 0, \\ z - 1 = 0 \end{cases}$ 过直线 L_1 的平面束方程为 $\Pi: x - 2y - 3 + \lambda(z-1) = 0$, 即 $x - 2y + \lambda z - 3 - \lambda = 0$, 平行于直线 L_2 平面满足 $(1, -2, \lambda) \cdot (1, 0, 1) = 0$, 即 $\lambda = -1$, 所以平行于直线 L_2 的平面方程为 $x - 2y - z - 2 = 0$, 所求异面直线之间的最短距离为 $d = \frac{|-1 - 4 - 2|}{\sqrt{1 + 4 + 1}} = \frac{7\sqrt{6}}{6}$.

九、模拟导训

1. 考察两条直线 $L_1: \dfrac{x-3}{2} = \dfrac{y}{4} = \dfrac{z+1}{3}$ 和 $L_2: \begin{cases} x = 2t - 1, \\ y = 3, \\ z = t + 2 \end{cases}$ 是否相交？若相交, 求出其交点; 如不相交, 求出两个直线之间的距离 d.

2. 求过点 $(2,1,3)$ 且与直线 $\dfrac{x+1}{3} = \dfrac{y-1}{2} = \dfrac{z}{-1}$ 垂直相交的直线方程.

3. 设曲面 $S: (x-y)^2 - z^2 = 1$.

(1) 求 S 在点 $M(1,0,0)$ 处的切平面 Π 的方程;

(2) 证明: 原点到 S 的最短距离等于原点到平面 Π 的距离.

4. 假设蚊香在坐标原点处点燃一段时间后, 点 (x,y,z) 处的烟气浓度为 $u(x,y,z) = \mathrm{e}^{-\left(x^2 + y^2 + \frac{z^2}{4}\right)}$, 若蚊子位于点 $(1,2,4)$ 处, 试问它沿着哪个方向飞逃比较合理？逃跑的路线轨迹的参数方程是什么？

5. 求直线 $L \begin{cases} x = 3 - t, \\ y = -1 + 2t, \\ z = 5 + 8t \end{cases}$ 在平面 $\Pi: x - y + 3z + 8 = 0$ 上和三个坐标平面上的投影方程.

6. 求曲线 $\begin{cases} y = 1, \\ x^2 + z^2 = 3 \end{cases}$ 绕 z 轴旋转一周所形成的曲面方程.

7. 过点 $(-1,0,4)$ 平行于平面 $3x - 4y + z = 10$ 且与直线 $x + 1 = y - 3 = \dfrac{z}{2}$ 相交的直线方程.

8. 判断 $L_1: \dfrac{x+2}{1} = \dfrac{y}{1} = \dfrac{z-1}{2}$ 和 $L_2: \dfrac{x}{1} = \dfrac{y+1}{3} = \dfrac{z-2}{4}$ 是否共面, 若在同一平面求交点, 若异面求距离？

9. 判断 $L_1: \dfrac{x}{2} = \dfrac{y+3}{3} = \dfrac{z}{4}$ 和 $L_2: \begin{cases} x - y - 3 = 0, \\ 3x - y - z - 4 = 0 \end{cases}$ 的关系.

10. 求过 $M(2,3,1)$ 点, 且与直线 $L_1 \begin{cases} x + y = 0, \\ x - y + z + 4 = 0 \end{cases}$ 和 $L_2 \begin{cases} x = 1 - 3y, \\ z = 2 - y \end{cases}$ 都相交的直线方程 L.

11. 求满足下面条件的直线方程:

(1) 过点 $A(1,0,-2)$;

(2) 与平面 $\Pi: 3x - y + 2z + 3 = 0$ 平行;

(3) 与直线 $L_1: \dfrac{x-1}{4} = \dfrac{y-3}{-2} = \dfrac{z}{1}$ 相交.

12. 设有直线 $L: \dfrac{x-1}{2} = \dfrac{y}{1} = \dfrac{z-3}{-2}$.

(1) 求与 L 关于原点对称的直线 L_1 的方程;

(2) 求与 L 关于 xOy 平面对称的直线 L_2 的方程;

(3) 求与 L 关于平面 $\Pi: x + y + z = 0$ 对称的直线 L_3 的方程.

13. 证明 $L_1: \dfrac{x}{1} = \dfrac{y}{2} = \dfrac{z}{3}$ 与 $L_2: \dfrac{x-1}{1} = \dfrac{y+1}{1} = \dfrac{z-2}{1}$ 是异面直线, 并求公垂线方程即公垂线的长.

14. 求经过直线 $L: \begin{cases} x + 5y + z = 0, \\ x - z + 4 = 0, \end{cases}$ 并且与平面 $x - 4y - 8z + 12 = 0$ 交成二面角为 $\dfrac{\pi}{4}$ 的平面方程.

15. 设直线 $L: \begin{cases} x + y + b = 0, \\ x + ay - z - 3 = 0 \end{cases}$ 在平面 Π 上, 而平面 Π 与曲面 $z = x^2 + y^2$ 相切于点 $P(1, -2, 5)$, 求 a, b 的值.

16. 求直线 $l: \dfrac{x-1}{1} = \dfrac{y}{1} = \dfrac{z-1}{-1}$ 在平面 $\Pi: x - y + 2z - 1 = 0$ 上的投影直线 l_0 绕 y 轴旋转一周所形成的曲面方程.

17. 求直线 $L_1: \dfrac{x-3}{2} = \dfrac{y-1}{3} = \dfrac{z+1}{1}$ 绕直线 $L_1: \begin{cases} x = 2, \\ y = 3 \end{cases}$ 旋转一周的曲面方程.

模拟导训
参考解答

第六章 多元函数微分学

一、竞赛大纲逐条解读

1. 多元函数的概念、二元函数的几何意义

[解读] 这部分作为多元函数的基础知识, 历届未有题目涉及.

2. 二元函数的极限和连续的概念、有界闭区域上多元连续函数的性质

[解读] 二元函数极限的求法归结于一元函数极限问题, 或利用夹逼准则处理, 证明二元函数极限不存在的方法, 需取两条不同路径进行.

3. 多元函数偏导数和全微分、全微分存在的必要条件和充分条件

[解读] 多元函数偏导数的简单计算; 全微分存在的条件需要重点掌握, 尤其是利用定义判断二元函数在某点处是否可微以及全微分计算公式.

4. 多元复合函数、隐函数的求导法

[解读] 多元复合函数的偏导数与高阶偏导数是往届竞赛考察的重点, 隐函数求导法也经常考察, 这部分主要考察填空题, 难度较低.

5. 二阶偏导数、方向导数和梯度

[解读] 当两个二阶混合偏导数连续时, 这两个二阶混合偏导数相等, 经常会利用这个性质进行化简, 方向导数和梯度一般考察计算公式, 难度较低, 考察填空题.

6. 空间曲线的切线和法平面、曲面的切平面和法线

[解读] 这部分内容作为多元函数几何应用考察的重点部分, 考察频率最高的是曲面在某点处的切平面问题, 一般两年考察一次, 大家应熟知空间曲面切平面计算方法, 空间曲线的切线和法平面也应该掌握 (考察频率较低).

7. 二元函数的二阶泰勒公式

[解读] 往届考题中出现两次考察利用二元函数的泰勒公式去证明等式或者不等式问题. 这部分内容在平时的授课过程中涉及较少, 考研题目中也不做要求, 但竞赛中大家应掌握具体的展开公式, 一般展开到二阶即可, 一般以解答题的形式出现.

8. 多元函数极值和条件极值、拉格朗日乘数法、多元函数的最大值、最小值及其简单应用

[解读] 多元函数的极值和条件极值, 在往届的初赛和决赛中均有涉及, 近几届决赛中涉及较多, 主要考察大家对基础知识和基本求解方法的运用; 多元函数的最大值、最小值问题多以无条件极值加上带边界的有条件极值进行判别, 考研题中多以解答题的形式出现, 是考研题目中的重点考察内容, 竞赛题目中多以填空题的形式呈现.

二、内容思维导图

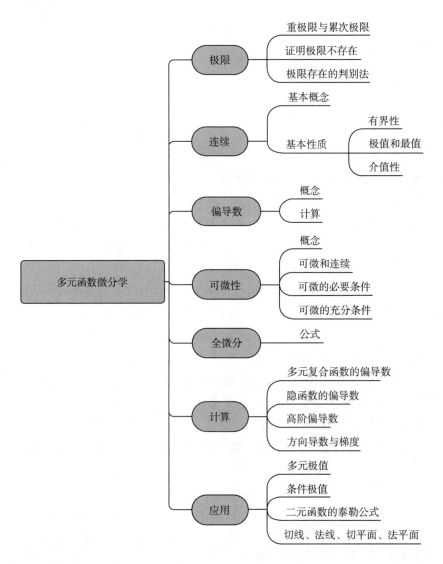

三、考点分布及分值

全国大学生数学竞赛历届初赛（非数学类）多元函数微分学中的考点分布及分值

章节	届次	考点及分值
多元函数微分学	第一届初赛（5 分）	第一题:（3）几何应用之切平面（5 分）
	第二届初赛（5 分）	第一题:（4）二阶偏导数计算（5 分）
	第三届初赛（15 分）	第五题: 多元复合函数导数及高阶导数（15 分）
	第四届初赛（6 分）	第一题:（3）二元函数偏导数计算（6 分）
	第六届初赛（6 分）	第一题:（2）多元微分学几何应用切平面（6 分）
	第七届初赛（6 分）	第一题:（2）多元复合函数求偏导数（6 分）
	第八届初赛（12 分）	第一题:（3）偏积分法求原函数（6 分）
		第一题:（5）几何应用之切平面（6 分）

续表

章节	届次	考点及分值
多元函数微分学	第九届初赛 (21 分)	第一题: (3) 多元复合函数求偏导 (7 分)
		第二题: 二元函数的极值问题 (14 分)
	第十届初赛 (14 分)	第五题: 多元函数泰勒展开 (14 分)
	第十一届初赛 (12 分)	第一题: (4) 全微分方程求原函数 (6 分)
		第一题: (5) 几何应用之切平面 (6 分)
	第十二届初赛 (12 分)	第四题: 多元复合函数求偏导 (12 分)
	第十三届初赛 (6 分)	第一题: (2) 隐函数求偏导 (6 分)
	第十四届初赛 (14 分)	第五题: 二元函数的泰勒展开 (14 分)
	第十四届初赛补赛-1 (6 分)	第一题: (5) 几何应用之切平面 (6 分)
	第十四届初赛补赛-2 (6 分)	第一题: (5) 多元复合函数求偏导 (6 分)
	第十五届初赛 A 类 (6 分)	第一题: (2) 多元复合函数求二阶偏导 (6 分)
	第十五届初赛 B 类 (6 分)	第一题: (2) 多元复合函数求二阶偏导 (6 分)
	第十六届初赛 A 类 (6 分)	第一题: (3) 多元复合函数求二阶偏导 (6 分)
	第十六届初赛 B 类 (6 分)	第一题: (4) 多元复合函数求二阶偏导 (6 分)

全国大学生数学竞赛历届决赛 (非数学类) 多元函数微分学中的考点分布及分值

章节	届次	考点及分值
多元函数微分学	第二届决赛 (17 分)	第四题: 条件极值 (17 分)
	第三届决赛 (6 分)	第一题: (3) 多元复合函数的高阶导数 (6 分)
	第四届决赛 (6 分)	第一题: (5) 几何应用之切平面方程 (6 分)
	第五届决赛 (6 分)	第一题: (3) 几何应用之切线方程 (6 分)
	第六届决赛 (12 分)	第二题: 多元函数方向导数的相关证明 (12 分)
	第七届决赛 (28 分)	第二题: 切平面的相关性质 (14 分)
		第六题: 偏导数的证明问题 (14 分)
	第八届决赛 (6 分)	第一题: (2) 求多元函数的解析式 (6 分)
	第九届决赛 (6 分)	第一题: (3) 求多元函数的解析式 (6 分)
	第十届决赛 (6 分)	第一题: (4) 多元复合函数求二阶偏导数 (6 分)
	第十一届决赛 (12 分)	第二题: 多元函数的二阶偏导数 (12 分)
	第十二届决赛 (12 分)	第一题: (2) 二元函数的方向导数 (6 分)
		第一题: (5) 三元函数的极值点 (6 分)
	第十四届决赛 (6 分)	第一题: (4) 二元函数的极值 (6 分)
	第十五届决赛 (6 分)	第一题: (3) 多元复合函数求偏导 (6 分)

四、内容点睛

章节	专题	内容
多元函数微分学	二元函数的极限	证明二元函数极限不存在
		求二元函数的极限: 夹逼法、极坐标法、变量代换法
	多元函数微分法	函数连续性、偏导数存在性、可微性、偏导数连续性之间的关系
		多元复合函数的链式法则
		多元隐函数的偏导数
		高阶偏导数
		全微分
		方向导数与梯度
	多元微分法的应用	空间曲面的切平面与法线
		空间曲线的切线与法平面
		多元函数的极值与条件极值、最值
		二元函数的二阶泰勒公式

五、内容详情

1. 二元函数的几何意义

$z = f(x, y)$ 或 $F(x, y, z) = z - f(x, y) = 0$, 定义域是平面上的一个区域, 图形是一张曲面.

2. 二重极限与累次极限

(1) 二重极限

$$\lim_{\substack{x \to x_0 \\ y \to y_0}} f(x, y) = \lim_{(x, y) \to (x_0, y_0)} f(x, y)$$

$$= \lim_{\rho = \sqrt{(x-x_0)^2 + (y-y_0)^2} = \sqrt{(\Delta x)^2 + (\Delta y)^2} \to 0} f(x, y) = A$$

$$\Leftrightarrow \forall \varepsilon > 0, \exists \delta > 0, 当 (x, y) \in \mathring{U}(P_0, \delta) \Leftrightarrow 0 < \sqrt{(x - x_0)^2 + (y - y_0)^2} < \delta$$

时, 恒有 $|f(x, y) - A| < \varepsilon$, 其中 $(x, y) \to (x_0, y_0)$ 以任何方向和任何方式进行; 倘若沿两条不同的特殊路径, $\lim\limits_{\substack{x \to x_0 \\ y \to y_0}} f(x, y)$ 不相等, 则可判定极限不存在.

① 求二重极限的方法: 夹逼; 一元化; 抓大头与放小头; 沿径向极限相等, 且与幅角无关 (极坐标形式).

② 证明二重极限不存在的方法: 沿径向极限与幅角有关; 特殊路径的极限不存在.

③ 累次极限存在不相等.

(2) 二重极限的脱帽法: $\lim\limits_{\substack{x \to x_0 \\ y \to y_0}} f(x, y) = A \Leftrightarrow f(x, y) = A + \alpha(x, y)$, 其中

$$\lim_{\substack{x \to x_0 \\ y \to y_0}} \alpha(x, y) = 0.$$

(3) 累次极限: $\lim\limits_{y \to y_0} \lim\limits_{x \to x_0} f(x, y) = B$ 为累次极限, 如果 $f(x, y)$ 连续, 则

$$\lim_{y \to y_0} \lim_{x \to x_0} f(x, y) = \lim_{x \to x_0} \lim_{y \to y_0} f(x, y).$$

如果 $\lim\limits_{y \to y_0} f(x, y) = g(x)$, $\lim\limits_{x \to x_0} f(x, y) = h(y) \Rightarrow \lim\limits_{y \to y_0} \lim\limits_{x \to x_0} f(x, y) = \lim\limits_{x \to x_0} \lim\limits_{y \to y_0} f(x, y)$ 可见, 二重极限的存在并不能保证累次极限的存在, 反之亦然.

3. 二元函数的连续性的三种等价定义与可微定义

1) 二元函数的连续性的三种等价定义

(1) 全增量定义法: $\Delta z = f(x_0 + \Delta x, y_0 + \Delta y) - f(x_0, y_0)$, 如 $\lim\limits_{\substack{x \to x_0 \\ y \to y_0}} \Delta z = 0$, 则 $z = f(x, y)$ 在 $P_0(x_0, y_0)$ 点连续, 也就是说, 求连续函数极限时, 可以将 $P_0(x_0, y_0)$ 的自变量直接代入计算极限.

(2) 二重极限定义法: $\lim\limits_{\substack{x \to x_0 \\ y \to y_0}} f(x, y) = f(x_0, y_0)$, 则 $z = f(x, y)$ 在 P 点连续, 它与一元函数的连续性定义形式上完全一致, 可见, 间断点的类型也一致. 具体做法是: 把 (x_0, y_0) 值同时强行代入, 如果能直接得出某一数, 则连续, 否则不连续.

(3) 无穷小定义法: $f(x, y) = f(x_0, y_0) + o(1)$, 其中 $o(1)$ 表示 $\lim\limits_{P \to P_0} o(1) = 0$. 从上述定义可得常用等价形式: $\lim\limits_{\substack{x \to x_0 \\ y \to y_0}} \Delta z = 0 \Rightarrow \Delta z = f(x_0 + \Delta x, y_0 + \Delta y) - f(x_0, y_0) = o(1)$.

2) 二元函数的可微与全微分的定义

设函数 $z = f(x, y)$ 在点 $P_0(x_0, y_0)$ 的某邻域 $U(P_0)$ 中有定义, 则函数的全增量可以表示为

$$\Delta z = f(x_0 + \Delta x, y_0 + \Delta y) - f(x_0, y_0) = A\Delta x + B\Delta y + o(\rho),$$

其中 $\rho = \sqrt{(\Delta x)^2 + (\Delta y)^2}$, 则称函数 $z = f(x, y)$ 在 $P_0(x_0, y_0)$ 点可微, 并称 $A\Delta x + B\Delta y$ 为 f 在 P_0 点的全微分. 显然, 容易得到

$$A\Delta x + B\Delta y = f_x(x_0, y_0)\Delta x + f_y(x_0, y_0)\Delta y,$$

即得可微的充要条件:

$$\Delta z = f(x_0 + \Delta x, y_0 + \Delta y) - f(x_0, y_0) = f_x(x_0, y_0)\Delta x + f_y(x_0, y_0)\Delta y + o(\rho).$$

注　由于可微的定义是 $f(x_0 + \Delta x, y_0 + \Delta y) - f(x_0, y_0) = f_x \Delta x + f_y \Delta y + o(\rho)$, 特别地, $f_x = f_y = 0 \Rightarrow \Delta z = f(x_0 + \Delta x, y_0 + \Delta y) - f(x_0, y_0) = o(\rho)$, 与函数的连续定义 $\Delta z = f(x_0 + \Delta x, y_0 + \Delta y) - f(x_0, y_0) = o(1)$ 比较, 易知可微可以保证连续, 而连续不能保证可微.

重要性质:

(1) 一切多元初等函数与一元函数一样, 在其定义区间内是连续的.

(2) 连续函数的和、差、积、商 (分母不为零) 及复合函数都是连续函数.

(3) 多元初等函数的各阶偏导数仍然是初等函数, 故在其定义区间内也是连续的.

4. 偏导数、全导数、全微分进阶

1) 偏导数

(1) 定义: $z = f(x, y)$ 在 $U(P_0)$ 内有定义, 且 $\lim\limits_{x \to 0} \dfrac{f(x_0 + \Delta x, y_0) - f(x_0, y_0)}{\Delta x}$ 存在, 则记为 $f_x'(x_0, y_0) = \lim\limits_{x \to 0} \dfrac{f(x_0 + \Delta x, y_0) - f(x_0, y_0)}{\Delta x}$. 对于分段函数, 在分界点时要利用该定义求, 在边界点时要利用该定义求左、右偏导.

(2) $z = f(x, y)$, f_{xy}'' 和 f_{yx}'' 在区域 D 都连续, 则 $f_{xy}'' = f_{yx}''$, 如果 $f_{xy}'' \neq f_{yx}''$, 则 f_{xy}'' 和 f_{yx}'' 在区域 D 上一般来说至少有一个不连续. 实际上, 可以证明:

(i) 如果 f_x, f_y 和 f_{yx} 在 $U(P_0)$ 存在, 且 f_{yx} 在 P_0 点连续, 则 f_{xy} 在 P_0 点也存在, 且 $f_{xy}'' = f_{yx}''$.

(ii) 如果 f_x, f_y 在 $U(P_0)$ 存在, 且 f_x, f_y 在 P_0 点可微, 则 $f_{xy}'' = f_{yx}''$.

(3) 本质上是一个求一元函数极值的过程, 所以与全面极限的相关命题, 如连续, 可微等无关. 但对偏导数给予一定的限制, 则与全面极限的相关命题有关, 例如, 可以证明下列命题:

(i) 若 f_x 和 f_y 在 $U(P_0)$ 有界, 则 f 在 $U(P_0)$ 内连续, 且 f 在 P_0 点可微, 反之不成立.

(ii) 若 f_x 和 f_y 在 $U(P_0)$ 存在且连续, 则 f 在 P_0 点可微, 反之不成立.

(iii) 若 $f(x,y)$ 分别是单变量 x 及 y 的连续函数, 且又对其中一个变量是单调的, 则 $f(x,y)$ 是二元连续函数.

(4) 如果只求 $z=f(x,y)$ 在某点 (x_0,y_0) 的偏导数, 不必先求出该函数在任一点 (x,y) 的偏导数, 而是先代入 $x=x_0$ 或 $y=y_0$ 后, 再对 y 或 x 求偏导.

一般地, 存在下列关系:

$$\frac{\partial f(x_0,y_0)}{\partial x} = \frac{\mathrm{d}}{\mathrm{d}x}f(x,y_0)\Big|_{x=x_0},$$

$$\frac{\partial^2 f(x_0,y_0)}{\partial x^2} = \frac{\mathrm{d}^2}{\mathrm{d}x^2}f(x,y_0)\Big|_{x=x_0},$$

$$\frac{\partial}{\partial y}\left(\frac{\partial f}{\partial x}\right) = \frac{\partial^2 f(x_0,y_0)}{\partial x\partial y} = \frac{\mathrm{d}}{\mathrm{d}y}\frac{\partial f(x_0,y)}{\partial x}\Big|_{y=y_0}.$$

例如,

$$f(x,y) = (x+1)^{y\sin x} + x^2\cos xy^2$$

$$\Rightarrow f_x(0,0) = \frac{\mathrm{d}}{\mathrm{d}x}f(x,0)\Big|_{x=0} = \left(1+x^2\right)'\Big|_{x=0} = 0.$$

2) 全导数 (只有对空间曲线才存在全导)

$z = f(u,v,w)$ 而 $\begin{cases} u=u(t), \\ v=v(t), \\ w=w(t) \end{cases}$ 归结为一元函数求导, 符合下列叠加原理: $\dfrac{\mathrm{d}z}{\mathrm{d}t} =$

$\dfrac{\partial f}{\partial u}\dfrac{\mathrm{d}u}{\mathrm{d}t} + \dfrac{\partial f}{\partial v}\dfrac{\mathrm{d}u}{\mathrm{d}t} + \dfrac{\partial f}{\partial w}\dfrac{\mathrm{d}w}{\mathrm{d}t}$, $\dfrac{\mathrm{d}z}{\mathrm{d}t}$ 称为全导数.

3) 偏导数的表示法

如果 $z=f$ (表达式 1, 表达式 2, 表达式 3), 如 $z=f\left(x^2-y^2, 2x, x^{\frac{1}{2}}\right)$, 则用符号 1, 2, 3 分别代表对第 1、第 2、第 3 项求偏导, 如 $z_x = 2xf_1' + 2f_2' + \dfrac{1}{2\sqrt{x}}f_3'$. 注意表示方法: $f_x = f_x'$, 而一般不把 f_1' 写成 f_1.

注 (1) 一般情况下 $\dfrac{\partial z}{\partial x} \neq \dfrac{\partial f}{\partial x}$, 因为 $\dfrac{\partial z}{\partial x}$ 为隐式求偏导, 表示把复合函数 $z = f[\varphi(x,y),x,y]$ 中的 y 当成不变量, 对 x 的偏导; 而 $\dfrac{\partial f}{\partial x}$ 为显式求偏导, 表示把复合函数 $z = f[\varphi(x,y),x,y]$ 中的 y 和 $\varphi(x,y)$ 都当成不变量, 对 x 的偏导. 例如:

$$z = f[\varphi(x,y),x,y] \Rightarrow \begin{cases} \dfrac{\partial z}{\partial x} = f_1'\varphi_x'(x,y) + f_2', \\ \dfrac{\partial f}{\partial x} = f_2', \end{cases}$$

$$z = f(x+y, x-y, xy) \Rightarrow \begin{cases} \dfrac{\partial z}{\partial x} = f_1' + f_2' + yf_3', \\ \dfrac{\partial f}{\partial x} = 0, \end{cases}$$

只有在形如 $z = f(x,y)$ 的情况下, 才有 $\dfrac{\partial z}{\partial x} = \dfrac{\partial f}{\partial x}$.

(2) 等效表达式: $f_1' = f_x'$, $f_2' = f_y'$. 只在 $z = f(x, y)$ 的形式二元函数中成立. 如函数 $z = f(x+y, x-y, xy)$, 虽然 z 也是 (x, y) 的二元函数, 但由于它是 f 的形式三元函数, 故等效表达式不成立.

4) 全微分进阶

(1) 可微的充要条件是

$$\lim_{\rho \to 0} \frac{f(x_0 + \Delta x, \ y_0 + \Delta y) - f(x_0, \ y_0) - A\Delta x + B\Delta y}{\sqrt{(\Delta x)^2 + (\Delta y)^2}} = 0.$$

(2) 可微的充分条件是 $\displaystyle\lim_{\rho \to 0} \frac{f(x_0 + \Delta x, \ y_0 + \Delta y) - f(x_0, \ y_0)}{\sqrt{(\Delta x)^2 + (\Delta y)^2}} = 0.$

(3) 一阶微分形式不变性与微分法本质.

(i) 形式不变性:

$$z = f(u,v), u = \varphi(x,y), v = \psi(x,y) \Rightarrow \mathrm{d}z = \frac{\partial z}{\partial u}\mathrm{d}u + \frac{\partial z}{\partial v}\mathrm{d}v = \frac{\partial z}{\partial x}\mathrm{d}x + \frac{\partial z}{\partial y}\mathrm{d}y.$$

(ii) 微分法本质:

设 $u = u(x,y)$, 并为连续函数, 有

$$\mathrm{d}u = \frac{\partial u}{\partial x}\mathrm{d}x + \frac{\partial u}{\partial y}\mathrm{d}y \Rightarrow$$

$$\mathrm{d}u(\mathrm{d}u) = \mathrm{d}^2 u$$

$$= \frac{\partial^2 u}{\partial x^2}(\mathrm{d}x)^2 + \frac{\partial^2 u}{\partial x \partial y}\mathrm{d}y\mathrm{d}x + \frac{\partial u}{\partial x}\mathrm{d}(\mathrm{d}x) + \frac{\partial^2 u}{\partial y^2}(\mathrm{d}y)^2 + \frac{\partial^2 u}{\partial y \partial x}\mathrm{d}x\mathrm{d}y + \frac{\partial u}{\partial y}\mathrm{d}(\mathrm{d}y)$$

$$= \frac{\partial^2 u}{\partial x^2}\mathrm{d}x^2 + 2\frac{\partial^2 u}{\partial x \partial y}\mathrm{d}x\mathrm{d}y + \frac{\partial^2 u}{\partial y^2}\mathrm{d}y^2 + \frac{\partial u}{\partial x}\mathrm{d}^2 x + \frac{\partial u}{\partial y}\mathrm{d}^2 y,$$

注意 $\mathrm{d}^2 x = 0$, $\mathrm{d}^2 y = 0$, 从而 $\Rightarrow \mathrm{d}^2 u = \dfrac{\partial^2 u}{\partial x^2}\mathrm{d}x^2 + 2\dfrac{\partial^2 u}{\partial x \partial y}\mathrm{d}x\mathrm{d}y + \dfrac{\partial^2 u}{\partial y^2}\mathrm{d}y^2$.

5. 二元函数的四性关系 (极限存在、连续、偏导及可微的关系)

二元函数的四性关系与反例.

二重极限存在 $\underset{充分}{\overset{\times}{\rightleftarrows}}$ 连续; 连续 $\underset{充分}{\overset{\times}{\rightleftarrows}}$ 可微; 偏导数存在 $\underset{充分}{\overset{\times}{\rightleftarrows}}$ 可微; 函数连续 $\underset{\times}{\overset{\times}{\rightleftarrows}}$ 偏导存在; 可微 $\underset{充分}{\overset{\times}{\rightleftarrows}}$ 偏导连续.

注 偏导数、累次极限是一维问题, 而二重极限、连续、可微是二维问题, 所以两组问题之间一般没有任何关系, 除非给一维问题添加某些限制条件.

快速判断可微方略: 二元函数的整数阶次大于 1 才可能可微, 否则一定不可微.

例如, $f(x,y) = \begin{cases} \dfrac{xy}{x^2+y^2}, & (x,\ y) \neq 0, \\ 0, & (x,\ y) = 0 \end{cases}$ 的整数阶数为 0, 在 $(0,0)$ 处不可微.

$f(x,y) = \begin{cases} \dfrac{x^2 y^2}{x^2+y^2}, & (x,\ y) \neq 0, \\ 0, & (x,\ y) = 0 \end{cases}$ 的整数阶数为 2, 在 $(0,0)$ 处可微.

6. 偏导数的求法

(1) 复合函数的求偏导数切入点: 确定独立变量的个数, 再根据题意选定自变量和因变量; 利用 "剥皮法" 画出关系图求之.

(2) 隐函数的求偏导一般方法: 求一阶偏导采用全微分法, 求二阶偏导则需要直接从一阶偏导的结果求, 而不可以采用全微分法, 否则反而繁杂.

① 复合函数 $z = f(u,v,w)$, $\begin{cases} u = u(x,y), \\ v = v(x,y), \\ w = w(x,y), \end{cases}$ 5 个未知数 3 个方程, 最后归结为一

个二元函数 $\dfrac{\partial z}{\partial x} = \dfrac{\partial f}{\partial u}\dfrac{\partial u}{\partial x} + \dfrac{\partial f}{\partial v}\dfrac{\partial v}{\partial x} + \dfrac{\partial f}{\partial w}\dfrac{\partial w}{\partial x} = f_1'\dfrac{\partial u}{\partial x} + f_2'\dfrac{\partial v}{\partial x} + f_3'\dfrac{\partial w}{\partial x}$; $\dfrac{\partial z}{\partial y}$ 同理可得.

② 隐函数利用全微分

(i) $F(x,y) = 0$ 型.

$$dF = \frac{\partial F}{\partial x}dx + \frac{\partial F}{\partial y}dy = 0 \Rightarrow \frac{dy}{dx} = -\frac{F_x}{F_y}.$$

(ii) $F(x,y,z) = 0$ 型.

$$dF = \frac{\partial F}{\partial x}dx + \frac{\partial F}{\partial y}dy + \frac{\partial F}{\partial z}dz = 0,$$

得

$$z = f(x,y) \Rightarrow F(x,y,z) = z - f(x,y) = 0 \Rightarrow \frac{\partial z}{\partial x} = -\frac{F_x'}{F_z'}; \quad \frac{\partial z}{\partial y} = -\frac{F_y'}{F_z'}.$$

(iii) $\begin{cases} F(x,y,z) = 0, \\ G(x,y,z) = 0 \end{cases}$ 型.

只有一个独立变量, 确定隐函数 $y = y(x), z = z(x)$, 而 $\dfrac{dy}{dx}, \dfrac{dz}{dx}$ 可以如下求出:

$$\begin{cases} F_x + F_y\dfrac{dy}{dx} + F_z\dfrac{dz}{dx} = 0, \\ G_x + G_y\dfrac{dy}{dx} + G_z\dfrac{dz}{dx} = 0 \end{cases} \Rightarrow \begin{cases} F_y\dfrac{dy}{dx} + F_z\dfrac{dz}{dx} = -F_x, \\ G_y\dfrac{dy}{dx} + G_z\dfrac{dz}{dx} = -G_x \end{cases}$$

$$\Rightarrow \frac{\mathrm{d}y}{\mathrm{d}x} = \frac{\begin{vmatrix} -F_x & F_z \\ -G_x & G_z \end{vmatrix}}{\begin{vmatrix} F_y & F_z \\ G_y & G_z \end{vmatrix}} = -\frac{\dfrac{\partial(F,G)}{\partial(x,z)}}{\dfrac{\partial(F,G)}{\partial(y,z)}}, \Rightarrow \frac{\mathrm{d}z}{\mathrm{d}x} = \frac{\begin{vmatrix} F_y & -F_x \\ G_y & -G_x \end{vmatrix}}{\begin{vmatrix} F_y & F_z \\ G_y & G_z \end{vmatrix}} = -\frac{\dfrac{\partial(F,G)}{\partial(y,x)}}{\dfrac{\partial(F,G)}{\partial(y,z)}}.$$

(iv) $\begin{cases} F(x,y,u,v) = 0, \\ G(x,y,u,v) = 0 \end{cases}$ 型.

独立变量为自变量减去方程的个数等于 2 个, 如选为 x,y 为偏导独立自变量, 确定隐函数 $u = u(x,y), v = v(x,y)$, 而 $\dfrac{\partial u}{\partial x}, \dfrac{\partial u}{\partial y}, \dfrac{\partial v}{\partial x}, \dfrac{\partial v}{\partial y}$ 可以如下求出:

$$\begin{cases} F_x + F_u \dfrac{\partial u}{\partial x} + F_v \dfrac{\partial v}{\partial x} = 0, \\ G_x + G_u \dfrac{\partial u}{\partial x} + G_v \dfrac{\partial v}{\partial x} = 0 \end{cases} \Rightarrow \begin{cases} F_u \dfrac{\partial u}{\partial x} + F_v \dfrac{\partial v}{\partial x} = -F_x, \\ G_u \dfrac{\partial u}{\partial x} + G_v \dfrac{\partial v}{\partial x} = -G_x \end{cases}$$

$$\Rightarrow \frac{\partial u}{\partial x} = \frac{\begin{vmatrix} -F_x & F_v \\ -G_x & G_v \end{vmatrix}}{\begin{vmatrix} F_u & F_v \\ G_u & G_v \end{vmatrix}} = -\frac{\dfrac{\partial(F,G)}{\partial(x,v)}}{\dfrac{\partial(F,G)}{\partial(u,v)}} \Rightarrow \frac{\partial v}{\partial x} = \frac{\begin{vmatrix} F_u & -F_x \\ G_u & -G_x \end{vmatrix}}{\begin{vmatrix} F_u & F_v \\ G_u & G_v \end{vmatrix}} = -\frac{\dfrac{\partial(F,G)}{\partial(u,x)}}{\dfrac{\partial(F,G)}{\partial(u,v)}}.$$

同理

$$\begin{cases} F_y + F_u \dfrac{\partial u}{\partial y} + F_v \dfrac{\partial v}{\partial y} = 0, \\ G_y + G_u \dfrac{\partial u}{\partial y} + G_v \dfrac{\partial v}{\partial y} = 0 \end{cases} \Rightarrow \begin{cases} F_u \dfrac{\partial u}{\partial y} + F_v \dfrac{\partial v}{\partial y} = -F_y, \\ G_u \dfrac{\partial u}{\partial y} + G_v \dfrac{\partial v}{\partial y} = -G_y \end{cases}$$

$$\Rightarrow \frac{\partial u}{\partial y} = \frac{\begin{vmatrix} -F_y & F_v \\ -G_y & G_v \end{vmatrix}}{\begin{vmatrix} F_u & F_v \\ G_u & G_v \end{vmatrix}} = -\frac{\dfrac{\partial(F,G)}{\partial(y,v)}}{\dfrac{\partial(F,G)}{\partial(u,v)}} \Rightarrow \frac{\partial v}{\partial y} = \frac{\begin{vmatrix} F_u & -F_y \\ G_u & -G_y \end{vmatrix}}{\begin{vmatrix} F_u & F_v \\ G_u & G_v \end{vmatrix}} = -\frac{\dfrac{\partial(F,G)}{\partial(u,y)}}{\dfrac{\partial(F,G)}{\partial(u,v)}}.$$

7. 多元函数微分学在几何上的应用

(1) 空间曲线 $\begin{cases} x = x(t), \\ y = y(t), \\ z = z(t), \end{cases}$ 则 $\boldsymbol{\tau} = (x'(t_0), y'(t_0), z'(t_0))$ 代表切线方向向量, 易得

切线和法平面方程如下:

① 切线方程: $\dfrac{x - x_0}{x'(t_0)} = \dfrac{y - y_0}{y'(t_0)} = \dfrac{z - x_0}{z'(t_0)}$.

② 法平面方程: $x'(t_0)(x - x_0) + y'(t_0)(y - y_0) + z'(t_0)(z - x_0) = 0$.

(2) 空间曲线 $\begin{cases} F(x,y,z)=0, \\ G(x,y,z)=0, \end{cases}$ 则 $\boldsymbol{\tau}=\left(\dfrac{\partial(F,G)}{\partial(y,z)}, \dfrac{\partial(F,G)}{\partial(z,x)}, \dfrac{\partial(F,G)}{\partial(x,y)}\right)$ 为切线方向向量.

① 切线方程: $\dfrac{x-x_0}{\left.\dfrac{\partial(F,G)}{\partial(y,z)}\right|_{(x_0,y_0)}} = \dfrac{y-y_0}{\left.\dfrac{\partial(F,G)}{\partial(z,x)}\right|_{(x_0,y_0)}} = \dfrac{z-x_0}{\left.\dfrac{\partial(F,G)}{\partial(x,y)}\right|_{(x_0,y_0)}}.$

② 法平面方程:

$$\left.\dfrac{\partial(F,G)}{\partial(y,z)}\right|_{(x_0,y_0)}(x-x_0) + \left.\dfrac{\partial(F,G)}{\partial(z,x)}\right|_{(x_0,y_0)}(y-y_0) + \left.\dfrac{\partial(F,G)}{\partial(x,y)}\right|_{(x_0,y_0)}(z-x_0) = 0.$$

(3) 空间曲面 $F(x,y,z)=f(x,y)-z=0$, 则 $\boldsymbol{n}=(F_x,F_y,F_z)$ 表示切平面法线方向向量, 易得切平面和法线方程.

① 切平面方程: $F_x(x-x_0)+F_y(y-y_0)+F_z(z-z_0)=0.$

② 法线方程: $\dfrac{x-x_0}{F_x}=\dfrac{y-y_0}{F_y}=\dfrac{z-x_0}{F_z}.$

③ 如果曲面为 $z=f(x,y)$ 形式, 则 $(F_x,F_y,F_z)=(f_x,\ f_y,\ -1).$

注 以后我们假定曲面 $z=f(x,y)$ 法向量的方向是向上的为正, 即它的正向与 z 轴正向的夹角 γ 为锐角 $\Rightarrow \cos\gamma > 0$. 则法向量的方向余弦为

$$\boldsymbol{n}=(\cos\alpha,\cos\beta,\cos\gamma)=\left(\dfrac{-f_x}{\sqrt{1+f_x^2+f_y^2}}, \dfrac{-f_y}{\sqrt{1+f_x^2+f_y^2}}, \dfrac{1}{\sqrt{1+f_x^2+f_y^2}}\right).$$

上述形式就是我们以后研究多元函数积分学中去曲面积分的使用规定, 切记! 特别注意, 只有在可微的情况下, 空间曲线才有切平面.

8. 方向导数与梯度

方向导数定义: $\dfrac{\partial f(P_0)}{\partial l}=\lim\limits_{t\to 0^+}\dfrac{f(x_0+t\cos\alpha,y_0+t\cos\beta)-f(x_0,y_0)}{t}$, 特别注意: $x=x_0+t\cos\alpha, y=y_0+t\cos\beta$ 为 $\boldsymbol{l}$ 的参数方程, t 是以射线趋于 0 的, 即单向 $t\to 0^+$, 而偏导数是双向的.

方向导数定理: 如果 $f(x,y)$ 在点 $P_0(x_0,y_0)$ 可微, 那么函数沿任一射线方向 $\boldsymbol{e}_l=(\cos\alpha,\cos\beta,\cos\gamma)$ 的方向导数存在, 且有

$$\left.\dfrac{\partial f}{\partial l}\right|_{(x_0,y_0,z_0)}=f_x(x_0,y_0,z_0)\cos\alpha+f_y(x_0,y_0,z_0)\cos\beta+f_z(x_0,y_0,z_0)\cos\gamma.$$

梯度: 模等于方向导数的最大值, 方向为方向导数在该点取最大值的方向.

$$\left.\dfrac{\partial f}{\partial l}\right|_{(x_0,y_0,z_0)}=f_x(x_0,y_0,z_0)\cos\alpha+f_y(x_0,y_0,z_0)\cos\beta+f_z(x_0,y_0,z_0)\cos\gamma$$

$$=(f_x,f_y,f_z)\cdot(\cos\alpha,\cos\beta.\cos\gamma)=(f_x,f_y,f_z)\cdot\boldsymbol{e}_l=|(f_x,f_y,f_z)|\cos\theta,$$

当 $\theta = 0$ 时, $\left.\dfrac{\partial f}{\partial l}\right|_{(x_0,y_0,z_0)} = \left(\left.\dfrac{\partial f}{\partial l}\right|_{(x_0,y_0,z_0)}\right)_{\max} = |(f_x, f_y, f_z)|$, 具有最大值.

我们定义梯度算符: $\mathbf{grad} = \nabla = \mathbf{i}\dfrac{\partial}{\partial x} + \mathbf{j}\dfrac{\partial}{\partial x} + \mathbf{k}\dfrac{\partial}{\partial x}$, 则 $f(x,y)$ 的梯度为

$$\mathbf{grad}f = \nabla f = \mathbf{i}\frac{\partial f}{\partial x} + \mathbf{j}\frac{\partial f}{\partial x} + \mathbf{k}\frac{\partial f}{\partial x} = (f_x, f_y, f_z),$$

方向导数与梯度的关系:

$$\left.\frac{\partial f}{\partial l}\right|_{(x_0,y_0,z_0)} = \nabla f \cdot e, \quad \left.\frac{\partial f}{\partial l}\right|_{(x_0,y_0,z_0)\max} = |(f_x, f_y, f_z)| = |\mathbf{grad}f| = |\nabla f|.$$

9. 二元函数的泰勒公式

设 $z = f(x,y)$ 在点 (x_0, y_0) 的某一邻域内连续且有直到 $n+1$ 阶连续偏导, (x_0+h, y_0+k) 为该邻域内的任一点, 则有

$$f(x_0 + h, y_0 + k) = f(x_0, y_0) + hf_x(x_0 + \theta h, y_0 + \theta k) + kf_y(x_0 + \theta h, y_0 + \theta k),$$

即

$$f(x_0 + h, y_0 + k)$$
$$= \sum_{k=0}^{n} \frac{1}{n!}\left(h\frac{\partial}{\partial x} + k\frac{\partial}{\partial y}\right)^k f(x_0, y_0) + R_n$$
$$= f(x_0, y_0) + hf_x'(x_0, y_0) + kf_y'(x_0, y_0) + \frac{1}{2}[h^2 f_{xx}''(x_0 + \theta h, y_0 + \theta k)$$
$$+ 2hk f_{xy}''(x_0 + \theta h, y_0 + \theta k) k^2 f_{yy}''(x_0 + \theta h, y_0 + \theta k)] + R_n,$$

其中 $R_n = \dfrac{1}{(n+1)!}\left(h\dfrac{\partial}{\partial x} + k\dfrac{\partial}{\partial y}\right)^{n+1} f(x_0 + \theta h, y_0 + \theta k), 0 < \theta < 1, h = x - x_0, k = y - y_0$.

二元函数的泰勒公式的黑塞矩阵形式:

$$f(x_0 + h, y_0 + k) = f(x_0, y_0) + hf_x'(x_0, y_0) + kf_y'(x_0, y_0)$$
$$+ \frac{1}{2}[h^2 f_{xx}''(x_0 + \theta h, y_0 + \theta k) + 2hk f_{xy}''(x_0 + \theta h, y_0 + \theta k) k^2 f_{yy}''(x_0 + \theta h, y_0 + \theta k)]$$
$$= f(x_0, y_0) + hf_x'(x_0, y_0) + kf_y'(x_0, y_0)$$
$$+ \frac{1}{2}(h,k)\begin{bmatrix} f_{xx}''(x_0 + \theta h, y_0 + \theta k) & f_{xy}''(x_0 + \theta h, y_0 + \theta k) \\ f_{xy}''(x_0 + \theta h, y_0 + \theta k) & f_{yy}''(x_0 + \theta h, y_0 + \theta k) \end{bmatrix}\begin{pmatrix} h \\ k \end{pmatrix}$$
$$= f(x_0, y_0) + hf_x'(x_0, y_0) + kf_y'(x_0, y_0) + \frac{1}{2}(h,k)H\begin{pmatrix} h \\ k \end{pmatrix}.$$

定义黑塞矩阵 H: $H = H\left[f\left(x_0 + \theta h, y_0 + \theta k\right)\right] = \begin{pmatrix} f''_{xx} & f''_{xy} \\ f''_{xy} & f''_{yy} \end{pmatrix}$, 上式取 $n = 0$ 得二元拉格朗日中值公式

$$f\left(x_0 + h, y_0 + k\right) = f\left(x_0, y_0\right) + h f_x\left(x_0 + \theta h, y_0 + \theta k\right) + k f_y\left(x_0 + \theta h, y_0 + \theta k\right).$$

10. 多元函数的极值 $z = f(x, y)$

(1) 驻点 $\begin{cases} f'_x(x, y) = 0, \\ f'_y(x, y) = 0. \end{cases}$

(2) 驻点 $\begin{cases} f'_x(x, y) = 0, \\ f'_y(x, y) = 0 \end{cases}$ 中含有极值点, 但极值点未必是驻点, 如 $z = \sqrt{x^2 + y^2}$ 在 $(0, 0)$ 点取得极小值, 但 $\dfrac{\partial z}{\partial x}, \dfrac{\partial z}{\partial y}$ 都不存在.

(3) 无条件极值存在的充分条件研究:

$$f\left(x_0 + h, y_0 + k\right) = f\left(x_0, y_0\right) + h f'_x\left(x_0, y_0\right) + k f'_y\left(x_0, y_0\right)$$

$$= f\left(x_0, y_0\right) + h f'_x\left(x_0, y_0\right) + k f'_y\left(x_0, y_0\right) + \frac{1}{2}(h, k) H \begin{pmatrix} h \\ k \end{pmatrix}$$

$$\xrightarrow{f'_x = f'_y = 0} f\left(x_0 + h, y_0 + k\right) = f\left(x_0, y_0\right) + \frac{1}{2}(h, k) H \begin{pmatrix} h \\ k \end{pmatrix}$$

$$\Rightarrow f\left(x_0 + h, y_0 + k\right) - f\left(x_0, y_0\right) = f(x, y) - f\left(x_0, y_0\right) = \frac{1}{2}(h, k) H \begin{pmatrix} h \\ k \end{pmatrix},$$

$f(x, y) > f(x_0, y_0) \to$ 极小值, 当 H 正定时; $f(x, y) < f(x_0, y_0) \to$ 极大值, 当 H 负定时; $f(x, y)$ 与 $f(x_0, y_0)$ 大小不定 $\to$ 无极值, 当 H 不定时, 由黑塞矩阵 $H = \begin{pmatrix} f''_{xx} & f''_{xy} \\ f''_{xy} & f''_{yy} \end{pmatrix}$ 的正定性决定极值的充分条件如下:

H 正定 $\Leftrightarrow f''_{xx} > 0$, 或 $f''_{yy} > 0$, 并且 : $\begin{vmatrix} f''_{xx} & f''_{xy} \\ f''_{xy} & f''_{yy} \end{vmatrix} > 0 \Rightarrow \left(f''_{xy}\right)^2 < f''_{xx} \cdot f''_{yy} \Rightarrow$ 极小值.

H 负定 $\Leftrightarrow f''_{xx} < 0$, 或 $f''_{yy} < 0$, 并且: $\begin{vmatrix} f''_{xx} & f''_{xy} \\ f''_{xy} & f''_{yy} \end{vmatrix} > 0 \Rightarrow \left(f''_{xy}\right)^2 < f''_{xx} \cdot f''_{yy} \Rightarrow$ 极大值.

形象记忆法: 无根取极值, 负负得正.

(4) 条件极值: 对自变量有附加条件 (一般以方程的形式给出) 的极值.

利用拉格朗日乘数法求解:

类型 1: $z = f(x, y)$, $\varphi(x, y) = 0$

$$\Rightarrow L(x, y, \lambda) = f(x, y) + \lambda\varphi(x, y) \Rightarrow \begin{cases} f_x(x, y) + \lambda\varphi_x(x, y) = 0, \\ f_y(x, y) + \lambda\varphi_y(x, y) = 0, & \Rightarrow x, y, \lambda. \\ \varphi(x, y) = 0 \end{cases}$$

类型 2: $u = f(x, y, z, t)$, $\varphi(x, y, z, t) = 0$, $\psi(x, y, z, t) = 0$

$$\Rightarrow L(x, y, z, t, \lambda, \mu) = f(x, y, z, t) + \lambda\varphi(x, y, z, t) + \mu\psi(x, y, z, t);$$

$$\Rightarrow \begin{cases} f_x(x, y, z, t) + \lambda\varphi_x(x, y, z, t) + \mu\psi_x(x, y, z, t) = 0, \\ f_y(x, y, z, t) + \lambda\varphi_y(x, y, z, t) + \mu\psi_y(x, y, z, t) = 0, \\ f_z(x, y, z, t) + \lambda\varphi_z(x, y, z, t) + \mu\psi_z(x, y, z, t) = 0, \\ f_t(x, y, z, t) + \lambda\varphi_t(x, y, z, t) + \mu\psi_t(x, y, z, t) = 0, \\ \varphi(x, y, z, t) = 0, \\ \psi(x, y, z, t) = 0 \end{cases} \Rightarrow x, \ y, \ z, \ t, \ \lambda, \ \mu.$$

一般根据实际问题来判断求得的点是否为极值点以及是极大值还是极小值.

(5) 最值求法: 比较区域 D 内驻点的极值和边界曲线上的最大值与最小值, 其中最大的就是最大值, 最小的就是最小值.

11. 齐次函数的欧拉定理

若三元函数 $f(x, y, z)$ 满足 $\forall t > 0$, $f(tx, ty, tz) = t^k f(x, y, z)$, 则称函数 $f(x, y, z)$ 为 k 次齐次函数.

欧拉定理 设 $f(x, y, z)$ 是可微函数, 则 $f(x, y, z)$ 为 k 次齐次函数的充要条件是 $xf_x + yf_y + zf_z = kf$, 上式称为齐次函数的欧拉公式.

结论 1: 若 $f(x, y, z)$ 为可微的 k 次齐次函数, 则 f_x, f_y, f_z 为 $k - 1$ 次齐次函数.

结论 2: 设 $F(x, y, z)$ 有连续偏导且为 k 次齐次函数, $F_x^2 + F_y^2 + F_z^2 \neq 0$, 则曲面 $S: F(x, y, z) = 0$ 的所有切平面过原点.

六、全国初赛真题赏析

例 1 计算曲面 $z = \dfrac{x^2}{2} + y^2 - 2$ 平行于平面 $2x + 2y - z = 0$ 的切平面方程. (第一届全国初赛, 2009)

解 因平面 $2x + 2y - z = 0$ 的法向量为 $(2, 2, -1)$, 而曲面 $z = \dfrac{x^2}{2} + y^2 - 2$ 在 (x_0, y_0) 处的法向量为 $(z_x(x_0, y_0), z_y(x_0, y_0), -1)$, 故 $(z_x(x_0, y_0), z_y(x_0, y_0), -1)$ 与 $(2, 2, -1)$ 平行, 因此, 由 $z_x = x$, $z_y = 2y$ 知 $2 = z_x(x_0, y_0) = x_0$, $2 = z_y(x_0, y_0) = 2y_0$, 即 $x_0 = 2, y_0 = 1$, 又 $z(x_0, y_0) = z(2, 1) = 1$, 于是曲面 $z = \dfrac{x^2}{2} + y^2 - 2$ 在 $(x_0, y_0, z(x_0, y_0))$ 处的切平面方程是 $2(x - 2) + 2(y - 1) - (z - 1) = 0$, 即曲面 $z = \dfrac{x^2}{2} + y^2 - 2$ 平行平面 $2x + 2y - z = 0$ 的切平面方程是 $2x + 2y - z - 5 = 0$.

例 2 设函数 $f(t)$ 有二阶连续的导数, $r = \sqrt{x^2 + y^2}$, $g(x, y) = f\left(\dfrac{1}{r}\right)$, 求 $\dfrac{\partial^2 g}{\partial x^2} + \dfrac{\partial^2 g}{\partial y^2}$. (第二届全国初赛, 2010)

解 $\dfrac{\partial r}{\partial x} = \dfrac{x}{r}$, $\dfrac{\partial r}{\partial y} = \dfrac{y}{r}$, $\dfrac{\partial g}{\partial x} = -\dfrac{x}{r^3} f'\left(\dfrac{1}{r}\right)$, $\dfrac{\partial^2 g}{\partial x^2} = \dfrac{x^2}{r^6} f''\left(\dfrac{1}{r}\right) + \dfrac{2x^2 - y^2}{r^5} f'\left(\dfrac{1}{r}\right)$, 利用对称性可得 $\dfrac{\partial^2 g}{\partial y^2} = \dfrac{y^2}{r^6} f''\left(\dfrac{1}{r}\right) + \dfrac{2y^2 - x^2}{r^5} f'\left(\dfrac{1}{r}\right)$. 则 $\dfrac{\partial^2 g}{\partial x^2} + \dfrac{\partial^2 g}{\partial y^2} = \dfrac{x^2 + y^2}{r^6} f''\left(\dfrac{1}{r}\right) +$

$\dfrac{2x^2 + 2y^2 - x^2 - y^2}{r^5} f'\left(\dfrac{1}{r}\right) = \dfrac{f''\left(\dfrac{1}{r}\right)}{r^4} + \dfrac{1}{r^3} f'\left(\dfrac{1}{r}\right)$.

例 3 已知函数 $z = u(x, y) \mathrm{e}^{ax+by}$, 且 $\dfrac{\partial^2 u}{\partial x \partial y} = 0$. 确定常数 a 和 b, 使函数 $z = z(x, y)$ 满足方程 $\dfrac{\partial^2 z}{\partial x \partial y} - \dfrac{\partial z}{\partial x} - \dfrac{\partial z}{\partial y} + z = 0$. (第四届全国初赛, 2012)

解 $\dfrac{\partial z}{\partial x} = \mathrm{e}^{ax+by}\left[\dfrac{\partial u}{\partial x} + au(x, y)\right]$, $\dfrac{\partial z}{\partial y} = \mathrm{e}^{ax+by}\left[\dfrac{\partial u}{\partial y} + bu(x, y)\right]$,

$\dfrac{\partial^2 z}{\partial x \partial y} = \mathrm{e}^{ax+by}\left[b\dfrac{\partial u}{\partial x} + a\dfrac{\partial u}{\partial y} + abu(x, y)\right]$, 所以

$$\dfrac{\partial^2 z}{\partial x \partial y} - \dfrac{\partial z}{\partial x} - \dfrac{\partial z}{\partial y} + z = \mathrm{e}^{ax+by}\left[b\dfrac{\partial u}{\partial x} + a\dfrac{\partial u}{\partial y} + abu(x, y)\right].$$

由 $\dfrac{\partial^2 z}{\partial x \partial y} - \dfrac{\partial z}{\partial x} - \dfrac{\partial z}{\partial y} + z = 0$, 可得 $(b-1)\dfrac{\partial u}{\partial x} + (a-1)\dfrac{\partial u}{\partial y} + (ab - a - b + 1)u(x, y) = 0$, 因此 $a = b = 1$.

例 4 设有曲面 $S : z = x^2 + 2y^2$ 和平面 $\Pi : 2x + 2y + z = 0$, 则与 Π 平行的 S 的切平面方程是_____. (第六届全国初赛, 2014)

解 设 $P_0(x_0, y_0, z_0)$ 为 S 上的一点, 则 S 在 P_0 处的切平面为

$$2x_0(x - x_0) + 4y_0(y - y_0) - (z - z_0) = 0.$$

由于该切平面与已知平面 L 平行, 则 $(2x_0, 4y_0, -1)$ 平行于 $(2, 2, 1)$, 故存在常数 $k \neq 0$, 使得 $(2x_0, 4y_0, -1) = k(2, 2, 1)$, 从而 $k = -1$. 故得 $x_0 = -1$, $y_0 = -\dfrac{1}{2}$. 这样就有 $z_0 = \dfrac{3}{2}$. 因此, 所求切平面方程为 $2x + 2y + z + \dfrac{3}{2} = 0$.

例 5 设函数 $z = z(x, y)$ 由方程 $F\left(x + \dfrac{z}{y}, y + \dfrac{z}{x}\right) = 0$ 所决定, 其中 $F(u, v)$ 具有连续偏导数, 且 $xF_u + yF_v \neq 0$, 则 $x\dfrac{\partial z}{\partial x} + y\dfrac{\partial z}{\partial y} =$ _____. (本小题结果要求不显含 F 及其偏导数) (第七届全国初赛, 2015)

解 方程两边对 x 求导得 $\left(1 + \dfrac{1}{y} \cdot \dfrac{\partial z}{\partial x}\right)F_u + \left(\dfrac{1}{x} \cdot \dfrac{\partial z}{\partial x} - \dfrac{z}{x^2}\right)F_v = 0$, 因此 $x\dfrac{\partial z}{\partial x} =$

$\dfrac{y(zF_v - x^2 F_u)}{xF_u + yF_v}$. 方程两边对 y 求导得 $\left(\dfrac{1}{y} \cdot \dfrac{\partial z}{\partial y} - \dfrac{z}{y^2}\right) F_u + \left(1 + \dfrac{1}{x} \cdot \dfrac{\partial z}{\partial y}\right) F_v = 0$, 因此

$y \dfrac{\partial z}{\partial y} = \dfrac{x(zF_u - y^2 F_v)}{xF_u + yF_v}$. 于是 $x \dfrac{\partial z}{\partial x} + y \dfrac{\partial z}{\partial y} = \dfrac{z(xF_u + yF_v) - xy(xF_u + yF_v)}{xF_u + yF_v} = z - xy$.

例 6 设 $f(x)$ 有连续导数, 且 $f(1) = 2$, 记 $z = f(e^x y^2)$, 若 $\dfrac{\partial z}{\partial x} = z$, 求 $f(x)$ 在 $x > 0$ 的表达式. (第八届全国初赛, 2016)

解 由题设得 $\dfrac{\partial z}{\partial x} = f'(e^x y^2) e^x y^2 = f(e^x y^2)$. 令 $u = e^x y^2$, 得到当 $u > 0$ 有 $f'(u)u = f(u)$, 即 $\dfrac{f'(u)}{f(u)} = \dfrac{1}{u}$, 从而 $(\ln f(u))' = (\ln u)'$.

所以有 $\ln f(u) = \ln u + \ln C$, 即 $f(u) = Cu$.

由初始条件 $f(1) = 2$, 解得 $C = 2$, 所以 $f(u) = 2u$, 故当 $x > 0$ 时, $f(x) = 2x$.

例 7 求曲面 $z = \dfrac{x^2}{2} + y^2$ 平行于平面 $2x + 2y - z = 0$ 的切平面方程. (第八届全国初赛, 2016)

解 该曲面在点 (x_0, y_0, z_0) 的切平面的法向量为 $(x_0, 2y_0, -1)$. 又由该切平面与已知平面平行, 从而两平面的法向量平行, 即 $\dfrac{x_0}{2} = \dfrac{2y_0}{2} = \dfrac{-1}{-1}$, 从而 $x_0 = 2, y_0 = 1$, 得 $z_0 = \dfrac{x_0^2}{2} + y_0^2 = 3$, 从而所求切平面为 $2(x-2) + 2(y-1) - (z-3) = 0$, 即 $2x + 2y - z = 3$.

例 8 设 $w = f(u, v)$ 具有二阶连续偏导数, 且 $u = x - cy, v = x + cy$, 其中 c 为非零常数. 计算 $w_{xx} - \dfrac{1}{c^2} w_{yy}$. (第九届全国初赛, 2017)

解 $w_x = f_1 + f_2$, $w_{xx} = f_{11} + 2f_{12} + f_{22}$, $w_y = c(f_2 - f_1)$, $w_{yy} = c(cf_{11} - cf_{12} - cf_{21} + cf_{22}) = c^2(f_{11} - 2f_{12} + f_{22})$. 所以 $w_{xx} - \dfrac{1}{c^2} w_{yy} = 4f_{12}$.

例 9 设二元函数 $f(x, y)$ 在平面上有连续的二阶偏导数. 对任何角度 α, 定义一元函数 $g_\alpha(t) = f(t\cos\alpha, t\sin\alpha)$. 若对任何 α 都有 $\dfrac{dg_\alpha(0)}{dt} = 0$ 且 $\dfrac{d^2 g_\alpha(0)}{dt^2} > 0$. 证明 $f(0, 0)$ 是 $f(x, y)$ 的极小值. (第九届全国初赛, 2017)

证明 由于 $\dfrac{dg_\alpha(0)}{dt} = (f_x, f_y)_{(0,0)} \begin{pmatrix} \cos\alpha \\ \sin\alpha \end{pmatrix} = 0$ 对一切 α 成立, 故 $(f_x, f_y)_{(0,0)} = (0, 0)$, 即 $(0, 0)$ 是 $f(x, y)$ 的驻点.

记 $H_f(x, y) = \begin{pmatrix} f_{xx} & f_{xy} \\ f_{yx} & f_{yy} \end{pmatrix}$, 则

$$\dfrac{d^2 g_\alpha(0)}{dt^2} = \dfrac{d}{dt} \left[(f_x, f_y) \begin{pmatrix} \cos\alpha \\ \sin\alpha \end{pmatrix}\right]_{(0,0)} = (\cos\alpha, \sin\alpha) H_f(0, 0) \begin{pmatrix} \cos\alpha \\ \sin\alpha \end{pmatrix} > 0.$$

上式对任何单位向量 $(\cos\alpha, \sin\alpha)$ 成立, 故 $H_f(0, 0)$ 是一个正定阵, 而 $f(0, 0)$ 是 f 的极小值.

例 10 设 $f(x,y)$ 在区域 D 内可微, 且 $\sqrt{\left(\dfrac{\partial f}{\partial x}\right)^2 + \left(\dfrac{\partial f}{\partial y}\right)^2} \leqslant M$, $A(x_1,y_1)$, $B(x_1,y_1)$ 是 D 内两点, 线段 AB 包含在 D 内. 证明: $|f(x_1,y_1) - f(x_2,y_2)| \leqslant M|AB|$, 其中 $|AB|$ 表示线段 AB 的长度. (第十届全国初赛, 2018)

证明 作辅助函数 $\varphi(t) = f(x_1 + t(x_2 - x_1), y_1 + t(y_2 - y_1))$, 显然 $\varphi(t)$ 在 $[0,1]$ 上可导, 根据拉格朗日中值定理, 存在 $c \in (0,1)$, 使得

$$\varphi(1) - \varphi(0) = \varphi'(c) = \frac{\partial f(u,v)}{\partial u}(x_2 - x_1) + \frac{\partial f(u,v)}{\partial v}(y_2 - y_1)$$

$$\leqslant \left[\left(\frac{\partial f(u,v)}{\partial u}\right)^2 + \left(\frac{\partial f(u,v)}{\partial v}\right)^2\right]^{1/2} \left[(x_2 - x_1)^2 + (y_2 - y_1)^2\right]^{1/2}$$

$$\leqslant M|AB|.$$

例 11 设 $a,b,c,\mu > 0$, 曲面 $xyz = \mu$ 与面 $\dfrac{x^2}{a^2} + \dfrac{y^2}{b^2} + \dfrac{z^2}{c^2} = 1$ 相切, 计算 μ 的值. (第十一届全国初赛, 2019)

解 根据题意, 有 $yz = \dfrac{2x}{a^2}\lambda, xz = \dfrac{2y}{b^2}\lambda, xy = \dfrac{2z}{c^2}\lambda$, 以及 $\mu = 2\lambda\dfrac{x^2}{a^2}, \mu = 2\lambda\dfrac{y^2}{b^2}$, $\mu = 2\lambda\dfrac{z^2}{c^2}$, 则 $\mu = \dfrac{8\lambda^3}{a^2b^2c^2}, 3\mu = 2\lambda$, 联立解得 $\mu = \dfrac{abc}{3\sqrt{3}}$.

例 12 设 $z = z(x,y)$ 是由方程 $2\sin(x + 2y - 3z) = x + 2y - 3z$ 所确定的二元隐函数, 则 $\dfrac{\partial z}{\partial x} + \dfrac{\partial z}{\partial y} = $＿＿＿＿. (第十三届全国初赛, 2021)

解 在方程两边分别关于 x 和 y 求偏导, 有

$$\begin{cases} 2\cos(x + 2y - 3z)\left(1 - 3\dfrac{\partial z}{\partial x}\right) = 1 - 3\dfrac{\partial z}{\partial x}, \\ 2\cos(x + 2y - 3z)\left(2 - 3\dfrac{\partial z}{\partial y}\right) = 2 - 3\dfrac{\partial z}{\partial y}, \end{cases}$$

按 $\cos(x + 2y - 3z) = \dfrac{1}{2}$ 和 $\neq \dfrac{1}{2}$ 两种情形, 都可解得 $\begin{cases} \dfrac{\partial z}{\partial x} = \dfrac{1}{3}, \\ \dfrac{\partial z}{\partial y} = \dfrac{2}{3}, \end{cases}$ 将上面两式化简, 得

$$\begin{cases} 1 - 3\dfrac{\partial z}{\partial x} = 0, \\ 2 - 3\dfrac{\partial z}{\partial y} = 0, \end{cases}$$ 由此易知 $\dfrac{\partial z}{\partial x} + \dfrac{\partial z}{\partial y} = 1$.

例 13 设 $z = f(x,y)$ 是区域 $D = \{(x,y) \mid 0 \leqslant x \leqslant 1, 0 \leqslant y \leqslant 1\}$ 上的可微函数, $f(0,0) = 0$, 且 $\mathrm{d}z|_{(0,0)} = 3\mathrm{d}x + 2\mathrm{d}y$, 求极限 $\lim\limits_{x \to 0^+} \dfrac{\displaystyle\int_0^{x^2} \mathrm{d}t \int_x^{\sqrt{t}} f(t,u)\mathrm{d}u}{1 - \sqrt[4]{1 - x^4}}$. (第十四届全

国初赛, 2022)

解 交换二次积分的次序, 得 $\int_0^{x^2} \mathrm{d}t \int_x^{\sqrt{t}} f(t,u)\mathrm{d}u = -\int_0^x \mathrm{d}u \int_0^{u^2} f(t,u)\mathrm{d}t$. 由于 $f(x,y)$ 在 D 上可微, 所以 $f(x,y)$ 在点 $(0,0)$ 的半径为 1 的扇形域内连续, 从而 $\varphi(u) = \int_0^{u^2} f(t,u)\mathrm{d}t$ 在 $u=0$ 的某邻域内连续, 因此

$$I = \lim_{x\to 0^+} \frac{\int_0^{x^2} \mathrm{d}t \int_x^{\sqrt{t}} f(t,u)\mathrm{d}u}{1 - \sqrt[4]{1-x^4}} = \lim_{x\to 0^+} \frac{-\int_0^x \varphi(u)\mathrm{d}u}{\dfrac{x^4}{4}} = -\lim_{x\to 0^+} \frac{\varphi(x)}{x^3}$$

$$= -\lim_{x\to 0^+} \frac{\int_0^{x^2} f(t,x)\mathrm{d}t}{x^3} = -\lim_{x\to 0^+} \frac{f(\xi,x)x^2}{x^3} = -\lim_{x\to 0^+} \frac{f(\xi,x)}{x}, \quad 0 < \xi < x^2,$$

因为 $\mathrm{d}z\big|_{(0,0)} = 3\mathrm{d}x + 2\mathrm{d}y$, 所以 $f_x(0,0) = 3$, $f_y(0,0) = 2$. 又 $f(0,0) = 0$, 于是

$$f(\xi,x) = f(0,0) + f_x(0,0)\xi + f_y(0,0)x + o\left(\sqrt{\xi^2+x^2}\right) = 3\xi + 2x + o\left(\sqrt{\xi^2+x^2}\right).$$

注意到 $0 < \dfrac{\xi}{x} < x$, 故 $\lim\limits_{x\to 0^+} \dfrac{\xi}{x} = 0$, 从而

$$\lim_{x\to 0^+} \frac{o\left(\sqrt{\xi^2+x^2}\right)}{x} = \lim_{x\to 0^+} \frac{o\left(\sqrt{\xi^2+x^2}\right)}{\sqrt{\xi^2+x^2}} \cdot \sqrt{1 + \left(\frac{\xi}{x}\right)^2} = 0.$$

所以 $I = -\lim\limits_{x\to 0^+} \dfrac{f(\xi,x)}{x} = -\lim\limits_{x\to 0^+} \dfrac{3\xi + 2x + o\left(\sqrt{\xi^2+x^2}\right)}{x} = -2.$

例 14 设可微函数 $f(x,y)$ 对任意 u,v,t 满足 $f(tu,tv) = t^2 f(u,v)$, 点 $P(1,-1,2)$ 位于曲面 $z = f(x,y)$ 上, 又设 $f_x'(1,-1) = 3$, 则该曲面在点 P 处的切平面方程为_____. (第十四届全国初赛第一次补赛, 2022)

解 因为点 $P(1,-1,2)$ 在切平面上, 所以切平面方程为

$$A(x-1) + B(y+1) - (z-2) = 0,$$

其中系数 $A = f_x'(1,-1) = 3$, $B = f_y'(1,-1)$. 下面求系数 B. 对等式 $f(tu,tv) = t^2 f(u,v)$ 两边关于 t 求导, 得 $uf_x'(tu,tv) + vf_y'(tu,tv) = 2tf(u,v)$, 两边同乘以 t, 得 $xf_x'(x,y) + yf_y'(x,y) = 2f(x,y)$, 将 $x=1, y=-1$ 代入上式, 并注意到 $f_x'(1,-1) = 3, f(1,-1) = 2$, 解得 $f_{y'}(1,-1) = -1$, 即 $B = -1$. 因此切平面方程是 $3(x-1) - (y+1) - (z-2) = 0$, 即 $3x - y - z - 2 = 0$.

例 15 设可微函数 $z = z(x,y)$ 满足 $x^2\dfrac{\partial z}{\partial x} + y^2\dfrac{\partial z}{\partial y} = 2z^2$, 又设 $u = x$, $v = \dfrac{1}{y} - \dfrac{1}{x}$, $w = \dfrac{1}{z} - \dfrac{1}{x}$, 则对函数 $w = w(u,v)$, 偏导数 $\dfrac{\partial w}{\partial u}\bigg|_{\substack{u=2\\v=1}} =$ _____. (第十四届全国初赛第二次补赛, 2023)

解 由 $u = x$, $v = \dfrac{1}{y} - \dfrac{1}{x}$, 解得 $x = u$, $y = \dfrac{u}{uv+1}$, 且 $w = \dfrac{1}{z} - \dfrac{1}{u}$, 所以

$$
\begin{aligned}
\frac{\partial w}{\partial u} &= \frac{\partial}{\partial u}\left(\frac{1}{z} - \frac{1}{u}\right) = -\frac{1}{z^2} \cdot \frac{\partial z}{\partial u} + \frac{1}{u^2} \\
&= -\frac{1}{z^2}\left(\frac{\partial z}{\partial x} \cdot \frac{\mathrm{d}x}{\mathrm{d}u} + \frac{\partial z}{\partial y} \cdot \frac{\partial y}{\partial u}\right) + \frac{1}{u^2} \\
&= -\frac{1}{z^2}\left(\frac{\partial z}{\partial x} + \frac{\partial z}{\partial y} \cdot \frac{uv+1-uv}{(uv+1)^2}\right) + \frac{1}{u^2} \\
&= -\frac{1}{z^2}\left(\frac{\partial z}{\partial x} + \frac{\partial z}{\partial y} \cdot \frac{1}{(uv+1)^2}\right) + \frac{1}{u^2} \\
&= -\frac{1}{z^2}\left(\frac{\partial z}{\partial x} + \frac{\partial z}{\partial y} \cdot \frac{y^2}{u^2}\right) + \frac{1}{u^2} \\
&= -\frac{1}{z^2 u^2}\left(x^2 \frac{\partial z}{\partial x} + y^2 \frac{\partial z}{\partial y}\right) + \frac{1}{u^2} = -\frac{1}{u^2}.
\end{aligned}
$$

因此 $\left.\dfrac{\partial w}{\partial u}\right|_{\substack{u=2 \\ v=1}} = -\dfrac{1}{4}$.

例 16 设 $z = f\left(x^2 - y^2, xy\right)$, 且 $f(u,v)$ 有连续的二阶偏导数, 则 $\dfrac{\partial^2 z}{\partial x \partial y} = $ _____. (第十五届全国初赛 A 类、B 类, 2023)

解 $z_x = 2x f_1 + y f_2$, $z_{xy} = 2x\left(f_{11}(-2y) + x f_{12}\right) + f_2 + y\left(f_{21}(-2y) + x f_{22}\right) = f_2 - 4xy f_{11} + 2\left(x^2 - y^2\right) f_{12} + xy f_{22}$.

注 多元复合函数的二阶混合偏导问题是高等数学考试中常考的题型, 此类题目主要考查学生是否能区分中间变量和基变量及链式法则问题, 难度较小.

例 17 已知函数 $z = f\left(xy, \mathrm{e}^{x+y}\right)$, 且 $f(x,y)$ 具有二阶连续偏导, 则 $\dfrac{\partial^2 z}{\partial x \partial y} = $ _____. (第十六届全国初赛 A 类、B 类, 2024)

解 $z_x = y f_1 + \mathrm{e}^{x+y} f_2$, $z_{xy} = \left(x f_{11} + \mathrm{e}^{x+y} f_{12}\right) y + f_1 + \left(x f_{21} + \mathrm{e}^{x+y} f_{22}\right)\mathrm{e}^{x+y} + \mathrm{e}^{x+y} f_2 = xy f_{11} + (x+y)\mathrm{e}^{x+y} f_{12} + \mathrm{e}^{2(x+y)} f_{22} + f_1 + \mathrm{e}^{x+y} f_2$.

注 多元复合函数求偏导数的链式法则是每年填空题必送分的一道题目, 大家需要注意二阶偏导中抽象函数的具体求导阶数问题.

七、全国决赛真题赏析

例 18 设 $\Sigma_1 : \dfrac{x^2}{a^2} + \dfrac{y^2}{b^2} + \dfrac{z^2}{c^2} = 1$, 其中 $a > b > c > 0$, $\Sigma_2 : z^2 = x^2 + y^2$, Γ 为 Σ_1 与 Σ_2 的交线, 求椭球面 Σ_1 在 Γ 上各点的切平面到原点距离的最大值和最小值. (第二届全国决赛, 2011)

解 设 Γ 上任一点 $M(x,y,z)$, 令 $F(x,y,z) = \dfrac{x^2}{a^2} + \dfrac{y^2}{b^2} + \dfrac{z^2}{c^2} - 1$, 则 $F_x' = \dfrac{2x}{a^2}$, $F_y' = \dfrac{2y}{b^2}$, $F_z' = \dfrac{2z}{c^2}$, 所以椭球面 Σ_1 在 Γ 上点 M 处的法向量为 $\boldsymbol{t} = \left(\dfrac{x}{a^2}, \dfrac{y}{b^2}, \dfrac{z}{c^2}\right)$, 所以

Σ_1 在点 M 处的切平面为 Π：$\dfrac{x}{a^2}(X-x)+\dfrac{y}{b^2}(Y-y)+\dfrac{z}{c^2}(Z-z)=0$，原点到平面

Π 的距离为 $d=\dfrac{1}{\sqrt{\dfrac{x^2}{a^4}+\dfrac{y^2}{b^4}+\dfrac{z^2}{c^4}}}$，令 $G(x,y,z)=\dfrac{x^2}{a^4}+\dfrac{y^2}{b^4}+\dfrac{z^2}{c^4}$，则 $d=\dfrac{1}{\sqrt{G(x,y,z)}}$，

现在求 $G(x,y,z)=\dfrac{x^2}{a^4}+\dfrac{y^2}{b^4}+\dfrac{z^2}{c^4}$ 在条件 $\dfrac{x^2}{a^2}+\dfrac{y^2}{b^2}+\dfrac{z^2}{c^2}=1$ 及 $z^2=x^2+y^2$ 下的条件

极值，令 $H(x,y,z)=\dfrac{x^2}{a^4}+\dfrac{y^2}{b^4}+\dfrac{z^2}{c^4}+\lambda_1\left(\dfrac{x^2}{a^2}+\dfrac{y^2}{b^2}+\dfrac{z^2}{c^2}-1\right)+\lambda_2(x^2+y^2-z^2)$，则

由拉格朗日乘数法得

$$\begin{cases} H_x'=\dfrac{2x}{a^4}+\lambda_1\dfrac{2x}{a^2}+2\lambda_2 x=0, \\[2mm] H_y'=\dfrac{2y}{b^4}+\lambda_1\dfrac{2y}{b^2}+2\lambda_2 y=0, \\[2mm] H_z'=\dfrac{2z}{c^4}+\lambda_1\dfrac{2z}{c^2}-2\lambda_2 z=0, \\[2mm] \dfrac{x^2}{a^2}+\dfrac{y^2}{b^2}+\dfrac{z^2}{c^2}-1=0, \\[2mm] x^2+y^2-z^2=0, \end{cases}$$

解得 $\begin{cases} x=0, \\ y^2=z^2=\dfrac{b^2c^2}{b^2+c^2} \end{cases}$ 或 $\begin{cases} x^2=z^2=\dfrac{a^2c^2}{a^2+c^2}, \\ y=0, \end{cases}$ 对应此时的

$$G(x,y,z)=\dfrac{b^4+c^4}{b^2c^2(b^2+c^2)} \quad \text{或} \quad G(x,y,z)=\dfrac{a^4+c^4}{a^2c^2(a^2+c^2)},$$

此时 $d_1=bc\sqrt{\dfrac{b^2+c^2}{b^4+c^4}}$ 或 $d_2=ac\sqrt{\dfrac{a^2+c^2}{a^4+c^4}}$，又因为 $a>b>c>0$，则 $d_1<d_2$. 所以，椭

球面 Σ_1 在 $\varGamma$ 上各点的切平面到原点距离的最大值和最小值分别为 $d_2=ac\sqrt{\dfrac{a^2+c^2}{a^4+c^4}}$，

$d_1=bc\sqrt{\dfrac{b^2+c^2}{b^4+c^4}}$.

例 19 设函数 $f(x,y)$ 有二阶连续偏导数，满足 $f_x^2 f_{yy}-2f_x f_y f_{xy}+f_y^2 f_{yy}=0$ 且 $f_y\neq 0$，$y=y(x,z)$ 是由方程 $z=f(x,y)$ 所确定的函数，求 $\dfrac{\partial^2 y}{\partial x^2}$. (第三届全国决赛，2012)

解 依题意 y 是函数，x，z 是自变量. 将方程 $z=f(x,y)$ 两边同时对 x 求导，$0=f_x+f_y\dfrac{\partial y}{\partial x}$，则 $\dfrac{\partial y}{\partial x}=-\dfrac{f_x}{f_y}$，于是

$$\dfrac{\partial^2 y}{\partial x^2}=\dfrac{\partial}{\partial x}\left(-\dfrac{f_x}{f_y}\right)$$

$$= -\frac{f_y\left(f_{xx} + f_{yx}\dfrac{\partial y}{\partial x}\right) - f_x\left(f_{yx} + f_{yy}\dfrac{\partial y}{\partial x}\right)}{f_y^2}$$

$$= -\frac{f_y\left(f_{xx} - f_{yx}\dfrac{f_x}{f_y}\right) - f_x\left(f_{yx} - f_{yy}\dfrac{f_x}{f_y}\right)}{f_y^2}$$

$$= -\frac{f_x^2 f_{yy} - 2f_x f_y f_{xy} + f_y^2 f_{yy}}{f_y^3} = 0.$$

例 20 过直线 $\begin{cases} 10x + 2y - 2z = 27, \\ x + y - z = 0 \end{cases}$ 作曲面 $3x^2 + y^2 - z^2 = 27$ 的切平面, 求此切平面的方程. (第四届全国决赛, 2013)

解 记 $F(x,y,z) = 3x^2 + y^2 - z^2 - 27$, 则曲面的法向量为

$$\boldsymbol{n}_1 = (F_x, F_y, F_z) = 2(3x, y, -z),$$

过直线 $\begin{cases} 10x + 2y - 2z = 27, \\ x + y - z = 0 \end{cases}$ 的平面束方程为

$$10x + 2y - 2z - 27 + \lambda(x + y - z) = 0,$$

即

$$(10 + \lambda)x + (2 + \lambda)y - (2 + \lambda)z - 27 = 0,$$

其法向量为 $\boldsymbol{n}_2 = (10 + \lambda, 2 + \lambda, -2 - \lambda)$, 设所求的切点为 $P_0(x_0, y_0, z_0)$, 则

$$\begin{cases} 3x_0^2 + y_0^2 - z_0^2 = 27, \\ \dfrac{10 + \lambda}{3x_0} = \dfrac{2 + \lambda}{y_0} = \dfrac{2 + \lambda}{z_0}, \\ (10 + \lambda)x_0 + (2 + \lambda)y_0 - (2 + \lambda)z_0 = 27, \end{cases}$$

解得 $x_0 = 3, y_0 = 1, z_0 = 1, \lambda = -1$, 或 $x_0 = -3, y_0 = -17, z_0 = -17, \lambda = -19$, 切平面方程为 $9x + y - z = 27$ 或 $9x + 17y - 17z = -27$.

例 21 设 $F(x,y,z)$ 和 $G(x,y,z)$ 有连续偏导数, 雅可比行列式 $\dfrac{\partial(F,G)}{\partial(x,z)} \neq 0$, 曲线 $\Gamma : \begin{cases} F(x,y,z) = 0, \\ G(x,y,z) = 0, \end{cases}$ 过点 $P_0(x_0, y_0, z_0)$. 记 Γ 在 xOy 平面上的投影曲线为 S, 求 S 上过点 (x_0, y_0) 的切线方程. (第五届全国决赛, 2014)

解 由两个方程定义的曲面在 $P_0(x_0, y_0, z_0)$ 的切面分别为

$$F_x(P_0)(x - x_0) + F_y(P_0)(y - y_0) + F_z(P_0)(z - z_0) = 0$$

和

$$G_x(P_0)(x - x_0) + G_y(P_0)(y - y_0) + G_z(P_0)(z - z_0) = 0,$$

上述两切面的交线就是 Γ 在 P_0 点的切线, 该切线在 xOy 面上的投影就是 S 过 (x_0, y_0) 的切线. 消去 $z - z_0$, 可得

$$(F_x G_z - G_x F_z)|_{P_0}(x - x_0) + (F_y G_z - G_y F_z)|_{P_0}(y - y_0) = 0,$$

这里 $x - x_0$ 的系数是 $\dfrac{\partial(F, G)}{\partial(x, z)} \neq 0$, 故上式是一条直线的方程, 就是所要求的切线.

例 22 设 $l_j, j = 1, 2, \cdots, n$ 是平面上点 P_0 处的 $n \geqslant 2$ 各方向向量, 相邻两个向量之间的夹角为 $\dfrac{2\pi}{n}$. 若函数 $f(x, y)$ 在点 P_0 有连续偏导, 证明: $\displaystyle\sum_{j=1}^{n} \dfrac{\partial f(P_0)}{\partial l_j} = 0$. (第六届全国决赛, 2015)

证明 不妨设 l_j 为单位向量, 且设

$$l_j = \left(\cos\left(\theta + \frac{2j\pi}{n}\right), \sin\left(\theta + \frac{2j\pi}{n}\right) \right), \quad \nabla f(P_0) = \left(\frac{\partial f(P_0)}{\partial x}, \frac{\partial f(P_0)}{\partial y} \right),$$

则有 $\dfrac{\partial f(P_0)}{\partial l_j} = \nabla f(P_0) \cdot l_j$. 因此

$$\sum_{j=1}^{n} \frac{\partial f(P_0)}{\partial l_j} = \sum_{j=1}^{n} \nabla f(P_0) \cdot l_j = \nabla f(P_0) \cdot \sum_{j=1}^{n} l_j = \nabla f(P_0) \cdot \mathbf{0} = 0.$$

例 23 设 $f(u, v)$ 在全平面上有连续的偏导数, 试证明: 曲面 $f\left(\dfrac{x-a}{z-c}, \dfrac{y-b}{z-c}\right) = 0$ 的所有切平面都交于点 (a, b, c). (第七届全国决赛, 2016)

证明 记 $F(x, y, z) = f\left(\dfrac{x-a}{z-c}, \dfrac{y-b}{z-c}\right)$, 求其偏导数得到其法向量:

$$(F_x, F_y, F_z) = \left(\frac{f_1}{z-c}, \frac{f_2}{z-c}, \frac{-(x-a)f_1 - (y-b)f_2}{(z-c)^2} \right),$$

为方便起间取曲面的法向量为 $n = ((z-c)f_1, (z-c)f_2, -(x-a)f_1 - (y-b)f_2)$. 记 (x, y, z) 为曲面上的点, (X, Y, Z) 为切面上的点, 则曲面上过点 (x, y, z) 的切平面方程为

$$[(z-c)f_1](X-x) + [(z-c)f_2](Y-y) - [(x-a)f_1 + (y-b)f_2](Z-z) = 0,$$

容易验证, 对任意 $(x, y, z)\,(z \neq c)$, $(X, Y, Z) = (a, b, c)$ 都满足上述切平面方程, 结论得证.

例 24 设可微函数 $f(x,y)$ 满足 $\dfrac{\partial f}{\partial x} = -f(x,y)$, $f\left(0,\dfrac{\pi}{2}\right) = 1$, 且

$$\lim_{n\to\infty}\left(\frac{f\left(0,y+\dfrac{1}{n}\right)}{f(0,y)}\right)^n = \mathrm{e}^{\cot y},$$

则 $f(x,y) = $＿＿＿＿＿. (第八届全国决赛, 2017)

解 由偏导数定义, 易知 $\displaystyle\lim_{n\to\infty}\left(\frac{f\left(0,y+\dfrac{1}{n}\right)}{f(0,y)}\right)^n = \mathrm{e}^{\frac{f_y(0,y)}{f(0,y)}}$, 所以 $\dfrac{f_y(0,y)}{f(0,y)} = \cot y$.

两边对变量 y 积分, 得 $\ln f(0,y) = \ln\sin y + \ln C$, 即 $f(0,y) = C\sin y$. 由 $f\left(0,\dfrac{\pi}{2}\right) = 1$

得 $C = 1$. 所以 $f(0,y) = \sin y$. 对 $\dfrac{\partial f}{\partial x} = -f(x,y)$ 偏积分, 得 $\displaystyle\int\frac{\mathrm{d}f(x,y)}{f(x,y)} = -\int\mathrm{d}x$, 即

$\ln f(x,y) = -x + \ln\varphi(y)$, 即 $f(x,y) = \varphi(y)\mathrm{e}^{-x}$. 因为 $f(0,y) = \varphi(y)$, 所以 $\varphi(y) = \sin y$,

$f(x,y) = \mathrm{e}^{-x}\sin y$.

例 25 设函数 $z = z(x,y)$ 由方程 $F(x-y,z) = 0$ 确定, 其中 $F(u,v) = 0$ 具有连

续二阶偏导数, 则 $\dfrac{\partial^2 z}{\partial x\partial y} = $＿＿＿＿＿. (第十届全国决赛, 2019)

解 对方程 $F(x-y,z) = 0$ 两边关于 x 和 y 分别求偏导数, 得 $F_1 + F_2\dfrac{\partial z}{\partial x} = 0$,

$-F_1 + F_2\dfrac{\partial z}{\partial y} = 0$, 解得 $\dfrac{\partial z}{\partial x} = -\dfrac{F_1}{F_2}$, $\dfrac{\partial z}{\partial y} = \dfrac{F_1}{F_2}$, 因此

$$\frac{\partial^2 z}{\partial x\partial y} = -\frac{-F_2 F_{11} + F_2\dfrac{\partial z}{\partial y}F_{12} + F_1 F_{12} - F_1\dfrac{\partial z}{\partial y}F_{22}}{F_2^2} = \frac{F_2^2 F_{11} - 2F_1 F_2 F_{12} + F_1^2 F_{22}}{F_2^3}.$$

例 26 设 $F(x_1,x_2,x_3) = \displaystyle\int_0^{2\pi} f(x_1 + x_3\cos\varphi, x_2 + x_3\sin\varphi)\,\mathrm{d}\varphi$, 其中 $f(u,$

$v)$ 具有二阶连续偏导数. 已知 $\dfrac{\partial F}{\partial x_i} = \displaystyle\int_0^{2\pi}\frac{\partial}{\partial x_i}[f(x_1 + x_3\cos\varphi, x_2 + x_3\sin\varphi)]\,\mathrm{d}\varphi$,

$\dfrac{\partial^2 F}{\partial x_i^2} = \displaystyle\int_0^{2\pi}\frac{\partial^2}{\partial x_i^2}[f(x_1 + x_3\cos\varphi, x_2 + x_3\sin\varphi)]\,\mathrm{d}\varphi$ $(i = 1,2,3)$, 试求

$$x_3\left(\frac{\partial^2 F}{\partial x_1^2} + \frac{\partial^2 F}{\partial x_2^2} - \frac{\partial^2 F}{\partial x_3^2}\right) - \frac{\partial F}{\partial x_3},$$

并要求化简. (第十一届全国决赛, 2021)

解 令 $u = x_1 + x_3\cos\varphi, v = x_2 + x_3\sin\varphi$, 利用复合函数求偏导法则易知

$$\frac{\partial f}{\partial x_1} = \frac{\partial f}{\partial u},\ \frac{\partial f}{\partial x_2} = \frac{\partial f}{\partial v},\ \frac{\partial f}{\partial x_3} = \cos\varphi\frac{\partial f}{\partial u} + \sin\varphi\frac{\partial f}{\partial v},$$

$$\frac{\partial^2 f}{\partial x_1^2} = \frac{\partial^2 f}{\partial u^2}, \frac{\partial^2 f}{\partial x_2^2} = \frac{\partial^2 f}{\partial v^2},$$

$$\frac{\partial^2 f}{\partial x_3^2} = \frac{\partial^2 f}{\partial u^2} \cos^2 \varphi + \frac{\partial^2 f}{\partial u \partial v} \sin 2\varphi + \frac{\partial^2 f}{\partial v^2} \sin^2 \varphi.$$

所以

$$x_3 \left(\frac{\partial^2 F}{\partial x_1^2} + \frac{\partial^2 F}{\partial x_2^2} - \frac{\partial^2 F}{\partial x_3^2} \right)$$

$$= x_3 \left[\int_0^{2\pi} \frac{\partial^2 f}{\partial u^2} \mathrm{d}\varphi + \int_0^{2\pi} \frac{\partial^2 f}{\partial v^2} \mathrm{d}\varphi - \int_0^{2\pi} \left(\frac{\partial^2 f}{\partial u^2} \cos^2 \varphi + \frac{\partial^2 f}{\partial u \partial v} \sin 2\varphi + \frac{\partial^2 f}{\partial v^2} \sin^2 \varphi \right) \mathrm{d}\varphi \right]$$

$$= x_3 \int_0^{2\pi} \left(\frac{\partial^2 f}{\partial u^2} \sin^2 \varphi - \frac{\partial^2 f}{\partial u \partial u} \sin 2\varphi + \frac{\partial^2 f}{\partial v^2} \cos^2 \varphi \right) \mathrm{d}\varphi.$$

又由于 $\dfrac{\partial F}{\partial x_3} = \displaystyle\int_0^{2\pi} \left(\cos\varphi \dfrac{\partial f}{\partial u} + \sin\varphi \dfrac{\partial f}{\partial v} \right) \mathrm{d}\varphi$, 利用分部积分, 可得

$$\frac{\partial F}{\partial x_3} = -\int_0^{2\pi} \sin\varphi \left(\frac{\partial^2 f}{\partial u^2} \frac{\partial u}{\partial \varphi} + \frac{\partial^2 f}{\partial u \partial v} \frac{\partial v}{\partial \varphi} \right) \mathrm{d}\varphi + \int_0^{2\pi} \cos\varphi \left(\frac{\partial^2 f}{\partial u \partial v} \frac{\partial u}{\partial \varphi} + \frac{\partial^2 f}{\partial v^2} \frac{\partial v}{\partial \varphi} \right) \mathrm{d}\varphi$$

$$= x_3 \int_0^{2\pi} \left(\frac{\partial^2 f}{\partial u^2} \sin^2 \varphi - \frac{1}{2} \sin 2\varphi \frac{\partial^2 f}{\partial u \partial v} \right) \mathrm{d}\varphi$$

$$- x_3 \int_0^{2\pi} \left(\frac{1}{2} \sin 2\varphi \frac{\partial^2 f}{\partial u \partial v} - \cos^2 \varphi \frac{\partial^2 f}{\partial v^2} \right) \mathrm{d}\varphi$$

$$= x_3 \int_0^{2\pi} \left(\frac{\partial^2 f}{\partial u^2} \sin^2 \varphi - \frac{\partial^2 f}{\partial u \partial v} \sin 2\varphi + \frac{\partial^2 f}{\partial v^2} \cos^2 \varphi \right) \mathrm{d}\varphi.$$

所以 $x_3 \left(\dfrac{\partial^2 F}{\partial x_1^2} + \dfrac{\partial^2 F}{\partial x_2^2} - \dfrac{\partial^2 F}{\partial x_3^2} \right) - \dfrac{\partial F}{\partial x_3} = 0.$

例 27 设 $P_0(1,1,-1), P_1(2,-1,0)$ 为空间的两点, 计算函数 $u = xyz + \mathrm{e}^{xyz}$ 在点 P_0 处沿 $\overrightarrow{P_0P_1}$ 方向的方向导数. (第十二届全国决赛, 2021)

解 $\overrightarrow{P_0P_1}$ 方向的单位向量为 $\boldsymbol{l} = \dfrac{1}{\sqrt{6}}(1, -2, 1)$,

$$u_x|_{P_0} = yz\left(1 + \mathrm{e}^{xyz}\right)\big|_{P_0} = -\left(1 + \mathrm{e}^{-1}\right), \quad u_y|_{P_0} = xz\left(1 + \mathrm{e}^{xyz}\right)\big|_{P_0} = -\left(1 + \mathrm{e}^{-1}\right),$$

$u_z|_{P_0} = xy\left(1 + \mathrm{e}^{xyz}\right)\big|_{P_0} = 1 + \mathrm{e}^{-1}$. 因此, 方向导数 $\dfrac{\partial u}{\partial l}\bigg|_{P_0} = \dfrac{2}{\sqrt{6}}\left(1 + \mathrm{e}^{-1}\right)$.

例 28 求函数 $u = x_1 + \dfrac{x_2}{x_1} + \dfrac{x_3}{x_2} + \dfrac{2}{x_3}$ $(x_i > 0, i = 1, 2, 3)$ 的所有极值点. (第十二届全国决赛, 2021)

解 利用均值不等式, 可知 $u(x_1, x_2, x_3) \geqslant 4\sqrt[4]{2}$. 另一方面, 有

$$\frac{\partial u}{\partial x_1} = 1 - \frac{x_2}{x_1^2}, \quad \frac{\partial u}{\partial x_2} = \frac{1}{x_1} - \frac{x_3}{x_2^2}, \quad \frac{\partial u}{\partial x_3} = \frac{1}{x_2} - \frac{2}{x_3^2},$$

令 $\dfrac{\partial u}{\partial x_k} = 0$ $(k = 1, 2, 3)$, 即 $1 - \dfrac{x_2}{x_1^2} = 0$, $\dfrac{1}{x_1} - \dfrac{x_3}{x_2^2} = 0$, $\dfrac{1}{x_2} - \dfrac{2}{x_3^2} = 0$. 由此解得 u 在定义域内的唯一驻点 $P_0\left(2^{\frac{1}{4}}, 2^{\frac{1}{2}}, 2^{\frac{3}{4}}\right)$, 且 u 在该点取得最小值 $u(P_0) = 4\sqrt[4]{2}$, 这是函数唯一的极值因此 u 的唯一极值点为 $\left(2^{\frac{1}{4}}, 2^{\frac{1}{2}}, 2^{\frac{3}{4}}\right)$.

例 29 二元函数 $f(x, y) = 3xy - x^3 - y^3 + 3$ 的所有极值的和等于_____. (第十四届全国决赛, 2023)

解 易知 $\dfrac{\partial f}{\partial x} = 3y - 3x^2$, $\dfrac{\partial f}{\partial y} = 3x - 3y^2$, $\dfrac{\partial^2 f}{\partial x^2} = -6x$, $\dfrac{\partial^2 f}{\partial x \partial y} = 3$, $\dfrac{\partial^2 f}{\partial y^2} = -6y$. 令 $\dfrac{\partial f}{\partial x} = 0$, $\dfrac{\partial f}{\partial y} = 0$, 解得 $f(x, y)$ 的驻点为 $(0, 0)$, $(1, 1)$. 因为

$$B^2 - AC = \left(\frac{\partial^2 f}{\partial x \partial y}\right)^2 - \frac{\partial^2 f}{\partial x^2} \cdot \frac{\partial^2 f}{\partial y^2} = 9 - 36xy,$$

故在驻点 $(0, 0)$ 处, $B^2 - AC = 9 > 0$, 所以 $f(x, y)$ 不存在极值; 在驻点 $(1, 1)$ 处, $B^2 - AC = -27 < 0$, 且 $A = -6 < 0$, 所以 $f(x, y)$ 取得极大值 $f(1, 1) = 4$. 因此, 函数 $f(x, y)$ 的所有极值的和等于 4.

例 30 设函数 $z = z(x, y)$ 是由方程 $f\left(2x - \dfrac{z}{y}, 2y - \dfrac{z}{x}\right) = 2024$ 确定的隐函数, 其中 $f(u, v)$ 具有连续偏导数, 且 $xf_u + yf_v \neq 0$, 则 $x\dfrac{\partial z}{\partial x} + y\dfrac{\partial z}{\partial y} =$ _____. (第十五届全国决赛, 2024)

解 令 $F(u, v) = f(u, v) - 2024$, 则 $xF_u + yF_v \neq 0$. 根据隐函数的求偏导数公式, 得

$$\frac{\partial z}{\partial x} = -\frac{\dfrac{\partial F}{\partial x}}{\dfrac{\partial F}{\partial z}} = \frac{2F_u + \dfrac{z}{x^2}F_v}{\dfrac{1}{y}F_u + \dfrac{1}{x}F_v}, \quad \frac{\partial z}{\partial y} = -\frac{\dfrac{\partial F}{\partial y}}{\dfrac{\partial F}{\partial z}} = \frac{\dfrac{z}{y^2}F_u + 2F_v}{\dfrac{1}{y}F_u + \dfrac{1}{x}F_v}.$$

所以

$$x\frac{\partial z}{\partial x} + y\frac{\partial z}{\partial y} = \frac{\dfrac{z}{x}F_v + 2xF_u}{\dfrac{1}{y}F_u + \dfrac{1}{x}F_v} + \frac{\dfrac{z}{y}F_u + 2yF_v}{\dfrac{1}{y}F_u + \dfrac{1}{x}F_v} = z + 2xy.$$

八、各地真题赏析

例 31 求半径为 R 的圆的内接三角形中面积最大者. (第一届北京市理工类, 1988)

解 设圆心到此内接三角形三个顶点所构成的圆心角分别为 x, y, z, 则 $z = 2\pi - x - y$, 设对应的三个三角形面积分别为 S_1, S_2, S_3. $S_1 = \dfrac{1}{2}R^2 \sin x$, $S_2 = \dfrac{1}{2}R^2 \sin y$,

$S_3 = \dfrac{1}{2}R^2 \sin(2\pi - x - y), x \geqslant 0, y \geqslant 0, x + y \leqslant 2\pi$, 圆内接三角形面积 $S = S_1 + S_2 + S_3$,

$$S = \frac{R^2}{2}\left[\sin x + \sin y + \sin(2\pi - x - y)\right]$$

$$= \frac{R^2}{2}\left[\sin x + \sin y + \sin(x + y)\right]$$

$$\Rightarrow \begin{cases} \dfrac{\partial S}{\partial x} = \dfrac{R^2}{2}[\cos x - \cos(x + y)] = 0, \\[3mm] \dfrac{\partial S}{\partial y} = \dfrac{R^2}{2}[\cos y - \cos(x + y)] = 0 \end{cases}$$

$$\Rightarrow \cos x = \cos y = \cos 2x \Rightarrow 2\cos^2 x - 1 = \cos x \Rightarrow \cos x = 1$$

或者 $\cos x = -\dfrac{1}{2}$, 当 $\cos x = 1 \Rightarrow x = 0, y = 0, z = 2\pi$, 此时圆内接三角形退缩为此三角形边界上的一段直线段, 所以 $S = 0$.

当 $\cos x = -\dfrac{1}{2} \Rightarrow x = y = z = \dfrac{2\pi}{3}$, 此时 $S = \dfrac{R^2}{2}3\sin\dfrac{2\pi}{3} = \dfrac{3\sqrt{3}}{4}R^2$ 为最大, 即圆内接三角形中面积最大者是内接正三角形.

例 32　设函数 $u = f(\ln\sqrt{x^2 + y^2})$ 满足 $\dfrac{\partial^2 u}{\partial x^2} + \dfrac{\partial^2 u}{\partial y^2} = (x^2 + y^2)^{\frac{3}{2}}$, 试求函数 f 的表达式. (第二届北京市理工类, 1990)

解　设 $t = \ln\sqrt{x^2 + y^2} \Rightarrow 2t = \ln(x^2 + y^2) \Rightarrow x^2 + y^2 = e^{2t}$

$$\Rightarrow \frac{\partial u}{\partial x} = f'(t) \cdot \frac{1}{\sqrt{x^2 + y^2}} \cdot \frac{2x}{2\sqrt{x^2 + y^2}} = f'(t)\frac{x}{x^2 + y^2},$$

$$\frac{\partial u}{\partial y} = f'(t) \cdot \frac{1}{\sqrt{x^2 + y^2}} \cdot \frac{2y}{2\sqrt{x^2 + y^2}} = f'(t)\frac{y}{x^2 + y^2},$$

$$\frac{\partial^2 u}{\partial x^2} = f''(t) \cdot \frac{x}{x^2 + y^2} \cdot \frac{x}{x^2 + y^2} + f'(t)\frac{(x^2 + y^2) - 2x^2}{(x^2 + y^2)^2}$$

$$= f''(t)\frac{x^2}{(x^2 + y^2)^2} + f'(t)\frac{y^2 - x^2}{(x^2 + y^2)^2}.$$

利用对称性,

$$\frac{\partial^2 u}{\partial y^2} = f''(t) \cdot \frac{y}{x^2 + y^2} \cdot \frac{y}{x^2 + y^2} + f'(t)\frac{(x^2 + y^2) - 2y^2}{(x^2 + y^2)^2}$$

$$= f''(t)\frac{y^2}{(x^2 + y^2)^2} + f'(t)\frac{x^2 - y^2}{(x^2 + y^2)^2}.$$

从而 $\dfrac{\partial^2 u}{\partial x^2} + \dfrac{\partial^2 u}{\partial y^2} = f''(t) \cdot \dfrac{1}{x^2 + y^2} = \left(x^2 + y^2\right)^{\frac{3}{2}} \Rightarrow f''(t) = \left(x^2 + y^2\right)^{\frac{5}{2}} = \mathrm{e}^{5t}$, 积分一次:

$f'(t) = \dfrac{1}{5}\mathrm{e}^{5t} + C_1$, 再积分一次: $f(t) = \dfrac{1}{25}\mathrm{e}^{5t} + C_1 t + C_2$.

例 33 设函数 $z = z(x, y)$ 由方程 $x^2 + y^2 + z^2 = xyf(z^2)$ 所确定, 其中 f 为可微函数, 试计算 $x\dfrac{\partial z}{\partial x} + y\dfrac{\partial z}{\partial y}$, 并化简形式. (第三届北京市理工类, 1991)

解 方程两边对 x 求偏导:

$$2x + 2z\frac{\partial z}{\partial x} = yf\left(z^2\right) + xyf'\left(z^2\right) \cdot 2z\frac{\partial z}{\partial x},$$

方程两边对 y 求偏导:

$$2y + 2z\frac{\partial z}{\partial y} = xf\left(z^2\right) + xyf'\left(z^2\right) \cdot 2z\frac{\partial z}{\partial y},$$

可解出

$$\frac{\partial z}{\partial x} = \frac{yf\left(z^2\right) - 2x}{2z\left[1 - xyf'\left(z^2\right)\right]}, \quad \frac{\partial z}{\partial y} = \frac{xf\left(z^2\right) - 2y}{2z\left[1 - xyf'\left(z^2\right)\right]}$$

$$\Rightarrow x\frac{\partial z}{\partial x} + y\frac{\partial z}{\partial y} = \frac{xyf\left(z^2\right) - 2x^2 + xyf\left(z^2\right) - 2y^2}{2z\left[1 - xyf'\left(z^2\right)\right]}$$

$$= \frac{xyf\left(z^2\right) - x^2 - y^2}{z\left[1 - xyf'\left(z^2\right)\right]} = \frac{\left(x^2 + y^2 + z^2\right) - x^2 - y^2}{z\left[1 - xyf'\left(z^2\right)\right]} = \frac{z}{1 - xyf'\left(z^2\right)}.$$

例 34 设 $f(t)$ 在 $[1, +\infty)$ 上有连续的二阶导数, $f(1) = 0$, $f'(1) = 1$, 且二元函数 $z = (x^2 + y^2)f(x^2 + y^2)$ 满足 $\dfrac{\partial^2 z}{\partial x^2} + \dfrac{\partial^2 z}{\partial y^2} = 0$, 求 $f(t)$ 在 $[1, +\infty)$ 上的最大值. (第四届北京市理工类, 1992)

解 令 $r = \sqrt{x^2 + y^2} \Rightarrow z = r^2 f\left(r^2\right)$,

$$\frac{\partial z}{\partial x} = \frac{\mathrm{d}z}{\mathrm{d}r} \cdot \frac{\partial r}{\partial x} = \left[2rf\left(r^2\right) + 2r^3 f'\left(r^2\right)\right] \cdot \frac{2x}{2\sqrt{x^2 + y^2}} = x\left[2f\left(r^2\right) + 2r^2 f'\left(r^2\right)\right],$$

$$\frac{\partial^2 z}{\partial x^2} = \left[2f\left(r^2\right) + 2r^2 f'\left(r^2\right)\right] + x\left[4f'\left(r^2\right)r + 4rf'\left(r^2\right) + 4r^3 f''\left(r^2\right)\right]\frac{x}{r}$$

$$= \left[2f\left(r^2\right) + 2r^2 f'\left(r^2\right)\right] + x^2\left(8f'\left(r^2\right) + 4r^2 f''\left(r^2\right)\right)$$

$$= 2f\left(r^2\right) + 2f'\left(r^2\right)\left(r^2 + 4x^2\right) + 4x^2 r^2 f''\left(r^2\right),$$

由对称性得

$$\frac{\partial^2 z}{\partial y^2} = 2f\left(r^2\right) + 2f'\left(r^2\right)\left(r^2 + 4y^2\right) + 4y^2 r^2 f''\left(r^2\right),$$

代入 $\dfrac{\partial^2 z}{\partial x^2} + \dfrac{\partial^2 z}{\partial y^2} = 0$, 有

$$4f\left(r^2\right) + 4f'\left(r^2\right)r^2 + 8f'\left(r^2\right)\left(x^2+y^2\right) + 4r^2 f''\left(r^2\right)\left(x^2+y^2\right) = 0,$$

可得

$$r^4 f''\left(r^2\right) + 3r^2 f'\left(r^2\right) + f\left(r^2\right) = 0,$$

此为欧拉方程, 令 $r^2 = \mathrm{e}^t$, 并记 $\varphi(t) = f\left(\mathrm{e}^t\right)$, 有二阶常系数线性方程 $\varphi'' + 2\varphi' + \varphi = 0$, 解得 $f\left(\mathrm{e}^t\right) = \varphi(t) = (C_1 + C_2 t)\,\mathrm{e}^{-t}$ (其中 C_1, C_2 为任意常数), 即

$$f\left(r^2\right) = \frac{C_1 + C_2 \ln r^2}{\mathrm{e}^{\ln r^2}} = \frac{C_1 + C_2 \ln r^2}{r^2},$$

由条件 $f(1) = 0$, $f'(1) = 1$ 可定出 $C_1 = 0, C_2 = 1 \Rightarrow f\left(r^2\right) = \dfrac{\ln r^2}{r^2} \Rightarrow f(t) = \dfrac{\ln t}{t}, f'(t) = \dfrac{1 - \ln t}{t^2}$, 所以当 $t = \mathrm{e}$ 时, $f(t)$ 达到最大值 $f(\mathrm{e}) = \dfrac{1}{\mathrm{e}}$.

例 35　设 $u = u(\sqrt{x^2+y^2})$ 具有连续二阶偏导数, 且满足 $\dfrac{\partial^2 u}{\partial x^2} + \dfrac{\partial^2 u}{\partial y^2} - \dfrac{1}{x}\dfrac{\partial u}{\partial x} + u = x^2 + y^2$, 试求函数 u 的表达式. (第五届北京市理工类, 1993)

解　令 $r = \sqrt{x^2+y^2}$, 则

$$\frac{\partial u}{\partial x} = \frac{\mathrm{d}u}{\mathrm{d}r} \cdot \frac{\partial r}{\partial x} = \frac{x}{r} \cdot \frac{\mathrm{d}u}{\mathrm{d}r}, \frac{\partial^2 u}{\partial x^2} = \frac{x^2}{r^2} \cdot \frac{\mathrm{d}^2 u}{\mathrm{d}r^2} + \frac{1}{r} \cdot \frac{\mathrm{d}u}{\mathrm{d}r} - \frac{x^2}{r^3} \cdot \frac{\mathrm{d}u}{\mathrm{d}r},$$

同理 $\dfrac{\partial^2 u}{\partial y^2} = \dfrac{y^2}{r^2} \cdot \dfrac{\mathrm{d}^2 u}{\mathrm{d}r^2} + \dfrac{1}{r} \cdot \dfrac{\mathrm{d}u}{\mathrm{d}r} - \dfrac{y^2}{r^3} \cdot \dfrac{\mathrm{d}u}{\mathrm{d}r}$, 代入原方程, 即得 $\dfrac{\mathrm{d}^2 u}{\mathrm{d}r^2} + u = r^2$. 再解此二阶常系数非齐次线性微分方程, 得其通解为 $u = C_1 \cos r + C_2 \sin r + r^2 - 2$. 故函数 u 的表达式为

$$u = C_1 \cos\sqrt{x^2+y^2} + C_2 \sin\sqrt{x^2+y^2} + x^2 + y^2 - 2,$$

其中 C_1, C_2 为任意常数.

例 36　设 $f(x,y)$ 是定义在区域 $0 \leqslant x \leqslant 1, 0 \leqslant y \leqslant 1$ 上的二元函数, $f(0,0) = 0$ 且在点 $(0,0)$ 处 $f(x,y)$ 可微, 求极限 $\lim\limits_{x \to 0^+} \dfrac{\displaystyle\int_0^{x^2} \mathrm{d}t \int_x^{\sqrt{t}} f(t,u)\mathrm{d}u}{1 - \mathrm{e}^{-\frac{x^4}{4}}}$. (第六届北京市理工类, 1994)

解　先换积分次序 $\displaystyle\int_0^{x^2} \mathrm{d}t \int_x^{\sqrt{t}} f(t,u)\mathrm{d}u = -\int_0^x \mathrm{d}u \int_0^{u^2} f(t,u)\mathrm{d}t$, 从而, 原式

$$= \lim_{x \to 0^+} \frac{-\displaystyle\int_0^x \mathrm{d}u \int_0^{u^2} f(t,u)\mathrm{d}t}{1 - \mathrm{e}^{-\frac{x^4}{4}}} = -\lim_{x \to 0^+} \frac{\displaystyle\int_0^{x^2} f(t,x)\mathrm{d}t}{x^3 \mathrm{e}^{-\frac{x^4}{4}}}$$

$$= - \lim_{x \to 0^+} \frac{x^2 f(\xi, x)}{x^3} = - \lim_{x \to 0^+} \frac{f(\xi, x)}{x} \quad (0 < \xi < x^2),$$

因为二元函数 $f(x, y)$ 在 $(0, 0)$ 处可微, 且 $f(0, 0) = 0$ 及 $0 < \xi < x^2$, 所以

$$f(\xi, x) = f(0, 0) + f'_x(0, 0)\xi + f'_y(0, 0)x + o\left(\sqrt{\xi^2 + x^2}\right)$$

$$= f'_y(0, 0)x + o(x),$$

故原式 $= - \lim_{x \to 0^+} \frac{f'_y(0, 0)x + o(x)}{x} = -f'_y(0, 0) = -\left.\frac{\partial f}{\partial y}\right|_{(0,0)}.$

例 37 已知函数 $z = z(x, y)$ 满足 $x^2 \dfrac{\partial z}{\partial x} + y^2 \dfrac{\partial z}{\partial y} = z^2$. 设 $\begin{cases} u = x, \\ v = \dfrac{1}{y} - \dfrac{1}{x}, \\ \varphi = \dfrac{1}{z} - \dfrac{1}{x}, \end{cases}$ 已知函

数 $\varphi = \varphi(u, v)$, 求证 $\dfrac{\partial \varphi}{\partial u} = 0$. (第七届北京市理工类, 1995)

证明 由 $\begin{cases} u = x, \\ v = \dfrac{1}{y} - \dfrac{1}{x}, \end{cases}$ 解得 $\begin{cases} x = u, \\ y = \dfrac{u}{1 + uv}, \end{cases}$ 这样 $\varphi = \dfrac{1}{z} - \dfrac{1}{x}$ 便是 u, v 的复合

函数, 对 u 求偏导数得

$$\frac{\partial \varphi}{\partial u} = -\frac{1}{z^2}\left(\frac{\partial z}{\partial x}\frac{\partial x}{\partial u} + \frac{\partial z}{\partial y}\frac{\partial y}{\partial u}\right) + \frac{1}{u^2} = -\frac{1}{z^2}\left(\frac{\partial z}{\partial x} + \frac{\partial z}{\partial y}\frac{1}{(1 + uv)^2}\right) + \frac{1}{u^2},$$

利用 $\dfrac{1}{1 + uv} = \dfrac{y}{x}$ 和 $z(x, y)$ 满足的等式, 有

$$\frac{\partial \varphi}{\partial u} = -\frac{1}{z^2 x^2}\left(x^2\frac{\partial z}{\partial x} + y^2\frac{\partial z}{\partial y}\right) + \frac{1}{u^2} = -\frac{1}{x^2} + \frac{1}{u^2} = 0.$$

例 38 证明: 曲面 $z + \sqrt{x^2 + y^2 + z^2} = x^3 f\left(\dfrac{y}{x}\right)$ 任意点处的切平面在 z 轴上的

截距与切点到坐标原点的距离之比为常数, 并求出此常数. (第九届北京市理工类, 1997)

证明 为方便, 记 $r = \sqrt{x^2 + y^2 + z^2}$ (即原点到点 (x, y, z) 的距离), $u = \dfrac{y}{x}$,

$F(x, y, z) = z + r - x^3 f(u)$, 则 $F'_x = \dfrac{x}{r} - 3x^2 f(u) + xy f'(u)$, $F'_y = \dfrac{y}{r} - x^2 f'(u)$, $F'_z = \dfrac{z}{r} + 1$.

曲面在任意点 $P(x, y, z)$ 处切平面的法线向量为 (F'_x, F'_y, F'_z). 所以, 设切平面的动点坐

标为 (X, Y, Z), 则切平面的方程为 $F'_x(X - x) + F'_y(Y - y) + F'_z(Z - z) = 0$, 化简得

$F'_x X + F'_y Y + F'_z Z = -2(r + z)$. 它在 z 轴上的截距为 $c = \dfrac{-2(r + z)}{F'_z} = \dfrac{2(r + z)}{\dfrac{z}{r} + 1} = -2r$.

故 $\dfrac{c}{r} = -2$, 即截距与 r 之比为常数 -2.

例 39　若 $u = f(xyz)$, $f(0) = 0$, $f'(1) = 1$, 且 $\dfrac{\partial^3 u}{\partial x \partial y \partial z} = x^2 y^2 z^2 f'''(xyz)$, 求 u.
(第十届北京市理工类, 1998)

解　因为 $u_x = yz f'(xyz)$, $u_{xy} = z f'(xyz) + xyz^2 f''(xyz)$, $u_{xyz} = f'(xyz) + xyz f''(xyz) + 2xyz f''(xyz) + x^2 y^2 z^2 f'''(xyz)$,

故 $3xyz f''(xyz) + f'(xyz) = 0$. 令 $xyz = t$, 即 $3t f''(t) + f'(t) = 0$. 设 $v = f'(t)$, 得 $3tv' + v = 0$ 及 $v = \dfrac{1}{\sqrt[3]{t}}$, 从而 $f(t) = \dfrac{3}{2} t^{\frac{2}{3}} + C$, 因为 $f(0) = 0$, 所以 $C = 0$. $f(t) = \dfrac{3}{2} t^{\frac{2}{3}}$,

即 $u = \dfrac{3}{2} (xyz)^{\frac{2}{3}}$.

例 40　已知锐角 $\triangle ABC$, 若取点 $P(x, y)$, 令 $f(x, y) = |AP| + |BP| + |CP|$ 表示曲线的长度, 证明: 在 $f(x, y)$ 取极值的点 P_0 处, 向量 $\overrightarrow{P_0 A}$, $\overrightarrow{P_0 B}$, $\overrightarrow{P_0 C}$ 所夹的角相等. (第十届北京市理工类, 1998)

证明　设 A, B, C 三点的坐标为 $(x_i, y_i)(i = 1, 2, 3)$, 极值点 P_0 的坐标为 (x_0, y_0), 则

$$\overrightarrow{P_0 A} = (x_1 - x_0, y_1 - y_0), \quad \overrightarrow{P_0 B} = (x_2 - x_0, y_2 - y_0), \quad \overrightarrow{P_0 C} = (x_3 - x_0, y_3 - y_0),$$

又 $f(x, y) = \displaystyle\sum_{i=1}^{3} \left((x - x_i)^2 + (y - y_i)^2 \right)^{\frac{1}{2}}$,

$$\begin{cases} \dfrac{\partial f}{\partial x} = \displaystyle\sum_{i=1}^{3} \dfrac{x - x_i}{\left((x - x_i)^2 + (y - y_i)^2 \right)^{\frac{1}{2}}}, \\[4mm] \dfrac{\partial f}{\partial y} = \displaystyle\sum_{i=1}^{3} \dfrac{y - y_i}{\left((x - x_i)^2 + (y - y_i)^2 \right)^{\frac{1}{2}}}, \end{cases}$$

极值点 $P_0 = (x_0, y_0)$ 应满足 $\left. \dfrac{\partial f}{\partial x} \right|_{P_0} = \left. \dfrac{\partial f}{\partial y} \right|_{P_0} = 0$, 即

$$\begin{cases} -\dfrac{x_0 - x_1}{\left((x_0 - x_1)^2 + (y_0 - y_1)^2 \right)^{\frac{1}{2}}} = \displaystyle\sum_{i=2}^{3} \dfrac{x_0 - x_i}{\left((x_0 - x_i)^2 + (y_0 - y_i)^2 \right)^{\frac{1}{2}}}, \\[4mm] -\dfrac{y_0 - y_1}{\left((x_0 - x_1)^2 + (y_0 - y_1)^2 \right)^{\frac{1}{2}}} = \displaystyle\sum_{i=2}^{3} \dfrac{y_0 - y_i}{\left((x_0 - x_i)^2 + (y_0 - y_i)^2 \right)^{\frac{1}{2}}}, \end{cases}$$

以上两式两边平方再相加, 得

$$\cos\left(\overrightarrow{P_0 B}, \overrightarrow{P_0 C} \right) = \frac{(x_0 - x_2)(x_0 - x_3) + (y_0 - y_2)(y_0 - y_3)}{\sqrt{(x_0 - x_2)^2 + (y_0 - y_2)^2} \sqrt{(x_0 - x_3)^2 + (y_0 - y_3)^2}} = -\frac{1}{2},$$

同理 $\cos\left(\overrightarrow{P_0 A}, \overrightarrow{P_0 B} \right) = -\dfrac{1}{2}$, $\cos\left(\overrightarrow{P_0 A}, \overrightarrow{P_0 C} \right) = -\dfrac{1}{2}$.

例 41 设 $u = f(x, y, z)$, f 是可微函数, 若 $\dfrac{f'_x}{x} = \dfrac{f'_y}{y} = \dfrac{f'_z}{z}$, 证明 u 仅为 r 的函数, 其中 $r = \sqrt{x^2 + y^2 + z^2}$. (第十二届北京市理工类, 2000)

证明 利用球坐标, 则 $u = f(x, y, z) = f(r \sin \varphi \cos \theta, r \sin \varphi \sin \theta, r \cos \varphi)$.

令 $\dfrac{f'_x}{x} = \dfrac{f'_y}{y} = \dfrac{f'_z}{z} = t$, 则 $f'_x = tx, f'_y = ty, f'_z = tz$, 于是

$$
\begin{aligned}
\frac{\partial u}{\partial \theta} &= f'_x \cdot r(-\sin \theta) \sin \varphi + f'_y \cdot r \cos \theta \sin \varphi \\
&= txr(-\sin \theta) \sin \varphi + tyr \cos \theta \sin \varphi \\
&= t(-xy + xy) = 0. \\
\frac{\partial u}{\partial \varphi} &= f'_x \cdot r \cos \theta \cos \varphi + f'_y \cdot r \sin \theta \cos \varphi - f'_z \cdot r \sin \varphi \\
&= tr^2 \left(\cos^2 \theta \sin \varphi \cos \varphi + \sin^2 \theta \sin \varphi \cos \varphi - \sin \varphi \cos \varphi \right) \\
&= tr^2 (\sin \varphi \cos \varphi - \sin \varphi \cos \varphi) = 0,
\end{aligned}
$$

故 u 仅为 r 的函数.

例 42 从已知 $\triangle ABC$ 内部的点 P 向三边作三条垂线, 求使此三条垂线的乘积为最大的 P 点的位置. (第十三届北京市理工类, 2001)

解 设三边的长分别为 a, b, c, 从 P 所作的垂线分别为 x, y, z, $\triangle ABC$ 的面积为 S, 于是令 $f(x, y, z) = xyz, ax + by + cz = 2S$.

设 $F(x, y, z) = xyz + \lambda(ax + by + cz - 2S)$, 令 $\begin{cases} F'_x = yz + \lambda a = 0, \\ F'_y = xz + \lambda b = 0, \\ F'_z = xy + \lambda c = 0, \\ ax + by + cz = 2S, \end{cases}$ 解得 $x = \dfrac{2S}{3a}, y = \dfrac{2S}{3b}, z = \dfrac{2S}{3c}$, 由问题的实际意义, f 确有最大值, 故当 P 到长为 $x = \dfrac{2S}{3a}, y = \dfrac{2S}{3b}, z = \dfrac{2S}{3c}$ 时, 三垂线长的乘积达到最大.

例 43 设函数 $z = f(x, y)$ 具有二阶连续偏导数, 且 $\dfrac{\partial f}{\partial y} \neq 0$, 证明: 对任意常数 C, $f(x, y) = C$ 为一直线的充分必要条件是 $\left(f'_y \right)^2 f''_{xx} - 2 f'_x f'_y f''_{xy} + f''_{yy} \left(f'_x \right)^2 = 0$. (第十四届北京市理工类, 2002)

证明 必要性. 显然, 因为当 $f(x, y) = C$ 为直线时, $\dfrac{\partial f}{\partial x}, \dfrac{\partial f}{\partial y}$ 均为常数, 故 $f''_{xx} = f''_{yy} = f''_{xy} = 0$, 从而等式成立.

充分性. 因为 $f'_y \neq 0$, 故由隐函数求导公式得 $f'_x + f'_y \dfrac{\mathrm{d}y}{\mathrm{d}x} = 0$, 两边对 x 再求导得

$$f''_{xx} + f''_{xy}\frac{\mathrm{d}y}{\mathrm{d}x} + \left(f''_{yx} + f''_{yy}\frac{\mathrm{d}y}{\mathrm{d}x}\right)\frac{\mathrm{d}y}{\mathrm{d}x} + f'_y\frac{\mathrm{d}^2y}{\mathrm{d}x^2} = 0,$$

代入 $\dfrac{\mathrm{d}y}{\mathrm{d}x} = -\dfrac{f'_x}{f'_y}$, 即有

$$f''_{xx} - \frac{2f'_x f''_{xy}}{f'_y} + \frac{f''_{yy}\left(f'_x\right)^2}{\left(f'_y\right)^2} + f'_y\frac{\mathrm{d}^2y}{\mathrm{d}x^2} = 0.$$

由条件可知 $\dfrac{\mathrm{d}^2y}{\mathrm{d}x^2} = 0$, 即 $y = y(x)$ 为线性函数, 故方程 $f(x,y) = C$ 为一直线.

例 44 设 $\Omega : x^2 + y^2 + z^2 \leqslant 1$, 证明: $\dfrac{4\sqrt[3]{2}\pi}{3} \leqslant \iiint\limits_{\Omega} \sqrt[3]{x + 2y - 2z + 5}\mathrm{d}v \leqslant \dfrac{8\pi}{3}$.
(第十五届北京市理工类, 2004)

证明 设 $f(x,y,z) = x + 2y - 2z + 5$. 由于 $f'_x = 1 \neq 0, f'_y = 2 \neq 0, f'_z = -2 \neq 0$, 所以函数 $f(x,y,z)$ 在区域 Ω 的内部无驻点, 从而在边界上取得最值. 故令

$$F(x,y,z,\lambda) = x + 2y - 2z + 5 + \lambda(x^2 + y^2 + z^2 - 1).$$

由 $F'_x = 1 + 2\lambda x = 0, F'_y = 2 + 2\lambda y = 0, F'_z = -2 + 2\lambda z = 0, x^2 + y^2 + z^2 = 1$, 得出 F 的驻点为 $p_1\left(\dfrac{1}{3}, \dfrac{2}{3}, \dfrac{-2}{3}\right), p_2\left(-\dfrac{1}{3}, -\dfrac{2}{3}, \dfrac{2}{3}\right)$, 而 $f(p_1) = 8, f(p_2) = 2$, 所以函数 $f(x,y,z)$ 在闭区域 Ω 上的最大值为 8, 最小值为 2. 由 $f(x,y,z)$ 与 $\sqrt[3]{f(x,y,z)}$ 有相同的极值点, 所以函数 $\sqrt[3]{f(x,y,z)}$ 的最大值为 2. 最小值为 $\sqrt[3]{2}$, 所以有

$$\frac{4\sqrt[3]{2}\pi}{3} \leqslant \iiint\limits_{\Omega} \sqrt[3]{x + 2y - 2z + 5}\mathrm{d}v \leqslant \iiint\limits_{\Omega} 2\mathrm{d}v = \frac{8\pi}{3}.$$

例 45 求常数 a, b, c 的值, 使函数 $f(x,y,z) = axy^2 + byz + cx^3z^2$ 在点 $(1, 2, -1)$ 处沿 z 轴正向的方向导数有最大值 64. (第十六届北京市理工类, 2005)

解 $\mathbf{grad}f(1,2,-1) = (4a + 3c, 4a - b, 2b - 2c)$. 由题意有 $\mathbf{grad}f(1,2,-1)//(0,0,1)$ 且 $|\mathbf{grad}f(1,2,-1)| = 64$, 故有 $\begin{cases} 4a + 3c = 0, \\ 4a - b = 0, \\ 2b - 2c > 0, \end{cases}$ 且 $\sqrt{(2b-2c)^2} = 64$, 解得 $a = 6, b = 24, c = -8$.

例 46 设二元函数 $f(x,y)$ 有一阶连续偏导数, 且 $f(0,1) = f(1,0)$, 证明在单位圆周 $x^2 + y^2 = 1$ 上至少存在两个不同的点满足方程 $y\dfrac{\partial f}{\partial x} = x\dfrac{\partial f}{\partial y}$. (第十七届北京市理工类, 2006)

证明 令 $F(\theta) = f(\cos\theta, \sin\theta)$, 则在区间 $[0, 2\pi]$ 上 $F(\theta)$ 可导, 且

$$F(0) = F\left(\frac{\pi}{2}\right) = F(2\pi),$$

由罗尔定理知至少存在两个不同的点 $\xi, \eta \in (0, 2\pi)$, 使得 $F'(\xi) = F'(\eta) = 0$, 而

$$F'(\theta) = -\sin\theta\, f_x(\cos\theta, \sin\theta) + \cos\theta\, f_y(\cos\theta, \sin\theta),$$

将 ξ, η 代入上式即得结论.

例 47 设二元函数 $f(x, y) = |x - y|\,\phi(x, y)$, 其中 $\phi(x, y)$ 在点 $(0, 0)$ 的一个邻域内连续. 试证明函数 $f(x, y)$ 在 $(0, 0)$ 点处可微的充分必要条件是 $\phi(0, 0) = 0$. (第十八届北京市理工类, 2007)

证明 必要性. 设 $f(x, y)$ 在 $(0, 0)$ 点处可微, 则 $f'_x(0, 0), f'_y(0, 0)$ 存在. 由于

$$f'_x(0, 0) = \lim_{x \to 0} \frac{f(x, 0) - f(0, 0)}{x} = \lim_{x \to 0} \frac{|x|\,\varphi(x, 0)}{x},$$

且

$$\lim_{x \to 0^+} \frac{|x|\,\varphi(x, 0)}{x} = \varphi(0, 0), \ \lim_{x \to 0^-} \frac{|x|\,\varphi(x, 0)}{x} = -\varphi(0, 0),$$

故有 $\varphi(0, 0) = 0$.

充分性. 若 $\varphi(0, 0) = 0$, 则可知 $f'_x(0, 0) = 0, f'_y(0, 0) = 0$. 因为

$$\frac{f(x, y) - f(0, 0) - f'_x(0, 0)x - f'_y(0, 0)y}{\sqrt{x^2 + y^2}} = \frac{|x - y|\,\varphi(x, y)}{\sqrt{x^2 + y^2}},$$

又

$$\frac{|x - y|}{\sqrt{x^2 + y^2}} \leqslant \frac{|x|}{\sqrt{x^2 + y^2}} + \frac{|y|}{\sqrt{x^2 + y^2}} \leqslant 2,$$

所以 $\lim\limits_{x \to 0} \dfrac{|x - y|\,\varphi(x, y)}{\sqrt{x^2 + y^2}} = 0$. 由定义 $f(x, y)$ 在 $(0, 0)$ 点处可微.

例 48 设 $f(x, y)$ 有二阶连续偏导数, $g(x, y) = f(\mathrm{e}^{xy}, x^2 + y^2)$, 且 $f(x, y) = 1 - x - y + o(\sqrt{(x-1)^2 + y^2})$, 证明: $g(x, y)$ 在 $(0, 0)$ 取得极值, 判断此极值是极大值还是极小值, 并求出此极值. (第十九届北京市理工类, 2008)

解 $f(x, y) = -(x - 1) - y + o(\sqrt{(x-1)^2 + y^2})$, 由全微分的定义知

$$f(1, 0) = 0, f'_x(1, 0) = f'_y(1, 0) = -1,$$

$$g'_x = f'_1 \cdot \mathrm{e}^{xy}y + f'_2 \cdot 2x, g'_y = f'_1 \cdot \mathrm{e}^{xy}x + f'_2 \cdot 2y, g'_x(0, 0) = 0, g'_y(0, 0) = 0,$$

$$g''_{xx} = (f''_{11} \cdot \mathrm{e}^{xy}y + f''_{12} \cdot 2x)\mathrm{e}^{xy}y + f'_1 \cdot \mathrm{e}^{xy}y^2 + (f''_{21} \cdot \mathrm{e}^{xy}y + f''_{22} \cdot 2x)2x + 2f'_2,$$

$$g''_{xy} = (f''_{11} \cdot \mathrm{e}^{xy}x + f''_{12} \cdot 2y)\mathrm{e}^{xy}y + f'_1 \cdot (\mathrm{e}^{xy}xy + \mathrm{e}^{xy}) + (f''_{21} \cdot \mathrm{e}^{xy}x + f''_{22} \cdot 2y)2x,$$

$$g''_{yy} = (f''_{11} \cdot e^{xy}x + f''_{12} \cdot 2y)e^{xy}x + f'_1 \cdot e^{xy}x^2 + (f''_{21} \cdot e^{xy}x + f''_{22} \cdot 2y)2y + 2f'_2,$$

$$A = g''_{xx}(0,0) = 2f'_2(1,0) = -2, B = g''_{xy}(0,0) = f'_1(1,0) = -1,$$

$$C = g''_{yy}(0,0) = 2f'_2(1,0) = -2,$$

$AC - B^2 = 3 > 0$, 且 $A < 0$, 故 $g(0,0) = f(1,0) = 0$ 是极大值.

例 49 设二元函数 $f(x,y)$ 有一阶连续的偏导数, 且 $f(0,1) = f(1,0)$. 证明: 单位圆周上至少存在两点满足方程 $y\dfrac{\partial}{\partial x}f(x,y) - x\dfrac{\partial}{\partial y}f(x,y) = 0$. (第一届浙江省理工类, 2002)

证明 设单位圆方程为 $C : x^2 + y^2 = 1$, 参数方程为 $\begin{cases} x = \cos\theta, \\ y = \sin\theta, \end{cases} 0 \leqslant \theta \leqslant 2\pi$, 对圆周上点对应的函数可设为 $z = F(\theta) = f(\cos\theta, \sin\theta)$, 则

$$\frac{\mathrm{d}f}{\mathrm{d}\theta} = \frac{\partial f}{\partial x}\frac{\mathrm{d}x}{\mathrm{d}\theta} + \frac{\partial f}{\partial y}\frac{\mathrm{d}y}{\mathrm{d}\theta} = -\sin\theta\frac{\partial f}{\partial x} + \cos\theta\frac{\partial f}{\partial y} = -y\frac{\partial f}{\partial x} + x\frac{\partial f}{\partial y},$$

故要证明单位圆周上至少存在两点满足方程 $y\dfrac{\partial}{\partial x}f(x,y) - x\dfrac{\partial}{\partial y}f(x,y) = 0$, 等价于证明在 $[0, 2\pi]$ 内至少存在两点 θ_1, θ_2, 满足方程 $F'(\theta) = [f(\cos\theta, \sin\theta)]' = 0$. 由于 $F(0) = f(1,0)$, $F\left(\dfrac{\pi}{2}\right) = f(0,1)$, $F(2\pi) = f(1,0)$, 且 $z = F(\theta) = f(\cos\theta, \sin\theta)$ 在 $[0, 2\pi]$ 连续, 由罗尔定理得: 在 $\left[0, \dfrac{\pi}{2}\right]$ 和 $\left[\dfrac{\pi}{2}, 2\pi\right]$ 内都至少存在一点 θ_1, θ_2, 满足方程 $F'(\theta) = [f(\cos\theta, \sin\theta)]' = 0$.

例 50 求函数 $f(x,y) = x^2 + 4y^2 + 15y$ 在 $\Omega = \left\{(x,y) \,\middle|\, 4x^2 + y^2 \leqslant 1\right\}$ 上的最大、最小值. (第三届浙江省理工类, 2004)

解 (1) 在圆内 (开集) $f'_x(x,y) = 2x$, $f'_y(x,y) = 8y + 15$, 解得驻点 $\left(0, -\dfrac{15}{8}\right)$, 此点不在圆域内.

(2) 在圆周上 $4x^2 + y^2 = 1$, 求 $f(x,y) = x^2 + 4y^2 + 15y$ 的极值, 是条件极值问题. 令

$$F(x,y) = x^2 + 4y^2 + 15y + \lambda(4x^2 + y^2 - 1),$$

$$\begin{cases} F'_x(x,y) = 2x + 8\lambda x = 0, \\ F'_y(x,y) = 8y + 15 + 2\lambda y = 0, \\ F'_\lambda(x,y) = 4x^2 + y^2 - 1 = 0, \end{cases}$$

解得驻点 $(0, 1), (0, -1)$, $f(0, 1) = 19$, $f(0, -1) = -11$, 故最大值为 $f(0, 1) = 19$, 最小值为 $f(0, -1) = -11$.

例 51 设 $z = f(x - y, x + y) + g(x + ky)$, f, g 具有二阶连续偏导数, 且 $g'' \neq 0$, 如果 $\dfrac{\partial^2 z}{\partial x^2} + 2\dfrac{\partial^2 z}{\partial x\partial y} + \dfrac{\partial^2 z}{\partial y^2} = 4f''_{22}$, 求常数 k 的值. (第四届浙江省理工类, 2005)

解 $\dfrac{\partial z}{\partial x} = f_1' + f_2' + g'$, $\dfrac{\partial z}{\partial y} = -f_1' + f_2' + kg'$,

$$\frac{\partial^2 z}{\partial x^2} = \frac{\partial f_1'}{\partial x} + \frac{\partial f_2'}{\partial x} + \frac{\partial g'}{\partial x} = f_{11}'' + f_{12}'' + f_{21}'' + f_{22}'' + g'',$$

$$\frac{\partial^2 z}{\partial x \partial y} = \frac{\partial f_1'}{\partial y} + \frac{\partial f_2'}{\partial y} + \frac{\partial g'}{\partial y} = -f_{11}'' + f_{12}'' - f_{21}'' + f_{22}'' + kg'',$$

$$\frac{\partial^2 z}{\partial y_2} = -\frac{\partial f_1'}{\partial y} + \frac{\partial f_2'}{\partial y} + k\frac{\partial g'}{\partial y} = f_{11}'' - f_{12}'' - f_{21}'' + f_{22}'' + k^2 g'',$$

f, g 具有二阶连续偏导数, $f_{12}'' = f_{21}''$, 代入

$$\frac{\partial^2 z}{\partial x^2} + 2\frac{\partial^2 z}{\partial x \partial y} + \frac{\partial^2 z}{\partial y^2} = 4f_{22}'',$$

得 $(k^2 + 2k + 1)g'' = 0$, 由于 $g'' \neq 0$, 则 $k = -1$.

例 52 求函数 $f(x,y,z) = \dfrac{x^2 + yz}{x^2 + y^2 + z^2}$, 在 $D = \{(x,y,z) | 1 \leqslant x^2 + y^2 + z^2 \leqslant 4\}$ 的最大值、最小值. (第六届浙江省理工类, 2007)

解 $f_x'(x,y,z) = \dfrac{2x(x^2+y^2+z^2) - 2x(x^2+yz)}{(x^2+y^2+z^2)^2} = \dfrac{2xy^2 + 2xz^2 - 2xyz}{(x^2+y^2+z^2)^2}$,

$$f_y'(x,y,z) = \frac{z(x^2+y^2+z^2) - 2y(x^2+yz)}{(x^2+y^2+z^2)^2} = \frac{zx^2 + z^3 - 2yx^2 - y^2 z}{(x^2+y^2+z^2)^2},$$

$$f_z'(x,y,z) = \frac{y(x^2+y^2+z^2) - 2z(x^2+yz)}{(x^2+y^2+z^2)^2} = \frac{yx^2 + y^3 - 2zx^2 - z^2 y}{(x^2+y^2+z^2)^2},$$

由于 y, z 具有轮换对称性, 令 $x = y$, $x = 0$ 或 $y = z = 0$, 解得驻点: $(0, y, y)$ 或 $(x, 0, 0)$, 对 $f(0, y, y) = \dfrac{x^2+yz}{x^2+y^2+z^2} = \dfrac{1}{2}$, $f(x, 0, 0) = \dfrac{x^2+yz}{x^2+y^2+z^2} = 1$, 在圆周 $x^2 + y^2 + z^2 = 1$ 上, 由条件极值得: 令

$$F(x,y,z) = x^2 + yz + \lambda(x^2 + y^2 + z^2 - 1),$$

$$\begin{cases} F_x'(x,y,z) = 2x + 2\lambda x = 0, \\ F_y'(x,y,z) = z + 2\lambda y = 0, \\ F_z'(x,y,z) = y + 2\lambda z = 0, \\ F_\lambda'(x,y,z) = x^2 + y^2 + z^2 - 1 = 0, \end{cases}$$

解得 $\left(0, \dfrac{\sqrt{2}}{2}, \dfrac{\sqrt{2}}{2}\right)$, $\left(0, \dfrac{\sqrt{2}}{2}, -\dfrac{\sqrt{2}}{2}\right)$, $\left(0, -\dfrac{\sqrt{2}}{2}, -\dfrac{\sqrt{2}}{2}\right)$, $\left(0, -\dfrac{\sqrt{2}}{2}, \dfrac{\sqrt{2}}{2}\right)$, $(1, 0, 0)$,

$(-1, 0, 0)$, $f\left(0, \dfrac{\sqrt{2}}{2}, \dfrac{\sqrt{2}}{2}\right) = \dfrac{1}{2}$, $f\left(0, \dfrac{\sqrt{2}}{2}, -\dfrac{\sqrt{2}}{2}\right) = -\dfrac{1}{2}$, $f\left(0, -\dfrac{\sqrt{2}}{2}, -\dfrac{\sqrt{2}}{2}\right) = \dfrac{1}{2}$,

$f\left(0, -\dfrac{\sqrt{2}}{2}, \dfrac{\sqrt{2}}{2}\right) = -\dfrac{1}{2}$, $f(1,0,0) = 1$, $f(-1,0,0) = 1$; 在圆周 $x^2 + y^2 + z^2 = 4$ 上, 由条件极值得: 令

$$F(x,y,z) = x^2 + yz + \lambda(x^2 + y^2 + z^2 - 4), \qquad \begin{cases} F'_x(x,y,z) = 2x + 2\lambda x = 0, \\ F'_y(x,y,z) = z + 2\lambda y = 0, \\ F'_z(x,y,z) = y + 2\lambda z = 0, \\ F'_\lambda(x,y,z) = x^2 + y^2 + z^2 - 4 = 0, \end{cases}$$

解得 $(0, \sqrt{2}, \sqrt{2})$, $(0, \sqrt{2}, -\sqrt{2})$, $(0, -\sqrt{2}, -\sqrt{2})$, $(0, -\sqrt{2}, \sqrt{2})$, $(2,0,0)$, $(-2,0,0)$, $f(0, \sqrt{2}, \sqrt{2}) = \dfrac{1}{2}$, $f(0, \sqrt{2}, -\sqrt{2}) = -\dfrac{1}{2}$, $f(0, -\sqrt{2}, -\sqrt{2}) = \dfrac{1}{2}$, $f(0, -\sqrt{2}, \sqrt{2}) = -\dfrac{1}{2}$, $f(2,0,0) = 1$, $f(-2,0,0) = 1$; 所以函数 $f(x,y,z) = \dfrac{x^2 + yz}{x^2 + y^2 + z^2}$ 在 $D = \{(x,y,z) | 1 \leqslant x^2 + y^2 + z^2 \leqslant 4\}$ 的最大值为 1, 最小值为 $-\dfrac{1}{2}$.

例 53 设 $\triangle ABC$ 为锐角三角形, 求 $\sin A + \sin B + \sin C - \cos A - \cos B - \cos C$ 的最大值和最小值. (第九届浙江省理工类, 2010)

解 记 $f(B,C) = \sin(B+C) + \sin B + \sin C + \cos(B+C) - \cos B - \cos C$,

$f'_B(B,C) = \cos(B+C) + \cos B - \sin(B+C) + \sin B = 0$,

$f'_C(B,C) = \cos(B+C) + \cos C - \sin(B+C) + \sin C = 0$

$\Rightarrow \cos B + \sin B = \cos C + \sin C \Rightarrow B = C$ 或 $B + C = \dfrac{\pi}{2}$ (舍去).

故 $f'_B(B,C) = \cos(2B) + \cos B - \sin(2B) + \sin B = 0 \Rightarrow B = \dfrac{\pi}{3} \Rightarrow A = C = B = \dfrac{\pi}{3}$,

$\max f(B,C) = \dfrac{3}{2}\left(\sqrt{3} - 1\right)$, $\min f(B,C) = 1$.

例 54 设 $x,y,z \in \mathbb{R}^+$, 求方程组 $\begin{cases} x^2 + y^2 + z^2 = 1 \\ 7x^3 + 14y^3 + 21z^3 = 6 \end{cases}$ 的解. (第十届浙江省理工类, 2011)

解 考察 $f = 7x^3 + 14y^3 + 21z^3$, 在约束 $x^2 + y^2 + z^2 = 1$ 下的极值.

$$L = 7x^3 + 14y^3 + 21z^3 + \lambda\left(x^2 + y^2 + z^2 - 1\right), \qquad \begin{cases} L_x = 21x^2 + 2\lambda x = 0, \\ L_y = 42y^2 + 2\lambda y = 0, \\ L_z = 63z^2 + 2\lambda z = 0, \\ x^2 + y^2 + z^2 = 1, \end{cases}$$

解得 $x = -\dfrac{2\lambda}{21}, y = -\dfrac{2\lambda}{42}, z = -\dfrac{2\lambda}{63} \Rightarrow \left(\dfrac{2\lambda}{21}\right)^2\left(1 + \dfrac{1}{4} + \dfrac{1}{9}\right) = 1 \Rightarrow \lambda = -9$, $x =$

$\dfrac{6}{7}, y = \dfrac{3}{7}, z = \dfrac{2}{7}, f_{\min} = \dfrac{1}{49}\left(6^3 + 2 \times 3^3 + 3 \times 2^3\right) = 6,$ $\begin{cases} x^2 + y^2 + z^2 = 1, \\ 7x^3 + 14y^3 + 21z^3 = 6 \end{cases}$ 的解

为 $x = \dfrac{6}{7}, y = \dfrac{3}{7}, z = \dfrac{2}{7}.$

例 55 设 $u : \mathbb{R}^2 \to \mathbb{R}$ 的所有二阶偏导连续, 证明 u 可表示为 $u(x,y) = f(x)g(y)$

的充分必要条件为 $u\dfrac{\partial^2 u}{\partial x \partial y} = \dfrac{\partial u}{\partial y}\dfrac{\partial u}{\partial y}.$ (第十一届浙江省理工类, 2012)

证明 当 $u = f(x)g(y)$ 时, 显然有 $uu_{xy} = u_x u_y$, 反之, 若 $uu_{xy} = u_x u_y$ 成立, 即有

$\dfrac{(uu_{xy} - u_x u_y)}{u^2} = \left(\dfrac{u_x}{u}\right)_y = 0 \Rightarrow \dfrac{u_x}{u} = f_1(x),$ 即

$$\ln |u| = \int f_1(x)\mathrm{d}x + g_1(y) = f_2(x) + g_1(y),$$

所以 $u = f(x)g(y).$

例 56 已知二元函数 $u(x,y)$ 满足 $\dfrac{\partial^2 u}{\partial x \partial y} + \dfrac{\partial u}{\partial y} = 0$, 且 $u|_{x=0} = y^2, u|_{y=1} = \cos x,$

求 $u(x,y)$ 的表达式. (第十二届浙江省理工类, 2013)

解 设 $u_x + u = c(x)$, 则 $\mathrm{e}^x(u_x + u) = \mathrm{e}^x c(x)$, 则 $(\mathrm{e}^x u)_x = \mathrm{e}^x c(x)$, 又 $\mathrm{e}^x u = \int \mathrm{e}^x c(x)\,\mathrm{d}x + g(y)$ 得 $u = f(x) + \mathrm{e}^{-x} g(y).$ f, g 为任意函数.

$u|_{x=0} = y^2$, 则 $f(0) + g(y) = y^2$, 得 $g(y) = y^2 - f(0)$, $u|_{y=1}$, 故 $\cos x \Rightarrow$ $f(x) + \mathrm{e}^{-x}g(1) = \cos x \Rightarrow f(x) = \cos x - \mathrm{e}^{-x}g(1)$, 从而

$$u = \cos x + \mathrm{e}^{-x}y^2 - \mathrm{e}^{-x}\left(f(0) + g(1)\right) = \cos x + \mathrm{e}^{-x}\left(y^2 - 1\right).$$

例 57 设 $u = F(x,y)$ 为方程 $\dfrac{\partial^2 u}{\partial x^2} = \dfrac{\partial^2 u}{\partial y^2}$ 的一个解, 请给出方程 $\dfrac{\partial^2 v}{\partial y^2} = \dfrac{\partial^2 v}{\partial x^2} +$

$\dfrac{2}{x}\dfrac{\partial v}{\partial x}$ 的一个解. (第十四届浙江省理工类, 2015)

解 $\dfrac{\partial^2 v}{\partial y^2} = \dfrac{\partial^2 v}{\partial x^2} + \dfrac{2}{x}\dfrac{\partial v}{\partial x}$ 即为 $\dfrac{\partial^2 (xv)}{\partial y^2} = \dfrac{\partial^2 (xv)}{\partial x^2}$, 所以 $\dfrac{\partial^2 v}{\partial y^2} = \dfrac{\partial^2 v}{\partial x^2} + \dfrac{2}{x}\dfrac{\partial v}{\partial x}$ 有解

$v = \dfrac{F(x,y)}{x}.$

例 58 求函数 $f(x,y,z) = \dfrac{z}{1+xy} + \dfrac{y}{1+xz} + \dfrac{x}{1+yz}$ 在

$$V = \{(x,y,z) \in \mathbb{R}^3 \mid 0 \leqslant x, y, z \leqslant 1\}$$

的最大值. (第十五届浙江省理工类, 2016)

解 在 $0 < x, y, z \leqslant 1$ 时, $f''_{xx} = \dfrac{2zy^2}{(1+xy)^3} + \dfrac{2yz^2}{(1+xz)^3} > 0$ 没有极大值点. 所以最

大值一定在边界上取到. 当 $z = 0$ 时, $f(x,y,0) = x + y \leqslant 2 = f(1,1,0).$ 当 $z = 1$ 时

$f(x, y, 1)$ 的最大值也定在边界上取到, 由 x, y, z 的轮换对称性, 只需求 $f(1, 1, 1) = 1.5$. 所以 $\max f(x, y, z) = 2$.

例 59 设二元函数 $z = z(x, y)$ 是由方程 $z^5 - xz^4 + yz^3 = 1$ 确定的二阶可导隐函数, 求 $z''_{xy}(0, 0)$. (第十七届浙江省理工类, 2018)

解 将方程两端对 x 求偏导数, 得

$$5z^4 \frac{\partial z}{\partial x} - z^4 - 4xz^3 \frac{\partial z}{\partial x} + 3yz^2 \frac{\partial z}{\partial x} = 0. \qquad ①$$

再将方程两端对 y 求偏导数, 得

$$5z^4 \frac{\partial z}{\partial y} - 4xz^3 \frac{\partial z}{\partial y} + z^3 + 3yz^2 \frac{\partial z}{\partial y} = 0. \qquad ②$$

将 ① 式两端对 y 求偏导数, 得

$$2z \left(10z^2 - 6xz + 3y\right) \frac{\partial z}{\partial x} \frac{\partial z}{\partial y} + z^2 \left(5z^2 - 4xz + 3y\right) \frac{\partial^2 z}{\partial x \partial y} - 4z^3 \frac{\partial z}{\partial y} + 3z^2 \frac{\partial z}{\partial x} = 0. \qquad ③$$

将 $x = 0, y = 0$ 代入原方程, 得 $z|_{(0,0)} = 1$. 再将 $x = 0, y = 0, z = 1$ 代入 ① 和 ② 式, 得 $\left.\dfrac{\partial z}{\partial x}\right|_{(0,0)} = \dfrac{1}{5}$, $\left.\dfrac{\partial z}{\partial y}\right|_{(0,0)} = -\dfrac{1}{5}$, 再代入 ③, $\left.\dfrac{\partial^2 z}{\partial x \partial y}\right|_{(0,0)} = -\dfrac{3}{25}$.

例 60 讨论二元函数 $f(x, y) = \left(x^2 + y^2 - 6y + 10\right) \mathrm{e}^y$ 的极值情况. (第十七届浙江省理工类, 2018)

解 由二元函数极值的必要条件, 有

$$\frac{\partial f}{\partial x} = 2x\mathrm{e}^y = 0, \quad \frac{\partial f}{\partial y} = (x^2 + y^2 - 4y + 4)\mathrm{e}^y = 0,$$

从而驻点为 $(x, y) = (0, 2)$, $A = \dfrac{\partial^2 f}{\partial x^2} = 2\mathrm{e}^y|_{y=2} = 2\mathrm{e}^2$, $B = \dfrac{\partial^2 f}{\partial x \partial y} = 2x\mathrm{e}^y\left|_{\substack{x=0 \\ y=2}}\right. = 0$, $C = \dfrac{\partial^2 f}{\partial y^2} = (x^2 + y^2 - 2y)\mathrm{e}^y\left|_{\substack{x=0 \\ y=2}}\right. = 0$, $B^2 - AC = 0$, 但由于 $\dfrac{\partial f}{\partial y} = (x^2 + y^2 - 4y + 4)\mathrm{e}^y \geqslant 0$ 恒成立, 所以函数 $f(x, y) = \left(x^2 + y^2 - 6y + 10\right) \mathrm{e}^y$, 在点 $(x, y) = (0, 2)$ 沿平行于 y 轴方向一直单调递增, 所以点 $(x, y) = (0, 2)$ 不是函数 $f(x, y)$ 的极值点, 所以原函数 $f(x, y) = \left(x^2 + y^2 - 6y + 10\right) \mathrm{e}^y$ 不存在极值.

例 61 设由方程 $x + y + z = f\left(x^2 + y^2 + z^2\right)$ 确定函数 $z = z(x, y)$,

(1) 计算 $(y - z)\dfrac{\partial z}{\partial x} + (z - x)\dfrac{\partial z}{\partial y}$;

(2) 如果以 $\boldsymbol{n} = (a, b, c)$ 为法向量的平面与 $x + y + z = f\left(x^2 + y^2 + z^2\right)$ 交为圆, 求此法向量. (第十八届浙江省理工类, 2019)

解 (1) 由全微分形式的不变性, 得

$$\mathrm{d}x + \mathrm{d}y + \mathrm{d}z = \mathrm{d}f\left(x^2 + y^2 + z^2\right) = 2x \cdot f' \, \mathrm{d}x + 2y \cdot f' \, \mathrm{d}y + 2z \cdot f' \, \mathrm{d}z,$$

即 $\mathrm{d}z = \dfrac{2x \cdot f' - 1}{1 - 2z \cdot f'}\mathrm{d}x + \dfrac{2y \cdot f' - 1}{1 - 2z \cdot f'}\mathrm{d}y$, 然后令 $\mathrm{d}x = y - z, \mathrm{d}y = z - x$, 代入等式右边, 整理得

$$\frac{2x \cdot f' - 1}{1 - 2z \cdot f'}(y - z) + \frac{2y \cdot f' - 1}{1 - 2z \cdot f'}(z - x) = x - y.$$

(2) 当 $x + y + z = d$ 时, 则该平面与曲面的交线为 $\begin{cases} x + y + z = f\left(x^2 + y^2 + z^2\right), \\ x + y + z = d, \end{cases}$

即 $\begin{cases} d = f\left(x^2 + y^2 + z^2\right), \\ x + y + z = d, \end{cases}$ $d = f\left(x^2 + y^2 + z^2\right), x^2 + y^2 + z^2 = C$, 所以当取 $a = b = c$ 时的法向量交线为圆.

例 62 已知 $u = u(x, y)$ 由方程 $u = f(x, y, z, t), g(y, z, t) = 0, h(z, t) = 0$ 确定, 其中 f, g, h 都是可微函数, 求 $\dfrac{\partial u}{\partial x}, \dfrac{\partial u}{\partial y}$. (第五届江苏省理工类, 2000)

解 $\begin{cases} g_z \cdot z_y + g_t \cdot t_y = -g_y, \\ h_z \cdot z_y + h_t \cdot t_y = 0, \end{cases}$ 得 $z_y = \dfrac{-g_y h_t}{g_z h_t - g_t h_z}, \quad t_y = \dfrac{g_y h_z}{g_z h_t - g_t h_z} \dfrac{\partial u}{\partial x} = f_x,$

$\dfrac{\partial u}{\partial y} = f_y + f_z \cdot z_y + f_t \cdot t_y = f_y + f_z \cdot \dfrac{-g_y h_t}{g_z h_t - g_t h_z} + f_t \cdot \dfrac{g_y h_z}{g_z h_t - g_t h_z}.$

例 63 设 $f(x, y) = \begin{cases} y \arctan \dfrac{1}{\sqrt{x^2 + y^2}}, & (x, y) \neq (0, 0), \\ 0, & (x, y) = (0, 0), \end{cases}$ 讨论 $f(x, y)$ 在点

$(0, 0)$ 处连续性, 可偏导性? 可微性. (第六届江苏省理工类, 2002)

解 $\displaystyle\lim_{(x,y) \to (0,0)} f(x, y) = \lim_{(x,y) \to (0,0)} y \arctan \dfrac{1}{\sqrt{x^2 + y^2}} = 0 = f(0, 0)$, 所以 $f(x, y)$ 在点 $(0, 0)$ 处连续.

$f_x(0, 0) = \displaystyle\lim_{x \to 0} \dfrac{f(x, 0) - f(0, 0)}{x - 0} = 0, f_y(0, 0) = \lim_{y \to 0} \dfrac{f(0, y) - f(0, 0)}{y - 0} = \lim_{y \to 0} \arctan \dfrac{1}{\sqrt{y^2}} = \dfrac{\pi}{2},$

由

$$\lim_{(x,y) \to (0,0)} \frac{f(x, y) - f(0, 0) - f_x(0, 0)x - f_y(0, 0)y}{\sqrt{x^2 + y^2}}$$

$$= \lim_{(x,y) \to (0,0)} \frac{y \arctan \dfrac{1}{\sqrt{x^2 + y^2}} - \dfrac{\pi}{2}y}{\sqrt{x^2 + y^2}}$$

$$= \lim_{r \to 0^+} \left(\arctan \frac{1}{r} - \frac{\pi}{2}\right)\cos\theta = 0,$$

所 $f(x, y)$ 在点 $(0, 0)$ 处可微.

例 64 设由 $x = ze^{y+z}$ 确定 $z = z(x, y)$, 则计算 $\mathrm{d}z\big|_{(e,0)}$. (第八届江苏省理工类, 2006)

解 设 $F = ze^{y+z} - x$, 且当 $(x,y) = (e,0)$ 时, 有 $z = 1$, 由隐函数的偏导数公式得

$$\frac{\partial z}{\partial x} = -\frac{F_x}{F_z} = -\frac{-1}{(1+z)e^{y+z}} = \frac{1}{(1+z)e^{y+z}} = \frac{z}{(1+z)x},$$

同理可得 $\dfrac{\partial z}{\partial y} = -\dfrac{F_y}{F_z} = -\dfrac{z}{1+z}$, 所以 $\mathrm{d}z|_{(e,0)} = \dfrac{\partial z}{\partial x}\Big|_{(e,0)} \mathrm{d}x + \dfrac{\partial z}{\partial y}\Big|_{(e,0)} \mathrm{d}y = \dfrac{1}{2e}\mathrm{d}x - \dfrac{1}{2}\mathrm{d}y.$

例 65 若 $f(-1,0)$ 为函数 $f(x,y) = e^{-x}\left(ax + b - y^2\right)$ 的极大值, 求常数 a, b 满足的条件值. (第八届江苏省理工类, 2006)

解 由二元函数极值的必要条件知

$$f'_x(-1,0) = e^{-x}\left(-ax - b + y^2 + a\right)\big|_{(-1,0)} = e(2a - b) = 0,$$

$$f'_y(-1,0) = -2ye^{-x}\big|_{(-1,0)} = 0. \quad b = 2a,$$

又 $A = f''_{xx}\big|_{(-1,0)} = e(-3a + b)$, $B = f''_{xy}\big|_{(-1,0)} = 0$, $C = f''_{yy}\big|_{(-1,0)} = -2e$, 要使 $f(-1,0)$ 为其极大值, 必有 $AC - B^2 > 0, A < 0$, 即 $a > 0, b = 2a$, 又当 $AC - B^2 = 0$ $(a = 0, b = 0)$ 时, 有 $f(x,y) = -y^2e^{-x} \leqslant f(-1,0) = 0$, 此时 $f(-1,0)$ 也是极大值, 综上所述, 当 $a \geqslant 0, b = 2a$ 时, $f(-1,0)$ 为极大值.

例 66 函数 $u(x,y)$ 具有连续的二阶偏导数, 算子 A 定义为 $A(u) = x\dfrac{\partial u}{\partial x} + y\dfrac{\partial u}{\partial y}.$

(1) 求 $A(u - A(u))$;

(2) 利用结论 (1) 以 $\xi = \dfrac{y}{x}, \eta = x - y$ 为新的自变量改变方程 $x^2\dfrac{\partial^2 u}{\partial x^2} + 2xy\dfrac{\partial^2 u}{\partial x\partial y} + y^2\dfrac{\partial^2 u}{\partial y^2} = 0$ 的形式. (第九届江苏省理工类, 2008)

解 (1) 由于 $A(u) = x\dfrac{\partial u}{\partial x} + y\dfrac{\partial u}{\partial y}$, 所以

$$A(u - A(u)) = A\left(u - x\frac{\partial u}{\partial x} - y\frac{\partial u}{\partial y}\right)$$

$$= x\frac{\partial}{\partial x}\left(u - x\frac{\partial u}{\partial x} - y\frac{\partial u}{\partial y}\right) + y\frac{\partial}{\partial y}\left(u - x\frac{\partial u}{\partial x} - y\frac{\partial u}{\partial y}\right)$$

$$= x\left(-x\frac{\partial^2 u}{\partial x^2} - y\frac{\partial^2 u}{\partial y\partial x}\right) + y\frac{\partial}{\partial y}\left(-x\frac{\partial^2 u}{\partial x\partial y} - y\frac{\partial^2 u}{\partial y^2}\right)$$

$$= -\left(x^2\frac{\partial^2 u}{\partial x^2} + 2xy\frac{\partial^2 u}{\partial x\partial y} + y^2\frac{\partial^2 u}{\partial y^2}\right).$$

(2) $x^2\dfrac{\partial^2 u}{\partial x^2} + 2xy\dfrac{\partial^2 u}{\partial x\partial y} + y^2\dfrac{\partial^2 u}{\partial y^2} = 0 \Leftrightarrow A(u - A(u)) = 0$, 而

$$A(u) = x\frac{\partial u}{\partial x} + y\frac{\partial u}{\partial y} = x\left(\frac{\partial u}{\partial \xi}\cdot(-\frac{y}{x^2}) + \frac{\partial u}{\partial \eta}\right) + y\left(\frac{\partial u}{\partial \xi}\cdot\frac{1}{x} - \frac{\partial u}{\partial \eta}\right)$$

$$= (x - y)\frac{\partial u}{\partial \eta} = \eta\frac{\partial u}{\partial \eta},$$

故 $A(u - A(u)) = A\left(u - \eta\frac{\partial u}{\partial \eta}\right) = \eta\frac{\partial}{\partial \eta}\left(u - \eta\frac{\partial u}{\partial \eta}\right) = -\eta^2\frac{\partial^2 u}{\partial \eta^2}$, 所以

$$x^2\frac{\partial^2 u}{\partial x^2} + 2xy\frac{\partial^2 u}{\partial x \partial y} + y^2\frac{\partial^2 u}{\partial y^2} = 0 \Leftrightarrow \frac{\partial^2 u}{\partial \eta^2} = 0.$$

例 67 设函数 $f(x, y)$ 在平面区域 D 上可微, 线段 $\overline{PQ}$ 位于 D 内, 点 P, Q 的坐标分别为 $P(a, b)$, $Q(x, y)$, 求证: 在线段 $\overline{PQ}$ 上存在点 $M(\xi, \eta)$, 使得 $f(x, y) = f(a, b) + f_x'(\xi, \eta)(x - a) + f_y'(\xi, \eta)(y - b)$. (第十一届江苏省理工类, 2012)

证明 令 $F(t) = f(a + t(x - a), b + t(y - b))$, 则 $F(0) = f(a, b)$, $F(1) = f(x, y)$, $F(t)$ 在 $[0, 1]$ 上连续, 在 $(0, 1)$ 内可导, 用拉格朗日中值定理, 存在 $\theta \in (0, 1)$, 使得

$$F(1) - F(0) = F'(\theta)(1 - 0) = F'(\theta), \qquad (*)$$

因为

$$F'(t) = f_x'(a + t(x - a), b + t(y - b))(x - a) + f_y'(a + t(x - a), b + t(y - b))(y - b),$$

令 $\xi = a + \theta(x - a)$, $\eta = b + \theta(y - b)$, 点 $M(\xi, \eta)$ 显然位于线段 $\overline{PQ}$ 上, 所以 $F'(\theta) = f_y'(\xi, \eta)(x - a) + f_y'(\xi, \eta)(y - b)$, 代入 $(*)$ 式得

$$f(x, y) = f(a, b) + f_x'(\xi, \eta)(x - a) + f_y'(\xi, \eta)(y - b).$$

例 68 设函数 $f(x, y) = \begin{cases} \dfrac{x^2 y^2}{(x^2 + y^2)^{3/2}}, & x^2 + y^2 \neq 0, \\ 0, & x^2 + y^2 = 0, \end{cases}$ 问 $f(x, y)$ 在 $(0, 0)$ 点是否连续? 是否可微? 说明理由. (第十二届江苏省理工类, 2014)

解 令 $\begin{cases} r\cos\theta, \\ g = r\sin\theta, \end{cases}$ 则

$$\lim_{(x,y)\to(0,0)}\frac{x^2 y^2}{(x^2 + y^2)^{3/2}} = \lim_{r\to 0}\frac{r^4\sin^2\theta\cos^2\theta}{r^3} = 0 = f(0, 0),$$

故 $f(x, y)$ 在 $(0, 0)$ 连续. 又 $f_x'(0, 0) = \lim_{x\to 0}\dfrac{f(x, 0) - f(0, 0)}{x} = 0$,

$$f_y'(0, 0) = \lim_{y\to 0}\frac{f(0, y) - f(0, 0)}{y} = 0.$$

令 $\Delta w = f(x, y) - f(0, 0) - f_x'(0, 0)x - f_y'(0, 0)y$, 显然, $\Delta w = \dfrac{x^2 y^2}{(x^2 + y^2)^{3/2}}$. 由于

$\dfrac{\Delta w}{\rho} = \dfrac{x^2 y^2}{(x^2 + y^2)^2} \to \dfrac{k^2}{(1 + k^2)^2}(y = kx, x \to 0)$, 故 $\lim\limits_{(x,y)\to(0,0)}\dfrac{\Delta w}{\rho}$ 不存在, 从而 $f(x, y)$ 在 $(0, 0)$ 点不可微.

例 69 $f(x, y)$ 在点 $(2, -2)$ 处可微, 满足

$$f(\sin(xy) + 2\cos x, xy - 2\cos y) = 1 + x^2 + y^2 + o\left(x^2 + y^2\right),$$

这里 $o\left(x^2 + y^2\right)$ 表示比 $x^2 + y^2$ 为高阶无穷小 (当 $(x, y) \to (0, 0)$ 时), 试求曲面 $z = f(x, y)$ 在点 $(2, -2, f(2, -2))$ 处的切平面方程. (第十三届江苏省理工类, 2016)

解 因为 $f(x, y)$ 在点 $(2, -2)$ 处可微, 所以 $f(x, y)$ 在点 $(2, -2)$ 处连续, 又因 $\varphi(x, y) = \sin(xy) + 2\cos x, \psi(x, y) = xy - 2\cos y$ 在 $(0, 0)$ 处连续, 在原式中令 $(x, y) \to (0, 0)$ 得 $f(2, -2) = 1$. 因 $f(x, y)$ 在点 $(2, -2)$ 处可微, 所以 $f(x, y)$ 在点 $(2, -2)$ 处可偏导, 在原式中令 $y = 0$ 得 $f(2\cos x, -2) = 1 + x^2 + o\left(x^2\right)$, 应用偏导数的定义得

$$\begin{aligned}
f'_x(2, -2) &= \lim_{x \to 0} \frac{f(2 + (2\cos x - 2), -2) - f(2, -2)}{2\cos x - 2} \\
&= \lim_{x \to 0} \frac{f(2\cos x, -2) - 1}{-x^2} \\
&= \lim_{x \to 0} \frac{x^2 + o\left(x^2\right)}{-x^2} = -1,
\end{aligned}$$

在原式中令 $x = 0$, 得 $f(2, -2\cos y) = 1 + y^2 + o\left(y^2\right)$, 应用偏导数的定义得

$$\begin{aligned}
f'_y(2, -2) &= \lim_{y \to 0} \frac{f(2, -2 + (-2\cos y + 2)) - f(2, -2)}{-2\cos y + 2} \\
&= \lim_{y \to 0} \frac{f(2, -2\cos y) - 1}{y^2} = \lim_{y \to 0} \frac{y^2 + o\left(y^2\right)}{y^2} = 1.
\end{aligned}$$

因此曲面 $z = f(x, y)$ 在点 $(2, -2, 1)$ 处的切平面方程为

$$-f'_x(2, -2) \cdot (x - 2) - f'_y(2, -2) \cdot (y + 2) + 1 \cdot (z - 1) = 0,$$

化简得 $x - y + z = 5$.

例 70 求函数 $f(x, y) = 3(x - 2y)^2 + x^3 - 8y^3$ 的极值, 并证明 $f(0, 0) = 0$ 不是 $f(x, y)$ 的极值. (第十四届江苏省理工类, 2017)

解 首先求得函数的驻点为 $P_1(-4, 2), P_2(0, 0)$. 因为

$$A = \frac{\partial^2 f}{\partial x^2} = 6x + 6, \quad B = \frac{\partial^2 f}{\partial x \partial y} = -12, \quad C = \frac{\partial^2 f}{\partial y^2} = 24 - 48y.$$

在 P_1 处, $A = -18, B = -12, C = -72, B^2 - 4AC = -5040 < 0$, 所以 $f(-4, 2) = 64$ 为极大值.

在 P_2 处, $A = 6, B = -12, C = 24, B^2 - 4AC = 0$, 所以不能判定 $f(0, 0)$ 是否为极值.

下面用极值的定义来判断.

任取 $(0, 0)$ 的去心邻域 $\overset{\circ}{U}(0, \delta) = \left\{(x, y) \mid 0 < \sqrt{x^2 + y^2} < \delta\right\}$.

(1) 在 $y = 0$ 上, 取 $(x_n, y_n) = \left(\dfrac{1}{n}, 0\right)$ 当 n 充分大时, 显然有 $(x_n, y_n) \in U_\delta^0$, 并且
$$f(x_n, y_n) = \frac{1}{n^2}\left(3 + \frac{1}{n}\right) > 0.$$

(2) 在 $x = ky(0 < k < 2)$ 上, $f(ky, y) = (k^3 - 8)y^2\left(y - \dfrac{3(2-k)}{4 + 2k + k^2}\right)$, 故取 $y = \dfrac{4(2-k)}{4 + 2k + k^2}$ 时, $f(ky, y) < 0$, 即当取 $(x_k, y_k) = \left(\dfrac{4k(2-k)}{4 + 2k + k^2}, \dfrac{4(2-k)}{4 + 2k + k^2}\right)$ 时有 $f(x_k, y_k) < 0$. 因为 $\lim\limits_{k \to 2^-}(x_k, y_k) = (0, 0)$, 所以当 k 充分接近 2 时, $(x_k, y_k) \in \overset{\circ}{U}(0, \delta)$.

综上, 由 (1), (2) 可得, 在点 $(0, 0)$ 任意小的邻域内, 既存在点 (x_n, y_n), 使得 $f(x_n, y_n) > 0$, 又存在点 (x_1, y_1), 使得 $f(x_1, y_1) < 0$, 所以根据极值的定义, $f(0, 0) = 0$ 不是 $f(x, y)$ 的极值.

例 71 求极限 $\lim\limits_{\substack{x \to \infty \\ y \to \infty}} \dfrac{x^2 + xy + y^2}{x^4 + y^4} \cdot \sin(x^4 + y^4)$. (第十五届江苏省理工类, 2018)

解 应用不等式的性质得
$$\left|x^2 + xy + y^2\right| \leqslant x^2 + y^2 + 2|xy| \leqslant 2\left(x^2 + y^2\right), \quad x^4 + y^4 \geqslant 2x^2 y^2,$$
$$0 \leqslant \left|\frac{x^2 + xy + y^2}{x^4 + y^4} \cdot \sin(x^4 + y^4)\right| \leqslant \frac{2\left(x^2 + y^2\right)}{2x^2 y^2} = \frac{1}{y^2} + \frac{1}{x^2},$$

因为
$$\lim\limits_{\substack{x \to \infty \\ y \to \infty}}\left(\frac{1}{y^2} + \frac{1}{x^2}\right) = 0,$$

应用夹逼准则得 $\lim\limits_{\substack{x \to \infty \\ y \to \infty}} \dfrac{x^2 + xy + y^2}{x^4 + y^4} \cdot \sin(x^4 + y^4) = 0$.

注 此题用极坐标形式证明也可以, 利用无穷小与有界函数之积仍为无穷小可证.

例 72 证明: 当 $x \geqslant 0, y \geqslant 0$ 时, $\mathrm{e}^{x+y-2} \geqslant \dfrac{1}{12}\left(x^2 + 3y^2\right)$. (第十六届江苏省理工类, 2019)

证明 令 $f(x, y) = \left(x^2 + 3y^2\right)\mathrm{e}^{-(x+y)}$ $\left(f(x, y) = \left(x^2 + 3y^2\right)\mathrm{e}^{2-(x+y)}$ 亦可$\right)$, 由
$$\begin{cases} f'_x(x, y) = 2x\mathrm{e}^{-(x+y)} - \left(x^2 + 3y^2\right)\mathrm{e}^{-(x+y)} = 0, \\ f'_y(x, y) = 6y\mathrm{e}^{-(x+y)} - \left(x^2 + 3y^2\right)\mathrm{e}^{-(x+y)} = 0, \end{cases}$$
得驻点 $(0, 0), \left(\dfrac{3}{2}, \dfrac{1}{2}\right)$, 因为对任意 y, 都有
$$\lim\limits_{x \to +\infty} f(x, y) = \lim\limits_{x \to +\infty}\left(x^2 + 3y^2\right)\mathrm{e}^{-(x+y)} = 0.$$

对任意 x, 都有 $\lim\limits_{y \to +\infty} f(x, y) = \lim\limits_{y \to +\infty}\left(x^2 + 3y^2\right)\mathrm{e}^{-(x+y)} = 0$. 所以函数 $f(x, y)$ 只能在 $(0, 0), \left(\dfrac{3}{2}, \dfrac{1}{2}\right)$ 点、x 轴正向、y 轴正向上取到最大值. 在 x 轴正向上 $f(x, 0) = x^2\mathrm{e}^{-x}$,

由 $\dfrac{\mathrm{d}}{\mathrm{d}x}f(x,0) = (2x - x^2)\,\mathrm{e}^{-x} = 0$ 得 $x = 2$, 点 $(2,0)$ 可能是 $f(x,y)$ 的最大值点. 同理, 点 $(0,2)$ 也可能是 $f(x,y)$ 的最大值点. 又因为 $f(0,0) = 0$, $f\left(\dfrac{3}{2},\dfrac{1}{2}\right) = 3\mathrm{e}^{-2}$, $f(2,0) = 4\mathrm{e}^{-2}$, $f(0,2) = 12\mathrm{e}^{-2}$, 所以 $f_{\max} = 12\mathrm{e}^{-2}$, $f(x,y) = (x^2 + 3y^2)\,\mathrm{e}^{-(x+y)} \leqslant 12\mathrm{e}^{-2}$, 所以

$$\mathrm{e}^{x+y-2} \geqslant \frac{1}{12}\left(x^2 + 3y^2\right).$$

例 73 设 $z = f(x,y)$ 具有二阶连续偏导数, 满足等式 $6\dfrac{\partial^2 z}{\partial x^2} - \dfrac{\partial^2 z}{\partial x \partial y} - \dfrac{\partial^2 z}{\partial y^2} = 0$, 已知变换 $u = x - 3y, v = x + ay$ 把上述等式简化为 $\dfrac{\partial^2 z}{\partial u \partial v} = 0$.

(1) 求常数 a 的值;

(2) 写出 $z = f(x,y)$ 的表达式. (第十七届江苏省理工类, 2020)

解 (1) 由复合函数求导法则, 有

$$\frac{\partial z}{\partial x} = \frac{\partial z}{\partial u} + \frac{\partial z}{\partial v}, \quad \frac{\partial z}{\partial y} = -3\frac{\partial z}{\partial u} + a\frac{\partial z}{\partial v},$$

$$\frac{\partial^2 z}{\partial x^2} = \frac{\partial^2 z}{\partial u^2} + 2\frac{\partial^2 z}{\partial u \partial v} + \frac{\partial^2 z}{\partial v^2}, \quad \frac{\partial^2 z}{\partial x \partial y} = -3\frac{\partial^2 z}{\partial u^2} + \left(a\frac{\partial z}{\partial u \partial y} - 3\right)\frac{\partial^2 z}{\partial v \partial u} + a\frac{\partial^2 z}{\partial v^2},$$

$$\frac{\partial^2 z}{\partial y^2} = 9\frac{\partial^2 z}{\partial u^2} - 6a\frac{\partial^2 z}{\partial v \partial u} + a^2\frac{\partial^2 z}{\partial v^2}.$$

由 $6\dfrac{\partial^2 z}{\partial x^2} - \dfrac{\partial z}{\partial x \partial y} - \dfrac{\partial^2 z}{\partial y^2} = 0$, 得 $(15 + 5a)\dfrac{\partial^2 z}{\partial u \partial v} + \left(6 - a - a^2\right)\dfrac{\partial^2 z}{\partial v^2} = 0$, 从而得

$$5a + 15 \neq 0, 6 - a - a^2 = 0,$$

所以 $a = 2$.

(2) 对 $\dfrac{\partial^2 z}{\partial u \partial v} = 0$ 两端关于 u, v 求不定积分, 得

$$z = \varphi(u) + \phi(v) = \varphi(x - 3y) + \phi(x + ay).$$

例 74 求函数 $f(x,y) = x^2 + 12xy + 8y^2$ 在区域 $x^2 + 2y^2 \leqslant 6$ 上的最大值. (第十八届江苏省理工类, 2021)

解 在区域内部, 由 $\begin{cases} f_x'(x,y) = 2x + 12y = 0, \\ f_y'(x,y) = 12x + 16y = 0, \end{cases}$ 可得驻点为 $(0,0), f(0,0) = 0$. 在区域边界 $x^2 + 2y^2 = 6$ 上构造拉格朗日函数,

$$L(x, y, \lambda) = x^2 + 12xy + 8y^2 + \lambda\left(x^2 + 2y^2 - 6\right),$$

由 $\begin{cases} L_x = 2x + 12y + 2\lambda x = 0, \\ L_y = 12x + 16y + 4\lambda y = 0, \\ L_\lambda = x^2 + 2y^2 - 6 = 0 \end{cases}$ 可得, 驻点为 $(-\sqrt{2}, -\sqrt{2}), (\sqrt{2}, \sqrt{2}), (-2, 1), (2, -1),$

$f(-\sqrt{2}, -\sqrt{2}) = f(\sqrt{2}, \sqrt{2}) = 42, f(-2, 1) = f(2, -1) = -12$, 所以 $f(x, y)$ 在点 $(-\sqrt{2}, -\sqrt{2})$ 和 $(\sqrt{2}, \sqrt{2})$ 处取得最大值 42.

例 75 计算曲线 $\begin{cases} z = x^2 + y^2, \\ x + y + z = 1 \end{cases}$ 上的点到原点的最大距离. (四川大学非数学类, 2019)

解 令拉格朗日函数为 $L = x^2 + y^2 + z^2 + \lambda(x^2 + y^2 - z) + \mu(x + y + z - 1)$, 并

令 $\begin{cases} \dfrac{\partial L}{\partial x} = 2x + 2\lambda x + \mu = 0, \\[2mm] \dfrac{\partial L}{\partial y} = 2y + 2\lambda y + \mu = 0, \\[2mm] \dfrac{\partial L}{\partial z} = 2z - \lambda + \mu = 0, \\[2mm] z = x^2 + y^2, \\ x + y + z = 1, \end{cases}$ 解得 $x = \pm\dfrac{\sqrt{3}}{2} - \dfrac{1}{2}, y = \pm\dfrac{\sqrt{3}}{2} - \dfrac{1}{2}, z = 2 \mp \sqrt{3}$, 代入

并比较函数值 $\sqrt{x^2 + y^2 + z^2}$, 得距离最大值为 $\sqrt{9 + 5\sqrt{3}}$.

九、模拟导训

1. 设函数 $u(x, y)$ 的所有二阶偏导数都连续, $\dfrac{\partial^2 u}{\partial x^2} = \dfrac{\partial^2 u}{\partial y^2}$ 且 $u(x, 2x) = x$, $u'_1(x, 2x) = x^2$, 求 $u''_{11}(x, 2x)$.

2. 在具有已知周长 $2p$ 的三角形中, 怎样的三角形面积最大?

3. 设 $u = f(x, y, z), \phi(x^2, y, z) = 0, y = \sin x$, 其中 f, ϕ 具有连续的一阶偏导数, 且 $\dfrac{\partial \phi}{\partial z} \neq 0$, 求 $\dfrac{\mathrm{d}u}{\mathrm{d}x}$.

4. 求 $f(x, y) = x^2 + 2x^2 y + y^2$ 在 $S = \{(x, y) \mid x^2 + y^2 = 1\}$ 上的最大值与最小值.

5. 设变换 $\begin{cases} u = x + a\sqrt{y} \\ v = x + 2\sqrt{y} \end{cases}$ 把方程 $\dfrac{\partial^2 z}{\partial x^2} - y\dfrac{\partial^2 z}{\partial y^2} - \dfrac{1}{2}\dfrac{\partial z}{\partial y} = 0$ 化为 $\dfrac{\partial^2 z}{\partial u \partial y} = 0$, 试确定 a.

6. 在椭球面 $2x^2 + 2y^2 + z^2 = 1$ 上求一点, 是函数 $f(x, y, z) = x^2 + y^2 + z^2$ 在该点沿方向 $\boldsymbol{l} = \boldsymbol{i} - \boldsymbol{j}$ 的方向导数最大.

7. 设 $z = f\left(xy, \dfrac{x}{y}\right) + g\left(\dfrac{y}{x}\right)$, 其中 f 具有二阶连续偏导数, g 具有二阶连续导数, 求 $\dfrac{\partial^2 z}{\partial x^2}, \dfrac{\partial^2 z}{\partial x \partial y}$.

8. 设二元函数 $u(x, y)$ 在有界闭区域 D 上可微, 在 D 的边界曲线上 $u(x, y) = 0$, 并满足 $\dfrac{\partial u}{\partial x} + \dfrac{\partial u}{\partial y} = u(x, y)$, 求 $u(x, y)$ 的表达式.

9. 设 $f(u, v)$ 有一阶连续偏导数, $z = f(x^2 - y^2, \cos(xy)), x = r\cos\theta, y = r\sin\theta$, 证明: $\dfrac{\partial z}{\partial r}\cos\theta - \dfrac{1}{r}\dfrac{\partial z}{\partial \theta}\sin\theta = 2x\dfrac{\partial z}{\partial u} - y\dfrac{\partial z}{\partial v}\sin(xy)$.

10. 设二元函数 $z = z(x, y)$ 具有二阶连续偏导数, 证明: $\dfrac{\partial^2 z}{\partial x^2} + 2\dfrac{\partial^2 z}{\partial x \partial y} + \dfrac{\partial^2 z}{\partial y^2} = 0$

可经过变量代换 $u = x + y, v = x - y, w = xy - z$ 化为等式 $2\dfrac{\partial^2 w}{\partial u^2} - 1 = 0$.

11. 求 λ 的值, 使两曲面 $xyz = \lambda$ 与 $\dfrac{x^2}{a^2} + \dfrac{y^2}{b^2} + \dfrac{z^2}{c^2} = 1$ 在第一卦限内相切, 并求出在切点处两曲面的公共切平面方程.

12. 在椭球面 $\dfrac{x^2}{a^2} + \dfrac{y^2}{b^2} + \dfrac{z^2}{c^2} = 1$ 上求一切平面, 它在坐标轴的正半轴截取相等的线段.

13. 设二元函数 $u(x, y)$ 具有二阶偏导数, 且 $u(x, y) \neq 0$, 证明 $u(x, y) = f(x) g(y)$ 的充要条件为 $u\dfrac{\partial^2 u}{\partial x \partial y} = \dfrac{\partial u}{\partial x} \cdot \dfrac{\partial u}{\partial y}$.

14. 设 $z = z(x, y)$ 是由 $z + \mathrm{e}^z = xy$ 所确定的二元函数, 求 $\dfrac{\partial^2 z}{\partial x^2}, \dfrac{\partial^2 z}{\partial x \partial y}$.

15. 试求 $f(x, y) = ax^2 + 2bxy + cy^2$ 在 $x^2 + y^2 \leqslant 1$ 上的最大值, 最小值, 其中 $a, b, c > 0, b^2 - ac > 0$.

16. 设以 u, v 为参数的方程组 $\begin{cases} x = u + \mathrm{e}^{u+v}, \\ y = u + v, \\ z = \mathrm{e}^{u-v} \end{cases}$ 确定函数 $z = f(x, y)$, 求曲面 $z = f(x, y)$ 在 $u = 1, v = -1$ 处的切平面和法线方程.

17. 通过 $\begin{cases} x = \mathrm{e}^u, \\ y = \mathrm{e}^v, \end{cases}$ 变换方程 $2x^2\dfrac{\partial z^2}{\partial x^2} + xy\dfrac{\partial z^2}{\partial x \partial y} + y^2\dfrac{\partial^2 z}{\partial y^2} = 0$.

18. 求由方程 $x^2 + y^2 + z^2 - 2x + 2y - 4z = 10$ 所确定的函数 $z = f(x, y)$ 的极值.

19. 求函数 $z = \dfrac{1}{13}(2x + 3y - 6)^2$ 在约束条件 $x^2 + 4y^2 = 4$ 下的极大值和极小值.

20. 设 $\begin{cases} z = ux + y\varphi(u) + \phi(u), \\ 0 = x + y\varphi'(u) + \phi'(u), \end{cases}$ 其中函数 $u = u(x, y)$ 具有二阶连续偏导数, 求证: $\dfrac{\partial^2 z}{\partial x^2} \cdot \dfrac{\partial^2 z}{\partial y^2} - \dfrac{\partial^2 z}{\partial x \partial y} = 0$.

21. 函数 $u = f(x, y, z)$ 具有二阶连续偏导数, 且满足条件① : $\dfrac{f_x}{x} = \dfrac{f_y}{y} = \dfrac{f_z}{z}$,

(1) 证明在球坐标系下, 即 $\begin{cases} x = r\sin\varphi\cos\theta, \\ y = r\sin\varphi\sin\theta, \\ z = r\cos\varphi, \end{cases}$ u 仅依赖于 r, 而与 θ 和 φ 无关;

(2) 若函数 u 除满足条件① 外, 还满足方程 $\dfrac{\partial^2 u}{\partial x^2} + \dfrac{\partial^2 u}{\partial y^2} + \dfrac{\partial^2 u}{\partial z^2} = 0$, 求 u 的表达式.

22. 设函数 $f(u)$ 具有连续导数, 且 $z = f(\mathrm{e}^x \cos y)$ 满足

$$\cos y \dfrac{\partial z}{\partial x} - \sin y \dfrac{\partial z}{\partial y} = (4z + \mathrm{e}^x \cos y)\mathrm{e}^x,$$

若 $f(0) = 0$, 求 $f(u)$ 的表达式.

23. 已知函数 $f(x, y) = x + y + xy$, 曲线 $C : x^2 + y^2 + xy = 3$, 求 $f(x, y)$ 在曲线 C 上的最大方向导数.

24. 设 $z = xf\left(\dfrac{y}{x}\right) + 2yf\left(\dfrac{x}{y}\right)$, 其中 $f(x)$ 二阶可导, 且

$$\left.\frac{\partial^2 z}{\partial x \partial y}\right|_{x=a} = -by^2, \quad a > 0, b > 0,$$

求 $f(x)$.

25. 设函数 $u = f(r)$, 其中 $r = \ln\sqrt{x^2 + y^2 + z^2}$, 满足方程 $\dfrac{\partial^2 u}{\partial x^2} + \dfrac{\partial^2 u}{\partial y^2} + \dfrac{\partial^2 u}{\partial z^2} = \left(x^2 + y^2 + z^2\right)^{-\frac{3}{2}}$, 试求 $f(r)$ 的表达式.

26. 设函数 $f(x, y)$ 可微, 且满足 $f(tx, ty) = t^2 f(x, y)$, 点 $P(1, -2, 2)$ 是曲面 Σ : $z = f(x, y)$ 上的一定点. 若 $\left.\dfrac{\partial f}{\partial x}\right|_{(1, -2)} = 4$, 求 Σ 在点 P 处的法线方程.

27. 设 $u = f(r)$, $r = \sqrt{x^2 + y^2 + z^2}$, 其中 f 具有连续的二阶导数, 且

$$\lim_{x \to 1} \frac{\ln[1 + f(x)]}{x - 1} = 1,$$

试求函数 $f(r)$ 使得 $\dfrac{\partial^2 u}{\partial x^2} + \dfrac{\partial^2 u}{\partial y^2} + \dfrac{\partial^2 u}{\partial z^2} = 0$.

模拟导训
参考解答

第七章

多元函数积分学

一、竞赛大纲逐条解读

1. 二重积分和三重积分的概念及性质、二重积分的计算 (直角坐标、极坐标)、三重积分的计算 (直角坐标、柱面坐标、球面坐标)

[解读] 二重积分中, 交换积分次序、直角坐标与极坐标之间的转换, 利用奇偶对称性和轮换对称性求解抽象函数的积分需要重点掌握, 本章内容中非数学 B 类只考察二重积分的计算, 其余均不作为考察内容. 三重积分直角坐标系中的切片法、悬针法需要掌握, 非数学 A 类的考生重点掌握球坐标和柱坐标系下的三重积分的计算以及积分中值定理.

2. 两类曲线积分的概念、性质及计算、两类曲线积分的关系

[解读] 第一类 (对弧长) 曲线积分一般考察填空题, 处理此类问题的步骤是: 代边界、利用奇偶对称性略去奇函数, 再利用弧长进行计算. 第二类 (对坐标) 曲线积分, 大家要理解它的物理意义 (变力做功), 这类积分需要注意积分的起点和终点 (即参数的取值范围).

3. 格林 (Green) 公式、平面曲线积分与路径无关的条件、已知二元函数全微分求原函数

[解读] 格林公式、平面曲线积分与路径无关的条件、已知二元函数全微分求原函数是非数学 A 类每年必考的知识点, 一般以填空题或者解答题出现, 经常和微分方程相结合进行考察. 考生应注意格林公式所应用的条件: 闭路径、正方向、存在一阶连续偏导数, 这类问题还可能利用挖洞法进行处理 (去除其中的奇点).

4. 两类曲面积分的概念、性质及计算、两类曲面积分的关系

[解读] 两类曲面积分之间的关系, 在往届竞赛中考过解答题, 在具体计算中, 将第二类曲面积分转化为第一类曲面积分进行计算, 此类问题一般积分区域是一个单位球面.

5. 高斯 (Gauss) 公式、斯托克斯 (Stokes) 公式、散度和旋度的概念及计算

[解读] 高斯公式在初赛中出现概率较大, 主要是将一个第二类曲面积分转化为三重积分进行计算, 经常需要补面进行处理. 斯托克斯公式一般在计算空间中的第二类曲线积分时会用到, 初赛中出现频率较低, 决赛中有可能进行考察. 散度和旋度的概念及计算在往届竞赛中并未考察过.

6. 重积分、曲线积分和曲面积分的应用 (平面图形的面积、立体图形的体积、曲面面积、弧长、质量、质心、转动惯量、引力、功及流量等)

[解读] 重积分的应用中, 转动惯量、引力、质心、平面 (或曲面) 的质量问题, 往届竞赛题目中均有所考察, 此类问题需要注意是应用哪一类积分形式, 重点需要关注的是

积分区域是个曲面还是立体区域、另外需要大家掌握具体的计算公式, 如转动惯量、质心、弧长、曲面面积等.

二、内容思维导图

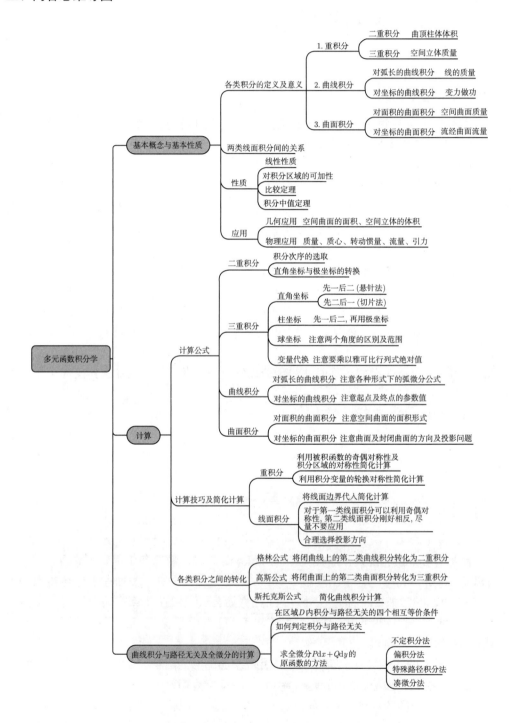

三、考点分布及分值

全国大学生数学竞赛初赛 (非数学类) 多元函数积分学中的考点分布及分值

章节	届次	考点及分值
多元函数积分学	第一届初赛 (20 分)	第一题: (1) 换元法求解二重积分 (5 分)
		第四题: 曲线积分相关证明 (15 分)
	第二届初赛 (30 分)	第五题: 转动惯量的计算及最值 (15 分)
		第六题: 闭路径上的曲线积分 (15 分)
	第三届初赛 (21 分)	第一题: (3) 分区域二重积分的计算 (6 分)
		第六题: 第一类曲面积分的证明 (15 分)
	第四届初赛 (18 分)	第一题: (4) 第二类曲线积分 (6 分)
		第六题: 三重积分 (12 分)
	第五届初赛 (28 分)	第五题: 第二类曲面积分与高斯公式 (14 分)
		第六题: 第二类曲线积分 (14 分)
	第六届初赛 (14 分)	第四题: 第二类曲面积分 (14 分)
	第七届初赛 (22 分)	第一题: (3) 空间区域的体积计算 (6 分)
		第六题: 施瓦茨不等式证明二重积分 (16 分)
	第八届初赛 (14 分)	第三题: 三重积分的计算 (14 分)
	第九届初赛 (21 分)	第一题: (6) 三重积分的计算 (7 分)
		第三题: 第二类曲线积分 (14 分)
	第十届初赛 (20 分)	第二题: 积分与路径无关求函数 (8 分)
		第四题: 三重积分的计算 (12 分)
	第十一届初赛 (28 分)	第二题: 三重积分的计算 (14 分)
		第四题: 二重积分的计算 (14 分)
	第十二届初赛 (18 分)	第一题: (4) 计算二重积分 (6 分)
		第五题: 计算第二类曲线积分 (12 分)
	第十三届初赛 (20 分)	第一题: (5) 利用对称性计算二重积分 (6 分)
		第四题: 利用齐次函数计算曲面积分 (14 分)
	第十四届初赛 (28 分)	第三题: 二重积分、格林公式与极限 (14 分)
		第四题: 曲面积分、高斯公式与微分方程 (14 分)
	第十四届初赛补赛-1(20 分)	第一题: (4) 利用极坐标计算二重积分 (6 分)
		第五题: 空间中计算第二类曲线积分 (14 分)
	第十四届初赛补赛-2(20 分)	第一题: (5) 均匀曲面的重心坐标 (6 分)
		第五题: 平面上关于抽象函数的第二类曲线积分的计算 (14 分)
	第十五届初赛 A 类 (20 分)	第一题: (5) 第一类曲面积分的计算 (6 分)
		第三题: 空间曲面所围成立体的体积 (14 分)
	第十五届初赛 B 类 (6 分)	第一题: (5) 交换积分次序计算二重积分 (6 分)
	第十六届初赛 A 类 (20 分)	第一题: (5) 利用格林公式并由挖洞法计算第二类曲线积分 (6 分)
		第四题: 利用高斯公式 (补面) 计算第二类曲面积分 (14 分)

全国大学生数学竞赛决赛 (非数学类) 多元函数积分学中的考点分布及分值

章节	届次	考点及分值
多元函数积分学	第一届决赛 (5 分)	第一题: (2) 第二类曲面积分的计算 (5 分)
	第二届决赛 (16 分)	第五题: 第一类曲面积分的计算 (16 分)
	第三届决赛 (34 分)	第一题: (5) 二重积分的应用 (6 分)
		第四题: 转动惯量及其最值问题 (16 分)
		第五题: 第二类曲线积分 (12 分)
	第四届决赛 (30 分)	第二题: 曲面与质点间的引力问题 (15 分)
		第五题: 二重积分的计算 (15 分)
	第五届决赛 (22 分)	第四题: 二重积分的积分法 (10 分)
		第五题: 第二类曲面积分的计算 (12 分)

续表

章节	届次	考点及分值
多元函数 积分学	第六届决赛 (20 分)	第一题: (5) 第二类曲线积分的计算 (5 分)
		第六题: 二重积分的相关计算及应用 (15 分)
	第七届决赛 (34 分)	第一题: (2) 二重积分的计算 (6 分)
		第三题: 二重积分的相关证明 (14 分)
		第六题: 第二类曲面积分的相关应用 (14 分)
	第八届决赛 (20 分)	第一题: (5) 旋转曲面的面积计算 (6 分)
		第四题: 三重积分的相关计算 (14 分)
	第九届决赛 (12 分)	第六题: 二重积分的相关证明 (12 分)
	第十届决赛 (18 分)	第一题: (3) 第二类曲线积分的计算 (6 分)
		第四题: 三重积分的计算 (12 分)
	第十一届决赛 (12 分)	第六题: 三重积分的相关证明 (12 分)
	第十二届决赛 (6 分)	第一题: (3) 第一类曲线积分的计算 (6 分)
	第十三届决赛 (18 分)	第一题: (5) 平面薄片的质量 (6 分)
		第三题: 第二类曲面积分的计算 (12 分)
	第十四届决赛 (24 分)	第三题: 积分与路径无关解微分方程 (12 分)
		第四题: 空间立体区域的体积 (12 分)
	第十五届决赛 (12 分)	第四题: 空间立体区域的体积 (12 分)

四、内容点睛

章节	专题	内容
多元函数积分学	二重积分	直角坐标系下交换积分次序
		直角坐标与极坐标的转换
		利用奇偶性和轮换对称性简化二重积分
		变量代换法求解二重积分
	三重积分	利用直角坐标计算
		利用柱坐标计算
		利用求坐标计算
		变量代换法求解三重积分
	曲线积分	第一类曲线积分
		第二类曲线积分: 做功问题
		两类曲线积分间的关系
		格林公式、积分与路径无关
		已知二元函数全微分求原函数
		斯托克斯公式、环量和旋度
	曲面积分	第一类曲面积分
		第二类曲面积分
		两类曲面积分间的关系
		高斯公式、通量与散度

五、内容详情

1. 二重积分

1) 二重积分的概念

设二元函数 $f(x,y)$ 定义在有界闭区域 D 上, 则二重积分

$$\iint\limits_{D} f(x,y)\mathrm{d}\sigma = \lim_{\lambda \to 0} \sum_{i=1}^{n} f(\xi_i, \eta_i)\Delta\sigma_i.$$

注 (1) 二重积分的存在性, 也称二元函数的可积性, 设平面有界闭区域 D 由一条或几条逐段光滑闭曲线围成, 当 $f(x,y)$ 在 D 上连续时, 或者 $f(x,y)$ 在 D 上有界, 且在 D 除了有限个点和有限条光滑曲线外都是连续的, 则 $f(x,y)$ 在 D 上可积.

(2) 极限存在与 D 的分割方式无关.

(3) 几何意义曲顶柱体的体积 $V = \iint\limits_{D} f(x,y)\mathrm{d}\sigma \ (f(x,y) \geqslant 0)$.

2) 二重积分的性质

(1) 区域面积 $\iint\limits_{D} \mathrm{d}\sigma = A$, 其中 A 为区域 D 的面积.

(2) 可积函数必有界: 当 $f(x,y)$ 在闭区域 D 上可积时, 则 $f(x,y)$ 在 D 上必有界.

(3) 线性性质: $\iint\limits_{D} [k_1 f(x,y) \pm k_2 g(x,y)]\mathrm{d}\sigma = k_1 \iint\limits_{D} f(x,y)\mathrm{d}\sigma + k_2 \iint\limits_{D} g(x,y)\mathrm{d}\sigma$, k_1, k_2 为常数.

(4) 可加性: $\iint\limits_{D} f(x,y)\mathrm{d}\sigma = \iint\limits_{D_1} f(x,y)\mathrm{d}\sigma + \iint\limits_{D_2} f(x,y)\mathrm{d}\sigma$ (其中 $D = D_1 \cup D_2$).

(5) 保号性: 若在 D 上 $f(x,y) \leqslant g(x,y)$, 则 $\iint\limits_{D} f(x,y)\mathrm{d}\sigma \leqslant \iint\limits_{D} g(x,y)\mathrm{d}\sigma$; 特殊地, 有 $\left| \iint\limits_{D} f(x,y)\mathrm{d}\sigma \right| \leqslant \iint\limits_{D} |f(x,y)|\mathrm{d}\sigma$.

(6) 估值定理: 设 $M = \max\limits_{D} f(x,y)$, $m = \min\limits_{D} f(x,y)$, D 的面积为 σ, 则有

$$m\sigma \leqslant \iint\limits_{D} f(x,y)\mathrm{d}\sigma \leqslant M\sigma.$$

(7) 二重积分中值定理: 设函数 $f(x,y)$ 在闭区域 D 上连续, D 的面积为 σ, 则至少存在一点 $(\xi, \eta) \in D$, 使得 $\iint\limits_{D} f(x,y)\mathrm{d}\sigma = f(\xi, \eta) \cdot \sigma$.

3) 二重积分的计算

(1) 直角坐标系计算法.

(i) X 型: $D = \{(x,y) \mid \phi_1(x) \leqslant y \leqslant \phi_2(x), a \leqslant x \leqslant b\}$, $\phi_1(x), \phi_2(x)$ 在 $[a,b]$ 上连续, 则 $\iint\limits_{D} f(x,y)\mathrm{d}\sigma = \int_a^b \mathrm{d}x \int_{\phi_1(x)}^{\phi_2(x)} f(x,y)\mathrm{d}y$.

(ii) Y 型: $D = \{(x,y) \mid \psi_1(y) \leqslant x \leqslant \psi_2(y), \ c \leqslant y \leqslant d\}$, $\psi_1(y), \psi_2(y)$ 在 $[c,d]$ 上连续, 则 $\iint\limits_{D} f(x,y)\mathrm{d}\sigma = \int_c^d \mathrm{d}y \int_{\psi_1(y)}^{\psi_2(y)} f(x,y)\mathrm{d}x$.

(2) 极坐标系计算法.

$D = \{(r, \theta) \,|\, \varphi_1(\theta) \leqslant r \leqslant \varphi_2(\theta), \alpha \leqslant \theta \leqslant \beta\}$, 其中 $\varphi_1(\theta), \varphi_2(\theta)$ 在 $[\alpha, \beta]$ 上连续, 则

$$\iint\limits_{D} f(x, y)\mathrm{d}\sigma = \iint\limits_{D} f(r\cos\theta, r\sin\theta)\, r\mathrm{d}r\mathrm{d}\theta = \int_{\alpha}^{\beta} \mathrm{d}\theta \int_{\varphi_1(\theta)}^{\varphi_2(\theta)} f(r\cos\theta, r\sin\theta)r\mathrm{d}r.$$

注 X 型、Y 型和极坐标的相互转化有时可方便解题.

4) 二重积分的对称性

记 D_1 为其对称区域的一半.

(1) 若 D 关于 x 轴对称, 则

$$\iint\limits_{D} f(x, y)\mathrm{d}\sigma = \begin{cases} 0, & f(x, -y) = -f(x, y), \\ 2\iint\limits_{D_1} f(x, y)\mathrm{d}\sigma, & f(x, -y) = f(x, y); \end{cases}$$

(2) 若 D 关于 y 轴对称, 则

$$\iint\limits_{D} f(x, y)\mathrm{d}\sigma = \begin{cases} 0, & f(-x, y) = -f(x, y), \\ 2\iint\limits_{D_1} f(x, y)\mathrm{d}\sigma, & f(-x, y) = f(x, y); \end{cases}$$

(3) 若 D 关于原点对称, 则

$$\iint\limits_{D} f(x, y)\mathrm{d}\sigma = \begin{cases} 0, & f(-x, -y) = -f(x, y), \\ 2\iint\limits_{D_1} f(x, y)\mathrm{d}\sigma, & f(-x, -y) = f(x, y); \end{cases}$$

(4) (轮换对称性) 若 D 关于 $y = x$ 对称, 则有 $\iint\limits_{D} f(x, y)\mathrm{d}\sigma = \iint\limits_{D} f(y, x)\mathrm{d}\sigma$; 若 $y = x$ 将 D 分成 D_1, D_2 两部分, 则有 $\iint\limits_{D_1} f(x, y)\mathrm{d}\sigma = \iint\limits_{D_2} f(y, x)\mathrm{d}\sigma.$

2. 三重积分

1) 三重积分的概念

设三元函数 $f(x, y, z)$ 定义在三维有界空间区域 Ω 上, 则三重积分

$$\iiint\limits_{\Omega} f(x, y, z)\mathrm{d}v = \lim_{\lambda \to 0} \sum_{i=1}^{n} f(\xi_k, \eta_k, \zeta_k)\Delta v_i.$$

2) 三重积分的性质

(1) 区域体积 $\iiint\limits_{\Omega} \mathrm{d}v = V$, 其中 V 为区域 Ω 的体积.

(2) 可积函数必有界: 当 $f(x, y, z)$ 在闭区域 Ω 上可积时, 则 $f(x, y, z)$ 在 Ω 上必有界.

(3) 线性性质:

$$\iiint\limits_{\Omega} [k_1 f(x,y,z) \pm k_2 g(x,y,z)] \,\mathrm{d}v = k_1 \iiint\limits_{\Omega} f(x,y,z)\mathrm{d}v + k_2 \iiint\limits_{\Omega} g(x,y,z)\mathrm{d}v,$$

k_1, k_2 为常数.

(4) 可加性: $\displaystyle\iiint\limits_{\Omega} f(x,y,z)\mathrm{d}v = \iiint\limits_{\Omega_1} f(x,y,z)\mathrm{d}v + \iiint\limits_{\Omega_2} f(x,y,z)\mathrm{d}v$ (其中 $\Omega = \Omega_1 \cup \Omega_2$).

(5) 保号性: 若 $f(x,y,z) \leqslant g(x,y,z)$, 则 $\displaystyle\iiint\limits_{\Omega} f(x,y,z)\mathrm{d}v \leqslant \iiint\limits_{\Omega} g(x,y,z)\mathrm{d}v$; 特殊地, 有 $\displaystyle\left| \iiint\limits_{\Omega} f(x,y,z)\mathrm{d}v \right| \leqslant \iiint\limits_{\Omega} |f(x,y,z)| \,\mathrm{d}v.$

(6) 估值定理: 设 $M = \max\limits_{\Omega} f(x,y,z)$, $m = \min\limits_{\Omega} f(x,y,z)$, Ω 的体积为 V, 则有

$$mV \leqslant \iiint\limits_{\Omega} f(x,y,z)\mathrm{d}v \leqslant MV.$$

(7) 三重积分中值定理: 设函数 $f(x,y)$ 在闭区域 Ω 上连续, Ω 的体积为 V, 则至少存在一点 $(\xi, \eta, \zeta) \in \Omega$, 使得 $\displaystyle\iiint\limits_{\Omega} f(x,y,z)\mathrm{d}v = f(\xi, \eta, \zeta) \cdot V.$

3) 三重积分的计算

(1) 坐标平面投影法 (先一后二) $\Omega = \big\{ (x,y,z) \,\big|\, z_1(x,y) \leqslant z \leqslant z_2(x,y), (x,y) \in D_{xy} \big\}$, 则 $\displaystyle\iiint\limits_{\Omega} f(x,y,z)\mathrm{d}v = \iint\limits_{D} \mathrm{d}x\mathrm{d}y \int_{z_1(x,y)}^{z_2(x,y)} f(x,y,z)\mathrm{d}z$;

(2) 坐标轴投影法 (先二后一, 切片法) $\Omega = \{(x,y,z) \,|\, (x,y) \in D_z,\ a \leqslant z \leqslant b\}$,

$$\iiint\limits_{\Omega} f(x,y,z)\mathrm{d}v = \int_a^b \iint\limits_{D_z} f(x,y,z)\mathrm{d}x\mathrm{d}y\mathrm{d}z = \int_a^b \mathrm{d}z \iint\limits_{D_z} f(x,y,z)\mathrm{d}x\mathrm{d}y;$$

(3) 柱面坐标法 "直角坐标系 + 极坐标系", $x = \rho\cos\theta$, $y = \rho\sin\theta$, $z = z$, 其中

$$0 \leqslant \rho < +\infty, \quad 0 \leqslant \theta \leqslant 2\pi, \quad -\infty < z < +\infty,$$

$$\iiint\limits_{\Omega} f(x,y,z)\mathrm{d}v = \iiint\limits_{\Omega} f(\rho\cos\theta, \rho\sin\theta, z)\rho\mathrm{d}\rho\mathrm{d}\theta\mathrm{d}z;$$

(4) 球坐标计算法: $x = r\sin\varphi\cos\theta$, $y = r\sin\varphi\sin\theta$, $z = r\cos\varphi$, 其中

$$0 \leqslant r < +\infty, \quad 0 \leqslant \theta \leqslant 2\pi, \quad 0 \leqslant \varphi \leqslant \pi,$$

$$\iiint\limits_{\Omega} f(x,y,z)\mathrm{d}v = \iiint\limits_{\Omega} f(r\sin\varphi\cos\theta, r\sin\varphi\sin\theta, r\cos\varphi)r^2\sin\varphi\mathrm{d}r\mathrm{d}\varphi\mathrm{d}\theta.$$

4) 三重积分的对称性

(1) 若 Ω 关于 xOy 平面对称, 则

$$
\iiint\limits_{\Omega} f(x,y,z)\mathrm{d}v = \begin{cases} 0, & f(x,y,-z) = -f(x,y,z), \\ 2\iiint\limits_{\Omega_1} f(x,y,z)\mathrm{d}v, & f(x,y,-z) = f(x,y,z), \end{cases}
$$

Ω_1 为对称区域的一半. 同理于 Ω 关于 yOz 平面对称和 xOz 平面对称.

(2) 轮换对称性: 若 Ω 关于 x,y,z 具有轮换对称性 (即若 $(x,y,z) \in \Omega$, 则将 x,y,z 互换后的点也属于 Ω), 则被积函数中的自变量可以任意轮换而不改变积分值

$$
\iiint\limits_{\Omega} f(x,y,z)\mathrm{d}v = \iiint\limits_{\Omega} f(y,x,z)\mathrm{d}v = \iiint\limits_{\Omega} f(y,z,x)\mathrm{d}v.
$$

5) 换元法技巧

以尽可能简便积分区域为出发点, 再参考被积函数的特征. 如球体用球坐标、锥体用柱坐标等, 微分元换算利用雅可比行列式.

$$
\iint\limits_{D} f(x,y)\,\mathrm{d}x\mathrm{d}y = \iint\limits_{D^*} f[x(u,v),y(u,v)]\left|\frac{\partial(x,y)}{\partial(u,v)}\right|\mathrm{d}u\mathrm{d}v,
$$

$$
\iiint\limits_{\Omega} f(x,y,z)\,\mathrm{d}x\mathrm{d}y\mathrm{d}z = \iiint\limits_{\Omega^*} f[x(u,v,w),\xi(u,v,w)]\left|\frac{\partial(x,y,z)}{\partial(u,v,w)}\right|\mathrm{d}u\mathrm{d}v\mathrm{d}w,
$$

其中雅可比矩阵

$$
\frac{\partial(x,y)}{\partial(u,v)} = \begin{pmatrix} \dfrac{\partial x}{\partial u} & \dfrac{\partial x}{\partial v} \\ \dfrac{\partial y}{\partial u} & \dfrac{\partial y}{\partial v} \end{pmatrix} = \frac{1}{\dfrac{\partial(u,v)}{\partial(x,y)}}.
$$

6) 莱布尼茨关于变限积分的求导公式

$$
\Phi'(x) = \frac{\mathrm{d}}{\mathrm{d}x}\int_{\alpha(x)}^{\beta(x)} f(x,y)\,\mathrm{d}y
$$

$$
= \int_{\alpha(x)}^{\beta(x)} \frac{\partial f(x,y)}{\partial x}\mathrm{d}y + f(x,\beta(x))\beta'(x) - f(x,\alpha(x))\alpha'(x).
$$

3. 重积分的应用

1) 曲面的面积

设曲面由方程 $z = f(x,y)$ 确定, 则曲面的面积 $A = \iint\limits_{D} \sqrt{1 + z_x'^2 + z_y'^2}\mathrm{d}x\mathrm{d}y$, 若光

滑曲面方程为 $F(x, y, z) = 0$, 且 $F_z \neq 0$, 则 $\dfrac{\partial z}{\partial x} = -\dfrac{F_x}{F_z}$, $\dfrac{\partial z}{\partial y} = -\dfrac{F_y}{F_z}$,

$$A = \iint\limits_{D} \frac{\sqrt{F_x^2 + F_y^2 + F_z^2}}{|F_z|} \mathrm{d}x\mathrm{d}y.$$

2) 质心

(1) 平面薄片的质心:

$$M = \iint\limits_{D} \mu(x, y)\mathrm{d}x\mathrm{d}y, \quad \overline{x} = \frac{1}{M} \iint\limits_{D} x\mu(x, y)\mathrm{d}x\mathrm{d}y, \quad \overline{y} = \frac{1}{M} \iint\limits_{D} y\mu(x, y)\mathrm{d}x\mathrm{d}y,$$

若薄片是均匀的, 密度为常数, 则质心即形心 $\overline{x} = \dfrac{1}{A} \iint\limits_{D} x\mathrm{d}x\mathrm{d}y, \overline{y} = \dfrac{1}{A} \iint\limits_{D} y\mathrm{d}x\mathrm{d}y$.

(2) 空间立体质心: $M = \iiint\limits_{\Omega} \rho(x, y, z)\mathrm{d}v$, 则

$$\overline{x} = \frac{1}{M} \iiint\limits_{\Omega} x\rho(x, y, z)\mathrm{d}v, \quad \overline{y} = \frac{1}{M} \iiint\limits_{\Omega} y\rho(x, y, z)\mathrm{d}v, \quad \overline{z} = \frac{1}{M} \iiint\limits_{\Omega} z\rho(x, y, z)\mathrm{d}v.$$

3) 转动惯量

平面薄片 D 的转动惯量, 若面密度为 $\mu(x, y)$, 则

$$I_x = \iint\limits_{D} y^2\mu(x, y)\mathrm{d}x\mathrm{d}y, \quad I_y = \iint\limits_{D} x^2\mu(x, y)\mathrm{d}x\mathrm{d}y.$$

空间立体的转动惯量, 若密度为 $\rho(x, y, z)$, 则

$$I_x = \iiint\limits_{\Omega} (y^2 + z^2)\rho(x, y, z)\mathrm{d}v,$$

$$I_y = \iiint\limits_{\Omega} (x^2 + z^2)\rho(x, y, z)\mathrm{d}v,$$

$$I_z = \iiint\limits_{\Omega} (x^2 + y^2)\rho(x, y, z)\mathrm{d}v.$$

4) 引力

xOy 面上的平面薄片 D 对原点处的单位质量质点的引力分量为

$$F_x = G \iint\limits_{D} \frac{\mu(x, y)x}{\rho^3}\mathrm{d}\sigma; \quad F_y = G \iint\limits_{D} \frac{\mu(x, y)y}{\rho^3}\mathrm{d}\sigma \quad (\rho = \sqrt{x^2 + y^2});$$

空间立体 Ω 对空间任意一点 (x_0, y_0, z_0) 处的单位质量质点的引力分量为

$$F_x = G \iiint\limits_{\Omega} \frac{\rho(x,y,z)(x-x_0)}{r^3} \mathrm{d}v,$$

$$F_y = G \iiint\limits_{\Omega} \frac{\rho(x,y,z)(y-y_0)}{r^3} \mathrm{d}v,$$

$$F_z = G \iiint\limits_{\Omega} \frac{\rho(x,y,z)(z-z_0)}{r^3} \mathrm{d}v \quad \left(r = \sqrt{(x-x_0)^2 + (y-y_0)^2 + (z-z_0)^2} \right).$$

注 (1) 匀质球对球外的一质点的引力如同球的质量集中于球心时两质点的引力;

(2) 匀质球对球内的某一质点的引力等于球心到该质点为半径的球对该点的引力.

4. 曲线积分与曲面积分

1) 曲线积分与曲面积分的对称性

第一类曲线与曲面积分同重积分一样, 都可以利用积分曲线 (曲面) 关于坐标轴 (面) 的对称性或者关于积分变量的轮换性来简化计算, 具体来说:

(1) 曲线 l 关于 x 轴对称 (l 关于 y 轴对称类推)

$$\int_l f(x,y)\mathrm{d}s = \begin{cases} 2\displaystyle\int_{l_1} f(x,y)\mathrm{d}s, & f(x,-y) = f(x,y), \\ 0, & f(x,-y) = -f(x,y). \end{cases}$$

(2) 曲线 l 关于 x, y 轮换对称, 则

$$\int_l f(x,y)\mathrm{d}s = \int_l f(y,x)\mathrm{d}s = \frac{1}{2}\int_l [f(x,y) + f(y,x)]\,\mathrm{d}s.$$

(3) 曲线 l 关于 $x = a$ 轴对称, 则 $\displaystyle\int_l (x-a)\mathrm{d}s = 0$.

(4) Σ 关于 xOy 平面对称 (Σ 关于其他两个平面对称类推)

$$\iint\limits_{\Sigma} f(x,y,z)\mathrm{d}S = \begin{cases} 2\displaystyle\iint\limits_{\Sigma_1} f(x,y,z)\mathrm{d}S, & f(x,y,-z) = f(x,y,-z), \\ 0, & f(x,y,-z) = -f(x,y,-z). \end{cases}$$

(5) Σ 关于 xOy 和 xOz 平面都对称

$$\iint\limits_{\Sigma} f(x,y,z)\mathrm{d}S = \begin{cases} 4\displaystyle\iint\limits_{\Sigma_1} f(x,y,z)\mathrm{d}S, & f(x,-y,-z) = f(x,y,z), \\ 0, & f(x,-y,z) \text{ 或 } f(x,y,-z) = f(x,y,z). \end{cases}$$

(6) Σ 关于 3 个平面都对称,

$$\iint\limits_{\Sigma} f(x,y,z)\mathrm{d}S = \begin{cases} 8\iint\limits_{\Sigma_1} f(x,y,z)\mathrm{d}S, & f(-x,-y,-z) = f(x,y,z), \\ 0, & f(-x,y,z) = -f(x,y,z). \end{cases}$$

(7) Σ 关于 x,y 轮换对称 (Σ 关于其他两对坐标 $(x,z),(y,z)$ 的轮换对称类推)

$$\iint\limits_{\Sigma} f(x,y,z)\mathrm{d}S = \iint\limits_{\Sigma} f(y,x,z)\mathrm{d}S.$$

第二类积分 (包括曲线和曲面) 与第一类积分具有类似轮换对称性. 就第一型积分 $\int_L f(P)\mathrm{d}l$ 而言, 当 L 可划分为对称的两部分 L_1 和 L_2, 且在对称点上 $f(P)$ 的大小相等, 符号相反, 则 L_1 和 L_2 上的积分相反抵消, 整个 L 上的积分为 0; 如果符号相同, 则整个 L 上的积分为 L_1 上的 2 倍.

对于第二型曲线积分, 在第一型曲线积分的基础上还要考虑投影元素的符号, 当积分方向与坐标的正向之夹角小于 $\dfrac{\pi}{2}$ 时, 投影元素取正号, 否则取负号.

所以对于第二型积分 $\int_L f(P)\mathrm{d}x$, 当 L 可划分为对称的两部分 L_1 和 L_2, 且在对称点上 $f(P)\cdot\mathrm{d}x$ 的大小相等, 符号相反, 则 L_1 和 L_2 上的积分相反抵消, 整个 L 上的积分为 0; 如果符号相同, 则整个 L 上的积分为 L_1 上的 2 倍.

上述分析同样对于第二型曲面积分适用.

一般来说, 第二型积分的对称性结论与第一型相反. 或者, 先将之转化为第一类积分才可以使用对称性定理, 或者先转化为定积分或二重积分后才可利用对称性结论.

2) 曲线积分的计算方法——转化为定积分

(1) 第一类 (对弧长的) 曲线积分的计算方法.

参数方程形式:

$$\int_L f(x,y)\mathrm{d}l = \int_\alpha^\beta f[\varphi(t),\psi(t)]\sqrt{\varphi'^2(t)+\psi'^2(t)}\mathrm{d}t \quad (\alpha<\beta);$$

直角坐标下的显函数形式:

$$\int_L f(x,y)\mathrm{d}l = \int_{x_1}^{x_2} f[x,y(x)]\sqrt{1+y'^2(x)}\mathrm{d}x \quad (x_1<x_2)$$

或者

$$\int_L f(x,y)\mathrm{d}l = \int_{y_1}^{y_2} f[x(y),y]\sqrt{1+x'^2(y)}\mathrm{d}y \quad (y_1<y_2);$$

三维坐标系下的参数方程形式:

$$\int_L f(x,y,z)\mathrm{d}l = \int_\alpha^\beta f[\varphi,\psi,\omega]\sqrt{\varphi'^2(t)+\psi'^2(t)+\omega'^2(t)}\mathrm{d}t \quad (\alpha<\beta).$$

(2) 第二类 (对坐标) 曲线积分的计算方法.

参数方程形式:

$$\int_L P\mathrm{d}x + Q\mathrm{d}y = \int_\alpha^\beta [P[\varphi(t), \psi(t)]\varphi'(t) + Q[\varphi(t), \psi(t)]\psi'(t)]\mathrm{d}t;$$

显函数形式:

$$\int_L P\mathrm{d}x + Q\mathrm{d}y = \int_a^b [P[x, y(x)] + Q[x, y(x)]y'(x)]\mathrm{d}x$$

或者

$$\int_L P\mathrm{d}x + Q\mathrm{d}y = \int_a^b [P[x(y), y]x'(y) + Q[x(y), y]]\mathrm{d}y;$$

三维坐标系下的参数方程形式:

$$\int_L P\mathrm{d}x + Q\mathrm{d}y + R\mathrm{d}z = \int_\alpha^\beta [P(\varphi, \psi, \omega)\varphi'(t) + Q(\varphi, \psi, \omega)\psi'(t) + R(\varphi, \psi, \omega)\omega'(t)]\mathrm{d}t.$$

(3) 两类曲线积分的关系计算.

$$\int_L P\mathrm{d}x + Q\mathrm{d}y + R\mathrm{d}z = \int_L (P\cos\alpha + Q\cos\beta + R\cos\gamma)\,\mathrm{d}l,$$

其中 $\boldsymbol{\tau}_0 = (\cos\alpha, \cos\beta, \cos\gamma)$ 为 (x, y, z) 处沿 L 正方向 (增大的方向) 的切向量的方向余弦

$$\boldsymbol{\tau}_0 = (\cos\alpha, \cos\beta, \cos\gamma) = \left[\frac{x'(t)}{\sqrt{x_t'^2 + y_t'^2 + z_t'^2}}, \frac{y'(t)}{\sqrt{x_t'^2 + y_t'^2 + z_t'^2}}, \frac{z'(t)}{\sqrt{x_t'^2 + y_t'^2 + z_t'^2}}\right].$$

3) 平面格林公式及其应用

格林公式: D 上 P, Q 存在一阶连续偏导数, L 分段光滑, L 取逆时针为正向, 则

$$\int_L P\mathrm{d}x + Q\mathrm{d}y = \iint_D \left(\frac{\partial Q}{\partial x} - \frac{\partial P}{\partial y}\right)\mathrm{d}x\mathrm{d}y.$$

令 $P = -y, Q = x$, 则 $S_D = \dfrac{1}{2}\oint_L P\mathrm{d}x + Q\mathrm{d}y$. 以下命题是等价的:

$$\int_L P\mathrm{d}x + Q\mathrm{d}y \text{ 在 } D \text{ 内与路径积分无关} \Leftrightarrow \frac{\partial Q}{\partial x} = \frac{\partial P}{\partial y} \Leftrightarrow \int_L P\mathrm{d}x + Q\mathrm{d}y \text{ 为某一函}$$

数 $u(x, y)$ 全微分, 且原函数 $u(x, y) = \int_{y_0}^y Q(x_0, y)\,\mathrm{d}y + \int_{x_0}^x P(x, y)\,\mathrm{d}x.$

4) 斯托克斯公式

$$\oint_l P\mathrm{d}x + Q\mathrm{d}y + R\mathrm{d}z = \iint_S \begin{vmatrix} \cos\alpha & \cos\beta & \cos\gamma \\ \dfrac{\partial}{\partial x} & \dfrac{\partial}{\partial y} & \dfrac{\partial}{\partial z} \\ P & Q & R \end{vmatrix} \mathrm{d}S = \iint_S \begin{vmatrix} \mathrm{d}y\mathrm{d}z & \mathrm{d}z\mathrm{d}x & \mathrm{d}x\mathrm{d}y \\ \dfrac{\partial}{\partial x} & \dfrac{\partial}{\partial y} & \dfrac{\partial}{\partial z} \\ P & Q & R \end{vmatrix}.$$

5) 曲面积分计算方法: 转化为二重积分

(1) 第一类曲面积分:

$$\iint\limits_{\Sigma} f(x,y,z)\mathrm{d}S = \iint\limits_{D_{xy}} f(x,y,z(x,y))\sqrt{1 + z_x'^2 + z_y'^2}\,\mathrm{d}x\mathrm{d}y.$$

第一类曲面积分的几何意义是: 当 $f \equiv 1$ 时, $\iint\limits_{\Sigma} f(x,y,z)\mathrm{d}S = \iint\limits_{\Sigma} 1\mathrm{d}S$ 就是曲面 Σ 的面积; 物理意义是: 当 f 为面密度时, $\iint\limits_{\Sigma} f(x,y,z)\mathrm{d}S$ 就是曲面 Σ 的质量; 具有无向性和叠加性, 计算方法本质上也是转化为二重坐标平面积分.

(2) 第二类曲面积分:

$$\iint\limits_{S} P(x,y,z)\mathrm{d}y\mathrm{d}z + Q(x,y,z)\mathrm{d}z\mathrm{d}x + R(x,y,z)\mathrm{d}x\mathrm{d}y = \iint\limits_{\Sigma} \boldsymbol{A} \cdot \mathrm{d}\boldsymbol{S},$$

其中 $\boldsymbol{A} = (P(x,y,z), Q(x,y,z), R(x,y,z))$, $\mathrm{d}\boldsymbol{S} = (\mathrm{d}y\mathrm{d}z, \mathrm{d}z\mathrm{d}x, \mathrm{d}x\mathrm{d}y) = \boldsymbol{n}_0\mathrm{d}S = (\cos\alpha, \cos\beta, \cos\gamma)\,\mathrm{d}S$. 第二类对坐标的曲面积分没有对应的几何意义; 物理意义是: $\iint\limits_{\Sigma} \boldsymbol{A} \cdot \mathrm{d}\boldsymbol{S}$ 当表示流量场 $\boldsymbol{A}$ 流过有向曲面 Σ 的流量, 或向量场 $\boldsymbol{A}$ 通过有向曲面 Σ 的通量; $\iint\limits_{\Sigma} f(x,y,z)\mathrm{d}S$ 就是曲面 Σ 的质量; 具有有向性和叠加性, 计算方法本质上也是转化为二重坐标平面积分, 但主要分为单向和三向投影法.

正投影法 (三向投影) 对 xOy 平面投影而言, 其余类推.

投影总则: Σ 上任意两点在平面上的投影点不重合, 否则必须剖分成几片, 使满足 "投影点不重合", 它与区域的正规性是一致的.

正负规定: 箭头方向与 z 轴正向为锐角取正, 为钝角取负 (对 xOy 平面投影而言, 其余类推).

投影域: 对 D_{xy} : $\begin{cases} z = z(x,y), \\ z = 0. \end{cases}$

三要素: 将 $z = z(x,y)$ 代入 $R(x,y,z)$; $\Sigma \to D_{xy}$; $\mathrm{d}S \to \mathrm{d}x\mathrm{d}y \to \pm\mathrm{d}x\mathrm{d}y$. 如

$$\iint\limits_{S} R\mathrm{d}x\mathrm{d}y = \pm\iint\limits_{D_{xy}} R(x,y,z(x,y))\mathrm{d}x\mathrm{d}y.$$

单向投影法又称转换投影法 (以将 $\mathrm{d}x\mathrm{d}y, \mathrm{d}y\mathrm{d}z, \mathrm{d}x\mathrm{d}z$ 全部转换为 xOy 平面的投影为例) $\iint\limits_{S} P\mathrm{d}y\mathrm{d}z + Q\mathrm{d}z\mathrm{d}x + R\mathrm{d}x\mathrm{d}y = \pm\iint\limits_{D_{xy}} \{P, Q, R\} \cdot (-z_x', -z_y', 1)\,\mathrm{d}x\mathrm{d}y$, 这是因为

$$\iint\limits_{S} P\mathrm{d}y\mathrm{d}z + Q\mathrm{d}z\mathrm{d}x + R\mathrm{d}x\mathrm{d}y = \iint\limits_{S} \left(P\frac{\mathrm{d}y\mathrm{d}z}{\mathrm{d}x\mathrm{d}y} + Q\frac{\mathrm{d}x\mathrm{d}z}{\mathrm{d}x\mathrm{d}y} + R\right)\mathrm{d}x\mathrm{d}y$$

$$= \pm \iint\limits_{D_{xy}} \left(P \frac{\mathrm{d}S \cos\alpha}{\mathrm{d}S \cos\gamma} + Q \frac{\mathrm{d}S \cos\beta}{\mathrm{d}S \cos\gamma} + R \right) \mathrm{d}x\mathrm{d}y$$

$$= \pm \iint\limits_{D_{xy}} \left(P \frac{\dfrac{-z_x'}{\sqrt{1 + z_x'^2 + z_y'^2}}}{\dfrac{1}{\sqrt{1 + z_x'^2 + z_y'^2}}} + Q \frac{\dfrac{-z_y'}{\sqrt{1 + z_x'^2 + z_y'^2}}}{\dfrac{1}{\sqrt{1 + z_x'^2 + z_y'^2}}} + R \right) \mathrm{d}x\mathrm{d}y$$

$$= \pm \iint\limits_{D_{xy}} \left(P \left(-z_x' \right) + Q \left(-z_y' \right) + R \right) \mathrm{d}x\mathrm{d}y$$

$$= \pm \iint\limits_{D_{xy}} (P, Q, R) \cdot \left(-z_x', -z_y', 1 \right) \mathrm{d}x\mathrm{d}y.$$

此外还可以将第二类曲面积分转化为第一类曲面积分计算：

$$\iint\limits_{S} P\mathrm{d}y\mathrm{d}z + Q\mathrm{d}z\mathrm{d}x + R\mathrm{d}x\mathrm{d}y$$

$$= \iint\limits_{S} (P, Q, R) \cdot \left(\frac{F_x'}{\sqrt{1 + z_x'^2 + z_y'^2}}, \frac{F_y'}{\sqrt{1 + z_x'^2 + z_y'^2}}, \frac{F_z'}{\sqrt{1 + z_x'^2 + z_y'^2}} \right) \mathrm{d}S,$$

其中 $\mathrm{d}S = \mathrm{d}y\mathrm{d}z / \cos\alpha = \mathrm{d}z\mathrm{d}x / \cos\beta = \mathrm{d}x\mathrm{d}y / \cos\gamma$.

(3) 利用高斯公式化为三重积分计算

$$\oiint\limits_{S} P\mathrm{d}y\mathrm{d}z + Q\mathrm{d}x\mathrm{d}z + R\mathrm{d}x\mathrm{d}y$$

$$= \iiint\limits_{\Omega} \left(\frac{\partial P}{\partial x} + \frac{\partial Q}{\partial y} + \frac{\partial R}{\partial z} \right) \mathrm{d}x\mathrm{d}y\mathrm{d}z$$

$$\Leftrightarrow \oiint\limits_{S} \boldsymbol{A} \cdot \mathrm{d}\boldsymbol{S} = \iiint\limits_{\Omega} \nabla \cdot \boldsymbol{A} \mathrm{d}v.$$

(4) 若曲面 S 的参数方程为 $\begin{cases} x = x(u, v), \\ y = y(u, v), \\ z = z(u, v), \end{cases}$ $(u, v) \in D$, 其中 D 是一个平面的

有界闭区域, 又 $x(u, v), y(u, v), z(u, v)$ 在 D 上具有一阶连续偏导数, 则曲面积分为

$$\iint\limits_{S} P\mathrm{d}y\mathrm{d}z + Q\mathrm{d}x\mathrm{d}z + R\mathrm{d}x\mathrm{d}y = \iint\limits_{D} (P, Q, R) \cdot (A, B, C) \mathrm{d}u\mathrm{d}v, \ 其中 \ A = \begin{vmatrix} y_u' & y_v' \\ z_u' & z_v' \end{vmatrix},$$

$$B = \begin{vmatrix} z_u' & z_v' \\ x_u' & x_v' \end{vmatrix}, \ C = \begin{vmatrix} x_u' & x_v' \\ y_u' & y_v' \end{vmatrix}.$$

六、全国初赛真题赏析

例 1　计算 $\iint\limits_{D} \dfrac{(x+y)\ln\left(1+\dfrac{y}{x}\right)}{\sqrt{1-x-y}}\mathrm{d}x\mathrm{d}y$, 其中区域 D 由直线 $x+y=1$ 与两个坐标轴所围成三角形区域. (第一届全国初赛, 2009)

解　令 $x+y=u$, $x=v$, 则 $x=v$, $y=u-v$,

$$\mathrm{d}x\mathrm{d}y = \left| \det\begin{pmatrix} 0 & 1 \\ 1 & -1 \end{pmatrix} \right| \mathrm{d}u\mathrm{d}v = \mathrm{d}u\mathrm{d}v,$$

$$
\begin{aligned}
& \iint\limits_{D} \frac{(x+y)\ln\left(1+\dfrac{y}{x}\right)}{\sqrt{1-x-y}}\mathrm{d}x\mathrm{d}y \\
&= \iint\limits_{D} \frac{u\ln u - u\ln v}{\sqrt{1-u}}\mathrm{d}u\mathrm{d}v \\
&= \int_0^1 \left(\frac{u\ln u}{\sqrt{1-u}} \int_0^u \mathrm{d}v - \frac{u}{\sqrt{1-u}} \int_0^u \ln v \mathrm{d}v \right) \mathrm{d}u \\
&= \int_0^1 \left(\frac{u^2\ln u}{\sqrt{1-u}} - \frac{u(u\ln u - u)}{\sqrt{1-u}} \right) \mathrm{d}u \\
&= \int_0^1 \frac{u^2}{\sqrt{1-u}}\mathrm{d}u,
\end{aligned}
$$

令 $t=\sqrt{1-u}$, 则 $u=1-t^2$, $\mathrm{d}u=-2t\mathrm{d}t$, $u^2=1-2t^2+t^4$, $u(1-u)=t^2(1-t)(1+t)$,

$$
\begin{aligned}
\int_0^1 \frac{u^2}{\sqrt{1-u}}\mathrm{d}u &= -2\int_1^0 \left(1-2t^2+t^4\right)\mathrm{d}t \\
&= 2\int_0^1 \left(1-2t^2+t^4\right)\mathrm{d}t \\
&= 2\left[t - \frac{2}{3}t^3 + \frac{1}{5}t^5 \right]\Bigg|_0^1 = \frac{16}{15}.
\end{aligned}
$$

例 2　已知区域 $D = \{(x,y) \mid 0 \leqslant x \leqslant \pi, 0 \leqslant y \leqslant \pi\}$, L 为 D 的正向边界, 试证:

(1) $\oint_L x\mathrm{e}^{\sin y}\mathrm{d}y - y\mathrm{e}^{-\sin x}\mathrm{d}x = \oint_L x\mathrm{e}^{-\sin y}\mathrm{d}y - y\mathrm{e}^{\sin x}\mathrm{d}x$;

(2) $\oint_L x\mathrm{e}^{\sin y}\mathrm{d}y - y\mathrm{e}^{-\sin y}\mathrm{d}x \geqslant \dfrac{5}{2}\pi^2$. (第一届全国初赛, 2009)

证明　因被积函数的偏导数在 D 上连续, 故由格林公式知:

(1) $\oint_L x\mathrm{e}^{\sin y}\mathrm{d}y - y\mathrm{e}^{-\sin x}\mathrm{d}x = \iint\limits_D \left[\frac{\partial}{\partial x}(x\mathrm{e}^{\sin y}) - \frac{\partial}{\partial y}(-y\mathrm{e}^{-\sin x})\right]\mathrm{d}x\mathrm{d}y$

$$= \iint\limits_D (\mathrm{e}^{\sin y} + \mathrm{e}^{-\sin x})\mathrm{d}x\mathrm{d}y,$$

$\oint_L x\mathrm{e}^{-\sin y}\mathrm{d}y - y\mathrm{e}^{\sin x}\mathrm{d}x = \iint\limits_D \left[\frac{\partial}{\partial x}(x\mathrm{e}^{-\sin y}) - \frac{\partial}{\partial y}(-y\mathrm{e}^{\sin x})\right]\mathrm{d}x\mathrm{d}y$

$$= \iint\limits_D (\mathrm{e}^{-\sin y} + \mathrm{e}^{\sin x})\mathrm{d}x\mathrm{d}y,$$

而 D 关于直线 $y = x$ 是对称的, 由轮换对称性知

$$\iint\limits_D (\mathrm{e}^{\sin y} + \mathrm{e}^{-\sin x})\mathrm{d}x\mathrm{d}y = \iint\limits_D (\mathrm{e}^{-\sin y} + \mathrm{e}^{\sin x})\mathrm{d}x\mathrm{d}y,$$

因此 $\oint_L x\mathrm{e}^{\sin y}\mathrm{d}y - y\mathrm{e}^{-\sin x}\mathrm{d}x = \oint_L x\mathrm{e}^{-\sin y}\mathrm{d}y - y\mathrm{e}^{\sin x}\mathrm{d}x.$

(2) 因 $\mathrm{e}^t + \mathrm{e}^{-t} = 2\left(1 + \frac{t^2}{2!} + \frac{t^4}{4!} + \cdots\right) \geqslant 2 + t^2$, 故

$$\mathrm{e}^{\sin x} + \mathrm{e}^{-\sin x} \geqslant 2 + \sin^2 x = 2 + \frac{1 - \cos 2x}{2} = \frac{5 - \cos 2x}{2},$$

由 $\oint_L x\mathrm{e}^{\sin y}\mathrm{d}y - y\mathrm{e}^{-\sin y}\mathrm{d}x = \iint\limits_D (\mathrm{e}^{\sin y} + \mathrm{e}^{-\sin x})\mathrm{d}x\mathrm{d}y = \iint\limits_D (\mathrm{e}^{-\sin y} + \mathrm{e}^{\sin x})\mathrm{d}x\mathrm{d}y$, 知

$$\oint_L x\mathrm{e}^{\sin y}\mathrm{d}y - y\mathrm{e}^{-\sin y}\mathrm{d}x$$

$$= \frac{1}{2}\iint\limits_D (\mathrm{e}^{\sin y} + \mathrm{e}^{-\sin x})\mathrm{d}x\mathrm{d}y + \frac{1}{2}\iint\limits_D (\mathrm{e}^{-\sin y} + \mathrm{e}^{\sin x})\mathrm{d}x\mathrm{d}y$$

$$= \frac{1}{2}\iint\limits_D (\mathrm{e}^{\sin y} + \mathrm{e}^{-\sin y})\mathrm{d}x\mathrm{d}y + \frac{1}{2}\iint\limits_D (\mathrm{e}^{-\sin x} + \mathrm{e}^{\sin x})\mathrm{d}x\mathrm{d}y$$

$$= \iint\limits_D (\mathrm{e}^{-\sin x} + \mathrm{e}^{\sin x})\mathrm{d}x\mathrm{d}y$$

$$= \pi\int_0^\pi (\mathrm{e}^{-\sin x} + \mathrm{e}^{\sin x})\mathrm{d}x \geqslant \pi\int_0^\pi \frac{5 - \cos 2x}{2}\mathrm{d}x = \frac{5}{2}\pi^2,$$

即 $\oint_L x\mathrm{e}^{\sin y}\mathrm{d}y - y\mathrm{e}^{-\sin y}\mathrm{d}x \geqslant \frac{5}{2}\pi^2.$

例 3 设 L 是过原点, 方向为 (α, β, γ) (其中 $\alpha^2 + \beta^2 + \gamma^2 = 1$) 的直线, 均匀椭球 $\frac{x^2}{a^2} + \frac{y^2}{b^2} + \frac{z^2}{c^2} \leqslant 1$ (其中 $0 < c < b < a$, 密度为 1) 绕 L 旋转. 求:

(1) 转动惯量;

(2) 转动惯量关于方向 (α, β, γ) 的最大值和最小值. (第二届全国初赛, 2010)

解　(1) 设旋转轴 L 的方向向量为 $\boldsymbol{l} = (\alpha, \beta, \gamma)$, 椭球内任意一点 $P(x, y, z)$ 的径向量为 $\boldsymbol{r}$, 则点 P 到旋转轴 L 的距离的平方为

$$d^2 = \boldsymbol{r}^2 - (\boldsymbol{r} \cdot \boldsymbol{l})^2 = (1 - \alpha^2) x^2 + (1 - \beta^2) y^2 + (1 - \gamma^2) z^2$$

$$- 2\alpha\beta xy - 2\alpha\gamma xz - 2\beta\gamma yz,$$

由积分区域的对称性可知 $\iiint\limits_{\Omega} (2\alpha\beta xy + 2\alpha\gamma xz + 2\beta\gamma yz) \, \mathrm{d}V = 0$, 其中

$$\Omega = \left\{ (x, y, z) \,\middle|\, \frac{x^2}{a^2} + \frac{y^2}{b^2} + \frac{z^2}{c^2} \leqslant 1 \right\},$$

而

$$\iiint\limits_{\Omega} x^2 \mathrm{d}V = \int_{-a}^{a} x^2 \mathrm{d}x \iint\limits_{\frac{y^2}{b^2} + \frac{z^2}{c^2} \leqslant 1 - \frac{x^2}{a^2}} \mathrm{d}y\mathrm{d}z = \pi bc \int_{-a}^{a} x^2 \left(1 - \frac{x^2}{a^2} \right) \mathrm{d}x = \frac{4}{15} \pi a^3 bc$$

$$\left(\text{或} \iiint\limits_{\Omega} x^2 \mathrm{d}V = \int_{0}^{2\pi} \mathrm{d}\theta \int_{0}^{\pi} \mathrm{d}\varphi \int_{0}^{1} a^3 bc r^4 \sin^3 \varphi \cos^2 \theta \mathrm{d}r = \frac{4}{15} \pi a^3 bc \right),$$

对结果进行轮换得到 $\iiint\limits_{\Omega} y^2 \mathrm{d}V = \frac{4}{15} \pi ab^3 c$, $\iiint\limits_{\Omega} z^2 \mathrm{d}V = \frac{4}{15} \pi abc^3$. 所以, 转动惯量为

$$J = \iiint\limits_{\Omega} d^2 \mathrm{d}V = \frac{4abc\pi}{15} \left[(1 - \alpha^2) a^2 + (1 - \beta^2) b^2 + (1 - \gamma^2) c^2 \right].$$

(2) 考虑目标函数 $F(\alpha, \beta, \gamma) = (1 - \alpha^2) a^2 + (1 - \beta^2) b^2 + (1 - \gamma^2) c^2$ 在约束条件 $\alpha^2 + \beta^2 + \gamma^2 = 1$ 下的条件极值. 设拉格朗日函数为

$$G(\alpha, \beta, \gamma) = (1 - \alpha^2) a^2 + (1 - \beta^2) b^2 + (1 - \gamma^2) c^2 + \lambda (\alpha^2 + \beta^2 + \gamma^2 - 1),$$

由 $\begin{cases} G'_{\alpha} = -2a^2\alpha + 2\lambda\alpha = 0, \\ G'_{\beta} = -2b^2\beta + 2\lambda\beta = 0, \\ G'_{\gamma} = -2c^2\gamma + 2\lambda\gamma = 0, \\ \alpha^2 + \beta^2 + \gamma^2 - 1 = 0, \end{cases}$ 解得极值点 $Q_1 (\pm 1, 0, 0)$, $Q_2 (0, \pm 1, 0)$, $Q_3 (0, 0, \pm 1)$, 比

较可知, 绕 z 轴 (短轴) 的转动惯量最大, 为 $J_{\max} = \frac{4\pi abc}{15} (a^2 + b^2)$; 绕 x 轴 (长轴) 的转动惯量最小, 为 $J_{\min} = \frac{4\pi abc}{15} (b^2 + c^2)$.

例 4 设函数 $\varphi(x)$ 具有连续的导数, 在围绕原点的任意光滑的简单闭曲线 C 上, 曲线积分 $\oint_C \dfrac{2xy\mathrm{d}x + \varphi(x)\,\mathrm{d}y}{x^4 + y^2}$ 的值为常数.

(1) 设 L 为正向闭曲线 $(x-2)^2 + y^2 = 1$, 证明: $\oint_L \dfrac{2xy\mathrm{d}x + \varphi(x)\,\mathrm{d}y}{x^4 + y^2} = 0$;

(2) 求函数 $\varphi(x)$;

(3) 设 C 是围绕原点的光滑简单正向闭曲线, 求 $\oint_C \dfrac{2xy\mathrm{d}x + \varphi(x)\,\mathrm{d}y}{x^4 + y^2}$. (第二届全国初赛, 2010)

解 (1) 设 $I = \oint_L \dfrac{2xy\mathrm{d}x + \varphi(x)\,\mathrm{d}y}{x^4 + y^2}$, 闭曲线 L 由 $L_i\,(i=1,2)$ 组成, 设 L_0 为不经过原点的光滑曲线, 使得 $L_0 \cup L_1^-$ (其中 L_1^- 为 L_1 的反向曲线) 和 $L_0 \cup L_2$ 分别组成围绕原点的分段光滑闭曲线 $C_i\,(i=1,2)$. 由曲线积分的性质和题设条件:

$$
\begin{aligned}
\oint_L \frac{2xy\mathrm{d}x + \varphi(x)\,\mathrm{d}y}{x^4 + y^2} &= \left(\int_{L_1} + \int_{L_2}\right) \frac{2xy\mathrm{d}x + \varphi(x)\,\mathrm{d}y}{x^4 + y^2} \\
&= \left(\int_{L_2} + \int_{L_0} - \int_{L_0} - \int_{L_1^-}\right) \frac{2xy\mathrm{d}x + \varphi(x)\,\mathrm{d}y}{x^4 + y^2} \\
&= \oint_{C_1} + \oint_{C_2} = I - I = 0.
\end{aligned}
$$

(2) 设 $P = \dfrac{2xy}{x^4 + y^2}$, $Q = \dfrac{\varphi(x)}{x^4 + y^2}$, 由题意得 $\dfrac{\partial Q}{\partial x} = \dfrac{\partial P}{\partial y}$, 即

$$
\frac{\varphi'(x)(x^4 + y^2) - 4x^3\varphi(x)}{(x^4 + y^2)^2} = \frac{2x^5 - 2xy^2}{(x^4 + y^2)^2},
$$

解得 $\varphi(x) = -x^2$.

(3) 设 D 为正向闭曲线 C: $x^4 + y^2 = 1$ 所围区域, 由 (1) 得

$$
I = \oint_C \frac{2xy\mathrm{d}x + \varphi(x)\,\mathrm{d}y}{x^4 + y^2} = \oint_C \frac{2xy\mathrm{d}x - x^2\mathrm{d}y}{x^4 + y^2} = \oint_C 2xy\mathrm{d}x - x^2\mathrm{d}y,
$$

由格林公式和对称性得 $I = \iint\limits_D (-4x)\,\mathrm{d}x\mathrm{d}y = 0$.

例 5 求 $\iint\limits_D \mathrm{sgn}(xy - 1)\mathrm{d}x\mathrm{d}y$, 其中 $D = \{(x,y)\,|\,0 \leqslant x \leqslant 2,\, 0 \leqslant y \leqslant 2\}$. (第三届全国初赛, 2011)

解 设

$$
D_1 = \left\{(x,y)\,\middle|\,0 \leqslant x \leqslant \frac{1}{2},\, 0 \leqslant y \leqslant 2\right\},
$$

$$
D_2 = \left\{(x,y)\,\middle|\,\frac{1}{2} \leqslant x \leqslant 2,\, 0 \leqslant y \leqslant \frac{1}{x}\right\},
$$

$$D_3 = \left\{ (x,y) \,\middle|\, \frac{1}{2} \leqslant x \leqslant 2, \ \frac{1}{x} \leqslant y \leqslant 2 \right\},$$

$$\iint\limits_{D_1 \cup D_2} \mathrm{d}x\mathrm{d}y = 1 + \int_{\frac{1}{2}}^{2} \frac{\mathrm{d}x}{x} = 1 + 2\ln 2, \qquad \iint\limits_{D_3} \mathrm{d}x\mathrm{d}y = 3 - 2\ln 2,$$

$$\iint\limits_{D} \mathrm{sgn}(xy - 1)\mathrm{d}x\mathrm{d}y = \iint\limits_{D_3} \mathrm{d}x\mathrm{d}y - \iint\limits_{D_1 \cup D_2} \mathrm{d}x\mathrm{d}y = 2 - 4\ln 2.$$

例 6 设函数 $f(x)$ 连续, a, b, c 为常数, Σ 是单位球面 $x^2 + y^2 + z^2 = 1$. 记第一型曲面积分 $I = \iint\limits_{\Sigma} f(ax + by + cz)\,\mathrm{d}S$. 求证: $I = 2\pi \int_{-1}^{1} f\left(\sqrt{a^2 + b^2 + c^2}\,u\right)\mathrm{d}u$. (第三届全国初赛, 2011)

证明 由 Σ 的面积为 4π 可见, 当 a, b, c 都为零时, 等式成立. 当它们不全为零时, 可知原点到平面 $ax + by + cz + d = 0$ 的距离是 $\dfrac{|d|}{\sqrt{a^2 + b^2 + c^2}}$. 设平面 $P_u : u = \dfrac{ax + by + cz}{\sqrt{a^2 + b^2 + c^2}}$, 其中 u 固定, 则 $|u|$ 是原点到平面 P_u 的距离, 从而 $-1 \leqslant u \leqslant 1$. 两个平面 P_u 和 $P_{u+\mathrm{d}u}$ 截单位球 Σ 的截下的部分上, 被积函数取值为 $f\left(\sqrt{a^2 + b^2 + c^2}\,u\right)$. 这部分摊开可以看成一个细长条, 这个细长条的长是 $2\pi\sqrt{1 - u^2}$, 宽是 $\dfrac{\mathrm{d}u}{\sqrt{1 - u^2}}$, 它的面积是 $2\pi\mathrm{d}u$, 故 $I = 2\pi \int_{-1}^{1} f\left(\sqrt{a^2 + b^2 + c^2}\,u\right)\mathrm{d}u$, 得证.

例 7 设函数 $u = u(x)$ 连续可微, $u(2) = 1$, 且 $\int_L (x + 2y)u\mathrm{d}x + (x + u^3)u\mathrm{d}y$ 在右半平面与路径无关, 求 $u(x)$. (第四届全国初赛, 2012)

解 由 $\dfrac{\partial}{\partial x}(u(x + u^3)) = \dfrac{\partial}{\partial y}((x + 2y)u)$, 得 $(x + 4u^3)u' = u$, 即 $\dfrac{\mathrm{d}x}{\mathrm{d}u} - \dfrac{1}{u} = 4u^2$, 方程的通解为

$$x = \mathrm{e}^{\ln u}\left(\int 4u^2 \mathrm{e}^{-\ln u}\mathrm{d}u + C\right) = u(2u^2 + C),$$

由 $u(2) = 1$ 得 $C = 0$, 故 $u = \sqrt[3]{\dfrac{x}{2}}$.

例 8 设 $f(x)$ 为连续函数, $t > 0$. 区域 Ω 是由抛物面 $z = x^2 + y^2$ 和球面 $x^2 + y^2 + z^2 = t^2 \ (z > 0)$ 所围起来的部分. 定义三重积分 $F(t) = \iiint\limits_{\Omega} f(x^2 + y^2 + z^2)\mathrm{d}v$, 求 $F(t)$ 的导数 $F'(t)$. (第四届全国初赛, 2012)

解 方法 1: 记 $g = g(t) = \dfrac{\sqrt{1 + 4t^2} - 1}{2}$, 则 Ω 在 xOy 面上的投影为 $x^2 + y^2 \leqslant g$,

在曲线 $l:\begin{cases} x^2+y^2=z, \\ x^2+y^2+z^2=t^2 \end{cases}$ 上任取一点 $P(x,y,z)$, 则原点到 P 点的射线和 z 轴的

夹角为 $\theta_t = \arccos\dfrac{z}{t} = \arccos\dfrac{g}{t}$, 取 $\Delta t > 0$, 则 $\theta_t > \theta_{t+\Delta t}$, 对于固定的 $t > 0$, 考察积

分差 $F(t+\Delta t) - F(t)$, 这是一个在厚度为 Δt 的球壳的积分, 原点到球壳边缘上的点的

射线和 z 轴夹角在 $\theta_{t+\Delta T}$ 与 θ_t 之间. 我们使用球坐标变换来计算这个积分. 由积分的

连续性可知, 存在 $\alpha = \alpha(\Delta t) \in (\theta_{t+\Delta T}, \theta_t)$, 使得

$$F(t+\Delta t) - F(t) = \int_0^{2\pi} \mathrm{d}\phi \int_0^{\alpha} \mathrm{d}\theta \int_t^{t+\Delta t} f(r^2) r^2 \sin\theta \mathrm{d}r,$$

这样就有 $F(t+\Delta t) - F(t) = 2\pi(1-\cos\alpha) \displaystyle\int_t^{t+\Delta t} f(r^2) r^2 \mathrm{d}r$. 当 $\Delta t \to 0^+$ 时, $\cos\alpha \to$

$\cos\theta_t = \dfrac{g(t)}{t}, \dfrac{1}{\Delta t} \displaystyle\int_t^{t+\Delta t} f(r^2) r^2 \mathrm{d}r \to t^2 f(t^2)$.

故 $F(t)$ 的右导数为

$$2\pi\left(1 - \frac{g(t)}{t}\right) t^2 f(t^2) = \pi\left(2t + 1 - \sqrt{1+4t^2}\right) t f(t^2),$$

当 $\Delta t < 0$ 时, 考察 $F(t) - F(t+\Delta t)$ 可以得到同样的左导数, 因此 $F'(t) = \pi(2t + 1 - \sqrt{1+4t^2}) t f(t^2)$.

方法 2: 令 $\begin{cases} x = r\cos\theta, \\ y = r\sin\theta, \\ z = z, \end{cases}$ 则 $\Omega: \begin{cases} 0 \leqslant \theta \leqslant 2\pi, \\ 0 \leqslant r \leqslant a, \\ r^2 \leqslant z \leqslant \sqrt{t^2 - r^2}, \end{cases}$ 其中

$$\begin{cases} a^2 + a^4 = t^2, \\ a = \dfrac{\sqrt{1+4t^2} - 1}{2}, \end{cases}$$

故

$$F(t) = \int_0^{2\pi} \mathrm{d}\theta \int_0^a r\mathrm{d}r \int_{r^2}^{\sqrt{t^2-r^2}} f(r^2 + z^2)\mathrm{d}z$$

$$= 2\pi \int_0^a r\left(\int_{r^2}^{\sqrt{t^2-r^2}} f(r^2 + z^2)\mathrm{d}z\right)\mathrm{d}r,$$

有 $F'(t) = 2\pi\left[a\displaystyle\int_{a^2}^{\sqrt{t^2-a^2}} f\left(r^2 + z^2\right)\mathrm{d}z\frac{\mathrm{d}a}{\mathrm{d}t} + \int_0^a rf\left(r^2 + t^2 - r^2\right)\frac{t\mathrm{d}r}{\sqrt{t^2-r^2}}\right]$, 注意到

$\sqrt{t^2 - a^2} = a^2$, 第一个积分为 0, 我们得到

$$F'(t) = 2\pi t f(t^2) \int_0^a \frac{r\mathrm{d}r}{\sqrt{t^2-r^2}} = -\pi t f\left(t^2\right) \int_0^a \frac{\mathrm{d}(t^2 - r^2)}{\sqrt{t^2-r^2}}$$

$$= 2\pi t f(t^2)(t-a^2) = \pi\left(2t + 1 - \sqrt{1+4t^2}\right)tf(t^2).$$

例 9 设 Σ 是一个光滑封闭曲面, 方向朝外. 给定第二型的曲面积分

$$I = \iint\limits_{\Sigma} \left(x^3 - x\right)\mathrm{d}y\mathrm{d}z + \left(2y^3 - y\right)\mathrm{d}z\mathrm{d}x + \left(3z^3 - z\right)\mathrm{d}x\mathrm{d}y.$$

试确定曲面 Σ, 使积分 I 的值最小, 并求该最小值. (第五届全国初赛, 2013)

解 记 Σ 围成的立体为 V, 由高斯公式

$$I = \iiint\limits_{V} \left(3x^2 + 6y^2 + 9z^2 - 3\right)\mathrm{d}v = 3\iiint\limits_{V}\left(x^2 + 2y^2 + 3z^2 - 1\right)\mathrm{d}x\mathrm{d}y\mathrm{d}z,$$

为了使得 I 的值最小, 就要求 V 使得最大空间区域 $x^2 + 2y^2 + 3z^2 - 1 \leqslant 0$, 即取 $V = \left\{(x,y,z)\,\middle|\,x^2 + 2y^2 + 3z^2 \leqslant 1\right\}$, 曲面 $\Sigma : x^2 + 2y^2 + 3z^2 = 1$.

为求最小值, 作变换 $\begin{cases} x = u, \\ y = \dfrac{v}{\sqrt{2}}, \\ z = \dfrac{w}{\sqrt{3}}, \end{cases}$ 则 $\dfrac{\partial(x,y,z)}{\partial(u,v,w)} = \begin{vmatrix} 1 & 0 & 0 \\ 0 & \dfrac{1}{\sqrt{2}} & 0 \\ 0 & 0 & \dfrac{1}{\sqrt{3}} \end{vmatrix} = \dfrac{1}{\sqrt{6}}$, 从而

$$I = \frac{3}{\sqrt{6}}\iiint\limits_{V}\left(u^2 + v^2 + w^2 - 1\right)\mathrm{d}u\mathrm{d}v\mathrm{d}w.$$

使用球坐标计算, 得

$$\begin{aligned} I &= \frac{3}{\sqrt{6}}\int_0^\pi \mathrm{d}\varphi \int_0^{2\pi}\mathrm{d}\theta \int_0^1 \left(r^2 - 1\right)r^2\sin\varphi\mathrm{d}r \\ &= \frac{3}{\sqrt{6}}\cdot 2\pi\left(\frac{1}{5} - \frac{1}{3}\right)(-\cos\varphi)\Big|_0^\pi \\ &= \frac{3\sqrt{6}}{6}\cdot 4\pi\cdot\frac{-2}{15} = -\frac{4\sqrt{6}}{15}\pi. \end{aligned}$$

例 10 设 $I_a(r) = \oint_C \dfrac{y\mathrm{d}x - x\mathrm{d}y}{(x^2+y^2)^a}$, 其中 a 为常数, 曲线 C 为椭圆 $x^2 + xy + y^2 = r^2$, 取正向. 求极限 $\lim\limits_{r\to+\infty} I_a(r)$. (第五届全国初赛, 2013)

解 作变换 $\begin{cases} x = \dfrac{\sqrt{2}}{2}(u - v), \\ y = \dfrac{\sqrt{2}}{2}(u + v) \end{cases}$ (观察发现或用线性代数中的正交变换化二次型的方法), 曲线 C 变为 uOv 平面上的椭圆 $\Gamma : \dfrac{3}{2}u^2 + \dfrac{1}{2}v^2 = r^2$(实现了简化积分曲线), 也是取正向, 而且 $x^2 + y^2 = u^2 + v^2$, $y\mathrm{d}x - x\mathrm{d}y = v\mathrm{d}u - u\mathrm{d}v$ (被积表达式没变),

$I_a(r) = \oint_\Gamma \dfrac{v\mathrm{d}u - u\mathrm{d}v}{(u^2+v^2)^a}$, 曲线参数化 $u = \sqrt{\dfrac{2}{3}}r\cos\theta, v = \sqrt{2}r\sin\theta, \theta: 0 \to 2\pi$, 则有

$$v\mathrm{d}u - u\mathrm{d}v = -\frac{2}{\sqrt{3}}r^2\mathrm{d}\theta,$$

$$I_a(r) = \int_0^{2\pi} \frac{-\dfrac{2}{\sqrt{3}}r^2\mathrm{d}\theta}{\left(\dfrac{2}{3}r^2\cos^2\theta + 2r^2\sin^2\theta\right)^a} = -\frac{2}{\sqrt{3}}r^{2(1-a)}\int_0^{2\pi} \frac{\mathrm{d}\theta}{\left(\dfrac{2}{3}\cos^2\theta + 2\sin^2\theta\right)^a}.$$

令 $J_a = \displaystyle\int_0^{2\pi} \frac{\mathrm{d}\theta}{\left(\dfrac{2}{3}\cos^2\theta + 2\sin^2\theta\right)^a}$, 则由于 $\dfrac{2}{3} < \dfrac{2}{3}\cos^2\theta + 2\sin^2\theta < 2$, 从而 $0 < J_a <$

$+\infty$. 因此当 $a > 1$ 时, $\lim\limits_{r\to+\infty} I_a(r) = 0$ 或当 $a < 1$ 时, $\lim\limits_{r\to+\infty} I_a(r) = -\infty$; 而当 $a = 1$ 时,

$$J_1 = \int_0^{2\pi} \frac{\mathrm{d}\theta}{\dfrac{2}{3}\cos^2\theta + 2\sin^2\theta} = 4\int_0^{\frac{\pi}{2}} \frac{\mathrm{d}\theta}{\dfrac{2}{3}\cos^2\theta + 2\sin^2\theta}$$

$$= 2\int_0^{\frac{\pi}{2}} \frac{\mathrm{d}\tan\theta}{\dfrac{1}{3} + \tan^2\theta} = 2\int_0^{+\infty} \frac{\mathrm{d}t}{\dfrac{1}{3} + t^2} = 2\cdot\frac{1}{\sqrt{\dfrac{1}{3}}}\arctan\frac{t}{\sqrt{\dfrac{1}{3}}}\Bigg|_0^{+\infty}$$

$$= 2\sqrt{3}\left(\frac{\pi}{2} - 0\right) = \sqrt{3}\pi, \quad I_1(r) = -\frac{2}{\sqrt{3}}\cdot\sqrt{3}\pi = -2\pi.$$

故所求极限为 $\lim\limits_{r\to+\infty} I_a(r) = \begin{cases} 0, & a > 1, \\ -\infty, & a < 1, \\ -2\pi, & a = 1. \end{cases}$

例 11 (1) 设一球缺高为 h, 所在球半径为 R. 证明该球缺体积为 $\dfrac{\pi}{3}(3R-h)h^2$, 球冠面积为 $2\pi Rh$;

(2) 设球体 $(x-1)^2 + (y-1)^2 + (z-1)^2 \leqslant 12$ 被平面 $P: x+y+z = 6$ 所截的小球缺为 Ω, 记球缺上的球冠为 Σ, 方向指向球外, 求第二型曲面积分 $I = \displaystyle\iint\limits_\Sigma x\mathrm{d}y\mathrm{d}z + y\mathrm{d}z\mathrm{d}x + z\mathrm{d}x\mathrm{d}y.$ (第六届全国初赛, 2014)

解 (1) 设球缺所在的球体表面的方程为 $x^2 + y^2 + z^2 = R^2$, 球缺的中心线为 z 轴, 记球缺的区域为 Ω, 则其体积为

$$\iiint\limits_\Omega 1\mathrm{d}V = \int_{R-h}^R \mathrm{d}z \iint\limits_{D_z} \mathrm{d}x\mathrm{d}y = \int_{R-h}^R \pi(R^2 - z^2)\mathrm{d}z = \frac{\pi h^2}{3}(3R-h).$$

因为球缺所在球面的方程为 $x^2 + y^2 + z^2 = R^2$, 取 $h < R$, 所以 $z = \sqrt{R^2 - x^2 - y^2}$. 它

在 xOy 面上的投影区域

$$D = \left\{ (x,y) \mid x^2 + y^2 \leqslant r^2 = R^2 - (R-h)^2 \right\},$$

则球冠的面积表示为

$$S = \iint\limits_{D} \sqrt{1 + z_x^2 + z_y^2}\mathrm{d}x\mathrm{d}y = \iint\limits_{D} \frac{R\mathrm{d}x\mathrm{d}y}{\sqrt{R^2 - x^2 - y^2}} = \int_0^{2\pi} \mathrm{d}\theta \int_0^r \frac{R\rho\mathrm{d}\rho}{\sqrt{R^2 - \rho^2}}$$

$$= -\pi R \int_0^r \frac{\mathrm{d}(R^2 - \rho^2)}{(R^2 - \rho^2)^{\frac{1}{2}}} = -2\pi R (R^2 - \rho^2)\frac{1}{2}\Big|_0^r = -2\pi R \left(\sqrt{R^2 - r^2} - R \right)$$

$$= -2\pi R (R - h - R) = 2\pi R h.$$

(2) 记球缺 Ω 的底面圆为 P_1, 方向指向球缺外, 记

$$J = \iint\limits_{P_1} x\mathrm{d}y\mathrm{d}z + y\mathrm{d}z\mathrm{d}x + z\mathrm{d}x\mathrm{d}y.$$

由高斯公式, 有 $I + J = \iiint\limits_{\Omega} 3\mathrm{d}v = 3V_{\Omega}$, 其中 V_{Ω} 为 Ω 的体积. 由于平面 P 的正向单位法向量为 $\dfrac{-1}{\sqrt{3}}(1,1,1)$, 故 $J = \dfrac{-1}{\sqrt{3}} \iint\limits_{P_1} (x+y+z)\mathrm{d}S = \dfrac{-6}{\sqrt{3}}\sigma(P_1) = -2\sqrt{3}\sigma(P_1)$, 其中 $\sigma(P_1)$ 为 P_1 的面积. 故 $I = 3V_{\Omega} - J = 3V_{\Omega} + 2\sqrt{3}\sigma(P_1)$. 因为球缺底面圆心为 $Q(2,2,2)$, 而球缺的顶点为 $D(3,3,3)$, 故球缺的高度 $h = |QD| = \sqrt{3}$. 再由 (1) 所证并代入 $h = \sqrt{3}$ 和 $R = 2\sqrt{3}$ 得

$$I = 3 \cdot \frac{\pi}{3}(3R - h)h^2 + 2\sqrt{3}\pi(2Rh - h^2) = 33\sqrt{3}\pi.$$

例 12 曲面 $z = x^2 + y^2 + 1$ 在点 $M(1, -1, 3)$ 的切平面与曲面 $z = x^2 + y^2$ 所围区域的体积是_____. (第七届全国初赛, 2015)

解 曲面 $z = x^2 + y^2 + 1$ 在点 $M(1, -1, 3)$ 的切平面: $2(x-1) - 2(y+1) - (z-3) = 0$, 即 $z = 2x - 2y - 1$, 联立 $\begin{cases} z = x^2 + y^2, \\ z = 2x - 2y - 1, \end{cases}$ 得到所围区域的投影 D 为 $(x-1)^2 + (y+1)^2 \leqslant 1$. 所求体积

$$V = \iint\limits_{D} \left[(2x - 2y - 1) - (x^2 + y^2) \right] \mathrm{d}x\mathrm{d}y = \iint\limits_{D} \left[1 - (x-1)^2 - (y+1)^2 \right] \mathrm{d}x\mathrm{d}y.$$

令 $\begin{cases} x - 1 = \rho\cos\theta, \\ y + 1 = \rho\sin\theta, \end{cases}$ 所以 $V = \int_0^{2\pi} \mathrm{d}\theta \int_0^1 \left(1 - \rho^2 \right) \rho\mathrm{d}\rho = \dfrac{\pi}{2}$.

例 13 设 $f(x,y)$ 在 $x^2+y^2 \leqslant 1$ 上有连续的二阶偏导数, 且 $f_{xx}^2+2f_{xy}^2+f_{yy}^2 \leqslant M$. 若 $f(0,0)=0$, $f_x(0,0)=f_y(0,0)=0$, 则证明: $\left| \iint\limits_{x^2+y^2 \leqslant 1} f(x,y)\,\mathrm{d}x\mathrm{d}y \right| \leqslant \dfrac{\pi\sqrt{M}}{4}$. (第七届全国初赛, 2015)

证明 在点 $(0,0)$ 处展开 $f(x,y)$ 得

$$f(x,y) = \frac{1}{2} \left(x\frac{\partial}{\partial x} + y\frac{\partial}{\partial y} \right)^2 f(\theta x, \theta y)$$

$$= \frac{1}{2} \left(x^2\frac{\partial^2}{\partial x^2} + 2xy\frac{\partial^2}{\partial x\partial y} + y^2\frac{\partial^2}{\partial y^2} \right) f(\theta x, \theta y) \quad (\text{其中 } \theta \in (0,1)).$$

记 $(u,v,w) = \left(\dfrac{\partial^2}{\partial x^2}, \dfrac{\partial^2}{\partial x\partial y}, \dfrac{\partial^2}{\partial y^2} \right) f(\theta x, \theta y)$, 则 $f(x,y) = \dfrac{1}{2}(ux^2 + 2vxy + wy^2)$. 由于 $\left\| (u, \sqrt{2}v, w) \right\| = \sqrt{u^2 + 2v^2 + w^2} \leqslant \sqrt{M}$, 以及 $\left\| (x^2, \sqrt{2}xy, y^2) \right\| = x^2 + y^2$, 我们有 $\left| (u, \sqrt{2}v, w)(x^2, \sqrt{2}xy, y^2) \right| \leqslant \sqrt{M}(x^2 + y^2)$, 即 $|f(x,y)| \leqslant \sqrt{M}(x^2 + y^2)$, 从而

$$\left| \iint\limits_{x^2+y^2 \leqslant 1} f(x,y)\mathrm{d}x\mathrm{d}y \right| \leqslant \frac{\sqrt{M}}{2} \iint\limits_{x^2+y^2 \leqslant 1} (x^2 + y^2)\,\mathrm{d}x\mathrm{d}y = \frac{\pi\sqrt{M}}{4}.$$

例 14 某物体所在的空间区域为 $\Omega: x^2 + y^2 + 2z^2 \leqslant x + y + 2z$, 密度函数为 $x^2 + y^2 + z^2$, 求质量 $M = \iiint\limits_{\Omega} (x^2 + y^2 + z^2)\,\mathrm{d}x\mathrm{d}y\mathrm{d}z$. (第八届全国初赛, 2016)

解 由于 $\Omega: \left(x - \dfrac{1}{2} \right)^2 + \left(y - \dfrac{1}{2} \right)^2 + 2\left(z - \dfrac{1}{2} \right)^2 \leqslant 1$, 是一个椭球. 作变换 $u = x - \dfrac{1}{2}, v = y - \dfrac{1}{2}, w = \sqrt{2}\left(z - \dfrac{1}{2} \right)$, 将 Ω 变为单位球体 $\Omega_1: u^2 + v^2 + w^2 \leqslant 1$, 而 $\dfrac{\partial(u,v,w)}{\partial(x,y,z)} = \sqrt{2}$, 故 $\mathrm{d}u\mathrm{d}v\mathrm{d}w = \sqrt{2}\mathrm{d}x\mathrm{d}y\mathrm{d}z$, 且

$$M = \frac{1}{\sqrt{2}} \iiint\limits_{\Omega_1} \left(u^2 + v^2 + \frac{w^2}{2} \right)\mathrm{d}u\mathrm{d}v\mathrm{d}w + A,$$

其中 $A = \dfrac{1}{\sqrt{2}} \left(\dfrac{1}{4} + \dfrac{1}{4} + \dfrac{1}{4} \right) \dfrac{4\pi}{3} = \dfrac{\pi}{\sqrt{2}}$. 令

$$I = \iiint\limits_{\Omega_1} (u^2 + v^2 + w^2)\,\mathrm{d}u\mathrm{d}v\mathrm{d}w = \int_0^{2\pi} \mathrm{d}\theta \int_0^\pi \mathrm{d}\varphi \int_0^1 r^2 \cdot r^2 \sin\varphi\mathrm{d}r = \frac{4}{5}\pi.$$

由三重积分的轮换对称性得

$$\iiint\limits_{\Omega_1} u^2 \mathrm{d}u\mathrm{d}v\mathrm{d}w = \iiint\limits_{\Omega_1} v^2 \mathrm{d}u\mathrm{d}v\mathrm{d}w = \iiint\limits_{\Omega_1} w^2 \mathrm{d}u\mathrm{d}v\mathrm{d}w = \frac{I}{3},$$

因此 $\iiint\limits_{\Omega_1} \left(u^2 + v^2 + \dfrac{w^2}{2}\right) \mathrm{d}u\mathrm{d}v\mathrm{d}w = \dfrac{5}{6}I$, 所以 $M = \dfrac{1}{\sqrt{2}} \cdot \dfrac{5}{6} \cdot \dfrac{4\pi}{5} + \dfrac{\pi}{\sqrt{2}} = \dfrac{5\sqrt{2}\pi}{6}$.

例 15 记曲面 $z^2 = x^2 + y^2$ 和 $z = \sqrt{4 - x^2 - y^2}$ 围成空间区域为 V, 则三重积分 $\iiint\limits_V z\mathrm{d}x\mathrm{d}y\mathrm{d}z = \underline{\hspace{2cm}}$. (第九届全国初赛, 2017)

解 应用球坐标,

$$I = \iiint\limits_V z\mathrm{d}x\mathrm{d}y\mathrm{d}z = \int_0^{2\pi} \mathrm{d}\theta \int_0^{\frac{\pi}{4}} \mathrm{d}\varphi \int_0^2 \rho\cos\varphi \cdot \rho^2 \sin\varphi \mathrm{d}\rho$$

$$= 2\pi \cdot \frac{1}{2}\sin^2\varphi \Big|_0^{\frac{\pi}{4}} \cdot \frac{1}{4}\rho^4 \Big|_0^2 = 2\pi.$$

例 16 设曲线 Γ 为 $x^2+y^2+z^2 = 1$, $x+z = 1$, $x \geqslant 0$, $y \geqslant 0$, $z \geqslant 0$ 上从 $A(1,0,0)$ 到 $B(0,0,1)$ 的一段. 求曲线积分 $I = \int_\Gamma y\mathrm{d}x + z\mathrm{d}y + x\mathrm{d}z$. (第九届全国初赛, 2017)

解 记 Γ_1 为从 B 到 A 的直线段, 则 $x = t, y = 0, z = 1 - t$, $0 \leqslant t \leqslant 1$, $\int_{\Gamma_1} y\mathrm{d}x + z\mathrm{d}y + x\mathrm{d}z = \int_0^1 t\mathrm{d}(1-t) = -\dfrac{1}{2}$.

设 Γ 和 Γ_1 围成的平面区域 Σ, 方向按右手法则. 由斯托克斯公式得到

$$\left(\int_\Gamma + \int_{\Gamma_1}\right) y\mathrm{d}x + z\mathrm{d}y + x\mathrm{d}z = \iint\limits_\Sigma \begin{vmatrix} \mathrm{d}y\mathrm{d}z & \mathrm{d}z\mathrm{d}x & \mathrm{d}x\mathrm{d}y \\ \dfrac{\partial}{\partial x} & \dfrac{\partial}{\partial y} & \dfrac{\partial}{\partial z} \\ y & z & x \end{vmatrix}$$

$$= -\iint\limits_\Sigma \mathrm{d}y\mathrm{d}z + \mathrm{d}z\mathrm{d}x + \mathrm{d}x\mathrm{d}y.$$

右边三个积分都是 Σ 在各个坐标面上的投影面积, 而 Σ 在 xOz 面上投影面积为零. $I + \int_{\Gamma_1} = -\iint\limits_\Sigma \mathrm{d}y\mathrm{d}z + \mathrm{d}x\mathrm{d}y$. 曲线 Γ 在 xOy 面上投影的方程为

$$\frac{(x - 1/2)^2}{(1/2)^2} + \frac{y^2}{(1/\sqrt{2})^2} = 1.$$

又该投影 (半个椭圆) 的面积得知 $\iint\limits_\Sigma \mathrm{d}x\mathrm{d}y = \dfrac{\pi}{4\sqrt{2}}$. 同理, $\iint\limits_\Sigma \mathrm{d}y\mathrm{d}z = \dfrac{\pi}{4\sqrt{2}}$. 这样就有 $I = \dfrac{1}{2} - \dfrac{\pi}{2\sqrt{2}}$.

例 17 设函数 $f(t)$ 在 $t \neq 0$ 时一阶连续可导, 且 $f(1) = 0$, 求函数 $f(x^2 - y^2)$, 使得积分曲线 $\int_L [y(2 - f(x^2 - y^2))]\,dx + xf(x^2 - y^2)\,dy$ 与路径无关, 其中 L 为任一不与直线 $y = \pm x$ 相交的分段光滑闭曲线. (第十届全国初赛, 2018)

解 设 $P(x, y) = y(2 - f(x^2 - y^2))$, $Q(x, y) = xf(x^2 - y^2)$, 由题设可知, 积分与路径无关, 于是有 $\dfrac{\partial Q(x, y)}{\partial x} = \dfrac{\partial P}{\partial y}$, 由此可知 $(x^2 - y^2) f'(x^2 - y^2) + f(x^2 - y^2) = 1$.

记 $t = x^2 - y^2$, 则得微分方程 $tf'(t) + f(t) = 1$, 即 $(tf(t))' = 1$, $f(t) = 1 + \dfrac{C}{t}$, 又 $f(1) = 0$, 可得 $C = -1$, $f(t) = 1 - \dfrac{1}{t}$, 从而 $f(x^2 - y^2) = 1 - \dfrac{1}{x^2 - y^2}$.

例 18 计算三重积分 $\iiint\limits_V (x^2 + y^2)\,dV$, 其中 V 是由 $x^2 + y^2 + (z - 2)^2 \geqslant 4$, $x^2 + y^2 + (z - 1)^2 \leqslant 9, z \geqslant 0$ 所围成的空心立体. (第十届全国初赛, 2018)

解 (1) V_1 :
$$\begin{cases} x = r\sin\varphi\cos\theta, & y = r\sin\varphi\sin\theta, & z - 1 = r\cos\varphi, \\ 0 \leqslant r \leqslant 3, & 0 \leqslant \varphi \leqslant \pi, & 0 \leqslant \theta \leqslant 2\pi, \end{cases}$$

$$\iiint\limits_{V_1} (x^2 + y^2)\,dV = \int_0^{2\pi} d\theta \int_0^{\pi} d\varphi \int_0^3 r^2 \sin^2\varphi r^2 \sin\varphi dr = \frac{8}{15} \cdot 3^5 \cdot \pi.$$

(2) V_2 :
$$\begin{cases} x = r\sin\varphi\cos\theta, & y = r\sin\varphi\sin\theta, & z - 2 = r\cos\varphi, \\ 0 \leqslant r \leqslant 2, & 0 \leqslant \varphi \leqslant \pi, & 0 \leqslant \theta \leqslant 2\pi, \end{cases}$$

$$\iiint\limits_{V_2} (x^2 + y^2)\,dV = \int_0^{2\pi} d\theta \int_0^{\pi} d\varphi \int_0^2 r^2 \sin^2\varphi r^2 \sin\varphi dr = \frac{8}{15} \cdot 2^5 \cdot \pi.$$

(3) V_3 :
$$\begin{cases} x = r\cos\theta, & y = r\sin\theta, & 1 - \sqrt{9 - r^2} \leqslant z \leqslant 0, \\ 0 \leqslant r \leqslant 2\sqrt{2}, & 0 \leqslant \theta \leqslant 2\pi, \end{cases}$$

$$\iiint\limits_{V_3} (x^2 + y^2)\,dV = \iint\limits_{r \leqslant 2\sqrt{2}} r dr d\theta \int_{1 - \sqrt{9 - r^2}}^0 r^2 dz$$

$$= \int_0^{2\pi} d\theta \int_0^{2\sqrt{2}} r^3(\sqrt{9 - r^2} - 1)dr = \left(124 - \frac{2}{5} \cdot 3^5 + \frac{2}{5}\right)\pi,$$

$$\iiint\limits_V (x^2 + y^2)\,dV = \iiint\limits_{V_1} (x^2 + y^2)\,dV - \iiint\limits_{V_2} (x^2 + y^2)\,dV - \iiint\limits_{V_3} (x^2 + y^2)\,dV$$

$$= \frac{256\pi}{3}.$$

例 19 计算积分 $\iiint\limits_\Omega \dfrac{xyz}{x^2 + y^2}dxdydz$, 其中 Ω 是由曲面 $(x^2 + y^2 + z^2)^2 = 2xy$ 围成的区域在第一卦限部分. (第十一届全国初赛, 2019)

解　采用球坐标并利用对称性, 得

$$I = 2 \int_0^{\frac{\pi}{4}} \mathrm{d}\theta \int_0^{\frac{\pi}{2}} \mathrm{d}\varphi \int_0^{\sqrt{2}\sin\varphi\sqrt{\sin\theta\cos\theta}} \frac{\rho^3 \sin^2\varphi \cos\theta \sin\theta \cos\varphi}{\rho^2 \sin^2\varphi} \rho^2 \sin\varphi \mathrm{d}\rho$$

$$= 2 \int_0^{\frac{\pi}{4}} \sin\theta \cos\theta \mathrm{d}\theta \int_0^{\frac{\pi}{2}} \sin\varphi \cos\varphi \mathrm{d}\varphi \int_0^{\sqrt{2}\sin\varphi\sqrt{\sin\theta\cos\theta}} \rho^3 \mathrm{d}\rho$$

$$= 2 \int_0^{\frac{\pi}{4}} \sin^3\theta \cos^3\theta \mathrm{d}\theta \int_0^{\frac{\pi}{2}} \sin^5\varphi \cos\varphi \mathrm{d}\varphi$$

$$= \frac{1}{4} \int_0^{\frac{\pi}{4}} \sin^3 2\theta \mathrm{d}\theta \int_0^{\frac{\pi}{2}} \sin^5\varphi \, \mathrm{d}(\sin\varphi)$$

$$= \frac{1}{48} \int_0^{\frac{\pi}{2}} \sin^3 t \mathrm{d}t = \frac{1}{48} \cdot \frac{2}{3} = \frac{1}{72}.$$

例 20　计算积分 $I = \int_0^{2\pi} \mathrm{d}\phi \int_0^{\pi} \mathrm{e}^{\sin\theta(\cos\phi - \sin\phi)} \sin\theta \mathrm{d}\theta$. (第十一届全国初赛, 2019)

解　设球面 $\Sigma : x^2 + y^2 + z^2 = 1$, 由参数方程: $x = \sin\theta\cos\phi$, $y = \sin\theta\sin\phi$, $z = \cos\theta$, 知 $\mathrm{d}S = \sin\theta\mathrm{d}\theta\mathrm{d}\phi$, 所以, 所求积分可化为第一型曲面积分 $I = \iint\limits_{\Sigma} \mathrm{e}^{x-y}\mathrm{d}S$.

设平面 $P_t : \dfrac{x-y}{\sqrt{2}} = t, -1 \leqslant t \leqslant 1$, 其中 t 为平面 P_t 被球面截下部分中心到原点距离. 用平面 P_t 分割球面 Σ, 球面在平面 $P_t, P_{t+\mathrm{d}t}$ 之间的部分形如圆台外表面状, 记为 $\Sigma_{t,\mathrm{d}t}$, 被积函数在其上为 $\mathrm{e}^{x-y} = \mathrm{e}^{\sqrt{2}t}$, 由于 $\Sigma_{t,\mathrm{d}t}$ 半径为 $r_t = \sqrt{1-t^2}$, 半径的增长率为 $\mathrm{d}\sqrt{1-t^2} = \dfrac{-t\mathrm{d}t}{\sqrt{1-t^2}}$, 就是 $\Sigma_{t,\mathrm{d}t}$ 上下底半径之差. 记圆台外表面斜高为 h_t, 则由微元法知 $\mathrm{d}t^2 + (\mathrm{d}\sqrt{1-t^2})^2 = h_t^2$, 得到 $h_t = \dfrac{\mathrm{d}t}{\sqrt{1-t^2}}$, 所以 $\Sigma_{t,\mathrm{d}t}$ 的面积为

$$\mathrm{d}S = 2\pi r_t h_t = 2\pi\mathrm{d}t, \quad I = \int_{-1}^{1} \mathrm{e}^{\sqrt{2}t} 2\pi\mathrm{d}t = \frac{2\pi}{\sqrt{2}} \mathrm{e}^{\sqrt{2}t}\Big|_{-1}^{1} = \sqrt{2}\pi\left(\mathrm{e}^{\sqrt{2}} - \mathrm{e}^{-\sqrt{2}}\right).$$

例 21　已知 $\int_0^{+\infty} \dfrac{\sin x}{x}\mathrm{d}x = \dfrac{\pi}{2}$, 计算 $\int_0^{+\infty}\int_0^{+\infty} \dfrac{\sin x \sin(x+y)}{x(x+y)}\mathrm{d}x\mathrm{d}y$. (第十二届全国初赛, 2020)

解　令 $u = x + y$, 得

$$I = \int_0^{+\infty} \frac{\sin x}{x}\mathrm{d}x \int_0^{+\infty} \frac{\sin(x+y)}{x+y}\mathrm{d}y = \int_0^{+\infty} \frac{\sin x}{x}\mathrm{d}x \int_x^{+\infty} \frac{\sin u}{u}\mathrm{d}u$$

$$= \int_0^{+\infty} \frac{\sin x}{x}\mathrm{d}x \left(\int_0^{+\infty} \frac{\sin u}{u}\mathrm{d}u - \int_0^x \frac{\sin u}{u}\mathrm{d}u \right)$$

$$= \left(\int_0^{+\infty} \frac{\sin x}{x} \mathrm{d}x\right)^2 - \int_0^{+\infty} \frac{\sin x}{x} \mathrm{d}x \int_0^x \frac{\sin u}{u} \mathrm{d}u.$$

令 $F(x) = \int_0^x \frac{\sin u}{u} \mathrm{d}u$, 则 $F'(x) = \frac{\sin x}{x}$, $\lim\limits_{x \to +\infty} F(x) = \frac{\pi}{2}$. 所以

$$I = \frac{\pi^2}{4} - \int_0^{+\infty} F(x) F'(x) \mathrm{d}x = \frac{\pi^2}{4} - \frac{1}{2}[F(x)]^2 \Big|_0^{+\infty} = \frac{\pi^2}{4} - \frac{1}{2}\left(\frac{\pi}{2}\right)^2 = \frac{\pi^2}{8}.$$

例 22 计算 $I = \oint_\Gamma \left|\sqrt{3}y - x\right| \mathrm{d}x - 5z\mathrm{d}z$, 曲线 $\Gamma: \begin{cases} x^2 + y^2 + z^2 = 8, \\ x^2 + y^2 = 2z, \end{cases}$ 从 z 轴正向往坐标原点看去取逆时针方向. (第十二届全国初赛, 2020)

解 曲线 Γ 也可表示为 $\begin{cases} z = 2, \\ x^2 + y^2 = 4, \end{cases}$ 所以 Γ 的参数方程为 $\begin{cases} x = 2\cos\theta, \\ y = 2\sin\theta, \\ z = 2, \end{cases}$ 参数的范围: $0 \leqslant \theta \leqslant 2\pi$. 注意到在曲线 Γ 上 $\mathrm{d}z = 0$, 所以

$$I = -\int_0^{2\pi} \left|2\sqrt{3}\sin\theta - 2\cos\theta\right| 2\sin\theta\mathrm{d}\theta = -8\int_0^{2\pi} \left|\frac{\sqrt{3}}{2}\sin\theta - \frac{1}{2}\cos\theta\right| \sin\theta\mathrm{d}\theta,$$

根据周期函数的积分性质, 得

$$I = -8\int_{-\pi}^{\pi} |\cos t| \sin\left(t - \frac{\pi}{3}\right) \mathrm{d}t = -4\int_{-\pi}^{\pi} |\cos t|(\sin t - \sqrt{3}\cos t)\mathrm{d}t$$

$$= 8\sqrt{3}\int_0^{\pi} |\cos t| \cos t\mathrm{d}t = -8\int_0^{2\pi} \left|\cos\left(\theta + \frac{\pi}{3}\right)\right| \sin\theta\mathrm{d}\theta$$

$$= -8\int_{\frac{\pi}{3}}^{2\pi + \frac{\pi}{3}} |\cos t| \sin\left(t - \frac{\pi}{3}\right) \mathrm{d}t,$$

令 $u = t - \frac{\pi}{2}$, 则

$$I = -8\sqrt{3}\int_{-\frac{\pi}{2}}^{\frac{\pi}{2}} |\sin u| \sin u\mathrm{d}u = 0.$$

例 23 记 $D = \left\{(x, y) \mid x^2 + y^2 \leqslant \pi\right\}$, 则 $\iint\limits_D \left(\sin x^2 \cos y^2 + x\sqrt{x^2 + y^2}\right) \mathrm{d}x\mathrm{d}y = $ _____. (第十三届全国初赛, 2021)

解 根据重积分的对称性, 得

$$原积分 = \iint\limits_D \sin x^2 \cos y^2 \mathrm{d}x\mathrm{d}y = \iint\limits_D \sin y^2 \cos x^2 \mathrm{d}x\mathrm{d}y$$

$$= \frac{1}{2} \iint\limits_{D} \left(\sin x^2 \cos y^2 + \sin y^2 \cos x^2 \right) \mathrm{d}x\mathrm{d}y$$

$$= \frac{1}{2} \iint\limits_{D} \sin \left(x^2 + y^2 \right) \mathrm{d}x\mathrm{d}y$$

$$= \frac{1}{2} \int_0^{2\pi} \mathrm{d}\theta \int_0^{\sqrt{\pi}} r \sin r^2 \mathrm{d}r$$

$$= \frac{\pi}{2} \left(-\cos r^2 \right) \Big|_0^{\sqrt{\pi}} = \pi.$$

例 24 设四次齐次函数 $f(x,y,z) = a_1 x^4 + a_2 y^4 + a_3 z^4 + 3a_4 x^2 y^2 + 3a_5 y^2 z^2 + 3a_6 x^2 z^2$, 计算曲面积分 $\oiint\limits_{\Sigma} f(x,y,z)\mathrm{d}S$, 其中 $\Sigma : x^2 + y^2 + z^2 = 1$. (第十三届全国初赛, 2021)

解 因 $f(x,y,z)$ 为四次齐次函数, 故对 $\forall t \in \mathbb{R}$, 恒有 $f(tx,ty,tz) = t^4 f(x,y,z)$, 对上式两边关于 t 求导, 得

$$x f_1'(tx,ty,tz) + y f_2'(tx,ty,tz) + z f_3'(tx,ty,tz) = 4t^3 f(x,y,z).$$

取 $t=1$, 得 $x f_x'(x,y,z) + y f_y'(x,y,z) + z f_z'(x,y,z) = 4f(x,y,z)$, 设曲面 Σ 上点 (x,y,z) 处的外法线方向的方向余弦为 $(\cos\alpha, \cos\beta, \cos\gamma)$, 则 $\cos\alpha = x$, $\cos\beta = y$, $\cos\gamma = z$, 因此

$$\oiint\limits_{\Sigma} f(x,y,z)\mathrm{d}S = \frac{1}{4} \oiint\limits_{\Sigma} \left(x f_x'(x,y,z) + y f_y'(x,y,z) + z f_z'(x,y,z) \right) \mathrm{d}S$$

$$= \frac{1}{4} \oiint\limits_{\Sigma} \left[\cos\alpha f_x'(x,y,z) + \cos\beta f_y'(x,y,z) + \cos\gamma f_z'(x,y,z) \right] \mathrm{d}S$$

$$= \frac{1}{4} \oiint\limits_{\Sigma} \left[f_x'(x,y,z)\mathrm{d}y\mathrm{d}z + f_y'(x,y,z)\mathrm{d}x\mathrm{d}z + f_z'(x,y,z)\mathrm{d}x\mathrm{d}y \right]$$

$$= \frac{1}{4} \iiint\limits_{x^2+y^2+z^2\leqslant 1} \left[f_{xx}''(x,y,z) + f_{yy}''(x,y,z) + f_{zz}''(x,y,z) \right] \mathrm{d}x\mathrm{d}y\mathrm{d}z$$

$$= \frac{3}{2} \iiint\limits_{x^2+y^2+z^2\leqslant 1} \left[x^2 \left(2a_1 + a_4 + a_6 \right) + y^2 \left(2a_2 + a_4 + a_5 \right) \right.$$

$$\left. + z^2 \left(2a_3 + a_5 + a_6 \right) \right] \mathrm{d}x\mathrm{d}y\mathrm{d}z$$

$$= \sum_{i=1}^{6} a_i \iiint\limits_{x^2+y^2+z^2\leqslant 1} \left(x^2 + y^2 + z^2 \right) \mathrm{d}x\mathrm{d}y\mathrm{d}z$$

$$= \sum_{i=1}^{6} a_i \int_0^{2\pi} \mathrm{d}\theta \int_0^{\pi} \mathrm{d}\varphi \int_0^1 \rho^2 \cdot \rho^2 \sin\varphi \mathrm{d}\rho = \frac{4\pi}{5} \sum_{i=1}^{6} a_i.$$

例 25 设函数 $f(x,y)$ 在闭区域 $D = \left\{ (x,y) \,\middle|\, x^2 + y^2 \leqslant 1 \right\}$ 上具有二阶连续偏导

数, 且 $\dfrac{\partial^2 f}{\partial x^2} + \dfrac{\partial^2 f}{\partial y^2} = x^2 + y^2$, 求 $\displaystyle\lim_{r\to 0^+} \dfrac{\displaystyle\iint\limits_{x^2+y^2\leqslant r^2} \left(x\dfrac{\partial f}{\partial x} + y\dfrac{\partial f}{\partial y} \right) \mathrm{d}x\mathrm{d}y}{(\tan r - \sin r)^2}$. (第十三届全国初赛

补赛, 2021)

解 采用极坐标, 令 $\begin{cases} x = r\cos\theta, \\ y = r\sin\theta, \end{cases}$ 则

$$\iint\limits_{x^2+y^2\leqslant r^2} \left(x\frac{\partial f}{\partial x} + y\frac{\partial f}{\partial y} \right) \mathrm{d}x\mathrm{d}y$$

$$= \int_0^r \mathrm{d}\rho \int_0^{2\pi} \left(\rho\cos\theta \frac{\partial f}{\partial x} + \rho\sin\theta \frac{\partial f}{\partial y} \right) \rho\mathrm{d}\rho = \int_0^r \rho\mathrm{d}\rho \oint\limits_{x^2+y^2=\rho^2} \left(\frac{\partial f}{\partial x}\mathrm{d}y - \frac{\partial f}{\partial y}\mathrm{d}x \right)$$

$$= \int_0^r \rho\mathrm{d}\rho \iint\limits_{x^2+y^2\leqslant \rho^2} \left(\frac{\partial^2 f}{\partial x^2} + \frac{\partial^2 f}{\partial y^2} \right) \mathrm{d}x\mathrm{d}y = \int_0^r \rho\mathrm{d}\rho \iint\limits_{x^2+y^2\leqslant \rho^2} \left(x^2 + y^2 \right) \mathrm{d}x\mathrm{d}y$$

$$= \int_0^r \rho\mathrm{d}\rho \int_0^{\rho} \mathrm{d}\mu \int_0^{2\pi} \mu^2\mu\mathrm{d}\theta = \frac{\pi}{12} r^6.$$

另一方面, 由泰勒公式,

$$(\tan r - \sin r)^2 = \left(r + \frac{r^3}{3} - r + \frac{r^3}{6} + o(r^3) \right)^2 \sim \frac{r^6}{4},$$

从而 $\displaystyle\lim_{r\to 0^+} \dfrac{\displaystyle\iint\limits_{x^2+y^2\leqslant r^2} \left(x\dfrac{\partial f}{\partial x} + y\dfrac{\partial f}{\partial y} \right) \mathrm{d}x\mathrm{d}y}{(\tan r - \sin r)^2} = \dfrac{\pi}{3}$.

例 26 若对于 $\mathbb{R}^3$ 中半空间 $\left\{ (x,y,z) \in \mathbb{R}^3 \,\middle|\, x > 0 \right\}$ 内任意有向光滑封闭曲面 S,

都有 $\displaystyle\iint\limits_{S} xf'(x)\mathrm{d}y\mathrm{d}z + y\left(xf(x) - f'(x)\right)\mathrm{d}z\mathrm{d}x - xz(\sin x + f'(x))\,\mathrm{d}x\mathrm{d}y = 0$, 其中 f 在

$(0, +\infty)$ 上二阶导数连续且 $\displaystyle\lim_{x\to 0^+} f(x) = \lim_{x\to 0^-} f'(x) = 0$, 求 $f(x)$. (第十三届全国初赛

补赛, 2021)

解 记 $P = xf'(x)$, $Q = y\left(xf(x) - f'(x)\right)$, $R = -xz\left(\sin x + f'(x)\right)$, 则有

$$\frac{\partial P}{\partial x} + \frac{\partial Q}{\partial y} + \frac{\partial R}{\partial z} = f'(x) + xf''(x) + xf(x) - f'(x) - x\sin x - xf'(x)$$

$$= xf''(x) - xf'(x) + xf(x) - x\sin x,$$

由已知条件可知 $\dfrac{\partial P}{\partial x} + \dfrac{\partial Q}{\partial y} + \dfrac{\partial R}{\partial z} = 0$, 即 $f''(x) - f'(x) + f(x) = \sin x$, 该方程对应的

齐次方程的特征方程为 $r^2 - r + 1 = 0$, 解得 $r_{1,2} = \dfrac{1}{2} \pm \dfrac{\sqrt{3}}{2}\mathrm{i}$, 所以齐次方程的通解为

$\overline{y} = \mathrm{e}^{\frac{1}{2}x}\left(c_1 \cos \dfrac{\sqrt{3}}{2}x + c_2 \sin \dfrac{\sqrt{3}}{2}x\right)$. 又因为 $y^* = \cos x$, 所以

$$f(x) = \mathrm{e}^{\frac{1}{2}x}\left(c_1 \cos \frac{\sqrt{3}}{2}x + c_2 \sin \frac{\sqrt{3}}{2}x\right) + \cos x.$$

由于 $\lim\limits_{x \to 0^+} f(x) = \lim\limits_{x \to 0^-} f'(x) = 0$, 故 $c_1 = -1, c_2 = \dfrac{1}{\sqrt{3}}$,

$$f(x) = \mathrm{e}^{\frac{1}{2}x}\left(-\cos \frac{\sqrt{3}}{2}x + \frac{1}{\sqrt{3}} \sin \frac{\sqrt{3}}{2}x\right) + \cos x.$$

例 27　记 $D = \left\{(x,y) \,\middle|\, 0 \leqslant x+y \leqslant \dfrac{\pi}{2}, 0 \leqslant x-y \leqslant \dfrac{\pi}{2}\right\}$, 则 $\displaystyle\iint\limits_{D} y \sin(x+y)\mathrm{d}x\mathrm{d}y = $

_____. (第十四届全国初赛, 2022)

解　方法 1: 利用三角公式: $\sin(x+y) = \sin x \cos y + \cos x \sin y$, 并根据重积分的对称性, 得

$$\text{原式} = 2\int_0^{\frac{\pi}{4}} y \sin y \mathrm{d}y \int_y^{\frac{\pi}{2}-y} \cos x \mathrm{d}x = 2\int_0^{\frac{\pi}{4}} y \sin y (\cos y - \sin y)\mathrm{d}y$$

$$= \int_0^{\frac{\pi}{4}} y \sin 2y \mathrm{d}y + \int_0^{\frac{\pi}{4}} y \cos 2y \mathrm{d}y - \int_0^{\frac{\pi}{4}} y \mathrm{d}y = \frac{1}{4} + \left(\frac{\pi}{8} - \frac{1}{4}\right) - \frac{\pi^2}{32} = \frac{\pi}{8} - \frac{\pi^2}{32}.$$

方法 2: 利用二元变量代换, 令 $\begin{cases} u = x+y, \\ v = x-y, \end{cases}$ 则 $\begin{cases} x = \dfrac{1}{2}(u+v), \\ y = \dfrac{1}{2}(u-v). \end{cases}$ 因为

$$J = \begin{vmatrix} \dfrac{\partial x}{\partial u} & \dfrac{\partial x}{\partial v} \\ \dfrac{\partial y}{\partial u} & \dfrac{\partial y}{\partial v} \end{vmatrix} = \begin{vmatrix} \dfrac{1}{2} & \dfrac{1}{2} \\ \dfrac{1}{2} & -\dfrac{1}{2} \end{vmatrix} = -\frac{1}{2},$$

所以

$$\text{原式} = |J| \int_0^{\frac{\pi}{2}} \int_0^{\frac{\pi}{2}} \frac{1}{2}(u-v) \sin u \mathrm{d}u\mathrm{d}v$$

$$= \frac{1}{4} \int_0^{\frac{\pi}{2}} \mathrm{d}v \int_0^{\frac{\pi}{2}} u \sin u \mathrm{d}u - \frac{1}{4} \int_0^{\frac{\pi}{2}} v \mathrm{d}v \int_0^{\frac{\pi}{2}} \sin u \mathrm{d}u$$

$$= \frac{1}{4} \times \frac{\pi}{2} \times 1 - \frac{1}{4} \times \frac{\pi^2}{8} \times 1 = \frac{\pi}{8} - \frac{\pi^2}{32}.$$

例 28 设 $D = \left\{ (x,y) \mid x^2 + y^2 \leqslant 1 \right\}$, 则 $\iint\limits_{D} \left(x + y - x^2 \right) \mathrm{d}x\mathrm{d}y = $ _____.

(第十四届全国初赛第一次补赛, 2022)

解 由于区域关于 x 轴和 y 轴对称, 所以 $\iint\limits_{D} x\mathrm{d}x\mathrm{d}y = 0$, $\iint\limits_{D} y\mathrm{d}x\mathrm{d}y = 0$, 且

$\iint\limits_{D} x^2\mathrm{d}x\mathrm{d}y = 4 \iint\limits_{D_1} x^2\mathrm{d}x\mathrm{d}y$, 其中 $D_1 = \left\{ (x,y) \mid x^2 + y^2 \leqslant 1, x \geqslant 0, y \geqslant 0 \right\}$, 于是

$$\iint\limits_{D} \left(x + y - x^2 \right) \mathrm{d}x\mathrm{d}y = -4 \iint\limits_{D_1} x^2\mathrm{d}x\mathrm{d}y = -4 \int_0^{\frac{\pi}{2}} \cos^2\theta\mathrm{d}\theta \int_0^1 r^3\mathrm{d}r$$

$$= -\int_0^{\frac{\pi}{2}} \frac{1 + \cos 2\theta}{2}\mathrm{d}\theta = -\frac{\pi}{4} - \frac{1}{2} \int_0^{\frac{\pi}{2}} \cos 2\theta\mathrm{d}\theta = -\frac{\pi}{4}.$$

例 29 计算曲线积分 $I = \oint_{\Gamma} \left(y^2 + z^2 \right) \mathrm{d}x + \left(z^2 + x^2 \right) \mathrm{d}y + \left(x^2 + y^2 \right) \mathrm{d}z$, 其中

$\Gamma: \begin{cases} x^2 + y^2 + z^2 = 2Rx, \\ x^2 + y^2 = 2rx \end{cases} (0 < r < R, z \geqslant 0)$, 方向与 z 轴正向符合右手螺旋法则. (第

十四届全国初赛第一次补赛, 2022)

解 方法 1: 利用斯托克斯公式, 得

$$I = \iint\limits_{S} (2y - 2z)\mathrm{d}y\mathrm{d}z + (2z - 2x)\mathrm{d}z\mathrm{d}x + (2x - 2y)\mathrm{d}x\mathrm{d}y,$$

其中曲面 S 是球面 $x^2 + y^2 + z^2 = 2Rx$ 上由曲线 Γ 围成的部分曲面, 其单位法向量为 $\boldsymbol{n} = \left(\dfrac{x - R}{R}, \dfrac{y}{R}, \dfrac{z}{R} \right)$. 将上述积分转化为第一型曲面积分得

$$I = \iint\limits_{S} \left[(2y - 2z)\frac{x - R}{R} + (2z - 2x)\frac{y}{R} + (2x - 2y)\frac{z}{R} \right] \mathrm{d}S = 2 \iint\limits_{S} (z - y)\mathrm{d}S,$$

由于曲面 S 关于 zOx 面对称, 所以 $\iint\limits_{S} y\mathrm{d}S = 0$, 于是

$$I = 2 \iint\limits_{S} z\mathrm{d}S = 2 \iint\limits_{D} z\sqrt{1 + z_x^2 + z_y^2}\mathrm{d}x\mathrm{d}y = 2 \iint\limits_{D} z\frac{R}{z}\mathrm{d}x\mathrm{d}y = 2\pi Rr^2.$$

方法 2: 利用曲线 Γ 的参数方程计算.

首先, 由 $\varGamma$ 的所给方程消去 y, 得 $z = \sqrt{2(R-r)x}$; 再由柱面坐标 $\begin{cases} x = \rho\cos\theta, \\ y = \rho\sin\theta \end{cases}$

及 $x^2 + y^2 = 2rx$ 得 $\rho = 2r\cos\theta$, 所以 $\varGamma$ 的参数方程可表示为

$$x = 2r\cos^2\theta, \quad y = r\sin 2\theta, \quad z = 2\sqrt{r(R-r)}\cos\theta,$$

θ 从 $-\dfrac{\pi}{2}$ 变到 $\dfrac{\pi}{2}$. 因此

$$I = \int_{-\frac{\pi}{2}}^{\frac{\pi}{2}} \left[r^2\sin^2 2\theta + 4r(R-r)\cos^2\theta \right] (-4r\cos\theta\sin\theta)\mathrm{d}\theta$$

$$+ \int_{-\frac{\pi}{2}}^{\frac{\pi}{2}} \left[4r(R-r)\cos^2\theta + 4r^2\cos^4\theta \right] 2r\cos 2\theta\mathrm{d}\theta$$

$$+ \int_{-\frac{\pi}{2}}^{\frac{\pi}{2}} \left[4r^2\cos^4\theta + r^2\sin^2 2\theta \right] (-2\sqrt{r(R-r)}\sin\theta)\mathrm{d}\theta,$$

根据定积分的对称性, 上述第一、三两个式子均为零, 所以

$$I = 16r^2 \int_0^{\frac{\pi}{2}} \left[(R-r)\cos^2\theta + r\cos^4\theta \right] (2\cos^2\theta - 1)\,\mathrm{d}\theta,$$

下面直接利用沃利斯公式计算, 得

$$I = 16r^2 \left(2r\int_0^{\frac{\pi}{2}} \cos^6\theta\mathrm{d}\theta + (2R - 3r)\int_0^{\frac{\pi}{2}} \cos^4\theta\mathrm{d}\theta - (R-r)\int_0^{\frac{\pi}{2}} \cos^2\theta\mathrm{d}\theta \right)$$

$$= 16r^2 \left[2r \cdot \frac{5}{6} \cdot \frac{3}{4} \cdot \frac{1}{2} \cdot \frac{\pi}{2} + (2R-3r)\frac{3}{4} \cdot \frac{1}{2} \cdot \frac{\pi}{2} - (R-r)\frac{1}{2} \cdot \frac{\pi}{2} \right] = 2\pi Rr^2.$$

例 30　设 $a > 0$, 则均匀曲面 $x^2 + y^2 + z^2 = a^2 (x \geqslant 0, y \geqslant 0, z \geqslant 0)$ 的重心坐标为_____. (第十四届全国初赛第二次补赛, 2023)

解　记所给曲面为 $\varSigma$, 并设 $\varSigma$ 的面密度为常数 μ, $\varSigma$ 的重心坐标为 $(\overline{x}, \overline{y}, \overline{z})$, 由于 $\varSigma$ 的质量为 $M = \dfrac{1}{8} \cdot 4\pi a^2\mu = \dfrac{\pi a^2\mu}{2}$, 所以 $\overline{z} = \dfrac{1}{M}\iint\limits_{\varSigma} z\mu\mathrm{d}S = \dfrac{2}{\pi a^2}\iint\limits_{\varSigma} z\mathrm{d}S$. 设 $\varSigma$ 的外法向量与 z 轴正向的夹角为 γ, 则 $\cos\gamma = \dfrac{z}{a}$, 所以

$$\overline{z} = \frac{2}{\pi a^2}\iint\limits_{\varSigma} z\mathrm{d}S = \frac{2}{\pi a}\iint\limits_{\varSigma} \cos\gamma\mathrm{d}S = \frac{2}{\pi a}\iint\limits_{\varSigma} \mathrm{d}x\mathrm{d}y = \frac{2}{\pi a} \cdot \frac{1}{4}\pi a^2 = \frac{a}{2}.$$

根据对称性, $\overline{x} = \overline{y} = \dfrac{a}{2}$, 因此曲面的重心坐标为 $\left(\dfrac{a}{2}, \dfrac{a}{2}, \dfrac{a}{2} \right)$.

例 31　设 $f(x)$ 是 $[-1, 1]$ 上的连续的偶函数, 计算曲线积分:

$$I = \oint_L \frac{x^2 + y^2}{2\sqrt{1 - x^2}}\mathrm{d}x + f(x)\,\mathrm{d}y,$$

其中曲线 L 为正向圆周 $x^2 + y^2 = -2y$. (第十四届全国初赛第二次补赛, 2023)

解 取圆的圆心角 θ 作参数, 则曲线 L: $x^2 + (y+1)^2 = 1$ 的参数方程为 $x = \cos\theta$, $y + 1 = \sin\theta$ $(0 \leqslant \theta \leqslant 2\pi)$. 因为 $\mathrm{d}x = -\sin\theta\mathrm{d}\theta$, $\mathrm{d}y = \cos\theta\mathrm{d}\theta$, 所以

$$I = \int_0^{2\pi} \frac{1 - \sin\theta}{|\sin\theta|}(-\sin\theta)\mathrm{d}\theta + \int_0^{2\pi} f(\cos\theta)\cos\theta\mathrm{d}\theta,$$

其中第一项为

$$I_1 = \int_0^{2\pi} \frac{-(1 - \sin\theta)}{|\sin\theta|}\sin\theta\mathrm{d}\theta = -\int_0^{\pi}(1 - \sin\theta)\mathrm{d}\theta + \int_{\pi}^{2\pi}(1 - \sin\theta)\mathrm{d}\theta = 4,$$

第二项为

$$I_2 = \int_0^{2\pi} f(\cos\theta)\cos\theta\mathrm{d}\theta = \int_0^{\pi} f(\cos\theta)\cos\theta\mathrm{d}\theta + \int_{\pi}^{2\pi} f(\cos\theta)\cos\theta\mathrm{d}\theta$$

$$= \int_0^{\pi} f(\cos\theta)\cos\theta\mathrm{d}\theta + \int_0^{\pi} f(\cos(t+\pi))\cos(t+\pi)\mathrm{d}t$$

$$= \int_0^{\pi} f(\cos\theta)\cos\theta\mathrm{d}\theta - \int_0^{\pi} f(-\cos t)\cos t\mathrm{d}t = 0.$$

因此, 原积分 $I = I_1 + I_2 = 4$.

例 32 设曲面 Σ 是平面 $y + z = 5$ 被柱面 $x^2 + y^2 = 25$ 所截得的部分, 则 $\iint\limits_{\Sigma}(x + y + z)\mathrm{d}S = \underline{\hspace{2cm}}$. (第十五届全国初赛 A 类, 2023)

解 Σ 的方程为 $z = 5 - y$, 故 $\mathrm{d}S = \sqrt{2}\mathrm{d}x\mathrm{d}y$, Σ 在 xOy 平面的投影 $D_{xy}: x^2 + y^2 \leqslant 25$, 故 $I = \sqrt{2}\iint\limits_{D_{xy}}(x + 5)\mathrm{d}x\mathrm{d}y = 5\sqrt{2}\iint\limits_{D_{xy}}\mathrm{d}x\mathrm{d}y = 125\sqrt{2}\pi$.

注 对第一类曲面积分进行计算时, 一般分三步: ① 代入边界, 化简被积函数; ② 作投影, 将曲面积分转化为二重积分, 注意投影面积不能为零; ③ 计算二重积分, 一般会用到极坐标及积分的奇偶性与轮换对称性简化计算.

例 33 设 Σ_1 是以 $(0, 4, 0)$ 为顶点且与曲面 $\Sigma_2: \dfrac{x^2}{3} + \dfrac{y^2}{4} + \dfrac{z^2}{3} = 1$ $(y > 0)$ 相切的圆锥面, 求曲面 Σ_1 与 Σ_2 所围成的空间区域的体积. (第十五届全国初赛 A 类, 2023)

解 方法 1: 设 L 是 xOy 平面上过点 $(0, 4)$ 且与 $\dfrac{x^2}{3} + \dfrac{y^2}{4} = 1$ 相切于点 (x_0, y_0) 的直线, 则 $\dfrac{x_0^2}{3} + \dfrac{y_0^2}{4} = 1$ 且切线斜率 $\dfrac{y_0 - 4}{x_0} = -\dfrac{4x_0}{3y_0}$, 解得 $x_0 = \pm\dfrac{3}{2}, y_0 = 1$. 显然, Σ_1 与 Σ_2 分别是切线 L 和曲线 $\dfrac{x^2}{3} + \dfrac{y^2}{4} = 1$ 绕 y 轴旋转而成的曲面, 它们的交线位于平面 $y_0 = 1$ 上. 记该平面与 Σ_1, Σ_2 围成的空间区域分别记为 Ω_1 和 Ω_2. 由于 Σ_1 是底面圆

的半径为 $\frac{3}{2}$, 高为 3 的圆锥体, 所以其体积 $V_1 = \frac{1}{3} \cdot \pi \left(\frac{3}{2} \right)^2 \cdot 3 = \frac{9\pi}{4}$. 又 Ω_2 的体积为

$$V_2 = \iiint\limits_{\Omega_2} \mathrm{d}V = \int_1^2 \mathrm{d}y \iint\limits_{x^2+z^2 \leqslant 3\left(1-\frac{y^2}{4}\right)} \mathrm{d}x\mathrm{d}z = \pi \int_1^2 3\left(1-\frac{y^2}{4}\right) \mathrm{d}y = \frac{5\pi}{4}.$$

因此, 曲面 Σ_1 与 Σ_2 所围成的空间区域的体积为 $\frac{9\pi}{4} - \frac{5\pi}{4} = \pi$.

方法 2: 为了计算方便, 题目转化为 $\frac{x^2}{3} + \frac{y^2}{3} + \frac{z^2}{4} = 1 \ (z > 0)$ 与过点 $(0,0,4)$ 处

切锥面问题. 设切锥面方程为 $x^2 + y^2 = k(4-z)^2$, 联立 $\begin{cases} \dfrac{x^2}{3} + \dfrac{y^2}{3} + \dfrac{z^2}{4} = 1, \\ x^2 + y^2 = k(4-z)^2, \end{cases}$ 得到

$k(4-z)^2 = 3 - \dfrac{3}{4}z^2$, 即

$$(4k+3)z^2 - 32kz + 64k - 12 = 0, \qquad\qquad ①$$

由 $\Delta = (-32k)^2 - 4 \cdot (4k+3) \cdot (64k-12) = 0 \Rightarrow k = \dfrac{1}{4}$, 即切锥面方程为 $x^2 + y^2 = \dfrac{1}{4}(4-z)^2$,

将 $k = \dfrac{1}{4}$ 代入式①, 得 $z = 1$, 从而立体区域在 xOy 面投影为 $D_{xy} : x^2 + y^2 \leqslant \dfrac{9}{4}$. 令

$z_1 = 4 - 2\sqrt{x^2+y^2}, z_2 = 2\sqrt{1 - \dfrac{x^2+y^2}{3}}$. 围成立体体积

$$V = \iint\limits_{D_{xy}} (z_1 - z_2)\,\mathrm{d}x\mathrm{d}y = \int_0^{2\pi} \mathrm{d}\theta \int_0^{\frac{3}{2}} \left(4 - 2r - 2\sqrt{1 - \frac{r^2}{3}} \right) r\,\mathrm{d}r$$

$$= \int_0^{2\pi} \mathrm{d}\theta \left[\int_0^{\frac{3}{2}} \left(4r - 2r^2 \right) \mathrm{d}r - \int_0^{\frac{3}{2}} \sqrt{1 - \frac{r^2}{3}}\,\mathrm{d}r^2 \right]$$

$$= 2\pi \left[\int_0^{\frac{3}{2}} \left(4r - 2r^2 \right) \mathrm{d}r + \frac{1}{\sqrt{3}} \int_0^{\frac{3}{2}} \sqrt{3 - r^2}\,\mathrm{d}\left(3 - r^2 \right) \right]$$

$$= 2\pi \left[\left(2r^2 - \frac{2}{3}r^3 \right) \Big|_0^{\frac{3}{2}} + \frac{1}{\sqrt{3}} \times \frac{2}{3} \left(3 - r^2 \right)^{\frac{3}{2}} \Big|_0^{\frac{3}{2}} \right] = 2\pi \times \frac{1}{2} = \pi.$$

注 定积分的几何应用是考试中出现频率较高的内容, 尤其是两个曲面围成的体积及表面积, 或者旋转体的体积与表面积.

例 34 计算 $\displaystyle\int_0^1 \mathrm{d}x \int_x^{\sqrt{x}} \frac{\cos y}{y}\,\mathrm{d}y = $ _____. (第十五届全国初赛 B 类, 2023)

解 交换积分顺序, 得

$$\int_0^1 \mathrm{d}x \int_x^{\sqrt{x}} \frac{\cos y}{y}\,\mathrm{d}y = \int_0^1 \mathrm{d}y \int_{y^2}^y \frac{\cos y}{y}\,\mathrm{d}y = \int_0^1 (1-y)\cos y\,\mathrm{d}y = 1 - \cos 1.$$

注 如果在二重积分题目中, 已经给了积分顺序, 则一定要用到交换积分次序, 直接计算要么比较麻烦, 要么在第一次积分时不存在初等原函数. 本题中还用到了分部积分, 要记住口诀: "反对幂指三, 靠后进微分" 的顺序.

例 35 设 L 为圆周 $x^2+y^2=9$, 取逆时针方向, 则第二型曲线积分 $\displaystyle\int_L \frac{-y}{4x^2+y^2}\mathrm{d}x+ \frac{x}{4x^2+y^2}\mathrm{d}y = $ _____. (第十六届全国初赛 A 类, 2024)

解 记 $P = \dfrac{-y}{4x^2+y^2}, Q = \dfrac{x}{4x^2+y^2}$, $L_1 : 4x^2+y^2 = 4$, 取顺时针方向. 在 L 与 L_1 所围成环形区域内 P, Q 都是连续可微的且 $Q_x - P_y \equiv 0$. 根据格林公式, $\displaystyle\int_{L+L_1} P\mathrm{d}x + Q\mathrm{d}y = 0$. 故 $\displaystyle\int_L P\mathrm{d}x + Q\mathrm{d}y = \int_{-L_1} P\mathrm{d}x + Q\mathrm{d}y = \frac{1}{4}\int_{-L_1} -y\mathrm{d}x+x\mathrm{d}y$, 再由格林公式, $\dfrac{1}{4}\displaystyle\int_{-L_1} -y\mathrm{d}x + x\mathrm{d}y = \frac{1}{4}\iint\limits_D 2\mathrm{d}x\mathrm{d}y = \frac{1}{2}\sigma(D) = \pi$, 其中 $D : 4x^2+y^2 \leqslant 4$, $\sigma(D) = 2\pi$ 为 D 的面积.

注 在应用格林公式时, 需要注意以下几点: ① 闭路径; ② 正方向; ③ 有意义 (存在一阶连续偏导数). 非闭合路径需要补充路径 (注意补充路径的方向), 有可能挖洞去除不可导的点, 在应用此公式时, 切记公式成立的条件, 否则会得到错误的结论.

例 36 求曲面积分 $I = \displaystyle\iint\limits_S \left(x^2 - x\right)\mathrm{d}y\mathrm{d}z + \left(y^2 - y\right)\mathrm{d}z\mathrm{d}x + \left(z^2 - z\right)\mathrm{d}x\mathrm{d}y$, 其中 S 是上半球面 $x^2+y^2+z^2 = R^2(z \geqslant 0)$ 的上侧. (第十六届全国初赛 A 类, 2024)

解 方法 1: 记 $\Sigma = \left\{(x,y,z) \mid z = 0, x^2+y^2 \leqslant R^2\right\}$, 取下侧. 由高斯公式知

$$\iint\limits_{S+\Sigma} \left(x^2 - x\right)\mathrm{d}y\mathrm{d}z + \left(y^2 - y\right)\mathrm{d}z\mathrm{d}x + \left(z^2 - z\right)\mathrm{d}x\mathrm{d}y$$

$$= \iiint\limits_\Omega (2(x+y+z) - 3)\mathrm{d}x\mathrm{d}y\mathrm{d}z,$$

其中

$$\Omega = \left\{(x,y,z) \mid z \geqslant 0, x^2+y^2+z^2 \leqslant R^2\right\}.$$

由于

$$\iint\limits_\Sigma \left(x^2 - x\right)\mathrm{d}y\mathrm{d}z + \left(y^2 - y\right)\mathrm{d}z\mathrm{d}x + \left(z^2 - z\right)\mathrm{d}x\mathrm{d}y = 0,$$

所以 $I = \displaystyle\iiint\limits_\Omega (2(x+y+z) - 3)\mathrm{d}x\mathrm{d}y\mathrm{d}z$. 由对称性, $I = \displaystyle\iiint\limits_\Omega (2z - 3)\mathrm{d}x\mathrm{d}y\mathrm{d}z$. 用直角坐标系下的切片法, 得 $I = \displaystyle\int_0^R (2z - 3)\pi\left(R^2 - z^2\right)\mathrm{d}z = 2\pi\left(\dfrac{R^4}{4} - R^3\right)$.

注　本题也可按球坐标计算三重积分:

$$I = \int_0^{2\pi} \mathrm{d}\theta \int_0^{\frac{\pi}{2}} \mathrm{d}\varphi \int_0^R (2r\cos\varphi - 3)r^2 \sin\varphi \mathrm{d}r = 2\pi\left(\frac{R^4}{4} - R^3\right).$$

方法 2: S 的参数方程为

$$x = R\cos\theta\sin\varphi, \ y = R\sin\theta\sin\varphi, \quad z = R\cos\varphi \quad \left(0 \leqslant \varphi \leqslant \frac{\pi}{2}, 0 \leqslant \theta \leqslant 2\pi\right).$$

曲面 S 上的点 (x, y, z) 处的单位法向量为 $\dfrac{(x, y, z)}{R}$. 故

$$
\begin{aligned}
I &= \iint\limits_S \left(x^2 - x, y^2 - y, z^2 - z\right) \cdot \frac{(x, y, z)}{R} \mathrm{d}S \\
&= \frac{1}{R} \iint\limits_S \left[x^3 + y^3 + z^3 - (x^2 + y^2 + z^2)\right] \mathrm{d}S \\
&= \frac{1}{R} \iint\limits_S \left(x^3 + y^3 + z^3 - R^2\right) \mathrm{d}S.
\end{aligned}
$$

由对称性可知 $\displaystyle\iint\limits_S x^3 \mathrm{d}S = \iint\limits_S y^3 \mathrm{d}S = 0$. 故

$$
\begin{aligned}
I &= \frac{1}{R} \iint\limits_S z^3 \mathrm{d}S - R \iint\limits_S \mathrm{d}S = \frac{1}{R} \iint\limits_S z^3 \mathrm{d}S - 2\pi R^3 \\
&= \frac{1}{R} \int_0^{2\pi} \mathrm{d}\theta \int_0^{\frac{\pi}{2}} (R\cos\varphi)^3 R^2 \sin\varphi \mathrm{d}\varphi - 2\pi R^3 \\
&= 2\pi R^4 \int_0^{\frac{\pi}{2}} \cos^3\varphi \sin\varphi \mathrm{d}\varphi - 2\pi R^3 \\
&= 2\pi R^4 \cdot \frac{1}{4} - 2\pi R^3 = \frac{\pi R^4}{2} - 2\pi R^3.
\end{aligned}
$$

注　应用高斯公式的条件和应用格林公式的条件基本一致, 关键是需要补充成一个闭合曲面, 计算过程中需要注意曲面的方向, 在计算三重积分时, 充分利用函数的性质能大大简化计算, 切片法和球坐标法是处理此类问题的常用方法.

七、全国决赛真题赏析

例 37　计算 $\displaystyle\iint\limits_{\varSigma} \frac{ax\mathrm{d}y\mathrm{d}z + (z+a)^2 \mathrm{d}x\mathrm{d}y}{\sqrt{x^2 + y^2 + z^2}}$, 其中 $\varSigma$ 为下半球面 $z = -\sqrt{a^2 - y^2 - x^2}$ 的上侧, $a > 0$. (第一届全国决赛, 2010)

解 将 Σ (或分片后) 投影到相应坐标平面上化为二重积分逐块计算.

$$I_1 = \frac{1}{a} \iint\limits_{\Sigma} ax\mathrm{d}y\mathrm{d}z = -2 \iint\limits_{D_{yz}} \sqrt{a^2 - y^2 - x^2}\mathrm{d}y\mathrm{d}z,$$

其中 D_{yz} 为 yOz 平面上的半圆 $y^2 + z^2 \leqslant a^2, z \leqslant 0$. 利用极坐标, 有 $I_1 = -\dfrac{2}{3}\pi a^3$,

$I_2 = \dfrac{1}{a} \iint\limits_{\Sigma} (a+z)^2 \mathrm{d}x\mathrm{d}y = \iint\limits_{D_{xy}} \left(a - \sqrt{a^2 - y^2 - x^2}\right)^2 \mathrm{d}x\mathrm{d}y$, 其中 D_{xy} 为 xOy 平面上

的圆域 $x^2 + y^2 \leqslant a^2$. 利用极坐标, 得 $I_2 = \dfrac{1}{6}\pi a^3$.

因此, $I = I_1 + I_2 = -\dfrac{1}{2}\pi a^3$.

例 38 已知 S 是空间曲线 $\begin{cases} x^2 + 3y^2 = 1, \\ z = 0 \end{cases}$ 绕 y 轴旋转形成的椭球面的上半部

分 $(z \geqslant 0)$ 取上侧, Π 是 S 在 $P(x, y, z)$ 点处的切平面, $\rho(x, y, z)$ 是原点到切平面 Π 的距离, λ, μ, ν 表示 S 的正法向的方向余弦. 计算:

(1) $\iint\limits_{S} \dfrac{z}{\rho(x, y, z)}\mathrm{d}S$;

(2) $\iint\limits_{S} z(\lambda x + 3\mu y + \nu z)\,\mathrm{d}S$. (第二届全国决赛, 2011)

解 (1) 由题意得椭球面 S 的方程为 $x^2 + 3y^2 + z^2 = 1\,(z \geqslant 0)$.

令 $F = x^2 + 3y^2 + z^2 - 1$, 则 $F'_x = 2x$, $F'_y = 6y$, $F'_z = 2z$, 切平面 Π 的法向量为 $\boldsymbol{n} = (x, 3y, z)$, Π 的方程为 $x(X - x) + 3y(Y - y) + z(Z - z) = 0$, 原点到切平面 Π 的距离为

$$\rho(x, y, z) = \frac{x^2 + 3y^2 + z^2}{\sqrt{x^2 + 9y^2 + z^2}} = \frac{1}{\sqrt{x^2 + 9y^2 + z^2}},$$

$$I_1 = \iint\limits_{S} \frac{z}{\rho(x, y, z)}\mathrm{d}S = \iint\limits_{S} z\sqrt{x^2 + 9y^2 + z^2}\mathrm{d}S,$$

将第一型曲面积分转化为二重积分, 记 $D_{xz} : x^2 + z^2 \leqslant 1, x \geqslant 0, z \geqslant 0$, 所以

$$I_1 = 4 \iint\limits_{D_{xz}} \frac{z[3 - 2(x^2 + z^2)]}{\sqrt{3(1 - x^2 - z^2)}}\mathrm{d}x\mathrm{d}z = 4 \int_0^{\frac{\pi}{2}} \sin\theta\mathrm{d}\theta \int_0^1 \frac{r^2(3 - 2r^2)\,\mathrm{d}r}{\sqrt{3(1 - r^2)}}$$

$$= 4 \int_0^1 \frac{r^2(3 - 2r^2)\,\mathrm{d}r}{\sqrt{3(1 - r^2)}} = 4 \int_0^{\frac{\pi}{2}} \frac{\sin^2\theta(3 - 2\sin^2\theta)\,\mathrm{d}\theta}{\sqrt{3}}$$

$$= \frac{4}{\sqrt{3}}\left(\frac{3}{2} - 2 \cdot \frac{1 \times 3}{2 \times 4}\right)\frac{\pi}{2} = \frac{\sqrt{3}\pi}{2}.$$

(2) 方法 1: $\lambda = \dfrac{x}{\sqrt{x^2 + 9y^2 + z^2}}, \mu = \dfrac{3y}{\sqrt{x^2 + 9y^2 + z^2}}, \nu = \dfrac{z}{\sqrt{x^2 + 9y^2 + z^2}}$, 所以

$$I_2 = \iint\limits_{S} z\left(\lambda x + 3\mu y + \nu z\right) \mathrm{d}S = \iint\limits_{S} z\sqrt{x^2 + 9y^2 + z^2}\mathrm{d}S = I_1 = \dfrac{\sqrt{3}\pi}{2}.$$

方法 2: (将一型曲面积分转化为二型):

$$I_2 = \iint\limits_{S} z\left(\lambda x + 3\mu y + \nu z\right) \mathrm{d}S = \iint\limits_{S} xz\mathrm{d}y\mathrm{d}z + 3yz\mathrm{d}z\mathrm{d}x + z^2\mathrm{d}x\mathrm{d}y,$$

记 $\Sigma: z = 0, x^2 + 3y^2 \leqslant 1, \Omega: x^2 + 3y^2 + z^2 \leqslant 1 (z \geqslant 0)$, 取面 Σ 向下, Ω 向外, 由高斯公式得 $I_2 + \iint\limits_{\Sigma} xz\mathrm{d}y\mathrm{d}z + 3yz\mathrm{d}z\mathrm{d}x + z^2\mathrm{d}x\mathrm{d}y = \iiint\limits_{\Omega} 6z\mathrm{d}V, I_2 = \iiint\limits_{\Omega} 6z\mathrm{d}V$, 求该三重积分的方法很多, 现给出如下几种常见方法:

① 先一后二:

$$I_2 = 6 \iint\limits_{x^2+3y^2 \leqslant 1} \mathrm{d}\sigma \int_0^{\sqrt{1-x^2-3y^2}} z\mathrm{d}z = 3 \iint\limits_{x^2+3y^2 \leqslant 1} \left(1 - x^2 - 3y^2\right)\mathrm{d}\sigma$$

$$= 12 \int_0^{\frac{\pi}{2}} \mathrm{d}\theta \int_0^1 \dfrac{1}{\sqrt{3}} r\left(1 - r^2\right)\mathrm{d}r = \dfrac{\sqrt{3}\pi}{2};$$

② 先二后一: $I_2 = 6 \int_0^1 z\mathrm{d}z \iint\limits_{x^2+3y^2 \leqslant 1-z^2} \mathrm{d}\sigma = \dfrac{6}{\sqrt{3}}\pi \int_0^1 z\left(1 - z^2\right)\mathrm{d}z = \dfrac{\sqrt{3}\pi}{2};$

③ 广义极坐标代换: $I_2 = \dfrac{24}{\sqrt{3}} \int_0^{\frac{\pi}{2}} \mathrm{d}\theta \int_0^{\frac{\pi}{2}} \mathrm{d}\varphi \int_0^1 r^3 \sin^2 \varphi\mathrm{d}r = \dfrac{\sqrt{3}\pi}{2}.$

例 39 求曲面 $x^2 + y^2 = az$ 和 $z = 2a - \sqrt{x^2 + y^2}(a > 0)$ 所围立体的表面积. (第三届全国决赛, 2012)

解 联立 $x^2 + y^2 = az, z = 2a - \sqrt{x^2 + y^2}$, 解得两曲面的交线所在的平面为 $z = a$, 它将表面分为 S_1 与 S_2 两部分, 它们在 xOy 平面上的投影为 $D: x^2 + y^2 \leqslant a^2$. 在 S_1 上, $\mathrm{d}S = \sqrt{1 + \dfrac{4x^2}{a^2} + \dfrac{4y^2}{a^2}}\mathrm{d}x\mathrm{d}y = \sqrt{\dfrac{a^2 + 4(x^2 + y^2)}{a^2}}\mathrm{d}x\mathrm{d}y.$

在 S_2 上, $\mathrm{d}S = \sqrt{1 + \dfrac{x^2}{x^2 + y^2} + \dfrac{y^2}{x^2 + y^2}}\mathrm{d}x\mathrm{d}y = \sqrt{2}\mathrm{d}x\mathrm{d}y$, 则

$$S = \iint\limits_{D} \left(\sqrt{\dfrac{a^2 + 4(x^2 + y^2)}{a^2}} + \sqrt{2}\right)\mathrm{d}x\mathrm{d}y$$

$$= \int_0^{2\pi} \mathrm{d}\theta \int_0^a \dfrac{\sqrt{a^2 4r^2}}{a} r\mathrm{d}r + \sqrt{2}\pi a^2$$

$$= \pi a^2 \left(\frac{5\sqrt{5}-1}{6} + \sqrt{2} \right).$$

例 40 设 D 为椭圆形 $\frac{x^2}{a^2} + \frac{y^2}{b^2} \leqslant 1 (a > b > 0)$, 面密度为 ρ 的均质薄板; l 为通过椭圆焦点 $(-c, 0)$(其中 $c^2 = a^2 - b^2$) 垂直于薄板的旋转轴.

(1) 求薄板 D 绕 l 旋转的转动惯量 J;

(2) 对于固定的转动惯量, 讨论椭圆薄板的面积是否有最大值和最小值. (第三届全国决赛, 2012)

解 (1) $J = \iint\limits_{D} \left((x+c)^2 + y^2 \right) \rho \mathrm{d}x\mathrm{d}y = \iint\limits_{D} \left(x^2 + 2cx + c^2 + y^2 \right) \rho \mathrm{d}x\mathrm{d}y$

$$= 2\rho \iint\limits_{D_1} \left(x^2 + y^2 + c^2 \right) \mathrm{d}x\mathrm{d}y \left(D_1 : \frac{x^2}{a^2} + \frac{y^2}{b^2} \leqslant 1, \ x \geqslant 0 \right)$$

$$= 4\rho \int_0^{\frac{\pi}{2}} \mathrm{d}\theta \int_0^1 \left(a^2 r^2 \cos^2\theta + b^2 r^2 \sin^2\theta + c^2 abr \right) \mathrm{d}r$$

$$= 4\rho \left(a^2 \frac{1}{4} \cdot \frac{1}{2} \cdot \frac{\pi}{2} + b^2 \frac{1}{4} \cdot \frac{1}{2} \cdot \frac{\pi}{2} + c^2 \frac{\pi}{2} \right) ab = \frac{1}{4} \pi \rho ab \left(5a^2 - 3b^2 \right).$$

(2) 问题转化为在约束条件 $\frac{1}{4} \pi \rho ab \left(5a^2 - 3b^2 \right) = J$ 下, 求 $S = \pi ab$ 的最值. 构造辅助函数 $F = \pi ab + \lambda \left(\frac{\pi}{4} \rho ab \left(5a^2 - 3b^2 \right) - J \right)$, 则有方程组

$$\begin{cases} F'_a = \pi b + \lambda \left(\pi\rho \left(15a^2 b - 3b^3 \right)/4 \right) = 0, \\ F'_b = \pi a + \lambda \left(\pi\rho \left(5a^3 - 9ab^2 \right)/4 \right) = 0, \\ F'_\lambda = \pi\rho ab \left(5a^2 - 3b^2 \right) = 4J, \end{cases}$$

由前两个方程可得 $\lambda \neq 0$, 从而 $15a^3 b - 3ab^3 = 5a^3 b - 9ab^3$, 即 $ab \left(10a^2 + 6b^2 \right) = 0$. 可见此方程组无解, 这表明椭圆的面积不可能有最值.

例 41 设连续可微函数 $z = f(x, y)$ 由方程 $F(xz - y, x - yz) = 0$(其中 $F(u, v) = 0$ 有连续偏导数) 唯一确定, L 为正向单位圆周. 试求: $I = \oint_L (xz^2 + 2yz)\mathrm{d}y - (2xz + yz^2)\mathrm{d}x$. (第三届全国决赛, 2012)

解 由格林公式

$$I = \oint_L (xz^2 + 2yz)\mathrm{d}y - (2xz + yz^2)\mathrm{d}x = \iint\limits_{D} \left(\frac{\partial Q}{\partial x} - \frac{\partial P}{\partial y} \right) \mathrm{d}\sigma$$

$$= \iint\limits_{D} \left[\left(z^2 + 2xz\frac{\partial z}{\partial x} + 2y\frac{\partial z}{\partial x} \right) + \left(2x\frac{\partial z}{\partial y} + z^2 + 2yz\frac{\partial z}{\partial y} \right) \right] \mathrm{d}\sigma$$

$$= \iint\limits_{D} \left[2z^2 + 2(xz + y)\frac{\partial z}{\partial x} + 2(x + yz)\frac{\partial z}{\partial y} \right] \mathrm{d}\sigma.$$

连续可微函数 $z = f(x, y)$ 由方程 $F(xz - y, x - yz) = 0$ 确定. 两边同时对 x 求偏导数

$$F_1\left(z + x\frac{\partial z}{\partial x}\right) + F_2\left(1 - y\frac{\partial z}{\partial x}\right) = 0 \Rightarrow \frac{\partial z}{\partial x} = \frac{zF_1 + F_2}{yF_2 - xF_1},$$

两边同时对 y 求偏导数 $F_1\left(x\frac{\partial z}{\partial y} - 1\right) + F_2\left(-z - y\frac{\partial z}{\partial y}\right) = 0 \Rightarrow \frac{\partial z}{\partial y} = \frac{F_1 + zF_2}{xF_1 - yF_2}.$

代入得

$$I = \iint\limits_{D}\left[2z^2 + 2(xz + y)\frac{zF_1 + F_2}{yF_2 - xF_1} + 2(x + yz)\frac{F_1 + zF_2}{xF_1 - yF_2}\right]\mathrm{d}\sigma$$

$$= 2\iint\limits_{D}\left(z^2 + \frac{xz^2F_1 + xzF_2 + yzF_1 + yF_2}{yF_2 - xF_1} + \frac{xF_1 + xzF_2 + yzF_1 + yz^2F_2}{xF_1 - yF_2}\right)\mathrm{d}\sigma$$

$$= \iint\limits_{D}\left(z^2 + \frac{xz^2F_1 + yF_2 - xF_1 - yz^2F_2}{yF_2 - xF_1}\right)\mathrm{d}\sigma$$

$$= 2\iint\limits_{D}\left[z^2 + \frac{(xF_1 - yF_2)z^2 + yF_2 - xF_1}{yF_2 - xF_1}\right]\mathrm{d}\sigma$$

$$= 2\iint\limits_{D}\mathrm{d}\sigma = 2\pi.$$

例 42 设曲面 Σ: $z^2 = x^2 + y^2$, $1 \leqslant z \leqslant 2$, 其面密度为常数 ρ, 求在原点处的质量为 1 的质点和 Σ 之间的引力 (记引力常数为 G). (第四届全国决赛, 2013)

解 设引力 $F = (F_x, F_y, F_z)$, 由对称性知 $F_x = 0$, $F_y = 0$. 记 $r = \sqrt{x^2 + y^2 + z^2}$. 从原点出发过点 (x, y, z) 的射线与 z 轴的夹角为 θ, 则有 $\cos\theta = \frac{z}{r}$, 质点和面积微元 $\mathrm{d}S$ 之间的引力为 $\mathrm{d}F = G\frac{\rho\mathrm{d}S}{r^2}$, 而 $\mathrm{d}F_z = G\frac{\rho\mathrm{d}S}{r^2}\cos\theta = G\rho\frac{z}{r^3}\mathrm{d}S$.

于是有 $F_z = \iint\limits_{\Sigma} G\rho\frac{z}{r^3}\mathrm{d}S$, 在 z 轴上的区间 $[1, 2]$ 上取小区间 $[z, z + \mathrm{d}z]$ 相应于该小区间有

$$\mathrm{d}S = 2\pi z\sqrt{2}\mathrm{d}z = 2\sqrt{2}\pi z\mathrm{d}z,$$

而 $r = \sqrt{2z^2} = \sqrt{2}z$, 就有

$$F_z = \int_1^2 G\rho\frac{2\sqrt{2}\pi z^2}{2\sqrt{2}z^3}\mathrm{d}z = G\rho\pi\int_1^2\frac{1}{z}\mathrm{d}z = G\rho\pi\ln 2.$$

例 43 求二重积分 $\iint\limits_{x^2+y^2\leqslant 1}\left|x^2 + y^2 - x - y\right|\mathrm{d}x\mathrm{d}y$. (第四届全国决赛, 2013)

解 由对称性可知, 计算区域 $y \geqslant x$ 由极坐标变换得

$$I = \int_{\frac{\pi}{4}}^{\frac{5\pi}{4}}\mathrm{d}\phi\int_0^1\left|r - \sqrt{2}\sin\left(\phi + \frac{\pi}{4}\right)\right|r^2\mathrm{d}r = \int_0^{\pi}\mathrm{d}\theta\int_0^1\left|r - \sqrt{2}\cos\theta\right|r^2\mathrm{d}r,$$

上式的积分里, (θ, r) 所在的区域为矩形: $D: 0 \leqslant \theta \leqslant \pi, 0 \leqslant r \leqslant 1$, 把 D 分解为 $D_1 \cup D_2$, 其中 $D_1: 0 \leqslant \theta \leqslant \dfrac{\pi}{2}, 0 \leqslant r \leqslant 1$; $D_2: \dfrac{\pi}{2} \leqslant \theta \leqslant \pi, 0 \leqslant r \leqslant 1$, 又记 $D_3: \dfrac{\pi}{4} \leqslant \theta \leqslant \dfrac{\pi}{2}, \sqrt{2}\cos\theta \leqslant r \leqslant 1$, 这里 D_3 是 D_1 的子集, 且记

$$I_i = \iint\limits_{D_i} \left| r - \sqrt{2}\cos\theta \right| r^2 \mathrm{d}\theta\mathrm{d}r \quad (i = 1, 2, 3),$$

则 $I = 2(I_1 + I_2)$.

注意到 $r - \sqrt{2}\cos\theta$ 在 $D_1 \backslash D_3$, D_2, D_3 的符号分别为负、正、正, 则

$$I_3 = \int_{\frac{\pi}{4}}^{\frac{\pi}{2}} \mathrm{d}\theta \int_{\sqrt{2}\cos\theta}^1 (r - \sqrt{2}\cos\theta) r^2 \mathrm{d}r = \frac{3}{32}\pi + \frac{1}{4} - \frac{\sqrt{2}}{3},$$

$$I_1 = \iint\limits_{D_1} (\sqrt{2}\cos\theta - r) r^2 \mathrm{d}\theta\mathrm{d}r + 2I_3 = \frac{\sqrt{2}}{3} - \frac{\pi}{8} + 2I_3 = \frac{\pi}{16} + \frac{1}{2} - \frac{\sqrt{2}}{3},$$

$$I_2 = \iint\limits_{D_2} (\sqrt{2}\cos\theta - r) r^2 \mathrm{d}\theta\mathrm{d}r = \frac{\sqrt{2}}{3} + \frac{\pi}{8},$$

所以, 就有 $I = 2(I_1 + I_2) = 1 + \dfrac{3\pi}{8}$.

例 44 计算积分 $\displaystyle\int_0^{2\pi} x\mathrm{d}x \int_x^{2\pi} \frac{\sin^2 t}{t^2}\mathrm{d}t$. (第五届全国决赛, 2014)

解 交换积分次序得

$$\begin{aligned}
\int_0^{2\pi} x\mathrm{d}x \int_x^{2\pi} \frac{\sin^2 t}{t^2}\mathrm{d}t &= \int_0^{2\pi} \frac{\sin^2 t}{t^2}\mathrm{d}t \int_0^t x\mathrm{d}x \\
&= \frac{1}{2} \int_0^{2\pi} \sin^2 t\, \mathrm{d}t \\
&= \frac{1}{2} \cdot 4 \int_0^{\frac{\pi}{2}} \sin^2 t\, \mathrm{d}t \\
&= 2 \cdot \frac{1}{2} \cdot \frac{\pi}{2} = \frac{\pi}{2}.
\end{aligned}$$

例 45 设 $D = \{(x, y) \,|\, 0 \leqslant x \leqslant 1, 0 \leqslant y \leqslant 1\}$, $I = \displaystyle\iint\limits_D f(x, y)\mathrm{d}x\mathrm{d}y$, 其中函数 $f(x, y)$ 在 D 上有连续二阶偏导数, 若对任何 x, y 有 $f(0, y) = f(x, 0) = 0$ 且 $\dfrac{\partial^2 f}{\partial x \partial y} \leqslant$ A. 证明: $I \leqslant \dfrac{A}{4}$. (第五届全国决赛, 2014)

证明 $I = \displaystyle\int_0^1 \mathrm{d}y \int_0^1 f(x, y)\mathrm{d}x = -\int_0^1 \mathrm{d}y \int_0^1 f(x, y)\mathrm{d}(1-x)$, 对固定的 y, $(1-x) \times$

$f(x,y)|_0^1 = 0$, 由分部积分法得 $\displaystyle\int_0^1 f(x,y)\mathrm{d}(1-x) = -\int_0^1 (1-x)\frac{\partial f(x,y)}{\partial x}\mathrm{d}x$, 交换积

分次序可得 $I = -\displaystyle\int_0^1 (1-x)\mathrm{d}x \int_0^1 \frac{\partial f(x,y)}{\partial x}\mathrm{d}y$, 因为 $f(x,0) = 0$, 所以 $\dfrac{\partial f(x,0)}{\partial x} = 0$,

从而 $(1-y)\dfrac{\partial f(x,y)}{\partial x}\bigg|_0^1 = 0$, 再由分部积分得

$$\int_0^1 \frac{\partial f(x,y)}{\partial x}\mathrm{d}y = -\int_0^1 \frac{\partial f(x,y)}{\partial x}\mathrm{d}(1-y) = \int_0^1 (1-y)\frac{\partial^2 f}{\partial x \partial y}\mathrm{d}y,$$

$$I = \int_0^1 (1-x)\mathrm{d}x \int_0^1 (1-y)\frac{\partial^2 f}{\partial x \partial y}\mathrm{d}y = \iint\limits_D (1-x)(1-y)\frac{\partial^2 f}{\partial x \partial y}\mathrm{d}x\mathrm{d}y,$$

因 $\dfrac{\partial^2 f}{\partial x \partial y} \leqslant A$ 且 $(1-x)(1-y)$ 在 D 上非负, 故 $I \leqslant \displaystyle\iint\limits_D (1-x)(1-y)\mathrm{d}x\mathrm{d}y = \dfrac{A}{4}$.

例 46 设函数 $f(x)$ 连续可导, $P = Q = R = f((x^2 + y^2)z)$, 有向曲面 Σ_t 是圆柱体 $x^2 + y^2 \leqslant t^2$, $0 \leqslant z \leqslant 1$ 的表面, 方向朝外, 记第二型的曲面积分为

$$I_t = \iint\limits_{\Sigma_t} P\mathrm{d}y\mathrm{d}z + Q\mathrm{d}z\mathrm{d}x + R\mathrm{d}x\mathrm{d}y,$$

求极限 $\displaystyle\lim_{t \to 0^+} \frac{I_t}{t^4}$. (第五届全国决赛, 2014)

解 由高斯公式

$$I_t = \iiint\limits_V \left(\frac{\partial P}{\partial x} + \frac{\partial Q}{\partial y} + \frac{\partial R}{\partial z}\right)\mathrm{d}x\mathrm{d}y\mathrm{d}z$$

$$= \iiint\limits_V \left(2xz + 2yz + x^2 + y^2\right) f'\left((x^2 + y^2)z\right)\mathrm{d}x\mathrm{d}y\mathrm{d}z,$$

由对称性知 $\displaystyle\iiint\limits_V (2xz + 2yz) f'\left((x^2 + y^2)z\right)\mathrm{d}x\mathrm{d}y\mathrm{d}z = 0$, 从而得

$$I_t = \iiint\limits_V \left(x^2 + y^2\right) f'\left((x^2 + y^2)z\right)\mathrm{d}x\mathrm{d}y\mathrm{d}z \quad \text{(采用柱面坐标变换)}$$

$$= \int_0^1 \left[\int_0^{2\pi}\mathrm{d}\theta \int_0^t f'(r^2 z)r^3\mathrm{d}r\right]\mathrm{d}z = 2\pi \int_0^1 \left[\int_0^t f'(r^2 z)r^3\mathrm{d}r\right]\mathrm{d}z,$$

$$\lim_{t \to 0^+} \frac{I_t}{t^4} = \lim_{t \to 0^+} \frac{2\pi\displaystyle\int_0^1 \left[\int_0^t f'(r^2 z)r^3\mathrm{d}r\right]\mathrm{d}z}{t^4} = \lim_{t \to 0^+} \frac{2\pi\displaystyle\int_0^1 f'(t^2 z)t^3\mathrm{d}z}{4t^3}$$

$$= \lim_{t \to 0^+} \frac{2\pi \int_0^1 f'\left(t^2 z\right) \mathrm{d}\left(t^2 z\right)}{4t^2} = \frac{\pi}{2} \frac{f\left(t^2\right) - f(0)}{t^2 - 0} = \frac{\pi}{2} f'(0).$$

例 47 计算曲线积分 $I = \oint_L \dfrac{x\mathrm{d}y - y\mathrm{d}x}{|x| + |y|}$, 其中 L 是以 $(1,0), (0,1), (-1,0), (0,-1)$ 为顶点的正方形的边界曲线, 方向为逆时针. (第六届全国决赛, 2015)

解 曲线 L 的方程为 $|x| + |y| = 1$, 记该曲线所围区域为 D. 由格林公式

$$I = \oint_L x\mathrm{d}y - y\mathrm{d}x = \iint_D (1+1)\mathrm{d}x\mathrm{d}y = 2\sigma_D = 4.$$

例 48 设 $f(x,y)$ 为 $\mathbb{R}^2$ 上的非负且连续, 若 $I = \lim\limits_{t \to +\infty} \iint\limits_{x^2+y^2 \leqslant t^2} f(x,y)\mathrm{d}\sigma$ 存在极限, 则称广义积分 $\iint\limits_{\mathbb{R}^2} f(x,y)\mathrm{d}\sigma$ 收敛于 I.

(1) 设 $f(x,y)$ 为 $\mathbb{R}^2$ 上的非负且连续函数, 若 $\iint\limits_{\mathbb{R}^2} f(x,y)\mathrm{d}\sigma$ 收敛于 I, 证明极限 $\lim\limits_{t \to +\infty} \iint\limits_{-t \leqslant x,y \leqslant t} f(x,y)\mathrm{d}\sigma$ 存在且收敛于 I;

(2) 设 $\iint\limits_{\mathbb{R}^2} \mathrm{e}^{ax^2 + 2bxy + cy^2}\mathrm{d}\sigma$ 收敛于 I, 其中实二次型 $ax^2 + 2bxy + cy^2$ 在正交变换下的标准形为 $\lambda_1 u^2 + \lambda_2 v^2$. 证明 λ_1, λ_2 都小于 0. (第六届全国决赛, 2015)

证明 (1) 由于 $f(x,y)$ 非负, $\iint\limits_{x^2+y^2 \leqslant t^2} f(x,y)\mathrm{d}\sigma \leqslant \iint\limits_{-t \leqslant x,y \leqslant t} f(x,y)\mathrm{d}\sigma \leqslant \iint\limits_{x^2+y^2 \leqslant 2t^2} f(x,y)\mathrm{d}\sigma.$

当 $t \to +\infty$ 时, 上式中左右两端的极限都收敛于 I, 故中间项也收敛于 I.

(2) 记 $I(t) = \iint\limits_{x^2+y^2 \leqslant t^2} \mathrm{e}^{ax^2 + 2bxy + cy^2}\mathrm{d}x\mathrm{d}y$, 则 $\lim\limits_{t \to +\infty} I(t) = I$.

记 $\boldsymbol{A} = \begin{pmatrix} a & b \\ b & c \end{pmatrix}$, 则 $ax^2 + 2bxy + cy^2 = (x,y)\boldsymbol{A}\begin{pmatrix} x \\ y \end{pmatrix}$. 因 $\boldsymbol{A}$ 实对称, 存在正交矩阵 $\boldsymbol{P}$ 使得 $\boldsymbol{P}^{\mathrm{T}}\boldsymbol{A}\boldsymbol{P} = \begin{pmatrix} \lambda_1 & 0 \\ 0 & \lambda_2 \end{pmatrix}$, 其中 λ_1, λ_2 是 $\boldsymbol{A}$ 的特征值, 也就是标准形的系数. 在变换 $\begin{pmatrix} x \\ y \end{pmatrix} = \boldsymbol{P}\begin{pmatrix} u \\ v \end{pmatrix}$ 下, 有 $ax^2 + 2bxy + cy^2 = \lambda_1 u^2 + \lambda_2 v^2$.

又由于 $u^2 + v^2 = (u,v)\begin{pmatrix} u \\ v \end{pmatrix} = \boldsymbol{P}(x,y)\begin{pmatrix} x \\ y \end{pmatrix}\boldsymbol{P}^{\mathrm{T}} = (x^2 + y^2)\boldsymbol{P}\boldsymbol{P}^{\mathrm{T}} = x^2 + y^2,$

故变换把圆盘 $x^2 + y^2 \leqslant t^2$ 变为 $u^2 + v^2 \leqslant t^2$ 且 $\left| \dfrac{\partial(x,y)}{\partial(u,v)} \right| = |\boldsymbol{P}| = 1,$

$$I(t) = \iint\limits_{u^2+v^2 \leqslant t^2} \mathrm{e}^{\lambda_1 u^2 + \lambda_2 v^2} \left| \dfrac{\partial(x,y)}{\partial(u,v)} \right| \mathrm{d}u\mathrm{d}v = \iint\limits_{u^2+v^2 \leqslant t^2} \mathrm{e}^{\lambda_1 u^2 + \lambda_2 v^2} \mathrm{d}u\mathrm{d}v.$$

由 $\lim\limits_{t \to +\infty} I(t) = I$ 和 (1) 所证得

$$\lim_{t \to +\infty} \iint\limits_{-t \leqslant u,v \leqslant t} \mathrm{e}^{\lambda_1 u^2 + \lambda_2 v^2} \mathrm{d}u\mathrm{d}v = I.$$

在矩形上分离积分变量得 $\displaystyle\iint\limits_{-t \leqslant u,v \leqslant t} \mathrm{e}^{\lambda_1 u^2 + \lambda_2 v^2} \mathrm{d}u\mathrm{d}v = \int_{-t}^{t} \mathrm{e}^{\lambda_1 u^2} \mathrm{d}u \int_{-t}^{t} \mathrm{e}^{\lambda_2 v^2} \mathrm{d}v = I_1(t)I_2(t).$

因 $I_1(t), I_2(t)$ 都是严格单调增加, 故 $\lim\limits_{t \to +\infty} \displaystyle\int_{-t}^{t} \mathrm{e}^{\lambda_1 u^2} \mathrm{d}u$ 收敛, 就有 $\lambda_1 < 0$. 同理 $\lambda_2 < 0$.

例 49 设 $D : 1 \leqslant x^2 + y^2 \leqslant 4$, 则积分 $I = \displaystyle\iint\limits_{D} \left(x + y^2 \right) \mathrm{e}^{-\left(x^2 + y^2 - 4 \right)} \mathrm{d}x\mathrm{d}y$ 的值是

_____. (第七届全国决赛, 2016)

解 利用对称性及极坐标, $I = 4\mathrm{e}^4 \displaystyle\int_0^{\frac{\pi}{2}} \mathrm{d}\theta \int_1^2 r^2 \sin^2\theta \mathrm{e}^{-r^2} r\mathrm{d}r = \dfrac{\pi}{2} \mathrm{e}^4 \int_1^4 u\mathrm{e}^{-u}\mathrm{d}u = \dfrac{\pi}{2}(2\mathrm{e}^3 - 5).$

例 50 曲线 $L_1 : y = \dfrac{1}{3}x^3 + 2x \ (0 \leqslant x \leqslant 1)$ 绕直线 $L_2 : y = \dfrac{4}{3}x$ 旋转所生成的旋转曲面的面积为_____. (第八届全国决赛, 2017)

解 利用微元法. 曲线 L_1 上任意点 (x, y) 到直线 L_2 的距离为

$$d(x) = \dfrac{|3y - 4x|}{\sqrt{3^2 + (-4)^2}} = \dfrac{1}{5}x\left(2 + x^2\right),$$

弧长微元

$$\mathrm{d}s = \sqrt{1 + (y')^2}\mathrm{d}x = \sqrt{1 + (x^2 + 2)^2}\mathrm{d}x,$$

因此, 旋转曲面的面积为

$$A = 2\pi \int_0^1 d(x)\sqrt{1 + (y')^2}\mathrm{d}x = \dfrac{2\pi}{5} \int_0^1 x\left(2 + x^2\right)\sqrt{1 + (x^2 + 2)^2}\mathrm{d}x,$$

令 $t = 2 + x^2$, 则

$$A = \dfrac{\pi}{5} \int_2^3 t\sqrt{1 + t^2}\mathrm{d}t = \dfrac{\pi}{15}\left(1 + t^2\right)^{\frac{3}{2}}\bigg|_2^3 = \dfrac{\sqrt{5}(2\sqrt{2} - 1)}{3}\pi.$$

例 51 设函数 $f(x,y,z)$ 在区域 $\Omega = \{(x,y,z)\mid x^2+y^2+z^2 \leqslant 1\}$ 上有连续的二阶偏导数, 满足 $\dfrac{\partial^2 f}{\partial x^2}+\dfrac{\partial^2 f}{\partial y^2}+\dfrac{\partial^2 f}{\partial z^2} = \sqrt{x^2+y^2+z^2}$, 计算 $I = \iiint\limits_{\Omega} \left(x\dfrac{\partial f}{\partial x}+y\dfrac{\partial f}{\partial y}+z\dfrac{\partial f}{\partial z}\right)\mathrm{d}x\mathrm{d}y\mathrm{d}z$.

(第八届全国决赛, 2017)

解 记球面 $\Sigma : x^2+y^2+z^2 = 1$ 外侧的单位法向量为 $\boldsymbol{n} = (\cos\alpha, \cos\beta, \cos\gamma)$, 则 $\dfrac{\partial f}{\partial \boldsymbol{n}} = \dfrac{\partial f}{\partial x}\cos\alpha + \dfrac{\partial f}{\partial y}\cos\beta + \dfrac{\partial f}{\partial z}\cos\gamma$. 考虑曲面积分等式

$$\oiint\limits_{\Sigma} \frac{\partial f}{\partial \boldsymbol{n}}\mathrm{d}S = \oiint\limits_{\Sigma} (x^2+y^2+z^2)\frac{\partial f}{\partial \boldsymbol{n}}\mathrm{d}S,$$

对两边都利用高斯公式, 得

$$\oiint\limits_{\Sigma} \frac{\partial f}{\partial \boldsymbol{n}}\mathrm{d}S = \oiint\limits_{\Sigma} \left(\frac{\partial f}{\partial x}\cos\alpha + \frac{\partial f}{\partial y}\cos\beta + \frac{\partial f}{\partial z}\cos\gamma\right)\mathrm{d}S$$

$$= \iiint\limits_{\Omega} \left(\frac{\partial^2 f}{\partial x^2} + \frac{\partial^2 f}{\partial y^2} + \frac{\partial^2 f}{\partial z^2}\right)\mathrm{d}v,$$

$$\oiint\limits_{\Sigma} (x^2+y^2+z^2)\frac{\partial f}{\partial \boldsymbol{n}}\mathrm{d}S$$

$$= \oiint\limits_{\Sigma} (x^2+y^2+z^2)\left(\frac{\partial f}{\partial x}\cos\alpha + \frac{\partial f}{\partial y}\cos\beta + \frac{\partial f}{\partial z}\cos\gamma\right)\mathrm{d}S$$

$$= 2\iiint\limits_{\Omega} \left(x\frac{\partial f}{\partial x}+y\frac{\partial f}{\partial y}+z\frac{\partial f}{\partial z}\right)\mathrm{d}v + \iiint\limits_{\Omega} (x^2+y^2+z^2)\left(\frac{\partial^2 f}{\partial x^2} + \frac{\partial^2 f}{\partial y^2} + \frac{\partial^2 f}{\partial z^2}\right)\mathrm{d}v,$$

代入并整理得

$$I = \frac{1}{2}\iiint\limits_{\Omega} \left(1 - (x^2+y^2+z^2)\right)\sqrt{x^2+y^2+z^2}\mathrm{d}v$$

$$= \frac{1}{2}\int_0^{2\pi}\mathrm{d}\theta\int_0^{\pi}\sin\varphi\mathrm{d}\varphi\int_0^1 (1-\gamma^2)\gamma^3\mathrm{d}\gamma = \frac{\pi}{6}.$$

例 52 设函数 $f(x,y)$ 在区域 $D = \{(x,y)\mid x^2+y^2 \leqslant a^2\}$ 上具有一阶连续偏导数, 且满足 $f(x,y)|_{x^2+y^2=a^2} = a^2$, 以及 $\max\limits_{(x,y)\in D}\left[\left(\dfrac{\partial f}{\partial x}\right)^2 + \left(\dfrac{\partial f}{\partial y}\right)^2\right] = a^2$, 其中 $a > 0$. 证明: $\left|\iint\limits_{D} f(x,y)\mathrm{d}x\mathrm{d}y\right| \leqslant \dfrac{4}{3}\pi a^4$. (第九届全国决赛, 2018)

证明 在格林公式 $\oint_C P(x,y)\mathrm{d}x + Q(x,y)\mathrm{d}y = \iint\limits_{D} \left(\dfrac{\partial Q}{\partial x} - \dfrac{\partial P}{\partial y}\right)\mathrm{d}x\mathrm{d}y$ 中, 依次

取 $P(x,y) = yf(x,y), Q = 0$ 和 $P = 0, Q(x,y) = xf(x,y)$, 分别可得

$$\iint\limits_{D} f(x,y)\,\mathrm{d}x\mathrm{d}y = -\oint_{C} yf(x,y)\,\mathrm{d}x - \iint\limits_{D} y\frac{\partial f}{\partial y}\,\mathrm{d}x\mathrm{d}y,$$

$$\iint\limits_{D} f(x,y)\,\mathrm{d}x\mathrm{d}y = \oint_{C} xf(x,y)\,\mathrm{d}y - \iint\limits_{D} x\frac{\partial f}{\partial x}\,\mathrm{d}x\mathrm{d}y,$$

两式相加, 得

$$\iint\limits_{D} f(x,y)\,\mathrm{d}x\mathrm{d}y = \frac{a^2}{2}\oint_{C} -y\mathrm{d}x + x\mathrm{d}y - \frac{1}{2}\iint\limits_{D} \left(x\frac{\partial f}{\partial x} + y\frac{\partial f}{\partial y}\right)\mathrm{d}x\mathrm{d}y = I_1 + I_2.$$

对 I_1 再次利用格林公式, 得 $I_1 = \dfrac{a^2}{2}\oint_{C} -y\mathrm{d}x + x\mathrm{d}y = a^2\iint\limits_{D}\mathrm{d}x\mathrm{d}y = \pi a^4$, 对 I_2 的被

积函数利用柯西不等式, 得

$$|I_2| \leqslant \frac{1}{2}\iint\limits_{D} \left|x\frac{\partial f}{\partial x} + y\frac{\partial f}{\partial y}\right|\mathrm{d}x\mathrm{d}y < \frac{1}{2}\iint\limits_{D} \sqrt{x^2 + y^2}\sqrt{\left(\frac{\partial f}{\partial x}\right)^2 + \left(\frac{\partial f}{\partial y}\right)^2}\,\mathrm{d}x\mathrm{d}y$$

$$\leqslant \frac{a^2}{2}\iint\limits_{D} \sqrt{x^2 + y^2}\,\mathrm{d}x\mathrm{d}y = \frac{1}{3}\pi a^4,$$

因此, 有 $\left|\displaystyle\iint\limits_{D} f(x,y)\,\mathrm{d}x\mathrm{d}y\right| \leqslant \dfrac{4}{3}\pi a^4$.

例 53 设曲线 L 是空间区域 $0 \leqslant x \leqslant 1, 0 \leqslant y \leqslant 1, 0 \leqslant z \leqslant 1$ 的表面与平面 $x + y + z = \dfrac{3}{2}$ 的交线, 则 $\displaystyle\oint_{L} (z^2 - y^2)\,\mathrm{d}x + (x^2 - z^2)\,\mathrm{d}y + (y^2 - x^2)\,\mathrm{d}z = \underline{\qquad\qquad}$.
(第十届全国决赛, 2019)

解 利用斯托克斯公式. 选取平面 $x + y + z = \dfrac{3}{2}$ 上被折线 L 所包围的部分 $\varSigma$ 的 上侧, 法向量为 $\boldsymbol{n} = (1,1,1)$, 方向余弦为 $\cos\alpha = \dfrac{1}{\sqrt{3}}, \cos\beta = \dfrac{1}{\sqrt{3}}, \cos\gamma = \dfrac{1}{\sqrt{3}}$, 所以

$$\oint_{L} (z^2 - y^2)\,\mathrm{d}x + (x^2 - z^2)\,\mathrm{d}y + (y^2 - x^2)\,\mathrm{d}z = \iint\limits_{\varSigma}\begin{vmatrix} \cos\alpha & \cos\beta & \cos\gamma \\ \dfrac{\partial}{\partial x} & \dfrac{\partial}{\partial y} & \dfrac{\partial}{\partial z} \\ P & Q & R \end{vmatrix}\mathrm{d}S$$

$$= \frac{4}{\sqrt{3}}\iint\limits_{\varSigma} (x + y + z)\mathrm{d}S = \frac{4}{\sqrt{3}}\iint\limits_{\varSigma} \frac{3}{2}\mathrm{d}S = 2\sqrt{3}\iint\limits_{D_{xy}} \sqrt{3}\mathrm{d}x\mathrm{d}y = 6\iint\limits_{D_{xy}}\mathrm{d}x\mathrm{d}y = \frac{9}{2}.$$

例 54 计算积分 $\displaystyle\iiint_{\Omega} \frac{\mathrm{d}x\mathrm{d}y\mathrm{d}z}{(1+x^2+y^2+z^2)^2}$, 其中 $\Omega: 0 \leqslant x \leqslant 1, 0 \leqslant y \leqslant 1, 0 \leqslant z \leqslant 1.$ (第十届全国决赛, 2019)

解 采用 "先二后一" 法, 利用对称性得

$$I = 2\int_0^1 \mathrm{d}z \iint_D \frac{\mathrm{d}x\mathrm{d}y}{(1+x^2+y^2+z^2)^2}, \quad 其中 D: 0 \leqslant x \leqslant 1, 0 \leqslant y \leqslant x,$$

用极坐标计算, 得

$$I = 2\int_0^1 \mathrm{d}z \int_0^{\frac{\pi}{4}} \mathrm{d}\theta \int_0^{\sec\theta} \frac{r}{(1+r^2+z^2)^2}\mathrm{d}r$$

$$= \int_0^1 \mathrm{d}z \int_0^{\frac{\pi}{4}} \left(\frac{1}{1+z^2} - \frac{1}{1+\sec^2\theta+z^2}\right)\mathrm{d}\theta,$$

交换积分顺序, 得

$$I = \int_0^{\frac{\pi}{4}} \mathrm{d}\theta \int_0^1 \left(\frac{1}{1+z^2} - \frac{1}{1+\sec^2\theta+z^2}\right)\mathrm{d}z$$

$$= \frac{\pi^2}{16} - \int_0^{\frac{\pi}{4}} \mathrm{d}\theta \int_0^1 \frac{1}{1+\sec^2\theta+z^2}\mathrm{d}z.$$

令 $z = \tan t$, 利用对称性,

$$I = \int_0^{\frac{\pi}{4}} \mathrm{d}\theta \int_0^1 \left(\frac{1}{1+z^2} - \frac{1}{1+\sec^2\theta+z^2}\right)\mathrm{d}z$$

$$= \frac{1}{2}\int_0^{\frac{\pi}{4}} \mathrm{d}\theta \int_0^{\frac{\pi}{4}} \frac{\sec^2 t + \sec^2\theta}{\sec^2\theta + \sec^2 t}\mathrm{d}t = \frac{\pi^2}{32},$$

所以 $I = \dfrac{\pi^2}{16} - \dfrac{\pi^2}{32} = \dfrac{\pi^2}{32}.$

例 55 设 Ω 是由光滑的简单封闭曲面 Σ 围成的有界闭区域, 函数 $f(x,y,z)$ 在 Ω 上具有连续二阶偏导数, 且 $f(x,y,z)|_{(x,y,z)\in\Sigma} = 0.$ 记 ∇f 为 $f(x,y,z)$ 的梯度, 并令 $\Delta f = \dfrac{\partial^2 f}{\partial x^2} + \dfrac{\partial^2 f}{\partial y^2} + \dfrac{\partial^2 f}{\partial z^2}.$ 证明: 对任意常数 $C > 0$, 恒有

$$C\iiint_{\Omega} f^2 \mathrm{d}x\mathrm{d}y\mathrm{d}z + \frac{1}{C}\iiint_{\Omega} (\Delta f)^2 \mathrm{d}x\mathrm{d}y\mathrm{d}z \geqslant 2\iiint_{\Omega} |\nabla f|^2 \mathrm{d}x\mathrm{d}y\mathrm{d}z.$$

(第十一届全国决赛, 2021)

证明 首先利用高斯公式可得

$$\iint_{\Sigma} f\frac{\partial f}{\partial x}\mathrm{d}y\mathrm{d}z + f\frac{\partial f}{\partial y}\mathrm{d}z\mathrm{d}x + f\frac{\partial f}{\partial z}\mathrm{d}x\mathrm{d}y = \iiint_{\Omega} \left(f\Delta f + |\nabla f|^2\right)\mathrm{d}x\mathrm{d}y\mathrm{d}z,$$

其中 Σ 取外侧. 因为 $f(x,y,z)|_{(x,y,z)\in\Sigma}=0$, 所以上式左端等于零. 利用柯西不等式, 得

$$\iiint\limits_{\Omega}|\nabla f|^2\,\mathrm{d}x\mathrm{d}y\mathrm{d}z = -\iiint\limits_{\Omega}(f\Delta f)\mathrm{d}x\mathrm{d}y\mathrm{d}z$$

$$\leqslant\left(\iiint\limits_{\Omega}f^2\mathrm{d}x\mathrm{d}y\mathrm{d}z\right)^{1/2}\left(\iiint\limits_{\Omega}(\Delta f)^2\mathrm{d}x\mathrm{d}y\mathrm{d}z\right)^{1/2},$$

故对任意常数 $C>0$, 恒有 (利用均值不等式)

$$C\iiint\limits_{\Omega}f^2\mathrm{d}x\mathrm{d}y\mathrm{d}z+\frac{1}{C}\iiint\limits_{\Omega}(\Delta f)^2\mathrm{d}x\mathrm{d}y\mathrm{d}z$$

$$\geqslant 2\left(\iiint\limits_{\Omega}f^2\mathrm{d}x\mathrm{d}y\mathrm{d}z\right)^{1/2}\left(\iiint\limits_{\Omega}(\Delta f)^2\mathrm{d}x\mathrm{d}y\mathrm{d}z\right)^{1/2}$$

$$\geqslant 2\iiint\limits_{\Omega}|\nabla f|^2\,\mathrm{d}x\mathrm{d}y\mathrm{d}z.$$

例 56 记空间曲线 $\Gamma:\begin{cases}x^2+y^2+z^2=a^2,\\x+y+z=0\end{cases}(a>0)$, 则积分 $\oint_{\Gamma}(1+x)^2\mathrm{d}s=$ _____.
(第十二届全国决赛, 2021)

解 利用对称性, 得

$$\int_{\Gamma}(1+x)^2\mathrm{d}s=\int_{\Gamma}\left(1+2x+x^2\right)\mathrm{d}s$$

$$=\int_{\Gamma}\mathrm{d}s+\frac{2}{3}\int_{\Gamma}(x+y+z)\mathrm{d}s+\frac{1}{3}\int_{\Gamma}\left(x^2+y^2+z^2\right)\mathrm{d}s$$

$$=\left(1+\frac{a^2}{3}\right)\oint_{\Gamma}\mathrm{d}s=2\pi a\left(1+\frac{a^2}{3}\right).$$

例 57 设 D 是由曲线 $\sqrt{x}+\sqrt{y}=1$ 及两个坐标轴围成的平面薄片型物件, 其密度函数为 $\rho(x,y)=\sqrt{x}+2\sqrt{y}$, 则薄片物件 D 的质量 $M=$ _____. (第十三届全国决赛, 2023)

解 $M=\iint\limits_{D}(\sqrt{x}+2\sqrt{y})\mathrm{d}x\mathrm{d}y$. 利用二重积分的对称性, 得

$$M=3\iint\limits_{D}\sqrt{x}\mathrm{d}x\mathrm{d}y=3\int_0^1\sqrt{x}\mathrm{d}x\int_0^{(1-\sqrt{x})^2}\mathrm{d}y=3\int_0^1\sqrt{x}(1-\sqrt{x})^2\mathrm{d}x,$$

作变量代换 $t=\sqrt{x}$, 得

$$M=3\int_0^1\sqrt{x}(1-\sqrt{x})^2\mathrm{d}x=6\int_0^1 t^2(1-t)^2\mathrm{d}t=\frac{1}{5}.$$

例 58 设曲面 Σ 是由面 $x = \sqrt{y^2 + z^2}$, 平面 $x = 1$, 以及球面 $x^2 + y^2 + z^2 = 4$ 围成的空间区域的外侧表面, 计算曲面积分:

$$I = \oiint\limits_{\Sigma} \left[x^2 + f(xy)\right] \mathrm{d}y\mathrm{d}z + \left[y^2 + f(xz)\right] \mathrm{d}z\mathrm{d}x + \left[z^2 + f(yz)\right] \mathrm{d}x\mathrm{d}y,$$

其中 $f(u)$ 是具有连续导数的奇函数. (第十三届全国决赛, 2023)

解 设 $P = x^2 + f(xy), Q = y^2 + f(xz), R = z^2 + f(yz)$, 则

$$\frac{\partial P}{\partial x} + \frac{\partial Q}{\partial y} + \frac{\partial R}{\partial z} = 2(x + y + z) + y\left[f'(xy) + f'(yz)\right],$$

因为奇函数 $f(u)$ 的导数是偶函数, 所以 $f'(xy) + f'(yz)$ 关于 y 是偶函数. 记 Ω 是以 Σ 为边界曲面的有界区域, 根据高斯公式, 并结合三重积分的对称性, 得

$$I = \iiint\limits_{\Omega} \left(\frac{\partial P}{\partial x} + \frac{\partial Q}{\partial y} + \frac{\partial R}{\partial z}\right) \mathrm{d}x\mathrm{d}y\mathrm{d}z = 2\iiint\limits_{\Omega} x\mathrm{d}x\mathrm{d}y\mathrm{d}z$$

$$= 2\int_0^{2\pi} \mathrm{d}\theta \int_0^{\frac{\pi}{4}} \mathrm{d}\varphi \int_{\frac{1}{\cos\varphi}}^{2} \rho\cos\varphi \cdot \rho^2\sin\varphi\mathrm{d}\rho = \pi\int_0^{\frac{\pi}{4}} \cos\varphi\sin\varphi\left(16 - \frac{1}{\cos^4\varphi}\right)\mathrm{d}\varphi$$

$$= 4\pi - \frac{\pi}{2} = \frac{7\pi}{2}.$$

例 59 求由 xOz 平面上的曲线 $\begin{cases} \left(x^2 + z^2\right)^2 = 4\left(x^2 - z^2\right), \\ y = 0 \end{cases}$ 绕 z 轴旋转而成的曲面所围成区域的体积. (第十四届全国决赛, 2023)

解 曲面的方程为 $\left(x^2 + y^2 + z^2\right)^2 = 4\left(x^2 + y^2 - z^2\right)$. 采用球面坐标: $x = \rho\cos\theta\sin\varphi$, $y = \rho\sin\theta\sin\varphi, z = \rho\cos\varphi$, 曲面的方程可表示为 $\rho = 2\sqrt{-\cos 2\varphi}$, $\varphi \in \left[\frac{\pi}{4}, \frac{3\pi}{4}\right]$. 根据区域的对称性, 得

$$V = 8\int_0^{\frac{\pi}{2}} \mathrm{d}\theta \int_{\frac{\pi}{4}}^{\frac{\pi}{2}} \mathrm{d}\varphi \int_0^{2\sqrt{-\cos 2\varphi}} \rho^2\sin\varphi\mathrm{d}\rho = \frac{32\pi}{3}\int_{\frac{\pi}{4}}^{\frac{\pi}{2}} (-\cos 2\varphi)^{\frac{3}{2}}\sin\varphi\mathrm{d}\varphi,$$

再先后作变量代换: $t = \cos\varphi, \sqrt{2}t = \sin u$, 得

$$V = \frac{32\pi}{3}\int_0^{\frac{\sqrt{2}}{2}} \left(1 - 2t^2\right)^{\frac{3}{2}}\mathrm{d}t = \frac{16\sqrt{2}\pi}{3}\int_0^{\frac{\pi}{2}} \cos^4 u\mathrm{d}u.$$

利用沃利斯公式得 $\int_0^{\frac{\pi}{2}} \cos^4 u\mathrm{d}u = \frac{3}{4}\cdot\frac{1}{2}\cdot\frac{\pi}{2} = \frac{3\pi}{16}$, 所以 $V = \frac{16\sqrt{2}\pi}{3}\cdot\frac{3\pi}{16} = \sqrt{2}\pi^2.$

例 60 设 Σ_1 是以 $(0, 4, 0)$ 为顶点且与曲面 $\Sigma_2 : \frac{x^2}{3} + \frac{y^2}{4} + \frac{z^2}{3} = 1 \, (y > 0)$ 相切的圆锥面, 求 Σ_1 与 Σ_2 所围成的空间区域的体积. (第十五届全国决赛, 2024)

解　易知, Σ_1 与 Σ_2 的交线位于平面 $y_0 = 1$ 上. 设该平面与 Σ_1, Σ_2 围成的空间区域分别记为 Ω_1 与 Ω_2, 由于 Ω_1 是底面圆的半径为 $\dfrac{3}{2}$ 且高为 3 的圆锥体, 所以它的体积为 $V_1 = \dfrac{1}{3} \cdot \pi \left(\dfrac{3}{2}\right)^2 \cdot 3 = \dfrac{9\pi}{4}$. 又 Ω_2 的体积为

$$V_2 = \iiint\limits_{\Omega_2} \mathrm{d}v = \int_1^2 \mathrm{d}y \iint\limits_{x^2+z^2 \leqslant 3\left(1-\frac{y^2}{4}\right)} \mathrm{d}x\mathrm{d}z = \pi \int_1^2 3\left(1 - \frac{y^2}{4}\right)\mathrm{d}y = \frac{5\pi}{4}.$$

因此, Σ_1 与 Σ_2 所围成的空间区域的体积为 $V = \dfrac{9\pi}{4} - \dfrac{5\pi}{4} = \pi$.

八、各地真题赏析

例 61　求由曲面 $z = x^2 + y^2$ 和 $z = 2 - \sqrt{x^2 + y^2}$ 所围成的体积 V 和表面积 S. (第一届北京市理工类, 1988)

解　由 $\begin{cases} z = x^2 + y^2, \\ z = 2 - \sqrt{x^2 + y^2} \end{cases}$ 得到 $z^2 - 5z + 4 = 0$, 解得 $z_1 = 1, z_2 = 4$ (舍去), 所以投影区域为 $D : x^2 + y^2 \leqslant 1$.

$$V = \iint\limits_{D} [2 - \sqrt{x^2 + y^2} - (x^2 + y^2)]\mathrm{d}x\mathrm{d}y = \int_0^{2\pi} \mathrm{d}\theta \int_0^1 \left(2 - r - r^2\right) r\mathrm{d}r = \frac{5\pi}{6}.$$

因为 $S = \iint\limits_{D} \sqrt{1 + \left(\dfrac{\partial z}{\partial x}\right)^2 + \left(\dfrac{\partial z}{\partial y}\right)^2}\,\mathrm{d}x\mathrm{d}y$, 所以

$$S = \iint\limits_{D} \sqrt{1 + (2x)^2 + (2y)^2}\,\mathrm{d}x\mathrm{d}y + \iint\limits_{D} \sqrt{1 + \left(\frac{-x}{\sqrt{x^2+y^2}}\right)^2 + \left(\frac{-y}{\sqrt{x^2+y^2}}\right)^2}\,\mathrm{d}x\mathrm{d}y$$

$$= \iint\limits_{D} \left[\sqrt{1 + 4\left(x^2 + y^2\right)} + \sqrt{2}\right]\mathrm{d}x\mathrm{d}y$$

$$= \int_0^{2\pi} \mathrm{d}\theta \int_0^1 \left(\sqrt{1 + 4r^2} + \sqrt{2}\right) r\mathrm{d}r$$

$$= \left[\frac{1}{6}(5\sqrt{5} - 1) + \sqrt{2}\right]\pi.$$

例 62　已知曲线积分 $\displaystyle\int_L \frac{1}{\varphi(x) + y^2}(x\mathrm{d}y - y\mathrm{d}x) \equiv A$ (常数), 其中 $\varphi(x)$ 是可导函数, 且 $\varphi(1) = 1$, L 是绕原点 $(0,0)$ 一周的任意正向曲线, 试求出 $\varphi(x)$ 及 A. (第二届北京市理工类, 1990)

解　设 C 是任一不包含坐标原点在内的闭曲线 (图 1).

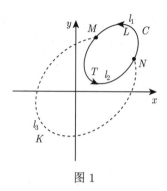

图 1

首先证明 $\oint_C \dfrac{x\mathrm{d}y - y\mathrm{d}x}{\varphi(x) + y^2} = 0$, 另一条围绕坐标原点的闭曲线 $MKNTM$, 由题设条件可知 $\oint_{l_1+l_3} \dfrac{x\mathrm{d}y - y\mathrm{d}x}{\varphi(x) + y^2} - \oint_{l_1+l_3} \dfrac{x\mathrm{d}y - y\mathrm{d}x}{\varphi(x) + y^2} = 0$, 即 $\displaystyle\int_{l_2} \dfrac{x\mathrm{d}y - y\mathrm{d}x}{\varphi(x) + y^2} - \int_{l_1} \dfrac{x\mathrm{d}y - y\mathrm{d}x}{\varphi(x) + y^2} = 0$,

$\oint_C \dfrac{x\mathrm{d}y - y\mathrm{d}x}{\varphi(x) + y^2} = 0$, 从而 $\dfrac{\partial}{\partial x}\left(\dfrac{x}{\varphi(x) + y^2}\right) \equiv \dfrac{\partial}{\partial y}\left(\dfrac{-y}{\varphi(x) + y^2}\right)$, $(x,y) \neq (0,0)$, 由此可得 $\varphi'(x) - \dfrac{2}{x}\varphi(x) = 0$, $\varphi(x) = Cx^2$. 由 $\varphi(1) = 1$ 知 $C = 1$, $\varphi(x) = x^2$, 取 L 为绕原点的单位圆沿逆时针方向, 则

$$A = \oint_{x^2+y^2=1} \frac{x\mathrm{d}y - y\mathrm{d}x}{x^2 + y^2} = \oint_{x^2+y^2=1} x\mathrm{d}y - y\mathrm{d}x = \iint\limits_{x^2+y^2\leqslant 1} (1+1)\mathrm{d}\sigma = 2\pi.$$

例 63 设空间曲线 C 由立方体 $0 \leqslant x \leqslant 1, 0 \leqslant y \leqslant 1, 0 \leqslant z \leqslant 1$ 的表面与平面 $x + y + z = \dfrac{3}{2}$ 相截而成, 试计算: $\left|\oint_C (z^2 - y^2)\mathrm{d}x + (x^2 - z^2)\mathrm{d}y + (y^2 - x^2)\mathrm{d}z\right|$. (第三届北京市理工类, 1991)

解 方法 1 (图 2): 直接计算. 对于 $\oint_C (z^2 - y^2)\mathrm{d}x + (x^2 - z^2)\mathrm{d}y + (y^2 - x^2)\,\mathrm{d}z$,

$$\int_{C_1} = \int_{AB} = \int_1^{\frac{1}{2}}\left[0 - \left(\frac{3}{2} - x\right)^2\right]\mathrm{d}x + (x^2 - 0)\,\mathrm{d}\left(\frac{3}{2} - x\right)$$

$$\left(\text{在 } xOy \text{ 平面上}: \overline{AB} \Leftrightarrow y = \frac{3}{2} - x, \text{ 点 } A, B \text{ 对应的横坐标分别为 } 1, \frac{1}{2}\right)$$

$$= \int_{\frac{1}{2}}^1\left(\frac{9}{4} - 3x + 2x^2\right)\mathrm{d}x = \frac{7}{12},$$

$$\int_{C_+} = \int_{DE} = \int_0^{\frac{1}{2}}\left[1 - \left(\frac{1}{2} - x\right)^2\right]\mathrm{d}x + (x^2 - 1)\,\mathrm{d}\left(\frac{1}{2} - x\right)$$

$$\left(\text{在平面 } z = 1 \text{ 上}: \overline{DE} \Leftrightarrow y = \frac{1}{2} - x, \text{ 点 } D, E \text{ 对应的横坐标分别为} 0, \frac{1}{2}\right)$$

$$= \int_0^{\frac{1}{2}} \left(\frac{7}{4} + x - 2x^2 \right) \mathrm{d}x = \frac{11}{12},$$

由对称性可知 $\left| \oint_C \right| = 3 \left| \int_{C_1} + \int_{C_4} \right| = 3 \left(\frac{7}{12} + \frac{11}{12} \right) = \frac{9}{2}.$

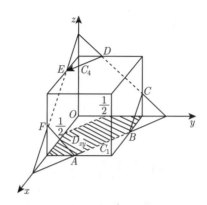

图 2

方法 2：选取平面 $x + y + z = \dfrac{3}{2}$ 上被折线 C 所包围的朝上侧的部分作为曲面 S．它的法向量 $\boldsymbol{n} = (1, 1, 1)$ 的方向余弦为 $\cos(\boldsymbol{n}, \boldsymbol{i}) = \cos(\boldsymbol{n}, \boldsymbol{j}) = \cos(\boldsymbol{n}, \boldsymbol{k}) = \dfrac{1}{\sqrt{1^2 + 1^2 + 1^2}} = \dfrac{1}{\sqrt{3}}$，设 D_{xy} 表示曲面 S 在坐标平面 xOy 上的投影区域，其面积 $A = 1^2 - 2 \left(\dfrac{1}{2} \times \dfrac{1}{2} \times \dfrac{1}{2} \right) = \dfrac{3}{4}$，由斯托克斯公式：

$$\oint_C \left(z^2 - y^2 \right) \mathrm{d}x + \left(x^2 - z^2 \right) \mathrm{d}y + \left(y^2 - x^2 \right) \mathrm{d}z$$

$$= \iint_S \left[\left(\frac{\partial R}{\partial y} - \frac{\partial Q}{\partial z} \right) \cos(\boldsymbol{n}, \boldsymbol{i}) + \left(\frac{\partial P}{\partial z} - \frac{\partial R}{\partial x} \right) \cos(\boldsymbol{n}, \boldsymbol{j}) + \left(\frac{\partial Q}{\partial x} - \frac{\partial P}{\partial y} \right) \cos(\boldsymbol{n}, \boldsymbol{k}) \right] \mathrm{d}S$$

$$= \iint_S \left[(2y - (-2z)) \frac{1}{\sqrt{3}} + (2z - (-2x)) \frac{1}{\sqrt{3}} + (2x - (-2y)) \frac{1}{\sqrt{3}} \right] \mathrm{d}S$$

$$= \frac{4}{\sqrt{3}} \iint_S (x + y + z) \mathrm{d}S = \frac{4}{\sqrt{3}} \iint_S \frac{3}{2} \mathrm{d}S = \frac{6}{\sqrt{3}} \iint_S \mathrm{d}S = 2\sqrt{3} \iint_{D_{xy}} \frac{1}{\cos(n, k)} \mathrm{d}x\mathrm{d}y$$

$$\left(\text{由} \mathrm{d}x\mathrm{d}y = \cos(\boldsymbol{n}, \boldsymbol{k}) \mathrm{d}S, \text{知} \mathrm{d}S = \frac{1}{\cos(\boldsymbol{n}, \boldsymbol{k})} \mathrm{d}x\mathrm{d}y \right)$$

$$= 2\sqrt{3} \iint_{D_{xy}} \frac{1}{\frac{1}{\sqrt{3}}} \mathrm{d}x\mathrm{d}y = 6 \iint_{\Sigma_{xy}} \mathrm{d}x\mathrm{d}y = 6A = \frac{9}{2},$$

所以 $\left| \oint_C \right| = \dfrac{9}{2}.$

例 64 设函数 $f(x)$ 连续, $f(0) = 1$, 令 $F(t) = \iint\limits_{x^2+y^2 \leqslant t^2} f(x^2+y^2)\mathrm{d}x\mathrm{d}y\,(t \geqslant 0)$, 求 $F''(0)$. (第四届北京市理工类, 1992)

解 作极坐标变换, 令 $x = r\cos\theta, y = r\sin\theta$. 所以

$$F(t) = \iint\limits_{r \leqslant t} f\left(r^2\right) r\mathrm{d}r\mathrm{d}\theta = \int_0^{2\pi}\mathrm{d}\theta\int_0^t f\left(r^2\right) r\mathrm{d}r = 2\pi\int_0^t f\left(r^2\right) r\mathrm{d}r,$$

因为 $f(x)$ 连续, 所以 $F'(t) = 2\pi t f\left(t^2\right)$, 且 $F'(0) = 0$. 于是

$$F''(0) = \lim_{t \to 0^+} \frac{F'(t) - F'(0)}{t - 0} = \lim_{t \to 0^+} \frac{2\pi t f\left(t^2\right)}{t} = \lim_{t \to 0^+} 2\pi f\left(t^2\right) = 2\pi f(0) = 2\pi.$$

例 65 计算曲面积分 $I = \iint\limits_S \frac{2\mathrm{d}y\mathrm{d}z}{x\cos^2 x} + \frac{\mathrm{d}z\mathrm{d}x}{\cos^2 y} - \frac{\mathrm{d}x\mathrm{d}y}{z\cos^2 z}$, 其中 S 是球面 $x^2 + y^2 + z^2 = 1$ 的外侧. (第四届北京市理工类, 1992)

解 利用球面 S 的对称性,

$$I = \iint\limits_S \frac{2\mathrm{d}x\mathrm{d}y}{z\cos^2 z} + \frac{\mathrm{d}x\mathrm{d}y}{\cos^2 z} - \frac{\mathrm{d}x\mathrm{d}y}{z\cos^2 z}$$

$$= \iint\limits_S \left(\frac{1}{z\cos^2 z} + \frac{1}{\cos^2 z}\right)\mathrm{d}x\mathrm{d}y$$

$$= \iint\limits_S \frac{1}{z\cos^2 z}\mathrm{d}x\mathrm{d}y + \iint\limits_S \frac{1}{\cos^2 z}\mathrm{d}x\mathrm{d}y,$$

而

$$\iint\limits_S \frac{1}{\cos^2 z}\mathrm{d}x\mathrm{d}y$$

$$= \iint\limits_{x^2+y^2 \leqslant 1} \frac{1}{\cos^2\sqrt{1-x^2-y^2}}\mathrm{d}x\mathrm{d}y - \iint\limits_{x^2+y^2 \leqslant 1} \frac{1}{\cos^2\left(-\sqrt{1-x^2-y^2}\right)}\mathrm{d}x\mathrm{d}y = 0.$$

$$I = \iint\limits_S \frac{1}{z\cos^2 z}\mathrm{d}x\mathrm{d}y = 2\iint\limits_{x^2+y^2 \leqslant 1} \frac{\mathrm{d}x\mathrm{d}y}{\sqrt{1-x^2-y^2}\cos^2\sqrt{1-x^2-y^2}}$$

$$= 2\int_0^{2\pi}\mathrm{d}\theta\int_0^1 \frac{r\mathrm{d}r}{\sqrt{1-r^2}\cos^2\sqrt{1-r^2}} = 4\pi\int_0^1 \frac{-\mathrm{d}\sqrt{1-r^2}}{\cos^2\sqrt{1-r^2}}$$

$$= 4\pi\int_1^0 \frac{\mathrm{d}\sqrt{1-r^2}}{\cos^2\sqrt{1-r^2}} = 4\pi\tan\sqrt{1-r^2}\Big|_1^0 = 4\pi\tan 1.$$

例 66 计算 $I = \iint\limits_{\Sigma} 2(1-x^2)\mathrm{d}y\mathrm{d}z + 8xy\mathrm{d}z\mathrm{d}x - 4xz\mathrm{d}x\mathrm{d}y$, 其中 Σ 是由曲线 $x =$

$\mathrm{e}^y (0 \leqslant y \leqslant a)$ 绕 x 轴旋转成的旋转曲面. (第五届北京市理工类, 1993)

解 作平面 $x = \mathrm{e}^a$, 与曲面 Σ 围成闭区域 Ω, 由高斯公式可得 (图 3)

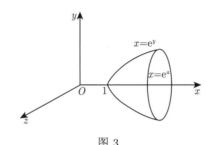

图 3

$$I + \iint\limits_{y^2+z^2 \leqslant a^2} 2\left(1 - \mathrm{e}^{2a}\right) \mathrm{d}y\mathrm{d}z = \iiint\limits_{\Omega} 0 \, \mathrm{d}V,$$

故原积分 $I = -\iint\limits_{y^2+z^2 \leqslant a^2} 2\left(1 - \mathrm{e}^{2a}\right)\mathrm{d}y\mathrm{d}z = 2\pi a^2 \left(\mathrm{e}^{2a} - 1\right).$

例 67 设函数 $f(x)$ 在 $(-\infty, +\infty)$ 内具有连续导数, 且满足

$$f(t) = 2 \iint\limits_{x^2+y^2 \leqslant t^2} (x^2 + y^2) f(\sqrt{x^2 + y^2}) \mathrm{d}x\mathrm{d}y + t^4,$$

求 $f(x)$. (第六届北京市理工类, 1994)

解 因 $f(0) = 0$ 且 f 是偶函数, 故只需讨论 $t > 0$ 的情况. 当 $t > 0$ 时,

$$f(t) = 2 \int_0^{2\pi} \mathrm{d}\theta \int_0^t r^3 f(r) \mathrm{d}r + t^4 = 4\pi \int_0^t r^3 f(r) \mathrm{d}r + t^4,$$

等式两边求导 $f'(t) = 4\pi t^3 f(t) + 4t^3$, 解此一阶线性微分方程, 且 $f(0) = 0$, 得 $f(t) = \frac{1}{\pi}(\mathrm{e}^{\pi t^4} - 1)$, $t \geqslant 0$, 而 $f(t)$ 是偶函数, 所以在 $(-\infty, +\infty)$ 内, 有 $f(t) = \frac{1}{\pi}\left(\mathrm{e}^{\pi t^4} - 1\right)$.

例 68 设函数 $f(x)$ 在 $(-\infty, +\infty)$ 内具有连续导数, 求积分

$$\int_c \frac{1 + y^2 f(xy)}{y} \mathrm{d}x + \frac{x}{y^2}[y^2 f(xy) - 1]\mathrm{d}y,$$

其中 c 是从点 $A\left(3, \frac{2}{3}\right)$ 到点 $B(1, 2)$ 的直线段. (第六届北京市理工类, 1994)

解 $P = \frac{1}{y}\left[1 + y^2 f(xy)\right]$, $Q = \frac{x}{y^2}\left[y^2 f(xy) - 1\right]$, 因为

$$\frac{\partial P}{\partial y} = \frac{[2yf(xy) + y^2 x f'(xy)] y - [1 + y^2 f(xy)]}{y^2} = \frac{\partial Q}{\partial x},$$

所以积分与路径无关. 故

$$原式 = \int_3^1 \frac{3}{2}\left[1 + \frac{4}{9}f\left(\frac{2}{3}x\right)\right]\mathrm{d}x + \int_{\frac{2}{3}}^2 \frac{1}{y^2}\left[y^2 f(y) - 1\right]\mathrm{d}y,$$

再令 $u = \frac{2}{3}x$, 则上式化为

$$-3 + \int_2^{\frac{2}{3}} f(u)\mathrm{d}u + \int_{\frac{2}{3}}^2 f(y)\mathrm{d}y - 1 = -4 + \int_2^{\frac{2}{3}} f(u)\mathrm{d}u - \int_2^{\frac{2}{3}} f(y)\mathrm{d}y = -4.$$

例 69 计算 $\iint\limits_D \dfrac{\mathrm{d}x\mathrm{d}y}{xy}$, 其中 $D:\begin{cases} 2 \leqslant \dfrac{x}{x^2+y^2} \leqslant 4, \\ 2 \leqslant \dfrac{y}{x^2+y^2} \leqslant 4. \end{cases}$ (第七届北京市理工类, 1995)

解 极坐标系中 (图 4), 积分区域为

$$D = \left\{(r,\theta) \middle| \frac{\cos\theta}{4} \leqslant r \leqslant \frac{\cos\theta}{2}, \frac{\sin\theta}{4} \leqslant r \leqslant \frac{\sin\theta}{2}\right\},$$

交点为 $\left(\dfrac{\sqrt{2}}{4}, \dfrac{\pi}{4}\right), \left(\dfrac{\sqrt{2}}{8}, \dfrac{\pi}{4}\right), \left(\dfrac{\sqrt{5}}{10}, \arctan\dfrac{1}{2}\right), \left(\dfrac{\sqrt{5}}{10}, \arctan 2\right)$, 利用对称性, 得

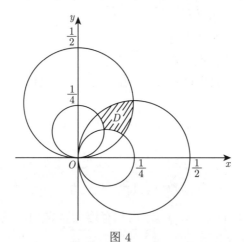

图 4

$$\iint\limits_D \frac{\mathrm{d}x\mathrm{d}y}{xy} = 2\int_{\arctan\frac{1}{2}}^{\frac{\pi}{4}} \mathrm{d}\theta \int_{\frac{\cos\theta}{4}}^{\frac{\sin\theta}{4}} \frac{\mathrm{d}r}{r\sin\theta\cos\theta}$$

$$= 2\int_{\arctan\frac{1}{2}}^{\frac{\pi}{4}} \frac{1}{\sin\theta\cos\theta}\ln(2\tan\theta)\mathrm{d}\theta$$

$$= 2\int_{\arctan\frac{1}{2}}^{\frac{\pi}{4}} \frac{1}{\tan\theta}(\ln 2 + \ln\tan\theta)\mathrm{d}\tan\theta$$

$$= 2 \left(\ln 2 \cdot \ln \tan \theta + \frac{1}{2} \ln^2 \tan \theta \right) \Big|_{\arctan \frac{1}{2}}^{\frac{\pi}{4}} = \ln^2 2.$$

例 70　计算曲面积分

$$I = \iint\limits_{S^+} \frac{x\mathrm{d}y\mathrm{d}z + y\mathrm{d}z\mathrm{d}x + z\mathrm{d}x\mathrm{d}y}{(x^2 + y^2 + z^2)^{\frac{3}{2}}},$$

其中 S^+ 是 $1 - \dfrac{z}{7} = \dfrac{(x-2)^2}{25} + \dfrac{(y-1)^2}{16} (z \geqslant 0)$ 的上侧. (第七届北京市理工类, 1995)

解　以 Γ 表示以原点为中心的上半单位球面 $(z \geqslant 0)$, 可以验证 Γ 被包在 S 的内部. Γ 的内侧和外侧分别表示为 $\Gamma_内$ 和 $\Gamma_外$, 记 $\Sigma_下$ 为平面 $z = 0$ 上满足

$$\begin{cases} x^2 + y^2 \geqslant 1, \\ \dfrac{(x-2)^2}{25} + \dfrac{(y-1)^2}{16} \leqslant 1 \end{cases}$$

部分的下侧. 这样 $S^+ + \Gamma_内 + \Sigma_下$ (图 5) 构成一个封闭曲面的外侧. 此封闭曲面既不经过也不包围坐标原点 (如图 5). 于是

$$I = \iint\limits_{S^+} \frac{x\mathrm{d}y\mathrm{d}z + y\mathrm{d}z\mathrm{d}x + z\mathrm{d}x\mathrm{d}y}{(x^2 + y^2 + z^2)^{3/2}} = \oiint\limits_{S^+ + \Gamma_内 + \Sigma_下} \frac{x\mathrm{d}y\mathrm{d}z + y\mathrm{d}z\mathrm{d}x + z\mathrm{d}x\mathrm{d}y}{(x^2 + y^2 + z^2)^{3/2}}$$

$$- \iint\limits_{\Gamma_内} \frac{x\mathrm{d}y\mathrm{d}z + y\mathrm{d}z\mathrm{d}x + z\mathrm{d}x\mathrm{d}y}{(x^2 + y^2 + z^2)^{3/2}} - \iint\limits_{\Sigma_下} \frac{x\mathrm{d}y\mathrm{d}z + y\mathrm{d}z\mathrm{d}x + z\mathrm{d}x\mathrm{d}y}{(x^2 + y^2 + z^2)^{3/2}},$$

其右端的第一项, 由高斯公式得

$$\oiint\limits_{S^+ + \Gamma_内 + \Sigma_下} \frac{x\mathrm{d}y\mathrm{d}z + y\mathrm{d}z\mathrm{d}x + z\mathrm{d}x\mathrm{d}y}{(x^2 + y^2 + z^2)^{3/2}}$$

$$= \iiint\limits_V \frac{3(x^2 + y^2 + z^2)^{\frac{3}{2}} - 3(x^2 + y^2 + z^2)(x^2 + y^2 + z^2)^{\frac{1}{2}}}{(x^2 + y^2 + z^2)^3} \mathrm{d}V = 0,$$

其中 V 是 $S^+ + \Gamma_内 + \Sigma_下$ 所包围的区域, 其第三项显然为 0, 所以

$$I = - \iint\limits_{\Gamma_内} \frac{x\mathrm{d}y\mathrm{d}z + y\mathrm{d}z\mathrm{d}x + z\mathrm{d}x\mathrm{d}y}{(x^2 + y^2 + z^2)^{3/2}} = A \iint\limits_{\Gamma_外} x\mathrm{d}y\mathrm{d}z + y\mathrm{d}z\mathrm{d}x + z\mathrm{d}x\mathrm{d}y.$$

再次利用高斯公式来计算 $\iint\limits_{\Gamma_外} x\mathrm{d}y\mathrm{d}z + y\mathrm{d}z\mathrm{d}x + z\mathrm{d}x\mathrm{d}y$, 记 $\sigma_下$ 为平面 $z = 0$ 上满足 $x^2 + y^2 \leqslant 1$ 部分的下侧, 则 $\Gamma_外 + \sigma_下$ 构成封闭曲面, 其所包围的区域记为 Ω, 则

$$\oiint\limits_{\Gamma_外 + \sigma_下} x\mathrm{d}y\mathrm{d}z + y\mathrm{d}z\mathrm{d}x + z\mathrm{d}x\mathrm{d}y = 3 \iiint\limits_\Omega \mathrm{d}v = 2\pi.$$

而 $\displaystyle\iint_{\sigma_{\text{下}}} x\mathrm{d}y\mathrm{d}z + y\mathrm{d}z\mathrm{d}x + z\mathrm{d}x\mathrm{d}y = 0.$ 最后有

$$I = \iint_{\Gamma_{\text{外}}} x\mathrm{d}y\mathrm{d}z + y\mathrm{d}z\mathrm{d}x + z\mathrm{d}x\mathrm{d}y = \iint_{\Gamma_{\text{外}}+\sigma_{\text{下}}} x\mathrm{d}y\mathrm{d}z + y\mathrm{d}z\mathrm{d}x + z\mathrm{d}x\mathrm{d}y = 2\pi.$$

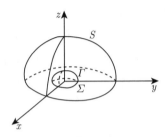

图 5

例 71 设 L 是顺时针方向的椭圆 $\dfrac{x^2}{4}+y^2=1$, 其周长为 l, 计算 $\displaystyle\oint_L (xy+x^2+4y^2)\mathrm{d}s.$
(第八届北京市理工类, 1996)

解 利用第一类曲线积分的奇偶性且 $x^2 + 4y^2 = 4\left(\dfrac{x^2}{4} + y^2\right) = 4$, 故

$$\oint_L \left(x^2 + 4y^2\right)\mathrm{d}s = 4\oint_L \mathrm{d}s = 4l.$$

例 72 设 $f(x)$ 为连续偶函数, 试证明

$$\iint_D f(x - y)\mathrm{d}x\mathrm{d}y = 2\int_0^{2a} (2a - u)f(u)\mathrm{d}u,$$

其中 $D = \{(x,y)\mid |x| \leqslant a, |y| \leqslant a\}$. (第八届北京市理工类, 1996)

证明 方法 1: 作变换 $\begin{cases} x - y = u, \\ x + y = v, \end{cases}$ 则

$$J = \frac{D(u,v)}{D(x,y)} = \begin{vmatrix} 1 & -1 \\ 1 & 1 \end{vmatrix} = 2,$$

故 $\mathrm{d}x\mathrm{d}y = \dfrac{1}{2}\mathrm{d}u\mathrm{d}v$, xOy 平面上的积分区域 D 变为 uOv 平面上的区域 $D_1 : |u| + |v| \leqslant 2a$. 故 $\displaystyle\iint_D f(x - y)\mathrm{d}x\mathrm{d}y = \iint_{D_1} f(u)\frac{1}{2}\mathrm{d}u\mathrm{d}v.$

又由于 $f(u)$ 是偶函数, 积分区域 D_1 关于 u 轴对称, 所以

$$\iint_{D_1} f(u)\frac{1}{2}\mathrm{d}u\mathrm{d}v = \iint_{D_2} f(u)\mathrm{d}u\mathrm{d}v,$$

其中 D_2 是图中 $\triangle ABC$ 所包围的区域 (图 6). 这样

$$\iint\limits_{D} f(x-y)\mathrm{d}x\mathrm{d}y = \iint\limits_{D_2} f(u)\mathrm{d}u\mathrm{d}v = \int_0^{2a}\mathrm{d}u\int_{u-2a}^{2a-u} f(u)\mathrm{d}v = 2\int_0^{2a}(2a-u)f(u)\mathrm{d}u.$$

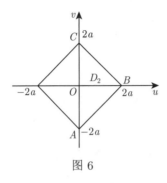

图 6

方法 2: 把二重积分化为二次积分, 得

$$\iint\limits_{D} f(x-y)\mathrm{d}x\mathrm{d}y = \int_{-a}^{a}\mathrm{d}x\int_{-a}^{a} f(x-y)\mathrm{d}y.$$

设 $u = x - y$, 则

$$\int_{-a}^{a}\mathrm{d}x\int_{-a}^{a} f(x-y)\mathrm{d}y = \int_{-a}^{a}\mathrm{d}x\int_{x-a}^{x+a} f(u)\mathrm{d}u,$$

交换积分次序

$$\int_{-a}^{a}\mathrm{d}x\int_{x-a}^{x+a} f(u)\mathrm{d}u = \int_{-2a}^{0}\mathrm{d}u\int_{-a}^{u+a} f(u)\mathrm{d}x + \int_{0}^{2a}\mathrm{d}u\int_{u-a}^{a} f(u)\mathrm{d}x$$

$$= \int_{-2a}^{0} f(u)(u+2a)\mathrm{d}u + \int_{0}^{2a} f(u)(2a-u)\mathrm{d}u.$$

由于 $f(u)$ 是偶函数, 对右端第一项积分令 $u = -v$, 最后得

$$\iint\limits_{D} f(x-y)\mathrm{d}x\mathrm{d}y = 2\int_0^{2a} f(u)(2a-u)\mathrm{d}u.$$

例 73 求 $I = \oint_{L}(y^2+z^2)\mathrm{d}x + (z^2+x^2)\mathrm{d}y + (x^2+y^2)\mathrm{d}z$, 其中 L 是球面 $x^2 + y^2 + z^2 = 2bx$ 与柱面 $x^2 + y^2 = 2ax$ $(b > a > 0)$ 的交线 $(z \geqslant 0)$, L 的方向规定为沿 L 的方向运动时, 从 z 轴正向往下看, 曲线 L 所围成的球面部分总在左边. (第八届北京市理工类, 1996)

解 记 Σ 为曲线 L 所围球面部分的外侧. 因为按题意所规定 L 的方向及曲面与其边界的定向法则 (右手系法则) 知外侧为正侧 (如图 7). 由斯托克斯公式, 有

$$I = \iint\limits_{\Sigma} \begin{vmatrix} \mathrm{d}y\mathrm{d}z & \mathrm{d}z\mathrm{d}x & \mathrm{d}x\mathrm{d}y \\ \dfrac{\partial}{\partial x} & \dfrac{\partial}{\partial y} & \dfrac{\partial}{\partial z} \\ y^2 + z^2 & z^2 + x^2 & x^2 + y^2 \end{vmatrix}$$

$$= 2 \iint\limits_{\Sigma} (y - z)\mathrm{d}y\mathrm{d}z + (z - x)\mathrm{d}z\mathrm{d}x + (x - y)\mathrm{d}x\mathrm{d}y$$

$$= 2 \iint\limits_{\Sigma} [(y - z)\cos\alpha + (z - x)\cos\beta + (x - y)\cos\gamma]\mathrm{d}S,$$

其中 $\boldsymbol{n} = (\cos\alpha, \cos\beta, \cos\gamma)$ 是球面 $x^2 + y^2 + z^2 = 2bx$ 上每点处的单位法向量. 由球面方程不难求出

$$\boldsymbol{n} = \left(\frac{x - b}{b}, \frac{y}{b}, \frac{z}{b} \right),$$

从而

$$I = 2 \iint\limits_{\Sigma} \left[\frac{x - b}{b} \cdot (y - z) + \frac{y}{b}(z - x) + \frac{z}{b}(x - y) \right] \mathrm{d}S = 2 \iint\limits_{\Sigma} (z - y)\mathrm{d}S,$$

由于曲面 Σ 关于 xOz 平面对称, 函数是奇函数, 故 $\iint\limits_{\Sigma} y\mathrm{d}S = 0$, 这样

$$I = 2 \iint\limits_{\Sigma} (z - y)\mathrm{d}S = 2 \iint\limits_{\Sigma} z\mathrm{d}S = 2 \iint\limits_{D} \frac{z}{\cos\gamma}\mathrm{d}x\mathrm{d}y$$

$$= 2 \iint\limits_{D} \frac{z}{\frac{z}{b}}\mathrm{d}x\mathrm{d}y = 2b \left(\pi a^2 \right) = 2\pi a^2 b,$$

其中 D 是曲面 Σ 在 xOy 平面上的投影区域 $x^2 + y^2 \leqslant 2ax$.

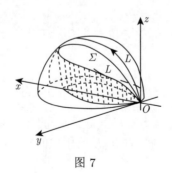

图 7

例 74 设函数 $f(x,y)$ 在区域 $D: x^2+y^2 \leqslant 1$ 上有二阶连续偏导数, 且 $\dfrac{\partial^2 f}{\partial x^2} + \dfrac{\partial^2 f}{\partial y^2} = \mathrm{e}^{-(x^2+y^2)}$, 证明:

$$\iint\limits_D \left(x\frac{\partial f}{\partial x} + \frac{\partial f}{\partial y} y \right) \mathrm{d}x\mathrm{d}y = \frac{\pi}{2\mathrm{e}}.$$

(第八届北京市理工类, 1996)

证明 利用极坐标

$$\iint\limits_D \left(x\frac{\partial f}{\partial x} + \frac{\partial f}{\partial y} y \right) \mathrm{d}x\mathrm{d}y = \int_0^{2\pi} \mathrm{d}\theta \int_0^1 \left(r\cos\theta \cdot f_x' + r\sin\theta \cdot f_y' \right) r\mathrm{d}r,$$

交换积分次序, 得 $\displaystyle\int_0^1 r\mathrm{d}r \int_0^{2\pi} \left(r\cos\theta \cdot f_x' + r\sin\theta \cdot f_y' \right) \mathrm{d}\theta$.

记 L_r 为半径是 r 的圆周, D_r 为 L_r 包围的区域, $r\cos\theta\mathrm{d}\theta = \mathrm{d}y, r\sin\theta\mathrm{d}\theta = -\mathrm{d}x$, 于是上式的内层积分, 可看作是沿闭曲线 L_r (逆时针方向) 的曲线积分 $\displaystyle\oint_{L_r} -f_y'\mathrm{d}x + f_x'\mathrm{d}y$, 于是

$$\int_0^1 r\mathrm{d}r \int_0^{2\pi} \left[r\cos\theta \cdot f_x' + r\sin\theta \cdot f_y' \right] \mathrm{d}\theta$$

$$= \int_0^1 r\left[\oint_{L_r} -f_y'\mathrm{d}x + f_x'\mathrm{d}y\right]\mathrm{d}r$$

$$= \int_0^1 r\left[\iint\limits_{D_r} \left(f_{xx}'' + f_{yy}'' \right) \mathrm{d}x\mathrm{d}y \right] \mathrm{d}r$$

$$= \int_0^1 r\left(\int_0^{2\pi} \mathrm{d}\theta \int_0^r \mathrm{e}^{-s^2} s\mathrm{d}s \right) \mathrm{d}r$$

$$= \int_0^1 \pi r\left(1 - \mathrm{e}^{-r^2} \right) \mathrm{d}r = \frac{\pi}{2\mathrm{e}}.$$

例 75 设函数 $f(x), g(x)$ 具有二阶连续导数, 曲线积分

$$\oint_c [y^2 f(x) + 2y\mathrm{e}^x + 2yg(x)]\mathrm{d}x + 2[yg(x) + f(x)]\mathrm{d}y = 0,$$

其中为平面上任意简单封闭曲线.

(1) 求 $f(x), g(x)$ 使 $f(0) = g(0) = 0$;

(2) 计算沿任一条曲线从 $(0,0)$ 点到 $(0,0)$ 点的积分. (第九届北京市理工类, 1997)

解 (1) 设 $P(x,y) = y^2 f(x) + 2y\mathrm{e}^x + 2yg(x)$, $Q(x,y) = 2[yg(x) + f(x)]$, 由已知条件得 $\dfrac{\partial Q}{\partial x} = \dfrac{\partial P}{\partial y}$, 即 $2[yg'(x) + f'(x)] = 2yf(x) + 2\mathrm{e}^x + 2g(x)$, 从而

$$y[g'(x) - f(x)] + f'(x) - g(x) - \mathrm{e}^x = 0,$$

从而有 $\begin{cases} g'(x) - f(x) = 0, \\ f'(x) - g(x) = \mathrm{e}^x, \end{cases}$ 以 $f'(x) = g''(x)$ 代入第二个方程得 $g''(x) - g(x) = \mathrm{e}^x$,

解此二阶微分方程得

$$g(x) = C_1\mathrm{e}^x + C_2\mathrm{e}^{-x} + \frac{1}{2}x\mathrm{e}^x, \quad f(x) = \left(C_1 + \frac{1}{2}\right)\mathrm{e}^x - C_2\mathrm{e}^{-x} + \frac{1}{2}x\mathrm{e}^x.$$

又由初始条件得方程组 $\begin{cases} 0 = g(0) = C_1 + C_2, \\ 0 = f(0) = C_1 + \frac{1}{2} - C_2, \end{cases}$ 解之得 $C_1 = -\frac{1}{4}, C_2 = \frac{1}{4}$, 于是

有 $f(x) = \frac{1}{4}\left(\mathrm{e}^x - \mathrm{e}^{-x}\right) + \frac{1}{2}x\mathrm{e}^x, g(x) = -\frac{1}{4}\left(\mathrm{e}^x - \mathrm{e}^{-x}\right) + \frac{1}{2}x\mathrm{e}^x.$

(2) 为计算 $I = \int_{(0,0)}^{(1,1)} \left[y^2 f(x) + 2y\mathrm{e}^x + 2yg(x)\right]\mathrm{d}x + 2[yg(x) + f(x)]\mathrm{d}y$, 可选取

$(0,0) \to (1,0) \to (0,0) \to (1,1)$ 的折线, 于是

$$I = 2\int_0^1 [yg(1) + f(1)]\mathrm{d}y = 2\left[\frac{1}{2}g(1) + f(1)\right] = \frac{1}{4}(7\mathrm{e} - \mathrm{e}^{-1}).$$

例 76 设 $f(x)$ 在闭区间 $[0,1]$ 上连续, 且 $\int_0^1 f(x)\mathrm{d}x = m$, 试求

$$\int_0^1 \int_x^1 \int_x^y f(x)f(y)f(z)\mathrm{d}x\mathrm{d}y\mathrm{d}z.$$

(第九届北京市理工类, 1997)

解 令 $F(u) = \int_0^u f(t)\mathrm{d}t$, 则 $F(0) = 0, F(1) = m$. 于是

$$\int_0^1 \int_x^1 \int_x^y f(x)f(y)f(z)\mathrm{d}x\mathrm{d}y\mathrm{d}z$$

$$= \int_0^1 f(x)\mathrm{d}x \int_x^1 f(y)\mathrm{d}y \int_x^y f(z)\mathrm{d}z$$

$$= \int_0^1 f(x)\mathrm{d}x \int_x^1 f(y)[F(y) - F(x)]\mathrm{d}y$$

$$= \int_0^1 f(x)\mathrm{d}x \int_x^1 [F(y) - F(x)]\mathrm{d}F(y)$$

$$= \int_0^1 f(x)\left[\frac{1}{2}F^2(y) - F(x)F(y)\right]_x^1 \mathrm{d}x$$

$$= \int_0^1 f(x)\left[\frac{1}{2}F^2(1) - \frac{1}{2}F^2(x) - F(1)F(x) + F^2(x)\right]\mathrm{d}x$$

$$= \frac{1}{2}F^3(1) + \frac{1}{6}F^3(1) - \frac{1}{2}F^3(1) = \frac{1}{6}m^3.$$

例 77 设函数 $P(x,y), Q(x,y)$ 具有一阶连续偏导数, 且对任意实数 x_0, y_0 和任意正实数 R, 皆有 $\int_L P(x,y)\mathrm{d}x + Q(x,y)\mathrm{d}y = 0$, 其中 L 是半圆: $y = y_0 + \sqrt{R^2 - (x-x_0)^2}$, 则 $P(x,y) \equiv 0$, $\dfrac{\partial Q}{\partial x} \equiv 0$. (第十届北京市理工类, 1998)

证明 设 (x_0, y_0) 是平面上任一点, 如图 8 所示, 只需证明

$$P(x_0, y_0) = 0, \quad \left.\frac{\partial Q}{\partial x}\right|_{(x_0,y_0)} = 0.$$

由题 $\displaystyle\int_{\overset{\frown}{BCA}} P(x,y)\mathrm{d}x + Q(x,y)\mathrm{d}y = 0$, 故有 $\displaystyle\oint_{\overset{\frown}{BCAB}} P\mathrm{d}x + Q\mathrm{d}y = \int_{\overline{AB}} P\mathrm{d}x + Q\mathrm{d}y = \int_{\overline{AB}} P\mathrm{d}x$, 由格林公式 $\displaystyle\oint_{\overset{\frown}{BCAB}} P\mathrm{d}x + Q\mathrm{d}y = \iint_D (Q_x - P_y)\mathrm{d}x\mathrm{d}y = \int_{\overline{AB}} P\mathrm{d}x$, 其中 D 是闭曲线 $BCAB$ 所围区域, 利用积分中值定理得 $P(\xi_1, y_0)2R = (Q'_x - P'_y)\big|_{(\xi,\eta)}\dfrac{\pi}{2}R^2$, 其中 $(\xi, \eta) \in D, \xi_1 \in [x_0 - R, x_0 + R]$.

两边约 R, 并令 $R \to 0$, 得 $P(x_0, y_0) = 0$, 即 $P(x,y) \equiv 0$. 所以,

$$\left(Q'_x - P'_y\right)\big|_{(x_0,y_0)} = 0, \quad Q'_x\big|_{(x_0,y_0)} = 0.$$

即 $Q'_x \equiv 0$.

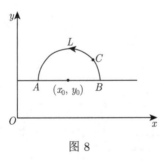

图 8

例 78 设 L 是不经过点 $(2,0), (-2,0)$ 的分段光滑的简单闭曲线, 试就 L 的不同情形计算曲线积分

$$\oint_L \left[\frac{y}{(2-x)^2 + y^2} + \frac{y}{(2+x)^2 + y^2}\right]\mathrm{d}x + \left[\frac{2-x}{(2-x)^2 + y^2} - \frac{2+x}{(2+x)^2 + y^2}\right]\mathrm{d}y,$$

L 取正向. (第十一届北京市理工类, 1999)

解 $I = \displaystyle\oint_L \frac{y\mathrm{d}x}{(2-x)^2 + y^2} + \frac{(2-x)\mathrm{d}y}{(2-x)^2 + y^2} + \oint_L \frac{y\mathrm{d}x}{(2+x)^2 + y^2} - \frac{(2+x)\mathrm{d}y}{(2+x)^2 + y^2}$

$= I_1 + I_2,$

不难验证: 对 I_1, 有

$$\frac{\partial}{\partial y}\left[\frac{y}{(2-x)^2 + y^2}\right] = \frac{\partial}{\partial x}\left[\frac{2-x}{(2-x)^2 + y^2}\right] = \frac{(2-x)^2 - y^2}{[(2-x)^2 + y^2]^2}.$$

对 I_2, 有

$$\frac{\partial}{\partial y}\left[\frac{y}{(2+x)^2+y^2}\right]=\frac{\partial}{\partial x}\left[\frac{-(2+x)}{(2+x)^2+y^2}\right]=\frac{(2+x)^2-y^2}{[(2+x)+y^2]^2},$$

即它们都分别满足 $\dfrac{\partial P}{\partial y}=\dfrac{\partial Q}{\partial x}$.

以下就 L 的情况讨论:

(1) 当点 $(2,0)$, $(-2,0)$ 均在闭曲线 L 所围区域的外部时, $I_1=0-I_2$, 从而 $I=0$.

(2) 当点 $(2,0)$, $(-2,0)$ 同在 L 所围区域的内部时, 则分别作以这两个点为圆心, 以 $\varepsilon_1,\varepsilon_2$ 为半径的圆 C_1,C_2, 使它们也都在区域内部, 于是

$$\begin{aligned}I_1&=\oint_L\frac{y\mathrm{d}x+(2-x)\mathrm{d}y}{(x-2)^2+y^2}\quad(C_1\text{取正向})\\&=\oint_{C_1}\frac{y\mathrm{d}x+(2-x)\mathrm{d}y}{\varepsilon_1^2}\\&=-\frac{2}{\varepsilon_1^2}\iint\limits_{D_1}\mathrm{d}x\mathrm{d}y=-2\pi(D_1\quad\text{是}C_1\text{所围区域}),\end{aligned}$$

同理 $I_2=-2\pi$, 所以 $I=-4\pi$.

(3) 当点 $(2,0)$, $(-2,0)$ 有一个在外部一个在内部时, 综合 (1) 和 (2) 得 $I=-2\pi$.

例 79 证明 $\dfrac{\pi(R^2-r^2)}{R+K}\leqslant\displaystyle\iint\limits_D\frac{\mathrm{d}\sigma}{\sqrt{(x-a)^2+(y-b)^2}}\leqslant\dfrac{\pi(R^2-r^2)}{r-K}$, 其中: $0<$ $K=\sqrt{a^2+b^2}<r<R$, $D:r\leqslant x^2+y^2\leqslant R$. (第十一届北京市理工类, 1999)

证明 函数 $f(x,y)=\displaystyle\iint\limits_D\frac{\mathrm{d}\sigma}{\sqrt{(x-a)^2+(y-b)^2}}$ 在环形闭区域 D (图 9): $r\leqslant x^2+$ $y^2\leqslant R$ 上连续, 由积分中值定理, 存在 $P_0(\xi,\eta)\in D$, 使

$$\iint\limits_D\frac{\mathrm{d}\sigma}{\sqrt{(x-a)^2+(y-b)^2}}=\frac{1}{\sqrt{(\xi-a)^2+(\eta-b)^2}}\iint\limits_D\mathrm{d}\sigma=\frac{1}{|P_0P_1|}\pi\left(R^2-r^2\right),$$

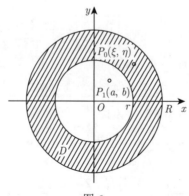

图 9

其中 $|P_0 P_1|$ 为点 $P_0(\xi, \eta), P_1(a, b)$ 之间的距离, 且 $r \leqslant |OP_0| \leqslant R$. 由已知

$$r - K \leqslant |OP_0| - K = |OP_0| - |OP_1| \leqslant |P_0 P_1| \leqslant |OP_0| + |OP_1| \leqslant R + K,$$

所以

$$\frac{1}{R + K} \leqslant \frac{1}{|P_0 P_1|} \leqslant \frac{1}{r - K}.$$

进而 $\dfrac{\pi (R^2 - r^2)}{R + K} \leqslant \dfrac{1}{P_0 P_1} \pi (R^2 - r^2) \leqslant \dfrac{\pi (R^2 - r^2)}{r - K}$, 即

$$\frac{\pi(R^2 - r^2)}{R + K} \leqslant \iint\limits_{D} \frac{\mathrm{d}\sigma}{\sqrt{(x - a)^2 + (y - b)^2}} \leqslant \frac{\pi(R^2 - r^2)}{r - K}.$$

例 80 设有一半径为 R 的球形物体, 其内任意一点 P 处的体密度 $\rho = \dfrac{1}{|PP_0|}$, 其中 P_0 为一定点, 且 P_0 到球心的距离 r_0 大于 R, 求该物体的质量. (第十三届北京市理工类, 2001)

解 以球心为原点建立空间直角坐标系, 使点 P_0 位于 z 轴的 $P_0(0, 0, r_0)$. 利用球面坐标及余弦定理, 球体内任一点 $P(r, \varphi, \theta)$ 到 P_0 的距离 $|PP_0| = \sqrt{r^2 + r_0^2 - 2rr_0 \cos\varphi}$, 则该物质的质量

$$M = \iiint\limits_{x^2 + y^2 + z^2 \leqslant R^2} \frac{1}{|PP_0|} \mathrm{d}v = \int_0^{2\pi} \mathrm{d}\theta \int_0^R r^2 \mathrm{d}r \int_0^\pi \frac{\sin\varphi \mathrm{d}\varphi}{\sqrt{r^2 + r_0^2 - 2rr_0 \cos\varphi}}$$

$$= \frac{4\pi}{r_0} \int_0^R r\sqrt{r^2 + r_0^2 - 2rr_0 \cos\varphi} \Big|_0^\pi \mathrm{d}r = \frac{4\pi}{r_0} \int_0^R r^2 \mathrm{d}r = \frac{4\pi R^3}{3r_0}.$$

例 81 $f(x)$ 是 $[0, 1]$ 上的连续函数, 证明: $\displaystyle\int_0^1 \mathrm{e}^{f(x)} \mathrm{d}x \int_0^1 \mathrm{e}^{-f(y)} \mathrm{d}y \geqslant 1$. (第十三届北京市理工类, 2001)

证明 方法 1: 设 $D = \{(x, y) \mid 0 \leqslant x \leqslant 1, 0 \leqslant y \leqslant 1\}$, 由于

$$\mathrm{e}^{f(x) - f(y)} \geqslant 1 + f(x) - f(y),$$

故

$$\int_0^1 \mathrm{e}^{f(x)} \mathrm{d}x \int_0^1 \mathrm{e}^{-f(y)} \mathrm{d}y = \iint\limits_{D} \mathrm{e}^{f(x) - f(y)} \mathrm{d}x \mathrm{d}y \geqslant \int_0^1 \mathrm{d}x \int_0^1 (1 + f(x) - f(y)) \mathrm{d}y$$

$$= \int_0^1 \mathrm{d}x \int_0^1 \mathrm{d}y + \int_0^1 f(x) \mathrm{d}x \int_0^1 \mathrm{d}y - \int_0^1 \mathrm{d}x \int_0^1 f(y) \mathrm{d}y = 1.$$

方法 2：$\displaystyle\int_0^1 e^{f(x)}dx\int_0^1 e^{-f(y)}dy = \iint\limits_D e^{f(x)-f(y)}dxdy = \iint\limits_D e^{f(y)-f(x)}dxdy$

$$= \frac{1}{2}\iint\limits_D e^{f(x)-f(y)} + e^{f(y)-f(x)}dxdy$$

$$\geqslant \frac{1}{2}\iint\limits_D 2dxdy = 1.$$

例 82 $f(u)$ 具有连续导数，计算 $I = \displaystyle\iint\limits_{\Sigma} \frac{1}{y}f\left(\frac{x}{y}\right)dydz + \frac{1}{x}f\left(\frac{x}{y}\right)dzdx + zdxdy$,

其中 Σ 是 $y = x^2 + z^2 + 6, y = 8 - x^2 - z^2$ 所围成立体的外侧. (第十四届北京市理工类, 2002)

解 设 Ω 是 Σ 所围的区域，它在 xOz 面上的投影为 $x^2 + z^2 \leqslant 1$, 由高斯公式得

$$I = \iiint\limits_{\Omega} \left\{\frac{\partial}{\partial x}\left[\frac{1}{y}f\left(\frac{x}{y}\right)\right] + \frac{\partial}{\partial y}\left[\frac{1}{x}f\left(\frac{x}{y}\right)\right] + \frac{\partial}{\partial z}(z)\right\}dxdydz$$

$$= \iiint\limits_{\Omega}\left[\frac{1}{y^2}f'\left(\frac{x}{y}\right) - \frac{1}{y^2}f'\left(\frac{x}{y}\right) + 1\right]dxdydz = \iiint\limits_{\Omega}dxdydz,$$

利用柱坐标可以算得

$$I = \int_0^{2\pi}\int_0^1\int_{r^2+6}^{8-r^2} rdydrd\theta = \pi.$$

例 83 设 ϕ, ψ 有连续导数，对平面上任意一条分段光滑的曲线 L 积分 $I = \displaystyle\int_L 2(x\phi(y) + \psi(y))dx + (x^2\psi(y) + 2xy^2 - 2x\phi(y))dy$ 与路径无关.

(1) 当 $\phi(0) = -2, \psi(0) = 1$ 时，求 $\phi(x), \psi(x)$;

(2) 设 L 是从 $O(0,0)$ 到 $N\left(\pi, \frac{\pi}{2}\right)$ 的分段光滑曲线，计算 I. (第十五届北京市理工类, 2004)

解 (1) 由题设得 $\dfrac{\partial}{\partial x}(x^2\psi(y) + 2xy^2 - 2x\phi(y)) = \dfrac{\partial}{\partial y}2(x\phi(y) + \psi(y))$, 即

$$2x\psi(y) + 2y^2 - 2\phi(y) = 2x\phi'(y) + 2\psi'(y)$$

对任何 (x,y) 都成立.

令 $x = 0$, 有 $\phi(y) + \psi'(y) = y^2$, 代入上式得 $\psi(y) = \phi'(y)$, 则 $\phi''(y) + \phi(y) = y^2$, 其通解为 $\phi(y) = C_1\cos y + C_2\sin y + y^2 - 2$.

由 $\phi(0) = -2$ 及 $\psi(0) = \phi'(0) = 1$, 解得 $C_1 = 0, C_2 = 1$, 故

$$\phi(x) = \sin x + x^2 - 2, \quad \psi(x) = \phi'(x) = \cos x + 2x.$$

(2) 取折线 OMN 为积分路线, $M\left(0, \dfrac{\pi}{2}\right)$,

$$I = \int_0^\pi 2\left(x\phi\left(\frac{\pi}{2}\right) + \psi\left(\frac{\pi}{2}\right)\right)\mathrm{d}x = \pi^2\left(1 + \frac{\pi^2}{4}\right).$$

例 84 设 $\Omega: x^2 + y^2 + z^2 \leqslant 1$, 证明: $\dfrac{4\sqrt[3]{2}\pi}{3} \leqslant \iiint\limits_{\Omega} \sqrt[3]{x + 2y - 2z + 5}\,\mathrm{d}v \leqslant \dfrac{8\pi}{3}$.

(第十五届北京市理工类, 2004)

解 设 $f(x, y, z) = x + 2y - 2z + 5$. 由于 $f'_x = 1 \neq 0$, $f'_y = 2 \neq 0$, $f'_z = -2 \neq 0$, 所以函数 $f(x, y, z)$ 在区域 Ω 的内部无驻点, 必在边界上取得最值.

故令 $F(x, y, z, \lambda) = x + 2y - 2z + 5 + \lambda(x^2 + y^2 + z^2 - 1)$. 由

$$\begin{cases} F'_x = 1 + 2\lambda x = 0, \\ F'_y = 2 + 2\lambda y = 0, \\ F'_z = -2 + 2\lambda z = 0, \\ F'_\lambda = x^2 + y^2 + z^2 - 1 = 0, \end{cases}$$

得出 F 的驻点为 $P_1\left(\dfrac{1}{3}, \dfrac{2}{3}, -\dfrac{2}{3}\right)$, $P_2\left(-\dfrac{1}{3}, -\dfrac{2}{3}, \dfrac{2}{3}\right)$, 而 $f(P_1) = 8$, $f(P_2) = 2$, 所以函数 $f(x, y, z)$ 在闭区域 Ω 上的最大值为 8, 最小值为 2.

由 $f(x, y, z)$ 与 $\sqrt[3]{f(x, y, z)}$ 有相同的极值点, 所以函数 $\sqrt[3]{f(x, y, z)}$ 的最大值为 2, 最小值为 $\sqrt[3]{2}$, 所以有

$$\frac{4\sqrt[3]{2}\pi}{3} \leqslant \iiint\limits_{\Omega} \sqrt[3]{x + 2y - 2z + 5}\,\mathrm{d}v \leqslant \frac{8\pi}{3}.$$

例 85 计算极限 $\lim\limits_{r \to 0^+} \dfrac{1}{r^2} \iint\limits_{x^2 + y^2 \leqslant r^2} \mathrm{e}^{x^2 - y^2} \cos(x + y)\,\mathrm{d}x\mathrm{d}y$. (第十六届北京市理工类, 2005)

解 由积分中值定理, 存在 $(\xi, \eta) \in D_r$, 使得

$$\iint\limits_{D_r} \mathrm{e}^{x^2 - y^2} \cos(x + y)\,\mathrm{d}x\mathrm{d}y = \mathrm{e}^{\xi^2 - \eta^2} \cos(\xi + \eta) \cdot \pi r^2,$$

原式 $= \lim\limits_{r \to 0^+} \mathrm{e}^{\xi^2 - \eta^2} \cos(\xi + \eta) \cdot \pi = \pi$.

例 86 λ 是原点到 $\Sigma: \dfrac{x^2}{a^2} + \dfrac{y^2}{b^2} + \dfrac{z^2}{c^2} = 1$ 上点 (x, y, z) 处的切平面 $\varPi$ 的距离, 计算 $\iint\limits_{\Sigma} \dfrac{1}{\lambda}\mathrm{d}S$. (第十六届北京市理工类, 2005)

解 切平面的方程为 $\dfrac{x}{a^2}X + \dfrac{y}{b^2}Y + \dfrac{z}{c^2}Z - 1 = 0$, 故 $\lambda = \dfrac{1}{\sqrt{\dfrac{x^2}{a^4} + \dfrac{y^2}{b^4} + \dfrac{z^2}{c^4}}}$.

设 Σ_1 为 Σ 中 $z \geqslant 0$ 的部分, D_{xy} 为 Σ_1 在 xOy 面上的投影, 则

$$\iint\limits_{\Sigma} \frac{1}{\lambda} \mathrm{d}S = 2 \iint\limits_{\Sigma_1} \sqrt{\frac{x^2}{a^4} + \frac{y^2}{b^4} + \frac{z^2}{c^4}} \mathrm{d}S = 2c \iint\limits_{D_{xy}} \frac{\dfrac{x^2}{a^4} + \dfrac{y^2}{b^4} + \dfrac{1}{c^2}\left(1 - \dfrac{x^2}{a^2} - \dfrac{y^2}{b^2}\right)}{\sqrt{1 - \dfrac{x^2}{a^2} - \dfrac{y^2}{b^2}}} \mathrm{d}x\mathrm{d}y,$$

而

$$\iint\limits_{D_{xy}} \frac{\dfrac{x^2}{a^4}\mathrm{d}x\mathrm{d}y}{\sqrt{1 - \dfrac{x^2}{a^2} - \dfrac{y^2}{b^2}}} = \frac{ab}{a^2} \int_0^{2\pi} \cos^2\theta\mathrm{d}\theta \int_0^1 \frac{r^3}{\sqrt{1 - r^2}} \mathrm{d}r = \frac{2b\pi}{3a},$$

$$\iint\limits_{D_{xy}} \frac{\dfrac{1}{c^2}\left(1 - \dfrac{x^2}{a^2} - \dfrac{y^2}{b^2}\right)\mathrm{d}x\mathrm{d}y}{\sqrt{1 - \dfrac{x^2}{a^2} - \dfrac{y^2}{b^2}}} = \frac{ab}{c^2} \int_0^{2\pi} \mathrm{d}\theta \int_0^1 r\sqrt{1 - r^2}\mathrm{d}r = \frac{2ab\pi}{3c^2},$$

所以 $\iint\limits_{\Sigma} \dfrac{1}{\lambda}\mathrm{d}S = 2c\left(\dfrac{2b\pi}{3a} + \dfrac{2a\pi}{3b} + \dfrac{2ab\pi}{3c^2}\right) = \dfrac{4\pi}{3}abc\left(\dfrac{1}{a^2} + \dfrac{1}{b^2} + \dfrac{1}{c^2}\right)$.

例 87 证明: $\iint\limits_{\Sigma}\left(1 - x^2 - y^2\right)\mathrm{d}S \leqslant \dfrac{2\pi}{15}(8\sqrt{2} - 7)$, 其中 Σ 为抛物面 $z = \dfrac{x^2 + y^2}{2}$ 夹在平面 $z = 0$ 和 $z = \dfrac{t}{2}(t > 0)$ 之间的部分. (第十七届北京市理工类, 2006)

证明 $I(t) = \iint\limits_{\Sigma}\left(1 - x^2 - y^2\right)\mathrm{d}S$

$$= \iiint\limits_{x^2 + y^2 \leqslant t}\left(1 - x^2 - y^2\right)\sqrt{1 + x^2 + y^2}\mathrm{d}x\mathrm{d}y$$

$$= 2\pi \int_0^{\sqrt{t}} r\left(1 - r^2\right)\sqrt{1 + r^2}\mathrm{d}r, \quad t \in (0, +\infty),$$

令 $I'(t) = \pi(1 - t)\sqrt{1 + t} = 0$, 解得唯一驻点 $t = 1$, 则 $I(t)$ 的最大值为 $I(1)$, 而

$$I(1) = 2\pi \int_0^1 r\left(1 - r^2\right)\sqrt{1 + r^2}\mathrm{d}r = \frac{2(8\sqrt{2} - 7)\pi}{15},$$

所以 $I(t) \leqslant \dfrac{2(8\sqrt{2} - 7)\pi}{15}$.

例 88 计算 $\iint\limits_{\Sigma} x^2\mathrm{d}y\mathrm{d}z + y^2\mathrm{d}z\mathrm{d}x + z^2\mathrm{d}x\mathrm{d}y$, 其中 $\Sigma: (x - 1)^2 + (y - 1)^2 + \dfrac{z^2}{4} = 1(y \geqslant 1)$, 取外侧. (第十八届北京市理工类, 2007)

解 设 $\Sigma_0 : y = 1$, 左侧, $D : (x-1)^2 + \dfrac{z^2}{4} \leqslant 1$, 则

$$\text{原式} = \oiint\limits_{\Sigma+\Sigma_0} - \oiint\limits_{\Sigma_0}. \quad \oiint\limits_{\Sigma_0} = -\iint\limits_{D} \mathrm{d}z\mathrm{d}x = -2\pi,$$

$$\oiint\limits_{\Sigma+\Sigma_0} = 2\iiint\limits_{V}(x+y+z)\mathrm{d}v$$

$$= 2\iiint\limits_{V}(x+y)\mathrm{d}v$$

$$= 2\int_0^\pi \mathrm{d}\theta \int_0^\pi \mathrm{d}\varphi \int_0^1 2(r\cos\theta\sin\varphi + r\sin\theta\sin\varphi + 2)r^2\sin\varphi\mathrm{d}r$$

$$= 4\int_0^\pi \mathrm{d}\theta \int_0^\pi \left(\frac{1}{4}\cos\theta\sin^2\varphi + \frac{1}{4}\sin\theta\sin^2\varphi + \frac{2}{3}\sin\varphi\right)\mathrm{d}\varphi = \frac{19}{3}\pi,$$

所以原极限 $= \dfrac{19}{3}\pi + 2\pi = \dfrac{25}{3}\pi$.

例 89 计算 $\displaystyle\iint\limits_{D} \max\{xy, x^3\}\mathrm{d}\sigma$, 其中 $D = \{(x,y) \,|\, -1 \leqslant x \leqslant 1, 0 \leqslant y \leqslant 1\}$. (第三届浙江省理工类, 2004)

解 用 $xy = x^3$ 分割积分区域分割成从左到右四个部分, 分别记作 D_1, D_2, D_3, D_4 四个部分, 于是

$$\iint\limits_{D} \max\{xy, x^3\}\mathrm{d}\sigma = \iint\limits_{D_1} xy\mathrm{d}\sigma + \iint\limits_{D_2} x^3\mathrm{d}\sigma + \iint\limits_{D_3} xy\mathrm{d}\sigma + \iint\limits_{D_4} x^3\mathrm{d}\sigma$$

$$= \int_{-1}^0 \mathrm{d}x \int_0^{x^2} xy\mathrm{d}y + \int_{-1}^0 \mathrm{d}x \int_{x^2}^1 x^3\mathrm{d}y + \int_0^1 \mathrm{d}x \int_{x^2}^1 xy\mathrm{d}y + \int_0^1 \mathrm{d}x \int_0^{x^2} x^3\mathrm{d}y$$

$$= -\frac{1}{12} - \frac{1}{12} + \frac{1}{6} + \frac{1}{6} = \frac{1}{6}.$$

例 90 设椭圆 $\dfrac{x^2}{4} + \dfrac{y^2}{9} = 1$ 在 $A\left(1, \dfrac{3\sqrt{3}}{2}\right)$ 点的切线交 y 轴于 B 点, 设 l 为从 A 到 B 的直线段, 试计算 $\displaystyle\int_l \left(\dfrac{\sin y}{x+1} - \sqrt{3}y\right)\mathrm{d}x + \left[\cos y \ln(x+1) + 2\sqrt{3}x - \sqrt{3}\right]\mathrm{d}y$. (第三届浙江省理工类, 2004)

解 方程 $\dfrac{x^2}{4} + \dfrac{y^2}{9} = 1$ 两边对 x 求导得 $\dfrac{x}{2} + \dfrac{2y}{9}y' = 0$, 则 $y'|_{x=1} = -\dfrac{\sqrt{3}}{2}$, 直线段 l 的方程为 $y = -\dfrac{\sqrt{3}}{2}x + 2\sqrt{3}$, $0 \leqslant x \leqslant 1$, 令 $P(x,y) = \dfrac{\sin y}{x+1} - \sqrt{3}y$, $Q(x,y) = $

$\cos y \ln (x + 1) + 2\sqrt{3}x - \sqrt{3}$, 则

$$\frac{\partial P}{\partial y} = \frac{\cos y}{x + 1} - \sqrt{3}, \quad \frac{\partial Q}{\partial x} = \frac{\cos y}{x + 1} + 2\sqrt{3},$$

$$\int_l \left(\frac{\sin y}{x + 1} - \sqrt{3}y \right) \mathrm{d}x + \left[\cos y \ln (x + 1) + 2\sqrt{3}x - \sqrt{3} \right] \mathrm{d}y$$

$$= \iint_D 3\sqrt{3}\mathrm{d}\sigma - \int_{BC} - \int_{CA}$$

$$= 3\sqrt{3} \iint_D \mathrm{d}\sigma + \sqrt{3} \int_{2\sqrt{3}}^{\frac{3}{2}\sqrt{3}} \mathrm{d}y - \int_0^1 \left(\frac{\sin \frac{3}{2}\sqrt{3}}{x + 1} - \sqrt{3} \cdot \frac{3}{2}\sqrt{3} \right) \mathrm{d}x$$

$$= \frac{9}{4} - \frac{3}{2} - \ln 2 \cdot \sin \frac{3\sqrt{3}}{2} + \frac{9}{2}$$

$$= \frac{21}{4} - \ln 2 \cdot \sin \frac{3\sqrt{3}}{2}.$$

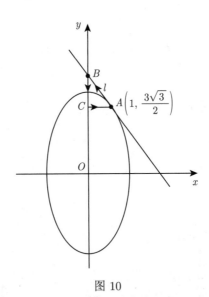

图 10

例 91 计算 $\displaystyle\int_C xy\mathrm{d}s$, 其中 C 是球面 $x^2 + y^2 + z^2 = R^2$ 与平面 $x + y + z = 0$ 的交线. (第五届浙江省理工类, 2006)

解 $\displaystyle\int_C (x + y + z)^2 \mathrm{d}s = \int_C (x^2 + y^2 + z^2)\mathrm{d}s + 2 \int_C (xy + yz + zx)\mathrm{d}s$, 而

$$\int_C (x + y + z)^2 \mathrm{d}s = 0,$$

$$\int_C (x^2 + y^2 + z^2)\mathrm{d}s = \int_C R^2 \mathrm{d}s = 2\pi R^3,$$

$$\int_C xy\mathrm{d}s = \int_C yz\mathrm{d}s = \int_C zx\mathrm{d}s,$$

故 $\displaystyle\int_C xy\mathrm{d}s = -\frac{\pi R^3}{3}$.

例 92　计算 $\displaystyle\int_0^a \mathrm{d}x \int_0^b \mathrm{e}^{\max\{b^2x^2,a^2y^2\}}\mathrm{d}y \ (a>0,b>0)$. (第六届浙江省理工类, 2007)

解　$\displaystyle\int_0^a \mathrm{d}x \int_0^b \mathrm{e}^{\max\{b^2x^2,a^2y^2\}}\mathrm{d}y$

$\displaystyle = \iint\limits_D \mathrm{e}^{\max\{b^2x^2,a^2y^2\}}\mathrm{d}\sigma$ (其中 D 如图 11 所示)

$\displaystyle = \iint\limits_{D_1} \mathrm{e}^{\max\{b^2x^2,a^2y^2\}}\mathrm{d}\sigma + \iint\limits_{D_2} \mathrm{e}^{\max\{b^2x^2,a^2y^2\}}\mathrm{d}\sigma$

$\displaystyle = \iint\limits_{D_1} \mathrm{e}^{a^2y^2}\mathrm{d}\sigma + \iint\limits_{D_2} \mathrm{e}^{b^2x^2}\mathrm{d}\sigma$

$\displaystyle = \int_0^b \mathrm{d}y \int_0^{\frac{a}{b}y} \mathrm{e}^{a^2y^2}\mathrm{d}x + \int_0^a \mathrm{d}x \int_0^{\frac{b}{a}x} \mathrm{e}^{b^2x^2}\mathrm{d}y$

$\displaystyle = \frac{a}{b} \int_0^b y\mathrm{e}^{a^2y^2}\mathrm{d}y + \frac{b}{a} \int_0^a x\mathrm{e}^{b^2x^2}\mathrm{d}x$

$\displaystyle = \frac{1}{2ab} \int_0^b \mathrm{e}^{a^2y^2}\mathrm{d}(a^2y^2) + \frac{1}{2ab} \int_0^a \mathrm{e}^{b^2x^2}\mathrm{d}(b^2x^2)$

$\displaystyle = \frac{1}{ab}(\mathrm{e}^{a^2b^2} - 1).$

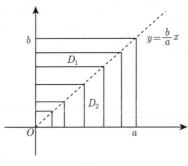

图 11

例 93　已知分段光滑的简单闭曲线 Γ 落在平面 Π: $ax+by+cz+1=0$ 上, 设 Γ 在 Π 上围成的面积为 A, 求 $\displaystyle\oint_\Gamma \frac{(bz-cy)\mathrm{d}x + (cx-az)\mathrm{d}y + (ay-bx)\mathrm{d}z}{ax+by+cz}$, 其中 $\boldsymbol{n}$ 与 Γ 的方向成右手系. (第九届浙江省理工类, 2010)

解　$$\oint_\Gamma \frac{(bz-cy)\,\mathrm{d}x + (cx-az)\,\mathrm{d}y + (ay-bx)\,\mathrm{d}z}{ax+by+cz}$$

$$= -\iint\limits_S 2a\mathrm{d}y\mathrm{d}z + 2b\mathrm{d}z\mathrm{d}x + 2c\mathrm{d}x\mathrm{d}y$$

$$= -\left(a^2+b^2+c^2\right)^{-\frac{1}{2}} \iint\limits_S \left(a^2+b^2+c^2\right)\,\mathrm{d}S$$

$$= -\left(a^2+b^2+c^2\right)^{\frac{1}{2}} A.$$

例 94　计算 $\displaystyle\iint\limits_{\sqrt{x}+\sqrt{y}\leqslant 1} \sqrt[3]{\sqrt{x}+\sqrt{y}}\mathrm{d}x\mathrm{d}y$. (第十届浙江省理工类, 2011)

解　原积分 $\displaystyle= \int_0^1 \mathrm{d}x \int_0^{\left(1-\sqrt{x}\right)^2} \sqrt[3]{\sqrt{x}+\sqrt{y}}\mathrm{d}y = 2\int_0^1 \mathrm{d}x \int_0^{1-\sqrt{x}} \sqrt[3]{\sqrt{x}+y}\,y\mathrm{d}y$

$$= 2\int_0^1 \mathrm{d}x \int_{\sqrt{x}}^1 \sqrt[3]{y}\left(y-\sqrt{x}\right)\mathrm{d}y = 2\int_0^1 \left(\frac{3}{7} - \frac{3\sqrt{x}}{4} + \frac{9}{28}x^{\frac{7}{6}}\right)\mathrm{d}x$$

$$= 2\left(\frac{3}{7} - \frac{1}{2} + \frac{9}{28}\cdot\frac{6}{13}\right) = \frac{2}{13}.$$

例 95　计算 $\displaystyle\iint\limits_D |x-y|\min\{x,2y\}\mathrm{d}x\mathrm{d}y$, D 为 $y^2 = x$ 与 $y = x^2$ 围成的平面有界

闭区域. (第十一届浙江省理工类, 2012)

解　$D_1 = \left\{(x,y)\,\middle|\, x \leqslant y \leqslant \sqrt{x}\,, 0 \leqslant x \leqslant 1\right\}$, $D_2 = \left\{(x,y)\,\middle|\, \dfrac{x}{2} \leqslant y \leqslant x, 0 \leqslant x \leqslant \dfrac{1}{2}\right\}$,

$D_3 = \left\{(x,y)\,\middle|\, x^2 \leqslant y \leqslant x, \dfrac{1}{2} \leqslant x \leqslant 1\right\}$, $D_4 = \left\{(x,y)\,\middle|\, x^2 \leqslant y \leqslant \dfrac{x}{2}, 0 \leqslant x \leqslant \dfrac{1}{2}\right\}$,

原积分

$$= \iint\limits_{D_1}(y-x)x\mathrm{d}x\mathrm{d}y + \iint\limits_{D_2}(x-y)x\mathrm{d}x\mathrm{d}y + \iint\limits_{D_3}(x-y)x\mathrm{d}x\mathrm{d}y + \iint\limits_{D_4}(x-y)y\mathrm{d}x\mathrm{d}y$$

$$= \int_0^1 \mathrm{d}x \int_x^{\sqrt{x}}(y-x)x\mathrm{d}y + \int_{\frac{1}{2}}^1 \mathrm{d}x \int_{x^2}^x (x-y)x\mathrm{d}y + \int_0^{\frac{1}{2}} \mathrm{d}x \int_{\frac{1}{2}x}^x (y-x)x\mathrm{d}y$$

$$+ \int_0^{\frac{1}{2}} \mathrm{d}x \int_{x^2}^{\frac{1}{2}x}(x-y)2y\mathrm{d}y$$

$$= \left(\frac{1}{6}x^3 - \frac{2}{7}x^{\frac{7}{2}} + \frac{1}{8}x^4\right)\bigg|_0^1 + \left(\frac{1}{8}x^4 - \frac{1}{5}x^5 + \frac{1}{12}x^6\right)\bigg|_{\frac{1}{2}}^1$$

$$- \frac{1}{32}x^4\bigg|_0^{\frac{1}{2}} + \left(\frac{1}{24}x^4 - \frac{1}{6}x^6 + \frac{2}{21}x^7\right)\bigg|_0^{\frac{1}{2}}$$

$$= \frac{1}{24 \times 7} + \frac{1}{24 \times 5} + \frac{11}{32 \times 24 \times 5} + \frac{1}{32 \times 16} + \frac{1}{64 \times 21} = \frac{253}{17920}.$$

例 96　求曲线 $\begin{cases} x = a\cos^3\theta, \\ y = a\sin^3\theta \end{cases}$ $(0 \leqslant \theta \leqslant \pi)$ 的形心, 其中 $a > 0$ 为常数. (第十一届浙江省理工类, 2012)

解　$x_c = \dfrac{\displaystyle\int_L x\mathrm{d}s}{\displaystyle\int_L \mathrm{d}s} = 0, \ y_c = \dfrac{\displaystyle\int_L y\mathrm{d}s}{\displaystyle\int_L \mathrm{d}s}$, 而

$$\mathrm{d}s = \sqrt{(x'_\theta)^2 + (y'_\theta)^2}\mathrm{d}\theta = 3a\sin\theta\,|\cos\theta|\,\mathrm{d}\theta,$$

$$\int_L \mathrm{d}s = \int_0^\pi 3a\sin\theta\,|\cos\theta|\,\mathrm{d}\theta = \int_0^{\frac{\pi}{2}} ba\sin\theta\cos\theta\mathrm{d}\theta = 3a,$$

$$\int_L y\mathrm{d}s = \int_0^\pi a\sin^3\theta x 3a\sin\theta\,|\cos\theta|\,\mathrm{d}\theta = 6a^2\int_0^{\frac{\pi}{2}}\sin^4\theta\cos\theta\mathrm{d}\theta = \frac{6}{5}a^2,$$

所以 $x_c = 0, \ y_c = \dfrac{2}{5}a.$

例 97　计算 $\displaystyle\int_0^1 \mathrm{d}y \int_{1-y}^1 \frac{y\sin x}{x}\mathrm{d}x.$ (第十四届浙江省理工类, 2015)

解　$\displaystyle\int_0^1 \mathrm{d}y \int_{1-y}^1 \frac{y\sin x}{x}\mathrm{d}x = \int_0^1 \mathrm{d}x \int_{1-x}^1 \frac{y\sin x}{x}\mathrm{d}y = \int_0^1 (2x - x^2)\frac{\sin x}{x}\mathrm{d}x$

$$= \int_0^1 (2 - x)\sin x\mathrm{d}x = \int_0^1 (x - 2)\mathrm{d}\cos x$$

$$= 2 - \cos 1 - \int_0^1 \cos x\mathrm{d}x = 2 - \cos 1 - \sin 1.$$

例 98　设曲面 S 为 $\dfrac{(x-1)^2}{9} + \dfrac{(y-2)^2}{16} + z^2 = 1, \ z \geqslant 0$, 计算

$$\iint\limits_S \frac{x\mathrm{d}y\mathrm{d}z + y\mathrm{d}z\mathrm{d}x + z\mathrm{d}x\mathrm{d}y}{\left(\sqrt{x^2 + y^2 + z^2}\right)^3},$$

S 方向向上. (第十五届浙江省理工类, 2016)

解　记 $r = \sqrt{x^2 + y^2 + z^2}, P = \dfrac{x}{r^3}, Q = \dfrac{y}{r^3}, R = \dfrac{z}{r^3}, P'_x = \dfrac{r - 3xr'_x}{r^4} = \dfrac{r - \dfrac{3x^2}{r}}{r^4} = \dfrac{r^2 - 3x^2}{r^5}$, 同理 $Q'_y = \dfrac{r^2 - 3y^2}{r^5}, R'_z = \dfrac{r^2 - 3z^2}{r^5}$, 记 S_1 为 xOy 平面上 $\dfrac{(x-1)^2}{9} + \dfrac{(y-2)^2}{16} \leqslant 1$ 与 $x^2 + y^2 \geqslant 1$ 的共部分方向向下. S_2 为 $x^2 + y^2 + z^2 = 1, \ z \geqslant 0$ 方向向

下, Ω 为 S, S_1, S_2 所围区域, 则

$$\iint\limits_{S} \frac{x\mathrm{d}y\mathrm{d}z + y\mathrm{d}z\mathrm{d}x + z\mathrm{d}x\mathrm{d}y}{\left(\sqrt{x^2+y^2+z^2}\right)^3}$$

$$= \oiint\limits_{S+S_1+S_2} \frac{x\mathrm{d}y\mathrm{d}z + y\mathrm{d}z\mathrm{d}x + z\mathrm{d}x\mathrm{d}y}{\left(\sqrt{x^2+y^2+z^2}\right)^3} - \iint\limits_{S_1} \frac{x\mathrm{d}y\mathrm{d}z + y\mathrm{d}z\mathrm{d}x + z\mathrm{d}x\mathrm{d}y}{\left(\sqrt{x^2+y^2+z^2}\right)^3}$$

$$- \iint\limits_{S_2} \frac{x\mathrm{d}y\mathrm{d}z + y\mathrm{d}z\mathrm{d}x + z\mathrm{d}x\mathrm{d}y}{\left(\sqrt{x^2+y^2+z^2}\right)^3}$$

$$= \iiint\limits_{\Omega} (P'_x + Q'_y + R'_z)\mathrm{d}V + 0 - \iint\limits_{S_2} x\mathrm{d}y\mathrm{d}z + y\mathrm{d}z\mathrm{d}x + z\mathrm{d}x\mathrm{d}y$$

$$= - \iint\limits_{S_2} (x\cos\alpha + y\cos\beta + z\cos\gamma)\mathrm{d}S = \iint\limits_{S_2} \mathrm{d}S = 2\pi.$$

例 99 计算 $\iint\limits_{D} |xy|\,\mathrm{d}x\mathrm{d}y$, 其中 $D = \left\{(x,y)\,\middle|\,\dfrac{x^2}{a^2} + \dfrac{y^2}{b^2} \leqslant 1\right\}$. (第十六届浙江省理

工类, 2017)

解 记 $D_1 = \left\{(x,y)\,\middle|\,\dfrac{x^2}{a^2} + \dfrac{y^2}{b^2} \leqslant 1, x \geqslant 0, y \geqslant 0\right\}$, 令 $x = ar\cos\theta, y = br\sin\theta$, 则

$$\iint\limits_{D} |xy|\,\mathrm{d}x\mathrm{d}y = 4\iint\limits_{D_1} xy\mathrm{d}x\mathrm{d}y$$

$$= 4\int_0^1 \mathrm{d}r \int_0^{\frac{\pi}{2}} abr^2\cos\theta\sin\theta abr\mathrm{d}\theta$$

$$= 2\int_0^1 a^2b^2 r^3\mathrm{d}r = \frac{a^2b^2}{2}.$$

例 100 计算曲线积分 $\displaystyle\int_L \frac{(x-1)\mathrm{d}y - y\mathrm{d}x}{(x-1)^2 + y^2}$, 其中 L 是从 $(-2,0)$ 到 $(2,0)$ 的上半

椭圆 $\dfrac{x^2}{4} + y^2 = 1$. (第十六届浙江省理工类, 2017)

解 记 $P = \dfrac{-y}{(x-1)^2 + y^2}$, $Q = \dfrac{x-1}{(x-1)^2 + y^2}$, 易知 $P'_y = Q'_x$, 曲线 L_1: 从 $(-2,0)$
到 $(0,0)$ 的直线段, L_2 从 $(0,0)$ 到 $(2,0)$ 的上半圆 $(x-1)^2 + y^2 = 1$,

$$\int_L \frac{(x-1)\mathrm{d}y - y\mathrm{d}x}{(x-1)^2 + y^2} = \int_{L_1} \frac{(x-1)\mathrm{d}y - y\mathrm{d}x}{(x-1)^2 + y^2} + \int_{L_2} \frac{(x-1)\mathrm{d}y - y\mathrm{d}x}{(x-1)^2 + y^2}$$

$$= \int_{L_2} (x-1)\mathrm{d}y - y\mathrm{d}x = -\pi.$$

例 101 计算二重积分 $\iint\limits_{D} \left(x^2 + y^2\right) \mathrm{d}x\mathrm{d}y$, 其中 D 是由不等式 $\sqrt{2x - x^2} \leqslant y \leqslant \sqrt{4 - x^2}$ 所确定的区域. (第十七届浙江省理工类, 2018)

解 用极坐标求解.

$$\iint\limits_{D} \left(x^2 + y^2\right) \mathrm{d}x\mathrm{d}y = \int_0^{\frac{\pi}{2}} \mathrm{d}\theta \int_{2\cos\theta}^2 \rho^2 \cdot \rho \mathrm{d}\rho$$

$$= \int_0^{\frac{\pi}{2}} \frac{1}{4}(16 - 16\cos^4\theta)\mathrm{d}\theta$$

$$= 2\pi - 4\int_0^{\frac{\pi}{2}} \cos^4 x\mathrm{d}\theta$$

$$= 2\pi - 4 \cdot \frac{3}{4} \cdot \frac{1}{2} \cdot \frac{\pi}{2} = \frac{5\pi}{4}.$$

例 102 已知曲线型构件 $L: \begin{cases} z = x^2 + y^2, \\ x + y + z = 1 \end{cases}$ 的线密度为 $\rho = \left|x^2 + x - y^2 - y\right|$, 求 L 的质量. (第十七届浙江省理工类, 2018)

解 首先写出空间曲线 $L: \begin{cases} z = x^2 + y^2, \\ x + y + z = 1 \end{cases}$ 的参数方程

$$\begin{cases} x = -\dfrac{1}{2} + \dfrac{\sqrt{6}}{2}\cos t, \\ y = -\dfrac{1}{2} + \dfrac{\sqrt{6}}{2}\sin t, \qquad t \in (0, 2\pi), \\ z = 2 - \dfrac{\sqrt{6}}{2}(\sin t + \cos t), \end{cases}$$

则

$$M = \oint_L \rho\mathrm{d}s = \int_0^{2\pi} \left|\frac{3}{2}\cos 2t\right| \sqrt{3 - \frac{3}{2}\sin 2t}\mathrm{d}t$$

$$= \frac{3}{4} \int_0^{4\pi} |\cos u| \sqrt{3 - \frac{3}{2}\sin u}\mathrm{d}u$$

$$= \frac{3}{2} \int_0^{2\pi} |\cos u| \sqrt{3 - \frac{3}{2}\sin u}\mathrm{d}u$$

$$= 3 \int_{-\frac{\pi}{2}}^{\frac{\pi}{2}} \cos u \sqrt{3 - \frac{3}{2}\sin u}\mathrm{d}u$$

$$= 3 \int_{-\frac{\pi}{2}}^{\frac{\pi}{2}} \sqrt{3 - \frac{3}{2}\sin u}\mathrm{d}\sin u$$

$$= 9\sqrt{2} - \sqrt{6}.$$

例 103 求积分

$$\iint\limits_{D} \left(5y^3 + x^2 + y^2 - 2x + y + 1 \right) \mathrm{d}x\mathrm{d}y,$$

其中 $D : 1 \leqslant (x-1)^2 + y^2 \leqslant 4$ 且 $x^2 + y^2 \leqslant 1$. (第十八届浙江省理工类, 2019)

解 积分区域关于 x 轴对称, 所以由二重积分偶倍奇零的计算性质, 得

$$I = \iint\limits_{D} \left(x^2 + y^2 - 2x + 1 \right) \mathrm{d}x\mathrm{d}y.$$

考虑使用二重积分极坐标计算法, $x = r\cos\theta, y = r\sin\theta$, 两个小圆的方程为 $r = 1, r = 2\cos\theta$, 所以原积分为

$$I = 2\int_{\frac{\pi}{3}}^{\frac{\pi}{2}} \mathrm{d}\theta \int_{2\cos\theta}^{1} \left(r^2 - 2r\cos\theta + 1 \right) r\mathrm{d}r + 2\int_{\frac{\pi}{2}}^{\pi} \mathrm{d}\theta \int_{0}^{1} \left(r^2 - 2r\cos\theta + 1 \right) r\mathrm{d}r$$

$$= 2\int_{\frac{\pi}{3}}^{\frac{\pi}{2}} \left(\frac{4\cos^4\theta}{3} - 2\cos^2\theta - \frac{2\cos\theta}{3} + \frac{3}{4} \right) \mathrm{d}\theta + 2\int_{\frac{\pi}{2}}^{\pi} \left(\frac{3}{4} - \frac{2\cos\theta}{3} \right) \mathrm{d}\theta$$

$$= \frac{7\sqrt{3}}{8} + \frac{5\pi}{6}.$$

例 104 设 $a > 0$ 是常数, $f : \mathbb{R} \to \mathbb{R}$ 是连续函数, 证明: $\int_0^a \int_0^z \int_0^y f(x)\mathrm{d}x\mathrm{d}y\mathrm{d}z = \frac{1}{2}\int_0^a (a-x)^2 f(x)\mathrm{d}x.$ (第十九届浙江省理工类, 2020)

解 积分区域用不等式可以描述为 $\Omega = \{(x,y,z) | 0 \leqslant z \leqslant a, 0 \leqslant y \leqslant z, 0 \leqslant x \leqslant y\}$, 交换积分次序, 积分区域可以描述为 $\Omega' = \{(x,y,z) | 0 \leqslant x \leqslant a, x \leqslant z \leqslant a, x \leqslant y \leqslant z\}$, 于是相应的累次积分表达式为

$$\int_0^a \int_0^z \int_0^y f(x)\mathrm{d}x\mathrm{d}y\mathrm{d}z = \int_0^a \mathrm{d}x \int_x^a \mathrm{d}z \int_x^z f(x)\mathrm{d}y$$

$$= \int_0^a f(x)\mathrm{d}x \int_x^a (z-x)\mathrm{d}z$$

$$= \frac{1}{2}\int_0^a (a-x)^2 f(x)\mathrm{d}x.$$

例 105 计算 $\iint\limits_{D} \left(\sin\left(x^3 y \right) + x^2 y \right) \mathrm{d}x\mathrm{d}y$, 其中 D 是由 $y = x^3, y = -1$ 和 $x = 1$ 围成的有限闭区域. (第二十届浙江省理工类, 2021)

解 (图 12)

$$\iint\limits_{D} \left(\sin\left(x^3y\right) + x^2y\right) \mathrm{d}x\mathrm{d}y = 2\iint\limits_{D_3} x^2y\mathrm{d}x\mathrm{d}y$$

$$= 2\int_0^1 \mathrm{d}x \int_{-1}^{-x^3} x^2y\mathrm{d}y = \int_0^1 \left(x^8 - x^2\right)\mathrm{d}x = -\frac{2}{9}.$$

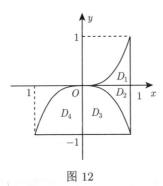

图 12

例 106 设 Γ 是上半球面 $x^2 + y^2 + z^2 = R^2(z \geqslant 0)$ 上的光滑曲线, 起点和终点分别在平面 $z = 0, z = \dfrac{R}{2}$ 上, 曲线的切线与 z 轴正向的夹角为常数 $\alpha \in \left(0, \dfrac{\pi}{6}\right)$, 求曲线 Γ 的长度. (第二十届浙江省理工类, 2021)

解 设 Γ 的参数方程为 $\begin{cases} x = x(t), \\ y = y(t), \\ z = z(t), \end{cases}$ 设 t 的范围为从 t_1 到 t_2, 则 $\begin{cases} z(t_1) = 0, \\ z(t_2) = \dfrac{R}{2}, \end{cases}$

曲线的切线与 z 轴正向的夹角为常数 $\alpha \in \left(0, \dfrac{\pi}{6}\right)$, 则

$$\cos\alpha = \frac{z'(t)}{\sqrt{(x'(t))^2 + (y'(t))^2 + (z'(t))^2}},$$

即

$$\frac{z'(t)}{\cos\alpha} = \sqrt{(x'(t))^2 + (y'(t))^2 + (z'(t))^2},$$

$$\int_{\Gamma} \mathrm{d}s = \int_{t_1}^{t_2} \sqrt{(x'(t))^2 + (y'(t))^2 + (z'(t))^2}\mathrm{d}t$$

$$= \int_{t_1}^{t_2} \frac{z'(t)}{\cos\alpha}\mathrm{d}t$$

$$= \frac{z(t_2) - z(t_1)}{\cos\alpha} = \frac{R}{2\cos\alpha}.$$

九、模拟导训

1. 设区域 $\Omega : x^2 + y^2 + z^2 \leqslant 1$, 计算三重积分 $\iiint\limits_{\Omega} (x-1)^2 \mathrm{d}x\mathrm{d}y\mathrm{d}z$.

2. 计算曲面积分 $\iint\limits_{\Sigma} \dfrac{x\mathrm{d}y\mathrm{d}z + z^2\mathrm{d}x\mathrm{d}y}{x^2 + y^2 + z^2}$, 其中 Σ 是由曲面 $x^2 + y^2 = 4, z = -1$ 以及 $z = 2$ 所围成的封闭曲面, 方向指向外侧.

3. 计算 $\int_0^1 \mathrm{d}x \int_0^{\sqrt{x}} \left(\dfrac{\mathrm{e}^x}{x} - \dfrac{\mathrm{e}^{y^2}}{\sqrt{x}} \right) \mathrm{d}y$.

4. 计算曲线积分 $\int_L \dfrac{y\mathrm{d}x - (x - y^2)\,\mathrm{d}y}{x^2 + y^2}$, 其中 L 是 $y = -\cos \pi x$ 上从点 $(-1, 1)$ 到点 $(1, 1)$ 的一段曲线.

5. 求曲面积分 $\iint\limits_{\Sigma} (x-1)^3 \mathrm{d}y\mathrm{d}z + (y+1)^3 \mathrm{d}z\mathrm{d}x + z^3 \mathrm{d}x\mathrm{d}y$, 其中 Σ 是上半球面 $z = \sqrt{1 - x^2 - (y-1)^2}$ 的上侧.

6. 设函数 $z = f(x, y)$ 有连续偏导数且在单位圆周 $L : x^2 + y^2 = 1$ 上的值为零, L 围成的闭区域记为 D, k 为任意常数.

(1) 利用格林公式计算: $\iint\limits_{D} \left[(x - ky)f'_x(x, y) + (kx + y)f'_y(x, y) + 2f(x, y) \right] \mathrm{d}x\mathrm{d}y$;

(2) $f(x, y)$ 在 D 上任意点处沿任意方向的方向导数的值都不超过常数 M, 证明: $\left| \iint\limits_{D} f(x, y)\mathrm{d}x\mathrm{d}y \right| \leqslant \dfrac{1}{3}\pi M$.

7. 设 Σ 是椭球面 $S : x^2 + y^2 + z^2 - yz = 1$ 位于平面 $y - 2z = 0$ 上方的部分, 计算曲面积分 $\iint\limits_{\Sigma} \dfrac{(x+1)^2(y-2z)}{\sqrt{5 - x^2 - 3yz}} \mathrm{d}S$.

8. 求重积分 $\iiint\limits_{\Omega} \dfrac{\sqrt{x^2 + y^2}}{z} \mathrm{d}x\mathrm{d}y\mathrm{d}z$, $\Omega : \left\{ (x, y, z) \mid \sqrt{x^2 + y^2} \leqslant z, x^2 + y^2 + z^2 \leqslant 2z \right\}$.

9. 设 $f(x) = \begin{cases} x, & 0 \leqslant x \leqslant 2, \\ 0, & x < 0, x > 2, \end{cases}$ 求二重积分 $\iint\limits_{\mathbb{R}^2} \dfrac{f(x+y)}{f\left(\sqrt{x^2 + y^2}\right)} \mathrm{d}x\mathrm{d}y$, 其中 $\mathbb{R}^2 = \{(x, y) \mid |x| < +\infty, |y| < +\infty\}$.

10. 设 Γ 为圆 $x^2 + y^2 = 4$, 试将对弧长的曲线积分 $\int_{\Gamma} \dfrac{x^2 + y(y-1)}{x^2 + (y-1)^2} \mathrm{d}s$ 转化为对坐标的曲线积分, 并求该曲线积分的值.

11. 设 Γ 为曲线 $y = 2^x + 1$ 上从点 $A(0, 2)$ 到点 $B(1, 3)$ 的一段弧, 试求曲线积分 $\int_{\Gamma} \mathrm{e}^{xy}(1 + xy)\mathrm{d}x + \mathrm{e}^{xy}x^2\mathrm{d}y$.

12. 求二重积分 $\iint\limits_{D} |x^2 + y^2 - x| \, \mathrm{d}x\mathrm{d}y$, 其中 $D = \{(x, y) \mid 0 \leqslant y \leqslant 1 - x, 0 \leqslant x \leqslant 1\}$.

13. 试求曲面积分 $\iint\limits_{\Sigma} \left(x^4 + y^4 + z^4 - x^3 - y^3 - z^3 + x^2 + y^2 + z^2 - x - y - z\right) \mathrm{d}S$, 其中 Σ 为球面 $x^2 + y^2 + z^2 = 2z$.

14. 计算积分 $\int_0^2 \mathrm{d}x \int_0^{\sqrt{2x-x^2}} \sqrt{2x - x^2 - y^2} \, \mathrm{d}y$.

15. 求锥面 $z = \sqrt{x^2 + y^2}$ 被圆柱面 $x^2 + y^2 = 2ax \ (a > 0)$ 截下的曲面的面积.

16. 计算 $\oint_L \dfrac{a^2 b^2 (x - y)}{(b^2 x^2 + a^2 y^2)(x^2 + y^2)} \mathrm{d}x + \dfrac{a^2 b^2 (x + y)}{(b^2 x^2 + a^2 y^2)(x^2 + y^2)} \mathrm{d}y$, 其中 L 是平面闭曲线 $\dfrac{x^2}{a^2} + \dfrac{y^2}{b^2} = 1$ 沿逆时针方向.

17. 求曲面积分 $\iint\limits_{\Sigma} x\mathrm{d}y\mathrm{d}z + xz\mathrm{d}z\mathrm{d}x$, 其中, $\Sigma : x^2 + y^2 + z^2 = 1(z \geqslant 0)$ 取上侧.

18. 计算曲线积分 $\oint_\Gamma \left(x^2 + y^2 - z^2\right) \mathrm{d}x + \left(y^2 + z^2 - x^2\right) \mathrm{d}y + \left(z^2 + x^2 - y^2\right) \mathrm{d}z$, 其中 Γ 为 $x^2 + y^2 + z^2 = 6y$ 与 $x^2 + y^2 = 4y \ (z \geqslant 0)$ 的交线, 从 z 轴正向看去为逆时针方向.

19. 求 $\displaystyle\lim_{t \to 0^+} \frac{1}{t^6} \int_0^t \mathrm{d}x \int_x^t \sin(xy)^2 \mathrm{d}y$.

20. 设 $\Sigma : x^2 + y^2 + z^2 = 1(z \geqslant 0)$ 的外侧, 连续函数

$$f(x, y) = 2(x - y)^2 + \iint\limits_{\Sigma} x(z^2 + \mathrm{e}^z)\mathrm{d}y\mathrm{d}z + y(z^2 + \mathrm{e}^z)\mathrm{d}z\mathrm{d}x + (zf(x, y) - 2\mathrm{e}^z)\mathrm{d}x\mathrm{d}y,$$

求 $f(x, y)$.

21. 设曲线 AB 的方程为 $x^2 + y^2 = 4y - 3 \ (x \geqslant 0)$, 一质点 P 在力 $\boldsymbol{F}$ 作用下沿曲线 $\overset{\frown}{AB}$ 从 $A(0, 1)$ 运动到 $B(0, 3)$, 力 $\boldsymbol{F}$ 的大小等于 P 到定点 $M(2, 0)$ 的距离, 其方向垂直于线段 MP, 且与 y 轴正向的夹角为锐角, 求力 $\boldsymbol{F}$ 对质点 P 所做的功.

22. 已知两个球的半径分别为 $a, b \ (a > b)$, 且小球球心在大球球面上, 试求小球在大球内的那部分的体积.

23. 计算 $I = \displaystyle\int_{\frac{1}{4}}^{\frac{1}{2}} \mathrm{d}y \int_{\frac{1}{2}}^{\sqrt{y}} \mathrm{e}^{\frac{y}{x}} \mathrm{d}x + \int_{\frac{1}{2}}^{1} \mathrm{d}y \int_y^{\sqrt{y}} \mathrm{e}^{\frac{y}{x}} \mathrm{d}x$.

24. 计算曲面积分

$$I = \iint\limits_{\Sigma} (x^3 + az^2)\mathrm{d}y\mathrm{d}z + (y^3 + ax^2)\mathrm{d}z\mathrm{d}x + (z^3 + ay^2)\mathrm{d}x\mathrm{d}y,$$

其中 Σ 为上半球面 $z = \sqrt{a^2 - x^2 - y^2}$ 的上侧.

25. 计算 $I = \iint\limits_{D} |\cos(x+y)| \, dxdy$, 其中区域 D 为 $0 \leqslant x \leqslant \dfrac{\pi}{2}, 0 \leqslant y \leqslant \dfrac{\pi}{2}$.

26. 设 C 是取正向的圆周 $(x-1)^2 + (y-1)^2 = 1$, $f(x)$ 是正的连续函数, 证明:

$$\oint_C xf(y)dy - \frac{y}{f(x)}dx \geqslant 2\pi.$$

27. 设函数 $Q(x, y)$ 在 xOy 平面上具有连续一阶偏导数, 曲线积分

$$\int_L 2xydx + Q(x,y)dy$$

与路径无关, 并且对任意的 t 恒有 $\displaystyle\int_{(0,0)}^{(t,1)} 2xydx + Q(x,y)dy = \int_{(0,0)}^{(1,t)} 2xydx + Q(x,y)dy$, 求 $Q(x,y)$.

28. 设函数 $f(x, y)$ 在单位圆域上有连续的偏导数, 且在边界上的值恒为零, 证明: $f(0,0) = \lim\limits_{\varepsilon \to 0^+} \dfrac{-1}{2\pi} \iint\limits_{D} \dfrac{xf'_x + yf'_y}{x^2+y^2} dxdy$, 其中 D 为圆域 $\varepsilon^2 \leqslant x^2 + y^2 \leqslant 1$.

29. 计算曲面积分

$$I = \iint\limits_{\Sigma} xz^2 dydz - \sin xdxdy,$$

其中 Σ 是曲线 $\begin{cases} y = \sqrt{1+z^2} \\ x = 0 \end{cases}$ $(1 \leqslant z \leqslant 2)$ 绕 z 轴旋转而成的旋转面, 其法向量与 z 轴正向的夹角为锐角.

30. 设二元函数 $f(x,y)$ 具有一阶连续偏导数, 且 $\displaystyle\int_{(0,0)}^{(t,t^2)} f(x,y)dx + x\cos ydy = t^2$, 求 $f(x,y)$.

31. 设 S 为椭球面 $\dfrac{x^2}{2} + \dfrac{y^2}{2} + z^2 = 1$ 的上半部分, 点 $P(x,y,z) \in S$, Π 为 S 在点 P 处的切平面, $\rho(x,y,z)$ 为点 $O(0,0,0)$ 到平面 Π 的距离, 求 $\iint\limits_{S} \dfrac{z}{\rho(x,y,z)} dS$.

32. 设正值函数 $f(x)$ 在区间 $[a,b]$ 上连续, $\displaystyle\int_a^b f(x)dx = A$, 证明:

$$\int_a^b f(x)e^{f(x)}dx \int_a^b \frac{1}{f(x)}dx \geqslant (b-a)(b-a+A).$$

33. 设函数 $f(u)$ 连续, 在点 $u = 0$ 处可导, 且 $f(0) = 0, f'(0) = -3$, 求:

$$\lim_{t \to 0} \frac{1}{\pi t^4} \iiint\limits_{x^2+y^2+z^2 \leqslant t^2} f(\sqrt{x^2+y^2+z^2})dxdydz.$$

34. 计算 $I = \oint_L \dfrac{-y\mathrm{d}x + x\mathrm{d}y}{|x| + |x+y|}$, 其中 L 为 $|x| + |x+y| = 1$ 正向一周.

35. 设匀质半球壳的半径为 R, 密度为 μ, 在球壳的对称轴上, 有一条长为 l 的均匀细棒, 其密度为 ρ. 若棒的近壳一端与球心的距离为 a, $a > R$, 求此半球壳对棒的引力.

36. $f(x,y) = \max_D \{x, y\}$, $D = \{(x,y) \,|\, 0 \leqslant x \leqslant 1, 0 \leqslant y \leqslant 1\}$, 求 $\displaystyle\iint\limits_D f(x,y) \, |y - x^2| \, \mathrm{d}\sigma$.

37. 计算

$$\iint\limits_{\varSigma} [f(x,y,z) + x] \, \mathrm{d}y\mathrm{d}z + [2f(x,y,z) + y] \, \mathrm{d}z\mathrm{d}x + [f(x,y,z) + z] \, \mathrm{d}x\mathrm{d}y,$$

其中 $f(x,y,z)$ 为一连续函数, $\varSigma$ 是平面 $x - y + z = 1$ 在第四卦限部分的上侧.

38. 计算三重积分

$$I = \iiint\limits_{\varOmega} (x^2 + y^2) \, \mathrm{d}v,$$

其中 $\varOmega$ 是由 yOz 平面内 $z = 0, z = 2$ 以及曲线 $y^2 - (z-1)^2 = 1$ 所围成的平面区域绕 z 轴旋转而成的空间区域.

39. 计算曲线积分

$$I = \int_C \dfrac{(x+y)\,\mathrm{d}x - (x-y)\,\mathrm{d}y}{x^2 + y^2},$$

其中曲线 $C: y = \phi(x)$ 是从点 $A(-1, 0)$ 到点 $B(1, 0)$ 的一条不经过坐标原点的光滑曲线.

40. 求证 $\sqrt{1 - \mathrm{e}^{-1}} < \dfrac{1}{\sqrt{\pi}} \displaystyle\int_0^1 \mathrm{e}^{-x^2} \mathrm{d}x < \sqrt{1 - \mathrm{e}^{-2}}$.

41. 计算曲面积分

$$I = \oiint\limits_{\varSigma} \dfrac{x\mathrm{d}y\mathrm{d}z + y\mathrm{d}z\mathrm{d}x + z\mathrm{d}x\mathrm{d}y}{(x^2 + y^2 + z^2)^{\frac{3}{2}}},$$

其中 $\varSigma$ 为空间区域 $\varOmega = \{(x,y,z) \,|\, |x| \leqslant 2, |y| \leqslant 2, |z| \leqslant 2\}$ 边界曲面的外侧.

模拟导训
参考解答

第八章

无穷级数

一、竞赛大纲逐条解读

1. 常数项级数的收敛与发散、收敛级数的和、级数的基本性质与收敛的必要条件

[解读] 利用收敛级数的必要性, 我们可以求相应的一些极限问题, 但应注意此类极限为零.

2. 几何级数与 p 级数及其收敛性、正项级数收敛性的判别法、交错级数与莱布尼茨判别法

[解读] 此部分内容为本章的重点, 非数学 A 类竞赛中, 最后一个解答题基本上都是级数问题, 一般有两种题型, 一种是利用正项级数收敛性的判别法, 证明相应的正项级数收敛. 第二种是级数求和, 一般利用裂项的形式进行求和. 交错级数的条件收敛性也是常考的重点, 大家需要注意莱布尼茨判别法所适用的条件.

3. 任意项级数的绝对收敛与条件收敛

[解读] 级数的绝对收敛与条件收敛经常与 p 级数相结合进行考察, 大家需要掌握此部分内容的相关结论.

4. 函数项级数的收敛域与和函数的概念

[解读] 函数项级数的收敛域一般在非数学 A 类中考察填空题. 函数项级数的收敛域与和函数一般在非数学 B 类的解答题中考察.

5. 幂级数及其收敛半径、收敛区间 (指开区间)、收敛域与和函数

[解读] 此部分内容一般以填空题的形式出现.

6. 幂级数在其收敛区间内的基本性质 (和函数的连续性、逐项求导和逐项积分)、简单幂级数的和函数的求法

[解读] 幂级数的和函数问题, 我们一般采用间接法求和函数, 一般会转化为等比级数的形式进行求和, 大家需要掌握幂级数在其收敛区间内的基本性质 (和函数的连续性、逐项求导和逐项积分), 注意边界点处的连续性问题 (阿贝尔定理).

7. 初等函数的幂级数展开式

[解读] 此部分内容一般伴随零点处的高阶导数一起考察, 我们一般采用泰勒展开的形式进行处理, 大家需要掌握常见函数的泰勒级数 (麦克劳林级数) 公式, 方便我们灵活应用.

8. 函数的傅里叶 (Fourier) 系数与傅里叶级数、狄利克雷定理、函数在 $[-l, l]$ 上的傅里叶级数、函数在 $[0, l]$ 上的正弦级数和余弦级数

[解读] 狄利克雷收敛定理一般考察填空题, 函数的傅里叶系数与傅里叶级数在往届竞赛解答题中只考过一次 (答题效果不好), 近几届均未考察, 大家酌情复习.

二、内容思维导图

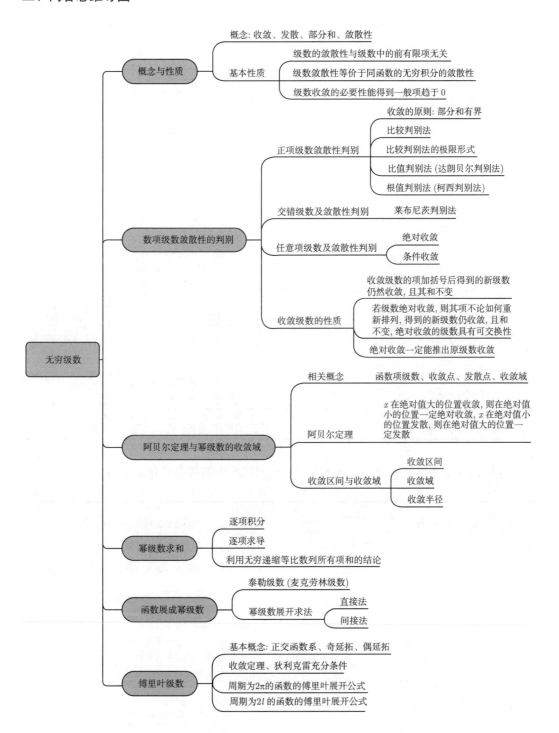

概念与性质
- 概念: 收敛、发散、部分和、敛散性
- 基本性质
  - 级数的敛散性与级数中的前有限项无关
  - 级数敛散性等价于同函数的无穷积分的敛散性
  - 级数收敛的必要性能得到一般项趋于 0

数项级数敛散性的判别
- 正项级数敛散性判别
  - 收敛的原则: 部分和有界
  - 比较判别法
  - 比较判别法的极限形式
  - 比值判别法 (达朗贝尔判别法)
  - 根值判别法 (柯西判别法)
- 交错级数及敛散性判别
  - 莱布尼茨判别法
- 任意项级数及敛散性判别
  - 绝对收敛
  - 条件收敛
- 收敛级数的性质
  - 收敛级数的项加括号后得到的新级数仍然收敛, 且其和不变
  - 若级数绝对收敛, 则其项不论如何重新排列, 得到的新级数仍收敛, 且和不变, 绝对收敛的级数具有可交换性
  - 绝对收敛一定能推出原级数收敛

阿贝尔定理与幂级数的收敛域
- 相关概念
  - 函数项级数、收敛点、发散点、收敛域
- 阿贝尔定理
  - x 在绝对值大的位置收敛, 则在绝对值小的位置一定绝对收敛, x 在绝对值小的位置发散, 则在绝对值大的位置一定发散
- 收敛区间与收敛域
  - 收敛区间
  - 收敛域
  - 收敛半径

幂级数求和
- 逐项积分
- 逐项求导
- 利用无穷递缩等比数列所有项和的结论

函数展成幂级数
- 泰勒级数 (麦克劳林级数)
- 幂级数展开求法
  - 直接法
  - 间接法

傅里叶级数
- 基本概念: 正交函数系、奇延拓、偶延拓
- 收敛定理、狄利克雷充分条件
- 周期为 2π 的函数的傅里叶展开公式
- 周期为 $2l$ 的函数的傅里叶展开公式

无穷级数

三、考点分布及分值

全国大学生数学竞赛初赛 (非数学类) 无穷级数中的考点分布及分值

章节	届次	考点及分值
无穷级数	第一届初赛 (15 分)	第七题: 数项级数求和 (15 分)
	第二届初赛 (15 分)	第四题: 常数项级数敛散性判别 (15 分)
	第三届初赛 (6 分)	第一题: (4) 幂级数的和函数 (6 分)
	第四届初赛 (14 分)	第七题: 常数项级数敛散性证明 (14 分)
	第五届初赛 (26 分)	第三题: 利用函数判断数项级数敛散性 (12 分)
		第七题: 判定数项级数敛散性并求和 (14 分)
	第六届初赛 (6 分)	第一题: (4) 常数项级数的和 (6 分)
	第七届初赛 (20 分)	第一题: (4) 傅里叶级数收敛定理 (6 分)
		第四题: 幂级数的收敛域与和函数 (14 分)
	第八届初赛 (14 分)	第六题: 傅里叶级数的相关证明 (14 分)
	第十届初赛 (14 分)	第七题: 常数项级数敛散性证明 (14 分)
	第十一届初赛 (14 分)	第五题: 幂级数的应用 (14 分)
	第十二届初赛 (14 分)	第七题: 交错级数的条件收敛 (14 分)
	第十三届初赛 (14 分)	第六题: 判定数项级数敛散性并求和 (14 分)
	第十三届初赛补赛 (6 分)	第一题: (4) 常数项级数求和 (6 分)
	第十四届初赛 (20 分)	第一题: (4) 常数项级数求和 (6 分)
		第六题: 级数与广义积分的敛散性关系 (14 分)
	第十四届初赛补赛-1(14 分)	第六题: 常数项级数敛散性判别 (14 分)
	第十四届初赛补赛-2(14 分)	第六题: 常数项级数敛散性证明与和函数范围问题 (14 分)
	第十五届初赛 A 类 (20 分)	第一题: (4) 幂级数的收敛域问题 (6 分)
		第六题: 常数项级数敛散性与求和 (14 分)
	第十五届初赛 B 类 (14 分)	第四题: 幂级数的收敛域与和函数 (14 分)
	第十六届初赛 A 类 (14 分)	第六题: 常数项级数敛散性证明 (14 分)
	第十六届初赛 B 类 (14 分)	第三题: 函数展开为幂级数并求收敛域 (14 分)

全国大学生数学竞赛决赛 (非数学类) 无穷级数中的考点分布及分值

章节	届次	考点及分值
无穷级数	第二届决赛 (12 分)	第六题: 常数项级数敛散性证明 (12 分)
	第四届决赛 (15 分)	第六题: 常数项级数敛散性证明 (15 分)
	第六届决赛 (29 分)	第四题: 常数项级数敛散性证明并求和 (14 分)
		第五题: 函数展开成傅里叶级数并利用级数展开计算广义积分 (15 分)
	第七届决赛 (14 分)	第五题: 讨论级数的绝对收敛与条件收敛性 (14 分)
	第八届决赛 (14 分)	第六题: 常数项级数敛散性讨论 (14 分)
	第九届决赛 (12 分)	第七题: 常数项级数敛散性讨论 (12 分)
	第十届决赛 (12 分)	第五题: 常数项级数求和 (12 分)
	第十一届决赛 (12 分)	第七题: 常数项级数敛散性讨论 (12 分)
	第十二届决赛 (12 分)	第三题: 计算幂级数的收敛域 (12 分)
	第十三届决赛 (12 分)	第四题: 函数展开成傅里叶级数并利用级数展开计算特殊的和式 (12 分)
	第十四届决赛 (18 分)	第一题: (5) 求幂级数的收敛域 (6 分)
		第七题: 常数项级数求和 (12 分)
	第十五届决赛 (12 分)	第六题: 求幂级数的收敛域 (12 分)

四、内容点睛

章节	专题	内容
无穷级数	常数项级数的敛散性及判别	级数收敛的必要条件
		等比级数与 p 级数的敛散性
		正项级数判别法: 比较判别法、比值判别法、根值判别法、积分判别法
		交错级数判别法
		绝对收敛与条件收敛
	幂级数的收敛域与和函数	Abel 定理
		收敛区间与收敛域
		幂级数的和函数
		函数的幂级数展开: 直接展开、间接展开
	傅里叶级数及其收敛性	傅里叶级数的收敛定理
		傅里叶级数展开式中系数的确定
		利用傅里叶级数的展开求常数项级数的和

五、内容详情

1. 数项级数

1) 数项级数的基本性质

(1) 收敛的必要条件: 收敛级数的一般项必趋于 0.

(2) 收敛的充要条件 (柯西收敛原理): 对任意给定的正数 ε, 总存在 N 使得对于任何两个 N 大于的正整数 m 和 n, 总有 $|S_m - S_n| < \varepsilon$ (即部分和数列收敛).

(3) 收敛级数具有线性性 (即收敛级数进行线性运算得到的级数仍然收敛), 而一个收敛级数和一个发散级数的和与差必发散.

(4) 对收敛级数的项任意加括号所成级数仍然收敛, 且其和不变.

(5) 在一个数项级数内去掉或添上有限项不会影响敛散性.

2) 数项级数的性质及敛散性判断

(1) 正项级数的敛散性判断方法.

(i) 正项级数基本定理: 如果正项级数的部分和数列有上界, 则正项级数收敛.

(ii) 比较判别法 (放缩法): 若两个正项级数 $\sum\limits_{n=1}^{\infty} u_n$ 和 $\sum\limits_{n=1}^{\infty} v_n$ 之间自某项以后成立关系: 存在常数 $c > 0$, 使 $u_n \leqslant c v_n (n = 1, 2, \cdots)$, 那么当级数 $\sum\limits_{n=1}^{\infty} v_n$ 收敛时, 级数 $\sum\limits_{n=1}^{\infty} u_n$ 亦收敛; 当级数 $\sum\limits_{n=1}^{\infty} u_n$ 发散时, 级数 $\sum\limits_{n=1}^{\infty} v_n$ 亦发散.

推论 设两个正项级数 $\sum\limits_{n=1}^{\infty} u_n$ 和 $\sum\limits_{n=1}^{\infty} v_n$, 且自某项以后有 $\dfrac{u_{n+1}}{u_n} \leqslant \dfrac{v_{n+1}}{v_n}$, 那么当级数 $\sum\limits_{n=1}^{\infty} v_n$ 收敛时, 级数 $\sum\limits_{n=1}^{\infty} u_n$ 亦收敛; 当级数 $\sum\limits_{n=1}^{\infty} u_n$ 发散时, 级数 $\sum\limits_{n=1}^{\infty} v_n$ 亦发散.

(iii) 比较判别法的极限形式 (比阶法): 给定两个正项级数 $\sum\limits_{n=1}^{\infty} u_n$ 和 $\sum\limits_{n=1}^{\infty} v_n$, 若

$\lim\limits_{n\to\infty}\dfrac{u_n}{v_n}=l>0$, 那么这两个级数敛散性相同. (注: 可以利用无穷小阶的理论和等价无穷小的内容) 另外, 若 $l=0$, 则当级数 $\sum\limits_{n=1}^{\infty}v_n$ 收敛时, 级数 $\sum\limits_{n=1}^{\infty}u_n$ 亦收敛; 若 $l=\infty$, 则当级数 $\sum\limits_{n=1}^{\infty}u_n$ 发散时, 级数 $\sum\limits_{n=1}^{\infty}v_n$ 亦发散.

常用度量: 等比级数 $\sum\limits_{n=0}^{\infty}q^n$, 当 $|q|<1$ 时收敛, 当 $|q|\geqslant 1$ 时发散; p 级数 $\sum\limits_{n=1}^{\infty}\dfrac{1}{n^p}$, 当 $p>1$ 时收敛, 当 $p\leqslant 1$ 时发散;

广义 p 级数: $\sum\limits_{n=2}^{\infty}\dfrac{1}{n(\ln n)^p}$, 当 $p>1$ 时收敛, 当 $p\leqslant 1$ 时发散; 交错 p 级数 $\sum\limits_{n=1}^{\infty}(-1)^{n-1}\dfrac{1}{n^p}$, 当 $p>1$ 时绝对收敛, 当 $0<p\leqslant 1$ 时条件收敛.

(2) 达朗贝尔判别法的极限形式 (商值法): 对于正项级数 $\sum\limits_{n=1}^{\infty}u_n$, 当 $\overline{\lim\limits_{n\to\infty}}\dfrac{u_{n+1}}{u_n}=\overline{r}<1$ 时级数 $\sum\limits_{n=1}^{\infty}u_n$ 收敛; 当 $\underline{\lim\limits_{n\to\infty}}\dfrac{u_{n+1}}{u_n}=\underline{r}>1$ 时级数 $\sum\limits_{n=1}^{\infty}u_n$ 发散; 当 $\overline{r}=1$ 或 $\underline{r}=1$ 时需进一步判断.

(3) 柯西判别法的极限形式 (根值法): 对于正项级数 $\sum\limits_{n=1}^{\infty}u_n$, 设 $r=\overline{\lim\limits_{n\to\infty}}\sqrt[n]{u_n}$, 那么 $r<1$ 时此级数必为收敛, $r>1$ 时发散, 而当 $r=1$ 时需进一步判断.

(4) 柯西积分判别法: 设 $\sum\limits_{n=1}^{\infty}u_n$ 为正项级数, 非负的连续函数 $f(x)$ 在区间 $[1,+\infty)$ 上单调下降, 且自某项以后满足关系: $f(n)=u_n$, 则级数 $\sum\limits_{n=1}^{\infty}u_n$ 与积分 $\int_{1}^{+\infty}f(x)\mathrm{d}x$ 同敛散.

3) 任意项级数的理论与性质

(1) 绝对收敛与条件收敛.

(i) 绝对收敛级数必为收敛级数, 反之不然;

(ii) 对于级数 $\sum\limits_{n=1}^{\infty}u_n$, 将它的所有正项保留而将负项换为 0, 组成一个正项级数 $\sum\limits_{n=1}^{\infty}v_n$, 其中 $v_n=\dfrac{|u_n|+u_n}{2}$; 将它的所有负项变号而将正项换为 0, 也组成一个正项级数 $\sum\limits_{n=1}^{\infty}w_n$, 其中 $w_n=\dfrac{|u_n|-u_n}{2}$, 那么若级数 $\sum\limits_{n=1}^{\infty}u_n$ 绝对收敛, 则级数 $\sum\limits_{n=1}^{\infty}v_n$ 和 $\sum\limits_{n=1}^{\infty}w_n$

都收敛; 若级数 $\sum\limits_{n=1}^{\infty} u_n$ 条件收敛, 则级数 $\sum\limits_{n=1}^{\infty} v_n$ 和 $\sum\limits_{n=1}^{\infty} w_n$ 都发散.

(iii) 绝对收敛级数的更序级数 (将其项重新排列后得到的级数) 仍绝对收敛, 且其和相同.

(iv) 若级数 $\sum\limits_{n=1}^{\infty} u_n$ 和 $\sum\limits_{n=1}^{\infty} v_n$ 都绝对收敛, 它们的和分别为 U 和 V, 则它们各项之积按照任何方式排列所构成的级数也绝对收敛, 且和为 UV. 特别地, 在上述条件下, 它们的柯西乘积 $\left(\sum\limits_{n=1}^{\infty} u_n\right)\left(\sum\limits_{n=1}^{\infty} v_n\right)$ 也绝对收敛, 且和也为 UV.

注 $\sum\limits_{n=1}^{\infty} c_n = \left(\sum\limits_{n=1}^{\infty} u_n\right)\left(\sum\limits_{n=1}^{\infty} v_n\right)$, 这里 $c_n = u_1 v_n + u_2 v_{n-1} + \cdots + u_{n-1} v_2 + u_n v_1$.

(2) 交错级数的敛散性判断 (莱布尼茨判别法): 若交错级数 $\sum\limits_{n=1}^{\infty} (-1)^{n-1} u_n$ 满足 $\lim\limits_{n \to \infty} u_n = 0$, 且 $\{u_n\}$ 单调减少 (即 $u_n \geqslant u_{n+1}$), 则 $\sum\limits_{n=1}^{\infty} (-1)^{n-1} u_n$ 收敛, 其和不超过第一项, 且余和的符号与第一项符号相同, 余和的值不超过余和第一项的绝对值.

2. 函数项级数

1) 幂级数

(1) 幂级数的收敛半径、收敛区间和收敛域.

(i) 柯西-阿达马定理: 幂级数 $\sum\limits_{n=0}^{\infty} a_n (x - x_0)^n$ 在 $|x - x_0| < R$ 内绝对收敛, 在 $|x - x_0| > R$ 内发散, 其中 R 为幂级数的收敛半径.

(ii) 阿贝尔第一定理: 若幂级数 $\sum\limits_{n=0}^{\infty} a_n (x - x_0)^n$ 在 $x = \xi$ 处收敛, 则它必在 $|x - x_0| < |\xi - x_0|$ 内绝对收敛; 又若 $\sum\limits_{n=0}^{\infty} a_n (x - x_0)^n$ 在 $x = \xi$ 处发散, 则它必在 $|x - x_0| > |\xi - x_0|$ 也发散.

推论 1 若幂级数 $\sum\limits_{n=0}^{\infty} a_n x^n$ 在 $x = \xi$ ($\xi \neq 0$) 处收敛, 则它必在 $|x| < |\xi|$ 内绝对收敛; 又若幂级数 $\sum\limits_{n=0}^{\infty} a_n x^n$ 在 $x = \xi$ ($\xi \neq 0$) 处发散, 则它必在 $|x| > |\xi|$ 时发散.

推论 2 若幂级数 $\sum\limits_{n=0}^{\infty} a_n (x - x_0)^n$ 在 $x = \xi$ 处条件收敛, 则其收敛半径 $R = |\xi - x_0|$, 若又有 $a_n > 0$, 则可以确定此幂级数的收敛域.

(2) 收敛域的求法: 令 $\lim\limits_{n \to \infty} \left| \dfrac{a_{n+1}(x)}{a_n(x)} \right| < 1$ 解出收敛区间再单独讨论端点处的敛散

性, 取并集.

2) 幂级数的运算性质

(1) 幂级数进行加减运算时, 收敛域取交集, 满足各项相加; 进行乘法运算时, 有:

$$\left(\sum_{n=0}^{\infty} a_n x^n\right)\left(\sum_{n=0}^{\infty} b_n x^n\right) = \sum_{n=0}^{\infty}\left(\sum_{i=0}^{n} a_i b_{n-i}\right) x^n, \text{ 收敛域仍取交集.}$$

(2) 幂级数的和函数 $S(x)$ 在收敛域内处处连续, 且若幂级数 $\sum_{n=0}^{\infty} a_n(x-x_0)^n$ 在 $x = x_0 - R$ 处收敛, 则 $S(x)$ 在 $[x_0 - R, x_0 + R)$ 内连续; 又若幂级数 $\sum_{n=0}^{\infty} a_n(x-x_0)^n$ 在 $x = x_0 + R$ 处收敛, 则 $S(x)$ 在 $(x_0 - R, x_0 + R]$ 内连续.

(3) 幂级数的和函数 $S(x)$ 在收敛域内可以逐项微分和逐项积分, 收敛半径不变.

3) 函数的幂级数展开以及幂级数的求和

(1) 常用的幂级数展开

(i) $e^x = 1 + x + \dfrac{1}{2!}x^2 + \cdots + \dfrac{1}{n!}x^n + \cdots = \sum_{n=0}^{\infty} \dfrac{x^n}{n!}$, $x \in (-\infty, +\infty)$.

(ii) $\dfrac{1}{1-x} = 1 + x + x^2 + \cdots + x^n + \cdots = \sum_{n=0}^{\infty} x^n$, $x \in (-1, 1)$.

从而 $\dfrac{1}{1+x} = \sum_{n=0}^{\infty} (-x)^n$, $\dfrac{1}{1+x^2} = \sum_{n=0}^{\infty} (-1)^n x^{2n}$, $x \in (-1, 1)$.

(iii) $\sin x = x - \dfrac{1}{3!}x^3 + \dfrac{1}{5!}x^5 - \cdots + (-1)^n \dfrac{x^{2n+1}}{(2n+1)!} + \cdots = \sum_{n=0}^{\infty} (-1)^n \dfrac{x^{2n+1}}{(2n+1)!}$, $x \in (-\infty, +\infty)$.

(iv) $\cos x = 1 - \dfrac{1}{2!}x^2 + \dfrac{1}{4!}x^4 - \cdots + (-1)^n \dfrac{x^{2n}}{(2n)!} + \cdots = \sum_{n=0}^{\infty} (-1)^n \dfrac{x^{2n}}{(2n)!}$, $x \in (-\infty, +\infty)$.

(v) $\ln(1+x) = x - \dfrac{1}{2}x^2 + \dfrac{1}{3}x^3 - \cdots + (-1)^n \dfrac{1}{n+1}x^{n+1} + \cdots = \sum_{n=1}^{\infty} (-1)^{n-1} \dfrac{x^n}{n}$, $x \in (-1, 1]$.

(vi) $(1+x)^\alpha = 1 + \alpha x + \dfrac{\alpha(\alpha-1)}{2!}x^2 + \cdots + \dfrac{\alpha(\alpha-1)\cdots(\alpha-n+1)}{n!}x^n + \cdots$, $x \in (-1, 1)$.

(vii) $\arcsin x = x + \dfrac{1}{2}\dfrac{x^3}{3} + \cdots + \dfrac{(2n-1)!!}{(2n)!!}\dfrac{x^{2n+1}}{2n+1} + \cdots = \sum_{n=0}^{\infty} \dfrac{(2n)!}{4^n (n!)^2 (2n+1)}x^{2n+1}$, $x \in [-1, 1]$.

(viii) $\arctan x = x - \dfrac{1}{3}x^3 + \cdots + (-1)^n \dfrac{1}{2n+1}x^{2n+1} + \cdots = \sum_{n=0}^{\infty} (-1)^n \dfrac{1}{2n+1}x^{2n+1}$, $x \in [-1, 1]$.

(2) 常用的求和经验规律.

(i) 级数符号里的部分 x 可以提到级数外;

(ii) 系数中常数的幂中若含有 n, 可以与 x 的幂合并, 如将 c^n 和 x^n 合并为 $(cx)^n$;

(iii) 对 $\sum\limits_{n=0}^{\infty} a_n x^n$ 求导可消去 a_n 分母因式里的 n, 对 $\sum\limits_{n=0}^{\infty} a_n x^n$ 积分可消去 a_n 分子因式里的 $n+1$;

(iv) 系数分母含 $n!$ 可考虑 e^x 的展开, 含 $(2n)!$ 或 $(2n+1)!$ 等可考虑正余弦函数的展开;

(v) 有些和函数满足特定的微分方程, 可以考虑通过求导发现这个微分方程并求解.

3. 傅里叶级数

1) 狄利克雷收敛定理

若 $f(x)$ 以 $2l$ 为周期, 且在 $[-l, l]$ 上满足

(1) 连续或只有有限个第一类间断点;

(2) 只有有限个极值点,

则 $f(x)$ 导出的傅里叶级数在 $[-l, l]$ 上处处收敛.

2) 傅里叶级数 $S(x)$ 与 $f(x)$ 的关系

$$S(x) = \begin{cases} f(x), & x \text{ 为连续点}, \\ \dfrac{f(x+0) + f(x-0)}{2}, & x \text{ 为间断点}, \\ \dfrac{f(-l+0) + f(l-0)}{2}, & x \text{ 为边界点}. \end{cases}$$

3) 以 $2l$ 为周期的函数的傅里叶级数展开

$$f(x) \sim S(x) = \frac{a_0}{2} + \sum_{n=1}^{\infty} \left(a_n \cos \frac{n\pi x}{l} + b_n \sin \frac{n\pi x}{l} \right);$$

(1) 在 $[-l, l]$ 上展开:
$$\begin{cases} a_0 = \dfrac{1}{l} \displaystyle\int_{-l}^{l} f(x)\mathrm{d}x, \\ a_n = \dfrac{1}{l} \displaystyle\int_{-l}^{l} f(x) \cos \dfrac{n\pi x}{l} \mathrm{d}x, \\ b_n = \dfrac{1}{l} \displaystyle\int_{-l}^{l} f(x) \sin \dfrac{n\pi x}{l} \mathrm{d}x. \end{cases}$$

(2) 正弦级数与余弦级数.

(i) 奇函数 (或在非对称区间上作奇延拓) 展开成正弦级数:

$$\begin{cases} a_0 = 0, \\ a_n = 0, \\ b_n = \dfrac{2}{l} \displaystyle\int_{0}^{l} f(x) \sin \dfrac{n\pi x}{l} \mathrm{d}x. \end{cases}$$

(ii) 偶函数 (或在非对称区间上作偶延拓) 展开成余弦级数:

$$
\begin{cases}
a_0 = \dfrac{2}{l} \displaystyle\int_0^l f(x)\mathrm{d}x, \\[2mm]
a_n = \dfrac{2}{l} \displaystyle\int_0^l f(x)\cos\dfrac{n\pi x}{l}\mathrm{d}x, \\[2mm]
b_n = 0.
\end{cases}
$$

4) 一些在展开时常用的积分

$(1)\displaystyle\int_0^\pi \sin nx\,\mathrm{d}x = \dfrac{(-1)^{n+1}+1}{n},\quad \int_0^\pi \cos nx\,\mathrm{d}x = 0.$

$(2)\displaystyle\int_0^{\frac{\pi}{2}} \sin nx\,\mathrm{d}x = \dfrac{1}{n},\quad \int_0^{\frac{\pi}{2}} \cos nx\,\mathrm{d}x = \dfrac{1}{n}\sin\dfrac{n\pi}{2}.$

$(3)\displaystyle\int_0^\pi x\sin nx\,\mathrm{d}x = \dfrac{(-1)^{n+1}\pi}{n},\quad \int_0^\pi x\cos nx\,\mathrm{d}x = \dfrac{(-1)^n-1}{n^2},\quad \int_0^\pi x^2\cos nx\,\mathrm{d}x = \dfrac{2\pi(-1)^n}{n^2}.$

$(4)\displaystyle\int \mathrm{e}^{ax}\sin nx\,\mathrm{d}x = \dfrac{1}{a^2+n^2}\mathrm{e}^{ax}(a\sin nx - n\cos nx)+C.$

$(5)\displaystyle\int \mathrm{e}^{ax}\cos nx\,\mathrm{d}x = \dfrac{1}{a^2+n^2}\mathrm{e}^{ax}(n\sin nx + a\cos nx)+C.$

$(6)\displaystyle\int \sin ax\sin nx\,\mathrm{d}x = -\dfrac{1}{2(a+n)}\sin(a+n)x + \dfrac{1}{2(a-n)}\sin(a-n)x + C.$

$(7)\displaystyle\int \cos ax\cos nx\,\mathrm{d}x = -\dfrac{1}{2(a+n)}\sin(a+n)x + \dfrac{1}{2(a-n)}\sin(a-n)x + C.$

注 (1) 求多项式与三角函数乘积的积分时可采用列表法, 注意代入端点后可能有些项为 0;

(2) 展开时求积分要特别注意函数的奇偶性及区间端点和间断点的特殊性;

(3) 对于 $l \neq \pi$ 的情形, 事先令 $t = \dfrac{\pi}{l}x$ 对求积分通常是有帮助的.

六、全国初赛真题赏析

例 1 已知 $u_n(x)$ 满足 $u_n'(x) = u_n(x) + x^{n-1}\mathrm{e}^x\,(n=1,2,\cdots)$, 且 $u_n(1) = \dfrac{\mathrm{e}}{n}$, 求函数项级数 $\displaystyle\sum_{n=1}^\infty u_n(x)$ 之和. (第一届全国初赛, 2009)

解 $u_n'(x) = u_n(x) + x^{n-1}\mathrm{e}^x$, 即 $y' - y = x^{n-1}\mathrm{e}^x$, 由一阶非齐次线性微分方程公式知 $y = \mathrm{e}^x\left(C + \displaystyle\int x^{n-1}\mathrm{d}x\right)$, 即 $y = \mathrm{e}^x\left(C + \dfrac{x^n}{n}\right)$. 因此, $u_n(x) = \mathrm{e}^x\left(C + \dfrac{x^n}{n}\right)$. 由 $\dfrac{\mathrm{e}}{n} = u_n(1) = \mathrm{e}\left(C + \dfrac{1}{n}\right)$ 知, $C = 0$, 于是 $u_n(x) = \dfrac{x^n\mathrm{e}^x}{n}$.

下面求级数的和: 令 $S(x) = \displaystyle\sum_{n=1}^\infty u_n(x) = \sum_{n=1}^\infty \dfrac{x^n\mathrm{e}^x}{n}$, 则

$$S'(x) = \sum_{n=1}^{\infty}\left(x^{n-1}e^x + \frac{x^n e^x}{n}\right) = S(x) + \sum_{n=1}^{\infty} x^{n-1}e^x = S(x) + \frac{e^x}{1-x},$$

即 $S'(x) - S(x) = \dfrac{e^x}{1-x}$, 由一阶非齐次线性微分方程公式知

$$S(x) = e^x\left(C + \int \frac{1}{1-x}dx\right),$$

令 $x=0$, 得 $0 = S(0) = C$.

因此级数 $\sum_{n=1}^{\infty} u_n(x)$ 的和为 $S(x) = -e^x\ln(1-x)$.

例 2　设 $a_n > 0$, $S_n = \sum_{k=1}^{n} a_k$, 证明:

(1) 当 $\alpha > 1$ 时, 级数 $\sum_{n=1}^{+\infty} \dfrac{a_n}{S_n^{\alpha}}$ 收敛;

(2) 当 $\alpha \leqslant 1$, 且 $S_n \to \infty\,(n\to\infty)$ 时, 级数 $\sum_{n=1}^{\infty} \dfrac{a_n}{S_n^{\alpha}}$ 发散. (第二届全国初赛, 2010)

证明　令 $f(x) = x^{1-\alpha}, x \in [S_{n-1}, S_n]$, 将 $f(x)$ 在区间 $[S_{n-1}, S_n]$ 上应用拉格朗日中值定理得: $\exists \xi \in (S_{n-1}, S_n)$ 使得 $f(S_n) - f(S_{n-1}) = f'(\xi)(S_n - S_{n-1})$, 即 $S_n^{1-\alpha} - S_{n-1}^{1-\alpha} = (1-\alpha)\xi^{-\alpha}a_n$.

(1) 当 $\alpha > 1$ 时, $\dfrac{1}{S_{n-1}^{\alpha-1}} - \dfrac{1}{S_n^{\alpha-1}} = (\alpha-1)\dfrac{a_n}{\xi^{\alpha}} \geqslant (\alpha-1)\dfrac{a_n}{S_n^{\alpha}}$, 显然 $\left\{\dfrac{1}{S_{n-1}^{\alpha-1}} - \dfrac{1}{S_n^{\alpha-1}}\right\}$ 的前 n 项和有界, 从而收敛, 所以级数 $\sum_{n=1}^{\infty} \dfrac{a_n}{S_n^{\alpha}}$ 收敛.

(2) 当 $\alpha = 1$ 时, 因为 $a_n > 0$, S_n 单增, 所以

$$\sum_{k=n+1}^{n+p} \frac{a_k}{S_k} \geqslant \frac{1}{S_{n+p}}\sum_{k=n+1}^{n+p} a_k = \frac{S_{n+p} - S_n}{S_{n+p}} = 1 - \frac{S_n}{S_{n+p}},$$

因为 $S_n \to +\infty$, 对任意 n, 存在 $p \in \mathbb{N}$, $\dfrac{S_n}{S_{n+p}} < \dfrac{1}{2}$, 从而 $\sum_{k=n+1}^{n+p} \dfrac{a_k}{S_k} \geqslant \dfrac{1}{2}$, 所以级数 $\sum_{n=1}^{\infty} \dfrac{a_n}{S_n}$ 发散.

当 $\alpha < 1$ 时, $\dfrac{a_n}{S_n^{\alpha}} \geqslant \dfrac{a_n}{S_n}$, 由 $\sum_{n=1}^{\infty} \dfrac{a_n}{S_n}$ 发散及比较判别法得 $\sum_{n=1}^{\infty} \dfrac{a_n}{S_n^{\alpha}}$ 发散.

例 3　求幂级数 $\sum_{n=1}^{\infty} \dfrac{2n-1}{2^n}x^{2n-2}$ 的和函数, 并求级数 $\sum_{n=1}^{\infty} \dfrac{2n-1}{2^{2n-1}}$ 的和. (第三届全国初赛, 2011)

解 令 $S(x) = \sum_{n=1}^{\infty} \frac{2n-1}{2^n} x^{2n-2}$, 则它的定义区间为 $\left(-\sqrt{2}, \sqrt{2}\right)$, $\forall x \in \left(-\sqrt{2}, \sqrt{2}\right)$,

$$\int_0^x S(t)\mathrm{d}t = \sum_{n=1}^{\infty} \int_0^x \frac{2n-1}{2^n} t^{2n-2} \mathrm{d}t = \sum_{n=1}^{\infty} \frac{x^{2n-1}}{2^n} = \frac{x}{2} \sum_{n=1}^{\infty} \left(\frac{x^2}{2}\right)^{n-1} = \frac{x}{2-x^2}. \text{ 于是,}$$

$$S(x) = \left(\frac{x}{2-x^2}\right)' = \frac{2+x^2}{(2-x^2)^2}, \quad x \in \left(-\sqrt{2}, \sqrt{2}\right),$$

$$\sum_{n=1}^{\infty} \frac{2n-1}{2^{2n-1}} = \sum_{n=1}^{\infty} \frac{2n-1}{2^n} \left(\frac{1}{\sqrt{2}}\right)^{2n-2} = S\left(\frac{1}{\sqrt{2}}\right) = \frac{10}{9}.$$

例 4 设 $\sum_{n=1}^{\infty} a_n$ 与 $\sum_{n=1}^{\infty} b_n$ 为正项级数, 证明:

(1) 若 $\lim_{n \to \infty} \left(\frac{a_n}{a_{n+1} b_n} - \frac{1}{b_{n+1}}\right) > 0$, 则级数 $\sum_{n=1}^{\infty} a_n$ 收敛;

(2) 若 $\lim_{n \to \infty} \left(\frac{a_n}{a_{n+1} b_n} - \frac{1}{b_{n+1}}\right) < 0$, 且级数 $\sum_{n=1}^{\infty} b_n$ 发散, 则级数 $\sum_{n=1}^{\infty} a_n$ 发散. (第四届全国初赛, 2012)

证明 (1) 设 $\lim_{n \to \infty} \left(\frac{a_n}{a_{n+1} b_n} - \frac{1}{b_{n+1}}\right) = 2c > c > 0$, 则存在正整数 N, 对于任意的 $n > N$ 时,

$$\frac{a_n}{a_{n+1} b_n} - \frac{1}{b_{n+1}} > c, \quad \frac{a_n}{b_n} - \frac{a_{n+1}}{b_{n+1}} > c a_{n+1}, \quad a_{n+1} < \frac{1}{c}\left(\frac{a_n}{b_n} - \frac{a_{n+1}}{b_{n+1}}\right),$$

$$\sum_{k=N}^{n} a_{k+1} < \frac{1}{c} \sum_{k=N}^{n} \left(\frac{a_n}{b_n} - \frac{a_{n+1}}{b_{n+1}}\right) < \frac{1}{c}\left(\frac{a_N}{b_N} - \frac{a_{n+1}}{b_{n+1}}\right) < \frac{1}{c}\frac{a_N}{b_N}.$$

因而级数 $\sum_{n=1}^{\infty} a_n$ 的部分和有上界, 从而级数 $\sum_{n=1}^{\infty} a_n$ 收敛.

(2) $\lim_{n \to \infty} \left(\frac{a_n}{a_{n+1} b_n} - \frac{1}{b_{n+1}}\right) < c < 0$, 则存在正整数 N, 对于任意的 $n > N$ 时, $\frac{a_n}{a_{n+1}} < \frac{b_n}{b_{n+1}}$, 有

$$a_{n+1} > \frac{b_{n+1}}{b_n} a_n > \frac{b_{n+1}}{b_n}\frac{b_n}{b_{n-1}} a_{n-1} > \frac{b_{n+1}}{b_n}\frac{b_n}{b_{n-1}} \cdots \frac{b_{N+1}}{b_N} a_N > \frac{a_N}{b_N} b_{n+1}.$$

于是由级数 $\sum_{n=1}^{\infty} b_n$ 发散, 得到级数 $\sum_{n=1}^{\infty} a_n$ 发散.

例 5 设 $f(x)$ 在 $x = 0$ 处存在二阶导数 $f''(0)$, 且 $\lim_{x \to 0} \frac{f(x)}{x} = 0$. 证明: 级数 $\sum_{n=1}^{\infty} \left| f\left(\frac{1}{n}\right) \right|$ 收敛. (第五届全国初赛, 2013)

证明 由于 $f(x)$ 在 $x = 0$ 处可导必连续, 由 $\lim\limits_{x \to 0} \dfrac{f(x)}{x} = 0$ 得

$$f(0) = \lim_{x \to 0} f(x) = \lim_{x \to 0} \left[x \cdot \frac{f(x)}{x} \right] = 0,$$

$$f'(0) = \lim_{x \to 0} \frac{f(x) - f(0)}{x - 0} = \lim_{x \to 0} \frac{f(x)}{x} = 0,$$

由洛必达法则及定义

$$\lim_{x \to 0} \frac{f(x)}{x^2} = \lim_{x \to 0} \frac{f'(x)}{2x} = \frac{1}{2} \lim_{x \to 0} \frac{f'(x) - f'(0)}{x - 0} = \frac{1}{2} f''(0).$$

所以 $\lim\limits_{n \to \infty} \dfrac{\left| f\left(\frac{1}{n}\right) \right|}{\left(\frac{1}{n}\right)^2} = \dfrac{1}{2} |f''(0)|$, 由于级数 $\sum\limits_{n=1}^{\infty} \dfrac{1}{n^2}$ 收敛, 从而由比较判别法的极限

形式 $\sum\limits_{n=1}^{\infty} \left| f\left(\frac{1}{n}\right) \right|$ 收敛.

例 6 判断级数 $\sum\limits_{n=1}^{\infty} \dfrac{1 + \frac{1}{2} + \cdots + \frac{1}{n}}{(n+1)(n+2)}$ 的敛散性, 若收敛, 求其和. (第五届全国初赛, 2013)

解 (1) 记 $a_n = 1 + \dfrac{1}{2} + \cdots + \dfrac{1}{n}$, $u_n = \dfrac{a_n}{(n+1)(n+2)}, n = 1, 2, 3, \cdots$, 因为

$\lim\limits_{n \to \infty} \dfrac{1 + \ln n}{\sqrt{n}} = 0$, 所以当 n 充分大时, 有 $0 < a_n < 1 + \displaystyle\int_1^n \frac{1}{x} \mathrm{d}x = 1 + \ln n < \sqrt{n}$, 所以

$$0 < u_n < \frac{\sqrt{n}}{(n+1)(n+2)} < \frac{1}{n^{\frac{3}{2}}},$$ 而 $\sum\limits_{n=1}^{\infty} \dfrac{1}{n^{\frac{3}{2}}}$ 收敛, 故 $\sum\limits_{n=1}^{\infty} \dfrac{1 + \frac{1}{2} + \cdots + \frac{1}{n}}{(n+1)(n+2)}$ 收敛.

(2) 记 $a_k = 1 + \dfrac{1}{2} + \cdots + \dfrac{1}{k}\ (k = 1, 2, 3, \cdots)$, 则

$$\begin{aligned}
S_n &= \sum_{k=1}^{n} \frac{1 + \frac{1}{2} + \cdots + \frac{1}{k}}{(k+1)(k+2)} \\
&= \sum_{k=1}^{n} \frac{a_k}{(k+1)(k+2)} \\
&= \sum_{k=1}^{n} \left(\frac{a_k}{k+1} - \frac{a_k}{k+2} \right) \\
&= \left(\frac{a_1}{2} - \frac{a_1}{3} \right) + \left(\frac{a_2}{3} - \frac{a_2}{4} \right) + \cdots + \left(\frac{a_{n-1}}{n} - \frac{a_{n-1}}{n+1} \right) + \left(\frac{a_n}{n+1} - \frac{a_n}{n+2} \right)
\end{aligned}$$

$$= \frac{a_1}{2} + \frac{1}{3}(a_2 - a_1) + \frac{1}{4}(a_3 - a_2) + \cdots + \frac{1}{n+1}(a_n - a_{n-1}) - \frac{a_n}{n+2}$$

$$= \frac{1}{2} + \frac{1}{3} \cdot \frac{1}{2} + \frac{1}{4} \cdot \frac{1}{3} + \cdots + \frac{1}{n+1} \cdot \frac{1}{n} - \frac{a_n}{n+2} = 1 - \frac{1}{n} - \frac{a_n}{n+2}.$$

因为 $0 < a_n < 1 + \int_1^n \frac{1}{x} \mathrm{d}x = 1 + \ln n$，所以 $0 < \frac{a_n}{n+2} < \frac{1+\ln n}{n+2}$，从而 $\lim\limits_{n \to \infty} \frac{1+\ln n}{n+2} = 0$，故 $\lim\limits_{n \to \infty} \frac{a_n}{n+2} = 0$. 因此 $S = \lim\limits_{n \to \infty} S_n = 1 - 0 - 0 = 1$. (也可用定义推知级数的收敛性).

例 7 设 $x_n = \sum\limits_{k=1}^{n} \frac{k}{(k+1)!}$，则 $\lim\limits_{n \to \infty} x_n = $ _____. (第六届全国初赛, 2014)

解 因为

$$x_n = \sum_{k=1}^{n} \frac{k}{(k+1)!} = \sum_{k=1}^{n} \left(\frac{1}{k!} - \frac{1}{(k+1)!} \right) = 1 - \frac{1}{(n+1)!},$$

所以 $\lim\limits_{n \to \infty} x_n = 1$.

例 8 函数 $f(x) = \begin{cases} 3, & x \in [-5, 0), \\ 0, & x \in [0, 5) \end{cases}$ 在 $(-5, 5]$ 的傅里叶级数在 $x = 0$ 收敛到 _____. (第七届全国初赛, 2015)

解 根据狄利克雷收敛定理, 易知 $f(0) = \frac{f(0+0) + f(0-0)}{2} = \frac{3}{2}$.

例 9 求幂级数 $\sum\limits_{n=0}^{\infty} \frac{n^3 + 2}{(n+1)!} (x-1)^n$ 的收敛域及和函数. (第七届全国初赛, 2015)

解 因为 $\lim\limits_{n \to \infty} \frac{a_{n+1}}{a_n} = \lim\limits_{n \to \infty} \frac{(n+1)^3 + 2}{(n+2)(n^3+2)} = 0$，所以收敛半径 $R = +\infty$，收敛域为 $(-\infty, +\infty)$. 由于

$$\frac{n^3+2}{(n+1)!} = \frac{(n+1)n(n-1)}{(n+1)!} + \frac{n+1}{(n+1)!} + \frac{1}{(n+1)!} = \frac{1}{(n-2)!} + \frac{1}{n!} + \frac{1}{(n+1)!},$$

且幂级数 $\sum\limits_{n=2}^{\infty} \frac{1}{(n-2)!}(x-1)^n, \sum\limits_{n=0}^{\infty} \frac{1}{n!}(x-1)^n, \sum\limits_{n=0}^{\infty} \frac{1}{(n+1)!}(x-1)^n$ 的收敛域均为 $(-\infty, +\infty)$.

设 $S_1(x) = \sum\limits_{n=2}^{\infty} \frac{1}{(n-2)!}(x-1)^n, S_2(x) = \sum\limits_{n=0}^{\infty} \frac{1}{n!}(x-1)^n, S_3(x) = \sum\limits_{n=0}^{\infty} \frac{1}{(n+1)!}(x-1)^n$，根据 e^x 的展开式得到

$$S_1(x) = (x-1)^2 \sum_{n=0}^{\infty} \frac{1}{n!}(x-1)^n = (x-1)^2 \mathrm{e}^{x-1};$$

$$S_2(x) = \sum_{n=0}^{\infty} \frac{1}{n!}(x-1)^n = \mathrm{e}^{x-1};$$

对于 $S_3(x)$,

$$(x-1)S_3(x) = \sum_{n=0}^{\infty} \frac{1}{(n+1)!}(x-1)^{n+1} = \sum_{n=1}^{\infty} \frac{1}{n!}(x-1)^n = e^{x-1} - 1,$$

因此, 当 $x \neq 1$ 时, $S_3(x) = \dfrac{e^{x-1}-1}{x-1}$, $S_3(1) = 1$.

综合以上讨论, 最终得到所给幂级数的和函数为

$$S(x) = \begin{cases} (x^2 - 2x + 2)e^{x-1} + \dfrac{1}{x-1}(e^{x-1} - 1), & x \neq 1, \\ 2, & x = 1. \end{cases}$$

例 10　设 $f(x)$ 在 $(-\infty, +\infty)$ 可导, 且 $f(x) = f(x+2) = f\left(x+\sqrt{3}\right)$. 用傅里叶级数理论证明 $f(x)$ 为常数. (第八届全国初赛, 2016)

证明　由 $f(x) = f(x+2)$ 知 $f(x)$ 为以 2 为周期的周期函数, 其傅里叶系数分别为 $a_n = \displaystyle\int_{-1}^{1} f(x)\cos n\pi x\,\mathrm{d}x$, $b_n = \displaystyle\int_{-1}^{1} f(x)\sin n\pi x\,\mathrm{d}x$, 由 $f(x) = f(x+\sqrt{3})$ 知:

$$a_n = \int_{-1}^{1} f(x+\sqrt{3})\cos n\pi x\,\mathrm{d}x = \int_{-1+\sqrt{3}}^{1+\sqrt{3}} f(t)\cos n\pi(t-\sqrt{3})\,\mathrm{d}t$$

$$= \int_{-1+\sqrt{3}}^{1+\sqrt{3}} f(t)\left(\cos n\pi t\cos\sqrt{3}n\pi + \sin n\pi t\sin\sqrt{3}n\pi\right)\mathrm{d}t$$

$$= \cos\sqrt{3}n\pi \int_{-1+\sqrt{3}}^{1+\sqrt{3}} f(t)\cos n\pi t\,\mathrm{d}t + \sin\sqrt{3}n\pi \int_{-1+\sqrt{3}}^{1+\sqrt{3}} f(t)\sin n\pi t\,\mathrm{d}t,$$

因为 $f(t+2)\cos n\pi(t+2) = f(t)\cos n\pi t$, $f(t+2)\sin \pi\pi(t+2) = f(t)\sin n\pi t$, 所以有

$$a_n = \cos\sqrt{3}n\pi \int_{-1}^{1} f(t)\cos n\pi t\,\mathrm{d}t + \sin\sqrt{3}n\pi \int_{-1}^{1} f(t)\sin n\pi t\,\mathrm{d}t,$$

所以, $a_n = a_n\cos\sqrt{3}n\pi + b_n\sin\sqrt{3}n\pi$, 同理可得 $b_n = b_n\cos\sqrt{3}n\pi - a_n\sin\sqrt{3}n\pi$, 联立

$$\begin{cases} a_n = a_n\cos\sqrt{3}n\pi + b_n\sin\sqrt{3}n\pi, \\ b_n = b_n\cos\sqrt{3}n\pi - a_n\sin\sqrt{3}n\pi \end{cases}$$

得 $a_n = b_n = 0\,(n = 1, 2, \cdots)$, 而 $f(x)$ 可导, 其傅里叶级数处处收敛于 $f(x)$, 所以

$$f(x) = \frac{a_0}{2} + \sum_{n=1}^{\infty} (a_n\cos nx + b_n\sin nx) = \frac{a_0}{2},$$

其中 $a_0 = \displaystyle\int_{-1}^{1} f(x)\mathrm{d}x$ 为常数.

例 11 已知 $\{a_k\}, \{b_k\}$ 是正项数列, 且 $b_{k+1} - b_k \geqslant \delta > 0, k = 1, 2, \cdots, \delta$ 为一常数. 证明: 若级数 $\sum\limits_{k=1}^{\infty} a_k$ 收敛, 则级数 $\sum\limits_{k=1}^{+\infty} \dfrac{k \sqrt[k]{(a_1 a_2 \cdots a_k)(b_1 b_2 \cdots b_k)}}{b_{k+1} b_k}$ 收敛. (第十届全国初赛, 2018)

证明 令 $S_k = \sum\limits_{i=1}^{k} a_i b_i, a_k b_k = S_k - S_{k-1}, S_0 = 0, a_k = \dfrac{S_k - S_{k-1}}{b_k}, k = 1, 2, \cdots,$

$$\sum_{k=1}^{N} a_k = \sum_{k=1}^{N} \frac{S_k - S_{k-1}}{b_k} = \sum_{k=1}^{N-1} \left(\frac{S_k}{b_k} - \frac{S_k}{b_{k+1}} \right) + \frac{S_N}{b_N} = \sum_{k=1}^{N-1} \frac{b_{k+1} - b_k}{b_k b_{k+1}} S_k + \frac{S_N}{b_N} \geqslant \sum_{k=1}^{N-1} \frac{\delta}{b_k b_{k+1}} S_k.$$

所以 $\sum\limits_{k=1}^{\infty} \dfrac{S_k}{b_k b_{k+1}}$ 收敛. 由不等式

$$\sqrt[k]{(a_1 a_2 \cdots a_k)(b_1 b_2 \cdots b_k)} \leqslant \frac{a_1 b_1 + a_2 b_2 + \cdots + a_k b_k}{k} = \frac{S_k}{k}$$

知 $\sum\limits_{k=1}^{\infty} \dfrac{k \sqrt[k]{(a_1 a_2 \cdots a_k)(b_1 b_2 \cdots b_k)}}{b_{k+1} b_k} \leqslant \sum\limits_{k=1}^{\infty} \dfrac{S_k}{b_{k+1} b_k}$, 故结论成立.

例 12 设 $u_n = \displaystyle\int_0^1 \frac{\mathrm{d}t}{(1+t^4)^n}$ $(n \geqslant 1)$. 证明:

(1) 数列 $\{u_n\}$ 收敛, 并求极限 $\lim\limits_{n\to\infty} u_n$;

(2) 级数 $\sum\limits_{n=1}^{\infty} (-1)^n u_n$ 条件收敛;

(3) 当 $p \geqslant 1$ 时级数 $\sum\limits_{n=1}^{\infty} \dfrac{u_n}{n^p}$ 收敛, 并求级数 $\sum\limits_{n=1}^{\infty} \dfrac{u_n}{n}$ 的和. (第十二届全国初赛, 2020)

解 (1) 对任意 $\varepsilon > 0$, 取 $0 < a < \dfrac{\varepsilon}{2}$, 将积分区间分成两段, 得

$$u_n = \int_0^1 \frac{\mathrm{d}t}{(1+t^4)^n} = \int_0^a \frac{\mathrm{d}t}{(1+t^4)^n} + \int_a^1 \frac{\mathrm{d}t}{(1+t^4)^n},$$

因为

$$\int_a^1 \frac{\mathrm{d}t}{(1+t^4)^n} \leqslant \frac{1-a}{(1+a^4)^n} < \frac{1}{(1+a^4)^n} \to 0 \quad (n \to \infty),$$

所以存在正整数 N, 当 $n > N$ 时, $\displaystyle\int_a^1 \frac{\mathrm{d}t}{(1+t^4)^n} < \frac{\varepsilon}{2}$, 从而

$$0 \leqslant u_n < a + \int_a^1 \frac{\mathrm{d}t}{(1+t^4)^n} < \frac{\varepsilon}{2} + \frac{\varepsilon}{2} = \varepsilon,$$

所以 $\lim\limits_{n\to\infty} u_n = 0.$

(2) 显然

$$0 < u_{n+1} = \int_0^1 \frac{\mathrm{d}t}{(1+t^4)^{n+1}} \leqslant \int_0^1 \frac{\mathrm{d}t}{(1+t^4)^n} = u_n,$$

$\{u_n\}$ 单调递减, 又 $\lim\limits_{n\to\infty} u_n = 0$, 故由莱布尼茨判别法知, $\sum\limits_{n=1}^{\infty} (-1)^n u_n$ 收敛.

另一方面, 当 $n \geqslant 2$ 时, 有

$$u_n = \int_0^1 \frac{\mathrm{d}t}{(1+t^4)^n} \geqslant \int_0^1 \frac{\mathrm{d}t}{(1+t)^n} = \frac{1}{n-1}\left(1-2^{1-n}\right),$$

由于 $\sum\limits_{n=2}^{\infty} \frac{1}{n-1}$ 发散, $\sum\limits_{n=2}^{\infty} \frac{1}{n-1}\frac{1}{2^{n-1}}$ 收敛, 所以 $\sum\limits_{n=2}^{\infty} \frac{1}{n-1}\left(1-\frac{1}{2^{n-1}}\right)$ 发散, 从而 $\sum\limits_{n=1}^{\infty} u_n$ 发散. 因此 $\sum\limits_{n=1}^{\infty} (-1)^n u_n$ 条件收敛.

(3) 先求级数 $\sum\limits_{n=1}^{\infty} \frac{u_n}{n}$ 的和. 因为

$$u_n = \int_0^1 \frac{\mathrm{d}t}{(1+t^4)^n} = \frac{t}{(1+t^4)^n}\Big|_0^1 + n\int_0^1 \frac{4t^4}{(1+t^4)^{n+1}}\mathrm{d}t$$

$$= \frac{1}{2^n} + 4n\int_0^1 \frac{t^4}{(1+t^4)^{n+1}}\mathrm{d}t = \frac{1}{2^n} + 4n\int_0^1 \frac{1+t^4-1}{(1+t^4)^{n+1}}\mathrm{d}t$$

$$= \frac{1}{2^n} + 4n\left(u_n - u_{n+1}\right),$$

所以

$$\sum_{n=1}^{\infty} \frac{u_n}{n} = \sum_{n=1}^{\infty} \frac{1}{n2^n} + 4\sum_{n=1}^{\infty}\left(u_n - u_{n+1}\right) = \sum_{n=1}^{\infty} \frac{1}{n2^n} + 4u_1,$$

利用展开式 $\ln(1+x) = \sum\limits_{n=1}^{\infty} (-1)^{n-1}\frac{x^n}{n}$, 取 $x = -\frac{1}{2}$, 得 $\sum\limits_{n=1}^{\infty} \frac{1}{n2^n} = \ln 2$.

而 $u_1 = \int_0^1 \frac{\mathrm{d}t}{1+t^4} = \frac{\sqrt{2}}{8}[\pi + 2\ln(1+\sqrt{2})]$, 故

$$\sum_{n=1}^{\infty} \frac{u_n}{n} = \ln 2 + \frac{\sqrt{2}}{2}[\pi + 2\ln(1+\sqrt{2})].$$

最后, 当 $p \geqslant 1$ 时, 因为 $\frac{u_n}{n^p} \leqslant \frac{u_n}{n}$, 且 $\sum\limits_{n=1}^{\infty} \frac{u_n}{n}$ 收敛, 所以 $\sum\limits_{n=1}^{\infty} \frac{u_n}{n^p}$ 收敛.

例 13 设 $\{a_n\}$ 与 $\{b_n\}$ 为正实数数列, 满足 $a_1 = b_1 = 1$, 且 $b_n = a_n b_{n-1} - 2$, $n = 2, 3, \cdots$. 又设 $\{b_n\}$ 为有界数列, 证明级数 $\sum\limits_{n=1}^{\infty} \frac{1}{a_1 a_2 \cdots a_n}$ 收敛, 并求该级数的和.

(第十三届全国初赛, 2021)

证明 首先, 注意到 $a_1 = b_1 = 1$, 且 $a_n = \left(1 + \dfrac{2}{b_n}\right)\dfrac{b_n}{b_{n-1}}$, 所以当 $n \geqslant 2$ 时, 由于 $\{b_n\}$ 有界, 故存在 $M > 0$, 使得当 $n \geqslant 1$ 时, 恒有 $0 < b_n \leqslant M$.

$$0 < \frac{b_n}{a_1 a_2 \cdots a_n} = \left(1 + \frac{2}{b_2}\right)^{-1}\left(1 + \frac{2}{b_3}\right)^{-1}\cdots\left(1 + \frac{2}{b_n}\right)^{-1} \leqslant \left(1 + \frac{2}{M}\right)^{-n+1} \to 0.$$

根据夹逼准则, $\displaystyle\lim_{n \to \infty} \frac{b_n}{a_1 a_2 \cdots a_n} = 0$.

考虑级数 $\displaystyle\sum_{n=1}^{\infty} \frac{1}{a_1 a_2 \cdots a_n}$ 的部分和 S_n, 当 $n \geqslant 2$ 时, 有

$$S_n = \sum_{k=1}^{n} \frac{1}{a_1 a_2 \cdots a_k} = \frac{1}{a_1} + \sum_{k=2}^{n} \frac{1}{a_1 a_2 \cdots a_k} \cdot \frac{a_k b_{k-1} - b_k}{2}$$

$$= 1 + \frac{1}{2} \sum_{k=2}^{n} \left(\frac{b_{k-1}}{a_1 a_2 \cdots a_{k-1}} - \frac{b_k}{a_1 a_2 \cdots a_k}\right) = \frac{3}{2} - \frac{b_n}{2 a_1 a_2 \cdots a_n},$$

所以 $\displaystyle\lim_{n \to \infty} S_n = \frac{3}{2}$, 这就证明了级数 $\displaystyle\sum_{n=1}^{\infty} \frac{1}{a_1 a_2 \cdots a_n}$ 收敛, 且其和为 $\dfrac{3}{2}$.

例 14 $\displaystyle\sum_{n=1}^{\infty} \arctan \frac{2}{4n^2 + 4n + 1} = $ _____. (第十三届全国初赛补赛, 2021)

解 利用公式: $\arctan \dfrac{a - b}{1 + ab} = \arctan a - \arctan b$, 可得

$$\sum_{n=1}^{N} \arctan \frac{2}{4n^2 + 4n + 1} = \sum_{n=1}^{N} \arctan \frac{(2n + 2) - 2n}{1 + 2n(2n + 2)}$$

$$= \sum_{n=1}^{N} [\arctan(2n + 2) - \arctan(2n)],$$

所以

$$\sum_{n=1}^{\infty} \arctan \frac{2}{4n^2 + 4n + 1} = \lim_{N \to \infty} [\arctan(2N + 2) - \arctan 2]$$

$$= \frac{\pi}{2} - \arctan 2 = \arctan \frac{1}{2}.$$

例 15 设正数列 $\{a_n\}$ 单调减少且趋于零, $f(x) = \displaystyle\sum_{n=1}^{\infty} a_n^n x^n$, 证明: 若级数 $\displaystyle\sum_{n=1}^{\infty} a_n$ 发散, 则积分 $\displaystyle\int_1^{+\infty} \frac{\ln f(x)}{x^2} \mathrm{d}x$ 也发散. (第十三届全国初赛补赛, 2021)

证明 因为级数 $\displaystyle\sum_{n=1}^{\infty} a_n^n x^n$ 的收敛半径 $R = \displaystyle\lim_{n \to \infty} \frac{1}{\sqrt[n]{a_n^n}} = \lim_{n \to \infty} \frac{1}{a_n} = \infty$, 所以 $f(x)$ 的定义域是 $\mathbb{R}$. 若 $x \in \left[\dfrac{\mathrm{e}}{a_p}, \dfrac{\mathrm{e}}{a_{p+1}}\right]$, 则当 $k \leqslant p$ 时, $a_k x \geqslant a_p x \geqslant \mathrm{e}$ (因为 $\{a_n\}$ 单调减

少). 因此 $f(x) \geqslant \sum\limits_{k=0}^{p}(a_k x)^k \geqslant \sum\limits_{k=0}^{p} \mathrm{e}^k \geqslant \mathrm{e}^p$. 于是 $\ln f(x) > p$ $\left(\dfrac{\mathrm{e}}{a_p} \leqslant x \leqslant \dfrac{\mathrm{e}}{a_{p+1}}\right)$. 又因

为当 $x \geqslant 0$ 时, $f(x) \geqslant f(0) = 1$. 所以得到对于固定的 n, 当 $X > \dfrac{\mathrm{e}}{a_n}$ 时,

$$\int_1^x \frac{\ln f(x)}{x^2}\mathrm{d}x = \int_1^{\frac{\mathrm{e}}{a}} \frac{\ln f(x)}{x^2}\mathrm{d}x + \sum_{p=1}^{n-1}\int_{\frac{\mathrm{e}}{a_p}}^{\frac{\mathrm{e}}{a_{p+1}}} \frac{\ln f(x)}{x^2}\mathrm{d}x + \int_{\frac{\mathrm{e}}{a_n}}^{x} \frac{\ln f(x)}{x^2}\mathrm{d}x$$

$$\geqslant \sum_{p=1}^{n-1} p \int_{\frac{\mathrm{e}}{a_p}}^{\frac{\mathrm{e}}{a_{p+1}}} \frac{\mathrm{d}x}{x^2} + n\int_{\frac{\mathrm{e}}{a_n}}^{x} \frac{\mathrm{d}x}{x^2}$$

$$= \sum_{p=1}^{n-1} p\left(\frac{a_p}{\mathrm{e}} - \frac{a_{p+1}}{\mathrm{e}}\right) + n\left(\frac{a_n}{\mathrm{e}} - \frac{1}{X}\right)$$

$$= \frac{1}{\mathrm{e}}\sum_{p=1}^{n} a_p - \frac{n}{X}.$$

于是当 $X > \max\left\{n, \dfrac{\mathrm{e}}{a_n}\right\}$ 时, $\int_1^x \dfrac{\ln f(x)}{x^2}\mathrm{d}x \geqslant \dfrac{1}{\mathrm{e}}\sum\limits_{p=1}^{n} a_p - 1$. 因为级数 $\sum\limits_{n=1}^{\infty} a_n$ 发散, 所

以 $\lim\limits_{X\to\infty}\int_1^x \dfrac{\ln f(x)}{x^2}\mathrm{d}x = \infty$, 即积分 $\int_1^{+\infty} \dfrac{\ln f(x)}{x^2}\mathrm{d}x$ 发散.

例 16 设正项级数 $\sum\limits_{n=1}^{\infty} a_n$ 收敛, 证明: 存在收敛的正项级数 $\sum\limits_{n=1}^{\infty} b_n$, 使得 $\lim\limits_{n\to\infty}\dfrac{a_n}{b_n} = 0$. (第十四届全国初赛, 2022)

证明 方法 1: 因为 $\sum\limits_{n=1}^{\infty} a_n$ 收敛, 所以 $\forall \varepsilon > 0$, 存在 $N \in \mathbb{N}$, 使得当 $n > N$ 时,

$\sum\limits_{k=n}^{\infty} a_k < \varepsilon$. 特别地, 对 $k = 1, 2, \cdots$, 取 $\varepsilon = \dfrac{1}{3^k}$, 则存在 $1 < n_1 < n_2 < \cdots < n_{k-1} < n_k$,

使得 $\sum\limits_{l=n_k}^{\infty} a_l < \dfrac{1}{3^k}$.

构造 $\{b_n\}$ 如下: 当 $1 \leqslant n < n_1$ 时, $b_n = a_n$; 当 $n_k \leqslant n < n_{k+1}$ 时, $b_n = 2^k a_n, k = 1, 2, \cdots$. 显然, 当 $n \to \infty$ 时, $k \to \infty$, 且 $\lim\limits_{n\to\infty}\dfrac{a_n}{b_n} = \lim\limits_{k\to\infty}\dfrac{a_n}{2^k a_n} = \lim\limits_{k\to\infty}\dfrac{1}{2^k} = 0$. 此时, 有

$$\sum_{n=1}^{\infty} b_n = \sum_{n=1}^{n_1-1} a_n + \sum_{l=n_1}^{n_2-1} 2a_l + \sum_{l=n_2}^{n_3-1} 2^2 a_l + \cdots$$

$$\leqslant \sum_{n=1}^{n_1-1} a_n + 2\cdot\frac{1}{3} + 2^2\cdot\left(\frac{1}{3}\right)^2 + \cdots$$

$$= \sum_{n=1}^{n_1-1} a_n + \sum_{k=1}^{\infty}\frac{2^k}{3^k} = \sum_{n=1}^{n_1-1} a_n + 2 < +\infty.$$

因此, 正项级数 $\displaystyle\sum_{n=1}^{\infty} b_n$ 收敛.

方法 2: 由 $\displaystyle\sum_{n=1}^{\infty} a_n$ 收敛知, 余项 R_n 单调减少收敛于 0.

令 $b_n = \sqrt{R_{n-1}} - \sqrt{R_n}$, 其中记 $R_0 = \displaystyle\sum_{n=1}^{\infty} a_n$.

从而 $\dfrac{a_n}{b_n} = \dfrac{R_{n-1} - R_n}{\sqrt{R_{n-1}} - \sqrt{R_n}} = \sqrt{R_{n-1}} + \sqrt{R_n} \to 0$,

$$\sum_{k=1}^{n} b_k = \sqrt{R_0} - \sqrt{R_n} \leqslant \sqrt{R_0},$$

可见 $\displaystyle\sum_{n=1}^{\infty} b_n$ 为满足要求的收敛级数.

例 17 证明方程 $x = \tan\sqrt{x}$ 有无穷多个正根, 且所有正根 $\{r_n\}$ 可以按递增顺序排列为 $0 < r_1 < r_2 < \cdots < r_n < \cdots$, 并讨论级数 $\displaystyle\sum_{n=1}^{\infty} (\cot\sqrt{r_n})^\lambda$ 的收敛性, 其中 λ 是正常数. (第十四届全国初赛第一次补赛, 2022)

解 令 $f(x) = \tan\sqrt{x} - x$, 记 $a_n = \left(n\pi - \dfrac{\pi}{2}\right)^2$, $b_n = \left(n\pi + \dfrac{\pi}{2}\right)^2$, $n = 1, 2, \cdots$, 则 $f(x)$ 在区间 (a_n, b_n) 内连续, 且 $\displaystyle\lim_{x \to a_n^+} f(x) = -\infty$, $\displaystyle\lim_{x \to b_n^-} f(x) = +\infty$, 所以 $f(x) = 0$ 在区间 (a_n, b_n) 内至少有一实根 r_n.

又由于 $f(x)$ 在 (a_n, b_n) 内可导, 并注意到 $\tan x \geqslant x \, (x > 0)$, 可得

$$f'(x) = \frac{1}{2\sqrt{x}} \sec^2\sqrt{x} - 1 = \frac{\tan^2\sqrt{x} + 1 - 2\sqrt{x}}{2\sqrt{x}} \geqslant \frac{x + 1 - 2\sqrt{x}}{2\sqrt{x}} \geqslant \frac{(\sqrt{x} - 1)^2}{2\sqrt{x}} > 0,$$

所以 $f(x)$ 在区间 (a_n, b_n) 上严格单调递增. 因此 $f(x) = 0$ 即 $x = \tan\sqrt{x}$ 在 (a_n, b_n) 内有唯一的实根 r_n. 此外, 在区间 $(0, a_1)$ 上, $f(x)$ 严格单调递增, $f(x) > f(0) = 0$, 因而 $f(x)$ 在区间 $(0, a_1)$ 内没有根. 所以 $\{r_n\}$ 是方程 $x = \tan\sqrt{x}$ 的所有正根, 并且可按递增顺序排列为 $0 < r_1 < r_2 < \cdots < r_n < \cdots$. 进一步, 根据上述证明可知, $a_n < r_n < b_n, n = 1, 2, \cdots$, 所以

$$\frac{1}{\left(n\pi - \dfrac{\pi}{2}\right)^2} > \frac{1}{r_n} > \frac{1}{\left(n\pi + \dfrac{\pi}{2}\right)^2}, \quad \frac{1}{\left(n\pi - \dfrac{\pi}{2}\right)^{2\lambda}} > (\cot\sqrt{r_n})^\lambda = \frac{1}{r_n^\lambda} > \frac{1}{\left(n\pi + \dfrac{\pi}{2}\right)^{2\lambda}},$$

根据比较判别法知, 级数 $\displaystyle\sum_{n=1}^{\infty} (\cot\sqrt{r_n})^\lambda$ 当 $\lambda > \dfrac{1}{2}$ 时收敛, 当 $0 < \lambda \leqslant \dfrac{1}{2}$ 时发散.

例 18 设函数 $f(x) = \displaystyle\int_0^x \dfrac{\ln(1+t)}{1 + \mathrm{e}^{-t}\sin^3 t}\mathrm{d}t \, (x > 0)$, 证明级数 $\displaystyle\sum_{n=1}^{\infty} f\left(\dfrac{1}{n}\right)$ 收敛, 且 $\dfrac{1}{3} < \displaystyle\sum_{n=1}^{\infty} f\left(\dfrac{1}{n}\right) < \dfrac{5}{6}$. (第十四届全国初赛第二次补赛, 2023)

证明　利用不等式: 当 $x \in (0,1]$ 时, $x - \dfrac{x^2}{2} \leqslant \ln(1+x) \leqslant x$, $\sin x \leqslant x$, 可得

$$f(x) = \int_0^x \frac{\ln(1+t)}{1 + \mathrm{e}^{-t}\sin^3 t}\mathrm{d}t \geqslant \frac{1}{1+x}\int_0^x \left(t - \frac{t^2}{2}\right)\mathrm{d}t = \frac{1}{1+x}\left(\frac{x^2}{2} - \frac{x^3}{6}\right) > \frac{1}{3}\cdot\frac{x^2}{1+x},$$

且 $f(x) = \displaystyle\int_0^x \frac{\ln(1+t)}{1 + \mathrm{e}^{-t}\sin^3 t}\mathrm{d}t \leqslant \int_0^x t\,\mathrm{d}t = \frac{1}{2}x^2.$

所以 $\displaystyle\sum_{n=1}^{\infty} f\left(\frac{1}{n}\right) > \frac{1}{3}\sum_{n=1}^{\infty}\frac{\dfrac{1}{n^2}}{1 + \dfrac{1}{n}} = \frac{1}{3}\sum_{n=1}^{\infty}\frac{1}{n(n+1)} = \frac{1}{3}\sum_{n=1}^{\infty}\left(\frac{1}{n} - \frac{1}{n+1}\right) = \frac{1}{3}.$

$$\sum_{n=1}^{\infty} f\left(\frac{1}{n}\right) \leqslant \frac{1}{2}\sum_{n=1}^{\infty}\frac{1}{n^2} = \frac{1}{2}\cdot\frac{\pi^2}{6} < \frac{5}{6}.$$

综合上述, 级数 $\displaystyle\sum_{n=1}^{\infty} f\left(\frac{1}{n}\right)$ 收敛, 且 $\dfrac{1}{3} < \displaystyle\sum_{n=1}^{\infty} f\left(\frac{1}{n}\right) < \dfrac{5}{6}.$

例 19　设数列 $\{x_n\}$ 满足 $x_0 = \dfrac{1}{3}$, $x_{n+1} = \dfrac{x_n^2}{1 - x_n + x_n^2}$, $n \geqslant 0$. 证明: 无穷级数 $\displaystyle\sum_{n=0}^{\infty} x_n$ 收敛并求其和. (第十五届全国初赛 A 类, 2023)

解　方法 1: 根据数学归纳法可知 $x_n > 0$. 此外, $x_{n+1} - x_n = -\dfrac{x_n(1-x_n)^2}{1 - x_n + x_n^2} < 0$. 故 $\{x_n\}$ 单调递减, $x_n \leqslant \dfrac{1}{3}$. 于是, $x_{n+1} = x_n \cdot \dfrac{x_n}{1 - x_n + x_n^2} \leqslant \dfrac{4}{9}x_n$, x_n 收敛于 0. 令 $f(x) = \dfrac{x}{1+x}$, $x > 0$, 不难验证 $f(x)$ 严格单调递增且其反函数为 $f^{-1}(x) = \dfrac{x}{1-x}$. 注意到 $x_{n+1} = f\left(f^{-1}(x_n) - x_n\right)$, 故 $f^{-1}(x_{n+1}) = f^{-1}(x_n) - x_n$, $x_n = f^{-1}(x_n) - f^{-1}(x_{n+1})$, $\displaystyle\sum_{i=0}^{n} x_i = f^{-1}(x_0) - f^{-1}(x_{n+1})$. $\displaystyle\sum_{i=0}^{\infty} x_i = f^{-1}(x_0) - f^{-1}(0) = \dfrac{1}{2}.$

方法 2: 证明 x_n 收敛于 0 同方法 1.

由 $x_{n+1} = \dfrac{x_n^2}{x_n^2 - x_n + 1} \Rightarrow x_{n+1} - 1 = \dfrac{x_n - 1}{x_n^2 - x_n + 1}$, 即 $\dfrac{1}{x_{n+1} - 1} - \dfrac{1}{x_n - 1} = x_n$.

所以 $\displaystyle\sum_{k=0}^{n} x_k = \sum_{k=0}^{n}\left(\frac{1}{x_{k+1} - 1} - \frac{1}{x_k - 1}\right) = \frac{1}{x_{n+1} - 1} - \frac{1}{x_0 - 1}$. 因为 $\displaystyle\sum_{n=0}^{\infty} x_n$ 收敛, 所以 $\displaystyle\lim_{n\to\infty} x_n = 0$. 所以

$$\sum_{n=0}^{\infty} x^n = \lim_{n\to\infty}\left(\frac{1}{x_{n+1} - 1} - \frac{1}{x_0 - 1}\right) = -1 - \frac{1}{\dfrac{1}{3} - 1} = \frac{1}{2}.$$

注　本题证明 $x_n > 0$ 时, 可以根据分子分母的形式, 很容易得到 $x_n > 0$ 的结

论. 证明 $\{x_n\}$ 单调递减时, 也可以利用基本不等式证明 $\dfrac{x_{n+1}}{x_n} = \dfrac{1}{x_n + \dfrac{1}{x_n} - 1} \leqslant 1$, 则

$x_{n+1} \leqslant x_n$, 从而 $x_n \leqslant x_0 = \dfrac{1}{3}$, 然后利用 $g(x) = x + \dfrac{1}{x} - 1$ 在 $\left(0, \dfrac{1}{3}\right]$ 上的单调性证明

$\dfrac{x_{n+1}}{x_n} = \dfrac{1}{x_n + \dfrac{1}{x_n} - 1} \leqslant \dfrac{1}{3 + \dfrac{1}{3} - 1} < \dfrac{1}{2}$, 从而有比值审敛法, 知原常数项级数收敛. 利

用递推关系求解数项级数和式问题, 一般需要裂项展开, 然后利用裂项相消的方法合并, 最终只剩第一项与最后一项, 然后对最后一项取极限即可.

例 20 求幂级数 $\displaystyle\sum_{n=1}^{\infty} \dfrac{(-1)^{n-1} x^{2n}}{n(2n-1)}$ 的收敛域及和函数. (第十五届全国初赛 B 类, 2023)

解 因为 $\displaystyle\lim_{n\to\infty} \sqrt[n]{\dfrac{1}{n(2n-1)}} = 1$, 所以收敛半径为 1. 当 $x = \pm 1$ 时, $\displaystyle\sum_{n=1}^{\infty} \dfrac{(-1)^{n-1}}{n(2n-1)}$ 绝对收敛, 故收敛域为 $[-1, 1]$.

记该幂级数的和函数为 $S(x)$, 则在 $(-1, 1)$ 上,

$$\frac{1}{2} S''(x) = \sum_{n=1}^{\infty} (-1)^{n-1} x^{2n-2} = \frac{1}{1+x^2}, \quad S'(x) = 2\int_0^x \frac{1}{1+s^2} \mathrm{d}s = 2\arctan x.$$

$$S(x) = 2\int_0^x \arctan s\, \mathrm{d}s = 2x\arctan x - \ln(1+x^2), \quad x \in (-1, 1).$$

$S(x)$ 在收敛域上连续, 故

$$S(x) = 2\int_0^x \arctan s\, \mathrm{d}s = 2x\arctan x - \ln(1+x^2), \quad x \in [-1, 1].$$

注 本题求收敛半径时也可以用比值审敛法进行求解. 求幂级数和函数时, 一般利用间接法, 如果系数中含有分母一般先求导再积分, 如果系数中含有整式一般先积分再求导, 最终还可能会用到在区间端点处的 Abel 收敛准则.

例 21 证明: 级数 $\displaystyle\sum_{n=1}^{\infty} \sum_{k=1}^{\infty} \dfrac{(-1)^{[\sqrt{n}]}}{n^2 + k^2}$ 收敛, 其中 $[x]$ 表示不超过 x 的最大整数. (第十六届全国初赛 A 类, 2024)

证明 方法 1: 对于任意固定的 n 和 N, 有

$$\sum_{k=1}^{N} \frac{1}{k^2 + n^2} \leqslant \sum_{k=1}^{N} \int_{k-1}^{k} \frac{1}{y^2 + n^2} \mathrm{d}y = \int_0^N \frac{1}{y^2 + n^2} \mathrm{d}y = \frac{1}{n} \arctan \frac{N}{n},$$

$$\sum_{k=1}^{N} \frac{1}{k^2 + n^2} \geqslant \sum_{k=1}^{N} \int_{k}^{k+1} \frac{1}{y^2 + n^2} \mathrm{d}y = \int_1^{N+1} \frac{1}{y^2 + n^2} \mathrm{d}y = \frac{1}{n} \left(\arctan \frac{N+1}{n} - \arctan \frac{1}{n} \right).$$

$$\left| \sum_{k=1}^{N} \frac{1}{k^2+n^2} - \frac{\pi}{2n} \right| \leqslant \frac{\pi}{2n} - \frac{1}{n}\left(\arctan\frac{N+1}{n} - \arctan\frac{1}{n} \right).$$

令 $N \to \infty$, 即有 $\left| \sum_{k=1}^{\infty} \frac{1}{k^2+n^2} - \frac{\pi}{2n} \right| \leqslant \frac{1}{n}\arctan\frac{1}{n}.$

注意到

$$\sum_{n=1}^{\infty} \left| \sum_{k=1}^{\infty} \frac{(-1)^{[\sqrt{n}]}}{n^2+k^2} - \frac{\pi}{2}\frac{(-1)^{[\sqrt{n}]}}{n} \right| = \sum_{n=1}^{\infty} \left| \sum_{k=1}^{\infty} \frac{1}{k^2+n^2} - \frac{\pi}{2n} \right| \leqslant \sum_{n=1}^{\infty} \frac{1}{n}\arctan\frac{1}{n} < +\infty.$$

即 $\sum_{n=1}^{\infty} \left(\sum_{k=1}^{\infty} \frac{(-1)^{[\sqrt{n}]}}{n^2+k^2} - \frac{\pi}{2}\frac{(-1)^{[\sqrt{n}]}}{n} \right)$ 绝对收敛, 从而收敛. 由此, 级数 $\sum_{n=1}^{\infty}\sum_{k=1}^{\infty} \frac{(-1)^{[\sqrt{n}]}}{n^2+k^2}$ 与

级数 $\sum_{n=1}^{\infty} \frac{\pi}{2}\frac{(-1)^{[\sqrt{n}]}}{n}$ 同敛散. 以下只需证级数 $\sum_{n=1}^{\infty} \frac{(-1)^{[\sqrt{n}]}}{n}$ 收敛.

记 S_n 为级数 $\sum_{n=1}^{\infty} \frac{(-1)^{[\sqrt{n}]}}{n}$ 的前 n 项部分和, 则有

$$S_{n^2} = \sum_{m=1}^{n-1} \sum_{k=m^2}^{(m+1)^2-1} \frac{(-1)^{[\sqrt{k}]}}{k} + \frac{(-1)^n}{n^2} = \sum_{m=1}^{n-1} (-1)^m C_m + \frac{(-1)^n}{n^2},$$

其中 $C_m = \sum_{k=m^2}^{(m+1)^2-1} \frac{1}{k}$. 由 $C_m < m \cdot \frac{1}{m^2} + \frac{1}{m^2+m} \cdot (m+1) = \frac{2}{m}$, 知 $C_m \to 0, m \to \infty$.

此外, $C_m > (m+1)\cdot\frac{1}{m^2+m} + \frac{1}{m^2+2m}\cdot m > \frac{2}{m+1} > C_{m+1}$, 从而 $\{C_m\}$ 单调递

减, 级数 $\sum_{m=1}^{\infty} (-1)^m C_m$ 收敛, S_{n^2} 收敛. 对于其他的 N, 存在 n 使得 $n^2 \leqslant N < (n+1)^2$,

$|S_N - S_{n^2}| \leqslant C_n < \frac{2}{n} \to 0, N \to \infty$, 故级数 $\sum_{n=1}^{\infty} \frac{(-1)^{[\sqrt{n}]}}{n}$ 收敛, 证毕.

方法 2:

$$\sum_{n=1}^{\infty}\sum_{k=1}^{\infty} \frac{(-1)^{[\sqrt{n}]}}{n^2+k^2} = \sum_{k=1}^{\infty}\sum_{n=1}^{\infty} \frac{(-1)^{[\sqrt{n}]}}{n^2+k^2} = \sum_{k=1}^{\infty} \left[\lim_{n\to\infty} \sum_{i=1}^{n^2} \frac{(-1)^{[\sqrt{i}]}}{i^2+k^2} \right]$$

$$= \sum_{k=1}^{\infty} \left[\lim_{n\to\infty} \left(\sum_{i=1}^{2^2} \frac{(-1)^{[\sqrt{i}]}}{i^2+k^2} + \sum_{i=2^2+1}^{3^2} \frac{(-1)^{[\sqrt{i}]}}{i^2+k^2} + \cdots + \sum_{i=(n-1)^2+1}^{n^2} \frac{(-1)^{[\sqrt{i}]}}{i^2+k^2} \right) \right]$$

$$= \sum_{k=1}^{\infty} \left[\sum_{i=1}^{2^2} \frac{(-1)^{[\sqrt{i}]}}{i^2+k^2} + \sum_{n=2}^{+\infty} \left(\sum_{i=n^2+1}^{(n+1)^2} \frac{(-1)^{[\sqrt{i}]}}{i^2+k^2} \right) \right]$$

$$= -\sum_{k=1}^{\infty} \left(\sum_{i=1}^{2^2} \frac{1}{i^2+k^2} \right) + \sum_{k=1}^{\infty} \sum_{n=2}^{\infty} (-1)^n \left(\sum_{i=n^2+1}^{(n+1)^2} \frac{1}{i^2+k^2} \right).$$

其中等式中的第一项 $-\sum_{k=1}^{\infty} \left(\sum_{i=1}^{2^2} \frac{1}{i^2+k^2} \right)$ 显然收敛. 第二项

$$\sum_{k=1}^{\infty} \sum_{n=2}^{\infty} (-1)^n \left(\sum_{i=n^2+1}^{(n+1)^2} \frac{1}{i^2+k^2} \right) = \sum_{n=2}^{\infty} (-1)^n \left[\sum_{k=1}^{\infty} \left(\sum_{i=n^2+1}^{(n+1)^2} \frac{1}{i^2+k^2} \right) \right]$$

为交错级数.

令 $u_n = \sum_{k=1}^{\infty} \left(\sum_{i=n^2+1}^{(n+1)^2} \frac{1}{i^2+k^2} \right)$, 则 $u_n > 0$, 且

$$u_{n+1} - u_n = \sum_{k=1}^{\infty} \left(\sum_{i=(n+1)^2+1}^{(n+2)^2} \frac{1}{i^2+k^2} - \sum_{i=n^2+1}^{(n+1)^2} \frac{1}{i^2+k^2} \right)$$

$$= \sum_{k=1}^{\infty} \left(\sum_{i=n^2+1}^{(n+1)^2} \left(\frac{1}{(i+1)^2+k^2} - \frac{1}{i^2+k^2} \right) \right) < 0,$$

而

$$\lim_{n\to\infty} u_n = \lim_{n\to\infty} \sum_{k=1}^{\infty} \left(\sum_{i=n^2+1}^{(n+1)^2} \frac{1}{i^2+k^2} \right) \leqslant \lim_{n\to\infty} \sum_{k=1}^{\infty} \left(\frac{(n+1)^2 - n^2 - 1}{n^4+k^2} \right)$$

$$= \lim_{n\to\infty} \sum_{k=1}^{\infty} \frac{2n}{n^4+k^2} = \lim_{n\to\infty} \sum_{k=1}^{\infty} \int_{k-1}^{k} \frac{2n}{n^4+k^2} \mathrm{d}x \leqslant \lim_{n\to\infty} \sum_{k=1}^{\infty} \int_{k-1}^{k} \frac{2n}{n^4+x^2} \mathrm{d}x$$

$$= \lim_{n\to\infty} \frac{2}{n} \arctan\left(\frac{x}{n^2} \right) = 0.$$

故由莱布尼茨判别法, 该级数收敛, 故原级数 $\sum_{n=1}^{\infty} \sum_{k=1}^{\infty} \frac{(-1)^{[\sqrt{n}]}}{n^2+k^2}$ 收敛.

方法 3: 首先证明一个结论: 若级数 $\sum_{n=1}^{\infty} \frac{a_n}{n}$ 收敛, 其中 $a_n > 0$, 则级数 $\sum_{k=1}^{\infty} \sum_{n=1}^{\infty} \frac{a_n}{n^2+k^2}$ 收敛.

由于 $\sum_{k=1}^{\infty} \sum_{n=1}^{\infty} \frac{a_n}{n^2+k^2} = \sum_{n=1}^{\infty} a_n \sum_{k=1}^{\infty} \frac{1}{n^2+k^2}$, 而 $n^2+k^2 \geqslant \frac{1}{2}(n+k)(n+k-1)$, 所以

$\sum_{k=1}^{\infty} \frac{1}{n^2+k^2} \leqslant \sum_{k=1}^{\infty} \frac{2}{(n+k)(n+k-1)} = \frac{2}{n}$. 所以 $\sum_{k=1}^{\infty} \sum_{n=1}^{\infty} \frac{a_n}{n^2+k^2}$ 与 $\sum_{n=1}^{\infty} \frac{a_n}{n}$ 同敛散.

本题无非就是证明级数 $\sum\limits_{n=1}^{\infty} \dfrac{a_n}{n}$ 收敛, 其中 $a_n = (-1)^{[\sqrt{n}]}$. 由于 Hamronic 数的定

义为 $H_N = \sum\limits_{k=1}^{N} \dfrac{1}{k}$, 即 $H_n = \ln n + \gamma + O\left(\dfrac{1}{n}\right)$, 因此

$$\sum_{n=1}^{\infty} \frac{(-1)^{[\sqrt{n}]}}{n} = -1 + \sum_{n=2}^{\infty} \frac{(-1)^{[\sqrt{n}]}}{n} = -1 + \sum_{n=2}^{\infty} (-1)^n \left(H_{(n+1)^2-1} - H_{n^2-1}\right),$$

故可得

$$\sum_{n=1}^{\infty} \frac{(-1)^{[\sqrt{n}]}}{n} = -1 + \sum_{n=2}^{\infty} (-1)^n \ln\left[\frac{(n+1)^2-1}{n^2-1}\right] + O(1)$$

$$= -1 + \sum_{n=2}^{\infty} (-1)^n \ln\left[\frac{n(n+2)}{n^2-1}\right] + O(1).$$

由莱布尼茨判别法可知交错级数 $\sum\limits_{n=2}^{\infty} (-1)^n \ln\left[\dfrac{n(n+2)}{n^2-1}\right]$ 收敛, 故级数 $\sum\limits_{n=1}^{\infty} \sum\limits_{k=1}^{\infty} \dfrac{(-1)^{[\sqrt{n}]}}{n^2+k^2}$

收敛.

例 22　求函数 $f(x) = \dfrac{1}{(x-1)(x+3)}$ 在 $x_0 = 2$ 处的泰勒级数, 并确定它的收敛域.
(第十六届全国初赛 B 类, 2024)

解　$f(x) = \dfrac{1}{4}\left(\dfrac{1}{x-1} - \dfrac{1}{x+3}\right) = \dfrac{1}{4}\left(\dfrac{1}{1+x-2} - \dfrac{1}{5} \cdot \dfrac{1}{1+\dfrac{x-2}{5}}\right)$.

又 $\dfrac{1}{1+x-2} = \sum\limits_{n=0}^{\infty} (-1)^n (x-2)^n, |x-2| < 1$, $\dfrac{1}{1+\dfrac{x-2}{5}} = \sum\limits_{n=0}^{\infty} (-1)^n \left(\dfrac{x-2}{5}\right)^n, \left|\dfrac{x-2}{5}\right| < 1$.

于是得到 $f(x)$ 在 $x=2$ 处的泰勒展式为

$$f(x) = \frac{1}{4} \sum_{n=0}^{\infty} (-1)^n \left(1 - \frac{1}{5^{n+1}}\right) (x-2)^n, |x-2| < 1.$$

当 $x=1$ 时, 级数变为 $\dfrac{1}{4} \sum\limits_{n=0}^{\infty}\left(1 - \dfrac{1}{5^{n+1}}\right)$, 它的通项不趋于零, 发散. 当 $x=3$ 时, 级

数变为 $\dfrac{1}{4} \sum\limits_{n=0}^{\infty} (-1)^n \left(1 - \dfrac{1}{5^{n+1}}\right)$, 它的通项不趋于零, 发散. 所以该幂级数的收敛域为

$(1, 3)$.

注　函数展开成幂级数, 我们一般采用间接法, 一般是利用公式 $\dfrac{1}{1-x} = 1 + x + x^2 + \cdots$ 进行间接展开, 重点是利用裂项、求导或积分的方法将函数形式转化为此类形式, 收敛域也是好多同学容易忽略的地方, 展开成幂级数后, 不要忘记计算收敛域.

七、全国决赛真题赏析

例 23 设 $f(x)$ 是在 $(-\infty, +\infty)$ 内的可微函数, 且 $|f'(x)| < mf(x)$, 其中 $0 < m < 1$, 任取实数 a_0, 定义 $a_n = \ln f(a_{n-1})$, $n = 1, 2, \cdots$, 证明: $\displaystyle\sum_{n=1}^{\infty}(a_n - a_{n-1})$ 绝对收敛. (第二届全国决赛, 2011)

证明 $a_n - a_{n-1} = \ln f(a_{n-1}) - \ln f(a_{n-2})$, 由拉格朗日中值定理得: $\exists \xi$ 介于 a_{n-1}, a_{n-2} 之间, 使得 $\ln f(a_{n-1}) - \ln f(a_{n-2}) = \dfrac{f'(\xi)}{f(\xi)}(a_{n-1} - a_{n-2})$, 所以 $|a_n - a_{n-1}| = \left|\dfrac{f'(\xi)}{f(\xi)}(a_{n-1} - a_{n-2})\right|$. 又由 $|f'(\xi)| < mf(\xi)$ 得 $\left|\dfrac{f'(\xi)}{f(\xi)}\right| < m$, 所以

$$|a_n - a_{n-1}| < m|a_{n-1} - a_{n-2}| < \cdots < m^{n-1}|a_1 - a_0|.$$

因为 $0 < m < 1$, 所以 $\displaystyle\sum_{n=1}^{\infty} m^{n-1}|a_1 - a_0|$ 收敛, 从而级数 $\displaystyle\sum_{n=1}^{\infty}|a_n - a_{n-1}|$ 收敛, 即 $\displaystyle\sum_{n=1}^{\infty}(a_n - a_{n-1})$ 绝对收敛.

例 24 若对于任何收敛于零的序列 $\{x_n\}$, 级数 $\displaystyle\sum_{n=1}^{\infty} a_n x_n$ 都是收敛的, 试证明: 级数 $\displaystyle\sum_{n=1}^{\infty}|a_n|$ 收敛. (第四届全国决赛, 2013)

证明 (反证法) 若级数 $\displaystyle\sum_{n=1}^{\infty}|a_n|$ 发散, 必有 $\displaystyle\sum_{n=1}^{\infty}|a_n| = +\infty$, 则存在自然数 $m_1 < m_2 < \cdots < m_k < \cdots$, 使得 $\displaystyle\sum_{i=1}^{m_1}|a_n| \geqslant 1$, $\displaystyle\sum_{i=m_{k-1}+1}^{m_k}|a_n| \geqslant k \, (k = 2, 3, \cdots)$, 取 $x_i = \dfrac{1}{k}\operatorname{sgn} a_i \, (m_{k-1} \leqslant i \leqslant m_k)$, 则 $\displaystyle\sum_{i=m_{k-1}+1}^{m_k} a_i x_i = \sum_{i=m_{k-1}+1}^{m_k} \dfrac{|a_i|}{k} \geqslant 1$. 由此可知, 存在数列 $\{x_n\} \to 0 \, (n \to \infty)$, 使得 $\displaystyle\sum_{n=1}^{\infty} a_n x_n$ 发散, 与已知矛盾.

所以, 级数 $\displaystyle\sum_{n=1}^{\infty}|a_n|$ 收敛.

例 25 假设 $\displaystyle\sum_{n=0}^{\infty} a_n x^n$ 的收敛半径为 1, $\displaystyle\lim_{n \to \infty} n a_n = 0$, 且 $\displaystyle\lim_{x \to 1^-} \sum_{n=0}^{\infty} a_n x^n = A$. 证明: $\displaystyle\sum_{n=0}^{\infty} a_n$ 收敛, 且 $\displaystyle\sum_{n=0}^{\infty} a_n = A$. (第五届全国决赛, 2014)

证明 由 $\lim\limits_{n\to\infty} na_n = 0$, 知 $\lim\limits_{n\to\infty} \dfrac{\sum\limits_{k=0}^{n} k|a_k|}{n} = 0$. 故对于任意 $\varepsilon > 0$, 存在 N_1, 使得

当 $n > N_1$ 时, 有 $0 < \dfrac{\sum\limits_{k=0}^{n} k|a_k|}{n} < \dfrac{\varepsilon}{3}$, $|na_n| < \dfrac{\varepsilon}{3}$. 又因为 $\lim\limits_{x\to 1^-} \sum\limits_{n=0}^{\infty} a_n x^n = A$, 所以存在

$\delta > 0$, 当 $1-\delta < x < 1$ 时, $\left| \sum\limits_{n=0}^{\infty} a_n x^n - A \right| < \dfrac{\varepsilon}{3}$. 取 N_2, 当 $n > N_2$ 时, $\dfrac{1}{n} < \delta$, 从而

$1-\delta < 1-\dfrac{1}{n}$, 取 $x = 1-\dfrac{1}{n}$, 则 $\left| \sum\limits_{n=0}^{\infty} a_n \left(1-\dfrac{1}{n}\right)^n - A \right| < \dfrac{\varepsilon}{3}$.

取 $N = \max\{N_1, N_2\}$, 当 $n > N$ 时,

$$\left| \sum_{k=0}^{n} a_k - A \right| = \left| \sum_{k=0}^{n} a_k - \sum_{k=0}^{n} a_k x^k - \sum_{k=n+1}^{\infty} a_k x^k + \sum_{k=0}^{\infty} a_k x^k - A \right|$$

$$\leqslant \left| \sum_{k=0}^{n} a_k(1-x^k) \right| + \left| \sum_{k=n+1}^{\infty} a_k x^k \right| + \left| \sum_{k=0}^{\infty} a_k x^k - A \right|.$$

取 $x = 1-\dfrac{1}{n}$, 则

$$\left| \sum_{k=0}^{n} a_k(1-x^k) \right| = \left| \sum_{k=0}^{n} a_k(1-x)(1+x+x^2+\cdots+x^{k-1}) \right|$$

$$\leqslant \sum_{k=0}^{n} a_k(1-x)k = \frac{\sum\limits_{k=0}^{n} k|a_k|}{n} < \frac{\varepsilon}{3},$$

$$\left| \sum_{k=n+1}^{\infty} a_k x^k \right| \leqslant \frac{1}{n} \sum_{k=n+1}^{\infty} |a_k| x^k < \frac{\varepsilon}{3n} \sum_{k=n+1}^{\infty} x^k < \frac{\varepsilon}{3n} \frac{1}{1-x} = \frac{\varepsilon}{3n \cdot \frac{1}{n}} = \frac{\varepsilon}{3},$$

又因为 $\left| \sum\limits_{k=0}^{\infty} a_k x^k - A \right| < \dfrac{\varepsilon}{3}$, 则 $\left| \sum\limits_{n=0}^{\infty} a_n - A \right| < 3 \cdot \dfrac{\varepsilon}{3} = \varepsilon$, 证毕.

例 26 设 $p > 0$, $x_1 = \dfrac{1}{4}$, $x_{n+1}^p = x_n^p + x_n^{2p}(n = 1, 2, \cdots)$, 证明 $\sum\limits_{n=1}^{\infty} \dfrac{1}{1+x_n^p}$ 收敛并求其和. (第六届全国决赛, 2015)

证明 记 $y_n = x_n^p$, 由题设, $y_{n+1} = y_n + y_n^2$, $y_{n+1} - y_n = y_n^2 \geqslant 0$, 所以 $y_{n+1} \geqslant y_n$. 设 y_n 收敛, 即有上界, 记 $A = \lim\limits_{n\to\infty} y_n \geqslant \left(\dfrac{1}{4}\right)^p > 0$. 从而 $A = A + A^2$, 所以 $A = 0$, 矛盾. 故 $y_n \to +\infty$. 由 $y_{n+1} = y_n(1+y_n)$, 即 $\dfrac{1}{y_{n+1}} = \dfrac{1}{y_n(1+y_n)} = \dfrac{1}{y_n} - \dfrac{1}{1+y_n}$ 得

$$\sum_{k=1}^{n} \frac{1}{1+y_k} = \sum_{k=1}^{n} \left(\frac{1}{y_k} - \frac{1}{y_{k+1}} \right) = \frac{1}{y_1} - \frac{1}{y_{n+1}} \to \frac{1}{y_1} = 4^p.$$

例 27 (1) 将 $[-\pi, \pi)$ 上的函数 $f(x) = |x|$ 展开成傅里叶级数, 并证明 $\sum_{k=1}^{\infty} \frac{1}{k^2} = \frac{\pi^2}{6}$;

(2) 求积分 $I = \int_0^{+\infty} \frac{u}{1+e^u} du$ 的值. (第六届全国决赛, 2015)

解 (1) $f(x)$ 为偶函数, 傅里叶级数是余弦级数.

$$a_0 = \frac{2}{\pi} \int_0^{\pi} x dx = \pi,$$

$$a_n = \frac{2}{\pi} \int_0^{\pi} x \cos nx dx = \frac{2}{\pi n^2} (\cos n\pi - 1) = \begin{cases} -\dfrac{4}{\pi n^2}, & n = 1, 3, \cdots, \\ 0, & n = 2, 4, \cdots. \end{cases}$$

由于 $f(x)$ 连续, 所以当 $x \in [-\pi, \pi)$ 时, 有

$$f(x) = \frac{\pi}{2} - \frac{4}{\pi} \left(\cos x + \frac{1}{3^2} \cos 3x + \frac{1}{5^2} \cos 5x + \cdots \right).$$

令 $x = 0$ 得 $\sum_{k=0}^{\infty} \frac{1}{(2k+1)^2} = \frac{\pi^2}{8}$. 记 $s_1 = \sum_{k=1}^{\infty} \frac{1}{k^2}$, $s_2 = \sum_{k=0}^{\infty} \frac{1}{(2k+1)^2}$, 则 $s_1 - s_2 = \frac{1}{4} s_1$, 故得 $s_1 = \frac{4}{3}, s_2 = \frac{\pi^2}{6}$.

(2) 记 $g(u) = \frac{u}{1+e^u}$, 则在 $[0, +\infty)$ 上 $g(u) = \frac{ue^{-u}}{1+e^{-u}} = ue^{-u} - ue^{-2u} + ue^{-3u} - \cdots$ 成立. 记该级数的前 n 项和为 $S_n(u)$, 余项为 $r_n(u) = g(u) - S_n(u)$. 则由交错 (单调) 级数的性质有 $|r_n(u)| \leqslant ue^{-(n+1)u}$.

因为 $\int_0^{+\infty} ue^{-nu} du = \frac{1}{n^2}$, 就有 $\int_0^{+\infty} |r_n(u)| du \leqslant \frac{1}{(n+1)^2}$. 于是

$$\int_0^{+\infty} g(u) du = \int_0^{+\infty} S_n(u) du + \int_0^{+\infty} r_n(u) du = \sum_{k=1}^{n} (-1)^{k-1} \frac{1}{k^2} + \int_0^{+\infty} r_n(u) du.$$

由于 $\lim_{n \to \infty} \int_0^{+\infty} r_n(u) du = 0$, 故 $I = 1 - \frac{1}{2^2} + \frac{1}{3^2} - \frac{1}{4^2} + \cdots$. 所以 $I + \frac{1}{2} S_1 = 2S_1$. 再由 (1) 所证得 $I = 2S_2 - S_1 = \frac{\pi^2}{12}$.

例 28 设 $I_n = \int_0^{\frac{\pi}{4}} \tan^n x dx$, n 为正整数.

(1) 若 $n \geqslant 2$, 计算 $I_n + I_{n-2}$;

(2) 设 p 为实数, 讨论级数 $\sum_{n=1}^{\infty} (-1)^n I_n^p$ 的绝对收敛性和条件收敛性. (第七届全国决赛, 2016)

解 (1)

$$I_n + I_{n-2} = \int_0^{\frac{\pi}{4}} \tan^n x \mathrm{d}x + \int_0^{\frac{\pi}{4}} \tan^{n-2} x \mathrm{d}x$$

$$= \int_0^{\frac{\pi}{4}} \tan^{n-2} x \mathrm{d}\tan x$$

$$= \frac{1}{n-1} \tan^{n-1} x \Big|_0^{\frac{\pi}{4}} = \frac{1}{n-1};$$

(2) 由于 $0 < x < \dfrac{\pi}{4}$, 所以 $0 < \tan x < 1$, $\tan^{n+2} x < \tan^n x < \tan^{n-2} x$. 因此 $I_{n+2} < I_n < I_{n-2}$. 于是 $I_{n+2} + I_n < 2I_n < I_{n-2} + I_n$, 故 $\dfrac{1}{2(n+1)} < I_n < \dfrac{1}{2(n-1)}$, 则

$$\left(\frac{1}{2(n+1)} \right)^p < I_n^p < \left(\frac{1}{2(n-1)} \right)^p.$$

根据 p 的取值不同, 分类讨论:

(i) 当 $p > 1$ 时, $|(-1)^p I_n^p| = I_n^p < \dfrac{1}{2^p (n-1)^p}$, $(n > 2)$, 由于 $\displaystyle\sum_{n=2}^{\infty} \dfrac{1}{(n-1)^p}$ 收敛, 所以 $\displaystyle\sum_{n=2}^{\infty} (-1)^n I_n^p$ 绝对收敛.

(ii) 当 $0 < p \leqslant 1$ 时, 由于 $\{I_n^p\}$ 单调减少, 并趋近于 0, 由莱布尼茨判别法, 知 $\displaystyle\sum_{n=2}^{\infty} (-1)^n I_n^p$ 收敛. 而 $I_n^p > \dfrac{1}{2^p (n+1)^p} \geqslant \dfrac{1}{2^p (n+1)}$, $\displaystyle\sum_{n=1}^{\infty} \dfrac{1}{2^p (n+1)}$ 发散, 所以 $\displaystyle\sum_{n=2}^{\infty} (-1)^n I_n^p$ 是条件收敛的.

(iii) 当 $p \leqslant 0$ 时, 则 $|I_n^p| \geqslant 1$, 由级数收敛的必要条件可知, $\displaystyle\sum_{n=2}^{\infty} (-1)^n I_n^p$ 是发散的.

例 29 设 $a_n = \displaystyle\sum_{k=1}^{n} \dfrac{1}{k} - \ln n$.

(1) 证明: $\displaystyle\lim_{n\to\infty} a_n$ 存在;

(2) 设 $\displaystyle\lim_{n\to\infty} a_n = C$, 讨论级数 $\displaystyle\sum_{n=1}^{\infty} (a_n - C)$ 的敛散性. (第八届全国决赛, 2017)

证明 (1) 利用不等式: 当 $x > 0$ 时, $\dfrac{x}{1+x} < \ln(1+x) < x$, 有

$$a_n - a_{n-1} = \frac{1}{n} - \ln \frac{n}{n-1} = \frac{1}{n} - \ln\left(1 + \frac{1}{n-1}\right) \leqslant \frac{1}{n} - \frac{\frac{1}{n-1}}{1 + \frac{1}{n-1}} = 0,$$

$$a_n = \sum_{k=1}^{n} \frac{1}{k} - \sum_{k=2}^{n} \ln \frac{k}{k-1} = 1 + \sum_{k=2}^{n} \left(\frac{1}{k} - \ln \frac{k}{k-1} \right)$$

$$= 1 + \sum_{k=2}^{n} \left[\frac{1}{k} - \ln\left(1 + \frac{1}{k-1}\right) \right] \geqslant 1 + \sum_{k=2}^{n} \left(\frac{1}{k} - \frac{1}{k-1} \right) = \frac{1}{n} > 0,$$

所以 $\{a_n\}$ 单调减少有下界, 故 $\lim\limits_{n\to\infty} a_n$ 存在.

(2) 显然, 以 a_n 为部分和的级数为 $1 + \sum\limits_{n=2}^{\infty} \left(\frac{1}{n} - \ln n + \ln(n-1) \right)$, 则该级数收敛 C, 且 $a_n - C > 0$, 用 r_n 记作该级数的余项, 则

$$a_n - C = -r_n = -\sum_{k=n+1}^{\infty} \left(\frac{1}{k} - \ln k + \ln(k-1) \right) = \sum_{k=n+1}^{\infty} \left(\ln\left(1 + \frac{1}{k-1}\right) - \frac{1}{k} \right).$$

根据泰勒公式, 当 $x > 0$ 时, $\ln(1+x) > x - \dfrac{x^2}{2}$, 所以

$$a_n - C > \sum_{k=n+1}^{\infty} \left(\frac{1}{k-1} - \frac{1}{2(k-1)^2} - \frac{1}{k} \right).$$

记 $b_n = \sum\limits_{k=n+1}^{\infty} \left(\dfrac{1}{k-1} - \dfrac{1}{2(k-1)^2} - \dfrac{1}{k} \right)$, 下面证明正项级数 $\sum\limits_{n=1}^{\infty} b_n$ 发散. 因为

$$c_n \triangleq n \sum_{k=n+1}^{\infty} \left(\frac{1}{k-1} - \frac{1}{k} - \frac{1}{2(k-1)(k-2)} \right) < nb_n$$

$$< n \sum_{k=n+1}^{\infty} \left(\frac{1}{k-1} - \frac{1}{k} - \frac{1}{2k(k-2)} \right) = \frac{1}{2},$$

而当 $n \to \infty$ 时, $c_n = \dfrac{n-2}{2(n-1)} \to \dfrac{1}{2}$, 所以 $\lim\limits_{n\to\infty} nb_n = \dfrac{1}{2}$. 根据比较判别法可知, 级数 $\sum\limits_{n=1}^{\infty} b_n$ 发散.

因此, 正项级数 $\sum\limits_{n=1}^{\infty} (a_n - C)$ 发散.

例 30 设 $0 < a_n < 1, n = 1, 2, \cdots$, 且 $\lim\limits_{n\to\infty} \dfrac{\ln \dfrac{1}{a_n}}{\ln n} = q$ (有限或 ∞).

(1) 证明: 当 $q > 1$ 时, 级数 $\sum\limits_{n=1}^{\infty} a_n$ 收敛, 当 $q < 1$ 时, 级数 $\sum\limits_{n=1}^{\infty} a_n$ 发散;

(2) 讨论 $q = 1$ 时级数 $\sum\limits_{n=1}^{\infty} a_n$ 的收敛性并阐述理由. (第九届全国决赛, 2018)

证明 (1) 若 $q > 1$, 则存在 $p \in \mathbb{R}$, 使得 $q > p > 1$. 根据极限性质, $\exists N \in \mathbb{N}^*$, 使得

$\forall n > N$, 有 $\dfrac{\ln \dfrac{1}{a_n}}{\ln n} > p$, 即 $a_n < \dfrac{1}{n^p}$, 而 $p > 1$ 时 $\sum\limits_{n=1}^{\infty} \dfrac{1}{n^p}$ 收敛, 所以 $\sum\limits_{n=1}^{\infty} a_n$ 收敛.

若 $q < 1$, 则存在 $p \in \mathbb{R}$, 使得 $q < p < 1$, 根据极限性质有 $\dfrac{\ln \frac{1}{a_n}}{\ln n} < p$, 即 $a_n > \dfrac{1}{n^p}$, 而 $p < 1$ 时 $\displaystyle\sum_{n=1}^{\infty} \dfrac{1}{n^p}$ 发散, 所以 $\displaystyle\sum_{n=1}^{\infty} a_n$ 发散.

(2) 当 $q = 1$ 时, 级数 $\displaystyle\sum_{n=1}^{\infty} a_n$ 可能收敛, 也可能发散.

例如: $a_n = \dfrac{1}{n}$ 满足条件, 但级数 $\displaystyle\sum_{n=1}^{\infty} a_n$ 发散;

又如: $a_n = \dfrac{1}{n \ln^2 n}$ 满足条件, 但级数 $\displaystyle\sum_{n=1}^{\infty} a_n$ 收敛.

例 31 求级数 $\displaystyle\sum_{n=1}^{\infty} \dfrac{1}{3} \cdot \dfrac{2}{5} \cdot \dfrac{3}{7} \cdot \cdots \cdot \dfrac{n}{2n+1} \cdot \dfrac{1}{n+1}$ 的和. (第十届全国决赛, 2019)

解 级数通项

$$a_n = \dfrac{1}{3} \cdot \dfrac{2}{5} \cdot \dfrac{3}{7} \cdot \cdots \cdot \dfrac{n}{2n+1} \cdot \dfrac{1}{n+1} = \dfrac{2(2n)!!}{(2n+1)!!(n+1)} \left(\dfrac{1}{\sqrt{2}}\right)^{2n+2},$$

令 $f(x) = \displaystyle\sum_{n=0}^{\infty} \dfrac{(2n)!!}{(2n+1)!!(n+1)} x^{2n+2}$, 则收敛区间为 $(-1, 1)$,

$$\sum_{n=0}^{\infty} a_n = 2 \left[f\left(\dfrac{1}{\sqrt{2}}\right) - \dfrac{1}{2} \right], \quad f'(x) = 2 \sum_{n=0}^{\infty} \dfrac{(2n)!!}{(2n+1)!!} x^{2n+1} = 2g(x),$$

其中 $g(x) = \displaystyle\sum_{n=0}^{\infty} \dfrac{(2n)!!}{(2n+1)!!} x^{2n+1}$, 因为

$$g'(x) = 1 + \sum_{n=1}^{\infty} \dfrac{(2n)!!}{(2n-1)!!} x^{2n} = 1 + x \sum_{n=1}^{\infty} \dfrac{(2n-2)!!}{(2n-1)!!} 2n x^{2n-1}$$

$$= 1 + x \dfrac{\mathrm{d}}{\mathrm{d}x} \left(\sum_{n=1}^{\infty} \dfrac{(2n-2)!!}{(2n-1)!!} x^{2n} \right) = 1 + x \dfrac{\mathrm{d}}{\mathrm{d}x} (xg(x)).$$

所以 $g(x)$ 满足 $g(0) = 0$, $g'(x) - \dfrac{x}{1-x^2} g(x) = \dfrac{1}{1-x^2}$. 解这个一阶线性方程, 得

$$g(x) = \mathrm{e}^{\int \frac{x}{1-x^2} \mathrm{d}x} \int \dfrac{1}{1-x^2} \mathrm{e}^{-\int \frac{x}{1-x^2} \mathrm{d}x} \mathrm{d}x + C = \dfrac{\arcsin x}{\sqrt{1-x^2}} + \dfrac{C}{\sqrt{1-x^2}},$$

由 $g(0) = 0$ 得 $C = 0$, 故 $g(x) = \dfrac{\arcsin x}{\sqrt{1-x^2}}$.

所以 $f(x) = (\arcsin x)^2$, $f\left(\dfrac{1}{\sqrt{2}}\right) = \dfrac{\pi^2}{16}$, 且 $\displaystyle\sum_{n=0}^{\infty} a_n = 2 \left(\dfrac{\pi^2}{16} - \dfrac{1}{2} \right) = \dfrac{\pi^2 - 8}{8}$.

例 32 设 $\{u_n\}$ 是正数列, 满足 $\dfrac{u_{n+1}}{u_n} = 1 - \dfrac{\alpha}{n} + O\left(\dfrac{1}{n^\beta}\right)$, 其中常数 $\alpha > 0, \beta > 1$.

(1) 对于 $v_n = n^\alpha u_n$, 判断级数 $\displaystyle\sum_{n=1}^{\infty} \ln \dfrac{v_{n+1}}{v_n}$ 的敛散性;

(2) 讨论级数 $\displaystyle\sum_{n=1}^{\infty} u_n$ 的敛散性. (第十一届全国决赛, 2021)

解 (1) 注意到

$$\ln \frac{v_{n+1}}{v_n} = \alpha \ln\left(1 + \frac{1}{n}\right) + \ln \frac{u_{n+1}}{u_n}$$

$$= \left(\frac{\alpha}{n} + O\left(\frac{1}{n^2}\right)\right) + \left(-\frac{\alpha}{n} + \frac{\alpha^2}{n^2} + O\left(\frac{1}{n^\beta}\right)\right) = O\left(\frac{1}{n^\gamma}\right),$$

其中 $\gamma = \min\{2, \beta\} > 1$, 故存在常数 $C > 0$ 及正整数 N 使得 $\left|\ln \dfrac{v_{n+1}}{v_n}\right| \leqslant C \left|\dfrac{1}{n^\gamma}\right|$ 对任意 $n > N$ 成立, 所以级数 $\displaystyle\sum_{n=1}^{\infty} \ln \dfrac{v_{n+1}}{v_n}$ 收敛.

(2) 因为 $\displaystyle\sum_{k=1}^{n} \ln \dfrac{v_{k+1}}{v_k} = \ln v_{n+1} - \ln v_1$, 所以由 (1) 的结论可知, 极限 $\displaystyle\lim_{n\to\infty} \ln v_n$ 存在, 设 $\displaystyle\lim_{n\to\infty} \ln v_n = a$, 即 $\displaystyle\lim_{n\to\infty} v_n = \mathrm{e}^a > 0$, 从而 $\displaystyle\lim_{n\to\infty} \dfrac{u_n}{\dfrac{1}{n^\alpha}} = \mathrm{e}^a > 0$, 根据正项级数的比较判别法, 级数 $\displaystyle\sum_{n=1}^{\infty} u_n$ 当 $\alpha > 1$ 时收敛, $\alpha \leqslant 1$ 时发散.

例 33 求幂级数 $\displaystyle\sum_{n=1}^{\infty} \left[1 - n\ln\left(1 + \dfrac{1}{n}\right)\right] x^n$ 的收敛域. (第十二届全国决赛, 2021)

解 记 $a_n = 1 - n\ln\left(1 + \dfrac{1}{n}\right)$. 当 $n \to \infty$ 时, $a_n \sim \dfrac{1}{2n}$. 故

$$R = \lim_{n\to\infty} \frac{a_n}{a_{n+1}} = \lim_{n\to\infty} \frac{n+1}{n} = 1.$$

显然, 级数 $\displaystyle\sum_{n=1}^{\infty} a_n$ 发散.

为了证明 $\{a_n\}$ 是单调递减数列, 考虑函数 $f(x) = x\ln\left(1 + \dfrac{1}{x}\right)$. 利用不等式: 当 $a > 0$ 时, $\ln(1 + a) > \dfrac{a}{1+a}$, 得 $f'(x) = \ln\left(1 + \dfrac{1}{x}\right) - \dfrac{1}{1+x} > 0$, 即 $f(x)$ 是 $[1, +\infty)$ 上的增函数, 所以

$$a_n - a_{n+1} = (n+1)\ln\left(1 + \frac{1}{n+1}\right) - n\ln\left(1 + \frac{1}{n}\right) > 0.$$

根据莱布尼茨判别法, 级数 $\sum\limits_{n=1}^{\infty}(-1)^n a_n$ 收敛. 因此, $\sum\limits_{n=1}^{\infty} a_n x^n$ 的收敛域为 $[-1,1)$.

例 34 设 $f(x)$ 是以 2π 为周期的周期函数, 且 $f(x)=\begin{cases} x, & 0<x<\pi, \\ 0, & -\pi \leqslant x \leqslant 0, \end{cases}$ 试将

函数 $f(x)$ 展开成傅里叶级数, 并求级数 $\sum\limits_{n=1}^{\infty} \dfrac{(-1)^{n-1}}{n^2}$ 之和. (第十三届全国决赛, 2023)

解 函数 $f(x)$ 在点 $x=(2k+1)\pi(k=0,\pm 1,\pm 2,\cdots)$ 处不连续, 在其他点处连续, 根据收敛定理可知, $f(x)$ 的傅里叶级数收敛, 并且当 $x\neq(2k+1)\pi$ 时级数收敛于 $f(x)$, 当 $x=(2k+1)\pi$ 时级数收敛于 $\dfrac{f(-\pi-0)+f(\pi+0)}{2}=\dfrac{\pi}{2}$.

下面先计算 $f(x)$ 的傅里叶系数. $a_0=\dfrac{1}{\pi}\int_{-\pi}^{\pi} f(x)\mathrm{d}x=\dfrac{1}{\pi}\int_0^{\pi} x\mathrm{d}x=\dfrac{\pi}{2}$, 且

$$a_n=\frac{1}{\pi}\int_{-\pi}^{\pi} f(x)\cos nx\mathrm{d}x=\frac{1}{\pi}\int_0^{\pi} x\cos nx\mathrm{d}x=\frac{(-1)^n-1}{\pi n^2}, \quad n=1,2,\cdots,$$

$$b_n=\frac{1}{\pi}\int_{-\pi}^{\pi} f(x)\sin nx\mathrm{d}x=\frac{1}{\pi}\int_0^{\pi} x\sin nx\mathrm{d}x=\frac{(-1)^{n+1}}{n}, \quad n=1,2,\cdots,$$

因此当 $x\in(-\infty,+\infty)$, 且 $x\neq\pm\pi,\pm 3\pi,\cdots$ 时, 有

$$f(x)=\frac{\pi}{4}+\sum_{k=1}^{\infty}\left[\frac{(-1)^n-1}{n^2\pi}\cos nx+\frac{(-1)^{n+1}}{n}\sin nx\right].$$

注意到 $x=0$ 是 $f(x)$ 的连续点, 代入上式得 $f(0)=\dfrac{\pi}{4}+\sum\limits_{n=1}^{\infty}\dfrac{(-1)^n-1}{n^2\pi}=0$, 即

$\sum\limits_{n=1}^{\infty}\dfrac{1}{(2n-1)^2}=\dfrac{\pi^2}{8}$. 又

$$\sum_{n=1}^{\infty}\frac{1}{n^2}=\sum_{n=1}^{\infty}\frac{1}{(2n-1)^2}+\sum_{n=1}^{\infty}\frac{1}{(2n)^2}=\frac{\pi^2}{8}+\frac{1}{4}\sum_{n=1}^{\infty}\frac{1}{n^2},$$

由此解得 $\sum\limits_{n=1}^{\infty}\dfrac{1}{n^2}=\dfrac{\pi^2}{6}$. 最后可得

$$\sum_{n=1}^{\infty}\frac{(-1)^{n-1}}{n^2}=\sum_{n=1}^{\infty}\frac{1}{(2n-1)^2}-\sum_{n=1}^{\infty}\frac{1}{(2n)^2}=\frac{\pi^2}{8}-\frac{1}{4}\cdot\frac{\pi^2}{6}=\frac{\pi^2}{12}.$$

例 35 幂级数 $\sum\limits_{n=1}^{\infty}(-1)^n\dfrac{1}{n3^n}x^n$ 的收敛域为_____. (第十四届全国决赛, 2023)

解 记 $a_n=(-1)^n\dfrac{1}{n3^n}$, 则级数的收敛半径 $R=\lim\limits_{n\to\infty}\left|\dfrac{a_n}{a_{n+1}}\right|=3\lim\limits_{n\to\infty}\dfrac{n+1}{n}=3$. 当

$x = 3$ 时, 级数成为 $\displaystyle\sum_{n=1}^{\infty} \frac{(-1)^n}{n}$, 利用莱布尼茨判别法, 可知 $\displaystyle\sum_{n=1}^{\infty} \frac{(-1)^n}{n}$ 收敛; 当 $x = -3$ 时, 级数成为调和级数 $\displaystyle\sum_{n=1}^{\infty} \frac{1}{n}$, 发散. 因此, 原级数的收敛域为 $(-3, 3]$.

例 36 证明级数 $\displaystyle\sum_{n=1}^{\infty} \ln\left(1 + \frac{1}{2n}\right) \cdot \ln\left(1 + \frac{1}{2n+1}\right)$ 收敛, 并求其和. (第十四届全国决赛, 2023)

解 记 $a_n = \ln\dfrac{n+1}{n}, n = 1, 2, \cdots$, 则级数化为 $\displaystyle\sum_{n=1}^{\infty} a_{2n} a_{2n+1}$. 因为 $x \to 0$ 时, $\ln(1+x) \sim x$, 所以 $n \to \infty$ 时, 有 $a_{2n} a_{2n+1} \sim \dfrac{1}{2n} \cdot \dfrac{1}{2n+1}$, 而级数 $\displaystyle\sum_{n=1}^{\infty} \frac{1}{2n(2n+1)}$ 显然收敛, 所以 $\displaystyle\sum_{n=1}^{\infty} a_{2n} a_{2n+1}$ 收敛.

再求级数 $\displaystyle\sum_{n=1}^{\infty} a_{2n} a_{2n+1}$ 的和. 令 $b_n = \displaystyle\sum_{k=n}^{2n-1} a_k^2, n = 1, 2, \cdots$, 则由 $a_n = a_{2n} + a_{2n+1}$ 得

$$b_n - b_{n+1} = a_n^2 - a_{2n}^2 - a_{2n+1}^2 = (a_{2n} + a_{2n+1})^2 - a_{2n}^2 - a_{2n+1}^2 = 2a_{2n} a_{2n+1}.$$

由于 $0 < b_n < n \ln^2\left(1 + \dfrac{1}{n}\right) < \dfrac{1}{n}$, 故由夹逼准则可知 $b_n \to 0 (n \to \infty)$. 于是有

$$\sum_{n=1}^{\infty} a_{2n} a_{2n+1} = \frac{1}{2} \lim_{N \to \infty} \sum_{n=1}^{N} (b_n - b_{n+1}) = \frac{1}{2} \lim_{N \to \infty} (b_1 - b_{N+1}) = \frac{b_1}{2} = \frac{\ln^2 2}{2}.$$

例 37 设数列 $\{a_n\}$ 定义为: $a_0 = 0$, $a_1 = \dfrac{2}{3}$, 当 $n \geqslant 1$ 时, 满足 $(n+1)a_{n+1} = 2a_n + (n-1)a_{n-1}$, 求幂级数 $\displaystyle\sum_{n=0}^{\infty} n a_n x^n$ 的收敛域. (第十五届全国决赛, 2024)

解 利用归纳法易证: $0 < a_n < 1 (n \geqslant 1)$. 因为 $0 < n a_n < n (n \geqslant 1)$, 所以当 $|x| < 1$ 时, 由比较判别法及 $\displaystyle\sum_{n=0}^{\infty} n x^n$ 绝对收敛, 可知 $\displaystyle\sum_{n=0}^{\infty} n a_n x^n$ 绝对收敛, 即 $\displaystyle\sum_{n=0}^{\infty} n a_n x^n$ 在区间 $(-1, 1)$ 内收敛.

另一方面, 由 $(n+1)a_{n+1} > (n-1)a_{n-1}$ 可知, $\{2n a_{2n}\}$ 是严格递增数列, 且 $a_2 = \dfrac{2}{3} \neq 0$, 所以 $\displaystyle\lim_{n \to \infty} n a_n \neq 0$. 故当 $x = \pm 1$ 时, $\displaystyle\sum_{n=0}^{\infty} n a_n x^n$ 发散.

因此 $\displaystyle\sum_{n=1}^{\infty} n a_n x^n$ 的收敛域为 $(-1, 1)$.

八、各地真题赏析

例 38 讨论级数 $1 - \dfrac{1}{2^x} + \dfrac{1}{3} - \dfrac{1}{4^x} + \cdots + \dfrac{1}{(2n-1)} - \dfrac{1}{(2n)^x} + \cdots$ 在哪些 x 处收敛? 在哪些 x 处发散? (第一届北京市理工类, 1988)

解 (1) 当 $x = 1$, 此级数为交错级数:

$$1 - \frac{1}{2} + \frac{1}{3} - \frac{1}{4} + \cdots + \frac{1}{2n-1} - \frac{1}{2n} + \cdots,$$

由莱布尼茨判别法知此时级数收敛.

(2) 当 $x > 1$, 部分和 $S_{2n} = \left(1 + \dfrac{1}{3} + \cdots + \dfrac{1}{2n-1}\right) - \left(\dfrac{1}{2^x} + \dfrac{1}{4^x} + \cdots + \dfrac{1}{(2n)^x}\right)$, 前一个括号内正项级数部分和

$$1 + \frac{1}{3} + \cdots + \frac{1}{2n-1} > \frac{1}{2} + \frac{1}{4} + \cdots + \frac{1}{2n} = \frac{1}{2}\left(1 + \frac{1}{2} + \cdots + \frac{1}{n}\right) \to +\infty,$$

所以 $\lim\limits_{n \to \infty} \left(1 + \dfrac{1}{3} + \cdots + \dfrac{1}{2n-1}\right) = +\infty$. 后一个括号内级数部分和

$$\frac{1}{2^x} + \frac{1}{4^x} + \cdots + \frac{1}{(2n)^x} < \frac{1}{1^x} + \frac{1}{2^x} + \cdots + \frac{1}{n^x},$$

当 $n \to \infty$ 时, 为 p 级数且 $p = x > 1$, 所以对应级数收敛 $\Rightarrow \lim\limits_{n \to \infty} \left(\dfrac{1}{2^x} + \dfrac{1}{4^x} + \cdots + \dfrac{1}{(2n)^x}\right)$ 收敛, 故 $\lim\limits_{n \to \infty} S_{2n}$ 不存在.

因此, 当 $x > 1$ 时所给级数发散.

(3) 当 $x < 1$, 级数写成

$$1 - \left(\frac{1}{2^x} - \frac{1}{3}\right) - \left(\frac{1}{4^x} - \frac{1}{5}\right) - \cdots - \left(\frac{1}{(2n)^x} - \frac{1}{2n+1}\right) - \cdots$$

除第一项外, 每一项皆为负项, 提出负号后是正项级数, 可用极限形式的比较判别法判别其敛散性.

$$\lim_{n \to \infty} \frac{\dfrac{1}{(2n)^x} - \dfrac{1}{2n+1}}{\dfrac{1}{n^x}} = \lim_{n \to \infty} \frac{[(2n+1) - (2n)^x]\, n^x}{(2n)^x (2n+1)}$$

$$= \frac{1}{2^x} \lim_{n \to \infty} \frac{(2n+1) - (2n)^x}{2n+1}$$

$$= \frac{1}{2^x} \left[1 - \lim_{n \to \infty} \frac{(2n)^x}{2n+1}\right] = \frac{1}{2^x}.$$

而级数 $\sum\limits_{n=1}^{\infty} \dfrac{1}{n^x}$ 发散 (p 级数 $p = x < 1$).

因此, 当 $x < 1$ 时, 所给级数发散.

例 39 对 p 讨论幂级数 $\sum\limits_{n=2}^{\infty}\dfrac{x^n}{n^p\ln n}$ 的收敛区间. (第二届北京市理工类, 1990)

解 设 $\sum\limits_{n=2}^{\infty}\dfrac{x^n}{n^p\ln n}=\sum\limits_{n=2}^{\infty}a_nx^n$, $a_n=\dfrac{1}{n^p\ln n}$, 因为

$$\lim_{n\to\infty}\frac{a_{n+1}}{a_n}=\lim_{n\to\infty}\frac{\dfrac{1}{(n+1)^p\ln(n+1)}}{\dfrac{1}{n^p\ln n}}$$

$$=\lim_{n\to\infty}\frac{n^p\ln n}{(n+1)^p\ln(n+1)}$$

$$=\lim_{n\to\infty}\left[\frac{1}{1+\dfrac{1}{n}}\right]^p\frac{\ln n}{\ln(n+1)}$$

$$=\lim_{n\to\infty}\frac{\ln n}{\ln(n+1)}=1.$$

$$\left(\lim_{y\to+\infty}\frac{\ln y}{\ln(y+1)}=\lim_{y\to+\infty}\frac{\dfrac{1}{y}}{\dfrac{1}{y+1}}=\lim_{y\to+\infty}\frac{y+1}{y}=1\right)$$ 所以收敛半径 $R=1$.

(1) 当 $p<0$ 时, 记 $q=-p>0$, 有 $\lim\limits_{n\to\infty}a_n=\lim\limits_{n\to\infty}\dfrac{1}{n^p\ln n}=\lim\limits_{n\to\infty}\dfrac{n^q}{\ln n}=+\infty$, 因

而若 $x=1\Rightarrow\sum\limits_{n=2}^{\infty}\dfrac{1^n}{n^p\ln n}$, 因为 $u_n=\dfrac{1}{n^p\ln n}\to+\infty\,(n\to\infty)$, 所以此时级数发散.

若 $x=-1\Rightarrow\sum\limits_{n=2}^{\infty}\dfrac{(-1)^n}{n^p\ln n}$, 因为 $u_n=\dfrac{(-1)^n}{n^p\ln n}\to\infty\,(n\to\infty)$, 所以此时级数也发散.

因此, $p<0$ 时, 原级数收敛区间为 $(-1,1)$.

(2) 当 $0<p<1$ 时, 若 $x=1\Rightarrow\sum\limits_{n=2}^{\infty}\dfrac{1}{n^p\ln n}$ 为正项级数. 因为

$$\lim_{n\to\infty}\frac{\dfrac{1}{n^p\ln n}}{\dfrac{1}{n}}=\lim_{n\to\infty}\frac{n}{n^p\ln n}=\lim_{n\to\infty}\frac{n^{1-p}}{\ln n}=+\infty,$$

所以此时级数发散.

若 $x=-1\Rightarrow\sum\limits_{n=2}^{\infty}\dfrac{(-1)^n}{n^p\ln n}$ 为交错级数.

因为 $\dfrac{1}{(n+1)^p\ln(n+1)}<\dfrac{1}{n^p\ln n}$, $\lim\limits_{n\to\infty}\dfrac{1}{n^p\ln n}=0\,(0<p<1)$, 所以此时级数

收敛.

因此, $0 < p < 1$ 时, 原级数收敛区间为 $[-1, 1)$.

(3) 当 $p > 1$ 时, 若 $x = 1$, 级数 $\sum\limits_{n=2}^{\infty} \dfrac{1}{n^p \ln n}$ 为正项级数. 因为 $\dfrac{1}{n^p \ln n} \leqslant \dfrac{1}{n^p \ln 2}$, 而

$\sum\limits_{n=2}^{\infty} \dfrac{1}{n^p \ln 2} = \dfrac{1}{\ln 2} \sum\limits_{n=2}^{\infty} \dfrac{1}{n^p}$ 收敛 $(p > 1)$. 所以此时级数收敛.

若 $x = -1$, 级数 $\sum\limits_{n=2}^{\infty} \dfrac{(-1)^n}{n^p \ln n}$ 显然绝对收敛, 所以此时级数也收敛. 因此, $p > 1$

时, 原级数收敛区间为 $[-1, 1]$. 综上所述, 知级数 $\sum\limits_{n=2}^{\infty} \dfrac{x^n}{n^p \ln n}$: 当 $p < 0$ 时, 收敛区间为

$(-1, 1)$; 当 $0 < p < 1$ 时, 收敛区间为 $[-1, 1)$; 当 $p > 1$ 时, 收敛区间为 $[-1, 1]$.

例 40 设函数 $f(x) = \sum\limits_{n=1}^{\infty} \dfrac{x^n}{n^2}, 0 \leqslant x \leqslant 1$.

(1) 证明: $f(x) + f(1-x) + \ln x \ln(1-x) = \dfrac{\pi^2}{6}$;

(2) 计算: $\displaystyle\int_0^1 \dfrac{1}{2-x} \ln \dfrac{1}{x} \mathrm{d}x$. (第二届北京市理工类, 1990)

(1) **证明**　$f(1) = \sum\limits_{n=1}^{\infty} \dfrac{1}{n^2} = \dfrac{\pi^2}{6}$. 级数在 $(0, 1)$ 内可逐项微分, $f(x)$ 有连续导数,

因此,

$$[f(x) + f(1-x) + \ln x \ln(1-x)]'$$

$$= f'(x) - f'(1-x) + \dfrac{\ln(1-x)}{x} + \dfrac{\ln x}{x-1}$$

$$= \sum_{n=1}^{\infty} \dfrac{x^{n-1}}{n} - \sum_{n=1}^{\infty} \dfrac{(1-x)^{n-1}}{n} - \sum_{n=1}^{\infty} \dfrac{x^{n-1}}{n} + \sum_{n=1}^{\infty} \dfrac{(-1)^{n-1}(x-1)^{n-1}}{n} = 0.$$

所以 $f(x) + f(1-x) + \ln x \ln(1-x) \equiv C, x \in (0, 1)$. 令 $x \to 0^+$ 取极限知 $C = f(1) =$

$\sum\limits_{n=1}^{\infty} \dfrac{1}{n^2} = \dfrac{\pi^2}{6}$.

故 $f(x) + f(1-x) + \ln x \ln(1-x) = \dfrac{\pi^2}{6}$.

(2) **解**

$$I = \int_0^1 \dfrac{1}{2-x} \ln \dfrac{1}{x} \mathrm{d}x = -\int_0^1 \dfrac{1}{2-x} \ln x \mathrm{d}x = \int_2^1 \dfrac{1}{y} \ln(2-y) \mathrm{d}y$$

$$= -\int_1^2 \dfrac{\ln\left[2\left(1-\dfrac{y}{2}\right)\right]}{y} \mathrm{d}y = -\int_1^2 \dfrac{\ln 2}{y} \mathrm{d}y - \int_1^2 \dfrac{\ln\left(1-\dfrac{y}{2}\right)}{y} \mathrm{d}y$$

$$= -\ln 2 \cdot \ln y \big|_1^2 - \int_1^2 \frac{\sum\limits_{n=1}^{\infty} \dfrac{(-1)^{n-1}\left(-\dfrac{y}{2}\right)^n}{n}}{y}\mathrm{d}y \quad \left(-1 < -\frac{y}{2} < 1 \Rightarrow -2 < y < 2\right)$$

$$= -(\ln 2)^2 + \int_1^2 \frac{1}{y}\sum\limits_{n=1}^{\infty}\frac{(-1)^n(-1)^n\left(\dfrac{y}{2}\right)^n}{n}\mathrm{d}y = -(\ln 2)^2 + \int_1^2 \frac{1}{y}\sum\limits_{n=1}^{\infty}\frac{y^n}{2^n \cdot n}\mathrm{d}y$$

$$= -(\ln 2)^2 + \int_1^2 \sum\limits_{n=1}^{\infty}\frac{y^{n-1}}{2^n \cdot n}\mathrm{d}y = -(\ln 2)^2 + \sum\limits_{n=1}^{\infty}\int_1^2\frac{y^{n-1}}{2^n n}\mathrm{d}y = -(\ln 2)^2 + \sum\limits_{n=1}^{\infty}\frac{y^n}{2^n n^2}\bigg|_1^2$$

$$= -(\ln 2)^2 + \sum\limits_{n=1}^{\infty}\frac{2^n}{2^n \cdot n^2} - \sum\limits_{n=1}^{\infty}\frac{1}{2^n n^2} = -(\ln 2)^2 + \sum\limits_{n=1}^{\infty}\frac{1}{n^2} - f\left(\frac{1}{2}\right),$$

由 (1), 已证 $f(x) + f(1-x) + \ln x \ln(1-x) = \dfrac{\pi^2}{6}$. 取 $x = \dfrac{1}{2}$, 则

$$f\left(\frac{1}{2}\right) + f\left(\frac{1}{2}\right) + \ln\frac{1}{2}\ln\frac{1}{2} = \frac{\pi^2}{6} \Rightarrow 2f\left(\frac{1}{2}\right) + (-\ln 2)^2 = \frac{\pi^2}{6},$$

从而 $f\left(\dfrac{1}{2}\right) = \dfrac{\pi^2}{12} - \dfrac{(\ln 2)^2}{2}$, 代入上式得

$$I = -(\ln 2)^2 + \frac{\pi^2}{6} - \left(\frac{\pi^2}{12} - \frac{(\ln 2)^2}{2}\right),$$

即 $I = \dfrac{\pi^2}{12} - \dfrac{(\ln 2)^2}{2}$.

例 41 设 $\{u_n\}, \{c_n\}$ 为正实数列, 试证明:

(1) 若对于所有的正整数 n 满足 $c_n u_n - c_{n+1}u_{n+1} \leqslant 0$, 且 $\sum\limits_{n=1}^{\infty}\dfrac{1}{c_n}$ 发散, 则 $\sum\limits_{n=1}^{\infty} u_n$ 发散;

(2) 若对于所有的正整数 n 满足 $c_n\dfrac{u_n}{u_{n+1}} - c_{n+1} \geqslant a$ (常数 $a > 0$), $\sum\limits_{n=1}^{\infty}\dfrac{1}{c_n}$ 收敛, 则 $\sum\limits_{n=1}^{\infty} u_n$ 收敛. (第三届北京市理工类, 1991)

证明 因为 $\{u_n\}, \{c_n\}$ 为正实数列, 所以 $\sum\limits_{n=1}^{\infty} u_n, \sum\limits_{n=1}^{\infty} c_n$ 为正项级数.

(1) 因为对所有的正整数 n 满足 $c_n u_n - c_{n+1}u_{n+1} \leqslant 0 \Rightarrow c_n u_n \leqslant c_{n+1}u_{n+1} \Rightarrow$ $c_n u_n \geqslant c_{n-1}u_{n-1} \geqslant c_{n-2}u_{n-2} \geqslant \cdots \geqslant c_1 u_1 > 0 \Rightarrow u_n \geqslant c_1 u_1 \cdot \dfrac{1}{c_n}$, 因为 $\sum\limits_{n=1}^{\infty}c_1 u_1\dfrac{1}{c_n} = c_1 u_1 \sum\limits_{n=1}^{\infty}\dfrac{1}{c_n}$ 发散, 故由比较判别法知 $\sum\limits_{n=1}^{\infty} u_n$ 也发散.

(2) 因为对所有的正整数 n 满足 $c_n \dfrac{u_n}{u_{n+1}} - c_{n+1} \geqslant a \Rightarrow c_n u_n - c_{n+1} u_{n+1} \geqslant a u_{n+1}$,
即 $c_n u_n \geqslant c_{n+1} u_{n+1} + a u_{n+1} = (c_{n+1} + a) u_{n+1}$, 所以

$$\frac{c_n}{c_{n+1} + a} \geqslant \frac{u_{n+1}}{u_n} \,(\text{常数 } a > 0) \Rightarrow 0 < u_{n+1} \leqslant \frac{c_n}{c_{n+1} + a} u_n < \frac{c_n}{c_{n+1}} u_n,$$

即有

$$0 < u_n < \frac{c_{n-1}}{c_n} u_{n-1} \Rightarrow 0 < u_n < \frac{c_{n-1}}{c_n} u_{n-1} < \frac{c_{n-1}}{c_n} \cdot \frac{c_{n-2}}{c_{n-1}} u_{n-2}$$

$$= \frac{c_{n-2}}{c_n} u_{n-2} < \frac{c_{n-2}}{c_n} \cdot \frac{c_{n-3}}{c_{n-2}} u_{n-3}$$

$$= \frac{c_{n-3}}{c_n} u_{n-3} < \cdots < \frac{c_1}{c_n} u_1,$$

因 $\displaystyle\sum_{n=1}^{\infty} \frac{1}{c_n}$ 收敛, 故 $\displaystyle\sum_{n=1}^{\infty} \frac{c_1 u_1}{c_n} = c_1 u_1 \sum_{n=1}^{\infty} \frac{1}{c_n}$ 收敛, 所以由比较判别法知 $\displaystyle\sum_{n=1}^{\infty} u_n$ 也收敛.

例 42 设 $f(x) = \dfrac{1}{1 - x - x^2}$, $a_n = \dfrac{1}{n!} f^{(n)}(0)$, 求证: 级数 $\displaystyle\sum_{n=0}^{\infty} \frac{a_{n+1}}{a_n a_{n+2}}$ 收敛, 并求其和. (第四届北京市理工类, 1992)

证明 因为 $f(x) = \dfrac{1}{1 - x - x^2}$, 所以 $1 = (1 - x - x^2) f(x)$, 将 $f(x)$ 按麦克劳林级数展开有 $f(x) = \displaystyle\sum_{k=0}^{\infty} a_k x^k$, 其中

$$a_k = \frac{1}{k!} f^{(k)}(0) \Rightarrow 1 = (1 - x - x^2) \left(a_0 + a_1 x + \sum_{k=2}^{\infty} a_k x^k \right)$$

$$= a_0 + (a_1 - a_0) x + \left(-a_0 x^2 - a_1 x^2 - a_1 x^3 + \sum_{k=2}^{\infty} a_k x^k - \sum_{k=2}^{\infty} a_k x^{k+1} - \sum_{k=2}^{\infty} a_k x^{k+2} \right)$$

$$\Rightarrow 1 = a_0 + (a_1 - a_0) x + \sum_{m=0}^{\infty} (a_{m+2} - a_{m+1} - a_m) x^{m+2},$$

比较两边系数, 可得 $a_0 = a_1 = 1$, $a_{m+2} - a_{m+1} - a_m = 0 \Rightarrow a_{m+1} = a_{m+2} - a_m$, 且知 $a_2 = a_1 + a_0 \geqslant 2$, $a_3 = a_2 + a_1 \geqslant 3$, 由归纳法知 $a_n \geqslant n$, 故当 $n \to \infty$ 时, 有 $a_n \to \infty$.
于是级数的部分和

$$S_n = \sum_{k=0}^{n} \frac{a_{k+1}}{a_k a_{k+2}}$$

$$\Rightarrow S_n = \sum_{k=0}^{n} \frac{a_{k+2} - a_k}{a_k a_{k+2}} = \sum_{k=0}^{n} \left(\frac{1}{a_k} - \frac{1}{a_{k+2}} \right) = \sum_{k=0}^{n} \left(\frac{1}{a_k} - \frac{1}{a_{k+1}} \right) + \sum_{k=0}^{n} \left(\frac{1}{a_{k+1}} - \frac{1}{a_{k+2}} \right)$$

$$= \left(\frac{1}{a_0} - \frac{1}{a_1} \right) + \cdots + \left(\frac{1}{a_n} - \frac{1}{a_{n+1}} \right) + \left(\frac{1}{a_1} - \frac{1}{a_2} \right) + \cdots + \left(\frac{1}{a_{n+1}} - \frac{1}{a_{n+2}} \right).$$

所以 $S_n = \dfrac{1}{a_0} - \dfrac{1}{a_{n+1}} + \dfrac{1}{a_1} - \dfrac{1}{a_{n+2}}$, 因为当 $n \to \infty$ 时, $\dfrac{1}{a_{n+1}} \to 0$, $\dfrac{1}{a_{n+2}} \to 0$, 故 $S_n \to \dfrac{1}{a_0} + \dfrac{1}{a_1} = 2$.

故所给级数收敛, 且收敛到 2.

例 43 求级数 $\displaystyle\sum_{n=1}^{\infty} \left(1 + \dfrac{1}{2} + \cdots + \dfrac{1}{n}\right) x^n$ 的收敛半径及和函数. (第六届北京市理工类, 1994)

解 $a_n = 1 + \dfrac{1}{2} + \cdots + \dfrac{1}{n}, n \geqslant 1$, 则 $1 \leqslant a_n \leqslant n, 1 \leqslant \sqrt[n]{a_n} \leqslant \sqrt[n]{n}$, 因为 $\displaystyle\lim_{n \to \infty} \sqrt[n]{n} = 1$, 故 $\displaystyle\lim_{n \to \infty} \sqrt[n]{a_n} = 1$, 即级数的收敛半径 $R = 1$. 又记 $u_k(x) = x^k, k = 0, 1, 2, \cdots, |x| < 1$, $v_0(x) = 0, v_k(x) = \dfrac{1}{k} x^k, k = 1, 2, \cdots, |x| < 1$, 故在区间 $(-1, 1)$ 内级数 $\displaystyle\sum_{k=0}^{\infty} u_k(x)$ 及 $\displaystyle\sum_{k=0}^{\infty} v_k(x)$ 均绝对收敛, 其乘积

$$\left(\sum_{k=0}^{\infty} u_k(x)\right) \cdot \left(\sum_{k=0}^{\infty} v_k(x)\right) = \sum_{n=0}^{\infty} [u_0(x) v_n(x) + \cdots + u_n(x) v_0(x)]$$
$$= \sum_{n=1}^{\infty} \left(\dfrac{1}{n} + \dfrac{1}{n-1} + \cdots + 1\right) x^n = \sum_{n=1}^{\infty} a_n x^n.$$

另一方面, 当 $|x| < 1$ 时,

$$\left(\sum_{k=0}^{\infty} u_k(x)\right) \cdot \left(\sum_{k=0}^{\infty} v_k(x)\right) = \dfrac{1}{1-x} \cdot \int_0^x \dfrac{1}{1-x} \mathrm{d}x = -\dfrac{1}{1-x} \ln(1-x),$$

故 $\displaystyle\sum_{n=1}^{\infty} \left(1 + \dfrac{1}{2} + \cdots + \dfrac{1}{n}\right) x^n = -\dfrac{\ln(1-x)}{1-x}, |x| < 1$.

例 44 判断级数 $\displaystyle\sum_{n=1}^{\infty} \sin \pi (3 + \sqrt{5})^n$ 的收敛性. (第七届北京市理工类, 1995)

解 令

$$M_n = \left(3 + \sqrt{5}\right)^n + \left(3 - \sqrt{5}\right)^n = \sum_{k=0}^{n} C_n^k 3^{n-k} \left(\sqrt{5}\right)^k + \sum_{k=0}^{n} C_n^k (-1)^k 3^{n-k} \left(\sqrt{5}\right)^k$$
$$= \sum_{k=0}^{n} \left[1 + (-1)^k\right] C_n^k 3^{n-k} \left(\sqrt{5}\right)^k,$$

由此不难看出 M_n 是偶数 $(n = 1, 2, \cdots)$. 因而

$$\sin \pi \left(3 + \sqrt{5}\right)^n = \sin \pi \left[M_n - \left(3 - \sqrt{5}\right)^n\right] = -\sin \pi \left(3 - \sqrt{5}\right)^n,$$

由于 $\left|\sin\pi\left(3+\sqrt5\right)^n\right|=\left|\sin\pi\left(3-\sqrt5\right)^n\right|\leqslant\pi\left(3-\sqrt5\right)^n$, 由于 $0<3-\sqrt5<1$, 级数

$\displaystyle\sum_{n=1}^{\infty}\pi\left(3-\sqrt5\right)^n$ 收敛, 从而级数 $\displaystyle\sum_{n=1}^{\infty}\sin\pi\left(3+\sqrt5\right)^n$ 绝对收敛.

例 45　已知 $a_1=1,a_2=1,a_{n+1}=a_n+a_{n-1}(n=2,3,\cdots)$, 试求级数 $\displaystyle\sum_{n=1}^{\infty}a_nx^n$ 的

收敛半径与和函数. (第七届北京市理工类, 1995)

解　为证明数列 $\left\{\dfrac{a_n}{a_{n+1}}\right\}$ 收敛, 考察

$$\left|\frac{a_{n+1}}{a_{n+2}}-\frac{a_n}{a_{n+1}}\right|=\left|\frac{a_{n+1}^2-a_{n+2}a_n}{a_{n+2}a_{n+1}}\right|=\left|\frac{a_{n+1}^2-(a_{n+1}+a_n)a_n}{a_{n+2}a_{n+1}}\right|$$

$$=\left|\frac{a_n^2-a_{n+1}(a_{n+1}-a_n)}{a_{n+2}a_{n+1}}\right|=\left|\frac{a_n^2-a_{n+1}a_{n-1}}{a_{n+2}a_{n+1}}\right|$$

$$=\cdots=\left|\frac{a_2^2-a_3a_1}{a_{n+2}a_{n+1}}\right|$$

$$=\frac{1}{a_{n+2}a_{n+1}}.$$

由数列定义知, 当 $n\geqslant1$ 时 $a_n\geqslant n-1$, 所以级数 $\displaystyle\sum_{k=1}^{\infty}\frac{1}{a_{k+2}a_{k+1}}$ 是收敛的, 从而级数

$\dfrac{a_1}{a_2}+\displaystyle\sum_{k=1}^{\infty}\left(\frac{a_{k+1}}{a_{k+2}}-\frac{a_k}{a_{k+1}}\right)$ 绝对收敛, 而后者的前 n 项和恰好为 $\dfrac{a_n}{a_{n+1}}$. 故由无穷级数收敛

定义知数列 $\left\{\dfrac{a_n}{a_{n+1}}\right\}$ 收敛, 设其收敛于数 R, 则将关系式 $a_{n+1}=a_n+a_{n-1}$ 两边同除以

a_{n+1}, 得 $1=\dfrac{a_n}{a_{n+1}}+\dfrac{a_{n-1}}{a_{n+1}}=\dfrac{a_n}{a_{n+1}}+\dfrac{a_n}{a_{n+1}}\cdot\dfrac{a_{n-1}}{a_n}$, 两边取极限 $(n\to\infty)$, 有 $1=R+R^2$.

解此方程得 $R=\dfrac{\sqrt5-1}{2}$(负根舍去). 于是, 级数 $\displaystyle\sum_{n=1}^{\infty}a_nx^n$ 的收敛半径为 $R=\dfrac{\sqrt5-1}{2}$.

记原级数的和函数为 $S(x)$. 由 $a_{n+1}=a_n+a_{n-1}$, 得 $a_{n+1}x^{n+1}=a_nx^{n+1}+a_{n-1}x^{n+1}$ 和

$\displaystyle\sum_{n=2}^{\infty}a_{n+1}x^{n+1}=\sum_{n=2}^{\infty}a_nx^{n+1}+\sum_{n=2}^{\infty}a_{n-1}x^{n+1}$, 从而 $S(x)-x-x^2=x(S(x)-x)+x^2S(x)$,

解得和函数 $S(x)=\dfrac{x}{1-x-x^2}\left(|x|<\dfrac{\sqrt5-1}{2}\right)$.

例 46　计算级数 $\displaystyle\sum_{n=1}^{\infty}\frac{(-1)^n8^n}{n\ln(n^3+n)}x^{3n-2}$ 的收敛域. (第八届北京市理工类 1996)

解　$\displaystyle\lim_{n\to\infty}\left|\frac{u_{n+1}(x)}{u_n(x)}\right|=\lim_{n\to\infty}\left|\frac{(-1)^{n+1}8^{n+1}\cdot n\ln(n^3+n)\cdot x^{3n+1}}{(-1)^n8^n(n+1)\ln[(n+1)^3+(n+1)]\cdot x^{3n-2}}\right|=8\left|x^3\right|$, 又当

$x=\dfrac{1}{2}$ 时, $\displaystyle\sum_{n=1}^{\infty}\frac{(-1)^n8^n}{n\ln(n^3+n)}x^{3n-2}=\sum_{n=1}^{\infty}\frac{(-1)^n4}{n\ln(n^3+n)}$, 此级数为莱布尼茨交错级数, 收敛. 而

当 $x = -\dfrac{1}{2}$ 时, 原级数化为 $\displaystyle\sum_{n=1}^{\infty} \dfrac{4}{n \ln (n^3 + n)}$ 是发散的, 所以原级数收敛域为 $\left(-\dfrac{1}{2}, \dfrac{1}{2}\right]$.

例 47 两个正项级数 $\displaystyle\sum_{n=1}^{\infty} a_n, \sum_{n=1}^{\infty} b_n$, 若其满足 $\dfrac{a_n}{a_{n+1}} \geqslant \dfrac{b_n}{b_{n+1}}, (n = 1, 2, \cdots)$, 试讨论这两个级数收敛性之间的关系, 并证明你的结论. (第八届北京市理工类, 1996)

解 级数 $\displaystyle\sum_{n=1}^{\infty} a_n$ 与 $\displaystyle\sum_{n=1}^{\infty} b_n$ 的收敛性之间的关系是: 当 $\displaystyle\sum_{n=1}^{\infty} a_n$ 发散时, $\displaystyle\sum_{n=1}^{\infty} b_n$ 必发散. 当 $\displaystyle\sum_{n=1}^{\infty} b_n$ 收敛时, $\displaystyle\sum_{n=1}^{\infty} a_n$ 必收敛.

下面来证明上述结论. 由 $\dfrac{a_n}{a_{n+1}} \geqslant \dfrac{b_n}{b_{n+1}} (n = 1, 2, \cdots)$, 得

$$\frac{a_1}{a_2} \cdot \frac{a_2}{a_3} \cdots \frac{a_n}{a_{n+1}} \geqslant \frac{b_1}{b_2} \cdot \frac{b_2}{b_3} \cdots \frac{b_n}{b_{n+1}},$$

即 $\dfrac{a_1}{a_{n+1}} \geqslant \dfrac{b_1}{b_{n+1}}$, 因而, $b_{n+1} \geqslant \left(\dfrac{b_1}{a_1}\right) a_{n+1} (n = 1, 2, \cdots)$. 根据两正项级数收敛性的比较判别法, 上面的结论必成立. 而如果取 $\displaystyle\sum_{n=1}^{\infty} a_n = \sum_{n=1}^{\infty} \left(\dfrac{1}{2}\right)^n, \sum_{n=1}^{\infty} b_n = \sum_{n=1}^{\infty} 1$, 则不等式 $\dfrac{a_n}{a_{n+1}} \geqslant \dfrac{b_n}{b_{n+1}}$ 仍然成立, 但级数 $\displaystyle\sum_{n=1}^{\infty} a_n$ 收敛, 级数 $\displaystyle\sum_{n=1}^{\infty} b_n$ 发散.

例 48 设 $\{u_n\}$ 是单调增加的正数列, 证明级数 $\displaystyle\sum_{k=1}^{\infty} \left(1 - \dfrac{u_k}{u_{k+1}}\right)$ 收敛的充分必要条件是数列有界 $\{u_n\}$. (第九届北京市理工类, 1997)

证明 令 $S_n = \displaystyle\sum_{k=1}^{n} \left(1 - \dfrac{u_k}{u_{k+1}}\right)$, 由于 $\{u_n\}$ 是单调增加的正数列, 故 $1 - \dfrac{u_k}{u_{k+1}} > 0$, 即 $\{S_n\}$ 也是单调增加的正数列.

充分性. 若 $\{u_n\}$ 有界, 则存在 $M > 0$, 使 $|u_n| \leqslant M$. 于是

$$S_n = \frac{u_2 - u_1}{u_2} + \frac{u_3 - u_2}{u_3} + \cdots + \frac{u_{n+1} - u_n}{u_{n+1}} \leqslant \frac{1}{u_2} (u_{n+1} - u_1) \leqslant \frac{1}{u_2} (M - u_1),$$

即数列 $\{S_n\}$ 有上界, 从而由数列收敛准则知 $\{S_n\}$ 收敛, 即级数 $\displaystyle\sum_{k=1}^{\infty} \left(1 - \dfrac{u_k}{u_{k+1}}\right)$ 收敛.

必要性. 反证, 若数列 $\{u_n\}$ 无界, 则对于任意固定得正整数 n_0, 存在正整数 $n > n_0$ 使 $u_n > 2u_0$, 于是

$$S_{n-1} - S_{n_0} = \sum_{k=n_0}^{n-1} \left(1 - \frac{u_k}{u_{k+1}}\right)$$

$$= \frac{u_{n_0+1} - u_{n_0}}{u_{n_0+1}} - \frac{u_{n_0+2} - u_{n_0+i}}{u_{n_0+2}} + \cdots + \frac{u_n - u_{n-1}}{u_n} \geqslant \frac{u_n - u_{n_0}}{u_n} \geqslant \frac{1}{2}.$$

由柯西收敛准则知数列 $\{S_n\}$ 发散, 即原级数发散, 矛盾.

例 49 设级数 $\displaystyle\sum_{n=1}^{\infty} u_n(u_n > 0)$ 发散, 又 $S_n = u_1 + u_2 + \cdots + u_n$, 证明:

(1) $\displaystyle\sum_{n=1}^{\infty} \frac{u_n}{S_n}$ 发散;

(2) $\displaystyle\sum_{n=1}^{\infty} \frac{u_n}{S_n^2}$ 收敛. (第十届北京市理工类, 1998)

证明 (1) $u_n > 0$, 故 $\{S_n\}$ 单调增加, 所以

$$\sum_{k=n+1}^{n+p} \frac{u_k}{S_n} \geqslant \frac{1}{S_{n+p}} \sum_{k=n+1}^{n+p} u_k = \frac{S_{n+p} - S_n}{S_{n+p}} = 1 - \frac{S_n}{S_{n+p}},$$

由 $\displaystyle\sum_{n=1}^{\infty} u_k$ 发散, 知 $S_n \to \infty (n \to \infty)$, 故对任意的 n, 当 p 充分大时, 有 $\dfrac{S_n}{S_{n+p}} < \dfrac{1}{2}$, 于是 $\displaystyle\sum_{k=2}^{n} \frac{u_k}{S_n} > 1 - \frac{1}{2} = \frac{1}{2}$, 因此 $\displaystyle\sum_{n=1}^{\infty} \frac{u_n}{S_n}$ 发散.

(2) 由假设知 $\displaystyle\sum_{k=2}^{n} \frac{u_k}{S_k^2} \leqslant \sum_{k=2}^{n} \frac{S_k - S_{k-1}}{S_k S_{k-1}} = \sum_{k=2}^{n} \left(\frac{1}{S_{k-1}} - \frac{1}{S_k} \right) = \frac{1}{S_1} - \frac{1}{S_n} < \frac{1}{u_1}$, 即证该级数 $\displaystyle\sum_{n=1}^{\infty} \frac{u_n}{S_n^2}$ 的部分和有界, 从而收敛.

例 50 设级数 $\displaystyle\sum_{n=1}^{\infty} u_n$ 的各项 $u_n > 0$, $\{v_n\}$ 为一正实数列, 记 $a_n = \dfrac{u_n v_n}{u_{n+1}} - v_{n+1}$, 如果 $\displaystyle\lim_{n \to \infty} a_n = a$, 且 a 为有限正数或正无穷, 则 $\displaystyle\sum_{n=1}^{\infty} u_n$ 收敛. (第十一届北京市理工类, 1999)

证明 无论 a 为有限正数还是正无穷, 存在 $\delta > 0$ 和正整数 N, 使当 $n > N$ 时, $a_n = \dfrac{u_n v_n}{u_{n+1}} - v_{n+1} > \delta$, 两边乘 u_{n+1} 得 $u_n v_n - u_{n+1} v_{n+1} > \delta u_{n+1}$. 由上式, 当 $n > N$ 时, $u_n v_n - u_{n+1} v_{n+1} > 0$, $u_n v_n > u_{n+1} v_{n+1}$, 即当 $n > N$ 时, 数列 $\{u_n v_n\}$ 单调递减, 再考虑到 $u_n v_n > 0$, 知当 $n \to \infty$ 时, $u_n v_n$ 的极限存在且有限. 由 $u_n v_n - u_{n+1} v_{n+1} > 0$, $u_n v_n$ 的极限存在且有限, 及正项级数 $\displaystyle\sum_{n=1}^{\infty} (u_{N+n} v_{N+n} - u_{N+n+1} v_{N+n+1})$ 的部分和 $u_{N+1} v_{N+1} - u_{N+n+1} v_{N+n+1}$ 的极限存在知该级数收敛. 但当 $n > N$ 时, $u_n v_n - u_{n+1} v_{n+1} > \delta u_{n+1}$, 因而 $\displaystyle\sum_{n=1}^{\infty} \delta u_{N+n}$ 收敛.

由此可推出 $\sum\limits_{n=1}^{\infty} u_n$ 收敛.

例 51 求 $\sum\limits_{n=0}^{\infty} \dfrac{(-1)^n n^3}{(n+1)!} x^n$ 的收敛域及和函数. (第十三届北京市理工类, 2001)

解 $\dfrac{n^3}{(n+1)!} = \dfrac{1}{(n-2)!} + \dfrac{1}{n!} - \dfrac{1}{(n+1)!}$, 得

$$\sum_{n=0}^{\infty} \frac{(-1)^n n^3}{(n+1)!} x^n = \sum_{n=0}^{\infty} \frac{n^3}{(n+1)!} (-x)^n$$

$$= -\frac{x}{2} + \sum_{n=2}^{\infty} \frac{(-x)^n}{(n-2)!} + \sum_{n=2}^{\infty} \frac{(-x)^n}{n!} - \sum_{n=2}^{\infty} \frac{(-x)^n}{(n+1)!}$$

$$= -\frac{x}{2} + x^2 \sum_{n=2}^{\infty} \frac{(-x)^{n-2}}{(n-2)!} + \sum_{n=2}^{\infty} \frac{(-x)^n}{n!} - \frac{1}{x} \sum_{n=2}^{\infty} \frac{(-x)^{n+1}}{(n+1)!}$$

$$= -\frac{x}{2} + x^2 e^{-x} + \left(e^{-x} - 1 + x\right) + \frac{1}{x}\left(e^{-x} - 1 + x - \frac{x^2}{2}\right)$$

$$= e^{-x}\left(x^2 + 1 + \frac{1}{x}\right) - \frac{1}{x} \quad (x \neq 0).$$

显然, 当 $x=0$ 时, 和为 0.

因此 $\sum\limits_{n=0}^{\infty} \dfrac{(-1)^n n^3}{(n+1)!} x^n = \begin{cases} e^{-x}\left(x^2 + 1 + \dfrac{1}{x}\right) - \dfrac{1}{x}, & x \neq 0, \\ 0, & x = 0. \end{cases}$

例 52 (1) 构造一正项级数, 使得可用根值审敛法判定其敛散性, 而不能用比值审敛法判定其敛散性;

(2) 构造两个级数 $\sum\limits_{n=1}^{\infty} u_n$ 和 $\sum\limits_{n=1}^{\infty} v_n$, 使得 $\lim\limits_{n\to\infty} \dfrac{u_n}{v_n} = l$ 存在, 且 $0 < |l| < +\infty$, 但两级数的敛散性不同. (第十三届北京市理工类, 2001)

解 (1) 级数 $\sum\limits_{n=1}^{\infty} \dfrac{3+(-1)^n}{2^{n+1}}$, $\lim\limits_{n\to\infty} \sqrt[n]{\dfrac{3+(-1)^n}{2^{n+1}}} = \dfrac{1}{2} < 1$, 故级数收敛, 但 $\lim\limits_{n\to\infty} \dfrac{u_{n+1}}{u_n} =$ $\lim\limits_{n\to\infty} \dfrac{1}{2} \dfrac{3+(-1)^{n+1}}{3+(-1)^n}$ 不存在.

(2) $\sum\limits_{n=2}^{\infty} \dfrac{(-1)^n}{\sqrt{n}}$, $\sum\limits_{n=2}^{\infty} \dfrac{(-1)^n}{\sqrt{n}+(-1)^n}$, $\lim\limits_{n\to\infty} \dfrac{v_n}{u_n} = \lim\limits_{n\to\infty} \dfrac{\sqrt{n}}{\sqrt{n}+(-1)^n} = 1$, 注意到 $\sum\limits_{n=2}^{\infty} \dfrac{(-1)^n}{\sqrt{n}}$ 收敛, 而 $\sum\limits_{n=2}^{\infty} \dfrac{(-1)^n}{\sqrt{n}+(-1)^n} = \sum\limits_{n=2}^{\infty} \dfrac{(-1)^n \sqrt{n} - 1}{n-1} = \sum\limits_{n=2}^{\infty} \dfrac{(-1)^n \sqrt{n}}{n-1} - \sum\limits_{n=2}^{\infty} \dfrac{1}{n-1}$ 发散.

例 53 求幂级数 $\sum\limits_{n=1}^{\infty} \left(1 - n\ln\left(1 + \dfrac{1}{n}\right)\right) x^n$ 的收敛域. (第十五届北京市理工类, 2004)

解 若当 $x \to 0$ 时, $1 - \dfrac{\ln(1+x)}{x}$ 等价于 $\dfrac{1}{2}x$, $\lim\limits_{n \to \infty} \left| \dfrac{a_{n+1}}{a_n} \right| = \lim\limits_{n \to \infty} \left| \dfrac{\dfrac{1}{2(n+1)}}{\dfrac{1}{2n}} \right| = 1$, 则

收敛半径 $R = 1$. 易知当 $x = 1$ 时级数发散, 当 $x = -1$ 时级数收敛, 所以原级数的收敛域为 $[-1, 1)$.

例 54 设 $a_0 = 1, a_1 = -2, a_2 = \dfrac{7}{2}$, $a_{n+1} = -\left(1 + \dfrac{1}{n+1}\right) a_n (n \geqslant 2)$, 证明当

$|x| < 1$ 时幂级数 $\sum\limits_{n=0}^{\infty} a_n x^n$ 收敛, 并求其和函数 $S(x)$. (第十五届北京市理工类, 2004)

解 $\lim\limits_{n \to \infty} \left| \dfrac{a_{n+1}}{a_n} \right| = \lim\limits_{n \to \infty} \dfrac{n+2}{n+1} = 1$, $R = 1$, 所以当 $|x| < 1$ 时幂级数 $\sum\limits_{n=0}^{\infty} a_n x^n$ 收

敛. 由 $a_{n+1} = -\left(1 + \dfrac{1}{n+1}\right) a_n$ 可推出 $a_n = \dfrac{7}{6} (-1)^n (n+1) \, (n \geqslant 3)$, 则

$$
\begin{aligned}
S(x) &= 1 - 2x + \frac{7}{2} x^2 + \sum_{n=3}^{\infty} \frac{7}{6} (-1)^n (n+1) x^n \\
&= 1 - 2x + \frac{7}{2} x^2 + \frac{7}{6} \left(\sum_{n=3}^{\infty} (-1)^n \int_0^x (n+1) t^n \mathrm{d}t \right)' \\
&= 1 - 2x + \frac{7}{2} x^2 + \frac{7}{6} \left(\frac{x^4}{1+x} \right)' \\
&= 1 - 2x + \frac{7}{2} x^2 + \frac{7}{6} \frac{4x^3 + 3x^4}{(1+x)^2} \\
&= \frac{1}{(1+x)^2} \left(\frac{x^3}{3} + \frac{x^2}{2} + 1 \right).
\end{aligned}
$$

例 55 设 $x > 0$ 或 $x < -1$, 求级数 $\sum\limits_{n=1}^{\infty} \ln \dfrac{(1+(n-1)x)(1+2nx)}{(1+nx)(1+2(n-1)x)}$ 的和. (第十六届北京市理工类, 2005)

解

$$
\begin{aligned}
&\sum_{n=1}^{\infty} \ln \frac{(1+(n-1)x)(1+2nx)}{(1+nx)(1+2(n-1)x)} \\
&= \sum_{n=1}^{\infty} \left(\ln \frac{(1+(n-1)x)}{(1+2(n-1)x)} - \ln \frac{(1+nx)}{(1+2nx)} \right) \\
&= -\lim_{n \to \infty} \frac{1+nx}{1+2nx} = \ln 2.
\end{aligned}
$$

例 56 (1) 举例说明存在通项趋于零但发散的交错级数;

(2) 举例说明存在收敛的正项级数 $\sum\limits_{n=0}^{\infty} a_n$, 但 $a_n \neq o\left(\dfrac{1}{n}\right)$. (第十六届北京市理工类, 2005)

解 (1) $\sum\limits_{n=2}^{\infty} \dfrac{(-1)^n}{\sqrt{n}+(-1)^n} = \sum\limits_{n=2}^{\infty}\left[\dfrac{(-1)^n\sqrt{n}}{n-1} - \dfrac{1}{n-1}\right]$, $\sum\limits_{n=2}^{\infty}\dfrac{(-1)^n\sqrt{n}}{n-1}$ 收敛, $\sum\limits_{n=2}^{\infty}\dfrac{1}{n-1}$ 发散,

所以 $\sum\limits_{n=2}^{\infty}\left[\dfrac{(-1)^n\sqrt{n}}{n-1} - \dfrac{1}{n-1}\right]$ 发散.

(2) 定义 a_n, 当 n 是整数的平方时, $a_n = \dfrac{1}{n}$; 当 n 不是整数的平方时, $a_n = \dfrac{1}{n^2}$. 所以 $a_n \neq o\left(\dfrac{1}{n}\right)$, 而 $\sum\limits_{n=1}^{\infty} a_n$ 的部分和 $S_n \leqslant 2\sum\limits_{k=1}^{n}\dfrac{1}{k^2}$, 所以 $\sum\limits_{n=1}^{\infty} a_n$ 收敛.

例 57 设 $a_n > 0, p > 1$, 且 $\lim\limits_{n\to\infty} n^p\left(\mathrm{e}^{\frac{1}{n}} - 1\right)a_n = 1$. 若 $\sum\limits_{n=1}^{\infty} a_n$ 收敛, 则计算 p 的取值范围. (第十七届北京市理工类, 2006)

解 因为 $\mathrm{e}^{\frac{1}{n}} - 1 \sim \dfrac{1}{n}(n\to\infty)$, 所以 $\lim\limits_{n\to\infty} n^p\left(\mathrm{e}^{\frac{1}{n}} - 1\right)a_n = \lim\limits_{n\to\infty} n^{p-1}a_n = 1$. 由正项级数的比较判别法知, 若 $\sum\limits_{n=1}^{\infty} a_n$ 收敛, 则 $p-1 > 1$, 即 p 的取值范围应为 $(2, +\infty)$.

例 58 设正项级数 $\sum\limits_{n=1}^{\infty} a_n$ 收敛, 且和为 S, 试求:

(1) $\lim\limits_{n\to\infty} \dfrac{a_1 + 2a_2 + \cdots + na_n}{n}$;

(2) $\sum\limits_{n=1}^{\infty} \dfrac{a_1 + 2a_2 + \cdots + na_n}{n(n+1)}$. (第十八届北京市理工类, 2007)

解 (1)

$$\frac{a_1 + 2a_2 + \cdots + na_n}{n}$$
$$= \frac{S_n + S_n - S_1 + S_n - S_2 + \cdots + S_n - S_{n-1}}{n}$$
$$= S_n - \frac{S_1 + S_2 + \cdots + S_{n-1}}{n}$$
$$= S_n - \frac{S_1 + S_2 + \cdots + S_{n-1}}{n-1} \cdot \frac{n-1}{n},$$

所以 $\lim\limits_{n\to\infty} \dfrac{a_1 + 2a_2 + \cdots + na_n}{n} = S - S = 0.$

(2)

$$\frac{a_1 + 2a_2 + \cdots + na_n}{n(n+1)}$$

$$= \frac{a_1 + 2a_2 + \cdots + na_n}{n} - \frac{a_1 + 2a_2 + \cdots + na_n}{n+1}$$

$$= \frac{a_1 + 2a_2 + \cdots + na_n}{n} - \frac{a_1 + 2a_2 + \cdots + na_n + (n+1)a_{n+1}}{n+1} + a_{n+1}.$$

记 $b_n = \dfrac{a_1 + 2a_2 + \cdots + na_n}{n}$，则 $\dfrac{a_1 + 2a_2 + \cdots + na_n}{n(n+1)} = b_n - b_{n+1} + a_{n+1}$.

所以 $\displaystyle\sum_{n=1}^{\infty} \frac{a_1 + 2a_2 + \cdots + na_n}{n(n+1)} = b_1 + \sum_{n=1}^{\infty} a_{n+1} = \sum_{n=1}^{\infty} a_n = S.$

例 59 设 $S_n = \displaystyle\sum_{k=1}^{n} \arctan \frac{1}{2k^2}$，求 $\displaystyle\lim_{n\to\infty} S_n$. (第一届浙江省理工类, 2002)

解 $S_1 = \arctan \dfrac{1}{2}$, $S_2 = \arctan \dfrac{1}{2} + \arctan \dfrac{1}{8} = \arctan \dfrac{\dfrac{1}{2} + \dfrac{1}{8}}{1 - \dfrac{1}{2} \cdot \dfrac{1}{8}} = \arctan \dfrac{2}{3}$,

$S_3 = \arctan \dfrac{2}{3} + \arctan \dfrac{1}{18} = \arctan \dfrac{\dfrac{2}{3} + \dfrac{1}{18}}{1 - \dfrac{2}{3} \cdot \dfrac{1}{18}} = \arctan \dfrac{3}{4}$, $\cdots$, $S_n = \arctan \dfrac{n}{n+1}$.

所以 $\displaystyle\lim_{n\to\infty} S_n = \lim_{n\to\infty} \arctan \frac{n}{n+1} = \frac{\pi}{4}$.

注 $\arctan x + \arctan y = \arctan \dfrac{x+y}{1-xy}$, $\arctan x + \arctan y \in \left(-\dfrac{\pi}{2}, \dfrac{\pi}{2}\right)$.

例 60 $a_1 = 1$, $a_2 = 1$, $a_{n+2} = 2a_{n+1} + 3a_n$, $n \geqslant 1$, 求 $\displaystyle\sum_{n=1}^{\infty} a_n x^n$ 的收敛半径、收敛域及和函数. (第一届浙江省理工类, 2002)

解 $a_1 = 1$, $a_2 = 1$, $a_3 = 5$, $a_4 = 13$, $a_5 = 41$, 规律不明显!

通过 $a_{n+2} = 2a_{n+1} + 3a_n$ 找递推关系, $a_{n+2} - 3a_{n+1} = -a_{n+1} + 3a_n$.

令 $b_n = a_{n+1} - 3a_n$, 则 $\dfrac{b_{n+1}}{b_n} = -1$, $b_1 = a_2 - 3a_1 = -2$, $\{b_n\}$ 是等比数列, 则

$b_n = (-2) \cdot (-1)^{n-1} = (-1)^n \cdot 2$, $a_{n+1} - 3a_n = 2 \cdot (-1)^n$, $3(a_n - 3a_{n-1}) = 2 \cdot 3(-1)^{n-1}$,

$3^2(a_{n-1} - 3a_{n-2}) = 2 \cdot 3^2(-1)^{n-2}$, $\cdots$, $3^{n-1}(a_2 - 3a_1) = 2 \cdot 3^{n-1}(-1)$, 从而

$$a_{n+1} - 3^n a_1 = 2 \cdot (-1)^n + 2 \cdot 3 \cdot (-1)^{n-1} + \cdots + 2 \cdot 3^{n-1} \cdot (-1)$$

$$= 2 \cdot (-1)^n \frac{1 - (-3)^n}{1 - (-3)} = \frac{(-1)^n - 3^n}{2},$$

从而 $a_{n+1} = \dfrac{(-1)^n + 3^n}{2}$, 级数为 $\displaystyle\sum_{n=1}^{\infty} \frac{(-1)^{n-1} + 3^{n-1}}{2} x^n$, 因为

$$\lim_{n\to\infty} \left| \frac{a_{n+1}}{a_n} \right| = \lim_{n\to\infty} \left| \frac{\dfrac{(-1)^n + 3^n}{2}}{\dfrac{(-1)^{n-1} + 3^{n-1}}{2}} \right| = 3,$$

故收敛半径为 $\frac{1}{3}$.

当 $x = \frac{1}{3}$ 时, $\displaystyle\sum_{n=1}^{\infty} \frac{(-1)^{n-1} + 3^{n-1}}{2} \left(\frac{1}{3}\right)^n = \sum_{n=1}^{\infty} \frac{\left[\left(\frac{-1}{3}\right)^{n-1} + 1\right] 3^{-1}}{2}$ 发散.

当 $x = -\frac{1}{3}$ 时, $\displaystyle\sum_{n=1}^{\infty} \frac{(-1)^{n-1} + 3^{n-1}}{2} \left(-\frac{1}{3}\right)^n = \sum_{n=1}^{\infty} \frac{-\left(\frac{1}{3}\right)^n + \frac{(-1)^n}{3}}{2}$ 发散.

故收敛域为 $\left(-\frac{1}{3}, \frac{1}{3}\right)$.

$\forall x \in \left(-\frac{1}{3}, \frac{1}{3}\right)$, 令

$$S = \sum_{n=1}^{\infty} \frac{(-1)^{n-1} + 3^{n-1}}{2} x^n = \sum_{n=1}^{\infty} \frac{-1}{2} (-x)^n + \sum_{n=1}^{\infty} \frac{1}{6} (3x)^n$$

$$= \frac{1}{2} x \cdot \frac{1}{1+x} + \frac{x}{2} \cdot \frac{1}{1-3x} = \frac{x(1-x)}{(1+x)(1-3x)}.$$

例 61 判别级数 $\displaystyle\sum_{n=1}^{\infty} \frac{1}{\sqrt[n]{(n!)^2}}$ 的敛散性. (第三届浙江省理工类, 2004)

解 方法 1: 由斯特林公式

$$n! = \sqrt{2n\pi} \cdot \left(\frac{n}{e}\right)^n \cdot e^{\frac{\theta}{12n}}, \quad 0 < \theta < 1,$$

极限形式 $\displaystyle\lim_{n \to \infty} \frac{n! e^n}{n^{n+\frac{1}{2}}} \cdot \frac{1}{\sqrt{2\pi}} = 1$.

$$\sum_{n=1}^{\infty} \frac{1}{\sqrt[n]{(n!)^2}} = \sum_{n=1}^{\infty} \frac{1}{\sqrt[n]{\left(\sqrt{2n\pi} \cdot \left(\frac{n}{e}\right)^n \cdot e^{\frac{\theta}{12n}}\right)^2}},$$ 从而

$$\sum_{n=1}^{\infty} \frac{1}{\sqrt[n]{(n!)^2}} = \sum_{n=1}^{\infty} \frac{1}{\sqrt[n]{2n\pi \cdot \left(\frac{n}{e}\right)^{2n} \cdot e^{\frac{\theta}{6n}}}} = \sum_{n=1}^{\infty} \frac{1}{n^2 \cdot e^{\frac{\theta}{6n^2} - 2} \sqrt[n]{2n\pi}} < \sum_{n=1}^{\infty} \frac{1}{n^2 \cdot e^{-2}},$$

故 $\displaystyle\sum_{n=1}^{\infty} \frac{1}{\sqrt[n]{(n!)^2}}$ 收敛.

方法 2: 应用数学归纳法证明 $\sqrt[n]{n!} \geqslant \frac{n}{3}$, 即 $\left(\frac{n}{3}\right)^n \leqslant n!$. 当 $n = 1$, 显然成立. 假设 n 时也成立, 即 $\left(\frac{n}{3}\right)^n \leqslant n!$. 当 $n + 1$ 时,

$$\left(\frac{n+1}{3}\right)^{n+1} = \left(\frac{n+1}{n} \cdot \frac{n}{3}\right)^{n+1} = \left(\frac{n+1}{n}\right)^{n+1} \cdot \left(\frac{n}{3}\right)^n \cdot \frac{n}{3}$$

$$\leqslant \left(\frac{n+1}{n}\right)^{n+1} \cdot (n!) \cdot \frac{n}{3}$$

$$= \left(\frac{n+1}{n}\right)^{n+1} \cdot (n+1)! \cdot \frac{n}{3(n+1)}$$

$$= \frac{1}{3}\left(\frac{n+1}{n}\right)^{n} \cdot (n+1)!,$$

而 $\left\{\left(\frac{n+1}{n}\right)^{n}\right\}$ 是单调递增数列, 而且有界 (第 2 个重要极限) $\Rightarrow$ $\frac{1}{\sqrt[n]{n!}} \leqslant \frac{3}{n}$ $\Rightarrow$

$\frac{1}{\sqrt[n]{(n!)^2}} \leqslant \frac{9}{n^2}$, 而 $\sum\limits_{n=1}^{\infty} \frac{9}{n^2}$ 收敛, 由比较判别法得 $\sum\limits_{n=1}^{\infty} \frac{1}{\sqrt[n]{(n!)^2}}$ 收敛.

例 62 判别级数 $\sum\limits_{n=1}^{\infty} (-1)^{[\sqrt{n}]} \cdot \frac{1}{n}$ 的敛散性. (第四届浙江省理工类, 2005)

解 根据 $[x] \leqslant x < [x]+1$ 或 $x-1 < [x] \leqslant x$,

$$\sum_{n=1}^{\infty} (-1)^{[\sqrt{n}]} \cdot \frac{1}{n} = -\left(\frac{1}{1}+\frac{1}{2}+\frac{1}{3}\right) + \left(\frac{1}{4}+\frac{1}{5}+\cdots+\frac{1}{8}\right) - \left(\frac{1}{9}+\frac{1}{10}+\cdots+\frac{1}{15}\right) + \cdots$$

$$+ (-1)^n \left(\frac{1}{n^2}+\frac{1}{n^2+1}+\cdots+\frac{1}{n^2+2n}\right) + \cdots.$$

令 $a_n = \frac{1}{n^2} + \frac{1}{n^2+1} + \cdots + \frac{1}{n^2+2n}$, 则 $\sum\limits_{n=1}^{\infty}(-1)^{[\sqrt{n}]} \cdot \frac{1}{n} = \sum\limits_{n=1}^{\infty}(-1)^n a_n$ 为交错级数, 由夹逼准则知

$$\lim_{n\to\infty} a_n = \lim_{n\to\infty}\left(\frac{1}{n^2}+\frac{1}{n^2+1}+\cdots+\frac{1}{n^2+2n}\right) = 0,$$

$$a_{n+1} = \frac{1}{(n+1)^2} + \frac{1}{(n+1)^2+1} + \cdots + \frac{1}{(n+1)^2+2n} + \cdots + \frac{1}{(n+1)^2+2(n+1)},$$

且 $a_n > a_{n+1}$, 由莱布尼茨判别法知原级数收敛.

例 63 设幂级数 $\sum\limits_{n=0}^{\infty} a_n x^n$ 的系数满足 $a_0 = 2, na_n = a_{n-1}+n-1, n=1,2,3,\cdots$, 求此幂级数的和函数. (第六届浙江省理工类, 2007)

证明 记 $S(x) = \sum\limits_{n=0}^{\infty} a_n x^n$, 则

$$S(x) = \sum_{n=0}^{\infty} a_n x^n \Rightarrow S'(x) = \sum_{n=1}^{\infty} na_n x^{n-1} = \sum_{n=1}^{\infty} a_{n-1}x^{n-1} + \sum_{n=1}^{\infty}(n-1)x^{n-1}$$

$$= \sum_{n=0}^{\infty} a_n x^n + \sum_{n=0}^{\infty} nx^n = S(x) + \sum_{n=0}^{\infty} nx^n.$$

而

$$\sum_{n=0}^{\infty} nx^n = x\sum_{n=0}^{\infty} nx^{n-1} = x\sum_{n=0}^{\infty} (x^n)'$$

$$= x\left(\sum_{n=0}^{\infty} x^n\right)' = x\left(\frac{1}{1-x}\right)' = \frac{x}{(1-x)^2},$$

即 $S'(x) - S(x) = \dfrac{x}{(1-x)^2}$. 求 $S'(x) - S(x) = 0$ 的通解: $S(x) = Ce^x$, 令 $S(x) = C(x)e^x$

代入 $S'(x) - S(x) = \dfrac{x}{(1-x)^2}$, 得 $C(x)e^x + C'(x)e^x - C(x)e^x = \dfrac{x}{(1-x)^2}$, 即

$$C(x) = \int \frac{x}{(1-x)^2 e^x}dx = \int \left(\frac{1}{1-x}\right)' \cdot xe^{-x}dx$$

$$= \frac{xe^{-x}}{1-x} - \int \frac{1}{1-x}\left(xe^{-x}\right)'dx = \frac{xe^{-x}}{1-x} + \int \left(-e^{-x}\right)dx = \frac{xe^{-x}}{1-x} + e^{-x} + C.$$

故 $S'(x) - S(x) = \dfrac{x}{(1-x)^2}$ 的通解为

$$S(x) = \left(\frac{xe^{-x}}{1-x} + e^{-x} + C\right) \cdot e^x = \frac{1}{1-x} + Ce^x.$$

由于 $S(0) = 0$, 解得 $C = -1$, 故 $\displaystyle\sum_{n=0}^{\infty} a_n x^n$ 的和函数 $S(x) = \dfrac{1}{1-x} - e^x$.

例 64 已知数列 $\{a_n\}$, $0 \leqslant a_n \leqslant 1$, $n = 1, 2, 3, \cdots$, 定义 $b_n = \displaystyle\sum_{k=1}^{n}[1 - (1-a_k)^n]$, $n = 1, 2, 3, \cdots$, 证明:

(1) 若数列 $\{a_n\}$ 中有无穷多项非零, 则 $\displaystyle\lim_{n\to\infty} b_n = \infty$;

(2) 若级数 $\displaystyle\sum_{n=1}^{\infty} a_n$ 收敛, 则 $\displaystyle\lim_{n\to\infty} \frac{b_n}{n} = 0$. (第十届浙江省理工类, 2011)

证明 (1) 若数列 $\{a_n\}$ 中有无穷多项非零, 则 $\forall T > 0$, $\exists M > 0$, $\{a_i\}_1^M$ 中至少有 $2[T]$ 个不为 0, 记为 $a_{i_j} \neq 0$, $j = 1, 2, \cdots, 2[T]$; 对于 a_{i_j} $j = 1, 2, \cdots, 2[T]$, $\exists N > 0$ 当 $n > N$ 时有 $\left(1-a_{i_j}\right)^n < 1/2$, 即当 $n > N$ 时有

$$b_n = \sum_{k=1}^{n}[1 - (1-a_k)^n] \geqslant \sum_{k=1}^{2[T]}[1 - (1-a_{i_k})^n] \geqslant [T].$$

所以 $\displaystyle\lim_{n\to\infty} b_n = \infty$.

(2) 若级数 $\displaystyle\sum_{n=1}^{\infty} a_n$ 收敛, 则 $\forall \varepsilon > 0$, $\exists M > 0$, 使得 $\displaystyle\sum_{n=M}^{\infty} a_n < \frac{\varepsilon}{2}$, 对于 M, $\exists N > 0$

使得 $\dfrac{M}{N} < \dfrac{\varepsilon}{2}$, 当 $n > N$ 时, 有

$$b_n = \sum_{k=1}^{n} \left[1 - (1 - a_k)^n \right]$$

$$= \sum_{k=1}^{M} \left[1 - (1 - a_k)^n \right] + \sum_{k=M+1}^{n} \left[1 - (1 - a_k)^n \right]$$

$$\leqslant M + \sum_{k=M+1}^{n} a_k \sum_{j=0}^{n-1} (1 - a_k)^j$$

$$\leqslant M + n \sum_{k=M+1}^{n} a_k,$$

所以 $\dfrac{b_n}{n} \leqslant \dfrac{M}{n} + \sum_{k=M+1}^{n} a_k < \varepsilon$, 从而 $\lim\limits_{n\to\infty} \dfrac{b_n}{n} = 0$.

例 65 讨论级数 $\sum\limits_{n=1}^{\infty} \dfrac{\sin n \sin n^2}{n}$ 的收敛性. (第十三届浙江省理工类, 2014)

解 $\sin n \sin n^2 = \dfrac{1}{2} \left[\cos(n^2 - n) - \cos(n^2 + n) \right] = \dfrac{1}{2} \left[\cos n(n-1) - \cos n(n+1) \right].$

方法 1: $\forall N > 0$, $\left| \sum\limits_{n=1}^{N} \sin n \sin n^2 \right| = \left| \dfrac{1}{2} \left[1 - \cos N(N+1) \right] \right| \leqslant 1$, $\dfrac{1}{n}$ 单调递减且趋于 0, 由狄利克雷判别法得级数收敛.

方法 2: 级数的前 N 项部分和 $S_N = \sum\limits_{n=1}^{N} \dfrac{\sin n \sin n^2}{n} = \dfrac{1}{2} - \dfrac{1}{2} \sum\limits_{n=1}^{N} \dfrac{\cos n(n+1)}{n(n+1)}$ 收敛, 所以级数收敛.

例 66 求级数 $\sum\limits_{n=1}^{\infty} \dfrac{x^n}{n(n+1)}$ 的和. (第十六届浙江省理工类, 2017)

解 考虑级数 $s(x) = \sum\limits_{n=1}^{\infty} \dfrac{x^{n+1}}{n(n+1)}$, 有 $s''(x) = \sum\limits_{n=1}^{\infty} x^{n-1} = \dfrac{1}{1-x}$, $|x| < 1$,

$$s(x) = x + (1-x)\ln(1-x) \quad x \in [-1, 1),$$

当 $x = 1$ 时 $s(1) = 1$. 当 $x \neq 0$ 时, $\sum\limits_{n=1}^{\infty} \dfrac{x^n}{n(n+1)} = x^{-1} s(x) = 1 + \dfrac{(1-x)\ln(1-x)}{x}$. 当 $x = 0$ 时 $\sum\limits_{n=1}^{\infty} \dfrac{x^n}{n(n+1)} = 0$.

例 67 求级数 $\sum\limits_{n=1}^{\infty} \dfrac{[2 + (-1)^n]^n}{n} x^n$ 的收敛域及级数 $\sum\limits_{n=1}^{\infty} \dfrac{[2 + (-1)^n]^n}{n \cdot 6^n}$ 的和. (第十七届浙江省理工类, 2018)

解 $\sum_{n=1}^{\infty} \frac{[2+(-1)^n]^n}{n} x^n = \sum_{n=1}^{\infty} \frac{1}{2n-1} x^{2n-1} + \sum_{n=1}^{\infty} \frac{3^{2n}}{2n} x^{2n}$，则 $\sum_{n=1}^{\infty} \frac{1}{2n-1} x^{2n-1}$ 的收

敛域为 $(-1,1)$，$\sum_{n=1}^{\infty} \frac{3^{2n}}{2n} x^{2n}$ 的收敛域为 $\left(-\frac{1}{3}, \frac{1}{3}\right)$，所以原级数的收敛域为 $\left(-\frac{1}{3}, \frac{1}{3}\right)$，记

$S_1(x) = \sum_{n=1}^{\infty} \frac{1}{2n-1} x^{2n-1}$，则

$$S_1'(x) = \sum_{n=1}^{\infty} x^{2n-2} = \frac{1}{1-x^2} = \frac{1}{2}\left(\frac{1}{1-x} + \frac{1}{1+x}\right), \quad x \in (-1,1),$$

故 $S_1(x) = \frac{1}{2} \ln \frac{1+x}{1-x}, x \in (-1,1)$. 同理，

$$S_2(x) = \sum_{n=1}^{\infty} \frac{1}{2n} (3x)^{2n},$$

则

$$S_2'(x) = 3 \sum_{n=1}^{\infty} (3x)^{2n-1} = 3 \cdot \frac{3x}{1-9x^2} = \frac{9x}{1-9x^2}, \quad x \in \left(-\frac{1}{3}, \frac{1}{3}\right),$$

故 $S_2(x) = -\frac{1}{2} \ln(1-9x^2), x \in \left(-\frac{1}{3}, \frac{1}{3}\right)$.

所以 $S(x) = S_1(x) + S_2(x), x \in \left(-\frac{1}{3}, \frac{1}{3}\right)$，从而

$$S\left(\frac{1}{6}\right) = S_1\left(\frac{1}{6}\right) + S_2\left(\frac{1}{6}\right) = \frac{1}{2} \ln \frac{7}{5} + \left(-\frac{1}{2}\right) \ln \frac{3}{4} = \frac{1}{2} \ln \frac{28}{15},$$

即 $\sum_{n=1}^{\infty} \frac{[2+(-1)^n]^n}{n \cdot 6^n} = \frac{1}{2} \ln \frac{28}{15}$.

例 68 讨论级数 $\sum_{n=2}^{\infty} \frac{(-1)^n}{n^p+(-1)^n}$ 的收敛性，其中 $p > 0$. (第十八届浙江省理工类，2019)

解 改写通项表达式得

$$\frac{(-1)^n}{n^p+(-1)^n} = \frac{(-1)^n[n^p-(-1)^n]}{n^{2p}-1} = \frac{(-1)^n n^p}{n^{2p}-1} - \frac{1}{n^{2p}-1} = \frac{(-1)^n}{n^p - \frac{1}{n^p}} - \frac{1}{n^{2p}-1}.$$

考虑级数 $\sum_{n=2}^{\infty} \frac{(-1)^n}{n^p - \frac{1}{n^p}}$，由比较判别法可知，当 $p > 1$ 时绝对收敛. 当 $0 < p \leqslant 1$ 时条件

收敛. 考虑级数 $\sum_{n=2}^{\infty} \frac{1}{n^{2p}-1}$. 由比较判别法可知，当 $p > \frac{1}{2}$ 时绝对收敛，当 $0 < p \leqslant \frac{1}{2}$

时发散.

所以原级数当 $p > \dfrac{1}{2}$ 时收敛, 当 $0 < p \leqslant \dfrac{1}{2}$ 时发散.

例 69 求级数的和 $\displaystyle\sum_{n=1}^{\infty} \dfrac{n^2-1}{n \cdot 2^n}$. (第十九届浙江省理工类, 2020)

解 由级数的线性运算性质, 得原式 $= \displaystyle\sum_{n=1}^{\infty} n\left(\dfrac{1}{2}\right)^n - \sum_{n=1}^{\infty} \dfrac{1}{n}\left(\dfrac{1}{2}\right)^n$, 令 $x = \dfrac{1}{2}$ 构建

两个幂级数, 收敛区间都为 $(-1,1)$. 在收敛区间内, 由幂级数的解析性质

$$S_1(x) = \sum_{n=1}^{\infty} nx^n = x\sum_{n=1}^{\infty} nx^{n-1} = x\sum_{n=1}^{\infty}(x^n)' = x\left(\sum_{n=1}^{\infty} x^n\right)'$$

$$= x\left(\dfrac{1}{1-x} - 1\right)' = \dfrac{x}{(1-x)^2}$$

$$\Rightarrow S_1\left(\dfrac{1}{2}\right) = 2.$$

$$S_2(x) = \sum_{n=1}^{\infty} \dfrac{1}{n}x^n = \sum_{n=1}^{\infty} \int_0^x t^{n-1}\mathrm{d}t = \int_0^x \sum_{n=1}^{\infty} t^{n-1}\mathrm{d}t = \int_0^x \dfrac{1}{1-t}\mathrm{d}t = -\ln(1-x)$$

$$\Rightarrow S_2\left(\dfrac{1}{2}\right) = \ln 2.$$

故原级数的和为 $2 - \ln 2$.

例 70 求级数 $\displaystyle\sum_{n=1}^{\infty} \dfrac{n^2+1}{n!}$ 的和. (第二十届浙江省理工类, 2021)

解

$$\sum_{n=1}^{\infty} \dfrac{n^2+1}{n!} = \sum_{n=1}^{\infty} \dfrac{n^2}{n!} + \sum_{n=1}^{\infty} \dfrac{1}{n!} = \sum_{n=1}^{\infty} \dfrac{n}{(n-1)!} + \mathrm{e} - 1$$

$$= \sum_{n=0}^{\infty} \dfrac{n+1}{n!} + \mathrm{e} - 1 = \sum_{n=1}^{\infty} \dfrac{n}{n!} + \mathrm{e} + \mathrm{e} - 1$$

$$= \sum_{n=1}^{\infty} \dfrac{1}{(n-1)!} + \mathrm{e} + \mathrm{e} - 1 = 3\mathrm{e} - 1.$$

例 71 求级数 $\displaystyle\sum_{n=1}^{\infty} \dfrac{n^2(n+1) + (-1)^n}{2^n n}$ 的和. (第十一届江苏省理工类, 2012)

解 令 $f(x) = \displaystyle\sum_{n=1}^{\infty} n(n+1)x^{n-1}$, $\displaystyle\int_0^x f(x)\mathrm{d}x = \sum_{n=1}^{\infty}(n+1)x^n$,

$$\int_0^x \left(\int_0^x f(x)\mathrm{d}x\right)\mathrm{d}x = \sum_{n=1}^{\infty} x^{n+1} = \dfrac{x^2}{1-x}, \quad |x| < 1,$$

$$f(x) = \left(\frac{x^2}{1-x}\right)'' = \left(\frac{2x-x^2}{(1-x)^2}\right)' = \frac{2}{(1-x)^3}, \quad |x| < 1,$$

$$f\left(\frac{1}{2}\right) = \sum_{n=1}^{\infty} \frac{n(n+1)}{2^{n-1}} = 16.$$

$$\sum_{n=1}^{\infty} \frac{n(n+1)}{2^n} = 8, \quad \sum_{n=1}^{\infty} \frac{1}{n}\left(-\frac{1}{2}\right)^n = -\ln\left(1+\frac{1}{2}\right) = -\ln\frac{3}{2}.$$

于是原式 $= \sum_{n=1}^{\infty} \frac{n(n+1)}{2^n} + \sum_{n=1}^{\infty} \frac{1}{n}\left(-\frac{1}{2}\right)^n = 8 - \ln\frac{3}{2}.$

例 72 已知数列 $\{a_n\}$, $a_1 = 1, a_2 = 2, a_3 = 5$, $a_{n+1} = 3a_n - a_{n-1}$ $(n = 2, 3, \cdots)$, 记

$x_n = \frac{1}{a_n}$, 判别级数 $\sum_{n=1}^{\infty} x_n$ 的敛散性. (第十届江苏省理工类, 2010)

解 由数学归纳法知, 数列 $\{a_n\}$ 单调递增, 由 $\frac{x_{n+1}}{x_n} = \frac{a_n}{a_{n+1}} = \frac{a_n}{3a_n - a_{n-1}} \leqslant \frac{1}{2}$,

知 $x_{n+1} \leqslant \left(\frac{1}{2}\right)^n x_1$, 而级数 $\sum_{n=1}^{\infty} \left(\frac{1}{2}\right)^n x_1$ 收敛, 所以级数 $\sum_{n=1}^{\infty} x_n$ 收敛.

例 73 求 $f(x) = \frac{x^2(x-3)}{(x-1)^3(1-3x)}$ 关于 x 的幂级数展开式. (第九届江苏省理工

类, 2008)

解 $f(x) = \frac{x^2(x-3)}{(x-1)^3(1-3x)} = \frac{(x-1)^3 + 1 - 3x}{(x-1)^3(1-3x)} = \frac{1}{1-3x} + \frac{1}{(x-1)^3},$

而

$$\frac{1}{1-3x} = \sum_{n=0}^{\infty} (3x)^n = \sum_{n=0}^{\infty} 3^n x^n, \quad |x| < \frac{1}{3}.$$

令 $g(x) = \frac{1}{(x-1)^3}$, 则

$$\int_0^x g(t)\mathrm{d}t = \int_0^x \frac{1}{(t-1)^3}\mathrm{d}t = -\frac{1}{2}\frac{1}{(t-1)^2}\bigg|_0^x = \frac{1}{2} - \frac{1}{2}\frac{1}{(x-1)^2}.$$

令 $h(x) = \frac{1}{(x-1)^2}$, 则

$$\int_0^x h(t)\mathrm{d}t = \int_0^x \frac{1}{(t-1)^2}\mathrm{d}t = -\frac{1}{t-1}\bigg|_0^x = -1 + \frac{1}{1-x} = \frac{x}{1-x} = \sum_{n=0}^{\infty} x^{n+1}, \quad |x| < 1,$$

所以 $h(x) = \sum_{n=0}^{\infty} (n+1)x^n, |x| < 1,$ 从而 $\int_0^x g(t)\mathrm{d}t = \frac{1}{2} - \frac{1}{2}\sum_{n=0}^{\infty} (n+1)x^n,$ 则

$$\int_0^x g(t)\mathrm{d}t = -\frac{1}{2}\sum_{n=1}^{\infty} (n+1)nx^{n-1} = -\frac{1}{2}\sum_{n=0}^{\infty} (n+2)(n+1)x^n, \quad |x| < 1.$$

故 $f(x) = \sum\limits_{n=0}^{\infty} \left[3^n - \dfrac{1}{2}(n+1)(n+2) \right] x^n, |x| < \dfrac{1}{3}.$

例 74 (1) 判别级数 $\sum\limits_{n=1}^{\infty} \dfrac{(-1)^{n+1}}{2n + \sin^2 n}$ 的敛散性, 若收敛, 要区分是绝对收敛还是条件收敛; (2) 求幂级数 $\sum\limits_{n=1}^{\infty} \dfrac{2n+1}{n!} x^{2n}$ 的收敛域与和函数. (第十二届江苏省理工类, 2014)

解 (1) 记 $a_n = \dfrac{1}{2n + \sin^2 n}$, 则 $a_n > 0$, 又因为 $a_n \sim \dfrac{1}{2n}$. 所以 $\sum\limits_{n=1}^{\infty} a_n$ 发散, 所以原级数不是绝对收敛.

对交错级数 $\sum\limits_{n=1}^{\infty} (-1)^{n+1} a_n$, 易知 $\lim\limits_{n \to \infty} a_n = 0$, 因为 $\left(\dfrac{1}{2x + \sin^2 x} \right)' = \dfrac{-(2 + \sin 2x)}{(2x + \sin^2 x)^2} < 0$, 所以 $a_n \geqslant a_{n+1}, n = 1, 2, \cdots$. 故由莱布尼茨判别法知 $\sum\limits_{n=1}^{\infty} (-1)^{n+1} a_n$ 收敛. 所以原级数为条件收敛.

(2) 令 $t = x^2$, 对 $\sum\limits_{n=1}^{\infty} \dfrac{2n+1}{n!} t^n$, 其收敛半径 $R = \lim\limits_{n \to \infty} \dfrac{2n+1}{n!} \cdot \dfrac{(n+1)!}{2n+3} = +\infty$. 故 $\sum\limits_{n=1}^{\infty} \dfrac{2n+1}{n!} x^{2n}$ 的收敛域为 $(-\infty, +\infty)$.

记 $f(x) = \sum\limits_{n=1}^{\infty} \dfrac{2n+1}{n!} x^{2n}, x \in (-\infty, +\infty)$, 则

$$\int_0^x f(t)\mathrm{d}t = \sum_{n=1}^{\infty} \int_0^x \frac{2n+1}{n!} t^{2n} \mathrm{d}t = \sum_{n=1}^{\infty} \frac{x^{2n+1}}{n!} = x \left(\sum_{n=0}^{\infty} \frac{1}{n!} x^{2n} - 1 \right) = x \left(\mathrm{e}^{x^2} - 1 \right),$$

从而 $f(x) = \left(x\mathrm{e}^{x^2} - x \right)' = \mathrm{e}^{x^2} \left(2x^2 + 1 \right) - 1.$

例 75 已知级数 $\sum\limits_{n=2}^{\infty} (-1)^n \left(\sqrt{n^2+1} - \sqrt{n^2-1} \right) n^\lambda \ln n$, 其中实数 $\lambda \in [0, 1]$, 试对 λ 讨论该级数的绝对收敛, 条件收敛与发散性. (第十三届江苏省理工类, 2016)

解 方法 1: 设 $a_n = \left(\sqrt{n^2+1} - \sqrt{n^2-1} \right) n^\lambda \ln n$, 则 $a_n > 0$.

$$a_n = n \left(\sqrt{n^2+1} - \sqrt{n^2-1} \right) \frac{\ln n}{n^{1-\lambda}}$$
$$= \frac{2\ln n}{\left(\sqrt{1 + 1/n^2} + \sqrt{1 - 1/n^2} \right) n^{1-\lambda}} \sim \frac{\ln n}{n^{1-\lambda}} = b_n.$$

因为 $\lambda \in [0, 1]$, $1 - \lambda \leqslant 1$, $\dfrac{\ln n}{n^{1-\lambda}} > \dfrac{1}{n} \ (n \geqslant 3)$, 而 $\sum\limits_{n=2}^{\infty} \dfrac{1}{n}$ 发散, 应用比较判别法得级数

$\displaystyle\sum_{n=2}^{\infty} b_n = \sum_{n=2}^{\infty} \frac{\ln n}{n^{1-\lambda}}$ 发散, 再应用比较判别法得原级数非绝对收敛.

(1) 当 $\lambda \in [0,1)$ 时, 令 $f(x) = x\left(\sqrt{x^2+1} - \sqrt{x^2-1}\right)$. 当 $x \geqslant 2$ 时, 因

$$f'(x) = \sqrt{x^2+1} - \sqrt{x^2-1} + x\left(\frac{x}{\sqrt{x^2+1}} - \frac{x}{\sqrt{x^2-1}}\right) = \frac{2}{\sqrt{x^2+1}+\sqrt{x^2-1}} \cdot \left(\frac{\sqrt{x^4-1}-x^2}{\sqrt{x^4-1}}\right) < 0,$$

所以 $f(x)$ 在 $x \geqslant 2$ 上单调减少, 故 $f(n) = n\left(\sqrt{n^2+1} - \sqrt{n^2-1}\right)$ 单调减少.

令 $g(x) = \dfrac{\ln x}{x^{1-\lambda}}$, 因为 $0 < 1-\lambda \leqslant 1$, $g'(x) = \dfrac{1-(1-\lambda)\ln x}{x^{2-\lambda}} < 0$ $\left(x > \mathrm{e}^{\frac{1}{1-\lambda}}\right)$, 所以当 x 充分大时 $g(x) = \dfrac{\ln x}{x^{1-\lambda}}$ 单调减少, 故当 n 充分大时 $g(n) = \dfrac{\ln n}{n^{1-\lambda}}$ 单调减少. 显然 $f(n) > 0, g(n) > 0$, 故 $\{a_n\} = \{f(n) \cdot g(n)\}$ 也单调减少. 应用洛必达法则有

$$\lim_{x \to +\infty} g(x) = \lim_{x \to +\infty} \frac{\ln x}{x^{1-\lambda}} = \lim_{x \to +\infty} \frac{\dfrac{1}{x}}{(1-\lambda)x^{-\lambda}}$$
$$= \lim_{x \to +\infty} \frac{1}{(1-\lambda)x^{1-\lambda}} = 0.$$

于是

$$\lim_{n \to \infty} g(n) = \lim_{n \to \infty} \frac{\ln n}{n^{1-\lambda}} = 0,$$

$$\lim_{n \to \infty} a_n = \lim_{n \to \infty} \frac{2}{\sqrt{1+1/n^2}+\sqrt{1-1/n^2}} \cdot \lim_{n \to \infty} \frac{\ln n}{n^{1-\lambda}} = 1 \cdot 0 = 0.$$

应用莱布尼茨判别法得交错级数 $\displaystyle\sum_{n=2}^{\infty} (-1)^n a_n$ 收敛, 所以原级数当 $\lambda \in [0,1)$ 时条件收敛.

(2) 当 $\lambda = 1$ 时, 因为

$$\lim_{n \to \infty} a_n = \lim_{n \to \infty} \frac{2\ln n}{\sqrt{1+1/n^2}+\sqrt{1-1/n^2}} = +\infty, \quad \lim_{n \to \infty} (-1)^n a_n \neq 0,$$

所以原级数当 $\lambda = 1$ 时发散.

方法 2: 数列 $\{a_n\}$ 单调减少的证明改动如下, 其他步骤同上. 令

$$f(x) = \left(\sqrt{x^2+1} - \sqrt{x^2-1}\right) \cdot x^\lambda \ln x,$$

则

$$f'(x) = \left(\frac{x}{\sqrt{x^2+1}} - \frac{x}{\sqrt{x^2-1}}\right)x^\lambda \ln x + \left(\sqrt{x^2+1} - \sqrt{x^2-1}\right)x^{\lambda-1}(\lambda \ln x + 1)$$

$$= \frac{-2x^2\ln x + 2\sqrt{x^4-1}(\lambda\ln x+1)}{\sqrt{x^4-1}\left(\sqrt{x^2+1}+\sqrt{x^2-1}\right)x^{1-\lambda}} < \frac{2x^2(1+\lambda\ln x)-2x^2\ln x}{\sqrt{x^4-1}\left(\sqrt{x^2+1}+\sqrt{x^2-1}\right)x^{1-\lambda}}$$

$$= \frac{2x^2(1-(1-\lambda)\ln x)}{\sqrt{x^4-1}\left(\sqrt{x^2+1}+\sqrt{x^2-1}\right)x^{1-\lambda}} < 0 \quad (x > e^{\frac{1}{1-\lambda}}).$$

所以当 x 充分大时, $f(x)$ 单调减少, 故当 n 充分大时, $\{a_n\} = \{f(n)\}$ 单调减少.

例 76 求函数 $f(x) = \dfrac{x}{(1+x^2)^2} + \arctan\dfrac{1+x}{1-x}$ 关于 x 的幂级数展开式. (第十四届江苏省理工类, 2017)

解 令 $F(x) = \dfrac{x}{(1+x^2)^2}, G(x) = \arctan\dfrac{1+x}{1-x}$, 则

$$\int_0^x F(x)\mathrm{d}x = \int_0^x \frac{x}{(1+x^2)^2}\mathrm{d}x = -\frac{1}{2(1+x^2)}\bigg|_0^x = \frac{1}{2} - \frac{1}{2(1+x^2)}$$

$$= \frac{1}{2} + \sum_{n=0}^{\infty} \frac{(-1)^{n+1}}{2}x^{2n}(|x| < 1),$$

两边求导数, 得

$$F(x) = \sum_{n=1}^{\infty} (-1)^{n+1}nx^{2n-1} = \sum_{n=0}^{\infty} (-1)^n(n+1)x^{2n+1}(|x| < 1),$$

由于 $G'(x) = \dfrac{1}{1+((1+x)/(1-x))^2} \cdot \dfrac{2}{(1-x)^2} = \dfrac{1}{1+x^2} = \sum\limits_{n=0}^{\infty}(-1)^nx^{2n}(|x| < 1)$, 两边求积分得

$$G(x) = G(0) + \sum_{n=0}^{\infty} \frac{(-1)^n}{2n+1}x^{2n+1} = \frac{\pi}{4} + \sum_{n=0}^{\infty} \frac{(-1)^n}{2n+1}x^{2n+1}\,(|x| < 1),$$

于是 $f(x)$ 的 x 的幂级数展开式为

$$f(x) = \frac{\pi}{4} + \sum_{n=1}^{\infty} (-1)^n\left((n+1)+\frac{1}{2n+1}\right)x^{2n+1} \quad (|x| < 1).$$

例 77 已知函数 $f(x) = \dfrac{7+2x}{2-x-x^2}$ 在区间 $(-1,1)$ 上关于 x 的幂级数展式为 $f(x) = \sum\limits_{n=0}^{\infty} a_n x^n$, (1) 试求 a_n $(n=0,1,2,\cdots)$; (2) 证明级数 $\sum\limits_{n=0}^{\infty} \dfrac{a_{n+1}-a_n}{(a_n-2)\cdot(a_{n+1}-2)}$ 收敛, 并求该级数的和. (第十五届江苏省理工类, 2018)

解 令 $f(x) = \dfrac{7+2x}{2-x-x^2} = \dfrac{2x+7}{(1-x)(2+x)} = \dfrac{3}{1-x} + \dfrac{1}{2+x}$.

(1) 下面用两种方法求 a_n.

方法 1: $f(x) = \sum_{n=0}^{\infty} 3x^n + \frac{1}{2} \sum_{n=0}^{\infty} \frac{(-1)^n}{2^n} x^n = \sum_{n=0}^{\infty} \left(3 + \frac{(-1)^n}{2^{n+1}}\right) x^n, |x| < 1,$ 于是

$a_n = 3 + \frac{(-1)^n}{2^{n+1}} \ (n = 0, 1, 2, \cdots).$

方法 2: 由于 $\left(\frac{1}{x}\right)^{(n)} = (-1)^n \frac{n!}{x^{n+1}},$ 所以

$$f^{(n)}(x) = -3\left(\frac{1}{x-1}\right)^{(n)} + \left(\frac{1}{2+x}\right)^{(n)} = -3(-1)^n \frac{n!}{(x-1)^{n+1}} + (-1)^n \frac{n!}{(2+x)^{n+1}}.$$

于是 $a_n = \frac{f^{(n)}(0)}{n!} = 3 + \frac{(-1)^n}{2^{n+1}} \ (n = 0, 1, 2, \cdots).$

(2)

$$\sum_{n=0}^{\infty} \frac{a_{n+1} - a_n}{(a_n - 2) \cdot (a_{n+1} - 2)} = \sum_{n=0}^{\infty} \frac{(a_{n+1} - 2) - (a_n - 2)}{(a_n - 2) \cdot (a_{n+1} - 2)} = \sum_{n=0}^{\infty} \left(\frac{1}{a_n - 2} - \frac{1}{a_{n+1} - 2}\right)$$

$$= \lim_{n \to \infty} \left\{ \left(\frac{1}{a_0 - 2} - \frac{1}{a_1 - 2}\right) + \left(\frac{1}{a_1 - 2} - \frac{1}{a_2 - 2}\right) + \cdots + \left(\frac{1}{a_n - 2} - \frac{1}{a_{n+1} - 2}\right) \right\}$$

$$= \lim_{n \to \infty} \left(\frac{1}{a_0 - 2} - \frac{1}{a_{n+1} - 2}\right) = \frac{2}{3} - \lim_{n \to \infty} \frac{1}{1 + \frac{(-1)^{n+1}}{2^{n+2}}} = -\frac{1}{3},$$

所以原级数收敛, 其和为 $-\frac{1}{3}$.

例 78 求幂级数 $\sum_{n=1}^{\infty} \frac{n}{8^n(2n-1)} x^{3n-1}$ 的收敛域与和函数. (第十六届江苏省理工类, 2019)

解 因为 $\lim_{n \to \infty} \left| \frac{(n+1)x^{3n+2}}{8^{n+1}(2n+1)} \frac{8^n(2n-1)}{nx^{3n-1}} \right| = \frac{|x|^3}{8},$ 所以 $-2 < x < 2$ 时原级数收敛, 而 $x = -2, x = 2$ 时原级数都发散, 故收敛域为 $(-2, 2)$.

$$\sum_{n=1}^{\infty} \frac{n}{8^n(2n-1)} x^{3n-1} = \frac{1}{2} \sum_{n=1}^{\infty} \frac{1}{8^n} x^{3n-1} + \frac{1}{2} \sum_{n=1}^{\infty} \frac{1}{8^n(2n-1)} x^{3n-1}$$

$$= \frac{x^2}{2(8-x^3)} + \frac{1}{2} \sum_{n=1}^{\infty} \frac{1}{8^n(2n-1)} x^{3n-1}.$$

当 $x \in [0, 2)$ 时, 令 $x^3 = t^2$, $\sum_{n=1}^{\infty} \frac{1}{8^n(2n-1)} x^{3n-1} = t^{\frac{1}{3}} \sum_{n=1}^{\infty} \frac{t^{2n-1}}{8^n(2n-1)} = \frac{\sqrt{x}}{4\sqrt{2}} \ln \frac{2\sqrt{2} + x\sqrt{x}}{2\sqrt{2} - x\sqrt{x}}.$

$\left(\textbf{注} \quad \text{记 } f(t) = \sum_{n=1}^{\infty} \frac{t^{2n-1}}{8^n(2n-1)}, \ f'(t) = \sum_{n=1}^{\infty} \frac{t^{2n-2}}{8^n} = \frac{1}{8 - t^2}, \ f(t) = \frac{1}{4\sqrt{2}} \ln \frac{2\sqrt{2} + t}{2\sqrt{2} - t}.\right)$

当 $x \in (-2, 0)$ 时, 令 $x^3 = -t^2$,

$$\sum_{n=1}^{\infty} \frac{1}{8^n(2n-1)} x^{3n-1} = -t^{\frac{1}{3}} \sum_{n=1}^{\infty} \frac{(-1)^n t^{2n-1}}{8^n(2n-1)} = \frac{\sqrt{-x}}{2\sqrt{2}} \arctan \frac{-x\sqrt{-x}}{2\sqrt{2}}.$$

注 记 $g(t) = \displaystyle\sum_{n=1}^{\infty} \frac{(-1)^n t^{2n-1}}{8^n(2n-1)}$, $g'(t) = \displaystyle\sum_{n=1}^{\infty} \frac{(-1)^n t^{2n-2}}{8^n} = -\frac{1}{8+t^2}$, $g(t) = -\frac{1}{2\sqrt{2}} \arctan \frac{t}{2\sqrt{2}}$.

故 $S(x) = \begin{cases} \dfrac{x^2}{2(8-x^3)} + \dfrac{\sqrt{x}}{8\sqrt{2}} \ln \dfrac{2\sqrt{2}+x\sqrt{x}}{2\sqrt{2}-x\sqrt{x}}, & 0 \leqslant x < 2, \\[3mm] \dfrac{x^2}{2(8-x^3)} - \dfrac{\sqrt{-x}}{4\sqrt{2}} \arctan \dfrac{x\sqrt{-x}}{2\sqrt{2}}, & -2 < x < 0. \end{cases}$

例 79 设 $a_n = \displaystyle\int_{(n-1)\pi}^{(n+1)\pi} \frac{\sin x}{x} \mathrm{d}x \ (n = 1, 2, \cdots)$. (1) 指出 $|a_n|, |a_{n+1}|$ 的大小, 证明你的结论; (2) 判断级数 $\displaystyle\sum_{n=1}^{\infty} a_n$ 的敛散性. (第十八届江苏省理工类, 2021)

解 (1) 令 $x = (n+1)\pi - t$, 则有

$$
\begin{aligned}
a_n &= \int_0^{2\pi} \frac{(-1)^n \sin t}{(n+1)\pi - t} \mathrm{d}t \\
&= \int_0^{\pi} \frac{(-1)^n \sin t}{(n+1)\pi - t} \mathrm{d}t + \int_{\pi}^{2\pi} \frac{(-1)^n \sin t}{(n+1)\pi - t} \mathrm{d}t \\
&= \int_0^{\pi} \frac{(-1)^n \sin t}{(n+1)\pi - t} \mathrm{d}t + \int_0^{\pi} \frac{(-1)^{n+1} \sin u}{(n-1)\pi + u} \mathrm{d}u \\
&= (-1)^n \int_0^{\pi} \sin x \left(\frac{1}{(n+1)\pi - x} - \frac{1}{(n-1)\pi + x} \right) \mathrm{d}x,
\end{aligned}
$$

所以 $|a_n| = \displaystyle\int_0^{\pi} \sin x \left(\frac{1}{(n-1)\pi + x} - \frac{1}{(n+1)\pi - x} \right) \mathrm{d}x$, 从而

$$|a_{n+1}| = \int_0^{\pi} \sin x \left(\frac{1}{n\pi + x} - \frac{1}{(n+2)\pi - x} \right) \mathrm{d}x.$$

因为

$$\frac{1}{(n-1)\pi+x} - \frac{1}{(n+1)\pi-x} = \frac{2\pi - 2x}{[(n-1)\pi+x][(n+1)\pi-x]},$$

$$\frac{1}{n\pi+x} - \frac{1}{(n+2)\pi-x} = \frac{2\pi - 2x}{(n\pi+x)[(n+2)\pi-x]}.$$

因为第二个分数的分母比第一个分母大, 故

$$\frac{1}{(n-1)\pi+x}-\frac{1}{(n+1)\pi-x}>\frac{1}{n\pi+x}-\frac{1}{(n+2)\pi-x},$$

所以 $|a_n|>|a_{n+1}|$.

(2) 由 (1) 知, 级数 $\displaystyle\sum_{n=1}^{\infty}a_n$ 为交错级数. 由积分中值定理可知

$$a_n=\int_{(n-1)\pi}^{(n+1)\pi}\frac{\sin x}{x}\mathrm{d}x=\frac{\sin\xi}{\xi}\cdot 2\pi,$$

$\xi\in((n-1)\pi,(n+1)\pi)$, 故当 $n\to\infty$ 时, $\xi\to\infty$, 从而 $\displaystyle\lim_{n\to\infty}a_n=\lim_{\xi\to\infty}\frac{\sin\xi}{\xi}\cdot 2\pi=0$, 又因为 $\{|a_n|\}$ 单调递减, 所以由莱布尼茨判别法可知, 级数 $\displaystyle\sum_{n=1}^{\infty}a_n$ 收敛.

九、模拟导训

1. 根据 α 的取值, 讨论正项级数 $\displaystyle\sum_{n=1}^{\infty}\left[\mathrm{e}-\left(1+\frac{1}{n}\right)^n\right]^{\alpha}$ 的敛散性.

2. 求幂级数 $\displaystyle\sum_{n=1}^{\infty}\left[\frac{(-1)^{n-1}}{\sqrt{n}}+\frac{(-1)^n}{2n-1}\right]x^{2n-1}$ 的收敛域.

3. 设 $a_0=4, a_1=1, a_{n-2}=n(n-1)a_n\,(n\geqslant 2)$.

(1) 求幂级数 $\displaystyle\sum_{n=0}^{\infty}a_nx^n$ 的和函数 $s(x)$;

(2) 求 $s(x)$ 的极值.

4. 设 $a_0=1, a_1=-2, a_2=\dfrac{7}{2}$, 当 $n\geqslant 2$ 时, 有 $a_{n+1}=-\left(1+\dfrac{1}{n+1}\right)a_n$.

(1) 证明: 当 $|x|<1$ 时幂级数 $\displaystyle\sum_{n=0}^{\infty}a_nx^n$ 收敛;

(2) 求上述幂级数在 $(-1,1)$ 内的和函数 $S(x)$.

5. 设 $\alpha=\displaystyle\lim_{x\to 0^+}\frac{x^2\tan\dfrac{x}{2}}{1-(1+x)^{\int_0^x\sin^2\sqrt{t}\mathrm{d}t}}$, 求常数项级数 $\displaystyle\sum_{n=1}^{\infty}n^2(\sin\alpha)^{n-1}$ 的和.

6. 设幂级数 $\displaystyle\sum_{n=0}^{\infty}a_nx^n$ 的系数满足 $a_0=2, na_n=a_{n-1}+n-1, n\geqslant 1$, 求此幂级数的收敛半径 R 及和函数 $S(x)$.

7. 求幂级数 $\displaystyle\sum_{n=1}^{\infty}\frac{x^n}{1+\dfrac{1}{2}+\dfrac{1}{3}+\cdots+\dfrac{1}{n}}$ 的收敛半径, 并讨论端点的收敛性.

8. 设 $a>0$, 讨论级数 $\displaystyle\sum_{n=1}^{\infty}\frac{1}{a^{\ln n}}$ 的敛散性.

9. 设数列 $\{u_n\}$ 满足 $0 < u_n < 1$, 且 $u_1 + \sum\limits_{n=2}^{\infty} (1-u_1)(1-u_2)\cdots(1-u_{n-1})u_n = 1$, 证明: 级数 $\sum\limits_{n=1}^{\infty} u_n$ 发散.

10. 求常数项级数 $\sum\limits_{n=0}^{\infty} \dfrac{(n!)^2}{(2n+1)!}$ 的和.

11. 对于 $x \in [0, \pi]$.

(1) 证明: $\sum\limits_{n=1}^{\infty} \dfrac{\cos nx}{n^2} = \dfrac{1}{12}(3x^2 - 6\pi x + 2\pi^2)$;

(2) 求级数 $\sum\limits_{n=1}^{\infty} \dfrac{(-1)^{n-1}}{n^2}$ 与 $\sum\limits_{n=1}^{\infty} \dfrac{1}{n^4}$ 的和.

12. 设 $a_1 = 2$, $a_{n+1} = \dfrac{1}{2}\left(a_n + \dfrac{1}{a_n}\right)$, $n = 1, 2, 3, \cdots$. 证明:

(1) $\lim\limits_{n \to \infty} a_n$ 存在;

(2) 级数 $\sum\limits_{n=1}^{\infty} \left(\dfrac{a_n}{a_{n+1}} - 1\right)$ 收敛.

13. 设 a_n 是曲线 $y = x^n$ 与 $y = x^{n+1}$ $(n = 1, 2, \cdots)$ 所围区域的面积, 记 $S_1 = \sum\limits_{n=1}^{\infty} a_n$, $S_2 = \sum\limits_{n=1}^{\infty} a_{2n-1}$, 求 S_1 与 S_2 的值.

14. 已知级数 $\sum\limits_{n=1}^{\infty} \dfrac{1}{(n^2+1)^\alpha}$ 发散, 级数 $\sum\limits_{n=1}^{\infty} \left(\tan\dfrac{1}{n} - \sin\dfrac{1}{n}\right)^\alpha$ 收敛, 求正数 α 的取值范围.

15. 设级数 $\sum\limits_{n=1}^{\infty} (a_n - a_{n-1})$ 收敛, $\sum\limits_{n=1}^{\infty} b_n$ 绝对收敛, 证明: $\sum\limits_{n=1}^{\infty} a_n b_n$ 绝对收敛.

16. 证明: (1) 方程 $x = \tan x$ 在 $(0, +\infty)$ 内有无穷多个可由小到大排列的正根 $x_1 < x_2 < \cdots < x_n < \cdots$; (2) 级数 $\sum\limits_{n=1}^{\infty} \dfrac{1}{x_n^2}$ 收敛.

17. 设 $u_1 = 1, u_2 = 2$, $n \geqslant 3$ 时 $u_n = u_{n-1} + u_{n-2}$. 求证: (1) $\dfrac{3}{2}u_{n-1} < u_n < 2u_{n-1}$;

(2) $\sum\limits_{n=1}^{\infty} \dfrac{1}{u_n}$ 收敛.

18. 设函数 $f(x)$ 在 $[0, 1]$ 上有连续的导数, 且 $\lim\limits_{x \to 0^+} \dfrac{f(x)}{x} = 1$. 证明: 级数 $\sum\limits_{n=1}^{\infty} f\left(\dfrac{1}{n}\right)$ 发散, 而 $\sum\limits_{n=1}^{\infty} (-1)^{n-1} f\left(\dfrac{1}{n}\right)$ 收敛.

19. (1) 证明: 对于任意正整数 n, 方程 $x^n + nx - 1 = 0$ 均有唯一的正根 a_n; (2) 确

定 p 的范围, 使得 $\sum\limits_{n=1}^{\infty} a_n^p$ 收敛.

20. 若级数 $\sum\limits_{n=1}^{\infty}(a_{2n-1}+a_{2n})$ 收敛, 且 $\lim\limits_{n\to\infty} a_n=0$, 则证明级数 $\sum\limits_{n=1}^{\infty} a_n$ 收敛.

21. 设 $\sum\limits_{n=1}^{\infty} u_n(u_n>0)$ 是正项级数, 若 $\lim\limits_{n\to\infty}\dfrac{\ln\dfrac{1}{u_n}}{\ln n}=p$, 证明: 当 $p>1$ 时, $\sum\limits_{n=1}^{\infty} u_n$ 收敛, 当 $p<1$ 时, $\sum\limits_{n=1}^{\infty} u_n$ 发散. 由此判断级数 $\sum\limits_{n=2}^{\infty}\left(1-\dfrac{2\ln n}{n^2}\right)^{n^2}$ 的敛散性.

22. 设正项数列 $\{a_n\}$ 单调减少且 $\sum\limits_{n=1}^{\infty}(-1)^n a_n$ 发散, 证明: 级数 $\sum\limits_{n=1}^{\infty}(-1)^n\left(1-\dfrac{a_{n+1}}{a_n}\right)$ 绝对收敛.

23. 记 $p_1 p_2 p_3\cdots p_n\cdots=\prod\limits_{n=1}^{\infty} p_n$, $\prod\limits_{k=1}^{n} p_k=A_n$, 若 $\lim\limits_{n\to\infty} A_n=A$ (A 为有限数), 则称无穷乘积 $\prod\limits_{n=1}^{\infty} p_n$ 收敛, A 称为它的值, 否则, 称其为发散的. (1) 寻求 $p_n>0$ ($n=1,2,3,\cdots$) 时 $\prod\limits_{n=1}^{\infty} p_n$ 收敛的一个充要条件; (2) 讨论 $\dfrac{2}{1}\cdot\dfrac{2}{3}\cdot\dfrac{4}{3}\cdot\dfrac{4}{5}\cdot\dfrac{6}{5}\cdot\dfrac{6}{7}\cdots\dfrac{2n}{2n-1}\cdot\dfrac{2n}{2n+1}\cdots$ 的敛散性.

24. 设 $\sum\limits_{n=1}^{\infty} u_n$ 的各项 $u_n>0$, $\{v_n\}$ 是一个正的实数列, 记 $a_n=\dfrac{u_n v_n}{u_{n+1}}-v_{n+1}$, $\lim\limits_{n\to\infty} a_n=a>0$, 证明 $\sum\limits_{n=1}^{\infty} u_n$ 收敛.

25. 设数列 $\{a_n\}$ 单调增加, 且 $a_n\geqslant 1(n=1,2,\cdots)$, 证明: 级数 $\sum\limits_{n=1}^{\infty}\left(1-\dfrac{a_n}{a_{n+1}}\right)\dfrac{1}{\sqrt{a_{n+1}}}$ 收敛.

26. 设 $u_1>4$, $u_{n+1}=\sqrt{12+u_n}$, $a_n=\dfrac{1}{\sqrt{u_n-4}}$ ($n=1,2,3,\cdots$), 求幂级数 $\sum\limits_{n=1}^{\infty} a_n x^n$ 的收敛域.

27. 设 $f(x)$ 在 $[-1,1]$ 上具有二阶连续导数, 且 $\lim\limits_{x\to 0}\dfrac{f(x)}{x}=0$. 证明级数 $\sum\limits_{n=1}^{\infty} f\left(\dfrac{1}{n}\right)$ 绝对收敛.

28. 两个正负级数 $\sum\limits_{n=1}^{\infty} a_n$ 与 $\sum\limits_{n=1}^{\infty} b_n$, 若满足 $\dfrac{a_n}{a_{n+1}}\geqslant\dfrac{b_n}{b_{n+1}}$, $n=1,2,\cdots$. 试讨论这两个级数收敛性之间的关系, 并证明你的结论.

29. 设函数 $f(x)$ 在 $x=0$ 的某个邻域内具有连续一阶导数, 且 $\lim\limits_{x\to 0}\dfrac{f(x)}{x}=1$. 证明

级数 $\sum_{n=1}^{\infty}(-1)^n f\left(\dfrac{1}{n}\right)$ 收敛, 而 $\sum_{n=1}^{\infty} f\left(\dfrac{1}{n}\right)$ 发散.

30. 求 $\displaystyle\sum_{n=0}^{\infty} \dfrac{\mathrm{e}^{-n}}{n+1}$.

31. 设 $\displaystyle\sum_{n=1}^{\infty} a_n$ 为发散的正项级数, $S_n = \displaystyle\sum_{k=1}^{n} a_k$ 且 $a_1 > 0$, 证明级数 $\displaystyle\sum_{n=1}^{\infty} \dfrac{a_n}{S_n^2}$ 收敛.

32. 求数项级数 $\displaystyle\sum_{n=1}^{\infty} \dfrac{1}{(2n)!\,2^{2n+1}}$ 的和.

33. 已知无穷级数 $\displaystyle\sum_{n=1}^{\infty} \dfrac{c_n}{n}\,(c_n > 0)$ 收敛, 证明: 无穷级数 $\displaystyle\sum_{k=1}^{\infty}\sum_{n=1}^{\infty} \dfrac{c_n}{k^2 + n^2}$ 也收敛.

模拟导训
参考解答

第九章

全国大学生数学竞赛模拟试题(非数学类)

模拟试题一 (初赛)(非数学 A 类)

一、填空题 (本题共 5 小题, 每题 6 分, 共计 30 分).

1. 极限 $\lim\limits_{x \to +\infty} x^2(\ln \arctan(x+1) - \ln \arctan x) =$ _____.

2. 已知 $g(x)$ 是以周期为 T 的连续函数, 且 $g(0) = 1$, $f(x) = \int_0^{2x} |x-t|\, g(t)\mathrm{d}t$, 则 $f'(T) =$ _____.

3. 计算积分 $I = \int_0^1 \dfrac{\ln(1+x)}{1+x^2}\mathrm{d}x =$ _____.

4. 计算积分 $I = \iint\limits_{0 \leqslant x \leqslant y \leqslant \pi} \ln|\sin(x-y)|\,\mathrm{d}x\mathrm{d}y =$ _____.

5. 设 $u_n = \int_0^\pi x^2 \sin nx\,\mathrm{d}x\ (n = 1, 2, \cdots)$, 则常数项级数 $\sum\limits_{n=1}^\infty (-1)^{n-1} u_{2n-1} =$ _____.

二、(14 分) 计算 $\lim\limits_{t \to 1^-} (1-t)\left(\dfrac{t}{1+t} + \dfrac{t^2}{1+t^2} + \cdots + \dfrac{t^n}{1+t^n} + \cdots \right)$.

三、(14 分) 设 $f(x)$ 在区间 $[0,1]$ 上可导, 且 $f(0) = 0$, $f(1) = 1$, $k_1, k_2, \cdots, k_n$ 为 n 个正数, 证明在区间 $[0,1]$ 内存在一组互不相等的数 $x_1, x_2, \cdots, x_n$, 使得 $\sum\limits_{i=1}^n \dfrac{k_i}{f'(x_i)} = \sum\limits_{i=1}^n k_i$.

四、(14 分) 设函数 $f(x)$ 在 $[0,1]$ 上二阶连续可导, 证明: 对一切 n, 有

$$\left| \sum_{k=0}^{2n+1} (-1)^k f\left(\frac{k}{2n+2} \right) + \frac{f(1) - f(0)}{2} \right| \leqslant \frac{1}{4(n+1)} \int_0^1 |f''(x)|\,\mathrm{d}x.$$

五、(14 分) 设 f 是 $\{(x,y) \,|\, x^2 + y^2 \leqslant 1\}$ 上的二次连续可微函数, 且满足 $\dfrac{\partial^2 f}{\partial x^2} + \dfrac{\partial^2 f}{\partial y^2} = x^2 + y^2$, 计算积分 $\iint\limits_{x^2+y^2 \leqslant 1} \left(\dfrac{x}{\sqrt{x^2+y^2}} \dfrac{\partial f}{\partial x} + \dfrac{y}{\sqrt{x^2+y^2}} \dfrac{\partial f}{\partial y} \right) \mathrm{d}x\mathrm{d}y$.

六、(14 分) 设函数 $f(x) = \dfrac{1}{1-2x-x^2}$, 证明级数 $\sum\limits_{n=0}^\infty \dfrac{n!}{f^{(n)}(0)}$ 收敛.

模拟试题一
参考解答

模拟试题二 (初赛)(非数学 A 类)

一、填空题 (本题共 5 小题, 每题 6 分, 共计 30 分).

1. $\displaystyle\lim_{x\to 0}\frac{\cos(\sin x)-1+\frac{1}{2}x^2}{x^2\tan x^2}=$ _____.

2. 设曲线 $y=y(x)$ 由 $\begin{cases} x-4y=3t^2+2t, \\ e^{y-1}+ty=\cos t \end{cases}$ 确定, 则曲线在 $t=0$ 处的切线方程为_____.

3. z 轴绕直线 $x=y=z$ 旋转的曲面方程是_____.

4. 方程 $\displaystyle\sum_{k=1}^{100}\frac{1}{x-k}=0$ 的实根共有_____ 个.

5. $\displaystyle\iiint\limits_{|x|+|y|+|z|\leqslant 1}(|x|+|y|+|z|)\,\mathrm{d}x\mathrm{d}y\mathrm{d}z=$ _____.

二、(14 分) 设 $f(x)$ 在 $[a,b]$ 上可导, 且 $f'(x)\neq 0$.

(1) 证明: 至少存在一点 $\xi\in(a,b)$, 使得 $\displaystyle\int_a^b f(x)\mathrm{d}x=f(b)(\xi-a)+f(a)(b-\xi)$;

(2) 对 (1) 中的 ξ, 求 $\displaystyle\lim_{b\to a^+}\frac{\xi-a}{b-a}$.

三、(14 分) 计算 $\displaystyle\int_0^1\mathrm{d}x\int_0^{\sqrt{x}}\left(\frac{e^x}{x}-\frac{e^{y^2}}{\sqrt{x}}\right)\mathrm{d}y$.

四、(14 分) 求曲面积分 $\displaystyle\iint\limits_{\Sigma}(x-1)^3\mathrm{d}y\mathrm{d}z+(y+1)^3\mathrm{d}z\mathrm{d}x+z^3\mathrm{d}x\mathrm{d}y$, 其中 Σ 是上半球面 $z=\sqrt{1-x^2-(y-1)^2}$ 的上侧.

五、(14 分) 证明: 当 $x\geqslant 0,\ y\geqslant 0$ 时, $e^{x+y-2}\geqslant\dfrac{1}{12}\left(x^2+3y^2\right)$.

六、(14 分) 设 $\{a_n\}$ 为单调递增且各项为正的数列, 证明 $\displaystyle\sum_{n=1}^{\infty}\frac{n}{a_1+a_2+\cdots+a_n}$ 收敛的充分必要条件是 $\displaystyle\sum_{n=1}^{\infty}\frac{1}{a_n}$ 收敛.

模拟试题二
参考解答

模拟试题三 (初赛)(非数学 B 类)

一、填空题 (本题共 5 小题, 每题 6 分, 共计 30 分).

1. $\lim\limits_{n\to+\infty}\left(\dfrac{2\arctan(n+1)}{\pi}\right)^n=$_____.

2. 设 $f(x)=x(x-1)(x-2)\cdots(x-2024)$, 则 $f'(0)=$_____.

3. $\displaystyle\int_0^{\frac{\pi}{2}}\dfrac{1+\sin x}{1+\cos x}\mathrm{d}x=$_____.

4. 设函数 $f(x)$ 任意阶可导, 若 $u=f(\ln(x^2+y^2))$, 满足 $\dfrac{\partial^2 u}{\partial x^2}+\dfrac{\partial^2 u}{\partial y^2}=4$, 则 $f(x)=$_____.

5. 设 $\lim\limits_{\substack{x\to 0\\ y\to 0}}\dfrac{f(x,y)+3x-4y}{x^2+y^2}=2$, 则 $2f'_x(0,0)+f'_y(0,0)=$_____.

二、(14 分) 设函数 $f(x)$ 连续, 且 $f(0)\neq 0$, 求 $\lim\limits_{x\to 0}\dfrac{\displaystyle\int_0^x(x-t)f(t)\,\mathrm{d}t}{x\displaystyle\int_0^x f(x-t)\,\mathrm{d}t}$.

三、(14 分) 设函数 $f(x)$ 的二阶导数 $f''(x)$ 在 $[2,4]$ 上连续, 且 $f(3)=0$, 证明在 $(2,4)$ 内至少存在一点 ξ 使得 $f''(\xi)=3\displaystyle\int_2^4 f(t)\,\mathrm{d}t$.

四、(14 分) 设函数 $f(x)$ 在 $[0,1]$ 上二阶连续可导, 证明: 对一切 n, 有

$$\left|\sum_{k=0}^{2n+1}(-1)^k f\left(\frac{k}{2n+2}\right)+\frac{f(1)-f(0)}{2}\right|\leqslant\frac{1}{4(n+1)}\int_0^1|f''(x)|\,\mathrm{d}x.$$

五、(14 分) 计算

$$I=\int_0^{a\sin\varphi}\mathrm{e}^{-y^2}\mathrm{d}y\int_{\sqrt{a^2-y^2}}^{\sqrt{b^2-y^2}}\mathrm{e}^{-x^2}\mathrm{d}x+\int_{a\sin\varphi}^{b\sin\varphi}\mathrm{e}^{-y^2}\mathrm{d}y\int_{y\cot\varphi}^{\sqrt{b^2-y^2}}\mathrm{e}^{-x^2}\mathrm{d}x,$$

其中 $0<a<b$, $0<\varphi<\dfrac{\pi}{2}$ 且 a,b,φ 都是常数.

六、(14 分) 求幂级数 $\displaystyle\sum_{n=1}^{\infty}\dfrac{n}{8^n(2n-1)}x^{3n-1}$ 的收敛域与和函数.

模拟试题三
参考解答

模拟试题四 (初赛)(非数学 B 类)

一、填空题 (本题共 5 小题, 每题 6 分, 共计 30 分).

1. 设 $f(x)=\begin{cases}\sin 2x, & x\geqslant 1,\\ \mathrm{e}^{3x}-1, & x<1,\end{cases}$ 设 $y=f(f(x))$, 则 $\left.\dfrac{\mathrm{d}y}{\mathrm{d}x}\right|_{x=\pi}=$ _____.

2. 设曲线 $y=y(x)$ 由 $\begin{cases}x-4y=3t^2+2t,\\ \mathrm{e}^{y-1}+ty=\cos t,\end{cases}$ 确定, 则曲线在 $t=0$ 处的切线方程

为_____.

3. 设 $f(x)=x\mathrm{e}^{-x}+x^{2023}$, 则 $f^{(2024)}(x)=$ _____.

4. 方程 $\displaystyle\sum_{k=1}^{100}\frac{1}{x-k}=0$ 的实根共有_____个.

5. 已知 $\displaystyle\int f(x)\mathrm{d}x=x\arctan x+C$, 则 $\displaystyle\int\frac{f(x)}{1+x^2}\mathrm{d}x=$ _____.

二、(14 分) 设 $f(x)$ 在 $[a,b]$ 上可导, 且 $f'(x)\neq 0$.

(1) 证明: 至少存在一点 $\xi\in(a,b)$, 使得 $\displaystyle\int_a^b f(x)\mathrm{d}x=f(b)(\xi-a)+f(a)(b-\xi)$;

(2) 对 (1) 中的 ξ, 求 $\displaystyle\lim_{b\to a^+}\frac{\xi-a}{b-a}$.

三、(14 分) 计算 $\displaystyle\int_0^1 \mathrm{d}x\int_0^{\sqrt{x}}\left(\frac{\mathrm{e}^x}{x}-\frac{\mathrm{e}^{y^2}}{\sqrt{x}}\right)\mathrm{d}y$.

四、(14 分) 计算广义积分 $\displaystyle\int_0^{+\infty}\frac{\ln x}{x^2+a^2}\mathrm{d}x\,(a>0)$ 的值.

五、(14 分) 证明: 当 $x\geqslant 0, y\geqslant 0$ 时, $\mathrm{e}^{x+y-2}\geqslant\dfrac{1}{12}\left(x^2+3y^2\right)$.

六、(14 分) 设 $a_0=1, a_1=-2, a_2=\dfrac{7}{2}, a_{n+1}=-\left(1+\dfrac{1}{n+1}\right)a_n\,(n\geqslant 2)$. 证明:

当 $|x|<1$ 时幂级数 $\displaystyle\sum_{n=0}^{\infty}a_n x^n$ 收敛, 并求其和函数 $S(x)$.

模拟试题四
参考解答

模拟试题五 (决赛)(非数学类)

一、填空题 (每小题 6 分, 共 5 小题, 满分 30 分).

1. 极限 $\lim\limits_{n\to\infty}\left(\arctan\dfrac{\pi}{n}\cdot\sum\limits_{k=1}^{n}\dfrac{\sin\dfrac{k\pi}{n}}{2+\cos\dfrac{k\pi}{n}}\right)=$_____.

2. 设 $f(x)$ 为连续函数, 且 $\displaystyle\int_0^\pi f(x\sin x)\sin x\mathrm{d}x=1$, 则 $\displaystyle\int_0^\pi f(x\sin x)x\cos x\mathrm{d}x$ =_____.

3. 设函数 $f(x)$ 在定义域 I 上的导数大于 0, 若对任意的 $x_0\in I$, 曲线 $y=f(x)$ 在 $(x_0,f(x_0))$ 处的切线与直线 $x=x_0$ 及 x 轴所围成区域的面积恒为 4, 且 $f(0)=2$, 则 $f(x)$ 的表达式为_____.

4. 设 $\Omega: x^2+y^2+z^2\leqslant 4,\ x^2+y^2+z^2\geqslant 2z$, 则 $I=\displaystyle\iiint\limits_{\Omega}\left(2+x\mathrm{e}^{x^2+y^2+z^2}\right)\mathrm{d}V$ =_____.

5. 设三阶实对称矩阵 $\boldsymbol{A}$ 的特征值为 $\lambda_1=-1,\lambda_2=\lambda_3=1$, 对应于 λ_1 的特征向量为 $\boldsymbol{\xi}_1=\begin{pmatrix}0\\1\\1\end{pmatrix}$, 则矩阵 $\boldsymbol{A}=$_____.

二、(本题 14 分) $\{x_n\}$ 满足 $x_{n+1}=f(x_n)$, f 满足 $f(x)=x-x^2+2x^3+o(x^3)\ (x\to 0)$, 若 $x_1>0$ 且 $\lim\limits_{n\to\infty}x_n=0$, (1) 求极限 $\lim\limits_{n\to\infty}nx_n$; (2) 证明: $nx_n-1\sim\dfrac{\ln n}{n}$.

三、(本题 14 分) 求经过三平行直线 $L_1:x=y=z$, $L_2:x-1=y=z+1$, $L_3:x=y+1=z-1$ 的圆柱面的方程.

四、(本题 14 分) (1) 设函数 $f(x)$ 在 $[0,2]$ 上有一阶连续的导函数, 且 $f(0)=f(2)=0$, 证明: $\sqrt{\displaystyle\int_0^2 f^2(x)\mathrm{d}x}\leqslant 2\sqrt{\displaystyle\int_0^2[f'(x)]^2\,\mathrm{d}x}$.

(2) 设函数 $f(x)$ 在 $[0,1]$ 上有二阶连续导数, 证明: 对于任意的 $\xi\in\left(0,\dfrac{1}{4}\right)$ 和 $\eta\in\left(\dfrac{3}{4},1\right)$ 有 $|f'(x)|<2|f(\xi)-f(\eta)|+\displaystyle\int_0^1|f''(x)|\,\mathrm{d}x$.

五、(本题 14 分) 设 $a_n=\displaystyle\int_0^{\frac{\pi}{2}}t\left|\dfrac{\sin nt}{\sin t}\right|^3\mathrm{d}t$, 证明 $\displaystyle\sum_{n=1}^{\infty}\dfrac{1}{a_n}$ 发散.

六、(本题 14 分) 已知实矩阵 $\boldsymbol{A}=\begin{pmatrix}2&2\\2&a\end{pmatrix}$, $\boldsymbol{B}=\begin{pmatrix}4&b\\3&1\end{pmatrix}$. 证明:

(1) 矩阵方程 $\boldsymbol{AX}=\boldsymbol{B}$ 有解但 $\boldsymbol{BY}=\boldsymbol{A}$ 无解的充要条件是 $a\neq 2, b=\dfrac{4}{3}$; (2) $\boldsymbol{A}$ 相似于 $\boldsymbol{B}$ 的充要条件是 $a=3, b=\dfrac{2}{3}$; (3) $\boldsymbol{A}$ 合同于 $\boldsymbol{B}$ 的充要条件是 $a<2, b=3$.

模拟试题五
参考解答

模拟试题六 (决赛)(非数学类)

一、填空题 (每小题 6 分, 共 30 分).

1. 设 $f(x,y)$ 连续, $f(0,0) = 0$, $f(x,y)$ 在 $(0,0)$ 处可微且 $f_y(0,0) = 1$, 则

$$\lim_{x \to 0^+} \frac{\int_0^{x^3} \mathrm{d}t \int_{\sqrt[3]{t}}^x f(t,u)\mathrm{d}u}{1 - \sqrt[3]{1 - x^5}} = \underline{\qquad}.$$

2. 曲线 $y = f(x) = \lim\limits_{a \to +\infty} \dfrac{x}{1 + x^2 - e^{ax}}, y = \dfrac{1}{2}x$ 及 $x = 1$ 围成的平面图形的面积为 $\underline{\qquad}$.

3. 设 $y(x-y)^2 = x$, 则 $\displaystyle\int \frac{\mathrm{d}x}{x - 3y} = \underline{\qquad}$.

4. 设 $L: x^2 + xy + y^2 = 1 (y \geqslant 0)$ 从点 $(-1,0)$ 到 $(1,0)$ 的弧, 则 $\displaystyle\int_L \left(1 + (xy + y^2)\sin x\right)\mathrm{d}x + (x^2 + xy)\sin y \mathrm{d}y = \underline{\qquad}$.

5. 设 $\boldsymbol{A}$ 是 3 阶矩阵, $\boldsymbol{b} = (9, 18, -18)^{\mathrm{T}}$, 方程组 $\boldsymbol{A}\boldsymbol{x} = \boldsymbol{b}$ 的通解为 $k_1(-2,1,0)^{\mathrm{T}} + k_2(2,0,1)^{\mathrm{T}} + (1,2,-2)^{\mathrm{T}}$, 则 $\boldsymbol{A}^{10} = \underline{\qquad}$.

二、(本题满分 14 分) 设函数 $f(x)$ 在 $[a,b]$ 上连续, 在 (a,b) 内二次可微. 证明: 对于任何 $c \in (a,b)$, 存在 $\xi \in (a,b)$, 使得 $\dfrac{1}{2}f''(\xi) = \dfrac{f(a)}{(a-b)(a-c)} + \dfrac{f(b)}{(b-c)(b-a)} + \dfrac{f(c)}{(c-a)(c-b)}$.

三、(本题满分 14 分) 设 $f(x)$ 是区间 $[0,1]$ 上的非负连续上凸函数, 并且 $f(0) = 1$, 试证明 $\displaystyle\int_0^1 xf(x)\mathrm{d}x \leqslant \frac{2}{3}\left(\int_0^1 f(x)\mathrm{d}x\right)^2$.

四、(本题满分 14 分) 设 n 阶矩阵 $\boldsymbol{A} = (a_{ij})_{n \times n}$, 若 $\displaystyle\sum_{j=1}^n |a_{ij}| < 1, i = 1, 2, \cdots, n$, 证明 $\boldsymbol{A}$ 的所有特征值 $\lambda_i (i = 1, 2, \cdots, n)$ 的绝对值小于 1.

五、(本题满分 14 分) 设 $f(r,t) = \displaystyle\oint_L \frac{y\mathrm{d}x - x\mathrm{d}y}{(x^2 + y^2)^t}$, 其中 L 是 $x^2 + xy + y^2 = r^2$ 正向, 求极限 $\lim\limits_{r \to +\infty} f(r,t)$.

六、(本题满分 14 分) 如果函数 $\dfrac{1}{(1-ax)(1-bx)} (a \neq b)$ 能展开为 x 的幂级数 $\displaystyle\sum_{n=0}^{\infty} c_n x^n$, 证明函数 $\dfrac{1 + abx}{(1 - abx)(1 - a^2 x)(1 - b^2 x)}$ 可展开为 x 的幂级数 $\displaystyle\sum_{n=0}^{\infty} c_n^2 x^n$.

模拟试题六
参考解答

参 考 文 献

陈兆斗, 郑连存, 王辉, 等. 2020. 大学生数学竞赛习题精讲 [M]. 3 版. 北京: 清华大学出版社.

陈挚, 郑言. 2021. 大学生数学竞赛十八讲 [M]. 北京: 清华大学出版社.

李心灿, 季文铎, 孙洪祥, 等. 2011. 大学生数学竞赛试题解析选编 [M]. 北京: 机械工业出版社.

刘培杰工作室. 2014. 546 个早期俄罗斯大学生数学竞赛题 [M]. 哈尔滨: 哈尔滨工业大学出版社.

刘培杰工作室. 2021. 美国大学生数学竞赛试题集 (1938—2017) [M]. 哈尔滨: 哈尔滨工业大学出版社.

裴礼文. 2021. 数学分析中的典型问题与方法 [M]. 3 版. 北京: 高等教育出版社.

蒲和平. 2014. 大学生数学竞赛教程 [M]. 北京: 电子工业出版社.

佘志坤, 全国大学生数学竞赛命题组. 2022. 全国大学生数学竞赛参赛指南 [M]. 北京: 科学出版社.

佘志坤, 全国大学生数学竞赛命题组. 2024. 全国大学生数学竞赛真题解析与获奖名单 (第 11—15 届) [M]. 北京: 科学出版社.

王丽萍, 等. 2021. 历届国际大学生数学竞赛试题集 (1994—2020) [M]. 哈尔滨: 哈尔滨工业大学出版社.

许康, 陈强, 陈挚, 等. 2012. 前苏联大学生数学奥林匹克竞赛题解 (上编) [M]. 哈尔滨: 哈尔滨工业大学出版社.

许康, 陈强, 陈挚, 等. 2012. 前苏联大学生数学奥林匹克竞赛题解 (下编) [M]. 哈尔滨: 哈尔滨工业大学出版社.

张天德, 窦慧, 崔玉泉, 等. 2019. 全国大学生数学竞赛辅导指南 [M]. 3 版. 北京: 清华大学出版社.